普通高等教育“十一五”国家级规划教材

曾获得国家教委优秀教材一等奖

（彩色版修订本 B）

# 大学物理

## （下册）



主编 吴百诗
修订 焦兆焕 刘丹东

西安交通大学出版社
XI'AN JIAOTONG UNIVERSITY PRESS

## 内容提要

本书是在总结了初版和前三次修订编写的经验，吸收了使用过本教材师生们意见和建议，并考虑了当前多数工科院校教学实际的基础上修订而成的。全书力图在切实加强基础理论的同时，突出训练和培养学生科学思维方法和分析问题解决问题的能力！

下册包括电磁学、波动和波动光学、近代物理基础等内容。

本书可供工科各专业，理科、师范各非物理专业，以及成人教育相关专业作为大学物理教材，也可供自学者使用。


**图书在版编目(CIP)数据**

大学物理：彩色版修订本.B.下册/吴百诗主编. —西安：西安交通大学出版社，2019.1(2024.1 重印)
ISBN 978-7-5693-1073-3

Ⅰ.①大… Ⅱ.①吴… Ⅲ.①物理学-高等学校-教材 Ⅳ.①04

中国版本图书馆 CIP 数据核字(2019)第 007588 号

**书　　名** 大学物理(彩色版修订本 B)下册
**主　　编** 吴百诗
**责任编辑** 叶　涛　吴　杰　刘雅洁

**出版发行** 西安交通大学出版社
(西安市兴庆南路 1 号　邮政编码 710048)
**网　　址** http://www.xjtupress.com
**电　　话** (029)82668357　82667874(市场营销中心)
(029)82668315(总编办)
**传　　真** (029)82668280
**印　　刷** 陕西思维印务有限公司

**开　　本** 850mm×1 168mm　1/16　**印张** 15.25　**字数** 447 千字
**版次印次** 2019 年 1 月第 2 版　2024 年 1 月第 7 次印刷
**书　　号** ISBN 978-7-5693-1073-3
**定　　价** 49.00 元

如发现印装质量问题，请与本社市场营销中心联系、调换。
订购热线：(029)82665248　(029)82667874
投稿热线：(029)82664954
读者信箱：85780210@qq.com

# 目 录

## 封面、封底图片说明

**封面：**

混沌：相空间中的随机海。图示为在平面电磁波沿垂直于均匀磁场方向传播的空间中，相对论性粒子运动的计算机模拟。

**封底：**

照片为我国自行设计、研制的，世界上第一个全超导非圆截面托卡马克核聚变实验装置(EAST)。

该装置在 2006 年 9 月 28 日进行的首轮物理放电实验过程中，成功获得电流 200 千安、时间接近 3 秒的高温等离子体放电。由此表明，世界上新一代超导托卡马克核聚变实验装置已经在中国首先建成，并正式投入运行。

EAST 装置集全超导和非圆截面两大特点于一身，同时具有主动冷却结构，它能产生稳态的、具有先进运行模式的等离子体，国际上尚无成功建造的先例。

EAST 装置的关键部件——超导磁体，和某些重要子系统，如国内最大的 2 千瓦液氦低温制冷系统、总功率达到数十兆瓦的直流速流电源、国内最大的超导磁体测试设备等，均由中国科学院等离子体物理研究所自主研发、加工、制造、组装、调试，全部达到或超过设计要求。

EAST 的建设使中国聚变研究向前迈出一大步，受到国际聚变界的高度重视。

2016 年 10 月，EAST 第十一轮物理实验，在纯射频波加热、钨偏滤器等类似国际热核聚变实验堆 ITER 未来运行条件下，获得超过 60 秒的完全非感应电流驱动(稳态)高约束模等离子体。2017 年 7 月 3 日实现了稳定的 101.2 秒稳态长脉冲高约束等离子体运行，成为世界上第一个实现稳态高约束模式运行持续时间达到百秒量级的托卡马克核聚变实验装置。

# 第10章 静电场

Physics 大学物理

## 高压倍压加速器

加速器是利用一定形态的电磁场将电子、质子或重粒子等带电粒子加速，以获得带有各种能量的带电粒子束的装置。加速器是人们研究物质深层结构的重要工具，在工业生产、医疗卫生、科学技术及国防工业等方面都有着广泛而重要的应用。

直流高压倍压加速器是一种低压静电加速器，它由高压发生器、粒子源、加速和聚焦系统、真空系统和分析器、靶室以及控制系统组成，若加速器提供的加速电压为 $V$，被加速粒子带的电量为 $q$，则通过加速，粒子获得的能量为 $E=qV$。

你知道这种加速器的加速高压是怎样获得的吗？加速高压是通过右下图所示倍压电路获得的。高压变压器通过整流元件 $K_1-K_3$，$K_1'-K_3'$和辅助电容器 $C_1'-C_3'$，使主电容器 $C_1-C_3$ 不断地充电。空载时，主电容器上的电压都将达到 $2V_a$，于是主电容器串上的电压达到了 $6V_a$，其中 $V_a$ 是高压变压器次级的峰值电压。若倍加级数为 $n$，则主电容器串上的电压将为 $2nV_a$。

中科院高能物理研究所的北京质子直线加速器的注入器——750 keV 高压倍压加速器

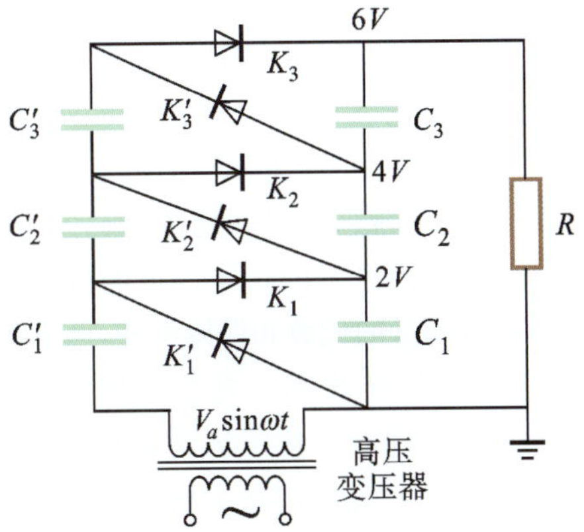

# 10.1　电荷　库仑定律

## 10.1.1　电荷

我们知道物体所带的电荷只有两种:正电荷和负电荷。带同号电荷的物体相互排斥,带异号电荷的物体相互吸引。与外界绝缘的不带电的两个物体通过相互摩擦,一个物体带上正电荷,则另一个物体必定带上负电荷,而且这两个物体所带的正、负电荷的数量一定相等。当等量正、负电荷相遇后,对外不再呈现电性,这种现象称为电的中和。例如,两个带等量异号电荷的导体相互接触后,它们都变为不带电的中性导体,这就是一种电的中和现象;又如,在正负电子对的湮灭现象中,一对正负电子转化为两个不带电的光子(即 $e^{+}+e^{-}\to 2\gamma_0$),从电的角度看,这也是一种电的中和现象。

实践和实验都表明,当一种电荷"产生"时,必定有等量的异号电荷同时"产生";当一种电荷"消失"时,也必定有等量的异号电荷同时"消失"。因此,**在一个封闭系统内,不论进行怎样的变化过程,系统内正、负电荷量的代数和保持不变。这一规律称为电荷守恒定律。**直到现在还没有发现与此规律不相符合的现象。电荷守恒定律是物理学中的一条基本定律。

当人们对物质结构有了进一步的研究后,对物体的带电现象也有了更深入的认识。如果通过摩擦或其他方法使一物体中的部分原子失去一些外层电子,该物体上失去电子的原子,其原子核带的正电荷多于核外电子的负电荷,就使物体显示出带正电荷。物体失去的电子越多,它带的正电荷的量就越大。在一个物体上失去的电子转移到另一些不带电的物体上,就使获得电子的物体带上负电荷。物体得到的电子越多,它带的负电荷的量也就越大。由此可见,所谓在物体上"产生"或"消失"电荷,实际上是一物体上的电子转移到另一物体上。失去电子的物体带正电荷;得到电子的物体带负电荷。因此,在封闭系统内,电荷量的代数和保持不变,即电荷守恒。

电荷守恒定律不论是在处理宏观电磁学问题中,还是在处理微观粒子运动和相互作用过程中都是十分有用的。在图10.1所示为测量未知电阻的惠斯通电桥电路中,对于任何一个节点(几条支路的汇合点,如 $A$ 点),单位时间内流入的电荷量(图中所示的电流 $I_1$),等于单位时间流出的电荷量(图中的电流 $I_2+I_3$)。换句话说,根据电荷守恒定律,**在稳恒电路中,节点处各支路电流的代数和应为零,这通常称为基尔霍夫第一定律。**又如在原子核衰变过程中(例如 ${}^{238}_{92}\mathrm{U}\to{}^{234}_{90}\mathrm{Th}+{}^{4}_{2}\mathrm{He}$),衰变前后,电荷量的代数和保持不变,即电荷必须守恒。

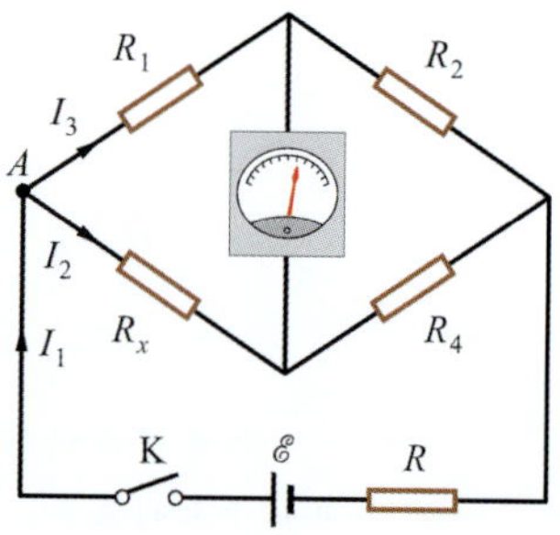


图10.1

物体带电荷的数量称为电荷量(电量),常用 $q$ 表示。电量的单位在SI中是库仑,记作C。如果导线中通过1 A(安培)的稳恒电流,则在1 s(秒)内通过此导线横截面的电量等于1 C(库仑)。安培是SI中的一个基本单位。所以,库仑的单位C等于A·s(安培·秒)。

1 C的电量约等于 $6.25\times10^{18}$ 个电子所带的电量。电子带负电,质子带正电,电子和质子所带电量的绝对值相等。电子电量是目前从实验中发现的最小电量,常用 $e$ 表示,且 $e=1.602176462(63)\times10^{-19}$ C,任何宏观物体所带的电量 $q$ 都是 $e$ 的整数倍。现代理论物理认为质子、中子等粒子是由具有 $\frac{1}{3}e$ 或 $\frac{2}{3}e$ 分数电荷的夸克组成的,但是夸克被束缚在质子、中子等粒子内部,不能被分离出来成为自由夸克。

宏观带电体都有一定的体积和形状,与力学中定义质点的方法类似,在我们所研究的问题中,涉及的距离比带电体本身的线度大得多时,带电体的大小、形状就可以忽略不计,这时带电体就可以看作一个带电的点,称为点电荷。点电荷也是一个物理模型。

**想想看**

10.1　你是怎样理解电荷守恒定律中"在一个封闭系统内"和"系统内正负电荷量的代数和保持不变"的?

10.2　两导体球A和B,分别带电荷 $-50e$ 和 $+20e$,现让两球相接触,试问接触后AB系统带有电荷是多少?

10.3　图中的塑料带电球,已知三对球间的静电引力或斥力如图示,试确定剩下两对球间的静电力的性质。你是采取怎样的思路解决这一问题的?

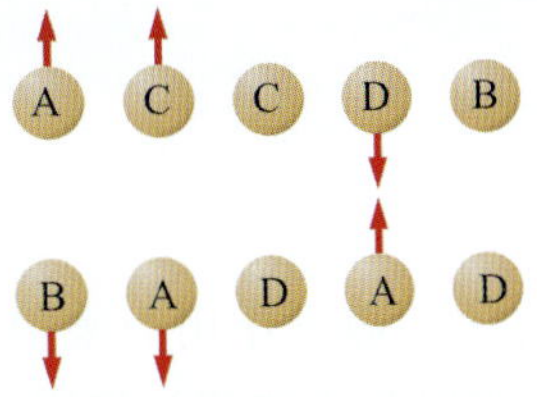

想 10.3 图

### 10.1.2 库仑定律

实验证明：电荷与电荷间有相互作用力。1785年库仑总结了两个点电荷之间作用力的规律，提出了库仑定律：**在真空中两个静止点电荷之间的静电作用力大小与这两个点电荷所带电量的乘积成正比，与它们之间距离的平方成反比，作用力的方向沿着两个点电荷的连线。**在 SI 中，它的数学表达式为

$$F=\frac{1}{4\pi\varepsilon_0}\frac{q_1q_2}{r^2} \tag{10.1a}$$

式中 $q_1$、$q_2$ 分别表示两个点电荷的电量，$r$ 为它们之间的距离，$\varepsilon_0$ 是一个基本常量，称为真空电容率(也称为真空介电常量)，其精确值和单位是

$$\varepsilon_0=8.854187817\cdots\times10^{-12}\ \mathrm{C^2\cdot N^{-1}\cdot m^{-2}}$$

通常近似地取为

$$\varepsilon_0\approx8.85\times10^{-12}\ \mathrm{C^2\cdot N^{-1}\cdot m^{-2}}$$

为了使上述表达式能表示出力的方向，可将上式改写为矢量式。例如，表示正电荷 $q_1$ 对正电荷 $q_2$ 的作用力 $\boldsymbol{F}_{21}$，我们规定矢量 $\boldsymbol{r}_{21}$ 由 $q_1$ 指向 $q_2$，其单位矢量为 $\boldsymbol{r}_{21}^0$，如图 10.2 所示。那么

$$\boldsymbol{F}_{21}=\frac{1}{4\pi\varepsilon_0}\frac{q_1q_2}{r_{21}^2}\boldsymbol{r}_{21}^0 \tag{10.1b}$$

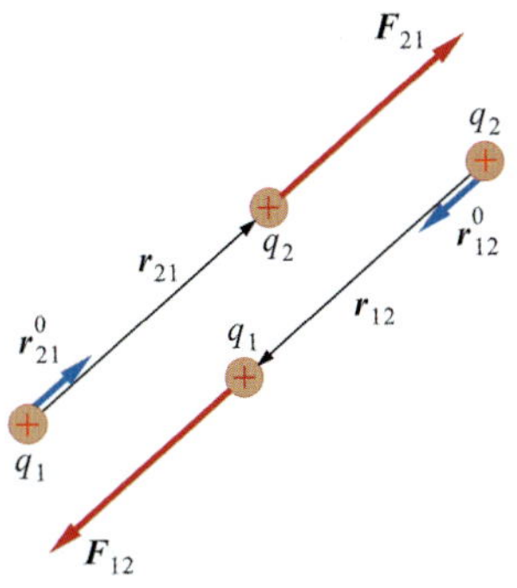

图 10.2

如果表示正电荷 $q_2$ 对正电荷 $q_1$ 的作用力 $\boldsymbol{F}_{12}$，则规定矢量 $\boldsymbol{r}_{12}$ 由 $q_2$ 指向 $q_1$，其单位矢量 $\boldsymbol{r}_{12}^0$。那么

$$\boldsymbol{F}_{12}=\frac{1}{4\pi\varepsilon_0}\frac{q_1q_2}{r_{12}^2}\boldsymbol{r}_{12}^0 \tag{10.1c}$$

为了使式(10.1b)和(10.1c)能准确、全面地表示库仑定律，也为了便于对整个电磁学内容的研究和叙述，还要把电荷量视为代数量。电量取正值表示物体带正电荷；取负值表示物体带负电荷。从式(10.1b)和(10.1c)可以看出，当 $q_1q_2>0$($q_1$ 与 $q_2$ 同号)时，$\boldsymbol{F}_{21}$ 与 $\boldsymbol{r}_{21}^0$、$\boldsymbol{F}_{12}$ 与 $\boldsymbol{r}_{12}^0$ 方向相同，表明同号电荷相斥；当 $q_1q_2<0$($q_1$ 与 $q_2$ 异号)时，$\boldsymbol{F}_{21}$ 与 $\boldsymbol{r}_{21}^0$、$\boldsymbol{F}_{12}$ 与 $\boldsymbol{r}_{12}^0$ 方向相反，表明异号电荷相吸。这正是库仑定律所要表明的。

综上所述，只要规定矢量 $\boldsymbol{r}$ 的方向是由施力电荷指向受力电荷，且 $\boldsymbol{r}^0$ 为 $\boldsymbol{r}$ 方向的单位矢量，那么受力电荷所受到的库仑力 $\boldsymbol{F}$ 可表示为

$$\boldsymbol{F}=\frac{1}{4\pi\varepsilon_0}\frac{q_1q_2}{r^2}\boldsymbol{r}^0 \tag{10.1}$$

由式(10.1b)和式(10.1c)可以看出

$$\boldsymbol{F}_{12}=-\boldsymbol{F}_{21}$$

这说明两个静止点电荷之间的作用力符合牛顿第三定律。应当指出，由于电磁相互作用传递速度有限等原因，因此对运动电荷间相互作用力不能简单地应用牛顿第三定律，对此情况本书不作进一步讨论。

观察与实验表明，两个静止点电荷之间距离的数量级在 $10^{-15}\sim10^{9}$ cm的范围内，库仑定律都是极其精确的。库仑定律以及后面将要讲到的高斯定理是静电学的基础。

**想想看**

10.4 库仑定律适用的条件是什么？在 SI 中，库仑定律中各量的单位应该是什么？

10.5 能否用库仑定律计算任意形状带电体对一点电荷的静电作用力？如果可以，试述求解的思路。

10.6 图示两个相距 $3R$ 的带正电小球 $Q_1=Q$，$Q_2=2Q$，另一带电小球 $Q_3$ 放置在 $Q_1$ 和 $Q_2$ 之间，距 $Q_1$ 为 $R$，问下列三个选项哪个是正确的？

①如果 $Q_3$ 是正的，则 $Q_3$ 所受的静电力可以为零。

②如果 $Q_3$ 是负的，则 $Q_3$ 所受的静电力可以为零。

③不论 $Q_3$($Q_3\neq0$)等于多少，它受到的静电力都不可能为零。

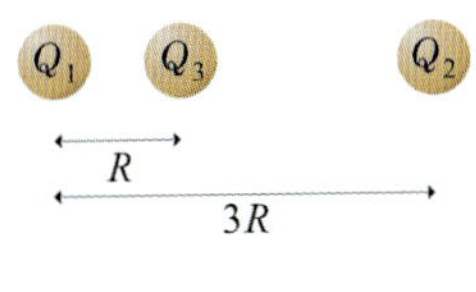

想 10.6 图

**例 10.1** 假设两个 $\alpha$ 粒子相距 $10^{-13}$ m，试计算它们之间的静电斥力大小，并和它们之间的万有引力大小相比较。已知 $\alpha$ 粒子带电量为 $2e$，质量为 $6.68\times10^{-27}$ kg，万有引力常量为 $G=6.67\times10^{-11}\ \mathrm{m^3\cdot kg^{-1}\cdot s^{-2}}$。

**解** 将 $\alpha$ 粒子视为点电荷。

先计算两个 $\alpha$ 粒子间的静电斥力：根据库仑定律

$$F=\frac{1}{4\pi\varepsilon_0}\frac{q_1q_2}{r^2}$$
$$=9\times10^9\times\frac{(2\times1.6\times10^{-19})^2}{(10^{-13})^2}$$
$$=9.22\times10^{-2}\ \text{N}$$

这相当于 $10^{-2}$ kg 物体所受到的重力。

再计算两个 $\alpha$ 粒子间的万有引力：根据万有引力定律

$$f=G\frac{m_1m_2}{r^2}=6.67\times10^{-11}\times\frac{(6.68\times10^{-27})^2}{(10^{-13})^2}$$
$$=2.98\times10^{-37}\ \text{N}$$

可以看出，万有引力比起静电作用力来说是很小很小的。所以，在研究带电粒子的相互作用时，它们之间的万有引力通常都可以忽略不计。

**例 10.2** 已知带电粒子 $a$、$b$、$c$，其所带电量分别为 $q_a=3.0\ \mu\text{C}$，$q_b=-6.0\ \mu\text{C}$，$q_c=-2.0\ \mu\text{C}$，如图所示。试求带电粒子 $a$ 和 $b$ 对 $c$ 的作用力。

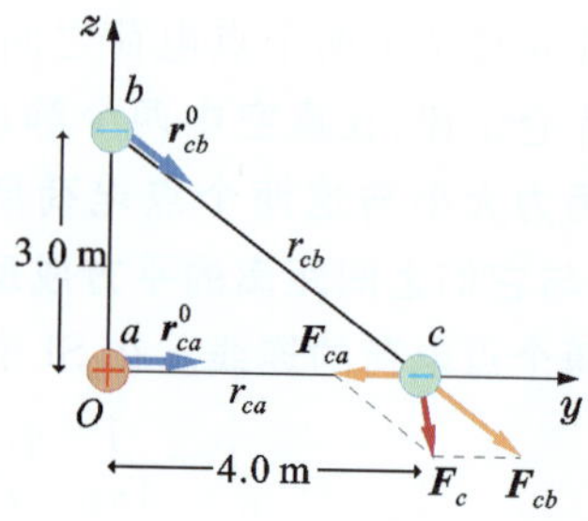


例 10.2 图

**解** 本题所求的是 $q_c$ 受 $q_a$、$q_b$ 作用的静电力合力，解题的步骤显然是用库仑定律分别计算 $q_a$、$q_b$ 对 $q_c$ 作用的静电力 $\boldsymbol{F}_{ca}$ 和 $\boldsymbol{F}_{cb}$，然后再根据力的叠加原理求二者和。在应用库仑定律计算静电力时，可用式(10.1a)先计算二点电荷间静电力的大小，这时不必计及 $q_a$、$q_b$ 的正负，然后再考虑力的方向。

若用式(10.1b)、(10.1c)计算，则不仅得到力的大小，而且确定了力的方向，这时需要注意 $q_a$、$q_b$ 是代数量，有正有负，正电荷取正，负电荷取负；还要正确地表示单位矢量。

现应用式(10.1b)、(10.1c)解本题。

由库仑定律知，带电粒子 $a$ 对 $c$ 的作用力

$$\boldsymbol{F}_{ca}=\frac{1}{4\pi\varepsilon_0}\frac{q_aq_c}{r_{ca}^2}\boldsymbol{r}_{ca}^0$$
$$=9.0\times10^9\times\frac{(3.0\times10^{-6})\times(-2.0\times10^{-6})}{(4.0)^2}\boldsymbol{j}$$
$$=-(3.4\times10^{-3}\ \text{N})\boldsymbol{j}$$

带电粒子 $b$ 对 $c$ 的作用力

$$\boldsymbol{F}_{cb}=\frac{1}{4\pi\varepsilon_0}\frac{q_bq_c}{r_{cb}^2}\boldsymbol{r}_{cb}^0$$

由图中几何关系知 $r_{cb}=\sqrt{(3.0)^2+(4.0)^2}=5.0\ \text{m}$

由 $b$ 指向 $c$ 的单位矢量

$$\boldsymbol{r}_{cb}^0=\frac{\boldsymbol{r}_{cb}}{r_{cb}}=\frac{(4.0)\boldsymbol{j}+(-3.0)\boldsymbol{k}}{5.0}=(0.80\ \text{m})\boldsymbol{j}-(0.60\ \text{m})\boldsymbol{k}$$

代入 $\boldsymbol{F}_{cb}$ 的表达式得

$$\boldsymbol{F}_{cb}=9\times10^9\times\frac{(-6.0\times10^{-6})\times(-2.0\times10^{-6})}{(5.0)^2}\times[(0.80)\boldsymbol{j}-(0.60)\boldsymbol{k}]$$
$$=(3.5\times10^{-3}\ \text{N})\boldsymbol{j}-(2.6\times10^{-3}\ \text{N})\boldsymbol{k}$$

作用在 $c$ 点上的力为上述二力的矢量和

$$\boldsymbol{F}_c=\boldsymbol{F}_{ca}+\boldsymbol{F}_{cb}$$
$$=(-3.4\times10^{-3}\ \text{N})\boldsymbol{j}+(3.5\times10^{-3}\ \text{N})\boldsymbol{j}-(2.6\times10^{-3}\ \text{N})\boldsymbol{k}$$
$$=(0.1\times10^{-3}\ \text{N})\boldsymbol{j}-(2.6\times10^{-3}\ \text{N})\boldsymbol{k}$$

由本例可以看出，要正确解题有几点需要注意：一是要作出清楚的图，并在图上标出已知各量至为重要；本题通过图的示意，帮助我们正确确定几何关系，并根据单位矢量定义，正确地表示出一个单位矢量。二是采用 SI 单位制，正确选择各量的单位。

## 复习思考题

**10.1**　如图所示，在 $x$ 轴原点和 $A$ 点分别有 $+q$ 和 $+4q$ 点电荷，问在 $x$ 轴何处，放置什么样电荷使得原点处点电荷所受合力为零？本题的答案是不是唯一的？

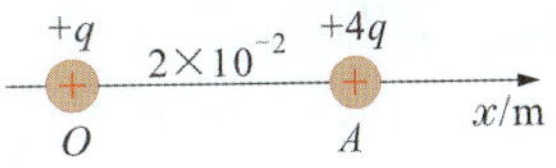


思 10.1 图

**10.2**　$+q$ 点电荷处于两个边边平行、中心重合的正方形的中心 $C$，两正方形顶点有点电荷分布，如图所示。已知两正方形边长比为 1∶1.5，问中心点 $C$ 处的点电荷受到正方形顶点各点电荷的静电力的合力多大？你能在一分钟内回答出此问题吗？

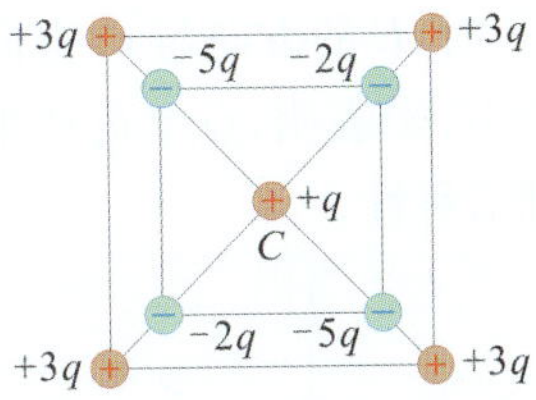


思 10.2 图

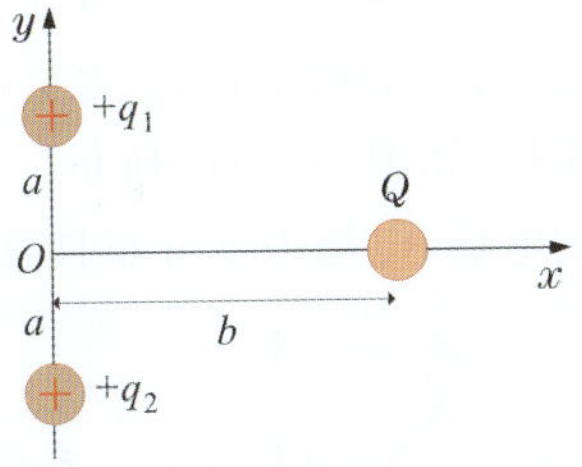


思 10.3 图

**10.3**　图中正点电荷 $q_1=q_2$，它们对点电荷 $Q$ 的静电作用力合力是沿 $x$ 方向、$y$ 方向，还是不给定 $q_1$、$q_2$ 和 $Q$ 具体大小，此方向不能确定？如果 $q_1$、$q_2$ 大小相等，但所带电荷异号，情况又如何？

**10.4**　一个电子和两个质子在图中有三种配置，①试按质子对电子静电力大小把三种配置由小到大排一顺序；②在情况(c)中，作用在电子的合静电力与竖直线之间的夹角是小于还是大于 45°？

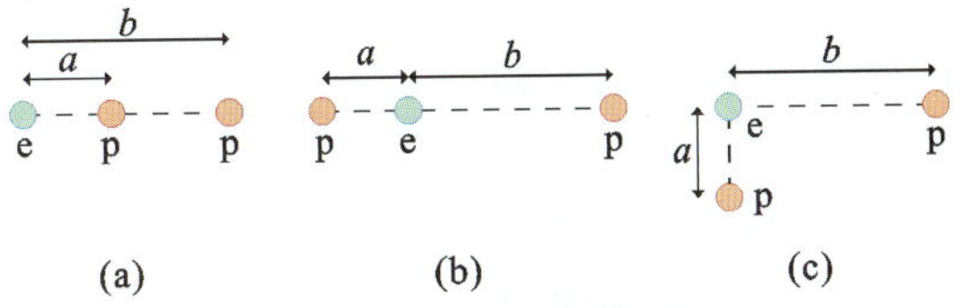


思 10.4 图

**10.5**　图示带电量 $Q_1$ 的球固定在地面上，将有质量且带电量 $Q_2$ 的球移到 $Q_1$ 上方，处于平衡时 $Q_2$ 距 $Q_1$ 为 $d_{21}$；若 $Q_1$ 换成 $Q_3$，平衡时 $Q_2$ 距 $Q_3$ 为 $d_{23}$，已知 $d_{23}<d_{21}$，问：①$Q_1$ 和 $Q_3$ 是同号还是异号？②能否确定 $Q_1$ 和 $Q_3$ 哪个大？

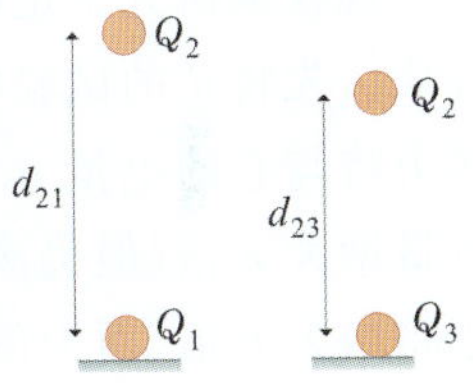


思 10.5 图

# 10.2　电场　电场强度 $E$

### 10.2.1　电场

从上节的讨论看到，两个电荷在真空中相隔一段距离会有相互作用力，那么两个电荷之间的作用力是以什么为媒介的呢？关于这个问题，历史上曾经有两种学说：一种认为一个电荷对另一个电荷的作用力是不需要通过中间媒介而直接作用的，也不需要传递时间而即时作用的，即所谓“超距作用”学说；另一种则认为电荷之间的作用力是通过中间媒介——电场——相互作用的，作用力的传递也是需要一定时间的。

近代科学实验证明，“超距作用”的观点是错误的。实验表明，电荷周围空间都存在着一种“特殊”的物质，这种物质即为电场。电场的基本性质之一是对位于其中的电荷会施以力的作用。因此，电荷与电荷之间是通过电场发生相互作用的。当电荷 $q_1$ 位于另一电荷 $q_2$ 的电场中时，$q_1$ 所受到的作用力就是通过 $q_2$ 的电场施加给它的。同样，$q_2$ 处于 $q_1$ 的电场中时，$q_2$ 所受到的作用力，是通过 $q_1$ 的电场施加给它的。需要说明的是，一个电荷在其周围产生的电场不会对其自身产生净的作用力。

当电荷发生变化时（包括电量的变化或电荷的运动等），其周围的电场也随之而变化。这个变化的电场是以光速在空间传播的，电荷之间的相互作用力也是以光速传递的。由于光速极快，在通常情况下，电场力传递所需的时间极短，是很难察觉的。但是，随着科学技术的发展，人们已有足够的手段来证明电场力的传递是需要时间的。关于变化的电场以及与之相关的问题将在本书第 12 章讨论，本章只讨论相对于观察者静止的电荷在其周围产生的静电场有关的规律性。

下面我们通过电场对电场中电荷的作用来介绍电场。放在电场中的电荷要受到电场的作用力；电荷在电场中运动时，电场力要对电荷做功。因此，我们可以从力和能量的角度来研究电场的性质和规律，并相应地引入电场强度和电势两个重要物理量。我们先从力的角度来研究电场。

### 10.2.2　电场强度 $E$

设有一带电量为 $Q$ 的物体，在它周围空间产生电场。设想将一个电量为 $q_0$ 的点电荷作为试验电荷放到电场中，探测它在场中各点受到的电场力。对试验电荷要求体积很小(视为点电荷)，从而可以研究电场中各点的性质；同时要求试验电荷的电量很小，这样当它放入电场中时，不影响原电场的分布，从而可以测定原电场的性质。实验发现，试验电荷 $q_0$ 放在电场中不同位置 $a$、$b$、$c$ 处，受到电场力 $\boldsymbol{F}$ 的大小和方向一般来说是不同的，如图 10.3 所示。这说明在带电体周围不同点，电场的强弱和方向一般不相同。

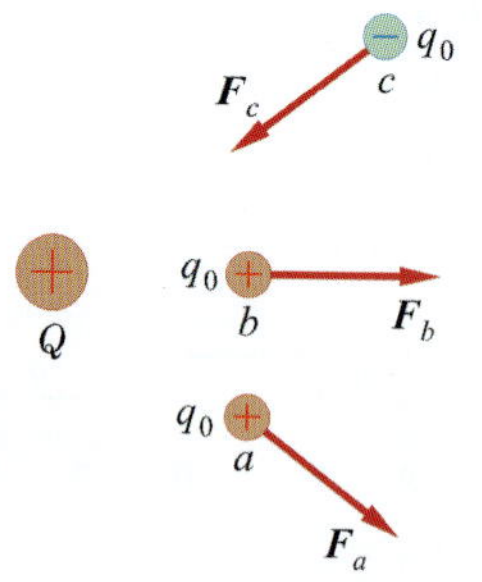

图 10.3

现在来研究给定电场中任一确定点 $a$ 处电场的性质。先将正的试验电荷 $q_0$ 放到 $a$ 点，它受到的电场力将与它的电量 $q_0$ 成正比。如果把试验电荷的电量增大 $n$ 倍(但仍满足试验电荷的条件)，电场力也将增大 $n$ 倍，而力的方向不变。如果把试验电荷换成等量异号的负电荷，力的大小不变，而方向相反。可见，电场力的大小和方向不仅与试验电荷所在处的电场有关，而且与试验电荷本身电量的大小、正负有关。然而，对给定电场中的确定点来说，试验电荷所受到的作用力 $\boldsymbol{F}$ 与试验电荷 $q_0$ 的比值是一个确定的矢量，这个矢量只与给定电场中各确定点的位置有关，而与试验电荷的大小、正负无关。因此，这个矢量反映了各确定点电场本身的性质。我们把这个矢量定义为电场中各确定点的电场强度，用 $\boldsymbol{E}$ 来表示，即

$$\boldsymbol{E}=\frac{\boldsymbol{F}}{q_0} \tag{10.2}$$

由式(10.2)可知，**电场中某点电场强度 $\boldsymbol{E}$ 的大小等于单位电荷在该点受力的大小，其方向为正电荷在该点受力的方向。**

由于试验电荷在电场中不同点受力 $\boldsymbol{F}$ 一般不同，所以 $\boldsymbol{F}$ 是空间坐标的函数，因而电场强度 $\boldsymbol{E}$ 也是空间坐标的函数，即

$$\boldsymbol{E}=\boldsymbol{E}(x,y,z)$$

在静电场中，任一点只有一个电场强度 $\boldsymbol{E}$ 与之对应，也就是说静电场具有单值性。当产生电场的电荷分布已知时，应用库仑定律和下面将要讲到的电场强度叠加原理就可以确定电场强度的分布。

### 10.2.3 电场强度叠加原理

若电场是由一个点电荷 $q$ 产生的，我们来计算与 $q$ 相距为 $r$ 处任一点 $P$ 的电场强度。设想把一个试验电荷 $q_0$ 放在 $P$ 点，根据式(10.1)，$q_0$ 受力为

$$\boldsymbol{F}=\frac{1}{4\pi\varepsilon_0}\frac{qq_0}{r^2}\boldsymbol{r}^0$$

根据电场强度的定义式(10.2)，则 $P$ 点的电场强度为

$$\boldsymbol{E}=\frac{\boldsymbol{F}}{q_0}=\frac{1}{4\pi\varepsilon_0}\frac{q}{r^2}\boldsymbol{r}^0 \tag{10.3}$$

这就是点电荷产生的电场的电场强度分布公式，式中 $\boldsymbol{r}^0$ 是矢量 $\boldsymbol{r}$ 的单位矢量，方向是由场源电荷 $q$ 指向 $P$ 点。当 $q$ 是正电荷时，$\boldsymbol{E}$ 的方向与 $\boldsymbol{r}^0$ 的方向相同，如图 10.4(a)所示；当 $q$ 为负电荷时，$\boldsymbol{E}$ 的方向与 $\boldsymbol{r}^0$ 方向相反，如图 10.4(b)所示。式(10.3)表明，点电荷产生的电场，电场强度分布具有球对称性。

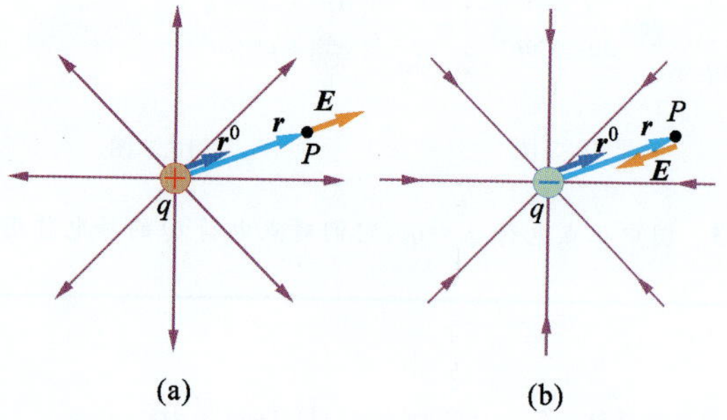

图 10.4

读者一定会注意到，按式(10.3)，在点电荷所在处，$r=0$，因而 $\boldsymbol{E}$ 变为无穷大。这显然是不可能的。之所以会这样，可作如下解释：因为在此情况下，点电荷的理想模型已不再成立，所以按式(10.3)去求点电荷所在处的电场强度是没有意义的。

若电场是由点电荷系 $q_1,q_2,\cdots,q_n$ 产生的，为求合电场的电场强度，设 $P$ 点相对于各点电荷的矢量分别为 $\boldsymbol{r}_1,\boldsymbol{r}_2,\cdots,\boldsymbol{r}_n$，则各点电荷单独在 $P$ 点产生的电场的电场强度分别为

$$\boldsymbol{E}_k=\frac{1}{4\pi\varepsilon_0}\frac{q_k}{r_k^2}\boldsymbol{r}_k^0 \qquad (k=1,2,\cdots,n)$$

实验表明，试验电荷受到点电荷系的作用力遵守力的叠加原理，所以点电荷系在 $P$ 点产生的电场的合电场强度为

$$\boldsymbol{E}=\frac{\sum \boldsymbol{F}_k}{q_0}=\sum \boldsymbol{E}_k=\sum\frac{1}{4\pi\varepsilon_0}\frac{q_k}{r_k^2}\boldsymbol{r}_k^0 \tag{10.4}$$

即**点电荷系在某点 $P$ 产生的电场的电场强度等于各点电荷单独在该点产生的电场强度的矢量和。**这

称为电场强度叠加原理。

**例 10.3** **两个大小相等的异号点电荷 $+q$ 和 $-q$，相距为 $l$，如果要计算电场强度的各场点相对这一对电荷的距离 $r$ 比 $l$ 大很多($r\gg l$)，这样一对点电荷称为电偶极子。**定义

$$\boldsymbol{p}=q\boldsymbol{l}$$

为电偶极子的电偶极矩，$\boldsymbol{l}$ 的方向规定为由负电荷指向正电荷。试求电偶极子中垂线上一点 $P$ 的电场强度。

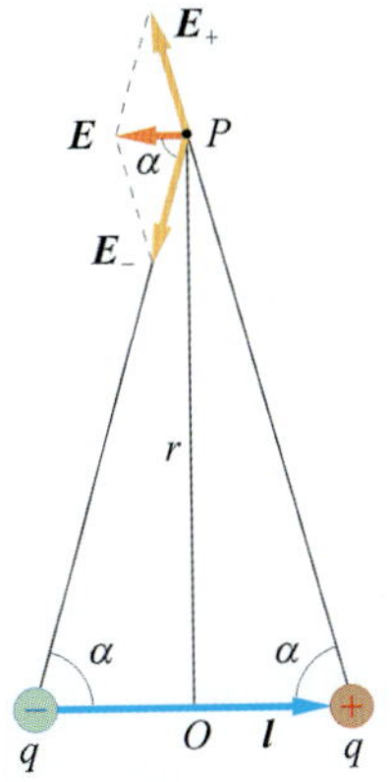

例 10.3 图

**解** 根据电场强度叠加原理，分别计算二点电荷在场点 $P$ 产生的电场强度，然后求二者的矢量和。

设电偶极子连线的中点 $O$ 到 $P$ 点的距离为 $r$。根据式(10.3)，$+q$ 和 $-q$ 在 $P$ 点产生的电场的电场强度大小为

$$E_+=E_-=\frac{1}{4\pi\varepsilon_0}\frac{q}{r^2+(l/2)^2}$$

方向分别沿着两个电荷与 $P$ 的连线，如图所示。显然 $P$ 点的合电场强度与电偶极矩 $\boldsymbol{p}$ 的方向相反。$P$ 点的合电场强度 $\boldsymbol{E}$ 的大小为

$$E=E_+\cos\alpha+E_-\cos\alpha=2E_+\cos\alpha$$

因为 $\cos\alpha=\dfrac{l/2}{(r^2+(l/2)^2)^{1/2}}$，所以

$$E=\frac{1}{4\pi\varepsilon_0}\frac{ql}{(r^2+(l/2)^2)^{3/2}}$$

$$=\frac{1}{4\pi\varepsilon_0}\frac{ql}{r^3\left(1+\dfrac{l^2}{4r^2}\right)^{3/2}}$$

由于 $r\gg l$，因而 $\left(1+\dfrac{l^2}{4r^2}\right)\approx1$，故上式可简化为

$$E=\frac{1}{4\pi\varepsilon_0}\frac{p}{r^3}$$

考虑到 $\boldsymbol{E}$ 的方向与电偶极子的电偶极矩 $\boldsymbol{p}$ 的方向相反，上式可改写为矢量式，即

$$\boldsymbol{E}=-\frac{1}{4\pi\varepsilon_0}\frac{\boldsymbol{p}}{r^3}$$

从以上结果可见：电偶极子在其中垂线上一点的电场强度与距离 $r$ 的三次方成反比。而点电荷的电场强度与距离 $r$ 的平方成反比。相比可见，电偶极子的电场强度大小随距离的变化比点电荷的电场强度大小随距离的变化要快。

电偶极子是一个重要的物理模型，在研究介质的极化、电磁波的发射等问题中，都要用到这个模型。后面将会讲到，有些电介质的分子，正、负电荷中心不重合，这类分子就可视为电偶极子。在电磁波发射中，一段金属导线中的电子作周期性运动，使导线两端交替地带正、负电荷，形成所谓振荡偶极子等。

若电场是由电荷连续分布的带电体产生的，在求解空间各点的电场强度分布时，需要根据电场强度叠加原理，用微积分的方法进行计算。可设想把带电体分割成许多微小的电荷元 d$q$，每个电荷元都可视为点电荷，如图 10.5 所示。任一电荷元 d$q$ 在 $P$ 点产生的电场的电场强度为

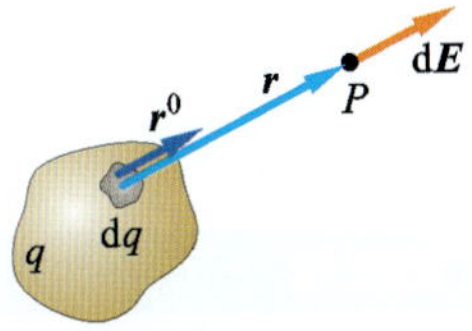

图 10.5

$$\mathrm{d}\boldsymbol{E}=\frac{1}{4\pi\varepsilon_0}\frac{\mathrm{d}q}{r^2}\boldsymbol{r}^0$$

整个带电体在 $P$ 点产生的电场的电场强度，等于所有电荷元产生的电场强度的矢量和。由于电荷是连续分布的，求和要用积分

$$\boldsymbol{E}=\int\frac{\mathrm{d}q}{4\pi\varepsilon_0 r^2}\boldsymbol{r}^0 \qquad (10.5)$$

式(10.5)为矢量积分，在具体计算时，可以找出它在各坐标轴方向上的投影式，然后再求积分。

在计算带电体产生的电场强度时，常需要引入电荷密度的概念。

若电荷连续分布在一条线上，定义电荷线密度为

$$\lambda=\frac{\mathrm{d}q}{\mathrm{d}l}$$

式中 d$q$ 为线元 d$l$ 所带的电量，见图 10.6(a)。

若电荷连续分布在一个面上，定义电荷面密度为

$$\sigma=\frac{\mathrm{d}q}{\mathrm{d}S}$$

式中 d$q$ 为面积元 d$S$ 所带的电量，见图 10.6(b)。

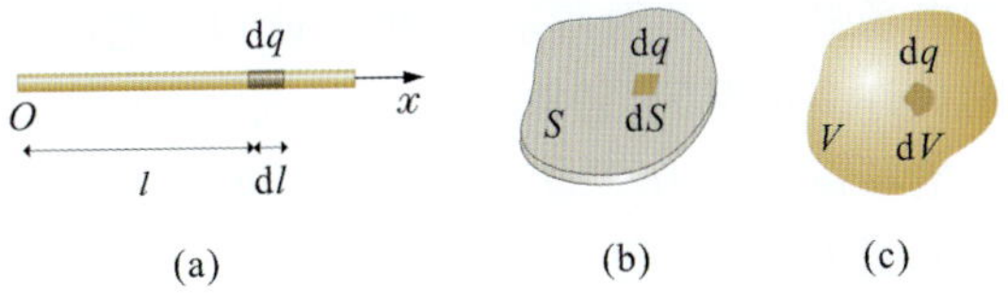

图 10.6

若电荷连续分布在一个立体内，定义电荷体密度为

$$\rho=\frac{\mathrm{d}q}{\mathrm{d}V}$$

式中 d$q$ 为体积元 d$V$ 所带的电量，见图 10.6(c)。

应用电荷密度的概念，式(10.5)中的 d$q$ 可根据不同的电荷分布写成

$$\mathrm{d}q=\begin{cases}\lambda\mathrm{d}l\\ \sigma\mathrm{d}S\\ \rho\mathrm{d}V\end{cases}$$

这时式(10.5)的积分则分别为线积分、面积分和体积分。

## 想想看

10.7　一半径为 $r$，均匀带电的圆环，其中心处的电场强度等于多大？如果是相同半径均匀带电的圆板，求它中心处的电场强度大小的分析方法与圆环的是一样的吗？

10.8　如图所示，均匀带电的两个半圆环、两根直杆，上、下半部分所带电荷的正、负号标在图上，问 $P$ 点电场强度的方向分别是什么？

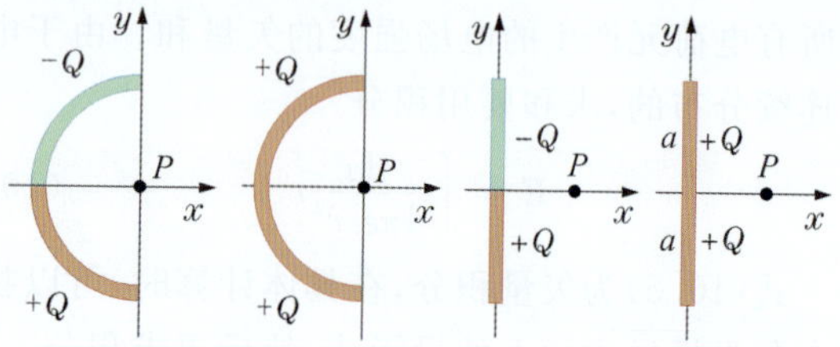


想 10.8 图

10.9　如图所示，在 $x$ 轴上有两个对称配置的电子，问 $y$ 轴上 $P$ 点的电场强度①等于两个电子分别在 $P$ 点产生的电场强度大小 $E$ 之和($2E$)吗？②沿什么方向？③分别画出每个电子在 $P$ 点产生的电场强度矢量。

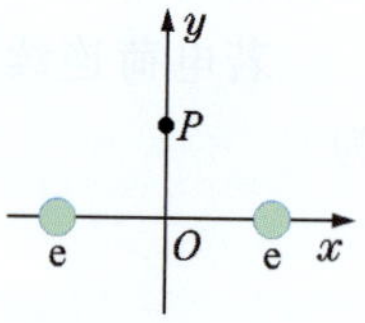


想 10.9 图

**例 10.4**　半径为 $R$ 的均匀带电细圆环带电量为 $q$，试计算圆环轴线上任一点 $P$ 的电场强度。

**解**　圆环系线密度为常量的带电体，几何形状规则，可应用式(10.5)直接计算其产生在轴线上一点的电场强度。如图所示，取坐标轴 $Ox$，把细圆环分割成许多电荷元，任取一电荷元 d$q$，它在 $P$ 点产生的电场强度为 d$\boldsymbol{E}$。设 $P$ 点相对于电荷元 d$q$ 的矢径为 $\boldsymbol{r}$，且 $OP=x$，则

$$\mathrm{d}\boldsymbol{E}=\frac{1}{4\pi\varepsilon_0}\frac{\mathrm{d}q}{r^2}\boldsymbol{r}^0$$

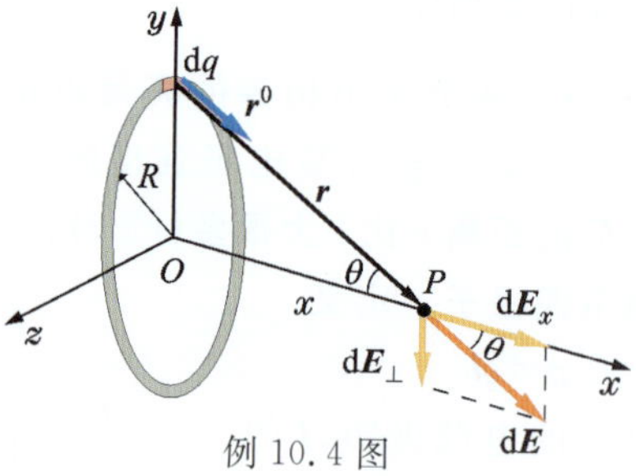


例 10.4 图

对圆环上所有电荷元在 $P$ 点产生的电场强度求积分，即得 $P$ 点的电场强度

$$\boldsymbol{E}=\int\mathrm{d}\boldsymbol{E}=\int\frac{1}{4\pi\varepsilon_0}\frac{\mathrm{d}q}{r^2}\boldsymbol{r}^0$$

这是一矢量积分，将 d$\boldsymbol{E}$ 向 $Ox$ 轴和垂直于 $Ox$ 轴方向投影，得

$$\mathrm{d}E_x=\mathrm{d}E\cos\theta,\quad \mathrm{d}E_\perp=\mathrm{d}E\sin\theta$$

由于圆环上电荷分布相对 $x$ 轴对称，因此，d$E_\perp$ 分量之和为零。故 $P$ 点的电场强度就等于分量 d$E_x$ 之和，即

$$E=E_x=\int\mathrm{d}E_x=\frac{1}{4\pi\varepsilon_0}\int\frac{\mathrm{d}q}{r^2}\cos\theta$$

$$=\frac{1}{4\pi\varepsilon_0}\frac{\cos\theta}{r^2}\int\mathrm{d}q$$

$$=\frac{1}{4\pi\varepsilon_0}\frac{q}{r^2}\cos\theta$$

从图中的几何关系可知 $\cos\theta=\dfrac{x}{r}$，$r=(R^2+x^2)^{1/2}$，代入得

$$E=\frac{1}{4\pi\varepsilon_0}\frac{qx}{(R^2+x^2)^{3/2}}$$

试问，若圆环带的是正电荷，$P$ 点的电场强度是沿哪个方向？若带负电荷，电场强度又是沿哪个方向？若 $P$ 点位于圆环的另一侧时，电场强度的方向又是如何？

从上述电场强度表达式看出，当 $x=0$ 时，$E=0$，对此结果你是如何理解的？又当 $x\gg R$ 时，你能得到什么结果，又该怎样解释这一结果？

## 想想看

10.10　如图所示，一个电子和两个质子沿 $x$ 轴配置，问：①电子、质子在 $S$ 点和 $R$ 点产生的电场强度各沿什么方向？②在 $S$ 点和 $R$ 点由电子和质子产生的合电场强度的大小和方向是什么？

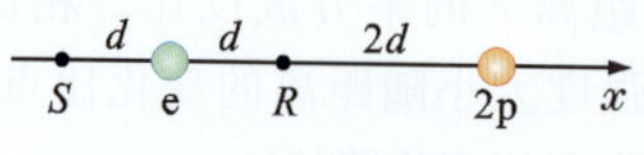


想 10.10 图

**例 10.5** 计算半径为 $R$，均匀带电量为 $+q$ 的圆形平板的轴线上任一点的电场强度。

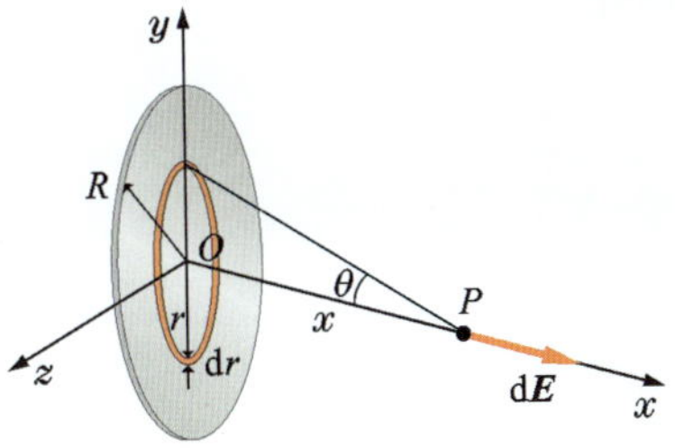


例 10.5 图

**解** 计算带电体产生的电场强度通常有两种方法：一是根据电场强度的定义，直接应用式(10.5)进行计算，这是最基本的方法。按照这种方法，计算时要恰当地选择电荷元 $dq$，并代入式(10.5)；还要根据带电体具体情况，恰当地选择坐标系；要注意式(10.5)是矢量积分，对不规则形状的带电体，严格地进行积分是很困难的，甚至于不可能，这时只能进行近似的数值积分。二是在已有结果的基础上(例如手册上查到的)，进行延伸、补充计算求解。本题就可利用例 10.4 所讲的细圆环轴线上一点电场强度的结果来计算。

设想把圆形平板分割成无数个半径不同的同心均匀带电细圆环，每个带电细圆环在轴线上一点产生的电场强度都可应用例 10.4 所得的结果表示。如图所示，取半径为 $r$，宽度为 $dr$ 的细圆环，其上带电量为

$$dq = 2\pi\sigma r dr \quad \left(\sigma = \frac{q}{\pi R^2}\right)$$

该细圆环在轴线上一点 $P$ 产生的电场强度大小为

$$dE = \frac{1}{4\pi\varepsilon_0}\frac{x dq}{(r^2+x^2)^{3/2}} = \frac{x\sigma}{2\varepsilon_0}\frac{r dr}{(r^2+x^2)^{3/2}}$$

$d\boldsymbol{E}$ 的方向沿 $x$ 轴。由于各细圆环在 $P$ 点产生的电场强度方向都相同，所以整个带电圆形平板在 $P$ 点产生的电场强度大小为

$$E = \int dE = \frac{x\sigma}{2\varepsilon_0}\int_0^R \frac{r dr}{(r^2+x^2)^{3/2}} = \frac{\sigma}{2\varepsilon_0}\left[1-\frac{x}{(R^2+x^2)^{1/2}}\right] = \frac{q}{2\pi\varepsilon_0 R^2}\left[1-\frac{x}{(R^2+x^2)^{1/2}}\right]$$

考虑到方向，以上结果还可以表示为

$$\boldsymbol{E} = \frac{q}{2\pi\varepsilon_0 R^2}\left[1-\frac{x}{(R^2+x^2)^{1/2}}\right]\boldsymbol{i}$$

只要改变积分的上下限，就可以算得均匀带电的①有孔圆板(图 10.7(a))，②有圆孔无限大平板(图 10.7(b))，③无孔无限大平板(图 10.7(c))，在 $x$ 轴上任一点 $P$ 的电场强度(读者可以自己验算)。

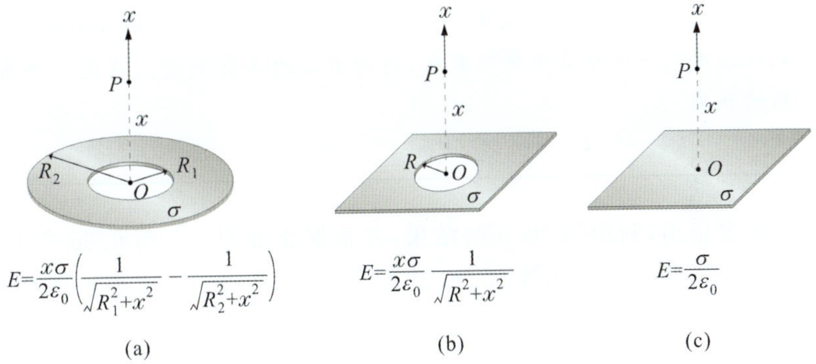


图 10.7

**例 10.6** 一均匀带正电直线段，长为 $L$，带电量为 $q_0$。线外一点 $P$ 到直线的垂直距离为 $a$，$P$ 点与直线段两端的连线与 $y$ 轴正方向的夹角分别为 $\theta_1$ 和 $\theta_2$(如图所示)。试求 $P$ 点的电场强度。

**解** 直接用式(10.5)积分解此题。

先确定坐标系：取 $P$ 点到直线段的垂足 $O$ 为原点，坐标轴如图；再确定电荷元：在带电直线段上，距原点 $O$ 为 $y$ 处取直线元 $dy$，其上带电量为 $dq=\lambda dy$，其中 $\lambda$ 为电荷线密度，本题的 $\lambda$ 为常量，$\lambda=\frac{q}{L}$。设 $dy$ 到 $P$ 点的距离为 $r$，则电荷元 $dq$ 在 $P$ 点产生的电场强度 $d\boldsymbol{E}$ 的大小为

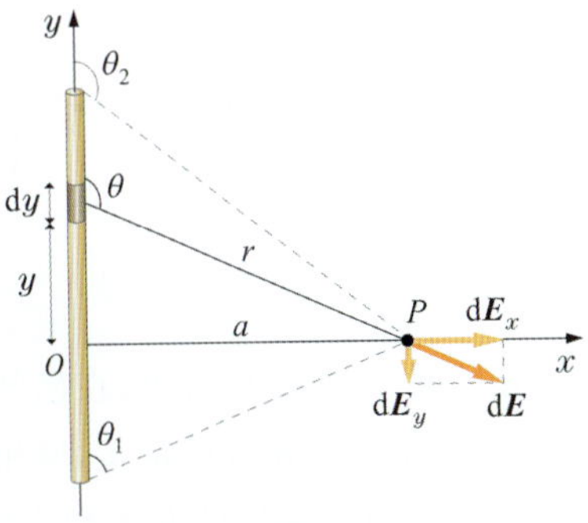


例 10.6 图

$$dE=\frac{1}{4\pi\varepsilon_0}\frac{\lambda dy}{r^2}$$

d$\boldsymbol{E}$ 的方向如图所示，它与 $y$ 轴的夹角为 $\theta$。为变式(10.5)矢量积分为标量积分，将 d$\boldsymbol{E}$ 沿 $x$ 轴、$y$ 轴分解为

$dE_x=dE\sin\theta,\quad dE_y=dE\cos\theta$

由图上的几何关系可知

$y=a\tan(\theta-\frac{\pi}{2})=-a\cot\theta,\quad dy=a\csc^2\theta d\theta$

$r^2=a^2+y^2=a^2\csc^2\theta$

所以 $dE_x=\frac{\lambda}{4\pi\varepsilon_0 a}\sin\theta d\theta,\quad dE_y=\frac{\lambda}{4\pi\varepsilon_0 a}\cos\theta d\theta$

将以上二式积分，得

$$E_x=\int dE_x=\int_{\theta_1}^{\theta_2}\frac{\lambda}{4\pi\varepsilon_0 a}\sin\theta d\theta=\frac{\lambda}{4\pi\varepsilon_0 a}(\cos\theta_1-\cos\theta_2)$$

$$E_y=\int dE_y=\int_{\theta_1}^{\theta_2}\frac{\lambda}{4\pi\varepsilon_0 a}\cos\theta d\theta=\frac{\lambda}{4\pi\varepsilon_0 a}(\sin\theta_2-\sin\theta_1)$$

最后由 $E_x$ 和 $E_y$ 来确定 $\boldsymbol{E}$ 的大小和方向。

如果这一均匀带电直线为无限长时，即 $\theta_1=0,\theta_2=\pi$，那么

$$E_x=\frac{\lambda}{2\pi\varepsilon_0 a},\quad E_y=0$$

可以看出，对于无限长的均匀带电直线，线外任一点 $P$ 的电场强度大小与带电线密度 $\lambda$ 成正比，与该点到直线的垂直距离 $a$ 成反比。电场强度的方向垂直于带电直线，指向由 $\lambda$ 的正负决定。这是一个常用的结果。

需要指出，利用例10.5的结果，并根据叠加原理可以较方便地求出如图10.8、图10.9等在 $P$ 点的电场强度。对此，后面将会讲到。

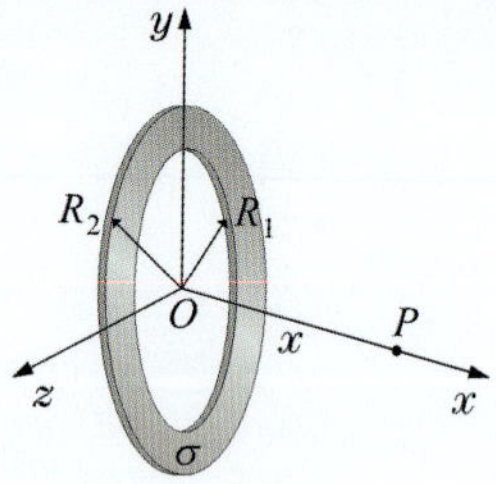


图10.8

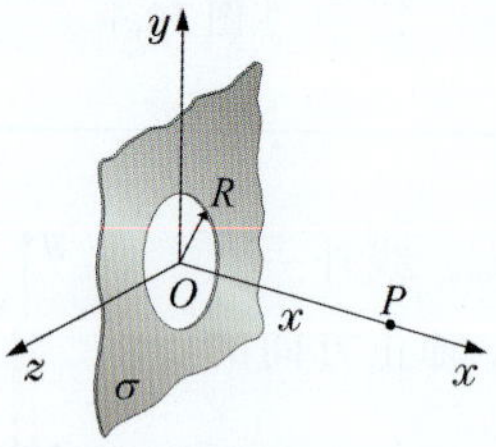


图10.9

通过例10.6可以看出，在已知带电系统的电荷分布时，根据电场强度的定义，应用叠加原理求电场中任一点 $P$ 电场强度的方法和步骤是：①根据给定的电荷分布，恰当地选择电荷元和坐标系；②应用点电荷电场强度的计算式，在选定的坐标系中写出电荷元 d$q$ 产生在 $P$ 点的电场强度 d$\boldsymbol{E}$；③应用电场强度叠加原理将每个电荷元产生的电场强度矢量相加或矢量积分，即可得到给定点 $P$ 的电场强度。这里应该注意的是：①要将 d$\boldsymbol{E}$ 向坐标轴上投影，变矢量相加或矢量积分为标量相加或标量积分，同时还要重视对称性的分析，这样常可省去一些不必要的计算；②要熟悉在各种不同坐标系中，线元、面积元和体积元的表示方法；③有些问题还可以在已有的计算结果的基础上，应用叠加原理直接进行计算，如上面讲到的用已知的均匀带电圆环产生的电场分布结果直接叠加求出均匀带电圆板的电场分布等。

## 想想看

10.11 图(a)中的半圆圈上均匀分布有 $+q$ 电荷，图(b)中上、下半圆各均匀分布有 $+q$ 和 $-3q$ 电荷，问两者在 $O$ 点处产生的电场强度各沿什么方向？你能在一分钟内回答出此问题吗？

10.12 如图：①在边长为 $2a$ 的正方形中心 $C$ 处，由图示的三

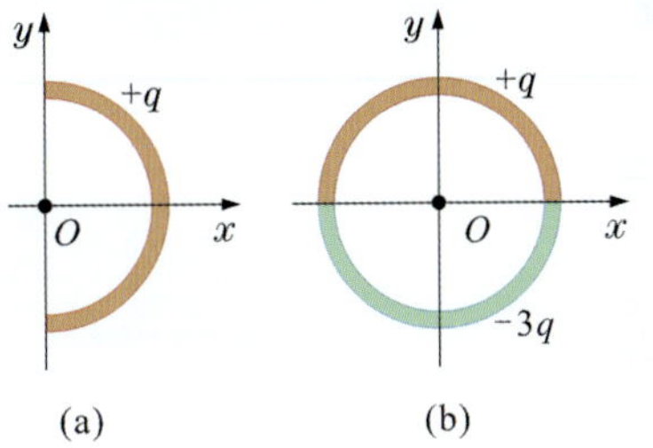


想 10.11 图

个电荷产生的电场强度大小等于多少？方向是怎样的？②如果在中心 $C$ 处放置一点电荷 $-Q$，则电荷 $-Q$ 受到的静电力的大小和方向是怎样的？

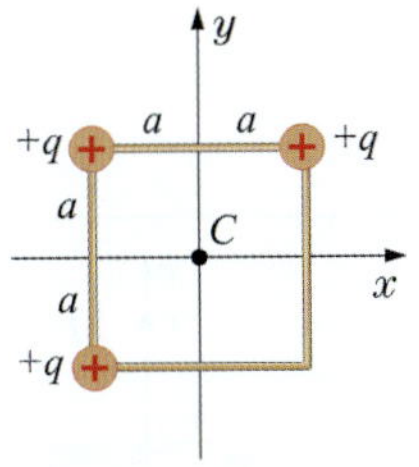


想 10.12 图

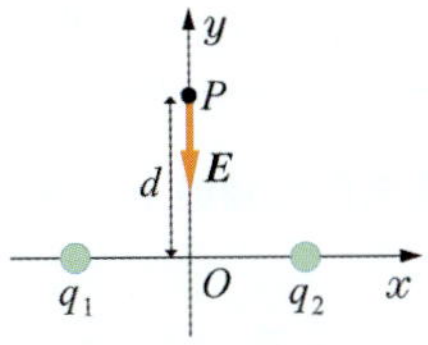


想 10.13 图

10.13 在 $x$ 轴上相对原点 $O$ 对称地分布着两个大小相等的点电荷 $q_1$ 和 $q_2$，已知此二电荷在 $y$ 轴上距原点为 $d$ 处的 $P$ 点产生的电场强度 $\boldsymbol{E}$ 沿 $y$ 轴负向，问此二电荷同是正的，同是负的，还是一正一负？

在已知静电场中各点电场强度的条件下，应用式(10.2)可以直接求得点电荷 $q$ 在电场中各点受到的静电力，即

$$\boldsymbol{F}=q\boldsymbol{E} \tag{10.6}$$

**例 10.7** 求电偶极子在匀强电场中受到的力偶矩。设电偶极子的电偶极矩 $\boldsymbol{p}=q\boldsymbol{l}$，匀强电场的电场强度为 $\boldsymbol{E}$。

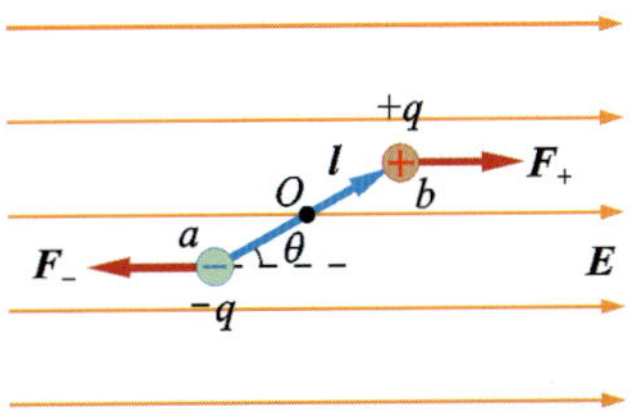


例 10.7 图

**解** 如图所示，电偶极子处于均匀电场中，正、负电荷所受的力分别为 $\boldsymbol{F}_+=q\boldsymbol{E}$ 和 $\boldsymbol{F}_-=-q\boldsymbol{E}$，它们的大小相等，方向相反，矢量和为零。但是，$\boldsymbol{F}_+$ 和 $\boldsymbol{F}_-$ 的作用线不在同一直线上，这样的两个力称为力偶。它们对于中点 $O$ 的力矩方向相同，力臂都是 $\frac{1}{2}l\sin\theta$，$\theta$ 为 $\boldsymbol{p}$ 与 $\boldsymbol{E}$ 的夹角，所以总力矩（也称力偶矩）的大小为

$$M=F_+\cdot\frac{1}{2}l\sin\theta+F_-\cdot\frac{1}{2}l\sin\theta=qlE\sin\theta$$

从此式可以看出，当 $\theta=\frac{\pi}{2}$ 时，力偶矩最大；当 $\theta=0$ 时，力偶矩为零，$\boldsymbol{p}$ 的方向与 $\boldsymbol{E}$ 的方向相同，这时电偶极子处于稳定平衡；当 $\theta=\pi$ 时，力偶矩亦为零，但 $\boldsymbol{p}$ 的方向与 $\boldsymbol{E}$ 的方向相反，这时电偶极子处于非稳定平衡。因此，电偶极子在电场的作用下总要使 $\boldsymbol{p}$ 转向 $\boldsymbol{E}$ 的方向。

根据矢积的定义，上式可以表示为

$$\boldsymbol{M}=q\boldsymbol{l}\times\boldsymbol{E}=\boldsymbol{p}\times\boldsymbol{E}$$

最后再介绍一种称为补偿法的求电场强度的方法，这种方法在实际中是很有用的。这种处理问题的思想方法不仅在电磁学中，而且在物理学的其他部分和工程技术中都是常见的。如图 10.10 所示的

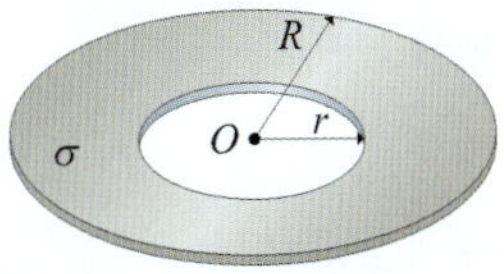


图 10.10

半径为 $R$ 的薄圆板内有一半径为 $r$ 的同心圆孔，板上均匀带电，电荷面密度为 $+\sigma$，欲求轴线上一点 $P$ 的电场强度。可以认为它是由半径为 $R$，均匀带电、面密度为 $+\sigma$ 的圆板和半径为 $r$、均匀带电、面密度为 $-\sigma$ 的同心圆板在 $P$ 点处产生的电场强度的叠加。又如图 10.11 所示的带有狭缝的均匀带电无限长圆柱面，其上电荷面密度为 $+\sigma$，则可以认为它在轴线上一点 $P$ 产生的电场强度，为带正电的整个圆柱面与均匀带负电的无限长直线在 $P$ 点产生的电场强度的叠加。请读者自行计算出结果来。

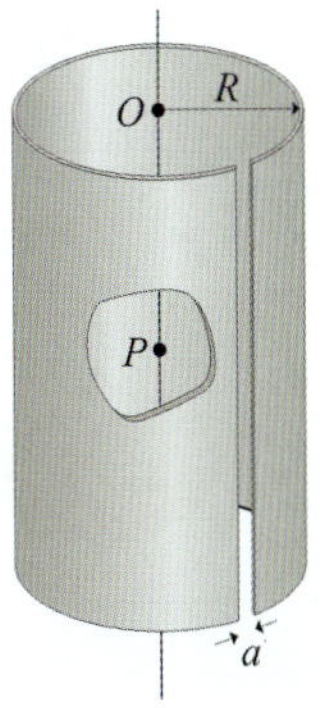


图 10.11

为了方便查找，表 10.1 中列出了一些常见带电体产生的电场强度的计算公式。

**表 10.1　一些常见带电体产生的电场强度**

**点电荷**

$$\boldsymbol{E}=\frac{1}{4\pi\varepsilon_0}\frac{q}{r^2}\boldsymbol{r}^0$$

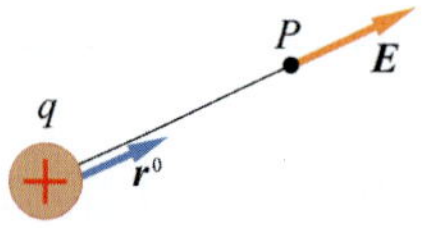


**均匀带电无限大平面**

$$E=\frac{\sigma}{2\varepsilon_0}$$

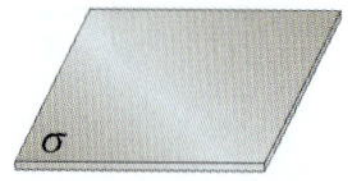


**电偶极子**

①沿电偶极子 $x$ 轴上一点($x\gg l$)

$$\boldsymbol{E}=\frac{2\boldsymbol{p}}{4\pi\varepsilon_0 x^3}$$

②在电偶极子 $y$ 轴上一点($y\gg l$)

$$\boldsymbol{E}=\frac{-\boldsymbol{p}}{4\pi\varepsilon_0 y^3}$$

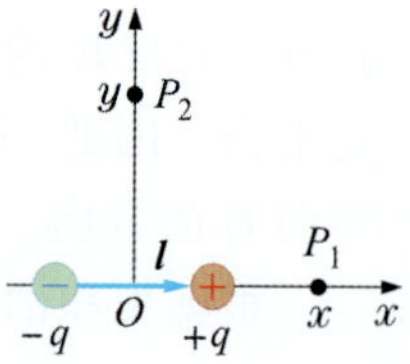

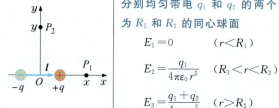

**分别均匀带电 $q_1$ 和 $q_2$ 的两个半径为 $R_1$ 和 $R_2$ 的同心球面**

$E_1=0$　　$(r<R_1)$

$E_2=\dfrac{q_1}{4\pi\varepsilon_0 r^2}$　　$(R_1<r<R_2)$

$E_3=\dfrac{q_1+q_2}{4\pi\varepsilon_0 r^2}$　　$(r>R_2)$

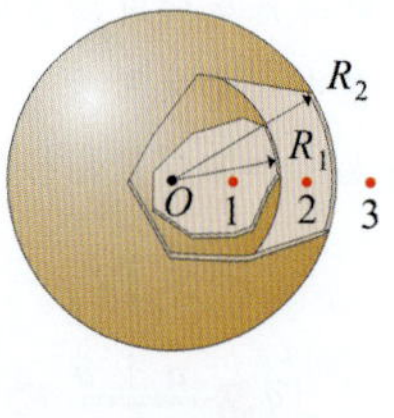


**线密度为 $\lambda$ 的一段圆弧的圆心处**

$$E=\frac{\lambda}{2\pi\varepsilon_0 R}\sin\theta_0$$

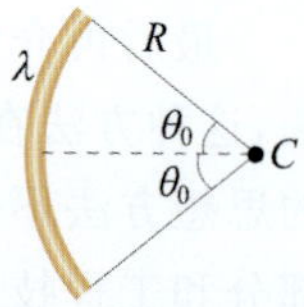


**均匀带电圆盘轴线上一点**

$$\boldsymbol{E}=\frac{\sigma}{2\varepsilon_0}\left[1-\frac{x}{\sqrt{R^2+x^2}}\right]\boldsymbol{i}$$

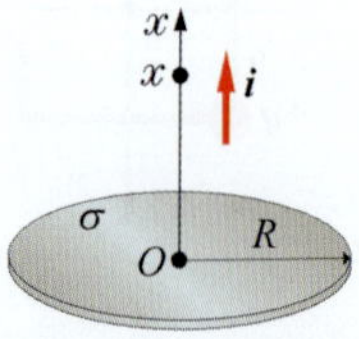


**均匀带电细圆环轴线上一点**

$$\boldsymbol{E}=\frac{qx}{4\pi\varepsilon_0(R^2+x^2)^{3/2}}\boldsymbol{i}$$

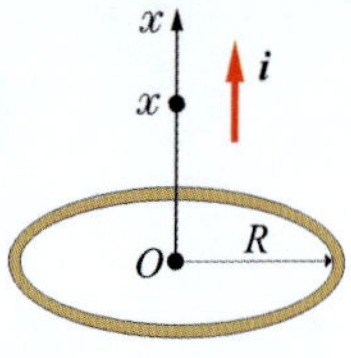


**有孔的均匀带电圆盘轴线上一点**

$$\boldsymbol{E}=\frac{\sigma}{2\varepsilon_0}\left(\frac{x}{\sqrt{r^2+x^2}}-\frac{x}{\sqrt{R^2+x^2}}\right)\boldsymbol{i}$$

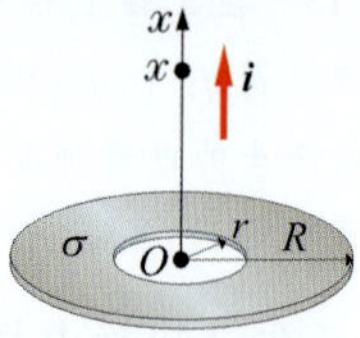


**无限大均匀带异号电荷平板间**

$$E=\frac{\sigma}{\varepsilon_0}$$

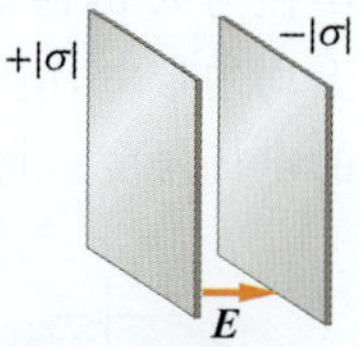


**长为 $L$ 的均匀带电直棒中垂线上**

$$\boldsymbol{E}=\frac{\lambda}{2\pi\varepsilon_0 x}\sin\theta_0\boldsymbol{i}$$

当 $L\to\infty$ 时　$E=\dfrac{\lambda}{2\pi\varepsilon_0 x}$

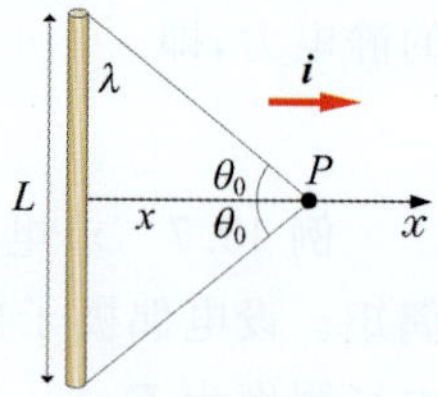


**均匀带电球面**

$E=0$　　$(r<R)$

$\boldsymbol{E}=\dfrac{q}{4\pi\varepsilon_0 r^2}\boldsymbol{r}^0$　　$(r>R)$

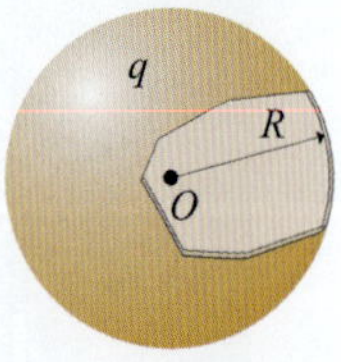


**均匀带电球体**

$\boldsymbol{E}=\dfrac{qr}{4\pi\varepsilon_0 R^3}\boldsymbol{r}^0$　　$(r<R)$

$\boldsymbol{E}=\dfrac{q}{4\pi\varepsilon_0 r^2}\boldsymbol{r}^0$　　$(r>R)$

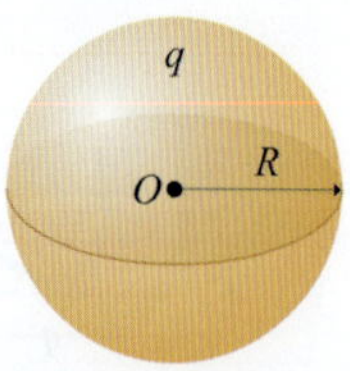


**带有圆孔的均匀带电无限大平板轴线上一点**

$$E=\frac{\sigma x}{2\varepsilon_0}\frac{1}{(r^2+x^2)^{1/2}}$$

(这一情况可以用补偿法求解，请求证！)

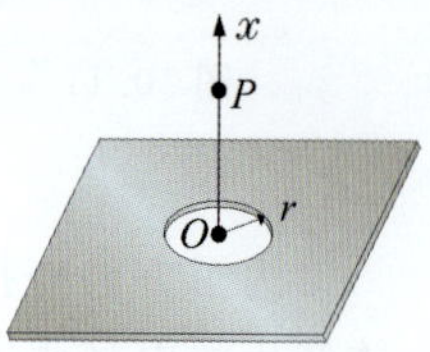


**半径为 $R$、线密度为 $\lambda$ 的无限长均匀带电圆柱体**

$E=\dfrac{\lambda}{2\pi\varepsilon_0 r}$　　$(r>R)$

$E=\dfrac{\lambda r}{2\pi\varepsilon_0 R^2}$　　$(r<R)$

## 复习思考题

**10.6** 试比较点电荷与试验电荷两个概念。

**10.7** $\boldsymbol{E}=\dfrac{\boldsymbol{F}}{q_0}$ 与 $\boldsymbol{E}=\dfrac{1}{4\pi\varepsilon_0}\dfrac{q}{r^2}\boldsymbol{r}^0$ 有什么区别和联系？

**10.8** 如图所示，长为 $l$ 的细杆上，均匀分布有电荷 $+q$，问：在距杆右端为 $s$ 的 $P$ 点，电场强度的大小和方向如何？

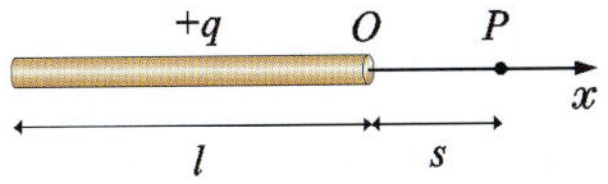

思 10.8 图

**10.9** 均匀分布有电荷 $+q$ 的一段圆弧，它对圆心 $O$ 的张角为 $\theta$，见图。试求圆心 $O$ 处的电场强度（包括大小和方向）。圆弧的半径为 $R$。

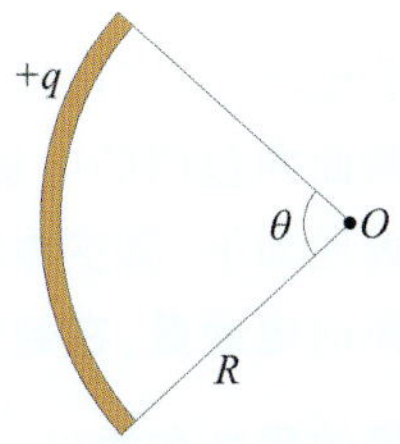

思 10.9 图

**10.10** 如图 1 所示，一点电荷 $q$ 固定在坐标原点，矢径 $\boldsymbol{r}$ 大小保持不变，当 $\theta$ 角变化时，矢径端点 $P$ 处电场强度沿 $x$ 轴的投影 $E_x$ 是按图 2 三种情况中哪种随 $\theta$ 变化的？

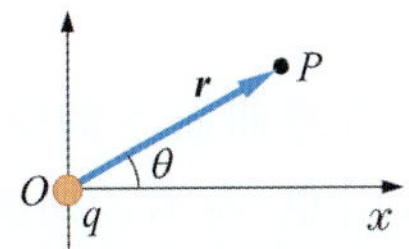

思 10.10 图 1

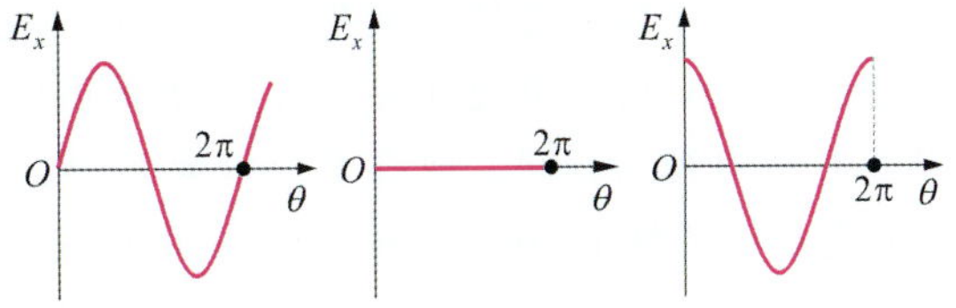

(a) (b) (c)

思 10.10 图 2

**10.11** 试分别计算图示的电偶极子在（$x=r,y=0$）处和（$x=0,y=r$）处的电场强度的 $x$ 分量 $E_x$ 和 $y$ 分量 $E_y$，并比较当 $r\gg a$ 时 $E_y(r,0)$ 和 $E_x(0,r)$，看看将得到一个什么有趣的结果。

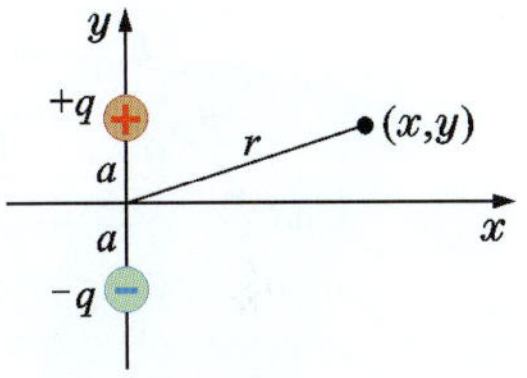

思 10.11 图

## 10.3 电通量 高斯定理

### 10.3.1 电场线（电力线）

前面讲述了根据给定的电荷分布，怎样用计算方法确定电场中各点的电场强度分布。下面介绍用电场线来形象地描绘电场中电场强度分布的方法。

电场线是按下述规定画出的一簇曲线：**电场线上任一点的切线方向表示该点电场强度 $E$ 的方向**，如图 10.12 所示。为了能从电场线的分布直观地看出电场中各点电场强度的大小，规定**在电场中任一点处，垂直于电场强度方向上，想象取一极小的面积元 $\mathrm{d}S$，穿过该小面积的电场线条数 $\mathrm{d}N$ 满足 $E=\dfrac{\mathrm{d}N}{\mathrm{d}S}$ 的关系，$E$ 为该点电场强度的大小**。按这样的规定画出的电场线，密度大的地方，电场强度大；密度小的地方，电场强度小。图 10.13 是几种典型带电系统产生的电场线分布图，其中图(d)表示在一密闭盒内电场分布的电场线图，绘制此图时，可以不知道电荷在盒壁、盒外的分布，只是根据实验绘制而成。

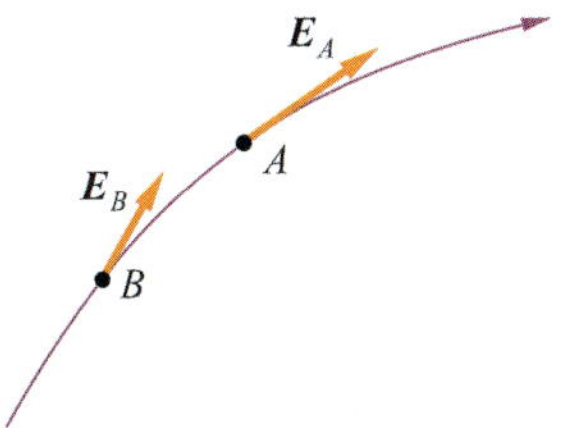

图 10.12

静电场中的电场线有两个重要的性质：(1)电场线总是起自正电荷，终止于负电荷（或从正电荷起伸

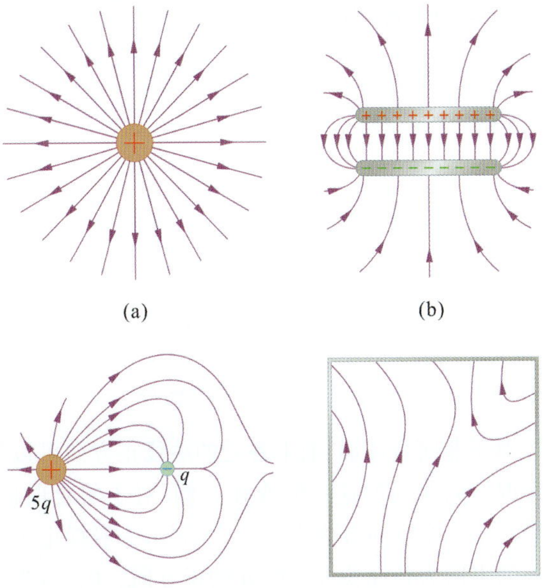

(a) (b) (c) (d)

图 10.13

向无限远，或来自无限远到负电荷止）；（2）电场线不会自成闭合线，任意两条电场线也不会相交。

### 10.3.2 电通量

在电场中穿过任意曲面 $S$ 的电场线条数称为穿过该面的电通量，用 $\Phi_e$ 表示。如图10.14(a)所示，为求穿过曲面 $S$ 的电通量，可将 $S$ 分割为无限多个面积元。先来计算穿过任一面积元 $dS$ 的电通量。因为 $dS$ 无限小，所以可视其为平面，其上各点的电场强度 $\boldsymbol{E}$ 也可视为相同。现将 $\boldsymbol{E}$ 分解为 $\boldsymbol{E}_n$ 和 $\boldsymbol{E}_\tau$，按照画电场线的规定，穿过面积元 $dS$ 的电通量为

$$d\Phi_e = E_n dS = E\cos\theta dS \qquad (10.7)$$

其中 $\theta$ 为 $dS$ 面法线 $\boldsymbol{n}$ 与电场强度矢量 $\boldsymbol{E}$ 间的夹角。

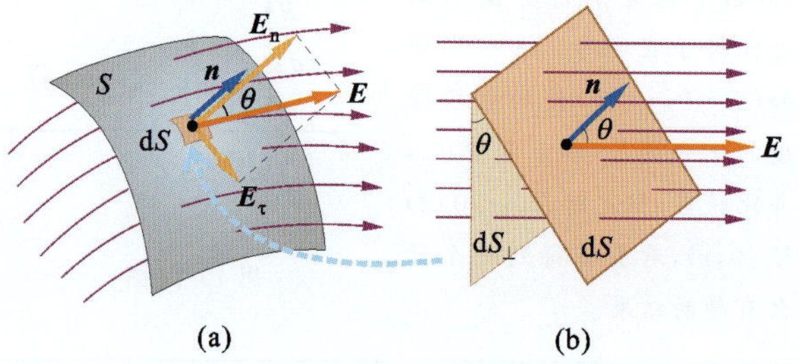


图 10.14

也可将面积元 $dS$ 投影到垂直于 $\boldsymbol{E}$ 的方向，如图 10.14(b)所示，来计算穿过面积元 $dS$ 的电通量。

电通量是代数量，当 $0\leqslant\theta\leqslant\frac{\pi}{2}$ 时，$d\Phi_e$ 为正；当 $\frac{\pi}{2}\leqslant\theta\leqslant\pi$ 时，$d\Phi_e$ 为负。

根据矢量标积的定义，穿过面积元 $dS$ 电通量的表达式(10.7)也可以表示为

$$d\Phi_e = \boldsymbol{E}\cdot d\boldsymbol{S} \qquad (10.8)$$

然后求出各面积元电通量的总和，可得穿过整个曲面 $S$ 的电通量，即

$$\Phi_e = \int d\Phi_e = \int_S \boldsymbol{E}\cdot d\boldsymbol{S} \qquad (10.9)$$

式中符号 $\int_S$ 表示对整个曲面 $S$ 的积分。

对于非闭合曲面，面上各处的法线正方向可以任意选取指向曲面的这一侧或那一侧；对于闭合曲面，因为它把整个空间分为内外两个部分，一般规定由内向外的方向为各面积元法线 $\boldsymbol{n}$ 的正方向。因此，当电场线由闭合曲面内部穿出时（见图10.15），如 $dS_1$ 处，$0\leqslant\theta\leqslant\frac{\pi}{2}$，$d\Phi_e$ 为正；当电场线由闭合曲面外穿入闭合曲面时，如在 $dS_2$ 处，$\frac{\pi}{2}\leqslant\theta\leqslant\pi$，$d\Phi_e$ 为负。穿过整个闭合曲面的电通量为各面积元上电通量的代数和，即

$$\Phi_e = \oint_S \boldsymbol{E}\cdot d\boldsymbol{S} \qquad (10.10)$$

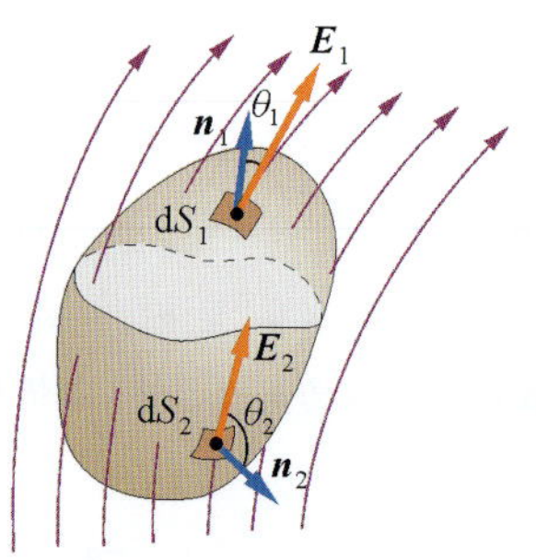


图 10.15

式中符号 $\oint_S$ 表示对整个闭合曲面的积分。

### 10.3.3 高斯定理

高斯定理是电磁学的基本定理之一，它给出了静电场中，穿过任一闭合曲面 $S$ 的电通量与该闭合曲面内包围的电量之间在量值上的关系。高斯定理表述如下：**真空中的任何静电场中，穿过任一闭合曲面的电通量，在数值上等于该闭合曲面内包围的电量的代数和乘以 $\frac{1}{\varepsilon_0}$**，即

对不连续分布的源电荷

$$\Phi_e = \oint_S \boldsymbol{E}\cdot d\boldsymbol{S} = \frac{1}{\varepsilon_0}\sum_{(内)} q_i \qquad (10.11a)$$

对连续分布的源电荷

$$\Phi_e = \oint_S \boldsymbol{E}\cdot d\boldsymbol{S} = \int_V \frac{1}{\varepsilon_0}\rho dV \qquad (10.11b)$$

式中 $\rho$ 为连续分布源电荷的电荷体密度，$V$ 为包围在闭合曲面内的源电荷分布的体积。式(10.11)就是真空中静电场高斯定理的数学表达式，定理中的任一闭合曲面常称为“高斯面”。

例如，在带电量为 $q$ 的点电荷产生的电场中，设想以 $q$ 所在处为中心，以任意半径 $r$ 作一球面 $S$ 为高斯面，它包围点电荷 $q$，如图 10.16(a)所示。由于球面上任一点的电场强度 $\boldsymbol{E}$ 的大小都相等，方向沿径向并处处与球面 $S$ 垂直。因此，穿过这个球面的电通量为

$$\Phi_e = \oint_S \boldsymbol{E}\cdot d\boldsymbol{S} = E\oint_S dS = \frac{1}{4\pi\varepsilon_0}\frac{q}{r^2}4\pi r^2 = \frac{1}{\varepsilon_0}q$$

这一结果与球面的半径无关。亦即说，穿过任何半径的球面的电通量都等于 $\frac{1}{\varepsilon_0}q$。这说明从正电荷 $q$ 发出的电场线条数为 $\frac{1}{\varepsilon_0}q$，其电场线连续地伸向无限远处。容易想象，如果作任意的闭合曲面 $S'$，只要电荷 $q$ 被包围在闭合曲面之内，那么从 $q$ 发出的全部电场线必然都穿过该闭合曲面，因而穿过它们的

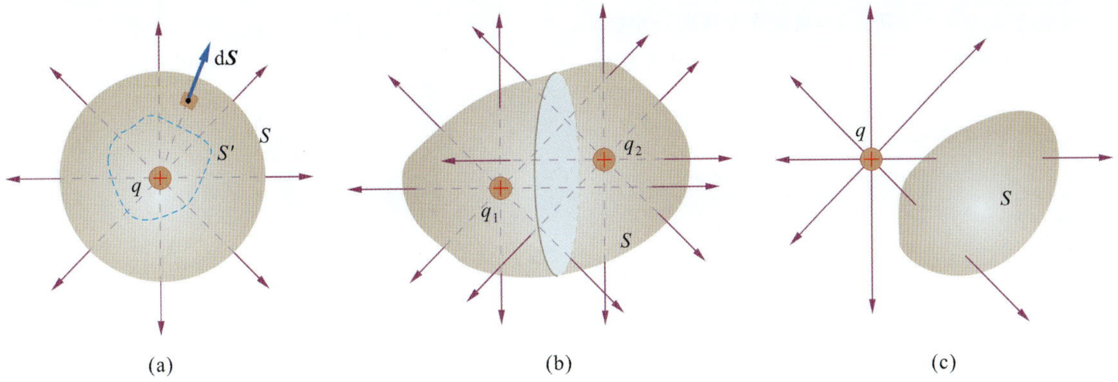


图 10.16

电通量也等于$\frac{1}{\varepsilon_0}q$。至于电荷 $q$ 在闭合曲面内的位置，对这一结果并无影响。如果闭合曲面内包围的是一个负的点电荷 $q$，那么必有等量的电场线穿入闭合曲面，因而穿过闭合曲面的电通量等于负的$\frac{1}{\varepsilon_0}q$。

设想任意闭合曲面 $S$ 内包围两个正的点电荷 $q_1$ 和 $q_2$，如图 10.16(b)所示。$q_1$ 发出的电场线条数为$\frac{1}{\varepsilon_0}q_1$，$q_2$ 发出的电场线条数为$\frac{1}{\varepsilon_0}q_2$，它们发出的电场线都穿过了闭合曲面。因此，穿过闭合曲面的电通量为$\frac{1}{\varepsilon_0}(q_1+q_2)$。如果 $q_1$ 为正电荷，$q_2$ 为负电荷，则 $q_1$ 发出的电场线条数为$\frac{1}{\varepsilon_0}q_1$，终止于 $q_2$ 的电场线条数为$\frac{1}{\varepsilon_0}q_2$，因而净穿入(或穿出)闭合曲面的电场线条数也为$\frac{1}{\varepsilon_0}(q_1+q_2)$，显然这时$q_1+q_2$应理解为电荷 $q_1$ 和 $q_2$ 的代数和。这一结果不难推广到闭合曲面内包围许多个点电荷的情况。

如果高斯面内不包围电荷，电荷在它的外面，式(10.11)也是正确的。如图 10.16(c)所示，实际上从高斯面外的电荷发出的每一条电场线都穿透了整个曲面，有穿入必有穿出，因此就总效果来看，穿过高斯面的电通量为零。

通过以上特例的讨论，可以看出高斯定理所给出的结论是完全正确的。

一般来说，高斯定理说明静电场中电场强度对任意闭合曲面的电通量只取决于该闭合曲面内包围电量的代数和，与曲面内电荷的分布无关。应该指出，虽然高斯定理中穿过闭合曲面的电通量只与曲面内包围的电荷有关，然而定理中涉及的电场强度却是所有(包括闭合曲面内、外)源电荷产生的总电场强度。在静电学中高斯定理的重要意义在于把电场与产生电场的源电荷联系起来了，它反映了静电场是有源电场这一基本性质。高斯定理可以从库仑定律直接导出。反之，从高斯定理也可以导出库仑定律。静电场中的高斯定理可以推广到非静电场中去，即不论是对静电场，还是变化的电场，高斯定理都是适用的。

一般地说，从高斯定理很难直接确定各场点的电场强度，但是当电荷分布具有某些对称性时，可以应用高斯定理方便地计算它所产生的电场在各场点的电场强度，其计算过程比根据电场强度定义、叠加原理，直接用积分法计算要简便得多，而这些特殊情况，在实际中还是很有用的。

## 想想看

10.14 如图示，一个任意选定的高斯面 $M$，它内部有 4 个带电体 $q_1=+3\ \mu\text{C}$，$q_2=-2\ \mu\text{C}$，$q_3=+2\ \text{nC}$，$q_4=+8\ \mu\text{C}$，和两个不带电的中性物 $s_1$、$s_2$；在它的外面有两个带电体 $q_5=+5\ \text{nC}$，$q_6=-4\ \text{nC}$，问通过高斯面 $M$ 的电通量是多少？

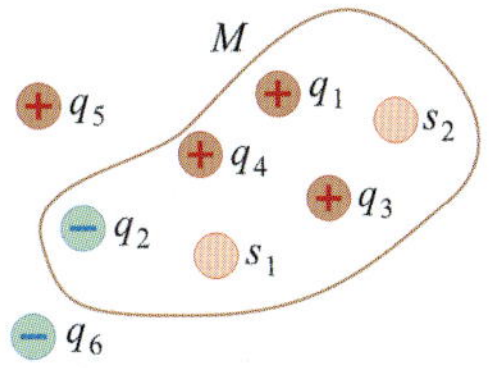


想 10.14 图

10.15 如图，球面内部有一正点电荷，当它从位置(1)移动到球面内的位置(2)时，问通过面积元 dS 的电通量 d$\Phi$ 是增加

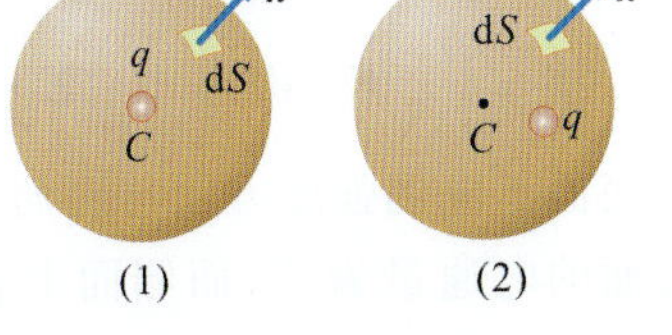


想 10.15 图

了、减少了，还是不变？

10.16　一边长为 $a$ 的正立方闭合面，放置在匀强电场中（如图），问穿过这一正立方体的净电通量 $\Phi_e$ 属于下列哪种情况：

① $\Phi_e \propto 2a^2$；② $\Phi_e \propto 6a^2$；③ $\Phi_e = 0$。

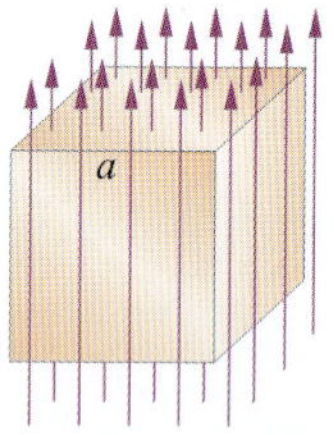


想 10.16 图

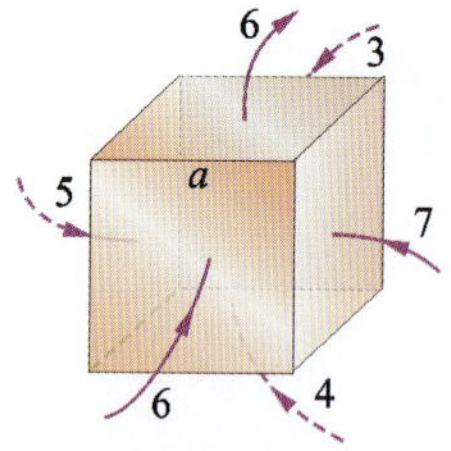


想 10.17 图

10.17　如图，边长为 $a$ 的正立方体处于静电场中，图上实线箭头和虚线箭头分别表示穿过可见面和不可见面电场线的方向，上面的数字表示穿过该面的电通量，试问此正立方体包围的净电荷是正、是负还是零？

10.18　①在图示的电场中放入一负点电荷，问此电荷将向哪个方向运动：上、下、左、右，还是不动？②图示的电场中，是 $A$ 点还是 $B$ 点的电场强度大？

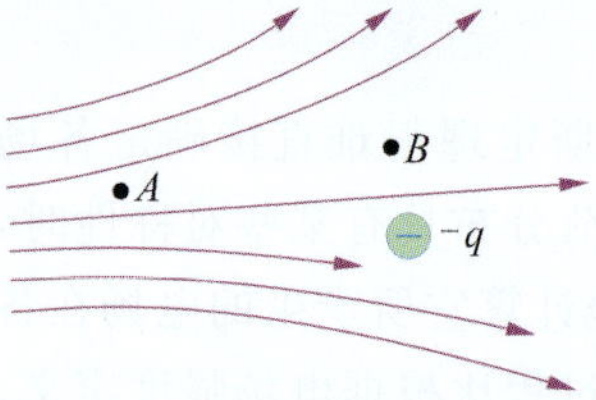


想 10.18 图

下面介绍应用高斯定理求解电场强度的方法。

## 1. 轴对称性电场

**例 10.8**　**"无限长"均匀带电直线的电场强度分布。**设带电直线的电荷线密度为 $+\lambda$，求距直线 $r$ 处一点 $P$ 的电场强度。

**解**　根据电荷分布的特点，可以断定这一"无限长"均匀带电直线产生的电场分布具有轴对称性。如图所示，过 $P$ 点作一个以带电直线为轴、以 $l$ 为高的圆柱形闭合曲面 $S$ 为高斯面。由电场的对称性知，高斯面侧面上各点电场强度的大小都相同且方向都沿径向与高斯面正交，则通过高斯面 $S$ 的电通量为

$$\Phi_e = \oint_S \boldsymbol{E} \cdot \mathrm{d}\boldsymbol{S} = \int_{侧} \boldsymbol{E} \cdot \mathrm{d}\boldsymbol{S} + \int_{上底} \boldsymbol{E} \cdot \mathrm{d}\boldsymbol{S} + \int_{下底} \boldsymbol{E} \cdot \mathrm{d}\boldsymbol{S}$$

由于在上下底面上电场强度方向与底面平行，因此，穿过上下底面的电通量为零，而侧面上各点的电场强度方向与各点所在处面积元法线方向相同。所以

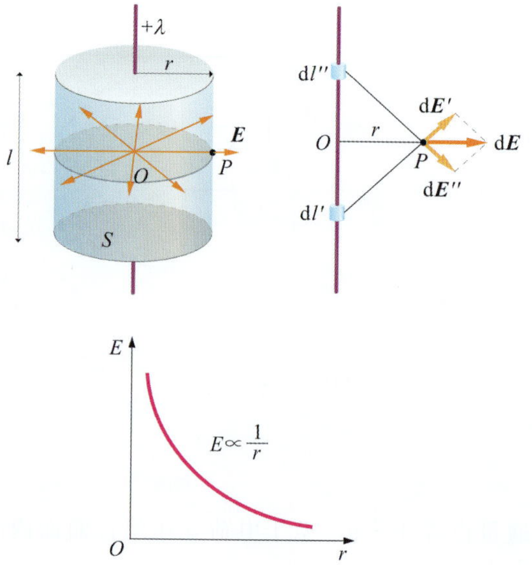


例 10.8 图

$$\Phi_e = \oint_S \boldsymbol{E} \cdot \mathrm{d}\boldsymbol{S} = \int_{侧} E\mathrm{d}S = E\int_{侧} \mathrm{d}S = 2\pi rEl$$

此闭合曲面内包围的电量 $\sum_{(内)} q_i = \lambda l$。根据高斯定理得　$2\pi rEl = \dfrac{1}{\varepsilon_0}\lambda l$

由此得　$E = \dfrac{\lambda}{2\pi\varepsilon_0 r}$

可以看出电场强度的分布随 $r$ 一次方成反比地减小，由于直线带的电荷为正，电场强度的方向沿半径向外，如图所示。

这一结果也可用于近似计算在有限长均匀带电直线附近（与线的长度比），远离两端各点的电场强度。

我们看到"无限长"均匀带电直线产生的电场强度之所以可用高斯定理进行计算，完全是因为在其周围空间产生的电场具有轴对称性。

### 想想看

10.19　你能根据例 10.8 题中电荷分布的对称性得出下述结论吗？①电场分布具有轴对称性。②在所作的高斯面的侧面上，各点电场强度的大小都相同，并且方向都沿径向与高斯面正交。

如果本题中均匀带电直线是有限长的，是否还能用高斯定理求其产生的电场强度？为什么？

## 2. 球面对称性电场

**例 10.9**　**均匀带电球面的电场强度分布。**已

知球面半径为 $R$，所带电量为 $+q$。

**解** 先求球面外任一点的电场强度。设 $P$ 为球面外距球心 $O$ 为 $r$ 的任一点，以 $O$ 为球心，$r$ 为半径作球面 $S$ 为高斯面。由电荷分布的对称性知，高斯面上各点的电场强度的大小都相同，并且方向都沿径向与高斯面正交，如图所示。

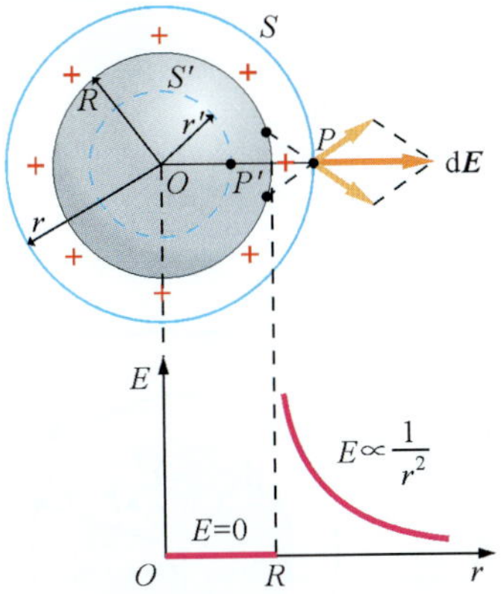


例 10.9 图

通过高斯面的电通量为

$$\Phi_e=\oint_S \boldsymbol{E}\cdot d\boldsymbol{S}$$

$$=\oint_S E\cdot dS=E\oint_S dS=E\cdot 4\pi r^2$$

此高斯面内包围的电量 $\sum\limits_{(内)} q_i=q$。根据高斯定理，有

$$E\cdot 4\pi r^2=\frac{1}{\varepsilon_0}q$$

所以 $E=\dfrac{1}{4\pi\varepsilon_0}\dfrac{q}{r^2}\quad (r>R)$

考虑到 $\boldsymbol{E}$ 的方向，可用矢量式表示为

$$\boldsymbol{E}=\frac{1}{4\pi\varepsilon_0}\frac{q}{r^2}\boldsymbol{r}^0$$

可以看出，均匀带电球面外的电场强度分布，好像球面上的电荷都集中在球心时形成的点电荷产生的电场强度分布一样。

对球面内部一点 $P'$，过 $P'$ 点作一半径为 $r'$ 的同心球面 $S'$ 为高斯面。由于它内部没有包围电荷，则

$$\Phi_e=\oint_{S'}\boldsymbol{E}\cdot d\boldsymbol{S}=0$$

故 $E=0\quad (r<R)$

此结果表明，均匀带电球面内部的电场强度处处为零。

画出电场强度大小随 $r$ 变化的曲线，可以看出，在均匀带电球面上 $(r=R)$ 电场强度大小 $E$ 是不连续的。

**想想看**

10.20 在一均匀带电 $q_B$ 的球面 $S$ 内有一同心均匀带电 $q_A$ 的球，问在球和球面 $S$ 中间区域的电场强度与电荷 $q_B$ 间存在什么关系？

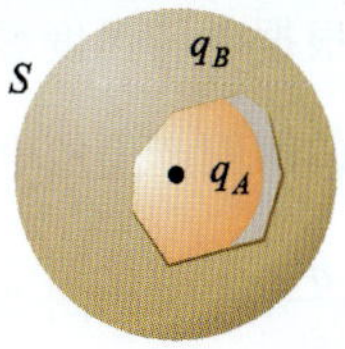


想 10.20 图

### 3. “无限大”均匀带电平面的电场

**例 10.10** “无限大”均匀带电平面的电场强度分布。已知平面上带电面密度为 $+\sigma$。

**解** 由于电荷均匀分布在“无限大”平面上，可知空间各点的电场强度分布具有面对称性，即离带电平面等距离远处各点电场强度 $\boldsymbol{E}$ 的大小相等，方向都与带电平面垂直，如图 1(a)所示。

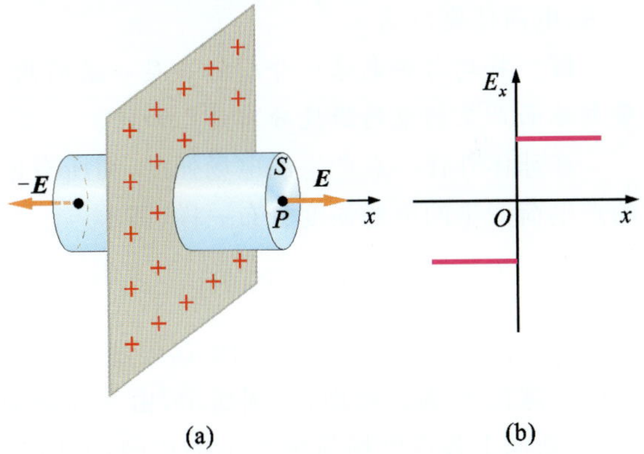


例 10.10 图 1

选取一个圆柱形高斯面，使其轴线与带电平面垂直，并使两端面相对带电平面对称，$P$ 点位于一个端面上，令端面的面积为 $S$，其上的电场强度大小为 $E$。由于圆柱形高斯面侧面上各点的电场强度与侧面平行，所以穿过侧面的电通量为零。于是穿过整个高斯面的电通量就等于穿过两个端面上的电通量，即

$$\Phi_e=\oint_S \boldsymbol{E}\cdot d\boldsymbol{S}$$

$$=\int_{侧}\boldsymbol{E}\cdot d\boldsymbol{S}+\int_{左端面}\boldsymbol{E}\cdot d\boldsymbol{S}+\int_{右端面}\boldsymbol{E}\cdot d\boldsymbol{S}$$

$$=0+ES+ES=2ES$$

高斯面内包围的电量 $\sum\limits_{(内)} q_i=\sigma S$，根据高斯定理有

$$2ES=\frac{1}{\varepsilon_0}\sigma S$$

所以 $E=\dfrac{\sigma}{2\varepsilon_0}$

从以上结果看出，“无限大”均匀带电平面两侧的电场是匀强电场，见图 1(b)。

两个带等量异号电荷且均匀分布的“无限大”平行平面产生的电场分布，可以直接应用本例的结果，根据电场强度叠加原理求得。两个带电平面在各自的两侧产生的电场强度的大小分别为 $E_1=\dfrac{\sigma}{2\varepsilon_0}$，$E_2=\dfrac{\sigma}{2\varepsilon_0}$，方向如图 2(a)，因此有

Ⅰ区：　$E_{\mathrm{I}}=E_2-E_1=0$

Ⅱ区：　$E_{\mathrm{II}}=E_1+E_2=\dfrac{\sigma}{\varepsilon_0}$

Ⅲ区：　$E_{\mathrm{III}}=E_1-E_2=0$

两个带等量异号电荷且均匀分布的“无限大”平行平面产生的电场分布如图 2(b)所示。

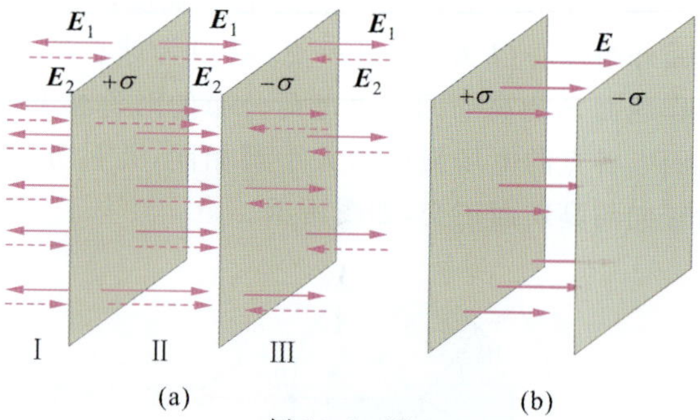


例 10.10 图 2

■ **例 10.11　均匀带电球体的电场强度分布。**已知带电球体半径为 $R$，电荷体密度为 $\rho$。

**解**　将均匀带电球体分割为一层一层的均匀带电球面，而均匀带电球面产生的电场强度分布是已知的。

在球体外任一点产生的电场强度，和所有电荷集中到球心形成的点电荷产生的电场强度分布一样，即

$$\boldsymbol{E}=\frac{1}{4\pi\varepsilon_0}\frac{q}{r^2}\boldsymbol{r}^0=\frac{\rho}{3\varepsilon_0}\frac{R^3}{r^2}\boldsymbol{r}^0\quad(r\geqslant R)$$

在球体内任一点 $P$ 产生的电场强度，可以过 $P$ 点作一半径为 $r$ 的同心球面 $S$ 为高斯面，如图所示，由于高斯面内电荷分布的对称性，高斯面上各点电场强度大小都相同，方向都沿径向并与高斯面正交。因此穿过高斯面 $S$ 的电通量为

$$\Phi_e=\oint_S\boldsymbol{E}\cdot\mathrm{d}\boldsymbol{S}=\oint_S E\mathrm{d}S=E\cdot4\pi r^2$$

包围在高斯面 $S$ 内的电量为

$$\sum_{(内)}q_i=\frac{4}{3}\pi r^3\rho$$

根据高斯定理有

$$E\cdot4\pi r^2=\frac{1}{\varepsilon_0}\frac{4}{3}\pi r^3\rho$$

$$E=\frac{\rho}{3\varepsilon_0}r$$

考虑 $\boldsymbol{E}$ 的方向，写成矢量式为

$$\boldsymbol{E}=\frac{\rho}{3\varepsilon_0}\boldsymbol{r}\qquad(r\leqslant R)$$

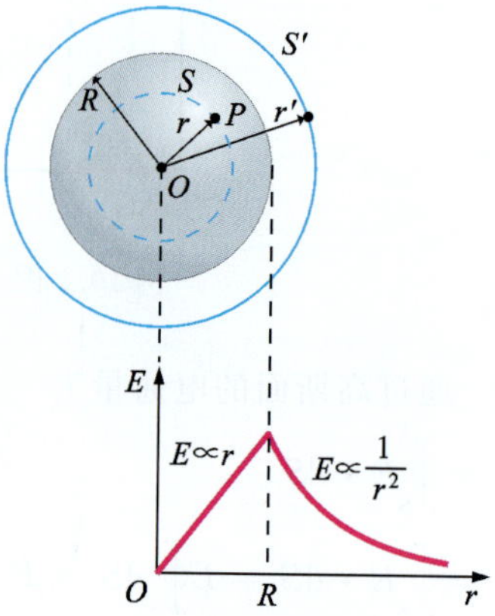


例 10.11 图

从本题结果可知，均匀带电球体内各点的电场强度大小与矢径 $\boldsymbol{r}$ 的大小成正比，方向都沿径向。当 $\rho$ 为正时，$\boldsymbol{E}$ 的方向与 $\boldsymbol{r}$ 方向相同；当 $\rho$ 为负时，$\boldsymbol{E}$ 的方向与 $\boldsymbol{r}$ 方向相反。

由上面几个典型例题看到：①对于均匀带电球面(球体)、均匀带电无限长直线(均匀带电无限长圆柱体)和均匀带电无限大平面等三类系统，而且也只有这三类系统，可以应用高斯定理求它们产生的电场强度分布，因为对这三类带电系统可以做出能够积分算出电通量的高斯面；②要能够积分算出电通量，所选择的高斯面或高斯面上各面积元的法线方向必须与相应处电场强度 $\boldsymbol{E}$ 的方向或垂直或平行，

这时有

若 $\boldsymbol{E}/\!/\mathrm{d}\boldsymbol{S}$，则 $\boldsymbol{E}\cdot\mathrm{d}\boldsymbol{S}=E\mathrm{d}S$

若 $\boldsymbol{E}\perp\mathrm{d}\boldsymbol{S}$，则 $\boldsymbol{E}\cdot\mathrm{d}\boldsymbol{S}=0$

在 $\boldsymbol{E}$ 垂直于高斯面或高斯面某部分时，所选高斯面上各点电场强度 $\boldsymbol{E}$ 的大小必须是常量，满足以上两个条件才能使得

$$\oint\boldsymbol{E}\cdot\mathrm{d}\boldsymbol{S}=E\oint\mathrm{d}S\longrightarrow E=\frac{q_{\text{高斯面内的净电荷}}}{\varepsilon_0\oint\mathrm{d}S}$$

③在已知的上述三类系统产生的电场强度基础上，还可以利用电场叠加原理，灵活地计算出更复杂的一些带电系统产生的电场强度分布，上面平行带电平面和带电球体电场强度的计算就是这样做的。

**想想看**

10.21 均匀带电圆盘、有限长度均匀带电直杆的电荷分布具有轴对称性，是否可用高斯定理求出它们产生的电场分布，为什么？

10.22 将 1.8 μC 的点电荷放在一边长为 4.8 cm 的正立方体的中心，问穿过该正方体的总电通量是多少？如果正立方体边长增大一倍，结果该是怎样？为什么？

10.23 有四个点电荷 $2q$、$5q$、$-2q$、$-5q$，请设计高斯面，使穿过高斯面的总电通量为：①0；②$-3q/\varepsilon_0$；③$7q/\varepsilon_0$。

10.24 对于半径为 $R$ 的无限长均匀带电圆柱面，问：柱面内外的电场强度分布是怎样的？

**复 习 思 考 题**

**10.12** 已知大气层某个区域中电场强度的方向竖直向下，在 300 m 高处，电场强度的大小为 60.0 N/C，在 200 m 处，大小则为 100 N/C，求边长为 100 m，两水平表面在 300 m 和 200 m 高度的正立方体内包含的净电荷量。

**10.13** 如图，边长为 1.40 m 的正立方体放置在静电场中，已知电场强度 $\boldsymbol{E}=3.00y\boldsymbol{j}$ N/C，$y$ 的单位为 m，问：①穿过立方体 $x=1.4$ m 端面的电通量和穿过立方体的净通量；②立方体包围的净电荷是多少？

**10.14** 一点电荷放置在边长为 $a$ 的正立方体一角上，问穿过立方体各面的电通量是多少？（提示：应用高斯定理并设想以电荷所在位置为中心补成一大正立方体）

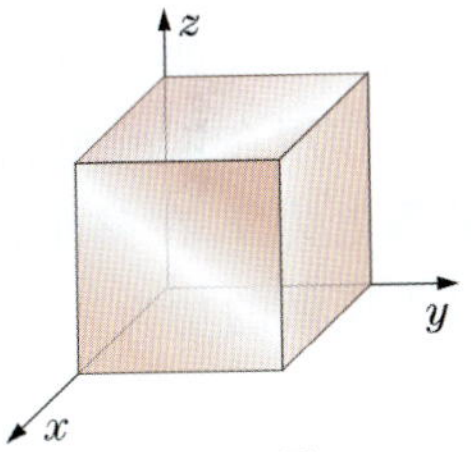


思 10.13 图

## 10.4 静电场的环路定理 电势能

### 10.4.1 静电力的功 静电场的环路定理

前面从电荷在电场中受力的观点研究了静电场的性质，引入了电场强度的概念。本节将从电荷在电场中移动时，静电力做功的角度来研究静电场的性质，引入电势的概念。

先讨论点电荷产生的静电场。为叙述方便起见，均以正电荷为例。如图 10.17 所示，设一正的试验电荷 $q_0$ 在静止的点电荷 $q$ 产生的电场中，由 $a$ 点经某一路径 $L$ 移动到 $b$ 点，则静电力对 $q_0$ 做功为

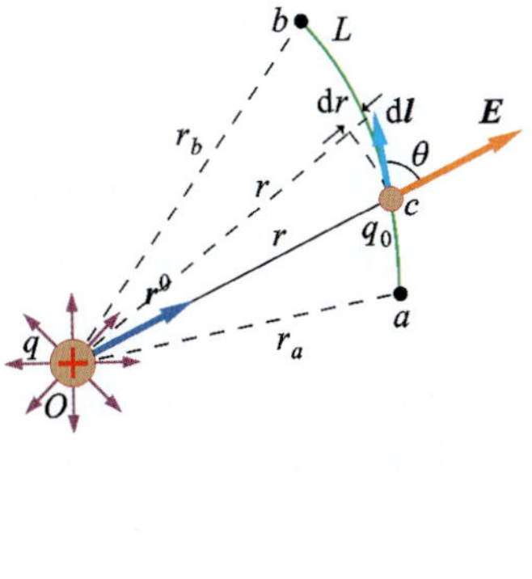


图 10.17

$$A_{ab}=\int_{a(L)}^{b}\boldsymbol{F}\cdot\mathrm{d}\boldsymbol{l}=\int_{a(L)}^{b}q_0\boldsymbol{E}\cdot\mathrm{d}\boldsymbol{l}$$

$$=\frac{qq_0}{4\pi\varepsilon_0}\int_{r_a}^{r_b}\frac{1}{r^2}\mathrm{d}r=\frac{qq_0}{4\pi\varepsilon_0}\left(\frac{1}{r_a}-\frac{1}{r_b}\right)\qquad(10.12)$$

式中 $r_a$ 和 $r_b$ 分别表示从电荷 $q$ 到移动路径的起点 $a$ 和终点 $b$ 的距离。由此结果可以看出，在点电荷 $q$ 的静电场中，静电力对试验电荷所做的功只取决于移动路径的起点和终点的位置，而与路径无关。

可以证明上述结论适用于任何带电体产生的静电场，因为对任何带电体都可将其分割成许多电荷元（视为点电荷）。根据电场强度叠加原理，带电体在某点产生的电场强度，等于各电荷元单独在该点产生的电场强度的矢量和，即

$$\boldsymbol{E}=\boldsymbol{E}_1+\boldsymbol{E}_2+\cdots+\boldsymbol{E}_n$$

当试验电荷 $q_0$ 在这一电场中从 $a$ 点经某一路径 $L$ 移动到 $b$ 点时，静电力做功为

$$A_{ab}=\int_{a(L)}^{b}\boldsymbol{F}\cdot\mathrm{d}\boldsymbol{l}=\int_{a(L)}^{b}q_0\boldsymbol{E}\cdot\mathrm{d}\boldsymbol{l}$$

$$=\int_{a(L)}^{b}q_0(\boldsymbol{E}_1+\boldsymbol{E}_2+\cdots+\boldsymbol{E}_n)\cdot\mathrm{d}\boldsymbol{l}$$

$$=\int_{a(L)}^{b} q_0 \boldsymbol{E}_1 \cdot \mathrm{d}\boldsymbol{l}+\int_{a(L)}^{b} q_0 \boldsymbol{E}_2 \cdot \mathrm{d}\boldsymbol{l}+\cdots+\int_{a(L)}^{b} q_0 \boldsymbol{E}_n \cdot \mathrm{d}\boldsymbol{l}$$

由于上式最后一个等号的右端每一项都与路径无关，因此各项之和也必然与路径无关。

综上所述可以得出如下结论：**试验电荷在任意给定的静电场中移动时，静电力对试验电荷所做的功，只取决于试验电荷的电量和所经路径的起点及终点的位置，而与移动的具体路径无关。**这和力学中讨论过的万有引力、弹性力等保守力做功的特性类似，所以静电力是保守力，静电场也是保守场。

静电力做功与路径无关的特性还可以用另一种形式来表示。设试验电荷 $q_0$ 从电场中的 $a$ 点沿路径 $L$ 移动到 $b$ 点，再沿路径 $L'$ 返回 $a$ 点，如图 10.18 所示。作用在试验电荷 $q_0$ 上的静电力 $\boldsymbol{F}$ 在整个闭合路径上所做的功为

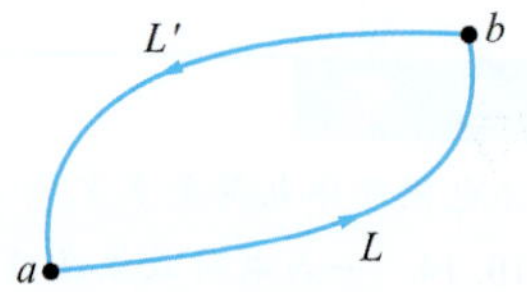

图 10.18

$$A=\oint \boldsymbol{F} \cdot \mathrm{d}\boldsymbol{l}=\oint q_0 \boldsymbol{E} \cdot \mathrm{d}\boldsymbol{l}$$
$$=\int_{a(L)}^{b} q_0 \boldsymbol{E} \cdot \mathrm{d}\boldsymbol{l}+\int_{b(L')}^{a} q_0 \boldsymbol{E} \cdot \mathrm{d}\boldsymbol{l}$$
$$=\int_{a(L)}^{b} q_0 \boldsymbol{E} \cdot \mathrm{d}\boldsymbol{l}-\int_{a(L')}^{b} q_0 \boldsymbol{E} \cdot \mathrm{d}\boldsymbol{l}$$

由于静电力做功与路径无关，因此有

$$\int_{a(L)}^{b} q_0 \boldsymbol{E} \cdot \mathrm{d}\boldsymbol{l}=\int_{a(L')}^{b} q_0 \boldsymbol{E} \cdot \mathrm{d}\boldsymbol{l}$$

将此式代入上式得

$$A=\oint q_0 \boldsymbol{E} \cdot \mathrm{d}\boldsymbol{l}=0 \tag{10.13}$$

因为试验电荷 $q_0$ 不为零，因此

$$\oint \boldsymbol{E} \cdot \mathrm{d}\boldsymbol{l}=0 \tag{10.14}$$

式(10.14)表明：**在静电场中，电场强度沿任一闭合路径的线积分(称为电场强度的环流)恒为零。**这就是静电场的环路定理。

静电场的环路定理表明，静电场的电场线不可能是闭合的。静电场是无旋有源场。

**例 10.12**　设均匀带电球体的电荷体密度为 $\rho$，在球体中 $Oyz$ 平面内作一闭合路径 $L$，如图所示。试证明电场强度 $\boldsymbol{E}$ 沿该闭合路径的线积分为零。

**证**　从例 10.11 知，均匀带电球体内的电场强度分布为

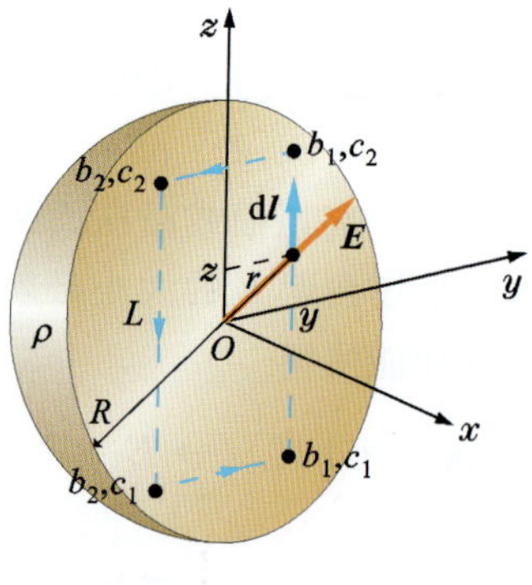

例 10.12 图

$$\boldsymbol{E}=\frac{\rho}{3\varepsilon_0}\boldsymbol{r}$$

将 $\boldsymbol{E}$ 分别向 $y$ 和 $z$ 轴投影，得

$$E_y=E\cdot\frac{y}{r}=\frac{\rho}{3\varepsilon_0}y$$

$$E_z=E\cdot\frac{z}{r}=\frac{\rho}{3\varepsilon_0}z$$

则电场强度 $\boldsymbol{E}$ 沿给定闭合路径的积分为

$$\oint_L \boldsymbol{E}\cdot\mathrm{d}\boldsymbol{l}=\int_{c_1}^{c_2}E_z\mathrm{d}z+\int_{b_1}^{b_2}E_y\mathrm{d}y+\int_{c_2}^{c_1}E_z\mathrm{d}z+\int_{b_2}^{b_1}E_y\mathrm{d}y$$
$$=\frac{\rho}{3\varepsilon_0}\left(\int_{c_1}^{c_2}z\mathrm{d}z+\int_{b_1}^{b_2}y\mathrm{d}y+\int_{c_2}^{c_1}z\mathrm{d}z+\int_{b_2}^{b_1}y\mathrm{d}y\right)=0$$

### 10.4.2　电势能

在力学中已经指出，对于保守场，可以引入势能概念。静电场是保守场，因而也可以引入静电势能概念。

设试验电荷 $q_0$ 在电场中 $a$ 点的电势能为 $W_a$，在 $b$ 点的电势能为 $W_b$。由于把 $q_0$ 从 $a$ 点移动到 $b$ 点，静电力做功与路径无关，因此静电力所做的功 $A_{ab}$，就可以作为 $q_0$ 在 $a$ 和 $b$ 两点电势能改变量的量度，即

$$W_a-W_b=A_{ab}=\int_a^b q_0\boldsymbol{E}\cdot\mathrm{d}\boldsymbol{l} \tag{10.15a}$$

或改写为

$$A_{ab}=-(W_b-W_a)=\int_a^b q_0\boldsymbol{E}\cdot\mathrm{d}\boldsymbol{l} \tag{10.15b}$$

即，在静电场中，将点电荷从 $a$ 点移动到 $b$ 点，静电力所做的功等于该点电荷电势能增量的负值。在 $q_0$ 移动的过程中，如果静电力做正功，即 $A_{ab}>0$，则 $W_a>W_b$，表示 $q_0$ 从 $a$ 点移动到 $b$ 点时电势能减少；反之，如果静电力做负功(即外力克服静电力做功)，$A_{ab}<0$，则 $W_a<W_b$，表示 $q_0$ 从 $a$ 点移动到 $b$ 点时电

势能增加。

当点电荷 $q_0$ 从某点 $a$ 出发沿闭合路径一周又回到原处时，静电力做功为零，电荷的电势能也就恢复为原来的值。这说明在静电场中，电荷处在任一确定的位置，具有确定的电势能。但是，从式(10.15)只能确定电荷在 $a$ 和 $b$ 两点的电势能之差值，不能确定电荷在某点电势能的值。若要确定电荷在某点电势能的值，必须选定一个电势能为零的参考点。和力学中势能零参考点选取一样，电势能零参考点也是可以任意选取的。如选定电荷在 $b$ 点的电势能为零，即规定 $W_b=0$，则

$$W_a = A_{a“0”} = \int_a^{“0”} q_0 \boldsymbol{E}\cdot \mathrm{d}\boldsymbol{l} \qquad (10.16)$$

这就是说，**电荷在电场中某点的电势能，在量值上等于把电荷从该点移动到电势能零参考点时，静电力所做的功。**

在理论研究中，常取无穷远处为电势能的零参考点。在实际应用中，常取地球为电势能的零参考点。

**例 10.13** 在带电量为 $Q$ 的点电荷所产生的静电场中，有一带电量为 $q$ 的点电荷，如图所示。试求点电荷 $q$ 在 $a$ 点和 $b$ 点的电势能。

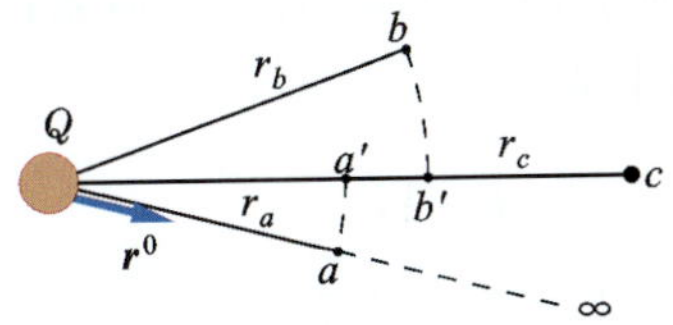


例 10.13 图

**解** 选距电荷 $Q$ 无穷远处为电势能零参考点。根据电势能的定义，则有

$$W_a = \int_a^\infty q\boldsymbol{E}\cdot \mathrm{d}\boldsymbol{l} = \int_a^\infty q\frac{Q}{4\pi\varepsilon_0 r^2}\boldsymbol{r}^0\cdot \mathrm{d}\boldsymbol{l}$$

因为静电力做功与路径无关，沿 $\boldsymbol{r}^0$ 方向移动电荷，则 $\boldsymbol{r}^0\cdot \mathrm{d}\boldsymbol{l}=\mathrm{d}r$，于是

$$W_a = \frac{qQ}{4\pi\varepsilon_0}\int_{r_a}^\infty \frac{1}{r^2}\mathrm{d}r = \frac{qQ}{4\pi\varepsilon_0 r_a}$$

同理可得

$$W_b = \frac{qQ}{4\pi\varepsilon_0 r_b}$$

如果选取 $c$ 点为电势能零参考点(见图)，根据电势能的定义，方便的是选取这样的路径：从 $a$ 点先把电荷 $q$ 沿以 $r_a$ 为半径的圆弧 $\overset{\frown}{aa'}$ 移到 $a'$ 点，再沿 $a'c$ 直线移动到 $c$ 点，于是

$$W_a = \int_a^c q\boldsymbol{E}\cdot \mathrm{d}\boldsymbol{l} = \int_a^{a'} q\boldsymbol{E}\cdot \mathrm{d}\boldsymbol{l} + \int_{a'}^c q\boldsymbol{E}\cdot \mathrm{d}\boldsymbol{l}$$

由于在圆弧 $\overset{\frown}{aa'}$ 上移动电荷时，电荷 $q$ 受力方向与位移方向始终垂直，因而电场力做功为零。在 $a'c$ 直线上移动电荷时，静电力方向与位移方向一致，故 $\boldsymbol{r}^0\cdot \mathrm{d}\boldsymbol{l}=\mathrm{d}r$。所以

$$W_a = \int_{r_a}^{r_c} \frac{qQ}{4\pi\varepsilon_0 r^2}\mathrm{d}r = \frac{qQ}{4\pi\varepsilon_0}\left(\frac{1}{r_a}-\frac{1}{r_c}\right)$$

同理可得

$$W_b = \frac{qQ}{4\pi\varepsilon_0}\left(\frac{1}{r_b}-\frac{1}{r_c}\right)$$

从以上的计算可以看出，在给定的电场中，选取电势能的零参考点不同，某一电荷在确定点具有的电势能也不同。但是，电荷在两确定点具有的电势能之差是相同的，即电势能差与电势能零参考点的选取是无关的。

**想想看**

10.25 产生电场的电荷分布在有限空间内时，一般选无限远处为电势能零参考点，试说明下列两种情况中，点电荷 $q$ 的电势能是正还是负。

(1) 点电荷 $q$ 在同号电荷产生的电场中；

(2) 点电荷 $q$ 在异号电荷产生的电场中。

10.26 一个电子在图示的电场中，从点 1 运动到点 2，问：①电场对电子做的功是正还是负？②电子的电势能是增大还是减少？

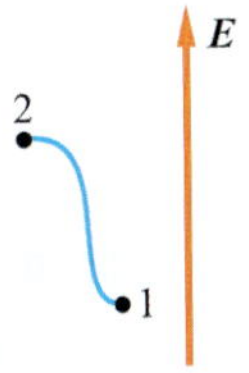


想 10.26 图

## 10.5 电势 电势差

### 10.5.1 电势 电势差

和从力的观点引入电场强度用以描述电场性质相类似，人们希望从功、能观点引入一个描述电场性质的物理量。显然，电势能不是这样的物理量，因为它不仅与电场的性质有关，而且还与引入电场中计算其电势能的电荷的电量大小及正负有关。但是，人们发现电荷在电场中某点的电势能与电量的比值与电量大小、正负无关，只与该点电场的性质有关，因此把这一比值定义为电场在该点的电势，用 $u$ 来表示。如试验电荷 $q_0$ 在电场中某点 $a$ 的电势能为 $W_a$，则电场在 $a$ 点的电势 $u_a$ 定义为

$$u_a = \frac{W_a}{q_0} \qquad (10.17)$$

即**电场中某点的电势，其量值等于单位正电荷在该点所具有的电势能。**

根据式(10.16)，式(10.17)也可以写作

$$u_a = \frac{A_{a“0”}}{q_0} = \int_a^{“0”} \boldsymbol{E} \cdot \mathrm{d}\boldsymbol{l} \qquad (10.18)$$

即**电场中某点的电势，其量值等于把单位正电荷从该点沿任意路径移动到电势能零参考点时，静电力所做的功。**式(10.18)是电场强度和电势的积分关系。

由电势的定义可知，电势是标量，从某点把单位正电荷移动到电势能零参考点，静电力做正功时，该点的电势为正；反之为负。要确定电场中各点的电势值，也必须先选取零参考点。为研究问题方便起见，在同一问题中电势的零参考点总是选得与电势能的零参考点一致。相对于不同的零参考点，电场中同一点的电势可以有不同的值。因此，在说明各点的电势值时，必须指明零参考点。电势零参考点的选择可以是任意的，主要视讨论问题的方便而定。

电场中任意两点 $a$ 和 $b$ 的电势差用符号 $U_{ab}$ 表示，即

$$U_{ab} = u_a - u_b \qquad (10.19)$$

由电势的定义可知，电势差也可以表示为

$$U_{ab} = \frac{W_a}{q_0} - \frac{W_b}{q_0} = \frac{A_{ab}}{q_0} = \int_a^b \boldsymbol{E} \cdot \mathrm{d}\boldsymbol{l} \qquad (10.20)$$

此式说明，**电场中 $a$ 和 $b$ 两点间的电势差，在量值上等于把单位正电荷从 $a$ 点移动到 $b$ 点时，静电力所做的功。电势差与电势的零参考点的选择无关。**

当电场中的电势分布已知时，利用式(10.17)可以方便地计算出点电荷 $q$ 在某点 $a$ 的电势能

$$W_a = qu_a \qquad (10.21)$$

即**点电荷在电场中某点具有的电势能等于电荷的电量与该点的电势的乘积。**也可以利用式(10.20)方便地计算出电荷在电场中移动时，静电力所做的功。如把点电荷 $q$ 从 $a$ 点移动到 $b$ 点时，静电力做的功 $A_{ab}$ 为

$$A_{ab} = q(u_a - u_b) \qquad (10.22)$$

即**静电力对点电荷所做的功，等于电荷的电量与移动的始末位置电势差的乘积。**

电偶极子在电场中具有电势能。在例 10.7 的条件下(电偶极矩为 $\boldsymbol{p}=q\boldsymbol{l}$，匀强电场为 $\boldsymbol{E}$)，电偶极子的电势能 $W$ 按式(10.21)有

$$W = W_- + W_+ = -q(u_a - u_b)$$

式中 $u_a$、$u_b$ 分别为 $a$ 点和 $b$ 点的电势，根据电势差的定义式(10.20)，有

$$W = -q\int_a^b \boldsymbol{E} \cdot \mathrm{d}\boldsymbol{l} = -qEl\cos\theta$$

写成矢量形式，有

$$W = -\boldsymbol{p} \cdot \boldsymbol{E}$$

这表明当 $\boldsymbol{p}$ 与 $\boldsymbol{E}$ 平行时($\theta=0$)，势能最低；反平行时($\theta=\pi$)，势能最高；相互垂直时($\theta=\pi/2$)，势能为零。

### 10.5.2　电势叠加原理

对于带电量 $q$ 的点电荷产生的电场，电场强度的分布为

$$\boldsymbol{E} = \frac{1}{4\pi\varepsilon_0}\frac{q}{r^2}\boldsymbol{r}^0$$

根据电势的定义式(10.18)，选取无穷远为电势零参考点，则在带电量 $q$ 的点电荷产生的电场中，某点 $a$ 的电势为

$$u_a = \int_a^{\infty} \boldsymbol{E} \cdot \mathrm{d}\boldsymbol{l} = \int_r^{\infty} \frac{1}{4\pi\varepsilon_0}\frac{q}{r^2}\mathrm{d}r = \frac{1}{4\pi\varepsilon_0}\frac{q}{r} \qquad (10.23)$$

式中 $r$ 为 $a$ 点到点电荷 $q$ 所在处的距离。当 $q>0$ 时，把单位正电荷从 $a$ 点移动到无穷远处，静电力做正功，所以 $a$ 点的电势为正；反之，当 $q<0$ 时，把单位正电荷从 $a$ 点移动到无穷远处，静电力做负功，所以 $a$ 点的电势为负。

在带电量分别为 $q_1, q_2, \cdots, q_n$ 的点电荷系产生的电场中，某点 $a$ 的电势 $u_a$ 为

$$u_a = \int_a^{\infty} \boldsymbol{E} \cdot \mathrm{d}\boldsymbol{l}$$

式中 $\boldsymbol{E}$ 为点电荷系产生的合电场强度，即

$$\boldsymbol{E} = \boldsymbol{E}_1 + \boldsymbol{E}_2 + \cdots + \boldsymbol{E}_n = \sum \boldsymbol{E}_i$$

代入上式得

$$u_a = \int_a^{\infty} \sum \boldsymbol{E}_i \cdot \mathrm{d}\boldsymbol{l} = \sum \int_a^{\infty} \boldsymbol{E}_i \cdot \mathrm{d}\boldsymbol{l} = \sum u_i \qquad (10.24)$$

上式说明，**在点电荷系产生的电场中，某点的电势是各个点电荷单独存在时，在该点产生的电势的代数和。**这称为电势叠加原理。

对于电量为 $Q$ 的带电体产生的电场，可以设想把带电体分割为许多电荷元 $\mathrm{d}q$(视为点电荷)，根据电势叠加原理，电场中某点 $a$ 的电势就等于各电荷元 $\mathrm{d}q$ 在该点产生的电势之和，即

$$u_a = \int_Q \frac{1}{4\pi\varepsilon_0}\frac{\mathrm{d}q}{r} \qquad (10.25)$$

上面的积分遍及于整个带电体。

计算电场中各点的电势，可以通过两种途径：一

是根据已知的电荷分布，由电势的定义和电势叠加原理来计算；二是根据已知的电场强度分布，由电势与电场强度的积分关系来计算。

### 想想看

10.27 用 $u_a$ 表示静电场中 $a$ 点的电势，用 $A$ 表示将单位正电荷从电势零点沿任意路径移动到 $a$ 点静电力所做的功，问下式是否正确？如果移动的是单位负电荷，它是否正确？

$$u_a = -A$$

10.28 图示半径为 $r$ 的圆周上，对称地放置着两个电子和两个质子，问：①圆心 $C$ 处电势多大？（无穷远处选为零电势点）②圆心 $C$ 处的电场强度多大，方向如何？③如果将 2、3 处的电子、质子互换，再问 $C$ 处的电势和电场强度。

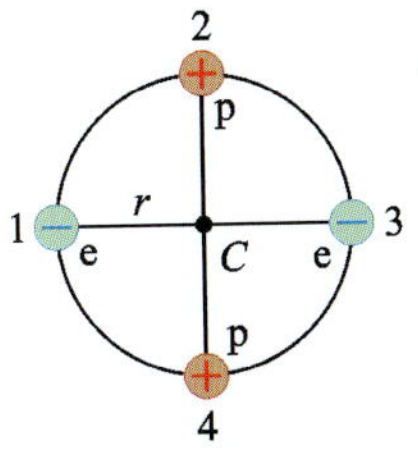

想 10.28 图

下面举几例来介绍电势的计算方法。

### 1. 从电荷分布求电势

**例 10.14** 已知电偶极子的电偶极矩 $\boldsymbol{p}=q\boldsymbol{l}$，试求电偶极子外任一点 $C$ 的电势。

**解** 由于电势是标量，因此解此题只须相对选定电势零参考点，分别计算两点电荷在 $C$ 点产生的电势，然后叠加即可。

设任一点 $C$ 到电偶极子正、负电荷的距离分别为 $r_+$ 和 $r_-$，到电偶极子中点 $O$ 的距离为 $r$，如图所示。取无穷远处为电势零参考点，则根据电势叠加原理有

$$u_C=\frac{1}{4\pi\varepsilon_0}\frac{q}{r_+}-\frac{1}{4\pi\varepsilon_0}\frac{q}{r_-}=\frac{q}{4\pi\varepsilon_0}\frac{r_- - r_+}{r_+ r_-}$$

因为 $r \gg l$，所以 $r_+ r_- \approx r^2$，$r_- - r_+ \approx l\cos\theta$，其中 $\theta$ 为 $\boldsymbol{r}$ 与 $\boldsymbol{l}$ 之间的夹角，代入上式，得

$$u_C=\frac{1}{4\pi\varepsilon_0}\frac{ql}{r^2}\cos\theta$$

用 $\boldsymbol{r}$ 表示 $C$ 点相对于电偶极子中点的矢径，则以上结果可以表示为

$$u_C=\frac{1}{4\pi\varepsilon_0}\frac{\boldsymbol{p}\cdot\boldsymbol{r}}{r^3}$$

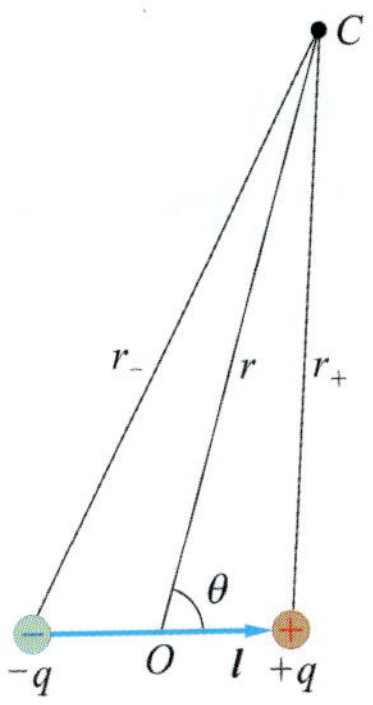

例 10.14 图

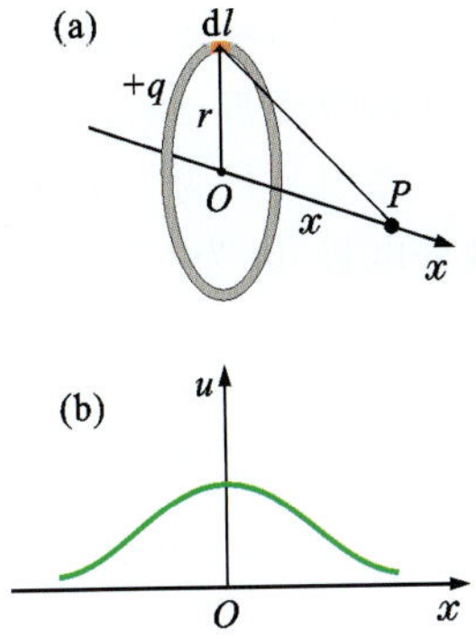

例 10.15 图

**例 10.15** 有一半径为 $r$，带电量为 $+q$ 的均匀带电圆环，如图(a)所示。试求圆环轴线上距环心 $O$ 为 $x$ 的 $P$ 点的电势。

**解** 带电圆环是一连续带电体，将带电圆环分割成许多电荷元 $dq$（可视为点电荷），$dq=\lambda dl$，$\lambda=\frac{q}{2\pi r}$为圆环带电的线密度。每个电荷元到 $P$ 点的距离均为 $(r^2+x^2)^{1/2}$。选无穷远处为电势零参考点。根据电势叠加原理，整个带电圆环在 $P$ 点产生的电势等于各个电荷元在 $P$ 点产生的元电势 $du$ 的积分，即

$$u_P=\int du=\int\frac{1}{4\pi\varepsilon_0}\frac{dq}{(r^2+x^2)^{1/2}}$$
$$=\int\frac{1}{4\pi\varepsilon_0}\frac{\lambda dl}{(r^2+x^2)^{1/2}}=\frac{1}{4\pi\varepsilon_0}\frac{q}{(r^2+x^2)^{1/2}}$$

当 $x=0$ 时，即圆环中心 $O$ 处的电势为

$$u_0=\frac{1}{4\pi\varepsilon_0}\frac{q}{r}$$

当 $x\gg r$ 时，因为 $(r^2+x^2)^{1/2}\approx x$，所以

$$u_P=\frac{1}{4\pi\varepsilon_0}\frac{q}{x}$$

相当于把圆环所带电量集中在环心处的一个点电荷产生的电势。图(b)给出了电势分布的 $u-x$ 曲线。

■ **例 10.16** 半径为 $R$ 的均匀带电圆板，电荷面密度为 $\sigma$，如图所示。试求轴线上任一点 $P$ 的电势。

**解** 本题也是求已知电荷均匀连续分布带电体的电势有关问题。解本题的特点是，可以利用例 10.15 的结果，将二维面积积分转变为一维积分求解。具体做法是，圆板被分解为均匀带电细圆环，它在轴线上一点产生的微分电势表达式可从例10.15中得到，再

根据电势叠加原理对微分电势表达式积分得解。实际上这一解题思路和方法已在例 10.5 中求均匀带电圆板电场强度中采用过，这一解题思路和方法具有一定普适性。希望读者能从例 10.5 和本例中总结出运用这种思路和方法解题所必需的条件。

图中半径为 $r$、宽度为 $\mathrm{d}r$ 均匀带电细圆环在轴线上 $P$ 点产生的微分电势 $\mathrm{d}u$ 为

$$\mathrm{d}u_P=\frac{1}{4\pi\varepsilon_0}\frac{2\pi r\mathrm{d}r\cdot\sigma}{(r^2+x^2)^{1/2}}$$

对上式从 0 到 $R$ 进行积分，即得圆板轴线上 $P$ 点的电势

$$u_P=\int_0^R\frac{2\pi r\mathrm{d}r\cdot\sigma}{4\pi\varepsilon_0(r^2+x^2)^{1/2}}=\frac{\sigma}{2\varepsilon_0}(\sqrt{R^2+x^2}-x)$$

请读者自行从上式中找出圆板中心和轴线上远离圆板一点的电势。

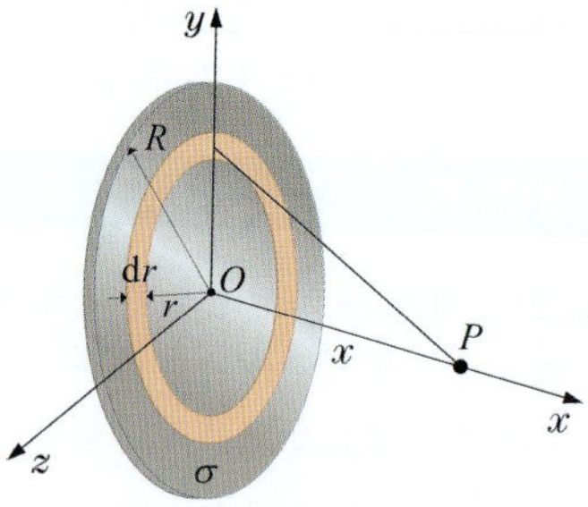

例 10.16 图

## 2. 从电场强度分布求电势

对于已知电场强度分布的电场，特别是当带电体上电荷分布具有某种对称性，很容易应用高斯定理求出电场强度分布时，可以应用电场强度与电势的积分关系式(10.18)求电势。

**例 10.17**　半径为 $R$ 的均匀带电球面，所带电量为 $+q$，试求它产生的电势分布。

**解**　由于电荷分布的球对称性，应用高斯定理很容易求出电场强度分布为

$$E=\begin{cases}0, & r<R\\ \dfrac{1}{4\pi\varepsilon_0}\dfrac{q}{r^2}, & r>R\end{cases}$$

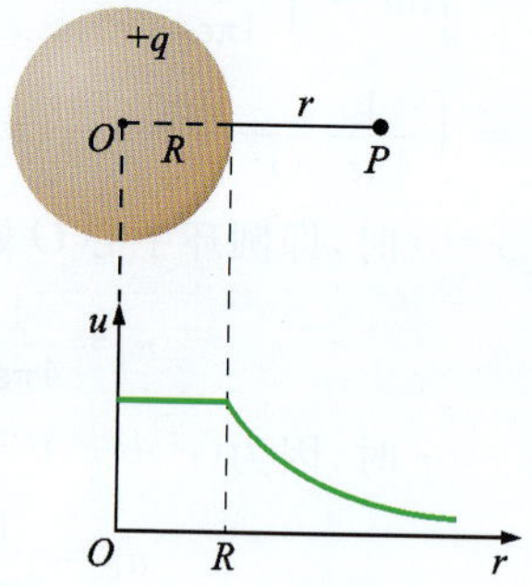

例 10.17 图

电场强度方向沿径向。选无穷远处为电势零参考点，应用式(10.18)，取径向为积分路径，如图所示。设 $P$ 点到球心的距离为 $r$，当 $P$ 点在球面外($r>R$)时，其电势为

$$u_P=\int_P^\infty\boldsymbol{E}\cdot\mathrm{d}\boldsymbol{l}=\int_r^\infty\frac{1}{4\pi\varepsilon_0}\frac{q}{r^2}\mathrm{d}r=\frac{1}{4\pi\varepsilon_0}\frac{q}{r}$$

这和球面上的电荷都集中于球心形成的点电荷在 $P$ 点产生的电势相同。

当 $P$ 点在球面上($r=R$)时，其电势为

$$u_P=\frac{1}{4\pi\varepsilon_0}\frac{q}{R}$$

当 $P$ 点在球面内($r<R$)时，其电势为

$$u_P=\int_P^\infty\boldsymbol{E}\cdot\mathrm{d}\boldsymbol{l}$$

因为从球面内一点到无穷远处的路径中，电场强度 $\boldsymbol{E}$ 不连续，因此要分段积分，即

$$u_P=\int_P^R\boldsymbol{E}\cdot\mathrm{d}\boldsymbol{l}+\int_R^\infty\boldsymbol{E}\cdot\mathrm{d}\boldsymbol{l}$$

在球面内($r<R$)$\boldsymbol{E}=\boldsymbol{0}$，上式第一项积分为零，因而

$$u_P=\int_P^\infty\boldsymbol{E}\cdot\mathrm{d}\boldsymbol{l}=\int_R^\infty\frac{1}{4\pi\varepsilon_0}\frac{q}{r^2}\mathrm{d}r=\frac{1}{4\pi\varepsilon_0}\frac{q}{R}$$

以上结果与 $P$ 点在球面内的位置无关，即球面内任一点的电势都等于 $\dfrac{1}{4\pi\varepsilon_0}\dfrac{q}{R}$，与球面上的电势相等。

综上所述，均匀带电球面产生的电势分布为

$$u=\begin{cases}\dfrac{1}{4\pi\varepsilon_0}\dfrac{q}{R}, & r\leqslant R\\ \dfrac{1}{4\pi\varepsilon_0}\dfrac{q}{r}, & r>R\end{cases}$$

图中下方给出了电势分布的 $u$-$r$ 曲线。

**例 10.18**　"无限长"均匀带电圆柱面，半径为 $R$，单位长度上带电量为 $\lambda$，试求其电势分布。

**解**　由于电荷分布的轴对称性，应用高斯定理很容易求出电场强度分布为

$$E=\begin{cases}0, & r<R\\ \dfrac{\lambda}{2\pi\varepsilon_0 r}, & r>R\end{cases}$$

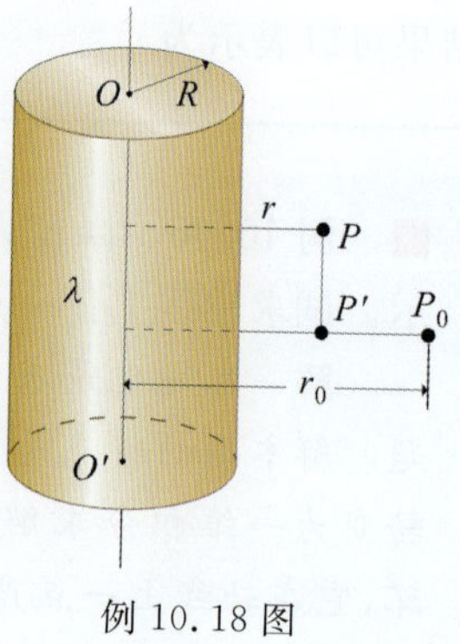

例 10.18 图

电场强度方向垂直于带电圆柱面且沿径向。

若本题仍选取无穷

远处为电势零参考点，则由$\int_P^{\infty}\boldsymbol{E}\cdot\mathrm{d}\boldsymbol{l}$的积分结果，可知各点的电势为无穷大，这是没有意义的。**一般说来，当电荷分布延伸到无穷远时，是不能选取无穷远处为电势零参考点的。**在本题的条件下，可以选取某一距带电圆柱面轴线为$r_0$的$P_0$点为电势零参考点，如图所示。按电场中一点电势计算方法的基本定义式(10.18)，当$r>R$时，相对轴线距离为$r$一点$P$处的电势为

$$u_P=\int_P^{P_0}\boldsymbol{E}\cdot\mathrm{d}\boldsymbol{l}=\int_P^{P'}\boldsymbol{E}\cdot\mathrm{d}\boldsymbol{l}+\int_{P'}^{P_0}\boldsymbol{E}\cdot\mathrm{d}\boldsymbol{l}$$

因为$PP'$和轴线平行，因此与电场强度$\boldsymbol{E}$垂直，所以上式右端的第一项积分为零。故

$$u_P=\int_{P'}^{P_0}\boldsymbol{E}\cdot\mathrm{d}\boldsymbol{l}=\int_r^{r_0}\frac{\lambda}{2\pi\varepsilon_0 r}\mathrm{d}r$$

$$=-\frac{\lambda}{2\pi\varepsilon_0}\ln r+\frac{\lambda}{2\pi\varepsilon_0}\ln r_0$$

这一结果可以一般地表示为

$$u_P=-\frac{\lambda}{2\pi\varepsilon_0}\ln r+C$$

式中$C=\frac{\lambda}{2\pi\varepsilon_0}\ln r_0$为与电势零参考点位置有关的常数。

当$r<R$时

$$u_P=\int_r^R\boldsymbol{E}\cdot\mathrm{d}\boldsymbol{l}+\int_R^{r_0}\boldsymbol{E}\cdot\mathrm{d}\boldsymbol{l}$$

$$=0+\int_R^{r_0}\frac{\lambda}{2\pi\varepsilon_0 r}\mathrm{d}r=-\frac{\lambda}{2\pi\varepsilon_0}\ln R+C$$

从以上例题的求解过程中可以看出，应用电场强度与电势的积分关系求电势分布的思路和方法，一般可归结为：① 根据电荷分布求出电场强度的分布，特别是电荷具有对称分布，以致可以应用高斯定理求出电场强度分布的情况；② 选取适当的电势零参考点；③ 应用$u_P=\int_P^{“0”}\boldsymbol{E}\cdot\mathrm{d}\boldsymbol{l}$求出$u$的分布。这里应该注意的是，如果积分路径上各区域内电场强度的表达式不同(即电场强度不连续)，就必须分段积分。由于在静电场中积分与路径无关，所以求积分时，尽可以选择最便于计算的路径。

为了简化计算，有些问题可直接应用已有的计算结果，根据叠加原理来进行计算。下面再举两个例题来说明这种方法。

**例 10.19** 设两个半径分别为$R_1$和$R_2$的球面同心放置，所带电量分别为$Q_1$和$Q_2$，皆为均匀分布。试求其电场的电势分布。

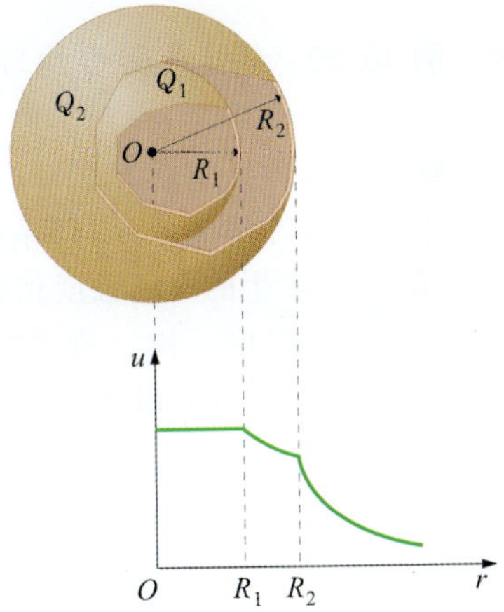

例 10.19 图

**解** 在例 10.17 中已经求得均匀带电球面产生的电势分布，这里就可按上面讲的，直接应用这一结果，再应用电势叠加原理得解。已知半径为$R_1$的球面上$Q_1$产生的电场的电势分布为

$$u_1=\begin{cases}\dfrac{1}{4\pi\varepsilon_0}\dfrac{Q_1}{r}, & r>R_1\\[2mm]\dfrac{1}{4\pi\varepsilon_0}\dfrac{Q_1}{R_1}, & r\leqslant R_1\end{cases}$$

半径为$R_2$的球面上$Q_2$产生的电场的电势分布为

$$u_2=\begin{cases}\dfrac{1}{4\pi\varepsilon_0}\dfrac{Q_2}{r}, & r>R_2\\[2mm]\dfrac{1}{4\pi\varepsilon_0}\dfrac{Q_2}{R_2}, & r\leqslant R_2\end{cases}$$

两球面上电荷产生的电场的电势叠加后分布为

$$u=u_1+u_2$$

$$=\begin{cases}\dfrac{1}{4\pi\varepsilon_0}\dfrac{Q_1+Q_2}{r}, & r>R_2\\[2mm]\dfrac{1}{4\pi\varepsilon_0}\dfrac{Q_1}{r}+\dfrac{1}{4\pi\varepsilon_0}\dfrac{Q_2}{R_2}, & R_1<r\leqslant R_2\\[2mm]\dfrac{1}{4\pi\varepsilon_0}\dfrac{Q_1}{R_1}+\dfrac{1}{4\pi\varepsilon_0}\dfrac{Q_2}{R_2}, & r\leqslant R_1\end{cases}$$

电势$u$随$r$的分布曲线如图所示。

### 想想看

10.29 在同一平面内有两个半径分别为$r_1$和$r_2$的同心圆环，它们带有相同的电量$q$并且电荷均匀分布，以无穷远为零电势点，问圆心$C$处的电势多大？

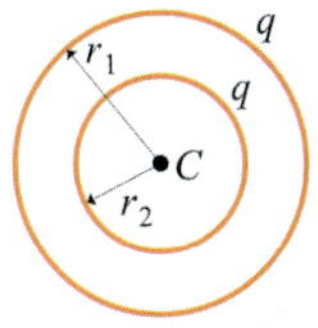

想 10.29 图

■ **例 10.20** 假想电荷 $Q$ 均匀分布在半径为 $R$ 的球体内，试计算球内任一点的电势。

**解** 设球内任一点 $P$ 距球心为 $r$，以半径为 $r$ 的球面 $S$ 为界面，将球体分为内外两部分，内部系半径为 $r$ 的均匀带电球体，它的电荷 $q_1$ 在点 $P$ 产生的电场强度犹如电荷集中在球心处的点电荷在 $P$ 点产生的电场强度一样。故，其电势 $u_1$ 也应等于点电荷产生的电势，以无穷远为零电势参考点，有

$$u_1=\frac{1}{4\pi\varepsilon_0}\frac{q_1}{r}$$

而
$$q_1=\frac{Q}{\frac{4}{3}\pi R^3}\cdot\frac{4}{3}\pi r^3=\frac{Q}{R^3}r^3$$

所以
$$u_1=\frac{1}{4\pi\varepsilon_0}\frac{Q}{R^3}r^2$$

而球面 $S$ 外部可以视为由许多极薄的均匀带电同心球壳叠加而成。设其中某一球壳的半径为 $r'$，厚度为 $dr'$，如图所示。这个球壳所带电荷的电量 $dq_2$ 为

$$dq_2=\frac{Q}{\frac{4}{3}\pi R^3}\cdot 4\pi r'^2 dr'=\frac{3Qr'^2}{R^3}dr'$$

它在场点 $P$ 产生的电势为

$$du_2=\frac{1}{4\pi\varepsilon_0}\frac{dq_2}{r'}$$

则外部电荷在场点 $P$ 产生的电势为

$$u_2=\int_r^R\frac{1}{4\pi\varepsilon_0}\frac{dq_2}{r'}=\int_r^R\frac{3Qr'}{4\pi\varepsilon_0 R^3}dr'=\frac{3Q(R^2-r^2)}{8\pi\varepsilon_0 R^3}$$

根据叠加原理，球体内场点 $P$ 的电势为

$$u=u_1+u_2=\frac{1}{4\pi\varepsilon_0}\frac{Q}{R^3}r^2+\frac{3Q(R^2-r^2)}{8\pi\varepsilon_0 R^3}$$
$$=\frac{Q(3R^2-r^2)}{8\pi\varepsilon_0 R^3}$$

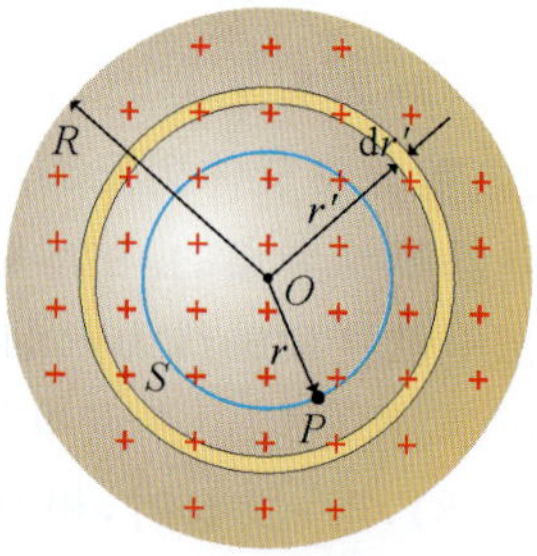

例 10.20 图

本题求解过程综合运用了已知电荷分布求电势，和已知电场强度分布求电势两种方法。可见要能熟练地解题，一是要很好掌握基本理论，二是要灵活运用所掌握的理论。要做到灵活运用，则既要在课堂上认真听老师是怎样分析例题的，又要认真做习题。在做习题过程中，要注重科学分析，要多想、多问自己为什么？

## 复习思考题

**10.15** 电场中某点的电势是怎样定义的？

**10.16** 如果只知道电场中某点的电场强度 $\boldsymbol{E}$，能否算出该点的电势？如果不能，还应该知道些什么？

**10.17** 静电场中任意两点间的电势差与试验电荷的正、负有无关系？把试验电荷从一点移动到另一点，静电力做功与试验电荷的正、负有无关系？为什么？

**10.18** $A$、$B$ 处各有一个、两个电子，若 $A$ 处的电子沿 $a$、$b$、$c$ 三条路径移动到点 $M$，此过程中 $B$ 处两个电子保持不动。问：①电子被移到较高、较低、还是不变的电势处？②移动电子过程中电场力做的功是正、负还是零？③按这三条路径移动电子，电场力做的功哪条最大，哪条最小？

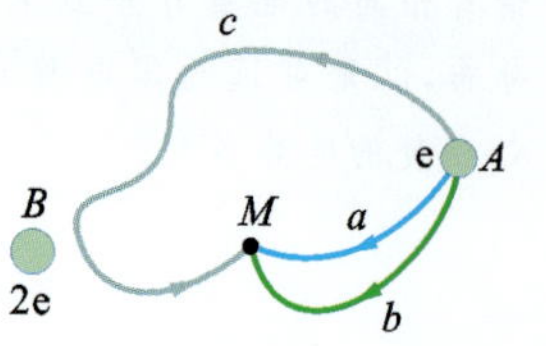

思 10.18 图

**10.19** 图示半径为 $r$ 的圆的 4 条直径，两端都有带电粒子，问圆心处的电势是多大？(电势零点选在无穷远)

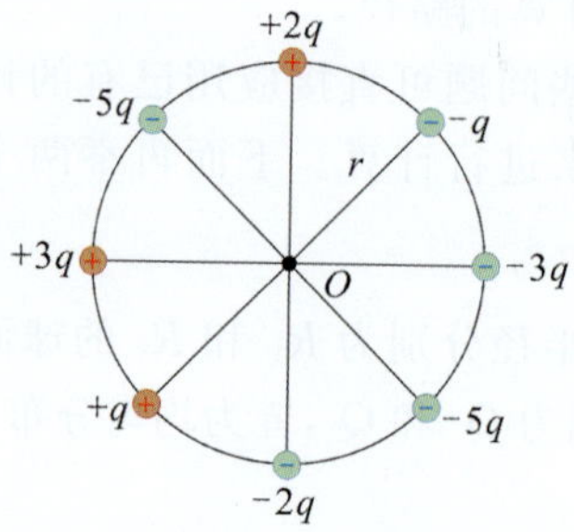

思 10.19 图

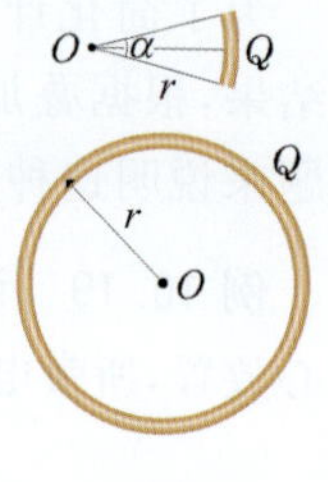

思 10.20 图

**10.20** 图示半径为 $r$ 的一段张角为 $\alpha$ 的圆弧和圆，两者上都带有电荷 $Q$，问圆心 $O$ 处的电势各是多少？圆弧和圆上电荷是如何分布的，是否影响圆心 $O$ 处的电势计算？（电势零点选在无穷远）

**表 10.2 一些常见带电体产生的电势（以无穷远为电势零点）**

**点电荷的电势**

$$V(r)=\frac{1}{4\pi\varepsilon_0}\frac{q}{r}$$

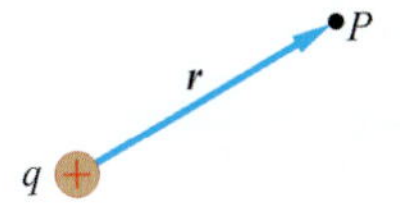


**电偶极子的电势**

$$V(r)=\frac{\boldsymbol{p}\cdot\boldsymbol{r}}{4\pi\varepsilon_0 r^3}=\frac{p\cos\theta}{4\pi\varepsilon_0 r^2}\qquad(r\gg l)$$

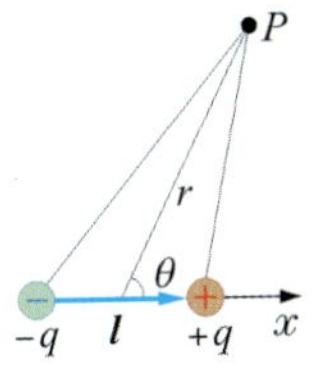


**电四极子在 $P$ 点的电势**

$$V(r)=\frac{1}{4\pi\varepsilon_0}\frac{2ql^2}{r^3}\qquad(r\gg l)$$

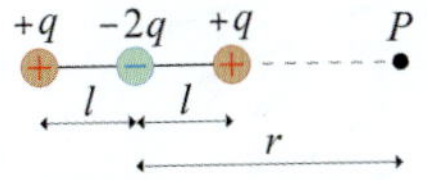


**两个同心均匀带电球面的电势**

$$V_1(r)=\frac{1}{4\pi\varepsilon_0}\left(\frac{q_1}{R_1}+\frac{q_2}{R_2}\right)\qquad(r\leqslant R_1)$$

$$V_2(r)=\frac{1}{4\pi\varepsilon_0}\left(\frac{q_1}{r}+\frac{q_2}{R_2}\right)\qquad(R_1<r\leqslant R_2)$$

$$V_3(r)=\frac{1}{4\pi\varepsilon_0}\frac{q_1+q_2}{r}\qquad(r>R_2)$$

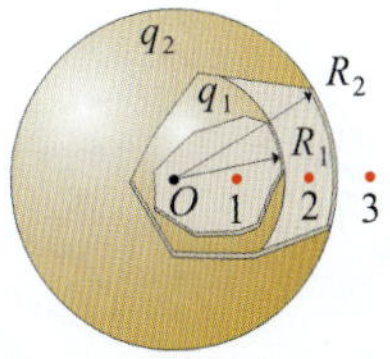


**均匀带电圆环轴线上一点的电势**

$$V(r)=\frac{1}{4\pi\varepsilon_0}\frac{q}{(R^2+x^2)^{1/2}}$$

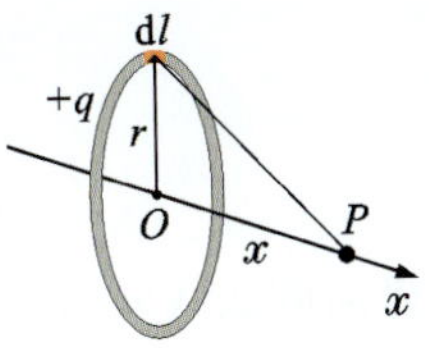


**均匀带电圆盘轴线上一点的电势**

$$V(r)=\frac{\sigma}{2\varepsilon_0}[(R^2+x^2)^{1/2}-x]$$

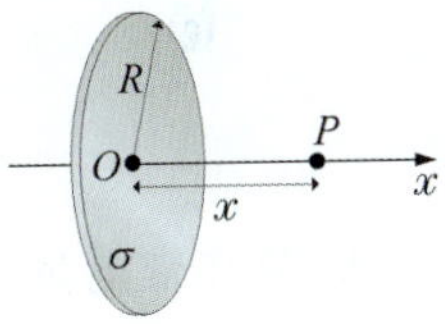


**均匀带电球体的电势**

$$V(r)=\frac{q}{8\pi\varepsilon_0 R}\left(3-\frac{r^2}{R^2}\right)\qquad(r<R)$$

$$V(r)=\frac{q}{4\pi\varepsilon_0 r}\qquad(r>R)$$

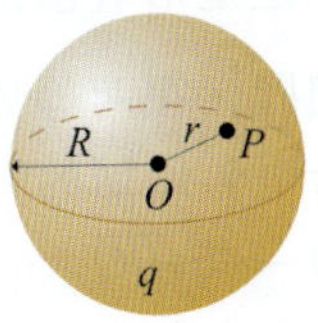


**均匀带电球面的电势**

$$V(r)=\frac{1}{4\pi\varepsilon_0}\frac{q}{R}\qquad(r\leqslant R)$$

$$V(r)=\frac{1}{4\pi\varepsilon_0}\frac{q}{r}\qquad(r>R)$$

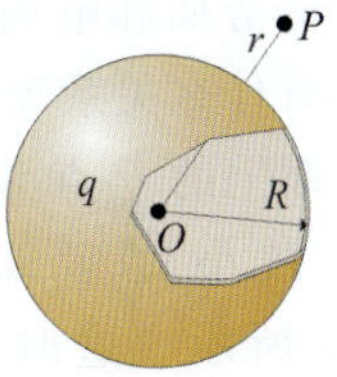


**长为 $l$ 电荷线密度为 $\lambda$ 的均匀带电细杆中垂线上 $P$ 点的电势**

$$V=\frac{\lambda}{4\pi\varepsilon_0}\ln\frac{\sqrt{\left(\frac{l}{2}\right)^2+d^2}+\frac{l}{2}}{\sqrt{\left(\frac{l}{2}\right)^2+d^2}-\frac{l}{2}}=\frac{\lambda}{2\pi\varepsilon_0}\ln\frac{\sqrt{\left(\frac{l}{2}\right)^2+d^2}+\frac{l}{2}}{d}$$

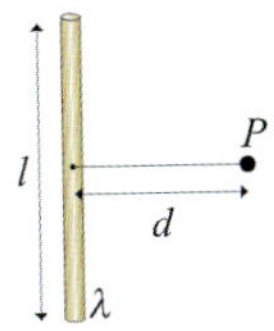


**半径为 $R$ 均匀带电 $+\lambda$ 的无限长圆柱面的电势**

$$V(P)=-\frac{\lambda}{2\pi\varepsilon_0}\ln r+\frac{\lambda}{2\pi\varepsilon_0}\ln r_0\qquad(r>R)$$

$$V(P)=-\frac{\lambda}{2\pi\varepsilon_0}\ln R+\frac{\lambda}{2\pi\varepsilon_0}\ln r_0\qquad(r<R)$$

（应注意这里电势零点选在任意一点 $P_0$）

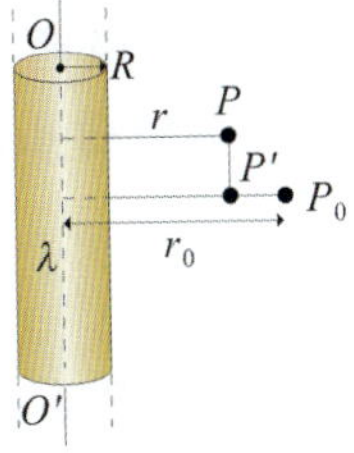


## 10.6 等势面 *电势与电场强度的微分关系

### 10.6.1 等势面

前面曾经介绍过如何借助电场线来形象地描绘电场强度的空间分布。下面介绍如何用等势面来形象地描绘电势的空间分布。

在电场中，一般来说电势是位置坐标的函数，是逐点变化的。但是，总有一些点的电势值是相等的，这些电势值相等的点联成的面称为等势面。图10.19所示的是几种典型的带电系统所形成电场的等势面和电场线分布图。其中，(d)是一个不带电的

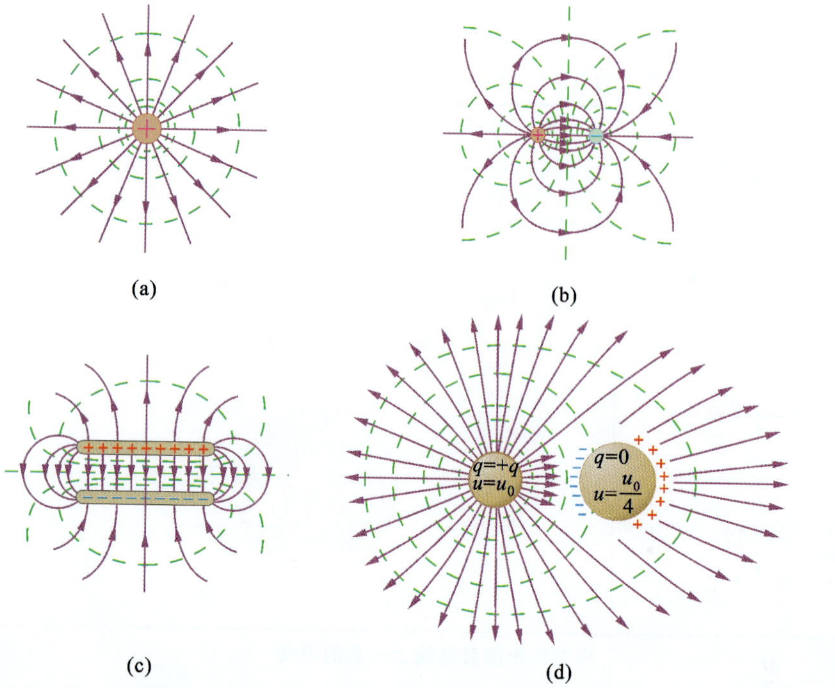


图 10.19

导体球，放在带电量为$+q$的导体球所产生的电场中时，所形成的电场的等势面与电场线分布图。

等势面和电场线都可以描绘电场的分布，它们之间有什么关系呢？设想有一试验电荷$q_0$，从某一等势面上的$P$点沿该等势面作微小位移$\mathrm{d}\boldsymbol{l}$，如图10.20所示。这时电场对试验电荷虽有力的作用，但试验电荷的电势能并没有变化，这说明电场力对试验电荷做功$\mathrm{d}A$等于零，即

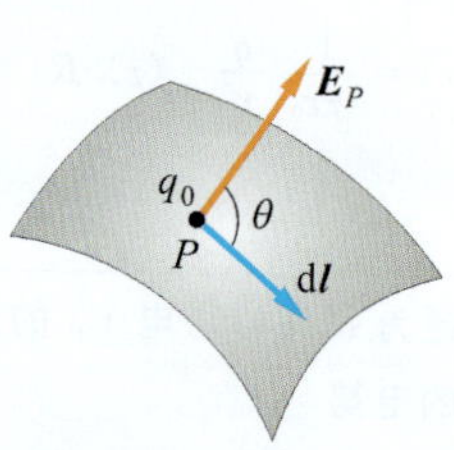


图 10.20

$$\mathrm{d}A=q_0E_P\cos\theta\mathrm{d}l=0$$

式中$E_P$为$P$点的电场强度，$\theta$为$\boldsymbol{E}_P$与$\mathrm{d}\boldsymbol{l}$之间的夹角。因为$E_P$、$q_0$和$\mathrm{d}l$都不为零，所以$\cos\theta=0$，即$\theta=\frac{\pi}{2}$。这说明$P$点的电场强度垂直于过$P$点的等势面。由于$P$点为等势面上任选的一点，因而可以得出如下的结论：**在静电场中，电场线与等势面处处正交。**从分析静电力对电荷做功及电荷的电势能变化关系，不难断定电场线总是指向电势降低的方向。

在画等势面时，规定相邻两等势面间的电势差都相同。按这样的规定画出的等势面图，就能从等势面的疏密分布，形象地描绘出电场中电势和电场强度的空间分布。

画等势面是研究电场的一种极为有用的方法。在实际问题中，例如，产生电场的电荷不知道，这时电场的电势分布就不能简单地用函数形式表示出来，但可以用实验的方法测绘出等势面的分布图，从而了解整个电场的特性。

### 10.6.2　电势与电场强度的关系

前面已经讲过电势与电场强度的积分关系。电势与电场强度的关系还可以用微分形式表示，下面给出这一关系。

设在电场中任取两个相邻的等势面，其电势分别为$u$和$u+\mathrm{d}u$，且$\mathrm{d}u>0$。从等势面$u$上任一点$P$沿电势增加的方向作等势面的法线$\boldsymbol{n}$，如图10.21(a)所示。因为电场线总是与等势面正交的，所以$P$点的电场强度$\boldsymbol{E}$的方向一定是沿着法线方向。假设$\boldsymbol{E}$的指向与$\boldsymbol{n}$的指向相同。在两等势面间取垂直距离$\overline{PP'}=\mathrm{d}n$，$\mathrm{d}\boldsymbol{n}$指向沿电势增加的方向，$Q$为等势面$u+\mathrm{d}u$上与$P'$邻近的一点，$\overline{PQ}=\mathrm{d}l$，设$\mathrm{d}\boldsymbol{l}$的方向由$P$指向$Q$，且与$\mathrm{d}\boldsymbol{n}$方向夹角为$\theta$。根据式(10.20)，$P$、$Q$间的电势差为

$$u-(u+\mathrm{d}u)=\boldsymbol{E}\cdot\mathrm{d}\boldsymbol{l}=E\cos\theta\mathrm{d}l=E\mathrm{d}n$$

即

$$-\mathrm{d}u=E\cos\theta\mathrm{d}l=E\mathrm{d}n \tag{10.26}$$

$$E=-\frac{\mathrm{d}u}{\mathrm{d}n} \tag{10.27}$$

此式说明在任意一场点$P$处，电场强度的大小等于沿过该点等势面法线方向上电势的变化率，式

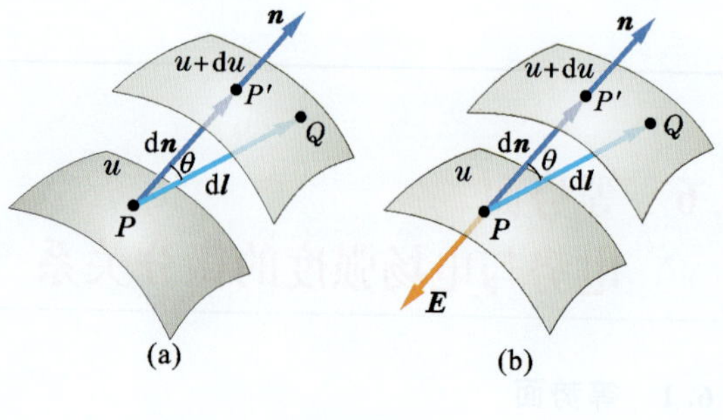


图 10.21

(10.26)中，右方 $E$、$\mathrm{d}l$ 皆为正，左方为负，由此可知 $\theta$ 必定大于 $\frac{\pi}{2}$，这说明电场强度的方向与假设方向相反，即指向电势减小的方向，如图 10.21(b)所示。

对式(10.26)也可以作这样的理解，即

$$-\mathrm{d}u=E\cos\theta\mathrm{d}l=E_l\mathrm{d}l$$

其中 $E_l=E\cos\theta$ 为 $\boldsymbol{E}$ 在 $\mathrm{d}\boldsymbol{l}$ 方向的投影，于是有

$$E_l=-\frac{\mathrm{d}u}{\mathrm{d}l} \tag{10.28}$$

此式说明，**电场强度在 $\mathrm{d}l$ 方向的投影等于电势沿该方向的变化率的负值。**

由于 $\mathrm{d}l\geqslant\mathrm{d}n$，故有

$$\frac{\mathrm{d}u}{\mathrm{d}l}\leqslant\frac{\mathrm{d}u}{\mathrm{d}n}$$

即**电势沿等势面法线方向的变化率最大。**

根据式(10.28)，对于已建立的直角坐标系，电场强度 $\boldsymbol{E}$ 沿三个坐标轴的投影分别为

$$E_x=-\frac{\partial u}{\partial x},\qquad E_y=-\frac{\partial u}{\partial y},\qquad E_z=-\frac{\partial u}{\partial z}$$

电场强度 $\boldsymbol{E}$ 可以表示为

$$\boldsymbol{E}=-\left(\frac{\partial u}{\partial x}\boldsymbol{i}+\frac{\partial u}{\partial y}\boldsymbol{j}+\frac{\partial u}{\partial z}\boldsymbol{k}\right) \tag{10.29}$$

式(10.27)、式(10.28)、式(10.29)均为电势与电场强度微分关系的表达式，如果已知电势分布 $u(x,y,z)$，即可据此求出电场中各点的电场强度。

按照画等势面的规定，相邻两等势面间的电势差都相同，则等势面较密处，电势的变化率大，由式(10.27)可知该处的电场强度也大；反之，等势面较疏处，电势的变化率小，该处的电场强度也小。应用电势与电场强度的微分关系，在已知电势分布的情况下，可以求出电场强度的分布。

**例 10.21** 从例 10.15 可知，均匀带电圆环轴线上的电势分布为

$$u=\frac{1}{4\pi\varepsilon_0}\frac{q}{(r^2+x^2)^{1/2}}$$

试求电场强度沿 $x$ 轴线的分布。

**解** 根据式(10.28)可知

$$E=-\frac{\mathrm{d}u}{\mathrm{d}l}=-\frac{\mathrm{d}u}{\mathrm{d}x}=-\frac{\mathrm{d}}{\mathrm{d}x}\left(\frac{1}{4\pi\varepsilon_0}\frac{q}{(r^2+x^2)^{1/2}}\right)$$

$$=\frac{1}{4\pi\varepsilon_0}\frac{qx}{(r^2+x^2)^{3/2}}$$

可以看出这与例 10.4 中应用积分方法算出的结果完全相同。

**例 10.22** 试求电偶极子外任一点的电场强度。

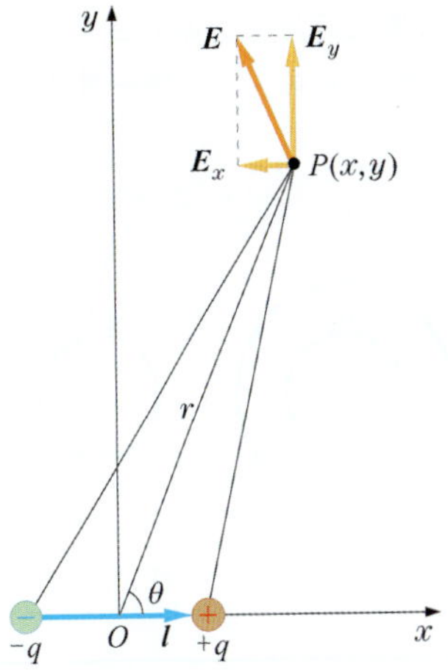


例 10.22 图

**解** 根据例 10.14 的结果可知，电偶极子外的电势分布为

$$u=\frac{1}{4\pi\varepsilon_0}\frac{p}{r^2}\cos\theta$$

如图所示的 $Oxy$ 坐标系中

$$r^2=x^2+y^2$$

$$\cos\theta=\frac{x}{r}=\frac{x}{(x^2+y^2)^{1/2}}$$

代入上式得

$$u(x,y)=\frac{1}{4\pi\varepsilon_0}\frac{px}{(x^2+y^2)^{3/2}}$$

则

$$E_x=-\frac{\partial u}{\partial x}$$

$$=-\frac{p}{4\pi\varepsilon_0}\left[\frac{1}{(x^2+y^2)^{3/2}}-\frac{3x^2}{(x^2+y^2)^{5/2}}\right]$$

$$E_y=-\frac{\partial u}{\partial y}=\frac{3pxy}{4\pi\varepsilon_0(x^2+y^2)^{5/2}}$$

$$E=(E_x^2+E_y^2)^{1/2}=\frac{p(4x^2+y^2)^{1/2}}{4\pi\varepsilon_0(x^2+y^2)^2}$$

将 $r^2=x^2+y^2$，$x=r\cos\theta$，$y=r\sin\theta$ 代入上式可得

$$E=\frac{p}{4\pi\varepsilon_0 r^3}(4\cos^2\theta+\sin^2\theta)^{1/2}$$

$$=\frac{p}{4\pi\varepsilon_0 r^3}(3\cos^2\theta+1)^{1/2}$$

当 $\theta=\frac{\pi}{2}$ 时，即电偶极子中垂线上一点的电场强度为

$$E=\frac{1}{4\pi\varepsilon_0}\frac{p}{r^3}$$

这和例 10.3 所得的结果是完全一样的。

### 想想看

10.30　图示三组同心圆，半径差均相同，各圆上的电势标在图上，两圆之间的电场都是径向的，问：①各对的电场强度是径向向外，还是向内？②哪一对的电场强度最大？哪一对最小？

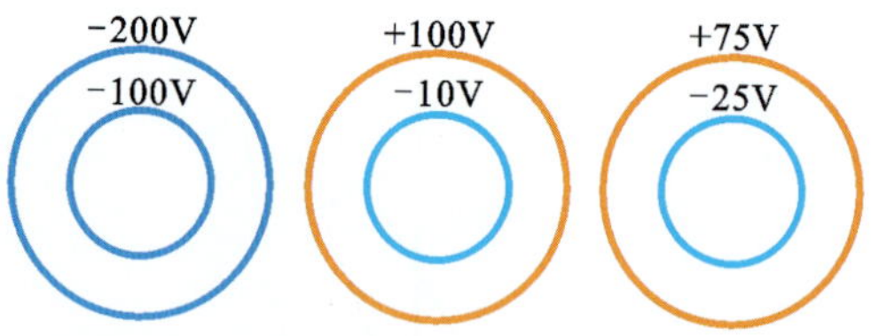


想 10.30 图

10.31　给出一幅静电场的等势面分布图，你能定性地判断各处电场强度的方向和比较电场强度的大小吗？

10.32　试判断下列说法是否正确：

(1)电场强度为零的地方，电势也必定为零；电势为零的地方，电场强度也必定为零。

(2)电场强度大小相等的地方，电势必定相同；电势相同的地方，电场强度大小也必定相等。

(3)电场强度较大的地方，电势必定较高；电场强度较小的地方，电势也必定较低。

(4)带正电的物体电势一定是正的；带负电的物体电势也一定是负的。

(5)不带电的物体电势一定为零；电势为零的物体也一定不带电。

### 复习思考题

**10.21**　$A$、$B$ 两点距点电荷 $q=1.0\ \mu C$ 的距离分别为 $d_1=1\ cm$ 和 $d_2=2\ cm$。在图示的三种情况下，电势差 $u_A-u_B$ 各是多少？

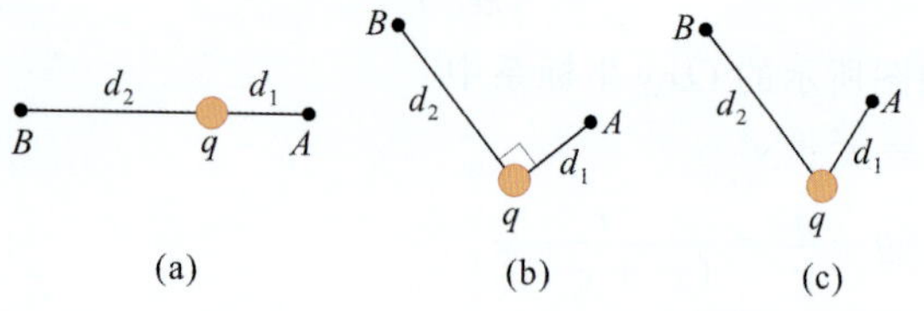


思 10.21 图

**10.22**　半径为 $r$ 的圆环的 1/4 圆周上，均匀分布着电荷 $+5q$，圆周其余部分均匀分布着电荷 $-9q$，问圆心处的电势多大(以无穷远为零电势点)？又如电荷不是均匀分布的，答案是一样的吗？

**10.23**　图示是电势随 $x$ 变化的曲线，问：①在各区域电场强度沿 $x$ 轴的正向还是负向？②各区域电场强度大小如何？

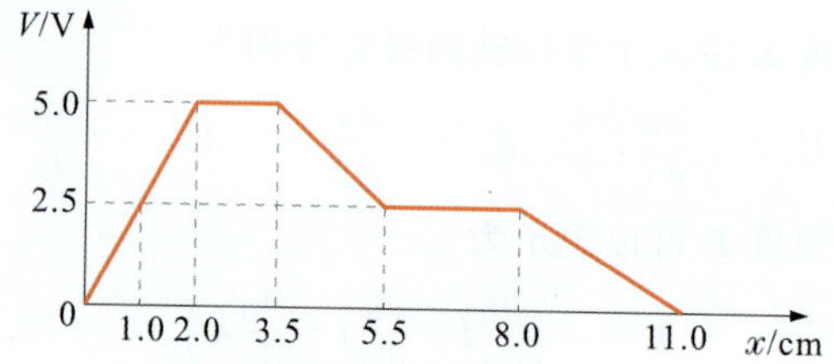


思 10.23 图

**10.24**　如图所示，$x$ 轴上 $A$、$B$ 两点分别有点电荷 $q_1=+1\ \mu C$ 和 $q_2=-3\ \mu C$，问在 $x$ 轴上何处电势等于零？(以无穷远为电势零点)

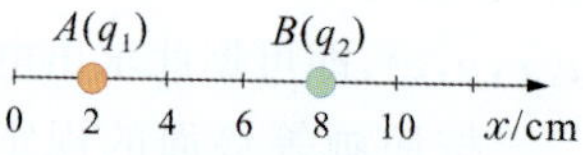


思 10.24 图

**10.25**　在 $Oxy$ 平面上的电势函数为 $u=(2.0x^2-3.0y^2)$ V，问在点(3.0 m，2.0 m)处，电场强度的大小和方向如何？

## 10.7　静电场中的导体　电容

### 10.7.1　导体的静电平衡

中学物理课已经介绍过，导体放入静电场中时，会产生静电感应现象。**当导体内部的电场强度处处为零、导体上的电势处处相等时，导体达到静电平衡状态。**导体处于静电平衡时具有以下性质。

(1)处于静电平衡状态的导体，表面上任意一点的电场强度方向与该点处导体表面垂直。还可以证明，导体表面上任一点电场强度的大小与该处导体表面上电荷面密度 $\sigma$ 成正比，且有 $E=\dfrac{\sigma}{\varepsilon_0}$。如图 10.22所示。设想过导体表面 $A$ 点处作一微小的圆柱面，使其轴线与导体表面垂直，两端面和导体表面

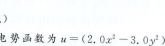

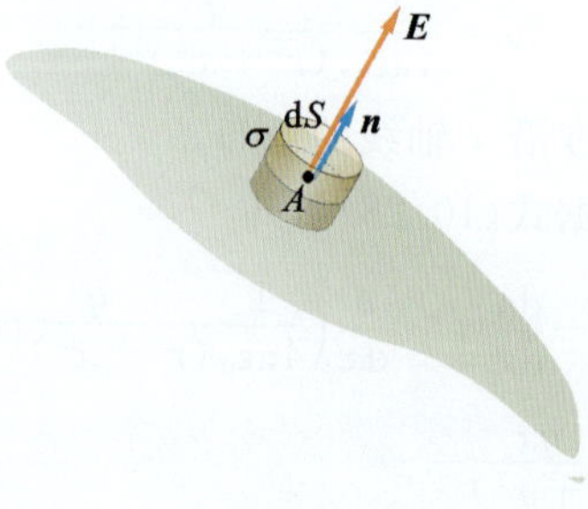


图 10.22

平行，并使上端面刚好在导体表面之外，下端面刚好在导体表面之内，端面面积为 dS，圆柱面所包围的

导体表面上带电量为 $\sigma dS$。因为导体表面上的电场强度总是垂直于表面，而导体内部的电场强度处处为零，所以只有上端面有与之垂直的电场线穿过，其他部分上的电通量均为零。对于闭合的圆柱面应用高斯定理，则有

$$\oint_S \boldsymbol{E}\cdot d\boldsymbol{S} = E dS = \frac{\sigma dS}{\varepsilon_0}$$

$$E=\frac{\sigma}{\varepsilon_0}$$

$\boldsymbol{E}$ 的方向与导体表面法线 $\boldsymbol{n}$ 的方向相同还是相反，取决于 $\sigma$ 的正负，考虑到方向的关系，上式可以写成

$$\boldsymbol{E}=\frac{\sigma}{\varepsilon_0}\boldsymbol{n} \qquad (10.30)$$

(2)处于静电平衡状态的带电导体，未被抵消的净电荷只能分布在导体的表面上。如果带电导体是空心的，且空腔内无电荷，如图 10.23(a)所示，可以证明，在静电平衡时，未被抵消的净电荷只能分布在空心导体的外表面上，内表面上无净电荷。如果空腔内有电荷，如图 10.23(b)所示，则不仅外表面上有净电荷分布，而且内表面上也会有净电荷分布。

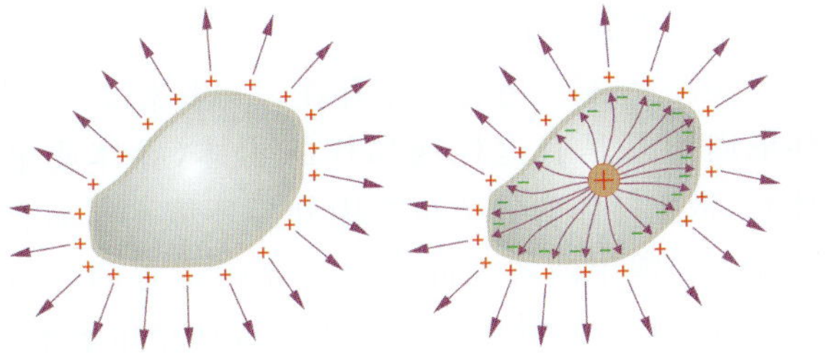

(a)　　(b)

图 10.23

(3)处于静电平衡状态的孤立导体，其表面上电荷面密度的大小与表面的曲率有关。导体表面凸出的地方曲率较大，电荷面密度 $\sigma$ 较大；导体表面较平坦的地方曲率较小，电荷面密度 $\sigma$ 较小，表面凹进去的地方，曲率为负，电荷面密度 $\sigma$ 就更小。

## 想想看

10.33 导体静电平衡的条件是什么？处于静电平衡状态的导体具有哪些基本性质？

**例 10.23** 带电量为 $+q$ 的导体球和与它同心的带电量为 $-Q(Q>q)$ 的导体球壳组成一导体系统，如图所示。当它们达到静电平衡时，试求各表面上电荷分布。

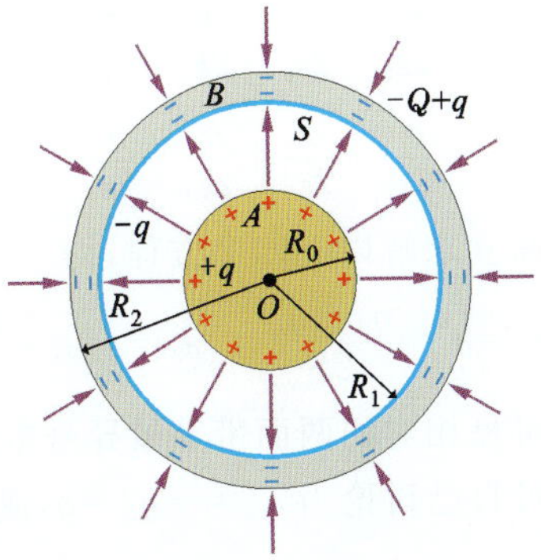


例 10.23 图

**解** 由于静电感应，使球壳内表面将出现负的感应电荷。为求感应电荷的电量，在球壳上紧贴内表面作一同心的球面 $S$ 为高斯面。因为在静电平衡时，导体球壳内、外表面之间的电场强度处处为零，所以通过高斯面 $S$ 的电通量为零。根据高斯定理可知，包围在高斯面 $S$ 内的电量代数和为零。依题意，导体球带电量为 $+q$，所以球壳内表面感应电荷的电量 $q'$ 必等于 $-q$。由于对称性，此感应电荷均匀地分布在球壳内表面上。假设球壳外表面带电量为 $Q'$，则根据电荷守恒定律，球壳内、外表面电量的总和 $q'+Q'$ 应等于球壳原来所带电量 $-Q$，由此可求出球壳外表面所带负电量 $Q'=q-Q$。

**例 10.24** 两平行且面积 $S$ 相等的导体板，其面积比两板间的距离 $d$ 平方大得很多，即 $S\gg d^2$，两板带电量分别为 $q_A$ 和 $q_B$。试求静电平衡时两板各表面上的电荷面密度。

**解** 若仅有板 $A$ 存在，$q_A$ 分布在其两个表面上。静电平衡时，导体板内电场强度处处为零。若将 $B$ 板移近 $A$ 板时，则它们都要受到对方产生的电场的作用，因而它们的电荷分布都要改变，最后达到新的静电平衡状态。此时导体板内的电场强度必定为零，电荷分布在两板的四个表面上。

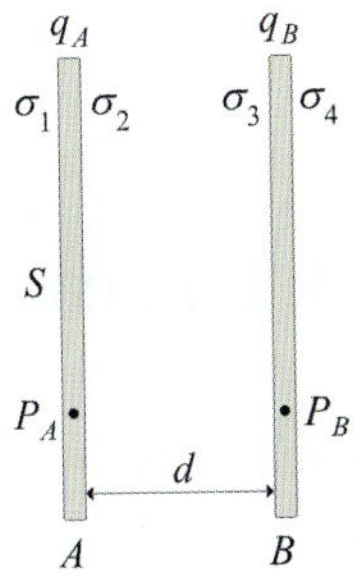


例 10.24 图

设两板四个表面的电荷面密度分别为 $\sigma_1$、$\sigma_2$、$\sigma_3$、$\sigma_4$，如图所示。根据电荷守恒定律，则

$$\sigma_1 S+\sigma_2 S=q_A,\quad \sigma_3 S+\sigma_4 S=q_B$$

在两导体板内分别取任意两点 $P_A$ 和 $P_B$，由静电平衡条件知四个带电面在这两点的合电场强度必须为零。根据条件 $S\gg d^2$，可以把各带电面视为无限大均匀带电平面。假设各面所带电荷均为正(如果求出的 $\sigma$ 为负，说明带电符号与假设相反)，则电场强度方向都应垂直于板面向外。设向右的方向为正。切实注意正负号的确定，根据电场强度叠加原理，有

$$E_{P_A}=\frac{\sigma_1}{2\varepsilon_0}-\frac{\sigma_2}{2\varepsilon_0}-\frac{\sigma_3}{2\varepsilon_0}-\frac{\sigma_4}{2\varepsilon_0}=0$$

$$E_{P_B}=\frac{\sigma_1}{2\varepsilon_0}+\frac{\sigma_2}{2\varepsilon_0}+\frac{\sigma_3}{2\varepsilon_0}-\frac{\sigma_4}{2\varepsilon_0}=0$$

联立求解以上四个方程，得

$$\sigma_1=\sigma_4=\frac{q_A+q_B}{2S},\quad \sigma_2=-\sigma_3=\frac{q_A-q_B}{2S}$$

可见相对的两面带等量异号电荷；外侧两面带等量同号电荷。读者可自己讨论当 $q_A=-q_B=q$，或者 $q_B=0$ 时，各面上的电荷面密度。

本题的求解思路和方法，即**用电荷守恒定律、电场强度叠加原理等，并结合静电平衡条件，是分析解决导体系处于静电平衡时的有关各类问题(如电荷在各导体上的分布、电容器的电容等)具有普适意义的方法。**

### 10.7.2　孤立导体的电容

一个带电量为 $q$ 的孤立导体，在静电平衡时，具有一定的电势 $u$，理论和实验都证明，当导体上所带的电量增加时，它的电势也随之增加，两者成正比关系。这一比例关系可写作

$$C=\frac{q}{u}\tag{10.31}$$

式中 $C$ 为与 $q$ 和 $u$ 无关的常量，其值仅取决于导体的大小、形状等因素。$C$ 被定义为孤立导体的电容。

例如，一个半径为 $R$ 的孤立导体球，设它带有电量 $Q$，并选取无穷远处为电势零参考点，则此导体球的电势为

$$u=\frac{1}{4\pi\varepsilon_0}\frac{Q}{R}$$

根据式(10.31)，这个孤立导体球的电容为

$$C=\frac{Q}{u}=4\pi\varepsilon_0 R$$

可见 $C$ 的大小与导体球的半径有关，与导体球带电与否无关。

如果导体球的半径 $R=1\ \text{m}$，则由上式可求出它的电容，即

$$C=4\pi\varepsilon_0 R=1.11\times10^{-11}\ \text{F}$$

可见孤立导体的电容是很小的。

### 10.7.3　电容器的电容

实际上，孤立导体并不存在。一般来说，带电导体的周围总是有这样或那样的物体(导体或绝缘体)。带电导体的电势也会因外界环境不同而有所变化。通常用两块彼此绝缘且靠得很近的导体薄板、导体薄球面、导体薄柱面等组成所谓电容器，这两块导体薄板等称为电容器的极板。当电容器充电时，电场相对集中在两极板之间的狭小空间内，这样外界对两极板间的电势差的影响就会很小，以至可以忽略不计。若电容器两极板上分别带电量为 $+q$ 和 $-q$，两极板间的电势差为 $u_1-u_2$。实验和理论都证明，带电量 $q$ 与电势差 $u_1-u_2$ 的比值对给定的电容器来说是一个常量，用 $C$ 表示。即

$$C=\frac{q}{u_1-u_2}\tag{10.32}$$

我们把 $C$ 定义为电容器的电容。电容只与组成电容器的极板的大小、形状、两极板的相对位置及其间所充的介质等因素有关。

电容器是一个重要的电器元件。按形状来分，有平行板电容器、柱形电容器和球形电容器等；按极板间所充的介质来分，有空气电容器、云母电容器、陶瓷电容器和电解电容器等。在电力系统中，电容器可以用来储存电荷或电能，电容器也是提高功率

因数等的重要元件。在电子电路中，电容器则是获得振荡、滤波、相移、旁路、耦合等的重要元件。

下面介绍几种典型电容器的电容。

**例 10.25** 求平行板电容器的电容。

**解** 平行板电容器是由两块相距很近、平行放置的导体薄板组成的。

设两极板的面积各为 $S$，其间的距离为 $d$，且 $S \gg d^2$，这样就可以忽略边缘效应的影响。当两极板上带电量分别为 $+q$ 和 $-q$ 时，电荷均匀分布在相对的两个表面上，其电荷面密度为 $+\sigma$ 和 $-\sigma$，如图所示。已知两平行极板间的电场强度为 $E=\dfrac{\sigma}{\varepsilon_0}$，两极板间的电势差 $u_1-u_2=Ed=\dfrac{\sigma}{\varepsilon_0}d=\dfrac{qd}{\varepsilon_0 S}$。根据式(10.32)，有

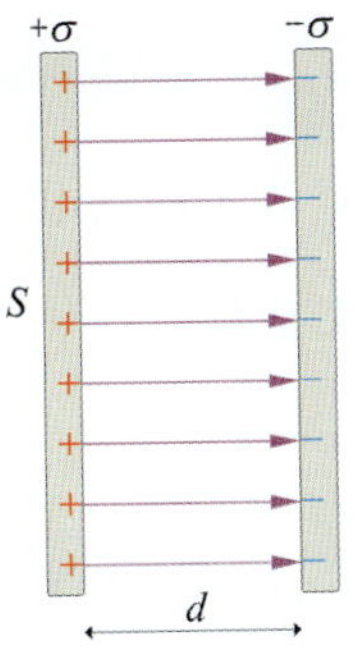

例 10.25 图

$$C=\frac{q}{u_1-u_2}=\frac{\varepsilon_0 S}{d}$$

可以看出，平行板电容器的电容与极板的面积成正比，与极板间的距离成反比。

**例 10.26** 求球形电容器的电容。

**解** 球形电容器是由两个相距很近、同心的导体球面组成的。

设两球面的半径分别为 $R_1$ 和 $R_2$，带电量分别为 $+q$ 和 $-q$，如图所示。由高斯定理不难求出两球面间的电场强度大小 $E=\dfrac{1}{4\pi\varepsilon_0}\dfrac{q}{r^2}$，方向沿着径向。因此，两球面间的电势差为

$$u_1-u_2=\int_1^2 \boldsymbol{E}\cdot\mathrm{d}\boldsymbol{l}=\int_{R_1}^{R_2}\frac{1}{4\pi\varepsilon_0}\frac{q}{r^2}\mathrm{d}r$$

$$=\frac{q}{4\pi\varepsilon_0}\frac{R_2-R_1}{R_1R_2}$$

根据式(10.32)，有

$$C=\frac{q}{u_1-u_2}=\frac{4\pi\varepsilon_0 R_1R_2}{R_2-R_1}$$

可以看出，球形电容器的电容与两球面的半径有关。

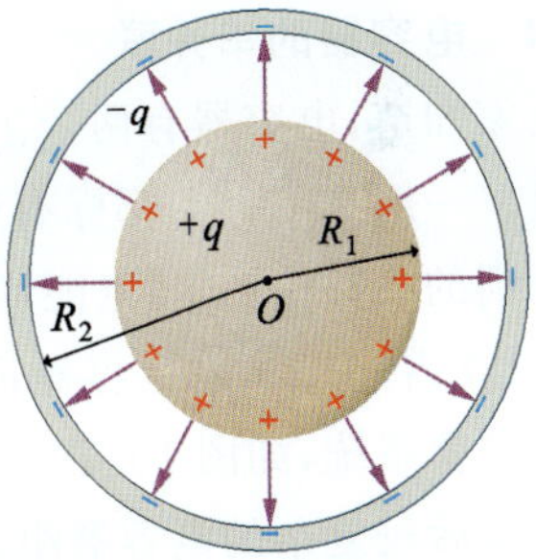

例 10.26 图

**例 10.27** 求圆柱形电容器的电容。

**解** 圆柱形电容器是由两个相距很近、同轴的导体圆柱面组成的。

设两圆柱面的半径分别为 $R_1$ 和 $R_2$，长度为 $L$，且 $L \gg R_2-R_1$，如图所示。设两圆柱面带电量分别为 $+q$ 和 $-q$，单位长度带电量分别为 $+\lambda$ 和 $-\lambda$。由于 $L \gg R_2-R_1$，可近似地把此圆柱形电容器视为“无限长”的。由高斯定理不难求出，两圆柱面间的电场强度大小为 $E=\dfrac{\lambda}{2\pi\varepsilon_0 r}$，方向沿着径向。则两圆柱面间的电势差为

$$u_1-u_2=\int_1^2 \boldsymbol{E}\cdot\mathrm{d}\boldsymbol{l}=\int_{R_1}^{R_2}\frac{\lambda}{2\pi\varepsilon_0 r}\mathrm{d}r$$

$$=\frac{\lambda}{2\pi\varepsilon_0}\ln\frac{R_2}{R_1}=\frac{q}{2\pi\varepsilon_0 L}\ln\frac{R_2}{R_1}$$

根据式(10.32)，有

$$C=\frac{q}{u_1-u_2}=\frac{2\pi\varepsilon_0 L}{\ln\dfrac{R_2}{R_1}}$$

可以看出，圆柱形电容器的电容与两圆柱面的半径及其长度等因素有关。

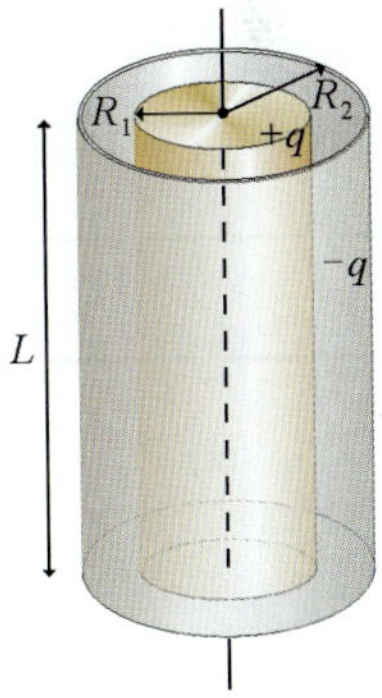

例 10.27 图

综合以上例题的计算方法可以看出，因为电容器的电容与其上带电与否无关。因此，从理论上计算电容器的电容时，可以任意假设两极板上所带的(等量异号)电量。根据所设的电量来计算两极板间的电场强度分布，从而计算出两极板间的电势差，最后再根据电容器电容的定义式(10.32)求出电容。这是计算电容器电容的一般思路和方法。

一般情况下，理论上严格计算各种电容器的电容是复杂的，甚至是不可能的，实际中多采用实验方法确定电容器的电容。

**想想看**

10.34　电容器的电容是如何定义的？根据式(10.32)能否说“电容器的电容与其所带电量成正比，与两极板间的电势差成反比？”

### 10.7.4　电容器的串并联

大家知道，电容器有两个主要性能参数：电容和耐压值。一般电容器上都标有这两个参数。市场上能购买到的电容器不一定能同时满足使用时的要求，这时就需要将几个电容器适当地联接起来形成电容器组合系统，如图 10.24(a)所示。有时候我们能把联接后较复杂的电容器组合系统用一个等效电容器代替，这样做可使一些问题简化，见图 10.24(b)。

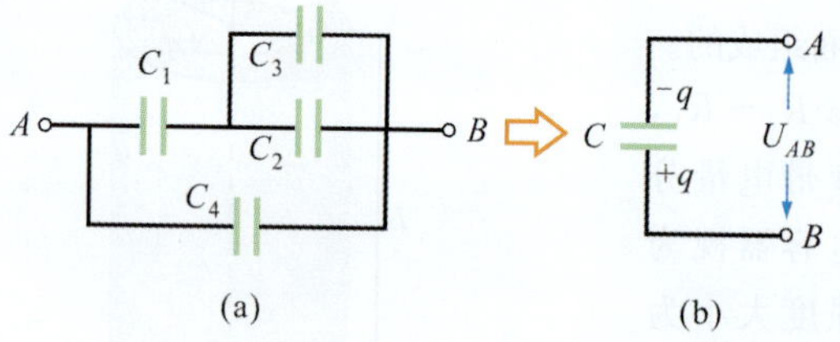


图 10.24

最简单和最基本的电容器组合方式有两种：串联和并联。

1. 电容器的串联

图 10.25 为电容分别为 $C_1$、$C_2$、$C_3$ 的三个电容器的串联，此时各电容器极板上的电荷大小都是 $q$，$A$、$B$ 两端的电势差(电压)$U_{AB}$ 等于各电容器上的电势差 $u_1$、$u_2$、$u_3$ 之和，即

$$U_{AB}=u_1+u_2+u_3$$

按电容定义，有

$$U_{AB}=q\left(\frac{1}{C_1}+\frac{1}{C_2}+\frac{1}{C_3}\right)$$

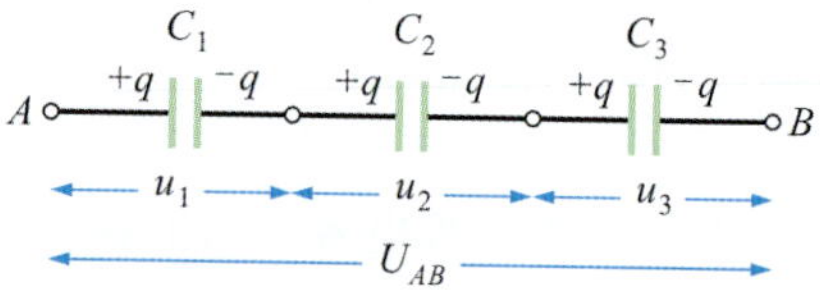


图 10.25

以 $C$ 表示串联电容器系统的等效电容，则按电容的定义有 $U_{AB}=\dfrac{q}{C}$，即

$$\frac{1}{C}=\frac{1}{C_1}+\frac{1}{C_2}+\frac{1}{C_3} \tag{10.33}$$

可见，**电容器串联时，系统的等效电容的倒数等于各电容器电容的倒数之和。**

电容器串联后，等效电容较原来各电容器的电容都小，即电容越串越小，但串联后等效电容器的耐压值提高了。

2. 电容器的并联

图 10.26 为电容分别为 $C_1$、$C_2$、$C_3$ 的三个电容器的并联，此时各电容器极板上的电势差 $U_{AB}$ 相同，电容器组合系统的总电荷 $q$ 等于各电容器上储存的电荷 $q_1$、$q_2$、$q_3$ 之和，即

$$q=q_1+q_2+q_3$$

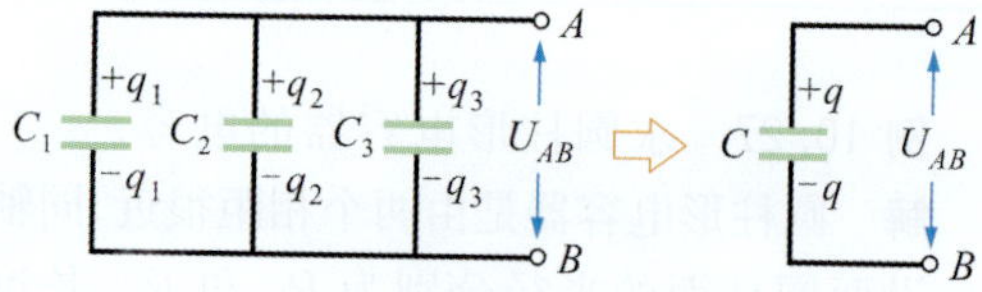


图 10.26

令 $C$ 为并联电容器组合系统的等效电容，则有

$$U_{AB}=\frac{q_1}{C_1}=\frac{q_2}{C_2}=\frac{q_3}{C_3}$$

$$C=\frac{q}{U_{AB}}=\frac{q_1+q_2+q_3}{U_{AB}}$$

$$C=C_1+C_2+C_3 \tag{10.34}$$

可见，**电容器并联时，系统的等效电容等于各电容器电容之和。**电容器并联后，等效电容较原来各电容器的电容都大，总电荷分配在各并联电容器上，各并联电容器极板上的电势差相同，且与单独使用时相同，因此耐压程度并不因并联而有所改变。

根据需要，电容器还可并联、串联混合联接，这时不一定在理论上能找出等效电容公式。

## 想想看

10.35 在什么情况下应当用电容器的并联？又在什么情况下宜用电容器串联？

10.36 图示的系统中 $V_0$ 和 $V$ 间的关系是

①$V=\frac{2}{3}V_0$；②$V=V_0$；③$V=\frac{3}{2}V_0$。你是怎样得到结论的？

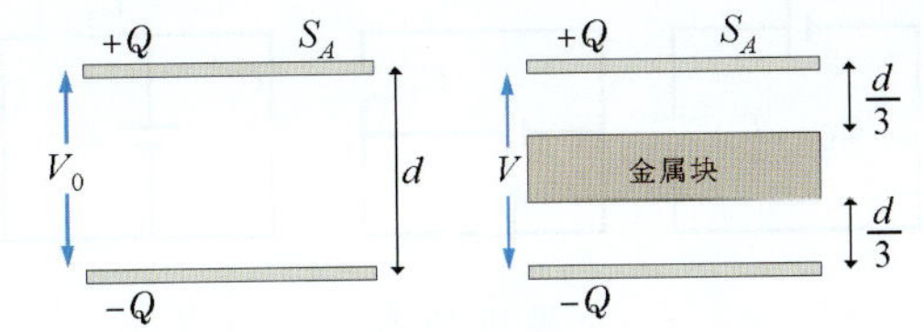


想 10.36 图

■ **例 10.28** 三个电容器，电容分别为 $C_1=2\ \mu F$，$C_2=3\ \mu F$，$C_3=6\ \mu F$，按图(a)联接，问：①系统的等效电容 $C$ 等于多少？②如果在 $A$、$B$ 间加电压 $V=12.0$ V，电容器 $C_1$ 上的电荷是多少？

**解** 解有关电容器串、并、混合联接问题时，必须根据串、并联的基本定义和特征，判断问题中哪些是串联哪些是并联？例如，本题中 $C_3$ 和 $C_1$ 就不是串联，因为在它们中间有旁路电容器 $C_2$。因此在 $A$、$B$ 间加电压后，$C_3$ 极板上的电荷不可能等于 $C_1$ 极板上的电荷；同理 $C_3$ 和 $C_2$ 间也不是串联。显然 $C_2$ 和 $C_1$ 是并联。

①为求系统的等效电容，第一步是先求出 $C_2$、$C_1$ 并联的等效电容 $C_{12}$，见图(b)；再求 $C_3$ 和 $C_{12}$ 串联的等效电容 $C_{123}$，见图(c)。$C_{123}$ 即为系统的等效电容

$$C_{12}=C_1+C_2=5\ \mu F$$

$$C_{123}=\frac{C_{12}\cdot C_3}{C_{12}+C_3}=2.73\ \mu F$$

②为求在 $A$、$B$ 间加上 12.0 V 电压后，电容器 $C_1$ 上的电荷 $q_1$，可按图(c)、图(b)、图(a)的次序进行，即先求出等效电容 $C_{123}$ 上的电荷 $q_{123}$，这一电荷也是 $C_3$ 和 $C_{12}$ 上的电荷，由此可以求出 $C_{12}$ 上的电压，这一电压也是并联电容 $C_1$ 和 $C_2$ 上的电压；知道了 $C_1$ 上的电压和电容 $C_1$，立即可得 $C_1$ 上的电荷 $q_1$

$$q_{123}=C_{123}\cdot V=2.73\times 12=32.76\ \mu C$$

$$V_{12}=\frac{q_{123}}{C_{12}}=\frac{32.76}{5}=6.55\ V$$

$$q_1=C_1V_{12}=2\times 6.55=13.10\ \mu C$$

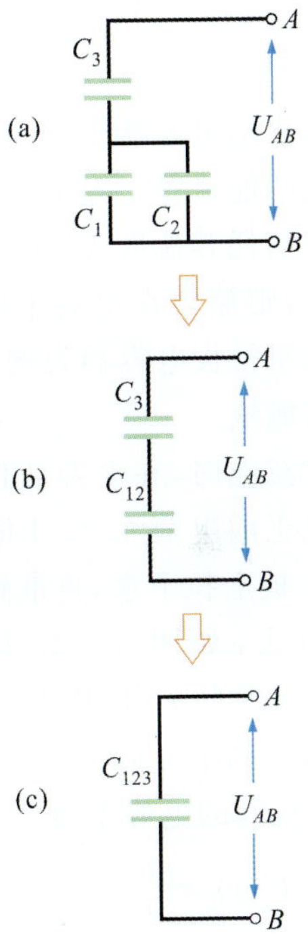


例 10.28 图

本题并不难，可能有些读者学过中学物理已能做，这里还是较详细的给出了分析问题的思路和方法，望对读者正确地掌握分析问题的方法能有所启示。

## 复 习 思 考 题

**10.26** 图示三个平行板电容器电荷与电压的关系曲线，试根据曲线估算哪个电容器的电容最大、哪个最小？并粗略地给出各电容器的电容。

**10.27** 图示的电路中，电容 $C_1$、$C_2$、$C_3$ 已知，电容 $C$ 可调。试证明，当调节 $C$ 到 $A$、$B$ 两点电势相等时，$C=C_2C_3/C_1$，请将各电容器上电荷正负标在图上。

**10.28** 图示的三种电路中，电容器各是串联、并联或既非串联也非并联？试将这三个电路改画成更容易辨认的形式。

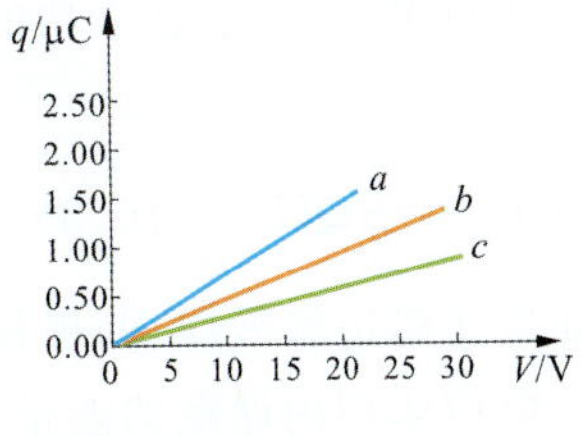


思 10.26 图

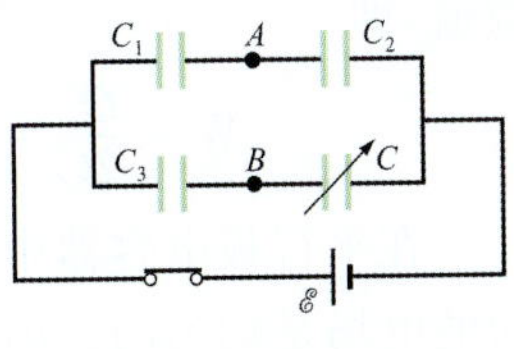


思 10.27 图

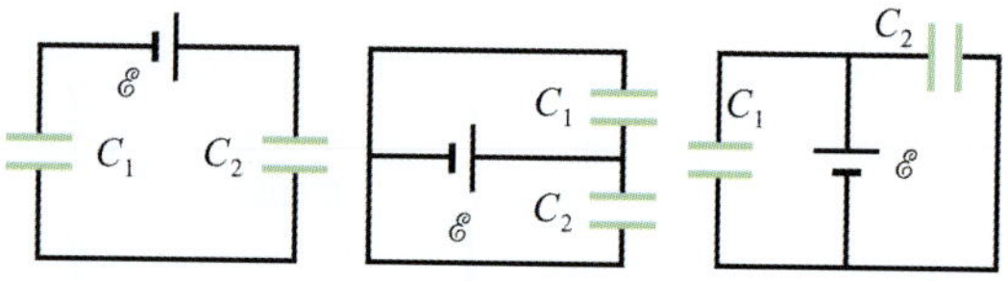


思 10.28 图

**10.29** 串联电容器 A、B、C 的电容分别为 0.002 μF、0.004 μF、0.006 μF，各电容器的耐压值皆为 4000 V，问串联后的等效电容多大？要将这系统两端间维持 11000 V 的电压是否可以？

## 10.8 静电能

如果给电容器充电，电容器中就有了电场，电场中储藏的能量等于充电时电源所做的功，这个功是由电源消耗其他形式的能量来完成的。如果让电容器放电，则储藏在电场中的能量又可以释放出来。下面以平行板电容器为例，来计算这种称为静电能的电场能量。

设充电时，在电源的作用下把正的电荷元 d$q$ 不断地从 $B$ 板上拉下来，再推到 $A$ 板上去，如图 10.27 所示。若在时间 $t$ 内，从 $B$ 板向 $A$ 板迁移了电荷 $q(t)$，这时两极板间的电势差为

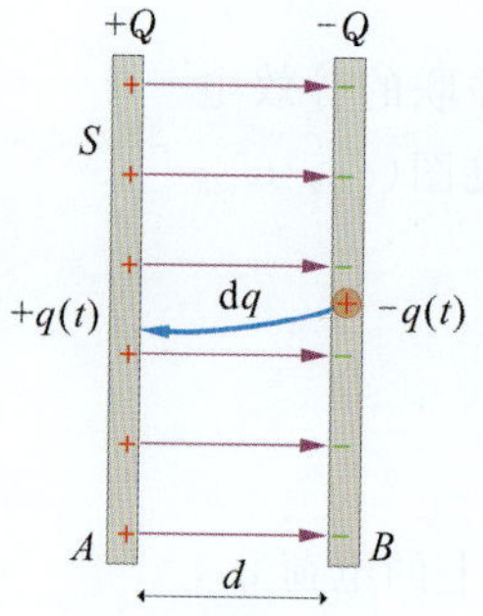


图 10.27

$$U(t)=\frac{q(t)}{C}$$

此时若继续从 $B$ 板迁移电荷元 d$q$ 到 $A$ 板，则必须做功，即

$$\mathrm{d}A=U(t)\mathrm{d}q=\frac{q(t)}{C}\mathrm{d}q$$

这样，从开始极板上无电荷直到极板上带电量为 $Q$ 时，电源所做的功为

$$A=\int_{BA}\mathrm{d}A=\int_0^Q\frac{q(t)}{C}\mathrm{d}q=\frac{Q^2}{2C} \quad (10.35\text{a})$$

由于 $Q=CU$，所以上式可以写作

$$A=\frac{1}{2}CU^2=\frac{1}{2}QU \quad (10.35\text{b})$$

式中 $U$ 为极板上带电量为 $Q$ 时两极板间的电势差。此时，电容器中电场储藏的能量 $W$ 就等于这个功的数值，即

$$W=\frac{Q^2}{2C}=\frac{1}{2}CU^2=\frac{1}{2}QU \quad (10.36\text{a})$$

在平行板电容器中，如果忽略边缘效应，两极板间的电场是均匀的。因此，单位体积内储藏的能量，即能量密度 $w$ 也应该是均匀的。把 $U=Ed$，$C=\frac{\varepsilon_0 S}{d}$代入式(10.36a)得

$$W=\frac{1}{2}\varepsilon_0E^2Sd=\frac{1}{2}\varepsilon_0E^2V$$

式中 $V$ 为电容器中电场遍及的空间的体积。所以，电场能量密度为

$$w=\frac{W}{V}=\frac{1}{2}\varepsilon_0E^2 \quad (10.36\text{b})$$

从上式可以看出，**只要空间任一处存在着电场，电场强度为 $E$，该处单位体积中就储藏着 $\frac{1}{2}\varepsilon_0E^2$ 的能量。**这个结果虽然是从平行板电容器中的均匀电场这个特例推出的，但可以证明它是普遍成立的。

设想在不均匀电场中，任取一体积元 d$V$，该处的能量密度为 $w$，则体积元 d$V$ 中储藏的静电能为

$$\mathrm{d}W=w\mathrm{d}V$$

整个电场中储藏的静电能为

$$W=\int_V\mathrm{d}W=\int_V\frac{1}{2}\varepsilon_0E^2\mathrm{d}V \quad (10.37)$$

式中的积分遍及于整个电场分布的空间。

**例 10.29** 有一半径为 $a$、带电量为 $q$ 的孤立金属球，试求它所产生的电场中储藏的静电能。

**解** 静电能储存于静电场中，求静电能方法之一是先确定电场强度，求出静电能量密度，再通过式(10.37)积分得解。

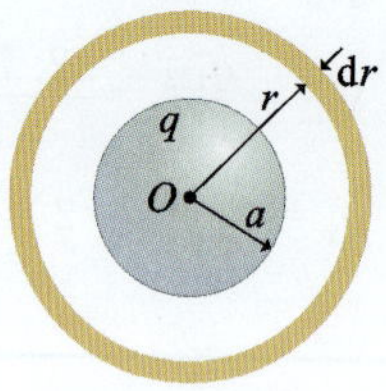


例 10.29 图

该带电金属球产生的电场具有球对称性，电场强度方向沿着径向，其大小为

$$E=\frac{1}{4\pi\varepsilon_0}\frac{q}{r^2}$$

如图所示，先计算半径为 $r$、厚度为 d$r$ 的球壳状空间中储藏的静电能，即

$$\begin{aligned}\mathrm{d}W&=w\mathrm{d}V=\frac{1}{2}\varepsilon_0E^2\cdot4\pi r^2\cdot\mathrm{d}r\\&=\frac{1}{2}\varepsilon_0\left(\frac{q}{4\pi\varepsilon_0r^2}\right)^2\cdot4\pi r^2\cdot\mathrm{d}r\\&=\frac{q^2}{8\pi\varepsilon_0r^2}\mathrm{d}r\end{aligned}$$

则整个电场中储藏的静电能为

$$W=\int \mathrm{d}W=\int_a^{\infty}\frac{q^2}{8\pi\varepsilon_0 r^2}\mathrm{d}r=\frac{q^2}{8\pi\varepsilon_0 a}$$

**例 10.30** 一电容器的电容 $C_1=1\ \mu\text{F}$，充电电压 $u_1=100\ \text{V}$；另一电容器的电容 $C_2=2\ \mu\text{F}$，充电电压 $u_2=200\ \text{V}$。现在把两个电容器并联，且正极板与正极板、负极板与负极板相联接，如图所示。试计算在并联前两电容器储藏的静电能和并联后电容器组所储藏的静电能。

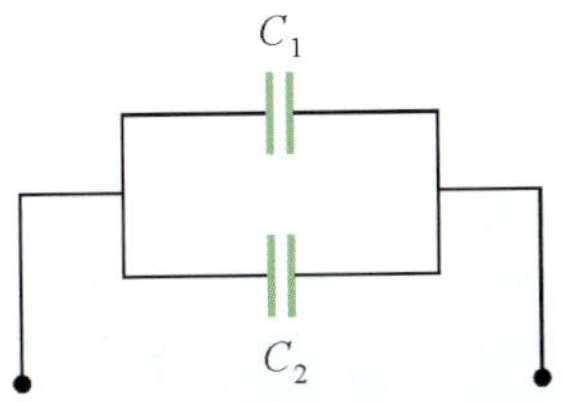


例 10.30 图

**解** 并联前两电容器分别储藏的能量为

$$W_1=\frac{1}{2}C_1U_1^2=\frac{1}{2}\times 1.0\times 10^{-6}\times 100^2=0.005\ \text{J}$$

$$W_2=\frac{1}{2}C_2U_2^2=\frac{1}{2}\times 2.0\times 10^{-6}\times 200^2=0.04\ \text{J}$$

两电容器储藏能量的总和为

$$W=W_1+W_2=0.005+0.04=0.045\ \text{J}$$

为求出两电容器并联后系统储藏的静电能，首先要找出两电容器并联后，有哪些关系是确定并已知的。本题中，实际上当两电容器并联时，电容器组的电容等于两电容器电容之和，即 $C=C_1+C_2$。由于并联前两电容器的正极板的电势不相等，负极板的电势也不相等，所以在并联的过程中，要产生瞬时电流，极板上的电荷也要重新分布，但是两极板上所带电量的总和不变，即 $Q=Q_1+Q_2$。因此，并联后电容器组中所储藏的能量为

$$W'=\frac{Q^2}{2C}=\frac{(Q_1+Q_2)^2}{2(C_1+C_2)}=\frac{(C_1U_1+C_2U_2)^2}{2(C_1+C_2)}$$

$$=\frac{1}{2}\times\frac{(1.0\times 10^{-6}\times 100+2.0\times 10^{-6}\times 200)^2}{1.0\times 10^{-6}+2.0\times 10^{-6}}$$

$$=0.042\ \text{J}$$

可见，并联后电容器储藏的能量减少了，这是因为在并联时产生瞬时电流，使部分能量转换为辐射能、热能的缘故。

## 复习思考题

**10.30** 平行板电容器充电至极板上电荷为 $\pm Q$ 后，断开电源，这时若将极板间隔从 $d$ 拉开至 $d_1$，问 $Q$、$C$、$E$、$V$、$U$ 拉开前后是如何变化的？并写出这些量变化前后与 $d$ 和 $d_1$ 的关系表达式。

**10.31** 在真空中，两个静电场单独存在时，它们的电场能量密度相等。现将它们叠加在一起，若使它们的电场强度：①相互垂直，②方向相反，则合电场的电场能量密度分别为多少？

**10.32** 把充电后的平行板电容器的两个极板拉开，一次是在电容器与电源连接的情况下，另一次是在切断电源的情况下。设两次拉开的距离相同，问哪次外界做功较大？

**10.33** 一个电容器在 1000 V 的电势差下存储 10 kW · h 的能量，问该电容器的电容应为多大？

**10.34** 两并联的电容器，电容分别为 2 μF 和 4 μF，两端加上 300 V 的电压，问该系统所储藏的能量是多少？

# 10.9 电介质的极化　束缚电荷

### 10.9.1 电介质　电容器的电容

电介质是指在通常条件下导电性能极差的物质，例如云母、变压器油等。电介质分子中正负电荷束缚得很紧，内部可自由移动的电荷极少，因此导电性能差。电工中一般认为电阻率超过 $10^8\ \Omega\cdot\text{m}$ 的物质便归于电介质。

以前电介质只是被作为电气绝缘材料来应用，所以通常人们认为电介质就是绝缘体。其实，电介质除了具有电气绝缘性能外，在电场作用下的电极化是它的一个重要特性，随着科学技术的发展，发现某些固体电介质具有许多与极化相关的特殊性能，称为电介质的功能特性，例如，电致伸缩、压电性、热释电性、铁电性等，从而引起广泛的重视和研究。当今，在许多高新科学技术，如微电子技术、超声波技术、电子光学、激光技术及非线性光学等中，都有广泛的应用。

电容为 $C_0$ 的平行板电容器(边缘效应不计)，充电后两极板间电势差为 $U_0$，这时极板上的电荷量为 $Q_0=C_0U_0$。断开电源，并在两极板间注满各向同性的均匀电介质(如绝缘油)，再测量两极板间电势差，发现 $U$ 减小至 $\frac{1}{\varepsilon_r}U_0$(见图 10.28)，即

$$U=\frac{U_0}{\varepsilon_r} \tag{10.38}$$

并且相应地有

$$E=\frac{E_0}{\varepsilon_r} \tag{10.39}$$

式中 $E_0$ 和 $E$ 分别为放入电介质前、后两极板间的电场强度。

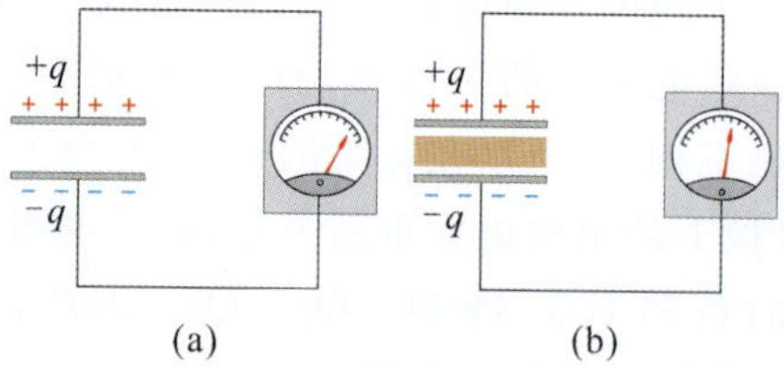


图 10.28

由于有无电介质时极板上的电荷量 $Q_0$ 不变，故有电介质时电容器的电容 $C$ 应为

$$C=\frac{Q_0}{U}=\frac{\varepsilon_r Q_0}{U_0}=\varepsilon_r C_0 \tag{10.40}$$

对一定的各向同性均匀电介质，$\varepsilon_r$ 为一常数，称为该介质的相对介电常数(相对电容率)，它是无量纲量。实验表明，除真空中 $\varepsilon_r=1$ 外，所有电介质的 $\varepsilon_r$ 均大于 1。式(10.40)表明，充满电介质后，电容器的电容增大为真空时电容的 $\varepsilon_r$ 倍。通常正是用在极板间填充电介质的办法来提高电容器的电容。表 10.3 给出了不同电介质的相对介电常数。

**表 10.3 电介质的相对介电常数**

| 电介质 | 相对介电常数 $\varepsilon_r$ | 电介质 | 相对介电常数 $\varepsilon_r$ |
|---|---|---|---|
| 空　气 | 1.00058 | 云　母 | 6～7 |
| 纯　水 | 78 | 瓷 | 5.7～6.3 |
| 纸 | 3.5 | 玻　璃 | 5.5～7 |
| 硫　磺 | 4 | 煤　油 | 2 |
| 聚乙烯 | 2.3 | 钛酸钡 | $10^3$～$10^4$ |

为什么电介质会使电容器的电容增大呢？下面从电介质的分子结构和电介质在电场中的极化来进行讨论。

### 10.9.2 电介质分子的电结构

根据分子电结构的不同，可把电介质分为两类：一类为无极分子，另一类为有极分子。无极分子是指分子中负电荷对称地分布在正电荷周围，以致在无外电场作用时，分子的正负电荷中心重合，分子无电偶极矩。如 $CH_4$、$H_2$、$N_2$ 等皆为无极分子，$CH_4$ 的结构如图 10.29(a)所示。在无外电场作用时，由无极分子构成的电介质对外呈现电中性。有极分子是指在无外电场作用时，分子的正负电荷中心不重合，如图 10.29(b)所示。这时，等量的分子正负电荷形成电偶极子，具有电偶极矩 $\boldsymbol{p}$。在无外电场作用时，大量有极分子组成的电介质，由于分子的不规则热运动，各分子电偶极矩取向杂乱无章，因此宏观上对外也呈现电中性。

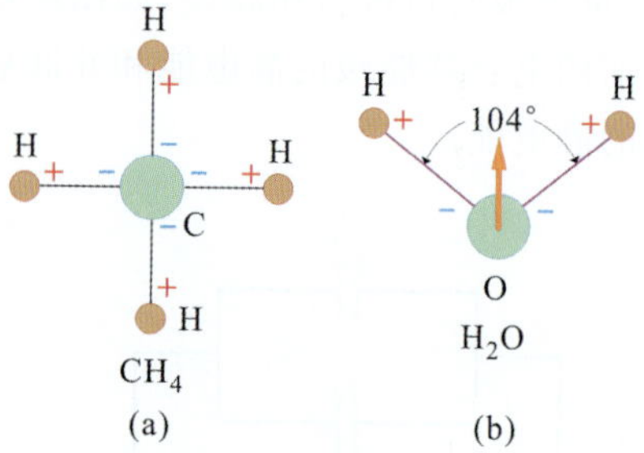


图 10.29

### 10.9.3 电介质的极化 束缚电荷

将有极分子电介质放在均匀外电场中，各分子的电偶极子受到外电场力偶的作用，都要转向外电场方向，并有序地排列起来，如图10.30。但是，由于分子的热运动，这种分子电偶极子的排列不可能是整齐的。然而，从总体来看，这种转向排列的结果，使电介质沿电场方向前后两个侧面分别出现正、负电荷，如图 10.30(a)所示。这种不能在电介质内自由移动，也不能离开电介质表面的电荷，称为束缚电荷。在外电场作用下，电介质分子的电偶极矩趋于外电场方向排列，结果在电介质的侧面出现束缚电荷的现象称为电介质的极化现象。有极分子电介质的极化常称为取向极化。

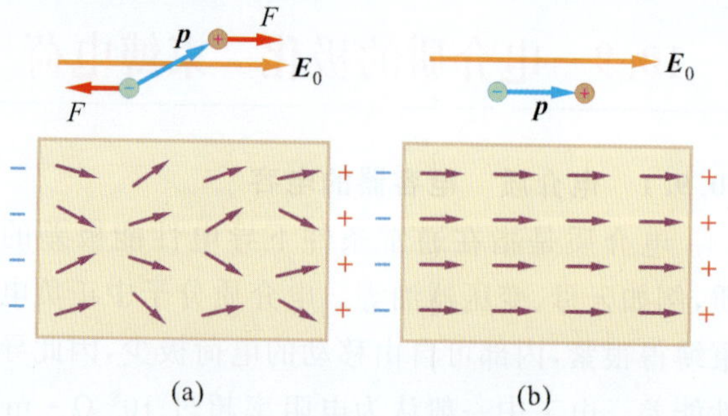


图 10.30

将无极分子电介质放在外电场中，由于分子中的正负电荷受到相反方向的电场力，因而正负电荷中心将发生微小的相对位移，从而形成电偶极子，其电偶极矩将沿外电场方向排列起来，如图 10.30(b)

所示。这时,沿外电场方向电介质的前后两侧面也将分别出现正负束缚电荷,这也是一种电介质的极化现象。无极分子电介质的极化常称为位移极化。

综上所述,不论是有极分子还是无极分子电介质,在外电场中都会产生极化现象,出现束缚电荷。一般说来,外电场越强,极化现象越显著,电介质两侧面束缚电荷的面密度也就越大,电极化程度也越高。还应指出,在各向同性均匀电介质内部的任何体积元内,都不会有净束缚电荷。

## 10.10　电介质内的电场强度

一般说来,要计算在外电场中电介质内部的电场强度是很复杂的。为简单起见,以充满各向同性均匀电介质的平板电容器为例,来研究电介质内部的电场。

设电容器极板上自由电荷面密度为$\pm\sigma_0$,电介质表面束缚电荷面密度为$\pm\sigma'$。由于不计边缘效应,同时电介质是均匀各向同性的,因此束缚电荷的产生不会影响电容器极板上自由电荷面密度的均匀分布和极板间电场的均匀性。电介质内部任意一点的电场强度$\boldsymbol{E}$,应等于极板上自由电荷在该点产生的电场强度$\boldsymbol{E}_0$与分布在电介质两平行端面上的束缚电荷在该点产生的电场强度$\boldsymbol{E}'$的矢量和,即

$$\boldsymbol{E}=\boldsymbol{E}_0+\boldsymbol{E}' \tag{10.41}$$

自由电荷和束缚电荷产生的电场强度大小分别为

$$E_0=\frac{\sigma_0}{\varepsilon_0},\qquad E'=\frac{\sigma'}{\varepsilon_0} \tag{10.42}$$

$\boldsymbol{E}_0$的方向与$\boldsymbol{E}'$的方向相反,如图 10.31 所示。因此,由式(10.41)及式(10.42)可得

$$E=\frac{\sigma_0}{\varepsilon_0}-\frac{\sigma'}{\varepsilon_0} \tag{10.43}$$

从式(10.43)可以看出,**在电介质内部,合电场强度$E$总是小于自由电荷产生的电场强度$E_0$。**这一结论虽然是从特例得到的,但它却是普遍成立的。

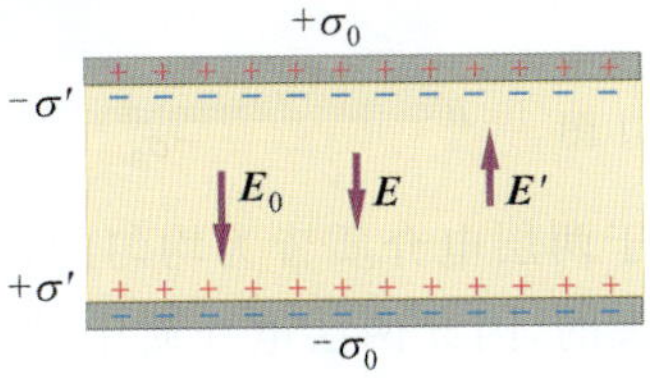


图 10.31

现在再回到 10.9.1 中所讲的实验现象,由于放入电介质后极板间电场强度减小,极板间电势差也随之减小,结果使有电介质时电容器的电容比没有电介质时的电容要大。

在 10.9.1 中讲过,实验表明$E=\dfrac{E_0}{\varepsilon_r}$,将其代入式(10.43),得

$$\sigma'=\left(1-\frac{1}{\varepsilon_r}\right)\sigma_0 \tag{10.44}$$

式(10.44)表明,电介质表面束缚电荷面密度$\sigma'$是极板上自由电荷面密度$\sigma_0$的$\left(1-\dfrac{1}{\varepsilon_r}\right)$倍。

需要指出的是,式(10.39)给出的关系式$E=\dfrac{E_0}{\varepsilon_r}$,既是实验确认的,也可从理论上导出,但它有适用条件,这个条件就是:**各向同性的均匀电介质要充满电场所在空间。**进一步研究表明,一种**各向同性均匀电介质虽未充满电场所在空间**,但只要**电介质的表面是等势面**,如图 10.32 所示;或者多种各向同性均匀电介质虽未充满电场空间,但各种电介质的界面皆为等势面,如图 10.33 所示。在这两种情况下,式(10.39)仍然是正确的。

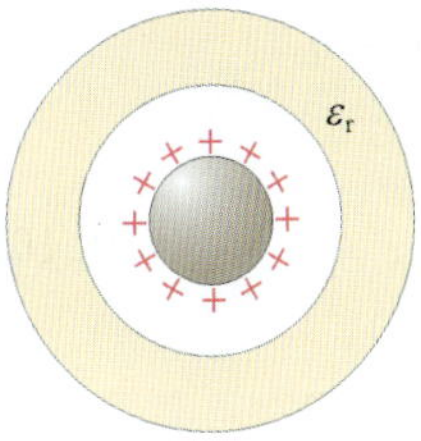


图 10.32

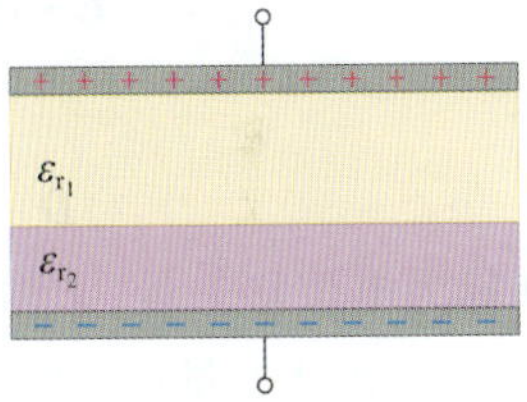


图 10.33

## 10.11　电介质中的高斯定理　电位移矢量 $\boldsymbol{D}$

我们已讨论过真空中的高斯定理,现在把它推广到有电介质存在时的静电场中去,从而可以得到电介质中的高斯定理。

为简单起见,仍以充满均匀各向同性电介质的无限大平板电容器为例进行讨论。

在图 10.34 所示的平板电容器中,作一封闭圆柱形高斯面,使得面积为$S$的两个端面平行于电容器极板,且一个端面在导体极板内,另一个在电介质中。

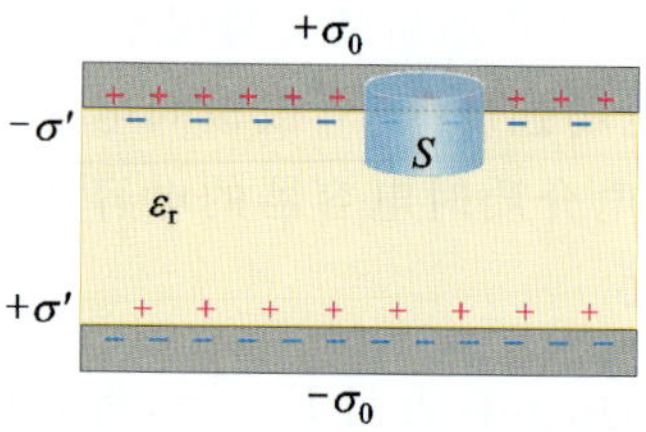


图 10.34

设自由电荷和束缚电荷面密度分别为 $\sigma_0$ 和 $\sigma'$，对所作高斯面应用高斯定理，有

$$\oiint_S \boldsymbol{E}\cdot \mathrm{d}\boldsymbol{S}=\frac{1}{\varepsilon_0}(\sigma_0-\sigma')S \qquad (10.45)$$

式中 $\boldsymbol{E}$ 为自由电荷和束缚电荷共同产生的电场强度。由于 $\sigma'$ 通常不能预先知道，且 $\boldsymbol{E}$ 又与 $\sigma'$ 有关，因此式(10.45)应用起来是很困难的。如果能设法使 $\sigma'$ 不在式(10.45)中出现，问题就较容易解决。

在充满均匀各向同性电介质的平板电容器问题中，根据已有的式(10.44)知

$$\frac{1}{\varepsilon_0}(\sigma_0-\sigma')=\frac{\sigma_0}{\varepsilon_0\varepsilon_r}$$

代入式(10.45)，得

$$\oiint_S \boldsymbol{E}\cdot \mathrm{d}\boldsymbol{S}=\frac{1}{\varepsilon_0\varepsilon_r}\sigma_0 S$$

或写成

$$\oiint_S \varepsilon_0\varepsilon_r\boldsymbol{E}\cdot \mathrm{d}\boldsymbol{S}=\sigma_0 S=q_0$$

令

$$\boldsymbol{D}=\varepsilon_0\varepsilon_r\boldsymbol{E} \qquad (10.46)$$

$\boldsymbol{D}$ 称为电位移矢量(又称电通密度)。

采用 $\boldsymbol{D}$ 矢量后，式(10.46)可写成

$$\oiint_S \boldsymbol{D}\cdot \mathrm{d}\boldsymbol{S}=q_0 \qquad (10.47)$$

式中 $q_0$ 为高斯面内包围的自由电荷量。仿照电通量的定义，式(10.47)左边就是通过图 10.34 中所作高斯面的电位移通量。由此表明，通过在电介质中所作高斯面的电位移通量等于该高斯面所包围的自由电荷量。与式(10.45)相比，式(10.47)的优点在于等式右边没有明显地出现束缚电荷，这就为它的应用带来了方便。式(10.47)就是电介质中的高斯定理，它是通过特例得到的，但理论研究表明该式所表述的电介质中的高斯定理是普遍适用的。因此，电介质中的高斯定理可表述为：**通过任意闭合曲面 $S$ 的总电位移通量，等于该闭合曲面所包围的自由电荷量的代数和，与束缚电荷以及闭合曲面之外的自由电荷无关。**

在电场不是太强时，各向同性电介质中任意一点的电位移矢量 $\boldsymbol{D}$，可定义为该点的电场强度矢量 $\boldsymbol{E}$ 与该点的介电常数 $\varepsilon$ 的乘积，考虑到式(10.46)，则有

$$\boldsymbol{D}=\varepsilon\boldsymbol{E}=\varepsilon_0\varepsilon_r\boldsymbol{E}$$

式中 $\varepsilon=\varepsilon_0\varepsilon_r$ 为电介质的介电常数。对均匀各向同性电介质来说，$\varepsilon$ 为决定于电介质种类的常数。如果介质不均匀，则各处的 $\varepsilon$ 值一般不同，但只要是各向同性介质，$\boldsymbol{D}$ 与 $\boldsymbol{E}$ 总是同方向的。对各向异性电介质，$\varepsilon$ 不再是一个普通常数，而是一个包括 9 个分量的张量，$\boldsymbol{D}$ 与 $\boldsymbol{E}$ 的方向一般并不相同，式(10.46)的关系也不再成立，但式(10.47)仍然适用。本书不讨论这类问题。电位移矢量的单位是 $\mathrm{C/m^2}$。

### 想想看

10.37 一块电介质平板被两块导体平板夹在中间，构成一平行板电容器。充电后，电介质表面的束缚电荷与其相邻导体板上的电荷是异号的，两者为什么不中和掉？能不能使电介质带自由电荷？能不能使导体上带束缚电荷？

10.38 设充满均匀电介质的平行板电容器内，电介质表面的极化电荷面密度为 $\sigma'$，甲认为极化电荷产生的附加电场强度应为 $E'=\dfrac{\sigma'}{\varepsilon_0\varepsilon_r}$，理由是介质中的电场强度是真空中的 $\dfrac{1}{\varepsilon_r}$；乙认为极化电荷产生的附加电场强度应与相同分布的自由电荷在真空中产生的电场强度有相同的规律，所以 $E'=\dfrac{\sigma'}{\varepsilon_0}$。甲认为乙没有考虑电介质的影响，你认为怎样？

10.39 为什么要引入 $\boldsymbol{D}$ 矢量，它和 $\boldsymbol{E}$ 矢量有何关系？

**例 10.31** 自由电荷面密度为 $\pm\sigma_0$ 的带电无限大平板电容器，极板间充满两层各向同性均匀电介质，如图所示。电介质的界面都平行于电容器的极板，两层电介质的相对介电常数各为 $\varepsilon_{r_1}$ 和 $\varepsilon_{r_2}$，厚度各为 $d_1$ 和 $d_2$。试求：(1)各电介质层中的电场强度；(2)电容器两极板间的电势差。

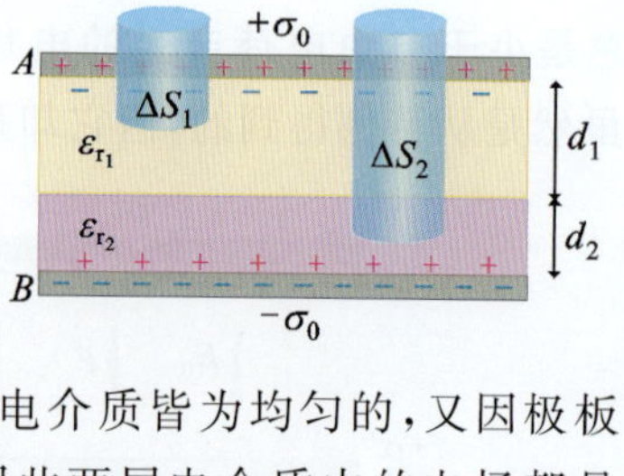


例 10.31 图

**解** 由于两层电介质皆为均匀的，又因极板可认为是无限大的，因此两层电介质中的电场都是均匀的。设两层电介质中的电位移分别为 $\boldsymbol{D}_1$ 和 $\boldsymbol{D}_2$。过电介质 1 作圆柱高斯面，如图所示。通过极板 $A$

外侧底面的 **D** 通量和圆筒侧面的 **D** 通量皆为零，因此通过所作高斯面的 **D** 通量就等于通过位于电介质 1 中圆柱底面的 $\boldsymbol{D}_1$ 通量。根据高斯定理，有

$$\oiint_S \boldsymbol{D}\cdot \mathrm{d}\boldsymbol{S} = D_1\Delta S_1 = \sigma_0\Delta S_1$$

故有

$$D_1=\sigma_0$$

由 $\boldsymbol{D}=\varepsilon\boldsymbol{E}$，则

$$E_1=\frac{D_1}{\varepsilon_1}=\frac{\sigma_0}{\varepsilon_0\varepsilon_{r_1}}$$

同理，通过电介质 2 作高斯面，如图所示。应用高斯定理可得

$$D_2=\sigma_0$$

且

$$E_2=\frac{D_2}{\varepsilon_2}=\frac{\sigma_0}{\varepsilon_0\varepsilon_{r_2}}$$

可见，两层电介质中的电位移矢量相等，但电场强度不等。又注意到，两层电介质皆为均匀且电介质各界面都是等势面，因此各层电介质内部的电场强度 $E_1$ 和 $E_2$ 分别为自由面电荷产生的电场强度 $E_0=\frac{\sigma_0}{\varepsilon_0}$ 除以 $\varepsilon_{r_1}$ 和 $\varepsilon_{r_2}$，这一结果是我们所预料到的。

根据电势差的定义，可求出电容器两极板间的电势差为

$$U=u_A-u_B=\int_A^B \boldsymbol{E}\cdot \mathrm{d}\boldsymbol{l}=E_1d_1+E_2d_2$$

$$=\frac{\sigma_0}{\varepsilon_0\varepsilon_{r_1}}d_1+\frac{\sigma_0}{\varepsilon_0\varepsilon_{r_2}}d_2=\frac{\sigma_0}{\varepsilon_0}\left(\frac{d_1}{\varepsilon_{r_1}}+\frac{d_2}{\varepsilon_{r_2}}\right)$$

**例 10.32** 半径分别为 $R_1$ 和 $R_3$ 的同心导体组成的球形电容器，中间充满相对介电常数分别为 $\varepsilon_{r_1}$ 和 $\varepsilon_{r_2}$ 的两层各向同性均匀电介质，它们的分界面为一半径 $R_2$ 的同心球面，如图。求此电容器的电容。

**解** 由于两层电介质皆为均匀，根据对称性可知，两层电介质的界面一定都是等势面，根据 10.9 节中讲过的，各层电介质内部的电场强度应等于自由电荷产生的电场强度的 $1/\varepsilon_{r_1}$ 或 $1/\varepsilon_{r_2}$。设给电容器充电，使两极板分别带电荷量为 $\pm q$（使外球壳带负电）。在两层电介质内的电场强度应分别为

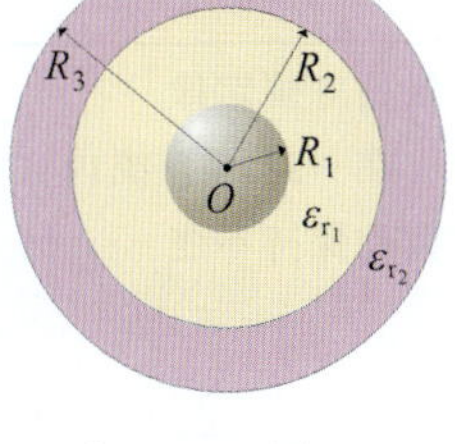

例 10.32 图

$$E_1=\frac{q}{4\pi\varepsilon_0\varepsilon_{r_1}r_1^2},\qquad E_2=\frac{q}{4\pi\varepsilon_0\varepsilon_{r_2}r_2^2}$$

它们的方向都是沿半径由内指向外（用高斯定理也可以很方便地得到 $E_1$ 和 $E_2$，读者可自己试作）。根据电势差的定义，两极间的电势差为

$$\Delta U=\int_{R_1}^{R_3}\boldsymbol{E}\cdot \mathrm{d}\boldsymbol{l}=\int_{R_1}^{R_2}\boldsymbol{E}_1\cdot \mathrm{d}\boldsymbol{r}+\int_{R_2}^{R_3}\boldsymbol{E}_2\cdot \mathrm{d}\boldsymbol{r}$$

$$=\frac{q}{4\pi\varepsilon_0}\left[\frac{1}{\varepsilon_{r_1}}\left(\frac{1}{R_1}-\frac{1}{R_2}\right)+\frac{1}{\varepsilon_{r_2}}\left(\frac{1}{R_2}-\frac{1}{R_3}\right)\right]$$

因此电容器的电容为

$$C=\frac{q}{\Delta U}=\frac{4\pi\varepsilon_0}{\frac{1}{\varepsilon_{r_1}}\left(\frac{1}{R_1}-\frac{1}{R_2}\right)+\frac{1}{\varepsilon_{r_2}}\left(\frac{1}{R_2}-\frac{1}{R_3}\right)}$$

从以上两道例题可以看出，在求某些具有对称性介质中的电场强度时，可先由式(10.47)求 **D**，再通过式(10.46)求得 **E**。对求解满足 $\boldsymbol{E}=\frac{\boldsymbol{E}_0}{\varepsilon_r}$ 条件的那些问题时，像例 10.32 那样，常可以更方便地直接写出求解结果。

## 复习思考题

**10.35** ①一个带电的金属球面，半径为 $R$，球面内充满了均匀各向同性电介质，而球外是空气，问此球面的电势是否是 $U=\frac{1}{4\pi\varepsilon_0\varepsilon_r}\frac{Q}{R}$？②如果球面内为空气，球面外为无限大均匀各向同性的电介质，这时球面的电势是多少？（$Q$ 为球面上带的自由电荷，$\varepsilon_r$ 为相对电介常数）

**10.36** 电容器充电后与电源保持连接，这时将电介质插入电容器极板间，问电容、电势差、电容器上的电荷、电容器中的电场强度等量是如何变化的，变大、变小还是不变？

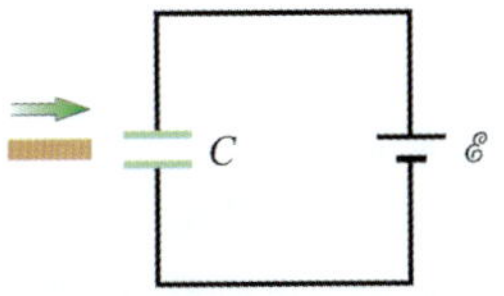

思 10.36 图

**10.37** 两个电容各为 $C_1$、$C_2$ 的电容器串联并充电，然后将电源断开，并将它们改接成并联，问它们的静电能是增大，减小还是不变？

# 第 10 章 小 结

## 电荷守恒定律

在一封闭系统内正负电荷的代数和保持不变

$$\sum_i q_i = \text{常量}$$

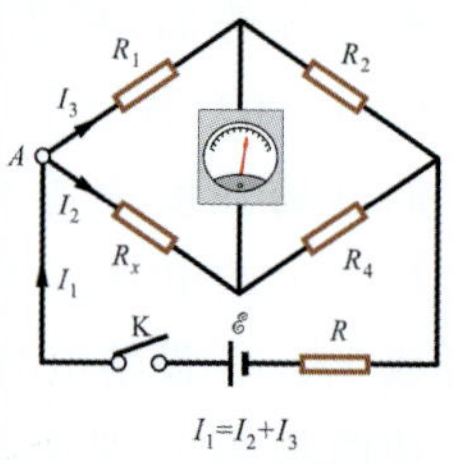


## 库仑定律

真空中两静止点电荷间的静电力大小与两电荷电量的乘积成正比，与它们间的距离成反比

$$\boldsymbol{F} = \frac{1}{4\pi\varepsilon_0}\frac{q_1 q_2}{r^2}\boldsymbol{r}^0$$

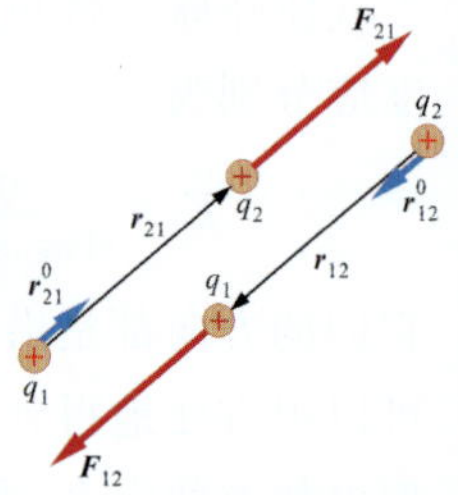


## 电场强度

某点电场强度的大小等于单位电荷在该点受力的大小，方向为正电荷在该点受力的方向

$$\boldsymbol{E} = \frac{\boldsymbol{F}}{q_0}$$

$$\boldsymbol{E} = \frac{1}{4\pi\varepsilon_0}\frac{q}{r^2}\boldsymbol{r}^0$$

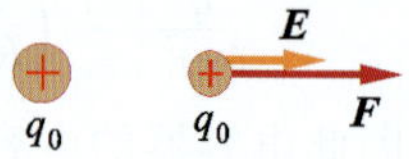


点电荷系在某点产生的电场的电场强度等于各点电荷单独在该点产生的电场强度的矢量和

带电体在一点产生的电场强度等于所有电荷元产生的电场强度的矢量积分

$$\boldsymbol{E} = \sum \boldsymbol{E}_i = \sum \frac{1}{4\pi\varepsilon_0}\frac{q_i}{r_i^2}\boldsymbol{r}_i^0$$

$$\boldsymbol{E} = \int \mathrm{d}\boldsymbol{E} = \int \frac{\mathrm{d}q}{4\pi\varepsilon_0 r^2}\boldsymbol{r}^0$$

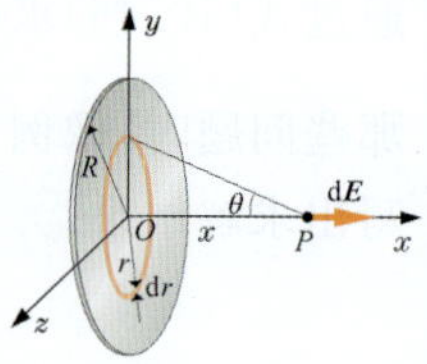


## 高斯定理

真空中的静电场中，穿过任一闭合曲面的电通量，在数值上等于该闭合曲面内所包围的电量的代数和乘以 $1/\varepsilon_0$

$$\oint \boldsymbol{E}\cdot \mathrm{d}\boldsymbol{S} = \frac{1}{\varepsilon_0}\sum_{(内)} q_i$$

$$\oint \boldsymbol{E}\cdot \mathrm{d}\boldsymbol{S} = \frac{1}{\varepsilon_0}\int_V \rho \mathrm{d}V$$

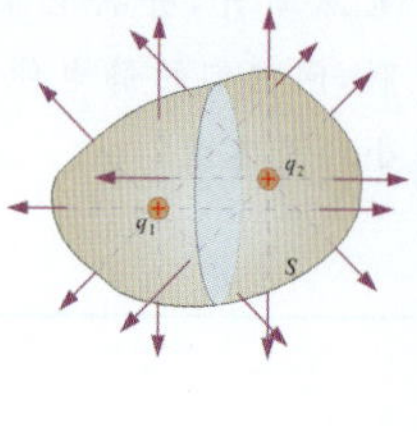


## 静电场的环路定理

在静电场中，电场强度沿任一闭合路径的线积分(即电场强度的环流)恒为零

$$\oint \boldsymbol{E}\cdot \mathrm{d}\boldsymbol{l} = 0$$

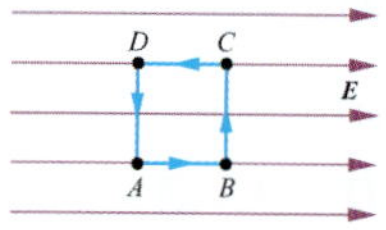


## 电势能和电势

电荷在电场中某点的电势能，在量值上等于把电荷从该点移动到电势能零参考点时，静电力所做的功

$$W_a = \int_a^{“0”} q_0 \boldsymbol{E}\cdot \mathrm{d}\boldsymbol{l}$$

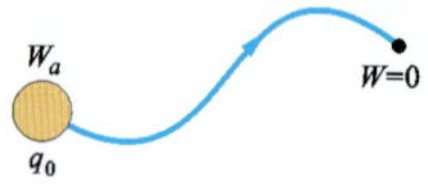


电场中某点的电势，其量值等于把单位正电荷从该点沿任一路径移动到电势零参考点时，静电力所做的功

$$u_a = \frac{W_a}{q_0} = \int_a^{“0”} \boldsymbol{E}\cdot \mathrm{d}\boldsymbol{l}$$

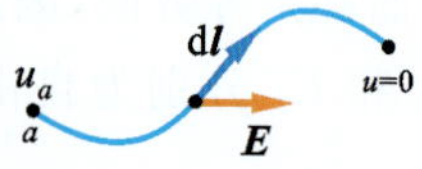


电场中 $a$、$b$ 两点的电势差在量值上等于把单位正电荷从 $a$ 点移动到 $b$ 点静电力所做的功

$$u_a - u_b = \int_a^b \boldsymbol{E}\cdot \mathrm{d}\boldsymbol{l}$$

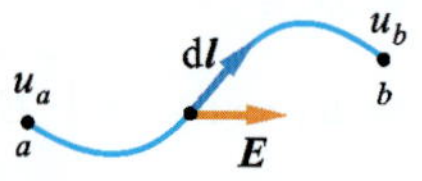


## 电势叠加原理

在点电荷系产生的电场中，某点的电势是各点电荷单独存在时，在该点产生的电势的代数和

$$u_a = \sum_{i=1}^n u_i$$

$$u_a = \int_a^\infty \boldsymbol{E}\cdot \mathrm{d}\boldsymbol{l}$$

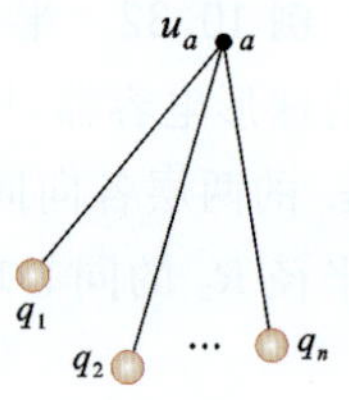


## 电势与电场强度的关系

电场中某点的电势等于电场强度从该点到电势零点的线积分

$$u_a = \int_a^{“0”} \boldsymbol{E}\cdot \mathrm{d}\boldsymbol{l}$$

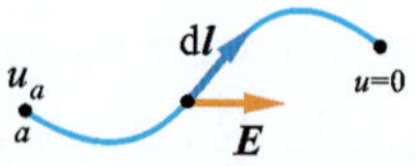


电场强度在 $\mathrm{d}\boldsymbol{l}$ 方向的投影等于电势沿该方向的变化率的负值

$$E_l = -\frac{\mathrm{d}u}{\mathrm{d}l}$$

某点的电场强度等于该点电势梯度的负值

$$\boldsymbol{E} = -\left(\frac{\partial u}{\partial x}\boldsymbol{i} + \frac{\partial u}{\partial y}\boldsymbol{j} + \frac{\partial u}{\partial z}\boldsymbol{k}\right)$$

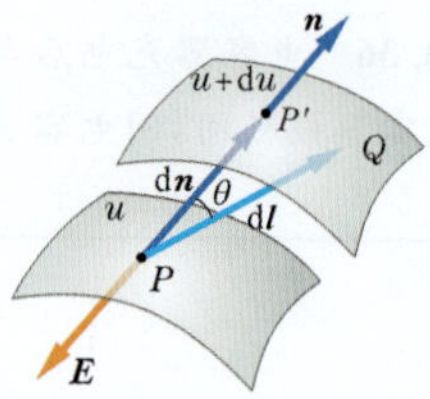

**导体的静电平衡**

导体内部的电场强度处处为零，导体表面上任一点的场强的方向与表面垂直，大小与该处的电荷面密度成正比。导体上的电势处处相等

$$\boldsymbol{E}_{\text{表面}} = \frac{\sigma}{\varepsilon_0}\boldsymbol{n}$$

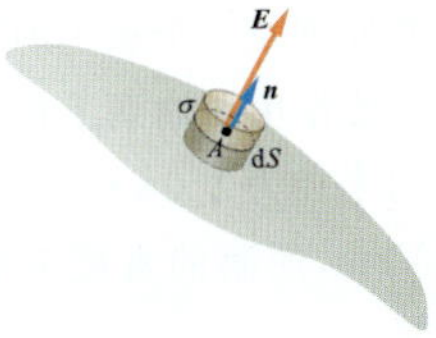


**电容器的电容**

电容器极板上的带电量与两极板间的电势差的比值为电容

$$C = \frac{q}{\Delta u}$$

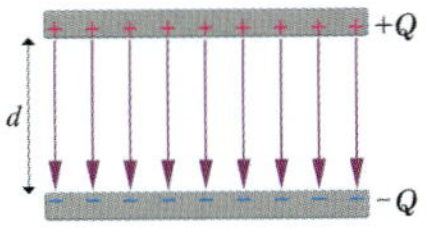


**静电能**

静电场的电场能量密度等于电位移矢量与电场强度标积的二分之一

$$W = \frac{1}{2}\boldsymbol{D}\cdot\boldsymbol{E}$$

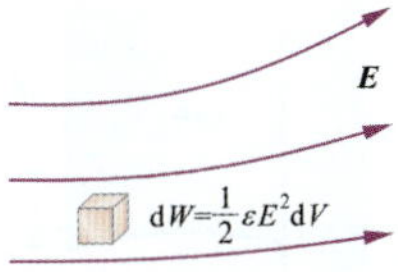


**电容器的串联、并联**

多个电容器串联后的等效电容的倒数等于各电容器的电容的倒数之和

$$\frac{1}{C_{ef}} = \sum_i \frac{1}{C_i}$$

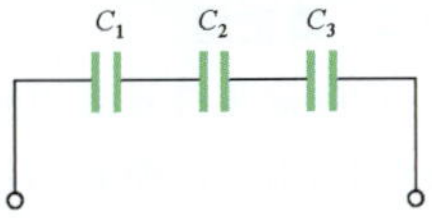


多个电容器并联后的等效电容等于各电容器的电容的和

$$C_{ef} = \sum_i C_i$$

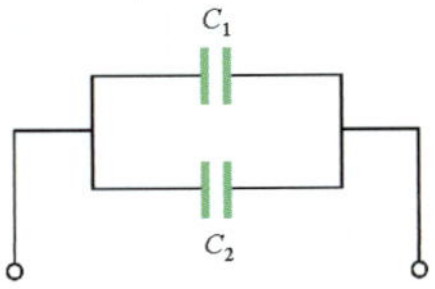


**介质中的高斯定理**

通过任意闭合曲面 $S$ 的总电位移通量，等于该闭合曲面所包围的自由电荷量的代数和，与束缚电荷以及闭合曲面之外的自由电荷无关

$$\oint \boldsymbol{D}\cdot d\boldsymbol{S} = q_0$$

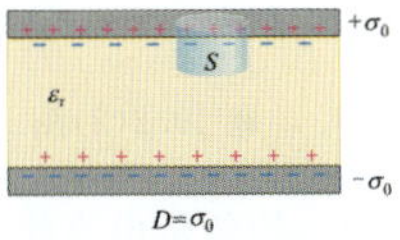


# 习　题

**10.1　选择题**

(1)真空中两平行带电平板相距为 $d$，面积为 $S$，且有 $d^2 \ll S$，带电量分别为 $+q$ 与 $-q$，则两板间的作用力大小为[　　]。

(A) $F=\frac{q^2}{4\pi\varepsilon_0 d^2}$　　(B) $F=\frac{q^2}{\varepsilon_0 S}$

(C) $F=\frac{2q^2}{\varepsilon_0 S}$　　(D) $F=\frac{q^2}{2\varepsilon_0 S}$

(2)如图所示，闭合曲面 $S$ 内有一点电荷 $q$，$P$ 为 $S$ 面上一点，在 $S$ 面外 $A$ 点有一点电荷 $q'$，若将 $q'$ 移至 $B$ 点，则[　　]。

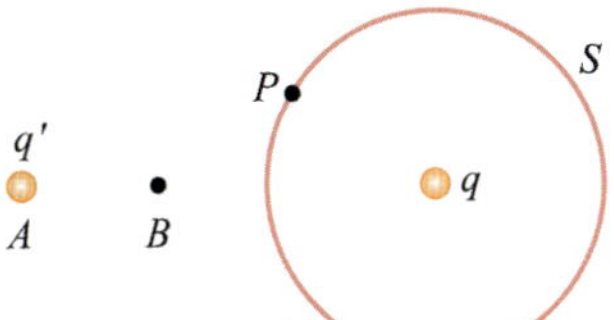


题 10.1(2)图

(A)穿过 $S$ 面的电通量改变，$P$ 点的电场强度不变

(B)穿过 $S$ 面的电通量不变，$P$ 点的电场强度改变

(C)穿过 $S$ 面的电通量和 $P$ 点的电场强度都不变

(D)穿过 $S$ 面的电通量和 $P$ 点的电场强度都改变

(3)下列的说法中，正确的是[　　]。

(A)电场强度不变的空间，电势必为零

(B)电势不变的空间，电场强度必为零

(C)电场强度为零的地方电势必为零

(D)电势为零的地方电场强度必为零

(E)电势越大的地方电场强度必定越大

(F)电势越小的地方电场强度必定越小

(4)如图所示，在带电体 $A$ 旁有一不带电的导体壳 $B$，$C$ 为导体壳空腔内的一点，则下列说法中正确的是[　　]。

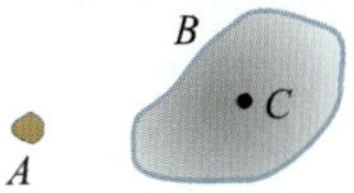


题 10.1(4)图

(A)带电体 $A$ 在 $C$ 点产生的电场强度为零

(B)带电体 $A$ 与导体壳 $B$ 的外表面的感应电荷在 $C$ 点所产生的合电场强度为零

(C)带电体 $A$ 与导体壳 $B$ 的内表面的感应电荷在 $C$ 点所产生的合电场强度为零

(D)导体壳 $B$ 的内外表面的感应电荷在 $C$ 点所产生的合电场强度为零

(5)一平行板电容器充电后断开电源，将负极板接地，在两极板间有一正电荷，其电量很小，固定在 $P$ 点，如图所示。如以 $E$ 表示两极板间的电场强度的大小，$\Delta u$ 表示电容器两极间的电势差，$W$ 表示正电荷在 $P$ 点的电势能，若保持负极板不动，将正极板移到图中虚线所示位置，则正确的是[　　]。

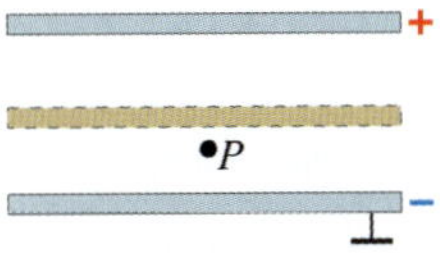


题 10.1(5)图

(A) $\Delta u$ 变小，$E$ 不变，$W$ 不变

(B) $\Delta u$ 变大，$E$ 不变，$W$ 不变

(C) $\Delta u$ 不变，$E$ 变大，$W$ 变大

(D) $\Delta u$ 不变，$E$ 变小，$W$ 变小

(6)如图所示，一空心介质球，其内半径为 $R_1$，外半径为 $R_2$，所带的总电荷量为 $+Q$，这些电荷均匀分布于 $R_1$ 和 $R_2$ 间的介质球层内，当 $R_1 < r < R_2$ 时电场强度为[　　]。

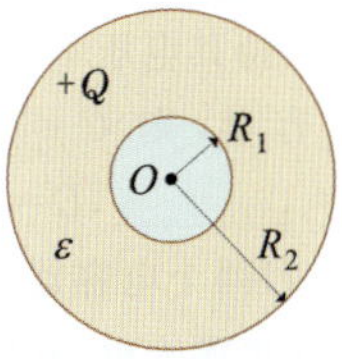


题 10.1(6)图

(A) $\frac{Q}{4\pi R_2}$　　(B) $\frac{Q}{4\pi\varepsilon r^2}\ \frac{r^3-R_1^3}{R_2^3-R_1^3}$

(C) $\dfrac{Q}{4\pi\varepsilon R_2}$ (D) $\dfrac{Q}{4\pi\varepsilon R_2^2}$

**10.2 填空题**

(1)电量和符号都相同的三个点电荷 $q$ 放在等边三角形的顶点上，为了不使它们由于斥力的作用而散开，可在三角形的中心放一符号相反的点电荷 $q'$，则 $q'$ 的电量应为______。

(2)边长为 $a$ 的正六角形的六个顶点都放有电荷，如图所示。则六角形中心 $O$ 处的电场强度为________。

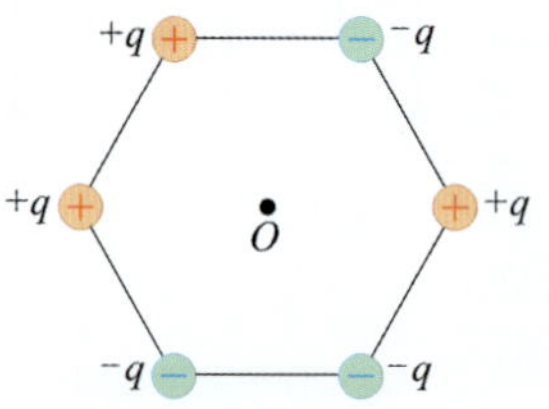

题 10.2(2)图

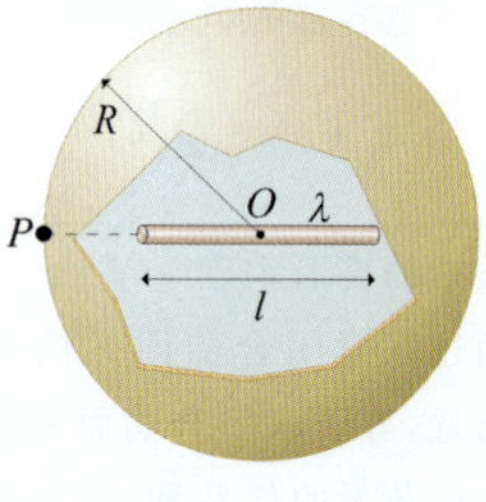

题 10.2(3)图

(3)一均匀带电直线长为 $l$，电荷线密度为 $+\lambda$，以导线中点 $O$ 为球心，$R$ 为半径($R>l$)作一球面，如图所示，则通过该球面的电通量为____________。带电直线的延长线与球面交点 $P$ 处的电场强度的大小为________，方向为__________。

(4)一半径为 $R$ 的均匀带电圆环，带电量为 $q(<0)$，另有两个均带正电荷 $Q$ 的点电荷位于环的轴线上，分别在环的两侧，它们到环心的距离都等于环的半径 $R$。则，当此电荷系统处于平衡时，$Q:q=$____________。

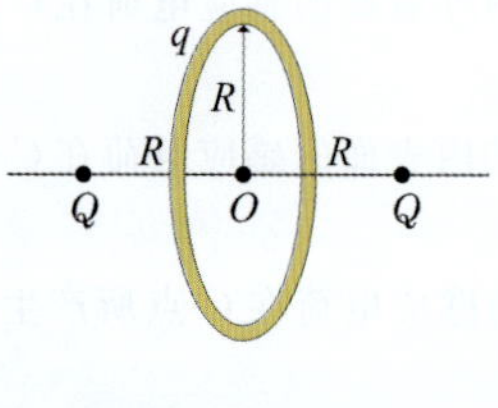

题 10.2(4)图

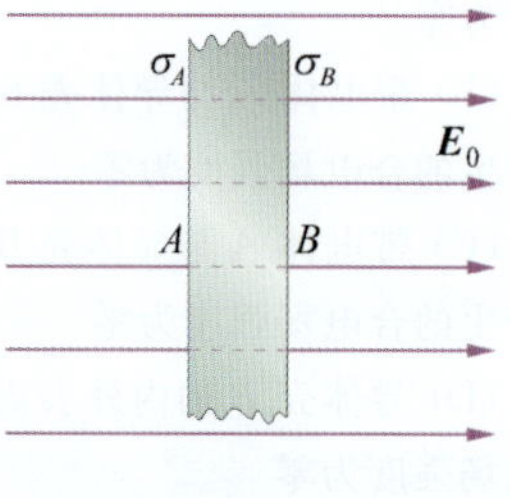

题 10.2(5)图

(5)如图，无限大平板导体放在电场强度为 $\boldsymbol{E}_0$ 的均匀电场中，导体两侧板面 $A$、$B$ 均与电场线垂直，则 $A$、$B$ 板面上的电荷面密度分别为 $\sigma_A=$______，$\sigma_B=$______。

(6)平行板电容器两极板间距离为 $d$，极板面积为 $S$，在真空时的电容、自由电荷面密度、电势差、电场强度和电位移矢量的大小分别用 $C_0$、$\sigma_0$、$U_0$、$E_0$、$D_0$ 表示。

①维持其电量不变(如充电后与电源断开)，将 $\varepsilon_r$ 的均匀介质充满电容器，则 $C=$________，$\sigma=$________，$U=$________，$E=$________，$D=$________。

②维持其电压不变(与电源保持联接)，将 $\varepsilon_r$ 的均匀介质充满电容器，则 $C=$________，$\sigma=$________，$U=$________，$E=$________，$D=$________。

(7)两个电容器的电容之比 $C_1:C_2=1:2$，把它们串联起来接电源充电，它们的电场能量之比 $W_1:W_2=$________；如果是并联起来接电源充电，则它们的电场能量之比 $W_1:W_2=$________。

**10.3** 电子所带电量最先是由密立根通过油滴实验测定的，其原理是一个很小的带电油滴在匀强电场内，调节电场强度 $E$ 使作用在油滴上的电场力与油滴的重力平衡。如果油滴的半径为 $1.64\times10^{-4}$ cm，平衡时的电场强度为 $1.92\times10^5$ V/m，油滴的密度为 $0.851\times10^3$ kg/m$^3$。试求油滴上的电量。

**10.4** 一长为 $l$ 的均匀带电直导线，其电荷线密度为 $\lambda$。试求导线延长线上距离近端为 $a$ 处一点的电场强度。

**10.5** 如图所示的一半圆柱面，高和直径都是 $l$，均匀地带有电荷，其电荷面密度为 $\sigma$，试求其轴线中点 $O$ 处的电场强度。

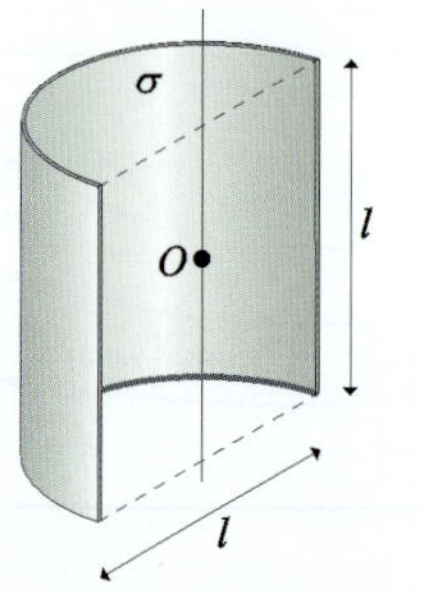

题 10.5 图

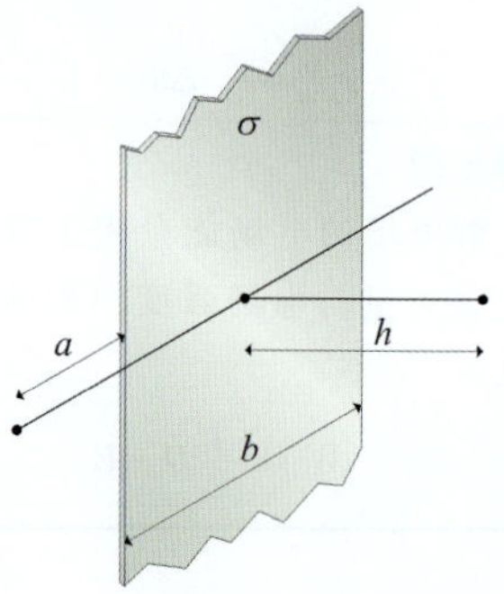

题 10.6 图

**10.6** 一宽为 $b$ 的无限长均匀带电平面薄板，其电荷面密度为 $\sigma$，如图所示。试求：

(1)平板所在平面内，距薄板边缘为 $a$ 处的电场强度；

(2)通过薄板的几何中心的垂直线上与薄板的距离为 $h$ 处的电场强度。

**10.7** 一半径为 $R$，长为 $l$ 的圆柱形薄片，其上电荷均匀分布，电量为 $q$。试求在其轴线上与近端距离为 $h$ 处 $P$ 点的电场强度；讨论当 $R\to0$ 时，其结果如何？并与 10.4 题的结果作一比较。

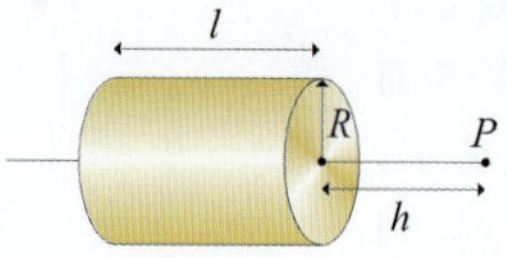

题 10.7 图

**10.8** 长为 $l$ 的带电细导体棒，沿 $x$ 轴放置，棒的一端在原点。设电荷的线密度为 $\lambda=Ax$，$A$ 为常量。求 $x$ 轴上坐标为 $x=l+b$ 处的电场强度大小。

**10.9** 半径为 $b$ 的细圆环，圆心在 $Oxy$ 坐标系的原点上，圆环所带电荷的线密度 $\lambda=A\cos\theta$，其中 $A$ 为常量，如图所示。求圆心处电场强度的 $x$、$y$ 分量。

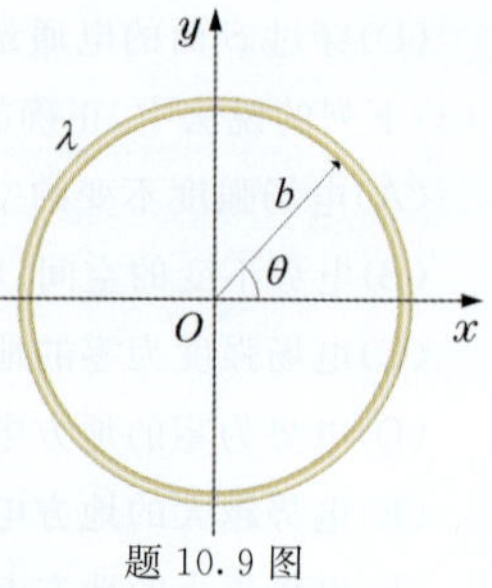

题 10.9 图

**10.10** 两个同心的均匀带电球面，半径分别为 $R_1$ 和 $R_2$。

带电量分别为$+q$和$-q$，求其电场强度分布。

**10.11** 两根相互平行的"无限长"直导线，其上均匀带电，电荷线密度分别为$\lambda_1$和$\lambda_2$，两直导线间的距离为$d$。求电场强度为零的点所连成的直线的位置。

**10.12** 如图所示厚度为$b$的"无限大"均匀带电平板，其电荷体密度为$\rho$。求板外任一点的电场强度。

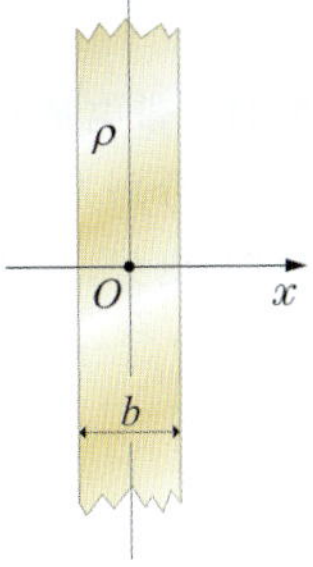

题10.12图

**10.13** 电荷均匀分布在半径为$R$的球形空间内，电荷体密度为$\rho$。试求球内、球外及球面上的电场强度。

**10.14** 半径为$2R$的均匀带电球，电荷体密度为$\rho$，球心为$O_1$。设想在球内有一个半径为$R$的球形空腔，球心为$O_2$，$O_1O_2=R$，如图所示。$P_1$和$P_2$在$O_1$和$O_2$的连线上，且$P_1O_1=R$，$P_2O_1=2R$。根据叠加原理或补偿法求$O_1$、$O_2$、$P_1$、$P_2$四点电场强度的大小。

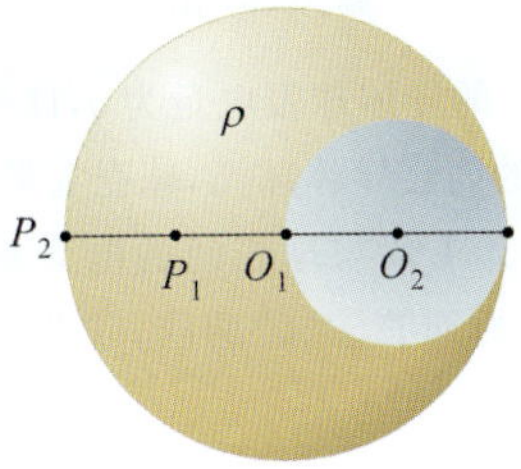

题10.14图

**10.15** 氢原子是一个中心带正电$q_e$的原子核（可视为点电荷），外边是带负电的电子云。在正常状态时，电子云的电荷分布密度是球对称的，且

$$\rho_e=-\frac{q_e}{\pi a_0^3}e^{-\frac{2r}{a_0}}$$

式中$a_0$为一常量（玻尔半径）。试求原子电场强度大小的分布。

**10.16** 如图所示，在半导体pn结附近总是堆积着正、负电荷，n区内是正电荷，p区内是负电荷，两区内的电量相等。把pn结看作一对带正、负电荷的"无限大"平板，它们相互接触。$x$轴的原点取在pn结的交接面上，方向垂直于板面。n区的范围是$-x_n\leqslant x\leqslant 0$；p区的范围是$0\leqslant x\leqslant x_p$（$x_n,x_p>0$）。设两区内电荷分布都是均匀的，即

$$\text{n区：}\quad \rho_e(x)=N_De$$

$$\text{p区：}\quad \rho_e(x)=N_Ae$$

这种分布称为突变型模型。其中，$N_D$和$N_A$都是常量，且有$x_nN_D=x_pN_A$（两区内的电荷数量相等）。试证电场强度的大小为

$$\text{n区：}\quad E(x)=\frac{N_De}{\varepsilon_0}(x_n+x)$$

$$\text{p区：}\quad E(x)=\frac{N_Ae}{\varepsilon_0}(x_p-x)$$

并画出$\rho_e(x)$和$E(x)$随$x$的变化曲线。

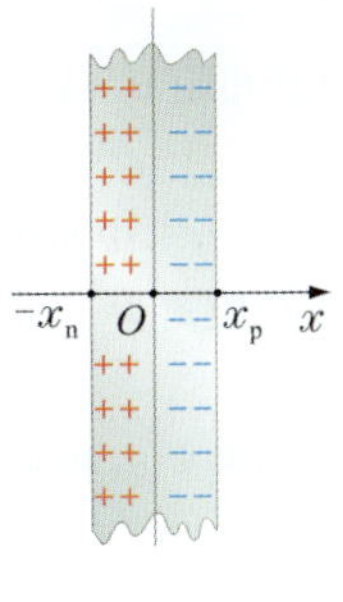

题10.16图

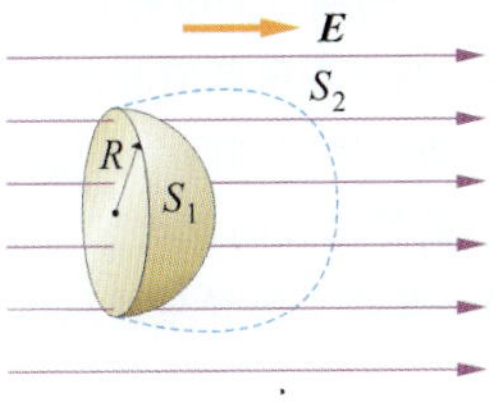

题10.17图

**10.17** 设均匀电场的电场强度$\boldsymbol{E}$与半径为$R$的半球面的轴平行，试计算通过此半球面$S_1$的电通量。若以半球面的边线为边线，另作一个任意形状的曲面$S_2$，则通过$S_2$面的电通量又是多少？

**10.18** 用高斯定理重新解题10.10，并画出电场线。

**10.19** 实验表明：在靠近地面处的电场强度约为$1.0\times10^2$ N/C，方向指向地球中心。在离地面$1.5\times10^3$ m高处，电场强度约为20 N/C，方向也是指向地球中心。试求

（1）地球所带的总电量；

（2）离地面$1.5\times10^3$ m下的大气层中电荷的平均密度。

**10.20** 一对"无限长"的同轴直圆筒，半径分别为$R_1$和$R_2$（$R_1<R_2$），筒面上都均匀带电，沿轴线单位长度的电量分别为$\lambda_1$和$\lambda_2$。试求空间的电场强度分布。

**10.21** 半径为$R$的"无限长"的均匀带电直圆柱体，设体密度为$\rho$。试求圆柱体内和圆柱体外任一点的电场强度。

**10.22** "无限长"的同轴圆柱与圆筒均匀带电。圆柱的半径为$R_1$，其电荷体密度为$\rho_1$；圆筒的内外半径分别为$R_2$和$R_3$（$R_1<R_2<R_3$），其电荷体密度为$\rho_2$。试求

（1）空间任一点的电场强度；

（2）若当$r<R_3$区域中的电场强度为零，则$\rho_1$和$\rho_2$应有什么样的关系。

**10.23** 设气体放电形成的等离子体圆柱内的电荷体密度可表示为

$$\rho(r)=\frac{\rho_0}{\left(1+\left(\frac{r}{a}\right)^2\right)^2}$$

式中$r$是到轴线的距离，$\rho_0$是轴线上的体密度，$a$为常量。求圆柱体内的电场强度分布。

**10.24** 用高斯定理重新解题10.12。

**10.25** 用高斯定理重新解题10.16。

**10.26** 把单位正电荷从电偶极子轴线的中点$O$沿任意路径移到无穷远处，求静电力对它做的功。

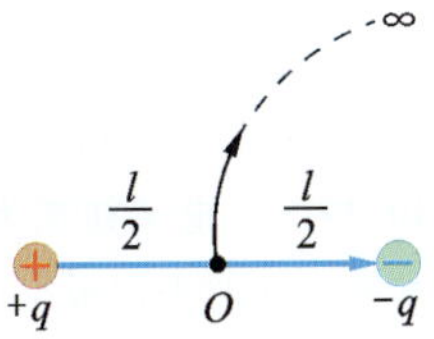

题10.26图

**10.27** 在氢原子中，正常状态下电子到质子的距离为$5.29\times10^{-11}$ m，已知氢原子核和电子的带电量各为$+e$和$-e$（$e=1.6\times10^{-19}$ C）。把原子中的电子从正常状态下离核的距离拉开到无穷远处，所需的能量叫做氢原子的电离能。

求此电离能是多少电子伏特。

**10.28** 求与点电荷 $q=2.0\times10^{-8}$ C 分别相距 $a=1.0$ m 和 $b=2.0$ m 的两点的电势差。

**10.29** 两个点电荷的电量都是 $q$,相距为 $2r$,求中垂面上某点的电势。该点到两个点电荷连线中点的距离为 $x$,说明通过该点的等势线的形状。

**10.30** 有两个带异号的点电荷 $nq(n>1)$ 和 $-q$,相距为 $a$。证明

(1)电势是零的等势面是一个球面;

(2)球心在两点电荷连线的延长线上,且在 $-q$ 的点电荷的外侧;

(3)这个球面的半径为 $\frac{na}{n^2-1}$。

**10.31** 金元素的原子核可看作均匀带电球体,其半径为 $6.9\times10^{-15}$ m,电量为 $q=79\times1.6\times10^{-19}$ C。求它表面上的电势。

**10.32** 用电势叠加原理求题 10.7 中 $P$ 点的电势。

**10.33** 一半径为 $R$ 的均匀带电球体,其电荷体密度为 $\rho$。求:①球外任一点的电势;②球表面上的电势;③球内任一点的电势。

**10.34** 长为 $2a$ 的直线段上均匀地分布着电量为 $q$ 的电荷。①$P$ 点在线段的垂直平分线上,离线段的中点的距离为 $r$,求 $P$ 点的电势和 $OP$ 方向上的电场强度分量;②$P$ 点在线段的延长线上,离 $O$ 点的距离为 $z$,求 $P$ 点的电势和 $OP$ 方向的电场强度分量;③$P$ 点在通过线段端点 $A$ 的垂直面上,离该端点的距离为 $r$,求 $P$ 点的电势及 $AP$ 方向的电场强度分量。

**10.35** 半径为 $R$ 的"无限长"圆柱体内均匀带电,电荷体密度为 $\rho$。试求它所产生电场的电势分布(选圆柱的轴线为电势的零参考点)。

**10.36** 证明在 10.16 题中突变型 pn 结内电势的分布是

$$\text{n 区:}\quad u=-\frac{N_De}{\varepsilon_0}\left(x_nx+\frac{1}{2}x^2\right)$$

$$\text{p 区:}\quad u=-\frac{N_Ae}{\varepsilon_0}\left(x_px-\frac{1}{2}x^2\right)$$

**10.37** 一无限大不导电的薄片在一侧带有面电荷密度 $\sigma=0.10\ \mu\text{C/m}^2$,电势差为 50 V 的两等势面应相距多远?

**10.38** 半径为 $R$ 的薄圆盘均匀带正电荷,电荷面密度为 $\sigma$。试求

(1)圆盘轴线上的电势分布;

(2)求圆盘边缘上一点 $A$ 的电势;

(3)比较 $A$ 点和圆心 $O$ 处电势的大小。

**10.39** 一电子初速为零,在 5000 V 的电压下获得速度后,水平飞入两平行板空间的中央,若平板是水平放置的,且板长 $b=5$ cm,两板间距离 $d=1$ cm。问至少要在两板上加多大电压,才能使电子不再飞出两板的空间?

**10.40** 二极管的主要构件是,一个半径为 $R_1=5.0\times10^{-4}$ m 的圆柱状阴极,和一个套在阴极外的半径为 $R_2=45\times10^{-4}$ m 的同轴圆筒状阳极。阳极与阴极间电势差为 $u_+-u_-=300$ V。

(1)设一电子从阴极出发时的初速度很小,可以忽略不计,求该电子到达阳极时所具有的动能。

(2)试证明两极间距离轴线为 $r$ 的一点处电场强度为

$$E=\frac{1}{r}\frac{u_+-u_-}{\ln(R_2/R_1)}$$

**10.41** 带电量 $q$ 的点电荷处在导体球壳的中心,球壳的内、外半径分别为 $R_1$ 和 $R_2$。求球壳内、外及壳上任一点的电场强度和电势;并画出 $E$-$r$ 和 $u$-$r$ 曲线。

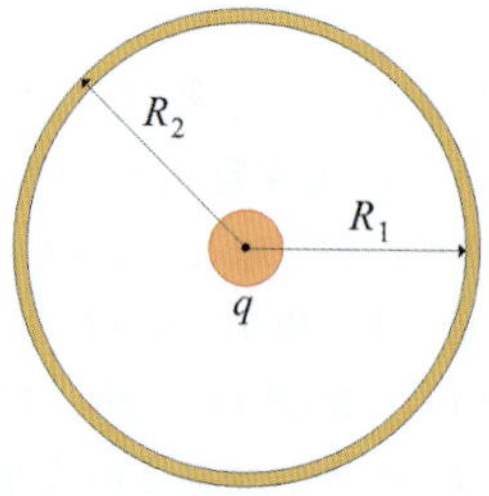


题 10.41 图

**10.42** 半径为 $R_1$ 的导体球带电量为 $q$,球外套以内、外半径分别为 $R_2$ 和 $R_3$ 的同心导体球壳,球壳上带电量为 $Q$。①求球和球壳的电势;②求球与球壳间的电势差;③用导线把球和球壳连接起来,再回答①、②两问;④若将球壳外面接地,再回答①、②两问。

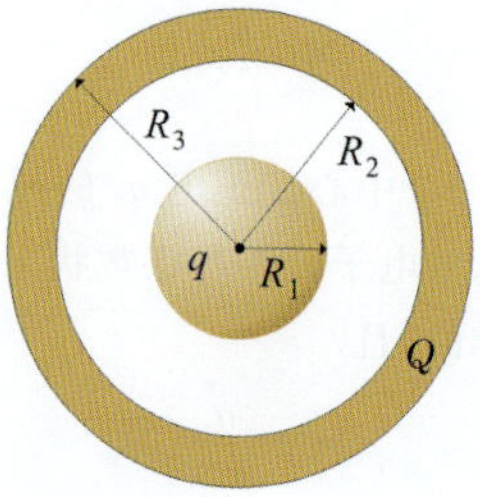


题 10.42 图

**10.43** 两个金属球半径分别为 $R_1$ 和 $R_2$,所带电量分别为 $q_1$ 和 $q_2$。两球相距很远,将两球用导线连接。设导线很长,两球上电荷仍可视为均匀分布,试证:在静电平衡时,两球上的电荷面密度与它们的半径成反比。

**10.44** 范德格拉夫起电机的球壳直径为 1.0 m,空气的击穿电场强度为 30 kV/cm,求这起电机最多能达到多高的电势?

**10.45** 两块平行的金属板相距为 $d$,用一电源充电,两极板间的电势差为 $\Delta u$。将电源断开,在两板间平行地插入一块厚度为 $l$ 的金属板($l<d$,且与极板不接触),忽略边缘效应,问两金属板间的电势差改变多少?插入的金属板的位置对结果有无影响?

**10.46** 两只电容分别为 $C_1=3\ \mu\text{F}$,$C_2=6\ \mu\text{F}$ 的电容器串联,用电压 $U=10$ V 的电源给它们充电,然后把电源断开。再把断开的导线两端连接起来,问每只电容器极板上最后所带的电量是多少?

**10.47** 两导体相距很远,相对于无穷远处的电势分别为 $u_1$ 和 $u_2$,电容分别为 $C_1$ 和 $C_2$,当用细线把它们连接起来时,将

有电荷的流动。计算流动的电量及导体最后的电势。

**10.48**　试求图示电容网络的等效电容。

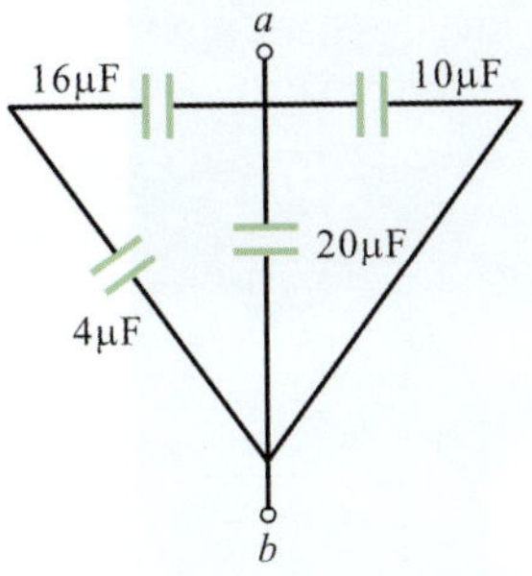


题 10.48 图

**10.49**　图中 $C_1=C_5=8.4\ \mu\text{F}$，$C_2=C_3=C_4=4.2\ \mu\text{F}$，$a$、$b$ 两端的电压 $V_{ab}=220\ \text{V}$，求①$a$、$b$ 两端间的等效电容；②各电容器上电荷量和电压。

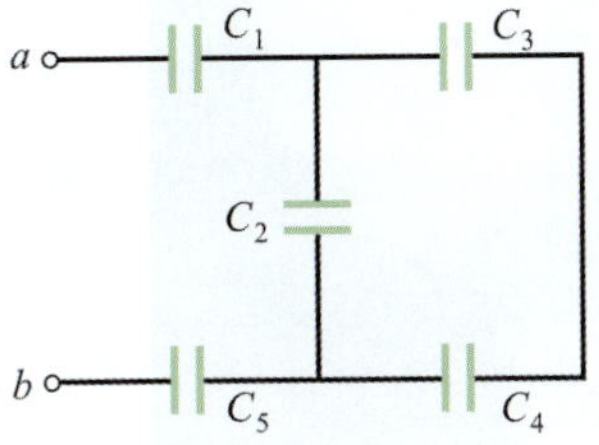


题 10.49 图

**10.50**　图中 $C_1=6.9\ \mu\text{F}$，$C_2=4.6\ \mu\text{F}$，求：①$a$、$b$ 两端间的等效电容；②在 $V_{ab}=420\ \text{V}$ 时，离 $a$、$b$ 最近的三个电容器上的电荷量以及 $V_{cd}$。

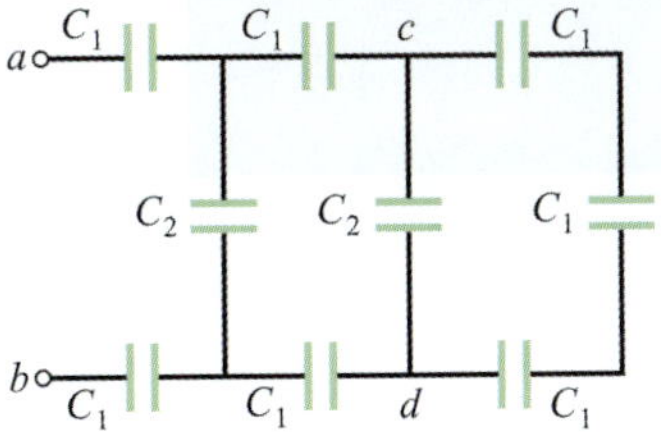


题 10.50 图

**10.51**　有一平行板空气电容器，极板的面积均为 $S$，极板间距为 $d$，把厚度为 $d'(d'<d)$ 的金属平板平行于极板插入电容器内（不与极板接触）。计算

（1）插入后电容器的电容；

（2）给电容器充电到电势差为 $U_0$ 后，断开电源，再把金属板从电容器中抽出，外界要做多少功？

**10.52**　图中 $C_1=8\ \mu\text{F}$，$U_0=120\ \text{V}$，$C_2=4\ \mu\text{F}$，K 为单刀双掷开关。把 K 接在 1 处，给 $C_1$ 充电到 120 V；再把 K 接 2 处。计算电容器中能量的变化。

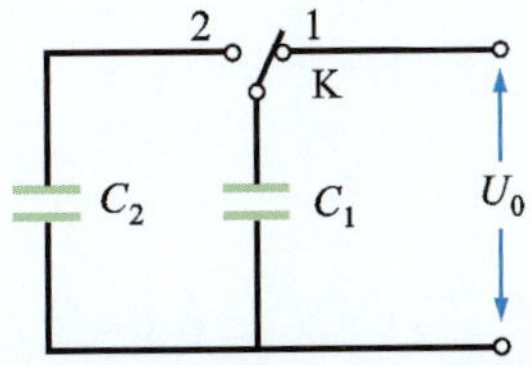


题 10.52 图

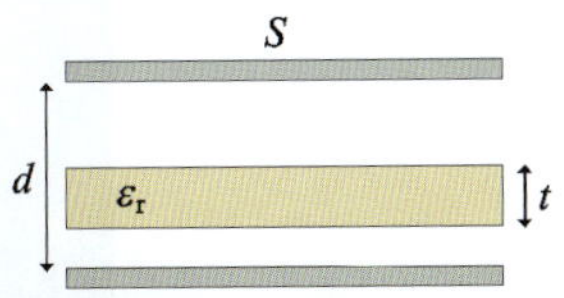


题 10.53 图

**10.53**　如图所示，一平行板电容器两极板相距为 $d$，面积为 $S$，其中平行于极板放有一层厚度为 $t$ 的电介质，它的相对介电常数为 $\varepsilon_r$。设两极板间电势差为 $u$，略去边缘效应。试求：①介质中的电场强度和电位移大小；②极板上的电荷 $Q$；③电容。

**10.54**　在上题中，设未放电介质时极板间电势差为 $U_0$，然后将电介质插入。试求插入电介质后：①极板上的电荷 $Q$；②电介质中的 $\boldsymbol{D}$ 和 $\boldsymbol{E}$ 的大小；③电容。

**10.55**　如图所示，为两层均匀电介质充满的圆柱形电容器，两电介质的相对介电常数分别为 $\varepsilon_{r_1}$ 和 $\varepsilon_{r_2}$，设沿轴线单位长度上，内、外圆筒的电荷为 $\lambda$ 与 $-\lambda$。求：①两介质中的 $\boldsymbol{D}$ 和 $\boldsymbol{E}$；②内、外圆筒间的电势差；③此电容器单位长度的电容。

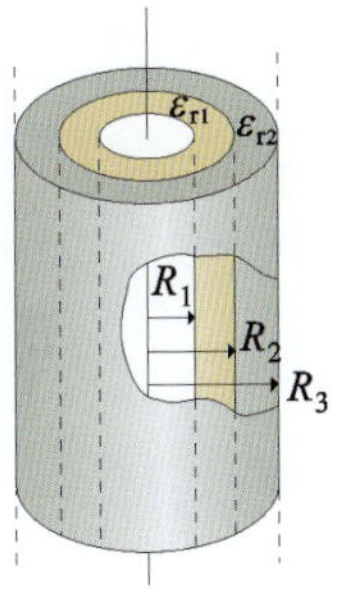


题 10.55 图

## 太阳系的行星

原来大家知道太阳系有9个行星，现在不是了！长期以来，行星被简单地描述为太空中绕恒星运动的天体，没有一个被普遍承认的行星定义。

2006年8月24日在布拉格召开的国际天文学联合会大会上，2500位来自不同国家的天文学家代表投票通过了行星的科学定义。按照这个定义，冥王星被"开除"出太阳系行星行列。因此，现在太阳系只有8个行星：金星、土星、木星、水星、地球、火星、天王星和海王星。冥王星与谷神星等归入矮行星。

这次会议通过的行星定义的草案为：

行星必须要符合三个条件：该天体要绕着太阳公转；有足够大的质量，要能够依靠自身的重力作用，通过流体静力学平衡，使自身形状达到近似球形；该天体在公转区域中起着支配性的作用，不受轨道上相邻天体的干扰。按照该方案，金星、土星、木星、水星、地球、火星、天王星、海王星为太阳系八行星。

矮行星须具备四个条件：该天体要绕着太阳公转；有足够大的质量，要能够依靠自身的作用，通过流体静力学平衡，使自身形状达到近似球形；该天体在公转区域中不具备支配性的作用，受轨道上相邻天体的干扰；该天体不是卫星。据此，冥王星、谷神星、卡戎星和2003UB313（齐娜星）被归入矮行星行列。

国际天文学联合会将建立一个程序对接近矮行星和其他分类边界的天体进行评估。除此，其他所有围绕太阳公转的天体均称为"太阳系小天体"，比如彗星和小行星。

# 第11章 恒定电流的磁场

Physics
大学物理

## 中国空气动力学家、火箭专家——钱学森

钱学森(1911—2009),1911 年生于上海,1934 年毕业于交通大学机械系,1935 年赴美国研究航空工程和空气动力学,1938 年获得博士学位。之后,在美国任教授、超音速实验室主任和古根罕喷气推进研究中心主任。1950 年开始争取回国,受到美国政府迫害失去自由。后在我国政府等各方面的努力下,历经 5 年,终于在 1955 年回到祖国。1959 年加入中国共产党。

钱学森对航空工程理论、火箭技术以及工程控制论等方面都有许多开创性重大贡献,如在超高速及跨音速空气动力学和薄壳稳定理论等方面的研究。他与他的导师、世界著名力学大师冯·卡门合作,进行可压缩边界层理论和音速流动理论研究,为飞行器克服音障、热障提供了依据。以他和冯·卡门的名字命名的卡门-钱学森公式成为空气动力计算的权威公式,并被用于高亚音速飞机的气动设计。他提出并实现了火箭助推起飞装置,使飞机跑道距离缩短;他提出了火箭旅客飞机概念和关于核火箭的设想;研究了行星际飞行理论的可能性;他在《星际航行概论》一书中提出了用一架装有喷气发动机的大飞机作为第一级运载工具,用一架装有火箭发动机的飞机作为第二级运载工具的天地往返运输系统的概念。

工程控制论将设计稳定与制导系统这类工程技术实践作为主要研究对象,与生产自动化、电子计算机的研究和应用、国防建设都密切相关,钱学森是这门学科的奠基人,1954 年出版了《工程控制论》。他将稀薄气体的物理、化学和力学特性结合起来研究,这是开创性的工作。1953 年,他正式提出物理力学概念,主张从物质的微观规律确定其宏观力学特性,改变过去只靠实验测定力学性质的方法,大大节约了人力物力,并开拓了高温高压的新领域。1961 年《物理力学讲义》正式出版。

此外,钱学森还在系统科学和系统工程、思维科学和航空航天工程等多方面也都有开创性的贡献。他与马林纳合作完成的研究报告《远程火箭的评论与初步分析》,为美国地对地导弹和探空火箭奠定了理论基础。其设计思想被用于"女兵下士"探空火箭和"二等兵 A"导弹的实际设计中,所获经验直接导致了美国"中士"地对地导弹的研制成功,并成为后来美国采用复合推进剂火箭发动机的"北极星""民兵""海神"导弹和反弹道导弹的先驱。

1956 年初他向国务院提交了一份《建立我国国防工业意见书》,最先为我国火箭技术的发展提出了极为重要的实施方案。同年受命组建我国第一个火箭研究院——国防部第五研究院,并担任第一任院长。1966 年 10 月钱学森直接领导了用中近程导弹运载原子弹的"两弹结合"飞行试验,原子弹在预定的距离和高度实现核爆炸。这一成功震惊了世界。

钱学森为组织领导新中国火箭、导弹和航天器的研究发展工作发挥了巨大作用,作出了卓越贡献,被誉为中国"导弹之父"。

1989 年国际技术与技术交流大会授予钱学森"小罗克韦尔"奖章和"世界级科学与工程名人"、"国际理工研究所名誉成员"的称号,表彰他对火箭导弹技术、航天技术和系统工程理论作出的重大开拓性贡献。

1991 年国务院、中央军委授予他"国家杰出贡献科学家"荣誉称号和一级英雄模范奖章。1999 年中共中央、国务院、中央军委授予他"两弹一星"功勋奖章。中共中央组织部把钱学森等五人作为建国 40 年来在群众中享有崇高威望的共产党员的优秀代表。

第 10 章中讨论了静电场的性质和规律，本章讨论由恒定电流产生的磁场的性质和规律。这种磁场在空间的分布不随时间改变，所以称为恒定磁场。

恒定磁场和静电场是性质不同的两种场，但在研究方法上却有很多类似之处。因此，在学习时应注意与静电场对比，这样对概念的理解和掌握可以起到有益的作用。

本章首先介绍描述磁场性质的物理量：磁感应强度 $\boldsymbol{B}$，和毕奥-萨伐尔定律及计算磁感应强度 $\boldsymbol{B}$ 的方法，然后讲述恒定磁场遵守的规律——磁场高斯定理和安培环路定律，以及磁场对运动电荷、载流导线及线圈作用的规律。最后介绍在磁介质中的恒定磁场的特性及其遵守的规律。

## 11.1　磁感应强度 B

在第 10 章中，为了描述静电场的性质，通过试验电荷在电场中受力引进了电场强度 $\boldsymbol{E}$，并规定电场中某点电场强度 $\boldsymbol{E}$ 的大小和方向与单位正电荷在该点所受电场力 $\boldsymbol{F}$ 的大小和方向相同，见图 11.1，即

$$\boldsymbol{E}=\frac{\boldsymbol{F}}{q_0}$$

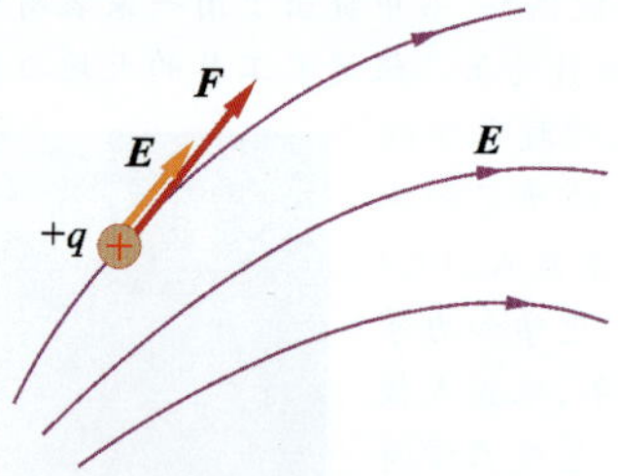

图 11.1

电流在磁场中要受到磁场力的作用，这个力的大小和方向与磁场中各点的性质有关。由电场强度 $\boldsymbol{E}$ 的定义方法，我们很自然地联想到可否用类似的方法，通过电流在磁场中受力，定义描述磁场性质的物理量，即磁感应强度 $\boldsymbol{B}$。对此，下面进行介绍。

类似于点电荷的概念和它在定义电场强度 $\boldsymbol{E}$ 中的作用，引入电流元 $I\mathrm{d}\boldsymbol{l}$ 的概念，见图 11.2。其中 $I$ 为回路导线中的电流，$\mathrm{d}\boldsymbol{l}$ 是闭合回路导线中沿着电流方向所取的一个长为 $\mathrm{d}l$ 的矢量线元，此线元也必须取得足够小，否则不能用以确定场中各点的性质。电流元 $I\mathrm{d}\boldsymbol{l}$ 在磁场中将受到磁场力的作用。一般说来，在不同点，$I\mathrm{d}\boldsymbol{l}$ 受到的磁场力是不同的，不仅如此，就在同一点，$I\mathrm{d}\boldsymbol{l}$ 的取向不同，受到的磁场力也不同。

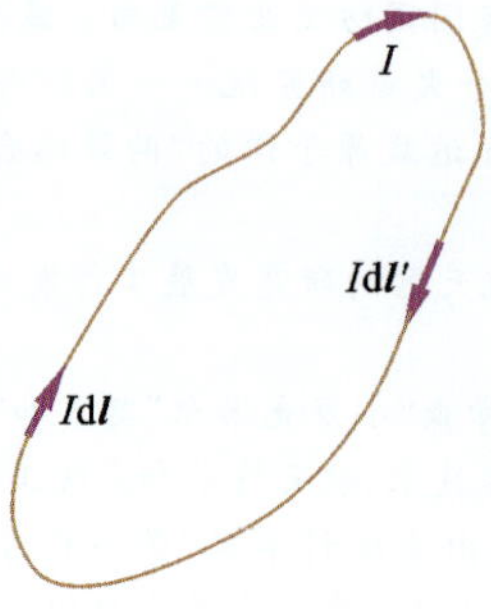

图 11.2

通过对大量实验结果的综合分析及理论研究，对于给定的恒定磁场与电流元相互作用，具有下列性质，根据这些性质来定义磁感应强度。

(1)在磁场中的任意一点，总可以找到一个方向，当电流元 $I\mathrm{d}\boldsymbol{l}$ 在该点的方向与这个方向一致时，电流元受到的磁场力为零，如图 11.3 所示。我们把这个特殊方向定义为该点的磁感应强度 $\boldsymbol{B}$ 的方向(指向待定)。

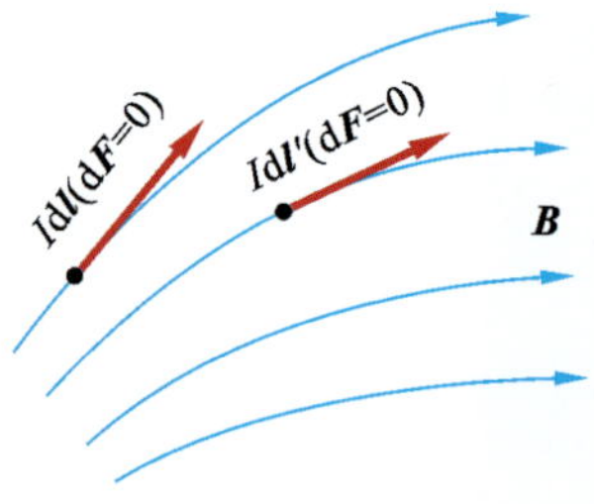

图 11.3

(2)当 $I\mathrm{d}\boldsymbol{l}$ 的方向与该点磁感应强度的方向垂直时，它所受到的磁场力的大小与它沿其他各种可能取向时相比为最大，用 $\mathrm{d}\boldsymbol{F}_{\max}$ 表示这个最大磁场力，见图 11.4。$\mathrm{d}\boldsymbol{F}_{\max}$ 与 $I\mathrm{d}\boldsymbol{l}$ 的大小成正比，当然也与该点磁场的性质有关。我们把 $\mathrm{d}F_{\max}$ 与 $I\mathrm{d}l$ 大小的比值定义为该点磁感应强度矢量 $\boldsymbol{B}$ 的大小，即

$$B=\frac{\mathrm{d}F_{\max}}{I\mathrm{d}l}\tag{11.1}$$

在恒定磁场中的确定点，$B$ 具有确定的值，它由磁场本身性质所决定，而与 $I\mathrm{d}l$ 的大小无关。

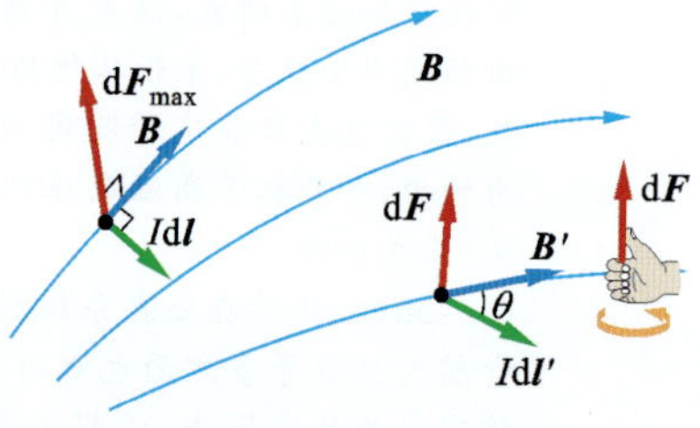

图 11.4

现在，再来看磁感应强度 $\boldsymbol{B}$ 的指向是如何规定的。

实验表明 $\mathrm{d}\boldsymbol{F}_{\max}$ 的方向垂直于 $I\mathrm{d}\boldsymbol{l}$ 和上述 $\boldsymbol{B}$ 的方向线组成的平面，且这三者相互垂直。由于 $\mathrm{d}\boldsymbol{F}_{\max}$ 和 $I\mathrm{d}\boldsymbol{l}$ 的方向原则上都可通过实验测定，因此作为已知，可按右螺旋法则唯一地规定 $\boldsymbol{B}$ 的指向，具体方法是：右手四指由 $I\mathrm{d}\boldsymbol{l}$ 的方向，经小于 $\pi$ 的角转向 $\boldsymbol{B}$ 的方向，右螺旋前进的方向即为 $\mathrm{d}\boldsymbol{F}_{\max}$ 的方向。

式(11.1)和上述规定 $\boldsymbol{B}$ 方向的方法一起构成磁感应强度 $\boldsymbol{B}$ 的定义。

(3)当 $I\mathrm{d}\boldsymbol{l}$ 与 $\boldsymbol{B}$ 之间的夹角为 $\theta$ 时，$I\mathrm{d}\boldsymbol{l}$ 受到的磁场力 $\mathrm{d}\boldsymbol{F}$ 的大小等于

$$dF = BIdl\sin\theta \qquad (11.2)$$

此时力 $\mathrm{d}\boldsymbol{F}$ 的方向仍满足上述右螺旋法则，不论 $Id\boldsymbol{l}$ 与 $\boldsymbol{B}$ 的方向如何，电流元 $Id\boldsymbol{l}$ 受到的磁场力 $\mathrm{d}\boldsymbol{F}$ 总是垂直于 $Id\boldsymbol{l}$ 和 $\boldsymbol{B}$ 组成的平面。

综上所述，电流元 $Id\boldsymbol{l}$ 在磁场中受到的磁场力 $\mathrm{d}\boldsymbol{F}$ 可用矢量式表示为

$$\mathrm{d}\boldsymbol{F} = Id\boldsymbol{l} \times \boldsymbol{B} \qquad (11.3)$$

读者可自行验证，式(11.3)概括了(1)、(2)两种情况。$\mathrm{d}\boldsymbol{F}$ 力称为安培力。式(11.3)也称为安培力公式。

对于磁感应强度有各种定义的方法，有兴趣的读者可阅读其他参考书。

总地讲，磁感应强度 $\boldsymbol{B}$ 的定义方法与电场强度 $\boldsymbol{E}$ 的定义方法虽思路相似，但要复杂一些，可是也并不难，望读者切实掌握。

**表 11.1 常见的一些磁感应强度大小**

| 磁 场 名 称 | 数 值 |
|---|---|
| 地球磁场水平强度在赤道处 | $(0.3\sim0.4)\times10^{-4}$ T |
| 地球磁场竖直强度在南北极地区 | $(0.6\sim0.7)\times10^{-4}$ T |
| 普通永久磁铁两极附近 | $0.4\sim0.7$ T |
| 电动机和变压器 | $0.9\sim1.7$ T |
| 超导脉冲的磁场 | $10\sim100$ T |

### 想想看

11.1 为什么不把电流元受到的磁力方向定义为磁感应强度 $\boldsymbol{B}$ 的方向？

11.2 怎样定义磁感应强度 $\boldsymbol{B}$ 的大小和方向？

11.3 式 $\mathrm{d}\boldsymbol{F}=Id\boldsymbol{l}\times\boldsymbol{B}$ 中三个矢量，哪些矢量之间是始终相互垂直的？哪些矢量之间可以有任意角度？

11.4 一个电流元 $Id\boldsymbol{l}$ 放在磁场中的某点，当它沿 $x$ 轴放置时不受力，如把它转向 $y$ 轴正方向时，则受到的力沿 $z$ 轴负方向，问该点磁感应强度 $\boldsymbol{B}$ 指向何方？

11.5 图中 S 面内有两根“无限长”载流直导线，已知导线 1 在导线 2 上 $P$ 点处产生的磁感应强度 $\boldsymbol{B}$ 垂直于 S 面向下，导线 2 受到的安培力在 S 面内，并垂直于导线 2 指向导线 1，试确定导线 2 内的电流方向。

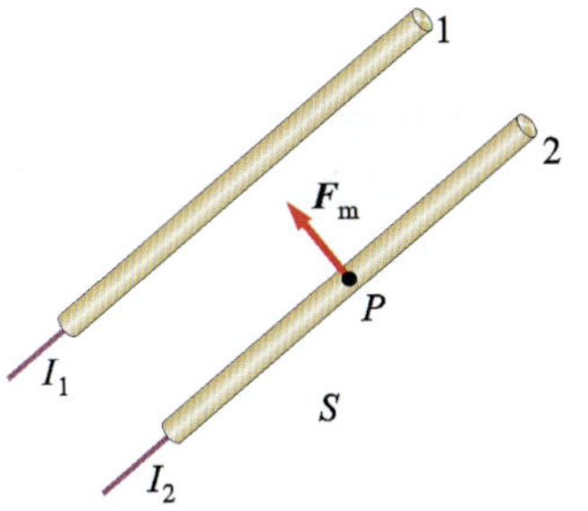

想 11.5 图

## 11.2 毕奥-萨伐尔定律

### 11.2.1 毕奥-萨伐尔定律

在静电学中，求带电体周围某点 $P$ 的电场强度 $\boldsymbol{E}$ 的最基本方法，是把带电体看成是由无限多个电荷元 $dq$（可看作点电荷）组成的集合体，然后利用已知点电荷的电场强度公式，求出 $dq$ 在 $P$ 点产生的电场强度 $d\boldsymbol{E}$，再根据叠加原理，通过积分运算，求得整个带电体在 $P$ 点产生的电场强度。与此类似，计算载流导体在某点 $P$ 产生的磁感应强度 $\boldsymbol{B}$，也可把载流导体看成是由无限多个电流元 $Id\boldsymbol{l}$ 组成的。先求出电流元在该点产生的磁感应强度 $\mathrm{d}\boldsymbol{B}$，再根据叠加原理，通过积分求得整个载流导体在该点产生的磁感应强度，即 $\boldsymbol{B}=\int \mathrm{d}\boldsymbol{B}$。毕奥(J.-B. Biot)、萨伐尔(F. Savart)等人总结出的电流元 $Id\boldsymbol{l}$ 在某点产生的磁感应强度 $\mathrm{d}\boldsymbol{B}$ 所遵从的规律被称为毕奥-萨伐尔定律，其内容如下。

(1) **电流元 $Id\boldsymbol{l}$ 在空间某点 $P$ 处产生的磁感应强度 $\mathrm{d}\boldsymbol{B}$ 的大小与电流元 $Id\boldsymbol{l}$ 的大小成正比，与电流元 $Id\boldsymbol{l}$ 指向 $P$ 点的矢量 $\boldsymbol{r}$ 和电流元 $Id\boldsymbol{l}$ 之间夹角 $\theta$ 的正弦 $\sin\theta$ 成正比，而与 $P$ 点到电流元距离 $r$ 的平方成反比**，用数学式可表示为

$$dB = \frac{\mu_0}{4\pi}\frac{Idl\sin\theta}{r^2} \qquad (11.4)$$

式中 $\mu_0 = 4\pi\times10^{-7}\ \mathrm{N/A^2}$，称为**真空磁导率**。

(2) **$\mathrm{d}\boldsymbol{B}$ 垂直于 $Id\boldsymbol{l}$ 与 $\boldsymbol{r}$ 组成的平面，指向可以用右螺旋法则确定，即右手四指由 $Id\boldsymbol{l}$ 经小于 $\pi$ 的角转向位矢 $\boldsymbol{r}$ 时，大拇指的指向即为 $\mathrm{d}\boldsymbol{B}$ 的方向**，如图 11.5 所示。

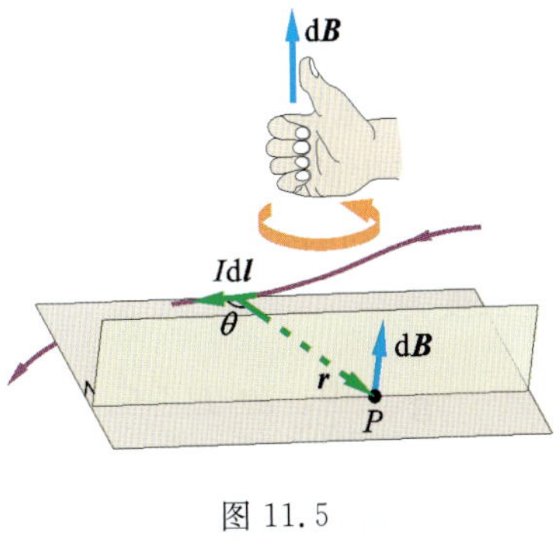

图 11.5

综合以上两点，$\mathrm{d}\boldsymbol{B}$ 可用矢量式表示为

$$\mathrm{d}\boldsymbol{B} = \frac{\mu_0}{4\pi}\frac{Id\boldsymbol{l}\times\boldsymbol{r}^0}{r^2} \qquad (11.5)$$

整个电流在 $P$ 点处产生的磁感应强度，可通过积分求得

$$\boldsymbol{B}=\int \mathrm{d}\boldsymbol{B}=\frac{\mu_0}{4\pi}\int\frac{I\mathrm{d}\boldsymbol{l}\times\boldsymbol{r}^0}{r^2} \tag{11.6}$$

式中 $\boldsymbol{r}^0$ 为 $\boldsymbol{r}$ 方向的单位矢量。

毕奥-萨伐尔定律本身是不能用实验证明的，但由毕奥-萨伐尔定律导出的各种推论和结果，已在实践中都得到了证实，从而证明了这一定律的正确性。

### 11.2.2　运动电荷的磁场

电流是大量电荷的定向运动。因此，电流的磁场实质上是运动电荷产生的。我们可以从毕奥-萨伐尔定律导出以速度 $\boldsymbol{v}$(远小于光速)运动的带电粒子所产生的磁场中任意一点 $P$ 的磁感应强度。

设在载流导体中取一电流元，它的截面积为 $S$，单位体积内有 $n$ 个带电粒子，每个粒子带有正电量 $q$，以平均速度 $\boldsymbol{v}$ 沿电流方向运动，如图 11.6 所示。则单位时间通过截面 $S$ 的电量为 $nqvS$，即电流 $I=nqvS$，代入式(11.5)得

$$\mathrm{d}\boldsymbol{B}=\frac{\mu_0}{4\pi}\frac{(nqvS)\mathrm{d}\boldsymbol{l}\times\boldsymbol{r}^0}{r^2}$$

又因 $\boldsymbol{v}$ 的方向与 $I\mathrm{d}\boldsymbol{l}$ 的方向相同，故 $I\mathrm{d}\boldsymbol{l}=nq\boldsymbol{v}S\mathrm{d}l=q\boldsymbol{v}\mathrm{d}N$，其中 $\mathrm{d}N=nS\mathrm{d}l$ 为电流元中带电粒子的总数，因此上式可写为

$$\mathrm{d}\boldsymbol{B}=\frac{\mu_0}{4\pi}\frac{(\mathrm{d}N)q\boldsymbol{v}\times\boldsymbol{r}^0}{r^2}$$

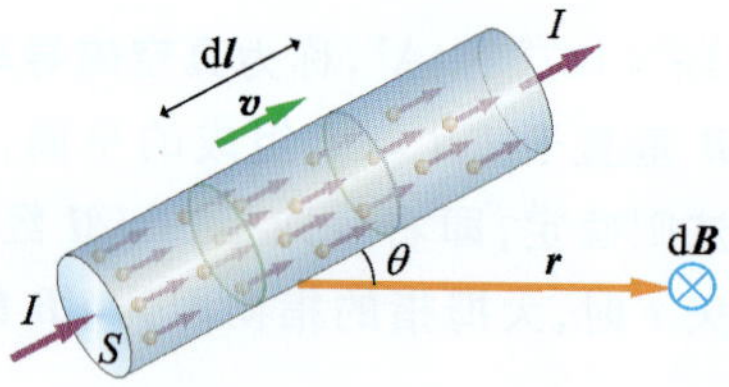


图 11.6

从微观上考虑，电流元 $I\mathrm{d}\boldsymbol{l}$ 产生的 $\mathrm{d}\boldsymbol{B}$，就是 $\mathrm{d}N$ 个带电粒子分别产生的磁场的叠加。这样，一个电量为 $q$，以速度 $\boldsymbol{v}$ 运动的带电粒子，在空间一点 $P$ 产生的磁感应强度为

$$\boldsymbol{B}=\frac{\mathrm{d}\boldsymbol{B}}{\mathrm{d}N}=\frac{\mu_0}{4\pi}\frac{q\boldsymbol{v}\times\boldsymbol{r}^0}{r^2} \tag{11.7}$$

式中 $\boldsymbol{r}$ 为从电荷 $q$ 到 $P$ 点的位矢。$\boldsymbol{B}$ 的方向垂直于 $\boldsymbol{v}$ 和 $\boldsymbol{r}$ 所组成的平面，指向用右螺旋法则确定，如图 11.7 所示。

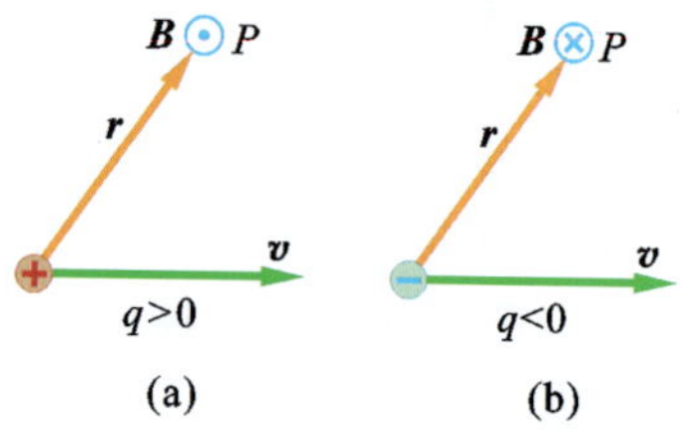


图 11.7

**例 11.1**　一长为 $l=0.1$ m，带电量为 $q=1\times10^{-10}$ C 的均匀带电细棒以速度 $v=1$ m/s 沿 $x$ 轴正方向运动。当细棒运动到与 $y$ 轴重合时，细棒的下端与坐标原点 $O$ 的距离 $a=0.1$ m，如图所示。试求此时坐标原点 $O$ 处磁感应强度 $\boldsymbol{B}$ 的大小。

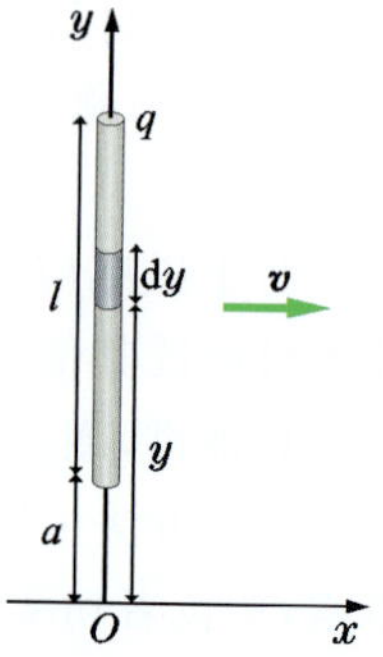


例 11.1 图

**解**　图示为运动的带电细棒，在细棒上任取一线元 $\mathrm{d}y$，其上带电量为 $\mathrm{d}q=\frac{q}{l}\mathrm{d}y$，应用式(11.7)，该线元在坐标原点 $O$ 产生的磁感应强度 $\mathrm{d}\boldsymbol{B}$ 的大小为

$$\mathrm{d}B=\frac{\mu_0}{4\pi}\frac{\mathrm{d}q\cdot v\sin90^\circ}{y^2}$$

其方向垂直纸面向里，由于细棒上所有电荷在原点 $O$ 处产生的 $\mathrm{d}\boldsymbol{B}$ 方向相同，所以运动带电细棒产生的磁感应强度大小为

$$B=\int\mathrm{d}B=\int_a^{a+l}\frac{\mu_0}{4\pi l}\frac{qv\mathrm{d}y}{y^2}$$

$$=\frac{\mu_0 qv}{4\pi l}\left(\frac{1}{a}-\frac{1}{a+l}\right)=5.0\times10^{-6}\ \mathrm{T}$$

从例 11.1 求解过程看出，为求解运动带电体产生的磁场，首先是采用微分的方法将带电体视为无限多个点电荷的集合，运用式(11.7)可确定出任一点电荷产生的磁感应强度 $\mathrm{d}\boldsymbol{B}$，再用积分的方法，根据叠加原理求出总磁感应强度 $\boldsymbol{B}$。需要特别注意：一是式(11.7)和后来的积分是矢量式和矢量的积分；二是在运用式(11.7)时，要正确地确定式中各个矢量和矢量之间的夹角，以及在进行矢量积分时，要先将矢量投影，变矢量积分为标量积分。其实，读者只要回顾转动惯量、电场强度、电势等问题的求解过程，就可看出，这里讲的解题思路和方法，实际上是用微积分方法解物理问题的通用方法，读者应切实熟悉和应用这种方法。

**想想看**

11.6 式 $\mathrm{d}\boldsymbol{B}=\frac{\mu_0}{4\pi}\frac{I\mathrm{d}\boldsymbol{l}\times\boldsymbol{r}^0}{r^2}$ 中的三个矢量，哪些矢量始终是垂直的？哪两个矢量之间可以有任意角度？

11.7 在 $xOy$ 平面内一段载流 $I$ 的导线中，取电流元 $I\mathrm{d}\boldsymbol{l}$，如图示。问 $I\mathrm{d}\boldsymbol{l}$ 在同一平面内 $A$、$B$、$C$ 三点产生的磁感应强度的方向是什么？

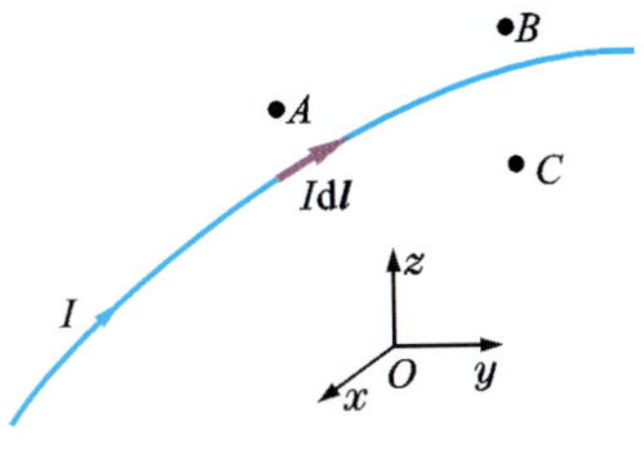

想 11.7 图

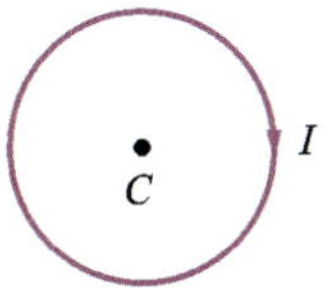

想 11.8 图

11.8 如图，在纸面内载流 $I$ 的圆线圈在圆心 $C$ 产生的磁感应强度大小是否为零？如果不为零，它的指向是怎样的？

11.9 你能否用运动电荷产生的磁场式(11.7)判断纸面内一"无限长"直导线在其上任一点产生的磁感应强度的方向(包括指向)。

### 11.2.3 毕奥-萨伐尔定律应用举例

现在，应用毕奥-萨伐尔定律来计算几种简单几何形状的电流所产生的磁感应强度。

**例 11.2** 如图所示，在长为 $L$ 的一段载流直导线中，通有电流 $I$，求距离导线为 $a$ 处一点 $P$ 的磁感应强度。

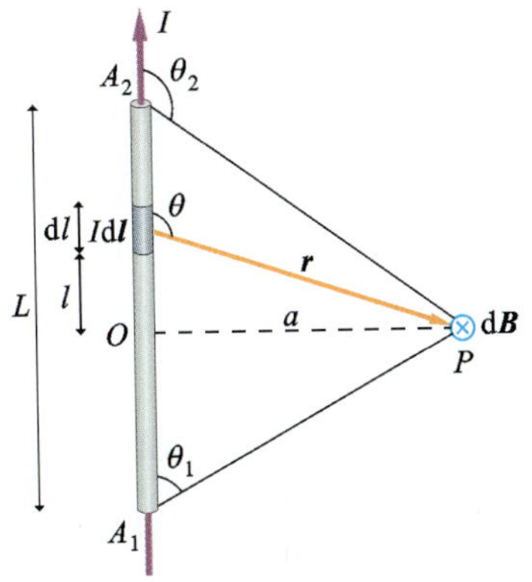

例 11.2 图

**解** 在载流直导线上任取一电流元 $I\mathrm{d}\boldsymbol{l}$，它在 $P$ 点处产生的磁感应强度的大小为

$$\mathrm{d}B=\frac{\mu_0}{4\pi}\frac{I\mathrm{d}l\sin\theta}{r^2}$$

$\mathrm{d}\boldsymbol{B}$ 的方向垂直纸面指向纸内，用符号"×"表示。显然导线上各电流元在 $P$ 点产生的 $\mathrm{d}\boldsymbol{B}$ 的方向均相同，所以式(11.6)的矢量积分变为标量积分，即

$$B=\int_L \mathrm{d}B=\frac{\mu_0}{4\pi}\int\frac{I\mathrm{d}l\sin\theta}{r^2}$$

式中 $l$、$r$、$\theta$ 三个变量要化为同一变量才能积分，由图中看出，它们之间的关系是

$$r=a\csc\theta,\quad l=a\cot(\pi-\theta)=-a\cot\theta$$

$$\mathrm{d}l=a\csc^2\theta\mathrm{d}\theta$$

代入上式可得

$$B=\frac{\mu_0 I}{4\pi a}\int_{\theta_1}^{\theta_2}\sin\theta\mathrm{d}\theta=\frac{\mu_0 I}{4\pi a}(\cos\theta_1-\cos\theta_2)$$

积分限 $\theta_1$、$\theta_2$ 分别为 $P$ 点相对载流直导线两端的电流元的位矢 $\boldsymbol{r}$ 与电流元所成的夹角，若导线可视为无限长，则 $\theta_1\approx0$，$\theta_2\approx\pi$。这时，上式变为

$$B=\frac{\mu_0 I}{2\pi a}$$

这也是一个经常用的公式。

由此例看出，无限长载流直导线周围各点的磁感应强度的大小与各点到导线的垂直距离 $a$ 成反比，以长直导线上的点为圆心，作垂直于长直导线的同心圆系，则长直导线在各点产生的磁感应强度 $\boldsymbol{B}$ 的方向沿通过各点圆的切线方向，其指向与电流方向满足右螺旋法则，如图 11.8 所示。长直载流导线周围的磁场为非均匀磁场。

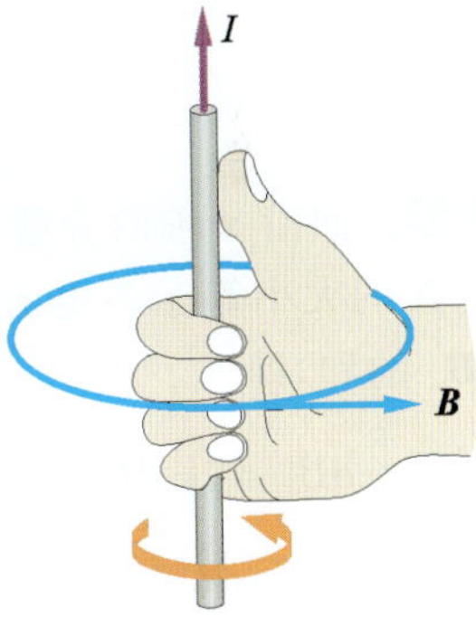

图 11.8

通常在研究一段长为 $L$ 直导线的中间部分，且十分靠近导线(即 $a\ll L$)的周围各点磁场的性质时，即可把这段导线看作是"无限长"的。

**例 11.3** 设有一半径为 $R$ 的圆线圈，通有电流 $I$，求通过圆心垂直圆平面的轴线上，与圆心相距为 $x$ 的 $P$ 点的磁感应强度。

**解** 在圆线圈上任一点处取一电流元 $I\mathrm{d}\boldsymbol{l}$，都和 $P$ 点相对于它的位矢 $\boldsymbol{r}$ 垂直，见图(a)，因此 $I\mathrm{d}\boldsymbol{l}$ 在 $P$ 点产生的磁感应强度 $\mathrm{d}\boldsymbol{B}$ 的大小为

$$\mathrm{d}B=\frac{\mu_0}{4\pi}\frac{I\mathrm{d}l}{r^2}$$

$\mathrm{d}\boldsymbol{B}$ 的方向垂直于 $I\mathrm{d}\boldsymbol{l}$ 与 $\boldsymbol{r}$ 所组成的平面，指向用右螺旋法则确定，由于对称性，圆线圈上各电流元在 $P$ 点产生的磁感应强度 $\mathrm{d}\boldsymbol{B}$ 的方向，分布在以 $OP$ 为轴，$P$ 为顶点的一个圆锥面上，见图(b)，所以各个磁感应强度 $\mathrm{d}\boldsymbol{B}$ 在与 $x$ 轴垂直方向的分量 $\mathrm{d}\boldsymbol{B}_y$ 总和

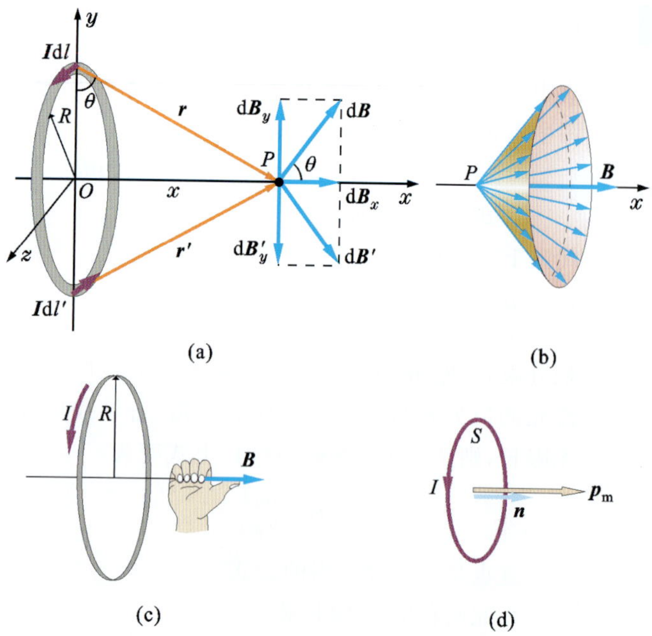


例 11.3 图

为零。而沿 $x$ 轴的分量 $\mathrm{d}\boldsymbol{B}_x$ 互相叠加，总磁感应强度 $\boldsymbol{B}$ 的大小等于各电流元产生的磁感应强度投影 $\mathrm{d}\boldsymbol{B}_x$ 的和，即

$$B=\int \mathrm{d}B_x=\int \mathrm{d}B\cos\theta=\frac{\mu_0}{4\pi}\int\frac{I\mathrm{d}l}{r^2}\cos\theta$$

而　$$\cos\theta=\frac{R}{r}=\frac{R}{(R^2+x^2)^{1/2}}$$

所以

$$B=\frac{\mu_0 IR^2}{2(R^2+x^2)^{3/2}} \tag{1}$$

方向沿 $x$ 轴正向，与载流线圈中电流环绕方向满足右螺旋关系，如图(c)所示。如果线圈是 $N$ 匝紧靠在一起时，那么轴线上一点处的磁感应强度的大小为

$$B=\frac{\mu_0 IR^2 N}{2(R^2+x^2)^{3/2}} \tag{2}$$

从式(1)可以得到两种特殊位置的磁感应强度：

(Ⅰ)当 $x=0$，在圆电流圆心处的磁感应强度为

$$B=\frac{\mu_0 I}{2R} \tag{3}$$

$\boldsymbol{B}$ 的方向仍由右螺旋法则确定，读者可由式(3)导出一段载流为 $I$，半径为 $R$，对圆心 $O$ 张角为 $\varphi$ 的圆弧，在圆心处产生的磁感应强度 $\boldsymbol{B}$ 的大小为

$$B=\frac{\mu_0 I\varphi}{4\pi R} \tag{4}$$

(Ⅱ)当 $x\gg R$，$(x^2+R^2)\approx x^2$，即在轴线上远离圆心 $O$ 处的磁感应强度近似为

$$B\approx\frac{\mu_0 IR^2}{2x^3}=\frac{\mu_0 I\pi R^2}{2\pi x^3}=\frac{\mu_0 IS}{2\pi x^3} \tag{5}$$

由此可知，$P$ 点的磁感应强度的大小，与线圈的面积 $S$ 和电流 $I$ 的乘积有关。对平面载流线圈的磁感应强度也常用磁矩 $\boldsymbol{p}_{\mathrm{m}}$ 这一物理量来表示，它的定义是

$$\boldsymbol{p}_{\mathrm{m}}=IS\boldsymbol{n} \tag{6}$$

$\boldsymbol{p}_{\mathrm{m}}$ 叫做载流线圈的磁矩；$\boldsymbol{n}$ 为线圈平面正法线方向上的单位矢量，其正方向与电流环绕的方向之间满足右螺旋法则，如图(d)所示。这样，式(5)可用磁矩表示为

$$\boldsymbol{B}=\frac{\mu_0}{2\pi}\frac{\boldsymbol{p}_{\mathrm{m}}}{x^3}$$

圆心处的磁感应强度可表示为

$$\boldsymbol{B}=\frac{\mu_0}{2\pi}\frac{\boldsymbol{p}_{\mathrm{m}}}{R^3}$$

磁矩是一个重要的物理量，在研究物质的磁性，以及分子、原子及原子核物理学中经常用到。

从例 11.2、例 11.3 再一次看出，上面讲的解题思路和方法的运用不论是载流直导线，还是载流圆弧、圆导线，为求它们产生的磁感应强度 $\boldsymbol{B}$，都是先取任一电流元 $I\mathrm{d}\boldsymbol{l}$，再按毕奥-萨伐尔定律写出它在场点产生的 $\mathrm{d}\boldsymbol{B}$ 的大小，并正确地判断 $\mathrm{d}\boldsymbol{B}$ 的方向，然后按运算的方便，将 $\mathrm{d}\boldsymbol{B}$ 分解到选定的方向，变矢量积分为代数量积分，对各分量积分后，最后合成所要的结果。实际上这一解题思路对任一载流回路都是适用的，只是对不规则回路，积分得出结果往往是困难的，甚至是不可能的。

**例 11.4**　亥姆霍兹线圈为一对密绕、$N$ 匝、同轴载流圆线圈，它们之间的距离等于它们的半径 $R$，如图(a)所示。设两线圈中的电流均为 $I$，流向也相同，以左边线圈的圆心 $O_1$ 为 $x$ 坐标轴的原点，两线圈中心连线 $O_1O_2$ 为 $x$ 轴。求

(1)在 $x$ 轴上任一点 $P$ 的磁感应强度；

(2)$x=\dfrac{R}{2},\dfrac{R}{4},\dfrac{3R}{4},\dfrac{R}{8},0$ 各点处的磁感应强度。

**解**　(1)在 $x$ 轴上任取一点 $P$，距左边线圈中心 $O_1$ 为 $x$，距右边线圈中心 $O_2$ 为 $(R-x)$，根据例 11.3 中的式(2)，在 $P$ 点两线圈产生的磁感应强度分别为

$$B_1=\frac{\mu_0 INR^2}{2(R^2+x^2)^{3/2}};\qquad B_2=\frac{\mu_0 INR^2}{2[R^2+(R-x)^2]^{3/2}}$$

由于两线圈产生在轴线上各点磁感应强度的方向均相同，故 $P$ 点处的磁感应强度

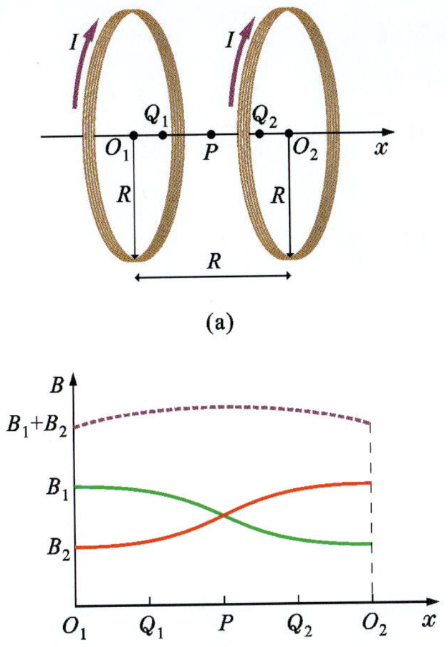


例 11.4 图

$$B(x)=B_1+B_2$$

$$=\frac{\mu_0 INR^2}{2(R^2+x^2)^{3/2}}+\frac{\mu_0 INR^2}{2[R^2+(R-x)^2]^{3/2}}$$

$$=\frac{\mu_0 INR^2}{2}\left\{\frac{1}{(R^2+x^2)^{3/2}}+\frac{1}{[R^2+(R-x)^2]^{3/2}}\right\}$$

(2)代入有关数值分别计算得

$$B\left(\frac{R}{2}\right)=\frac{\mu_0 INR^2}{2}\left\{\frac{1}{(R^2+\frac{R^2}{4})^{3/2}}+\frac{1}{[R^2+(R-\frac{R}{2})^2]^{3/2}}\right\}$$

$$=0.716\,\frac{\mu_0 NI}{R}$$

$$B\left(\frac{R}{4}\right)=0.713\,\frac{\mu_0 IN}{R}$$

$$B\left(\frac{3R}{4}\right)=0.713\,\frac{\mu_0 IN}{R}$$

$$B\left(\frac{R}{8}\right)=0.702\,\frac{\mu_0 IN}{R}$$

$$B(0)\quad=0.677\,\frac{\mu_0 IN}{R}$$

从以上计算结果可以看出，在轴线 $O_1O_2$ 之间的各点磁感应强度数值差别不很大，即在两线圈圆心连线上各点磁场基本上是均匀的，如图(b)所示。图中两条实线分别表示两线圈单独产生在轴线上各点的磁感应强度的大小，虚线表示两者叠加所得的总磁感应强度。

在生产和科研中，经常需要把样品放在均匀磁场中进行测试，利用亥姆霍兹线圈获得均匀磁场是比较方便的。

■ **例 11.5** 设有均匀密绕的直螺线管，半径为 $R$，每单位长度的匝数为 $n$，通过导线中的电流为 $I$，求螺线管轴线上一点 $P$ 的磁感应强度。

**解** 由于均匀密绕的直螺线管，可视为由许多相同半径的共轴圆线圈组成的，如图(a)所示。因此，螺线管轴线上任一点 $P$ 的磁感应强度的大小，等于各个圆线圈电流在该点所产生的磁感应强度的叠加，在螺线管长度方向上取一小段 $dl$，这一小段上有线圈 $ndl$ 匝，相当于一个通有电流 $dI'=Indl$ 的圆线圈。由例 11.3 式(1)知，它在 $P$ 点产生的磁感应强度大小为

$$dB=\frac{\mu_0 R^2 dI'}{2(R^2+l^2)^{3/2}}=\frac{\mu_0 R^2 Indl}{2(R^2+l^2)^{3/2}}$$

所用各量均标于图(b)上，为了便于积分，引入新变量 $\beta$，由图可知

$$l=R\cot\beta,\quad dl=-R\csc^2\beta d\beta$$

$$R^2+l^2=R^2\csc^2\beta$$

代入上式，得

$$dB=-\frac{\mu_0}{2}nI\sin\beta d\beta$$

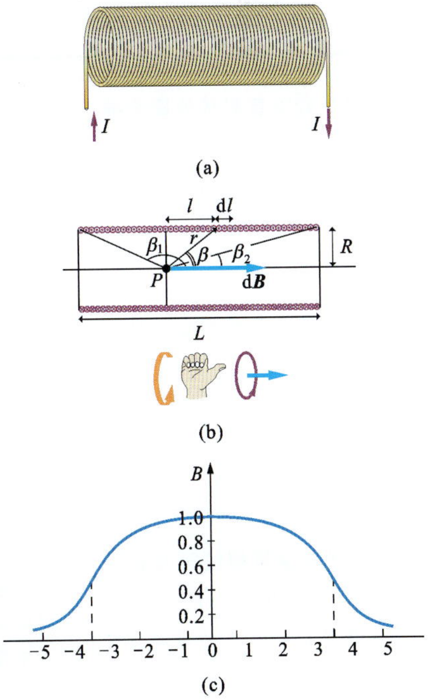


例 11.5 图

由于各线圈在 $P$ 点产生的磁感应强度的方向都相同，而且磁感应强度方向与电流绕行方向间满足右螺旋法则，因此求整个螺线管产生在 $P$ 点的总磁感应强度 $B$，只要对 $\beta$ 积分即可。设 $\beta_1$ 和 $\beta_2$ 分别表示螺线管两端的 $\beta$ 值，则有

$$B=\int_{\beta_1}^{\beta_2}-\frac{\mu_0}{2}nI\sin\beta\mathrm{d}\beta=\frac{\mu_0 nI}{2}(\cos\beta_2-\cos\beta_1) \tag{1}$$

式中 $\beta_1$ 和 $\beta_2$ 由 $P$ 点位置、螺线管半径和螺线管长度 $L$ 决定。轴线上各处 $B$ 的分布如图(c)所示。由上式可得到下面两种特殊情况的磁感应强度。

（Ⅰ）如果螺线管可视为“无限长”，即当 $L\gg R$ 时，$\beta_1\to\pi$，$\beta_2\to0$，于是

$$B=\mu_0 nI \tag{2}$$

这也是一常用的结果，它表明，在无限长直螺线管内，轴线上的磁场是均匀的。

（Ⅱ）在“半无限长直螺线管”轴线上的两个端点，相当于 $\beta_1=\frac{\pi}{2}$，$\beta_2\to0$，或 $\beta_1\to\pi$，$\beta_2=\frac{\pi}{2}$，则有

$$B=\frac{\mu_0 nI}{2} \tag{3}$$

即在半无限长直螺线管一端点处的磁感应强度恰好等于内部磁感应强度的一半。

本题采用的解题思路和方法，即利用已有的结果进行延伸、补充积分，实际上我们在静电学中已多次应用，这种方法在物理学中是一种有着广泛应用的方法。

**表 11.2　常用的磁感应强度公式**

| | | | |
|---|---|---|---|
| **无限长载流直导线外距离导线 $r$ 处**<br>$B=\frac{\mu_0 I}{2\pi r}$ | 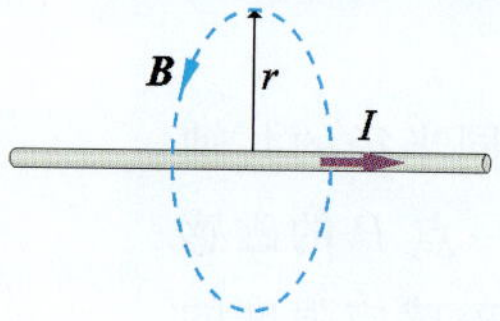 | **圆电流圆心处**<br>$B=\frac{\mu_0 I}{2R}$ | 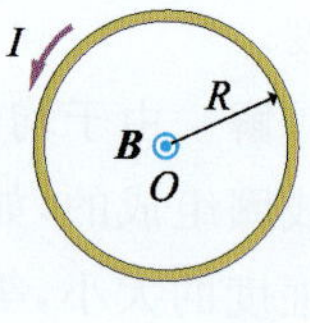 |
| **圆电流轴上距离圆心 $x$ 处**<br>$B=\frac{\mu_0}{2}\frac{R^2 IN}{(x^2+R^2)^{3/2}}$<br>（$N$ 是线圈匝数） | 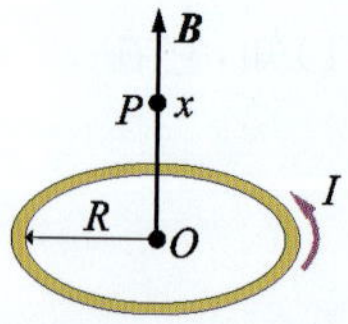 | **无限大均匀载流平面外**<br>$B=\frac{1}{2}\mu_0\alpha$<br>（$\alpha$ 是流过单位长度的电流） | 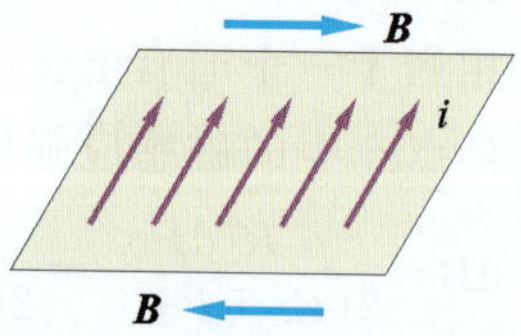 |
| **无限长密绕直螺线管内部**<br>$B=\mu_0 nI$<br>（$n$ 是单位长度上的线圈匝数） | 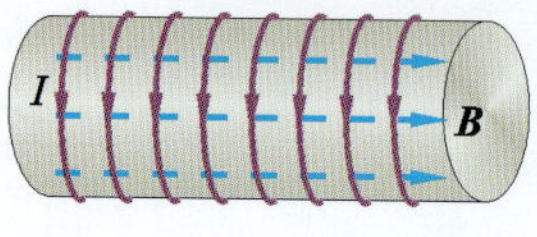 | **一段载流圆弧导线在圆心处**<br>$B=\frac{\mu_0 I\varphi}{4\pi R}$<br>（$\varphi$ 以弧度为单位） | 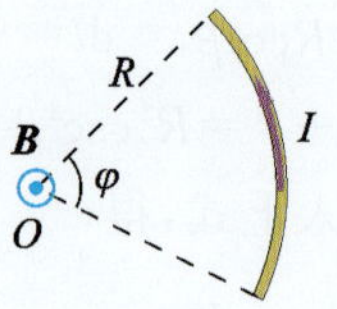 |

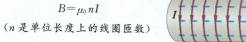

## 复习思考题

**11.1** 平行长直导线1和2,分别载有电流 $i_1$ 和 $i_2$,电流 $i_1$ 方向如图示,已知两电流在 $P$ 点产生的总磁感应强度大小为零,问电流 $i_2$ 的方向如何?又 $i_2$ 是大于、小于还是等于 $i_1$?

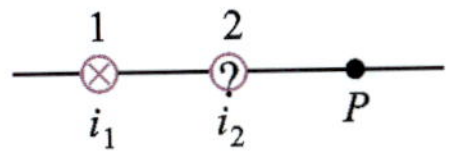

思 11.1 图

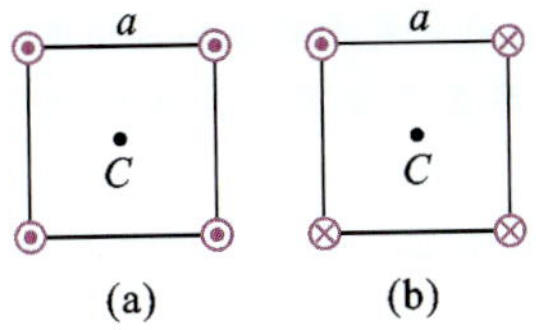

思 11.2 图

**11.2** (a)、(b)两图中,边长为 $a$ 的正方形四顶角上各有一根“无限长”载流直导线,各导线中电流大小 $i$ 相同,试确定正方形中心 $C$ 处磁感应强度的大小和方向。

**11.3** 图示载流 $i$ 的导线包括一段半径为 $R$、圆心在 $C$、圆心角为 $\frac{\pi}{3}$ 的圆弧和两段延长线分别通过圆心 $C$ 的长直导线。试求整个导线在圆心产生的磁感应强度 $\boldsymbol{B}$。

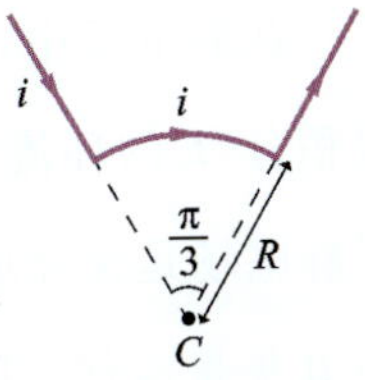

思 11.3 图

**11.4** 图示两电流 $i$ 相同、方向相反、半径 $R$ 相同、共轴平行圆线圈,问 $A$ 点和 $B$ 点的磁感应强度的方向是怎样的?是正、是负还是零?

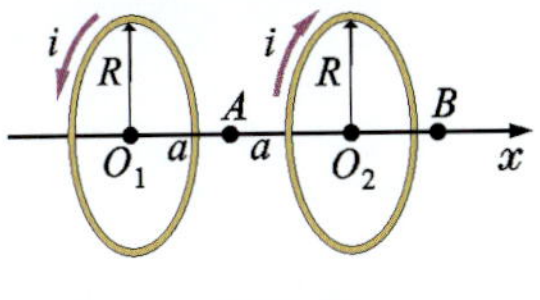

思 11.4 图

**11.5** 图为有反向电流 $i_1=15$ A和 $i_2=32$ A 的两根平行长导线,求 $P$ 点的磁感应强度 $\boldsymbol{B}$。

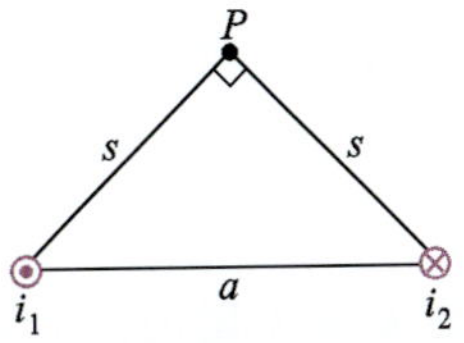

思 11.5 图

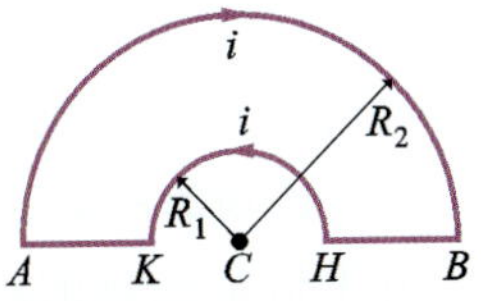

思 11.6 图

**11.6** 图示载流 $i$ 的电路 $ABHKA$ 由共圆心 $C$、半径分别为 $R_2$、$R_1$ 的半圆弧 $AB$ 和 $HK$ 组成,求圆心 $C$ 处的磁感应强度。

# 11.3 磁通量 磁场的高斯定理

### 11.3.1 磁通量

与用电场线描绘静电场相类似,也可用磁感应线(又称磁力线)描绘恒定磁场。规定:(1)磁力线上各点的切线方向与该点处的磁感应强度 $\boldsymbol{B}$ 的方向一致;(2)在磁场中某点处,垂直于该点 $\boldsymbol{B}$ 的单位面积上,穿过磁力线的数目等于该点处 $\boldsymbol{B}$ 的大小。

图 11.9 是根据实验描绘的载流长直导线、圆电流和螺线管磁力线的示意图,从图中可以看出磁力线都是环绕电流既无起点又无终点的闭合曲线,磁力线的环绕方向与电流的方向及环形电流绕行方向与磁力线方向都遵守右螺旋法则,见图 11.10。

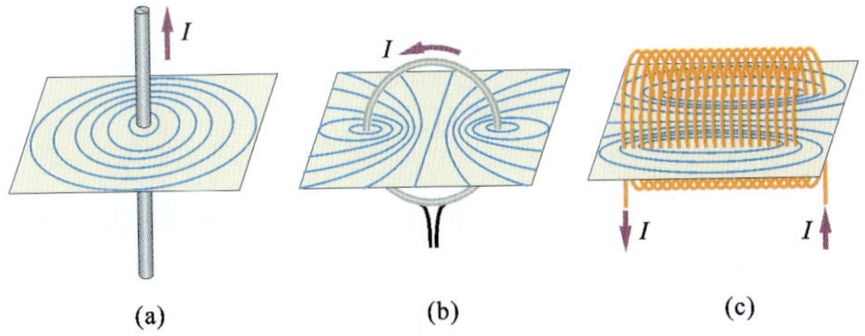

图 11.9

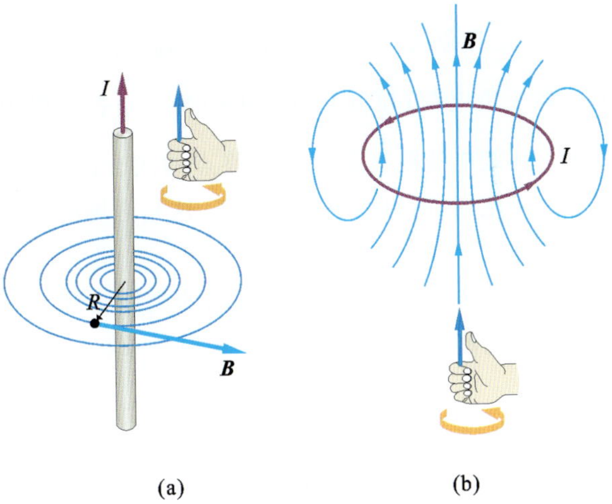

图 11.10

与电场中电通量概念相似,在磁场中穿过任一面积元 d$S$ 的磁通量定义为

$$d\Phi_m=\boldsymbol{B}\cdot d\boldsymbol{S}=B\cos\theta dS$$

式中 $\theta$ 是面积元 d$S$ 的法线 $\boldsymbol{n}$ 和 $\boldsymbol{B}$ 矢量之间的夹角,见图 11.11。穿过任一面积 $S$ 的总磁通量是

$$\Phi_m=\int_S \boldsymbol{B}\cdot d\boldsymbol{S} \qquad (11.8)$$

如果 $S$ 是个闭合曲面,根据前面的规定,闭合

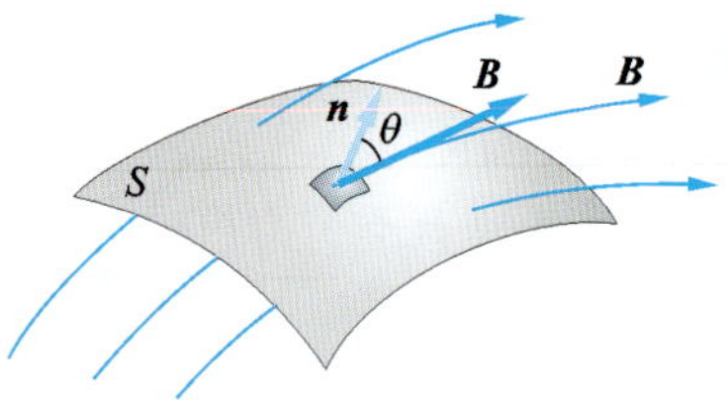


图 11.11

曲面的法线 $\boldsymbol{n}$ 向外为正。这样，磁力线在穿入闭合曲面处，$\boldsymbol{B}$ 与法线 $\boldsymbol{n}$ 间的夹角为钝角，相应的磁通量为负；磁力线在穿出闭合曲面处，$\boldsymbol{B}$ 与法线 $\boldsymbol{n}$ 间的夹角为锐角，相应的磁通量为正。

### 11.3.2　磁场的高斯定理

由于恒定磁场的磁力线是无头无尾的闭合曲线，从一个闭合曲面 $S$ 某处穿进的磁力线必定要从另一处穿出，见图 11.12。所以，通过任一闭合曲面的总磁通量恒等于零，即

$$\oint_S \boldsymbol{B}\cdot \mathrm{d}\boldsymbol{S}=0 \tag{11.9}$$

上式称为磁场的高斯定理。与静电场的高斯定理 $\oint_S \boldsymbol{E}\cdot \mathrm{d}\boldsymbol{S}=\frac{1}{\varepsilon_0}\sum q_i$ 相比较可见，静电场是静止电荷产生的，是有源场，其电场线不闭合，起于正电荷（源头），终于负电荷（尾闾），而 $\oint_S \boldsymbol{B}\cdot \mathrm{d}\boldsymbol{S}=0$ 表明磁力线都是环绕电流既无起点又无终点的闭合曲线，没有源头和尾闾，所以**磁场是无源场**，这是磁场的一个重要特性。

对照静电场的高斯定理，磁场的高斯定理实际上表明不可能存在单极磁荷，或者说磁单极子是不存在的。

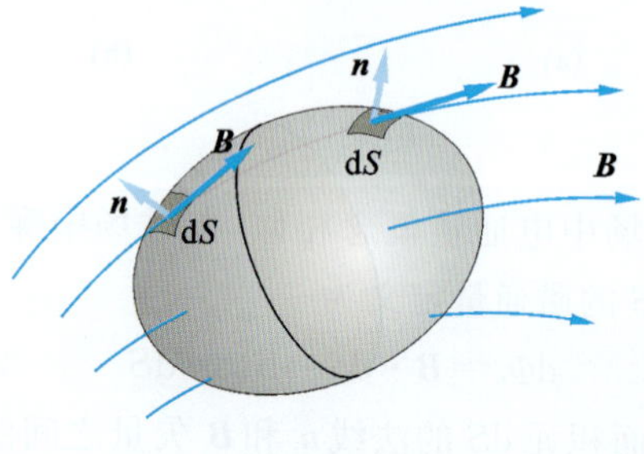


图 11.12

**想想看**

11.10　$\oint_S \boldsymbol{B}\cdot \mathrm{d}\boldsymbol{S}=0$ 它表明磁场有什么重要性质？

11.11　在同一根磁力线上的各点，$\boldsymbol{B}$ 的大小是否处处相同？

11.12　图示闭合曲面的上、下底面 $A$ 和 $B$ 皆为平面，$A$ 和 $B$ 上标出的数字表示该处磁感应强度的大小（单位为 T），箭头表示的磁感应强度方向垂直于底面。试确定通过侧曲面的磁通量，已知 $A$ 和 $B$ 的面积分别为 4 $\mathrm{cm}^2$ 和 6 $\mathrm{cm}^2$。

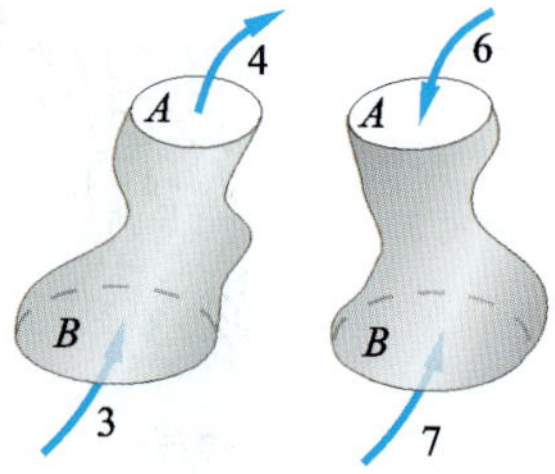


想 11.12 图

## 11.4　安培环路定理

### 11.4.1　安培环路定理

在静电场中，电场强度 $\boldsymbol{E}$ 沿任一闭合路径 $L$ 的线积分（$\boldsymbol{E}$ 的环流）恒等于零，即 $\oint_L \boldsymbol{E}\cdot \mathrm{d}\boldsymbol{l}=0$，它反映了静电场是保守场这一重要性质。那么，在恒定磁场中 $\boldsymbol{B}$ 矢量沿任一闭合路径的线积分 $\oint_L \boldsymbol{B}\cdot \mathrm{d}\boldsymbol{l}$（也称 $\boldsymbol{B}$ 的环流）又如何呢？通过下面的讨论，将看到 $\oint_L \boldsymbol{B}\cdot \mathrm{d}\boldsymbol{l}$ 一般不等于零，下面用一特例来求 $\oint_L \boldsymbol{B}\cdot \mathrm{d}\boldsymbol{l}$ 的值。

已知无限长载流直导线周围的磁力线是在垂直于导线平面内以该平面与导线交点为圆心的一系列同心圆。在垂直于导线的平面内，作一包围电流的任意闭合路径 $L$，如图 11.13。由例 11.1 的结果知，在 $L$ 上任一点 $K$ 的磁感应强度 $\boldsymbol{B}$ 的大小为

$$B=\frac{\mu_0 I}{2\pi r}$$

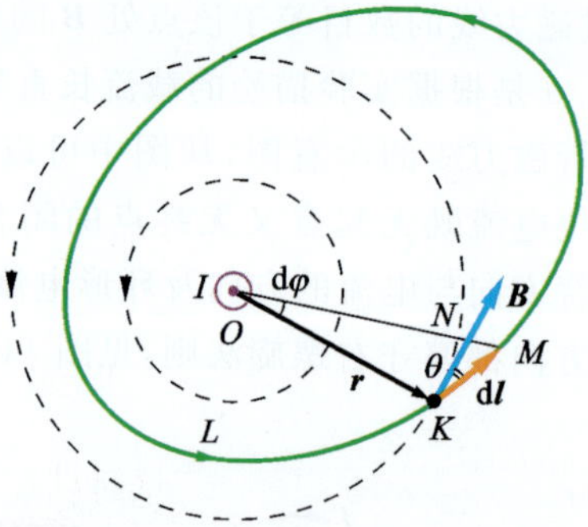


图 11.13

$\boldsymbol{B}$ 的方向与位矢 $\boldsymbol{r}$ 垂直，指向由右螺旋法则确定。在 $K$ 点处取一线元 $\mathrm{d}\boldsymbol{l}$，$\mathrm{d}l=KM$，若取闭合路径环绕方向与电流方向满足右螺旋法则，由图 11.13 可见，$\mathrm{d}\boldsymbol{l}$ 与 $\boldsymbol{B}$ 之间的夹角为 $\theta$，$\mathrm{d}l\cos\theta\approx\widehat{KN}=r\mathrm{d}\varphi$，

其中 $r$ 是 $OK$ 的长度，$\mathrm{d}\varphi$ 是 $\mathrm{d}l$ 对 $O$ 点所张的角，故

$$\oint_L \boldsymbol{B}\cdot\mathrm{d}\boldsymbol{l}=\oint\frac{\mu_0 I}{2\pi r}\cos\theta\mathrm{d}l=\frac{\mu_0 I}{2\pi}\int_0^{2\pi}\mathrm{d}\varphi=\mu_0 I \tag{11.10}$$

如果闭合路径反向绕行，即绕行方向与电流方向间不再满足右螺旋法则，而满足左螺旋法则，这时 $\boldsymbol{B}$ 与 $\mathrm{d}\boldsymbol{l}$ 之间夹角为 $(\pi-\theta)$，$\mathrm{d}l\cos(\pi-\theta)=-r\mathrm{d}\varphi$，于是有

$$\oint_L \boldsymbol{B}\cdot\mathrm{d}\boldsymbol{l}=-\mu_0 I=\mu_0(-I) \tag{11.11}$$

积分结果为负值。根据以上的讨论可以看出：(1) **磁场中 $\boldsymbol{B}$ 矢量沿闭合路径的线积分和闭合路径的形状及大小无关，只与闭合路径包围的电流有关**；(2) **当电流的方向与闭合路径绕行方向之间满足右螺旋法则时，式(11.10)中的 $I$ 取正值；反之，$I$ 取负值。**

可以证明，如果闭合积分路径 $L$ 中没有包围电流，则

$$\oint_L \boldsymbol{B}\cdot\mathrm{d}\boldsymbol{l}=0 \tag{11.12}$$

式(11.10)虽然是从无限长载流直导线的磁场导出的，但不限于此，它具有普适性。

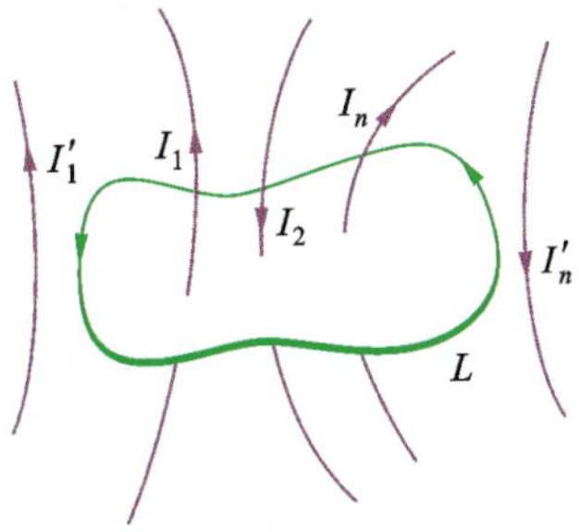

图 11.14

更一般地，还可以证明，当闭合积分路径 $L$ 包围多根载有电流大小不同、方向不同的导线时，如图 11.14，式(11.10)右边的电流应当是闭合路径所包围的电流的代数和，即

$$\oint_L \boldsymbol{B}\cdot\mathrm{d}\boldsymbol{l}=\mu_0\sum_{(内)} I_i \tag{11.13}$$

电流的正负号按上述法则确定。

式(11.13)就是安培环路定理的数学表达式，它表明：**磁感应强度沿任一闭合路径 $L$ 的线积分，等于这闭合路径 $L$ 包围的所有电流代数和的 $\mu_0$ 倍。**

需要指出，式(11.13)的右端电流是指被闭合回路 $L$ 所包围的电流，而等式左端的磁感应强度 $\boldsymbol{B}$ 是所有电流（其中也包括未包围在 $L$ 内的各个电流）分别产生的磁感应强度的矢量和。

在矢量分析中，把矢量的环流等于零的场称为无旋场，否则为有旋场。静电场为无旋场，恒定磁场为有旋场。

安培环路定理，特别是由麦克斯韦推广后，在电磁场理论中具有重大的意义。

## 想想看

11.13 图示有两个任意积分路径 $A$ 和 $B$，它们周围分别有图示的电流分布。问：对 $A$ 和 $B$，积分 $\oint_L \boldsymbol{B}\cdot\mathrm{d}\boldsymbol{l}$ 哪个大？

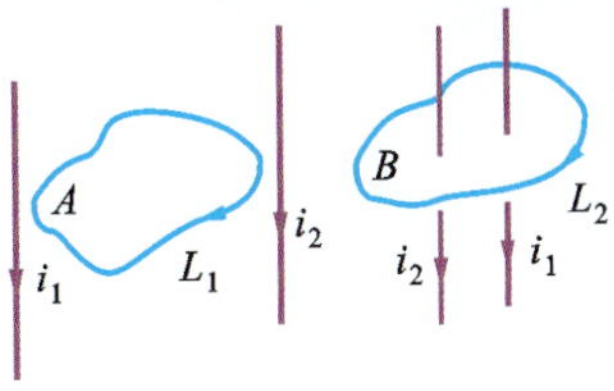

想 11.13 图

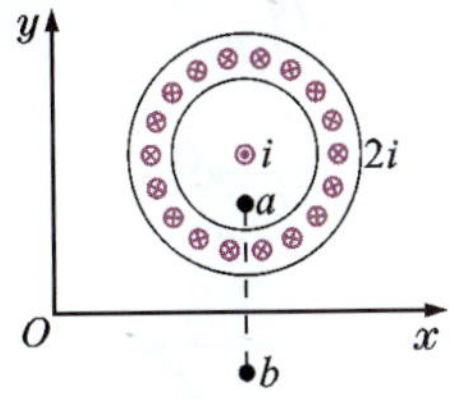

想 11.14 图

11.14 图示一长直载流 $i$ 的导线，与其共轴的有电流均匀分布的长直载流 $2i$ 的圆柱面，各自电流如图示。沿 $y$ 向的 $b$ 和 $a$ 两点分别在圆柱面内和外，问磁感应强度 $B_x(a)$ 和 $B_x(b)$ 分别是大于、小于还是等于零？

11.15 如图所示，一载流 $i$ 的长直导线，垂直于边长为 $a$ 的正方形积分路径，且通过其中心 $C$，问 $\oint\boldsymbol{B}\cdot\mathrm{d}\boldsymbol{l}=\mu_0 4ai$ 是否正确？为什么？

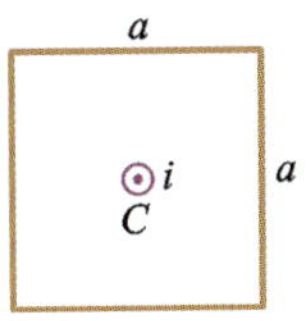

想 11.15 图

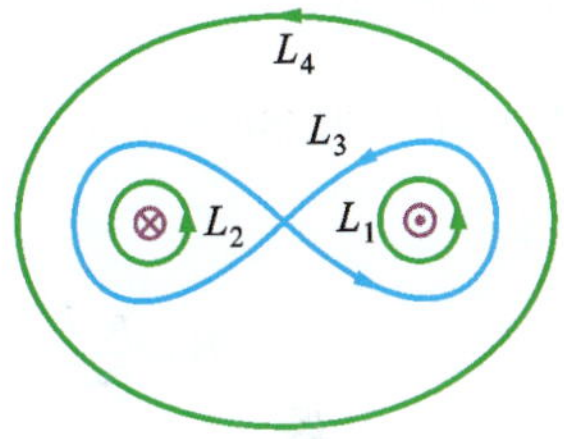

想 11.16 图

11.16 如图所示，有两根载流长直导线，均通有电流 $i$，方向如图。环绕两载流导线有四种闭合积分路径，问每种情况的 $\oint_L \boldsymbol{B}\cdot\mathrm{d}\boldsymbol{l}$ 各等于多少？

11.17 图示两个正方形导体回路分别载有电流 $i_1=5.0$ A 和 $i_2=3.0$ A，对于图示的两个闭合路径，$\oint\boldsymbol{B}\cdot\mathrm{d}\boldsymbol{l}$ 各等于多少？

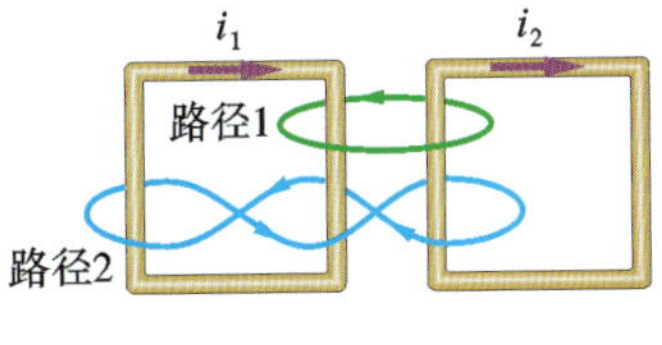

想 11.17 图

11.18 能否用安培环路定理求一段有限长载流导线产生的 $\boldsymbol{B}$？为什么？

### 11.4.2 安培环路定理应用举例

**例 11.6** 求无限长均匀载流圆柱导体产生的磁场。

**解** 设圆柱体截面半径为 $R$，电流 $I$ 沿轴线方向流动，因在圆柱体的截面上，电流是均匀分布的，而且圆柱体是无限长的，所以磁场必以圆柱体的轴

线为对称轴，磁力线是在垂直于轴线平面内以该平面与轴线交点为中心的同心圆，如图所示。如果取这样的圆作为积分的闭合路径，并使电流方向与积分路径环绕方向间满足右螺旋法则，这时的 $\boldsymbol{B}\cdot \mathrm{d}\boldsymbol{l}=B\mathrm{d}l$，且 $B$ 的大小沿积分路径是一常量。

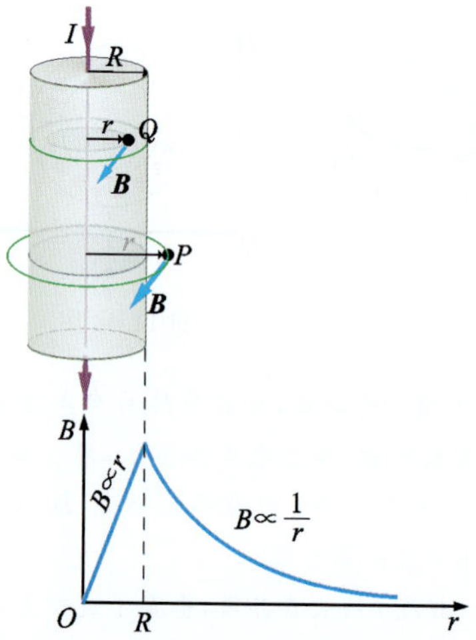


例 11.6 图

对圆柱体外过 $P$ 点距轴线距离为 $r$ 的圆积分路径来说，有

$$\oint_L \boldsymbol{B}\cdot \mathrm{d}\boldsymbol{l}=B2\pi r=\mu_0 I$$

故得

$$B=\frac{\mu_0 I}{2\pi r}\quad (r>R)$$

即在圆柱体外部，$\boldsymbol{B}$ 的大小与该点到轴线的距离 $r$ 成反比。

对圆柱体内 $Q$ 点来说，仍以过 $Q$ 点的圆为积分路径，如图所示。这时闭合积分路径包围的电流只是总电流 $I$ 的一部分 $I'$，在电流均匀分布的情况下，$I'=\frac{I}{\pi R^2}\pi r^2=I\frac{r^2}{R^2}$，故得

$$\oint_L \boldsymbol{B}\cdot \mathrm{d}\boldsymbol{l}=B\cdot 2\pi r=\mu_0\frac{r^2 I}{R^2}$$

$$B=\frac{\mu_0 I}{2\pi R^2}r\qquad (r<R)$$

表明在圆柱体内部，$\boldsymbol{B}$ 的大小与该点到轴线距离 $r$ 成正比。$B-r$ 曲线如图所示。

**例 11.7**　有一螺绕环，总匝数为 $N$，导线内通有电流 $I$，环的平均半径为 $\bar{r}$，求环内轴线上一点 $P$ 的磁感应强度。

**解**　当环上的线圈绕得很密时，则其磁场几乎全部集中在环内，环内的磁力线是以环心 $O$ 为圆心的同心圆，如图所示。在同一条磁力线上各点磁感应强度 $\boldsymbol{B}$ 的大小都相等，方向沿着圆的切线方向，且与电流 $I$ 的方向间满足右螺旋法则。为求环内离环心 $O$ 距离为 $r$ 一点 $P$ 的磁感应强度，可取过 $P$ 点的磁力线为积分路径 $L$，根据安培环路定理，有

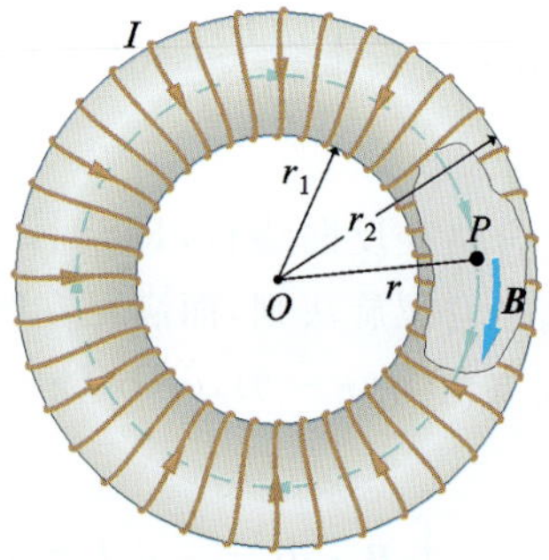


例 11.7 图

$$\oint_L \boldsymbol{B}\cdot \mathrm{d}\boldsymbol{l}=B\oint_L \mathrm{d}l=B2\pi r=\mu_0 NI$$

由此得

$$B=\frac{\mu_0 NI}{2\pi r}$$

如果螺绕环的截面很小，这时式中的 $r$ 可认为是环的平均半径（$r\approx\bar{r}$），$\frac{N}{2\pi r}=n$ 为单位长度的匝数，故环内任一点的磁感应强度 $\boldsymbol{B}$ 的大小为

$$B=\mu_0 nI$$

环内各点的磁感应强度可近似地认为是相等的，磁场是均匀的。

求环外一点的磁感应强度 $\boldsymbol{B}$ 时，同样可过该点取以环心为圆心的圆为积分路径 $L'$，这时 $L'$ 所包围的电流的代数和 $\sum I=0$，故得

$$B=0$$

**例 11.8**　求无限长螺线管内、外的磁感应强度。设螺线管导线中电流为 $I$，单位长度匝数为 $n$。

**解**　由例 11.5 已知，长直螺线管轴线上各点的磁感应强度 $\boldsymbol{B}$ 的大小均为 $B=\mu_0 nI$，方向沿轴线指向由右螺旋法则确定。在图中 $\boldsymbol{B}$ 的指向向右，根据对称性可知，管内平行于轴线的任一直线上各点的磁感应强度大小也应相等。过管内 $M$ 点作矩形闭合路径 $abcda$，其中 $da$ 边在轴线上，如图所示。对 $abcda$ 闭合路径应用安培环路定理，由于闭合路径不包围电流，故有

例 11.8 图

$$\oint \boldsymbol{B}\cdot d\boldsymbol{l}=\int_a^d \boldsymbol{B}\cdot d\boldsymbol{l}+\int_d^c \boldsymbol{B}\cdot d\boldsymbol{l}+\int_c^b \boldsymbol{B}\cdot d\boldsymbol{l}+\int_b^a \boldsymbol{B}\cdot d\boldsymbol{l}=0$$

因为 $ba$ 和 $dc$ 段上 $\boldsymbol{B}$ 与 d$\boldsymbol{l}$ 垂直,所以

$$\int_b^a \boldsymbol{B}\cdot d\boldsymbol{l}=\int_d^c \boldsymbol{B}\cdot d\boldsymbol{l}=0$$

$$\int_a^d \boldsymbol{B}\cdot d\boldsymbol{l}+\int_c^b \boldsymbol{B}\cdot d\boldsymbol{l}=B\overline{ad}-B_M\overline{cb}=0$$

故

$$B_M=B=\mu_0 nI$$

$\boldsymbol{B}_M$ 的方向与 $\boldsymbol{B}$ 相同。结果表明,长直载流螺线管内的 $\boldsymbol{B}$ 与直径无关,在螺线管横截面上各点的 $\boldsymbol{B}$ 相同,即载流长直螺线管内磁场均匀。虽然这一结果是从长直载流螺线管导出的,但这一结论对实际螺线管内靠近中央轴线附近的各点也可以认为是适用的。在实际中,长直载流螺线管是建立匀强磁场的一个常用方法。请读者在这一例题基础上,证明长直载流螺线管外的磁感应强度 $\boldsymbol{B}=\boldsymbol{0}$。

■ **例 11.9** 有一"无限大"薄导体板,设单位宽度上的恒定电流为 $I$(见图),求导体平板周围的磁感应强度。

**解** 有两种方法可直接判断此"无限大"载流薄导体板产生的磁场方向:(1)根据问题的对称性可知,无限大导体平板周围的磁感应强度 $\boldsymbol{B}$ 的方向必定平行于板的平面,并垂直于电流的方向,如图(a)所示;(2)整个薄导体板可视为由无限多载流直导线组成,所有这些直导线产生的磁感应强度合成结果,也如图(a)所示。

图(b)表示通过 $ab$ 线薄板的横截面,图中电流方向垂直纸面向外,取矩形闭合路径 $PQRSP$ 为闭合积分路径 $L$,使 $PQ$ 边平行于 $ab$,且 $PQ$ 和 $RS$ 相对薄板对称,取积分环绕方向与电流方向间满足右螺旋法则,因此有

$$\oint_L \boldsymbol{B}\cdot d\boldsymbol{l}=\int_{PQ}\boldsymbol{B}\cdot d\boldsymbol{l}+\int_{QR}\boldsymbol{B}\cdot d\boldsymbol{l}+\int_{RS}\boldsymbol{B}\cdot d\boldsymbol{l}+\int_{SP}\boldsymbol{B}\cdot d\boldsymbol{l}$$
$$=Bx+0+Bx+0=2Bx$$

式中 $x=PQ=RS$。闭合路径包围的总电流为 $Ix$,根据安培环路定理有

$$2Bx=\mu_0 Ix$$

$$B=\frac{1}{2}\mu_0 I$$

可见,在无限大导体平板电流的两侧磁场是均匀的,$\boldsymbol{B}$ 的大小相等,方向相反。

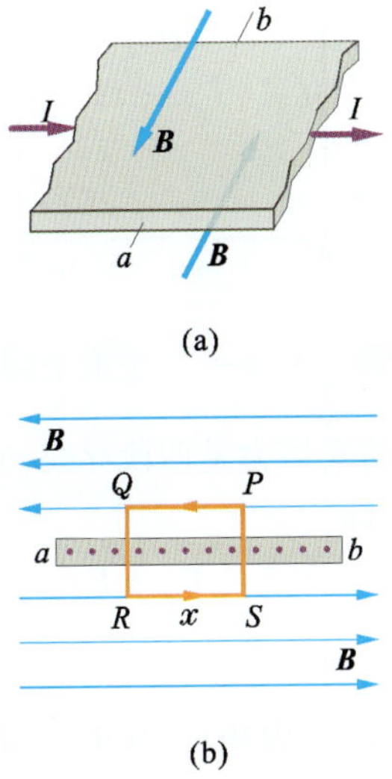


例 11.9 图

从以上的例题中可以看到,用安培环路定理可以十分简便地求出磁感应强度。应明确,利用安培环路定理求磁感应强度通常是有条件的:(1)要求磁场分布具有一定的对称性;(2)能够选择适当的闭合积分路径 $L$,使得积分得以方便地算出。

此外,在解题时还要注意用右螺旋法则判断穿过 $L$ 各电流的正负。

若将用安培环路定理求磁感应强度与用高斯定理求电场强度进行对比,从中会得到某些启示。

## 11.5 磁场对电流的作用

### 11.5.1 磁场对载流导线的作用力

为了计算磁场对载流导线的作用力(称为安培力),可以先用式(11.3)找出电流元在磁场中某点受到的磁力 d$\boldsymbol{F}=I$d$\boldsymbol{l}\times\boldsymbol{B}$,再进行积分得到,即

$$\boldsymbol{F}=\int_L I d\boldsymbol{l}\times\boldsymbol{B} \tag{11.14}$$

式(11.14)是一个矢量积分,如果导线上各电流

元所受力 d$\boldsymbol{F}$ 的方向不一致，要先将 d$\boldsymbol{F}$ 沿坐标轴进行分解再积分。现举例如下。

**例 11.10**　纸面内有一刚性闭合线圈 $abcdea$，$bcd$ 是半径为 $R$ 的半圆弧，如图所示。线圈通有电流 $I$，并放在磁感应强度为 $\boldsymbol{B}$ 的均匀磁场中，$\boldsymbol{B}$ 的方向与纸面垂直向里，求作用于该线圈的安培力。

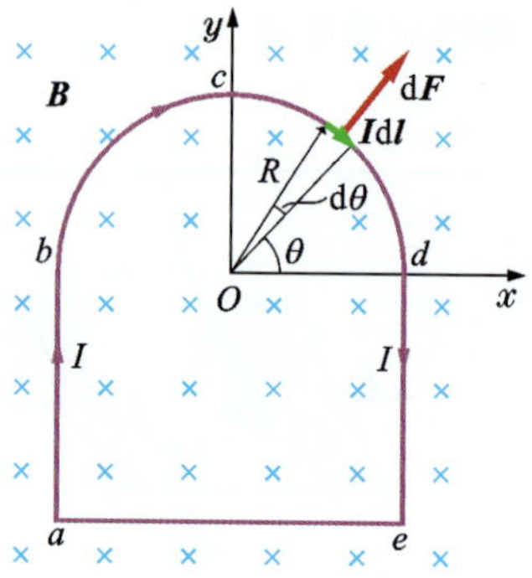


例 11.10 图

**解**　*方法一*　选取坐标系如图所示。作用在线圈上的安培力是四段导线$ab$、$\overset{\frown}{bcd}$、$de$、$ea$所受力的矢量和，即

$\boldsymbol{F}=\boldsymbol{F}_{\overline{ab}}+\boldsymbol{F}_{\overset{\frown}{bcd}}+\boldsymbol{F}_{\overline{de}}+\boldsymbol{F}_{\overline{ea}}$

由图可以看出，作用在载流导线$\overline{ab}$、$\overline{de}$ 的安培力，大小相等，方向相反，故 $\boldsymbol{F}_{\overline{ab}}+\boldsymbol{F}_{\overline{de}}=\boldsymbol{0}$。计算半圆$\overset{\frown}{bcd}$ 的安培力时，应先在圆弧上取一电流元 $I\mathrm{d}\boldsymbol{l}$，它受到的安培力是 $\mathrm{d}\boldsymbol{F}=I\mathrm{d}\boldsymbol{l}\times\boldsymbol{B}$，它的方向是沿着半径向外。

显然，$\overset{\frown}{bcd}$ 上各个电流元的 d$\boldsymbol{F}$ 方向各不相同，所以积分时必须将 d$\boldsymbol{F}$ 分解为沿 $x$ 轴的投影 $\mathrm{d}F_x=\mathrm{d}F\cos\theta$，和沿 $y$ 轴的投影 $\mathrm{d}F_y=\mathrm{d}F\sin\theta$。由于半圆弧对称于 $y$ 轴，所以在 $y$ 轴两侧各对称位置的电流元所受的安培力沿 $x$ 方向投影代数和为零，即 $F_x=\int\mathrm{d}F_x=0$。在 $y$ 轴上的投影

$$F=F_y=\int_{\overset{\frown}{bcd}}\mathrm{d}F\sin\theta=\int_{\overset{\frown}{bcd}}BI\,\mathrm{d}l\sin\theta$$

$$=-\int_{\pi}^{0}BI\sin\theta R\,\mathrm{d}\theta=2IBR$$

这一数值恰好等于载流导线$ae$ 所受的力，但方向相反。根据这一计算的结果看到，这个载流线圈在与其平面垂直的均匀磁场中，受到安培力的矢量和为零。这一线圈若为超导线圈，通有大电流（$10^3$ A 以上），那么作用在线圈上的安培力将很大，可以使线圈变形或断裂。

*方法二*　根据安培力公式，整个线圈在匀强磁场中受到的安培力为

$$\boldsymbol{F}=\oint I\mathrm{d}\boldsymbol{l}\times\boldsymbol{B}$$

因电流 $I$ 为常量，磁感应强度 $\boldsymbol{B}$ 为常矢量，故上式可改写为

$$\boldsymbol{F}=I\left(\oint\mathrm{d}\boldsymbol{l}\right)\times\boldsymbol{B}$$

根据矢量多边形定理，对整个线圈来说，有$\oint\mathrm{d}\boldsymbol{l}=\boldsymbol{0}$，因此

$$\boldsymbol{F}=I\left(\oint\mathrm{d}\boldsymbol{l}\right)\times\boldsymbol{B}=\boldsymbol{0}$$

与方法一得到的结果相同，即**闭合载流线圈在匀强磁场中受到的安培力矢量和为零**。这是一个普适的结论。

---

**例 11.11**　有一无限长载流直导线通有电流 $I_1$，与导线在同一平面内有一刚性等腰梯形 $CDFEC$ 线框，线框通有电流 $I_2$，如图所示。求梯形载流线框所受到的安培力。

**解**　这是一载流线圈在非均匀磁场中受力问题。解这一问题的步骤应该是先求出长直导线在其周围产生的磁感应强度分布，然后分别求出载流等腰梯形各段所受的安培力，最后求出这些力的矢量和。

选取坐标系如图，长直载流导线产生的磁感应强度的大小为 $B_1=\dfrac{\mu_0 I_1}{2\pi x}$。作用在导线$CD$上安培力的方向与$CD$边垂直向左。故

$$\boldsymbol{F}_{CD}=-B_1I_2l_1\boldsymbol{i}=-\frac{\mu_0I_1I_2l_1}{2\pi a}\boldsymbol{i}$$

作用在导线$EF$上的安培力方向与$EF$ 边垂直向右，于是

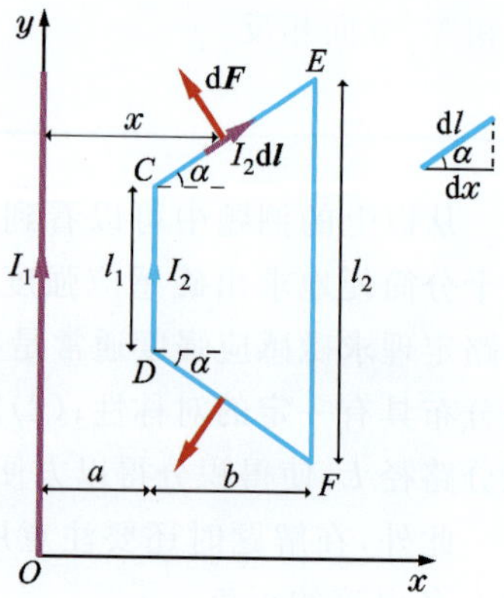


例 11.11 图

$$\boldsymbol{F}_{EF}=B_2I_2l_2\boldsymbol{i}=\frac{\mu_0I_1I_2l_2}{2\pi(a+b)}\boldsymbol{i}$$

作用在导线$CE$上的安培力，由于 $B$ 的大小随 $x$ 而变，故应在$CE$上取一电流元 $I_2\mathrm{d}\boldsymbol{l}$，它到长直导线的距离为 $x$，则

$$\mathrm{d}F_{CE}=\frac{\mu_0I_1I_2}{2\pi x}\mathrm{d}l$$

由图可知，$\mathrm{d}l=\dfrac{\mathrm{d}x}{\cos\alpha}$，于是

$$F_{CE}=\int\mathrm{d}F_{CE}=\int_a^{a+b}\frac{\mu_0I_1I_2\mathrm{d}x}{2\pi x\cos\alpha}=\frac{\mu_0I_1I_2}{2\pi\cos\alpha}\ln\left(\frac{a+b}{a}\right)$$

$\boldsymbol{F}_{CE}$方向垂直$CE$边，如图所示。同理，可求出作用在导线$DF$上的力，即

$$F_{DF}=\frac{\mu_0I_1I_2}{2\pi\cos\alpha}\ln\frac{a+b}{a}$$

$\boldsymbol{F}_{DF}$方向垂直$DF$边。力 $\boldsymbol{F}_{CE}$和 $\boldsymbol{F}_{DF}$大小虽相等，但方向不同，因而须将 $\boldsymbol{F}_{CE}$和$\boldsymbol{F}_{DF}$沿$x$ 轴和 $y$ 轴投影。沿 $y$ 轴两投影的代数和为零，沿 $x$ 轴两投影的代数和为

$$F_x=-(F_{CE}\sin\alpha+F_{DF}\sin\alpha)=-\left(\frac{2\mu_0I_1I_2}{2\pi\cos\alpha}\sin\alpha\ln\frac{a+b}{a}\right)$$
$$=-\left(\frac{\mu_0I_1I_2}{\pi}\tan\alpha\ln\frac{a+b}{a}\right)$$

或

$$\boldsymbol{F}_x=-\frac{\mu_0I_1I_2}{\pi}\tan\alpha\ln\frac{a+b}{a}\boldsymbol{i}$$

又因 $\tan\alpha=\dfrac{l_2-l_1}{2b}$，所以等腰梯形 $CDFE$ 所受安培力的矢量和为

$$\boldsymbol{F}=F_{CD}\boldsymbol{i}+F_{EF}\boldsymbol{i}+F_x\boldsymbol{i}$$
$$=-\frac{\mu_0I_1I_2}{2\pi}\left(\frac{l_1}{a}-\frac{l_2}{a+b}+\frac{l_2-l_1}{b}\ln\frac{a+b}{a}\right)\boldsymbol{i}$$

从以上两个例题看出，为求解载流导线在磁场 $\boldsymbol{B}$ 中所受到的安培力，一般是先确定磁场的方向，然后在载流导线上取电流元 $I\mathrm{d}\boldsymbol{l}$，再由安培力公式 $\mathrm{d}\boldsymbol{F}=I\mathrm{d}\boldsymbol{l}\times\boldsymbol{B}$ 确定电流元在磁场 $\boldsymbol{B}$ 中所受安培力的大小和方向，在选定的坐标中写出 $\mathrm{d}\boldsymbol{F}$ 沿各坐标的投影，经统一变量、确定积分上下限，求出安培力沿各坐标的投影 $F_x$、$F_y$、$F_z$，最后求出 $\boldsymbol{F}$。

在和电流、磁场都垂直的方向上若有液态金属（如钠、锂、铋等）或带有离子的液体通过导管，安培力就会沿导管作用于液体，迫使其在管内作定向流动，如图 11.15。这就是电磁泵的工作原理。在原子反应堆的系统中需要用电磁泵把反应堆中的热量取出，因为用一般金属泵输送灼热的液体，在不很长的时间内，泵的叶轮就将烧毁，无法运转。

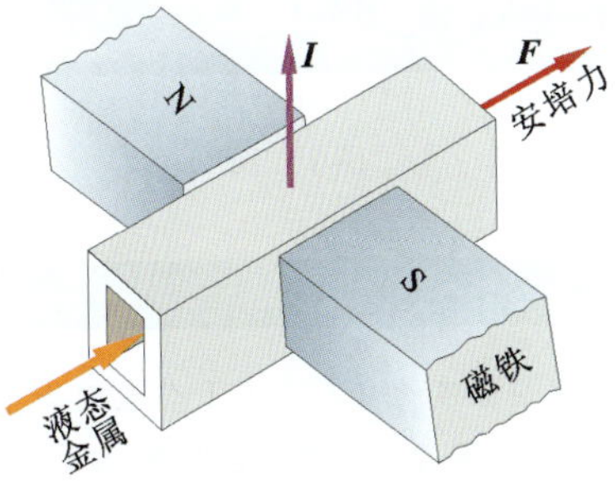


图 11.15

电磁泵在医学上也获得了多种应用。例如，一般带有活动部件的普通机械泵会损害血液细胞，由于血液中含有离子，血液也是一种导体，因此可以使用电磁泵来抽动血液。这种血液电磁泵是全密封

的，避免了污染的危险。

近年来在军事上研制的电磁轨道炮是利用安培力发射弹丸的一种武器。如图 11.16(a)所示，弹道由两块平行扁平长直导轨组成，导轨间有一滑块 $m$，此滑块就是炮弹。强大的电流从一导轨经过炮弹从另一导轨流回，电流产生的强磁场使通有电流的炮弹在安培力作用下被加速，以很大的速度射出(目前已达 2380m/s，约 7 个马赫数)。电磁轨道炮有许多优点，它能连续发射弹丸，它发射的弹丸可大可小，小到几克，大到几吨。这些都是一般火炮不可能的，图 11.16(b)所示的是电磁炮 3D 模拟图。

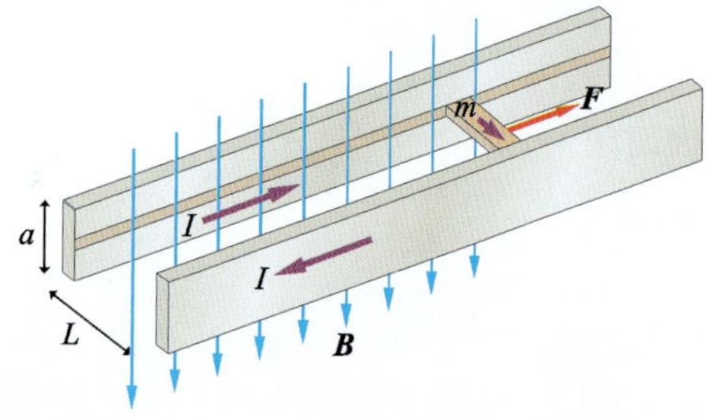


(a)

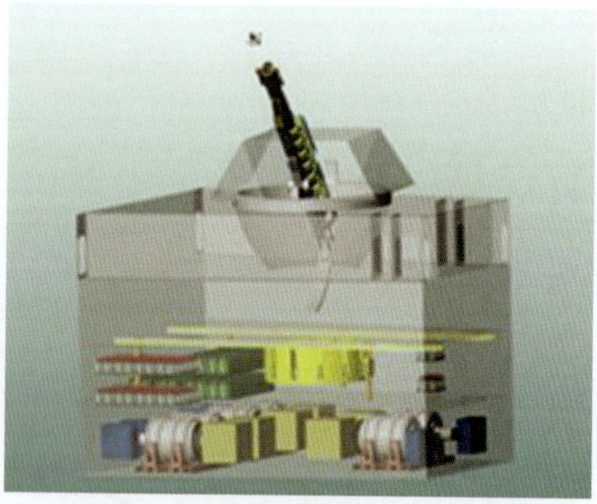

(b)

图 11.16

## 想想看

11.19　在磁感应强度为 $3\times10^{-2}$ T 匀强磁场中，有一载有电流 $5\times10^{-2}$ A 的等边三角形闭合电路 $abc$，它的 $ab$ 边与磁场方向平行，见图。问此闭合电路所受净磁力多大？

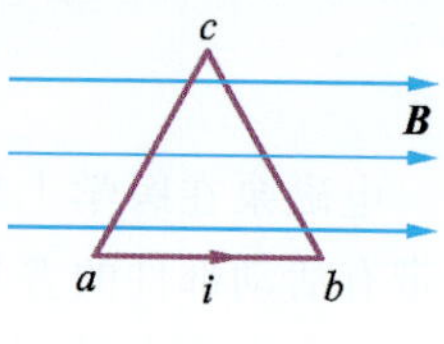


想 11.19 图

11.20　相距为 $d$ 的两根平行载流 $i$ 的导线，问：①电流方向相同时，它们间的相互作用力是斥力，还是引力？②它们之间在单位长度上相互作用力的大小是多大？

### 11.5.2　均匀磁场对载流线圈的作用

设在磁感应强度为 $\boldsymbol{B}$ 的均匀磁场中，有一刚性矩形平面载流线圈 $abcd$，边长分别为 $l_1$ 和 $l_2$，线圈中的电流为 $I$，磁感应强度 $\boldsymbol{B}$ 沿水平方向，与线圈平面成 $\theta$ 角，如图 11.17 所示。现分别求磁场对四条载流导线边的作用力。

根据式(11.14)，作用在导线 $bc$ 和 $da$ 上的磁场力大小分别为

$$F_{bc}=BIl_1\sin\theta$$

$$F_{da}=BIl_1\sin(\pi-\theta)=BIl_1\sin\theta$$

这两个力大小相等，方向相反，作用在一直线上，互相抵消。导线 $ab$ 和 $cd$ 中的电流都与磁场垂直，所受磁场力的大小分别为

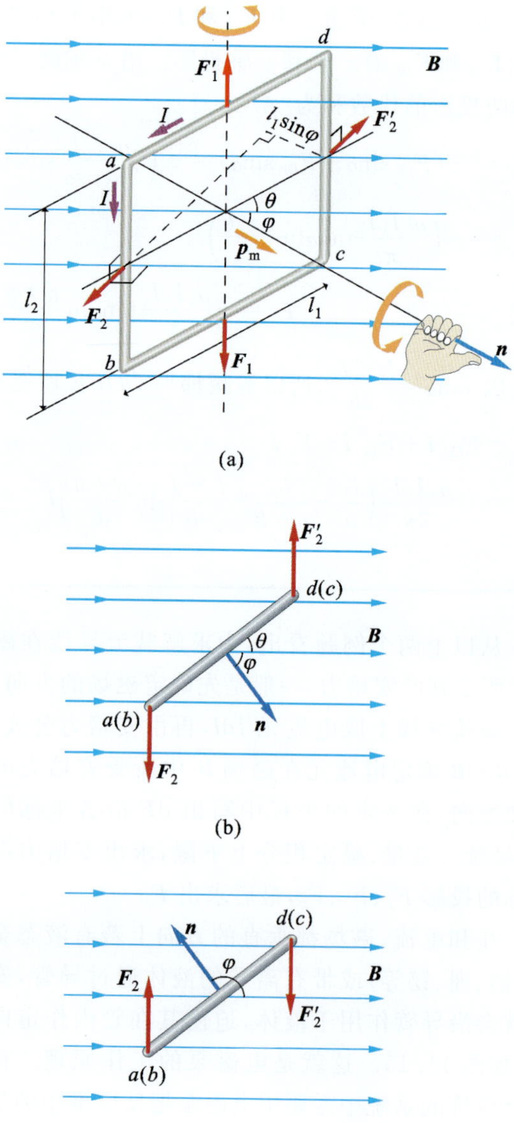


(a)

(b)

(c)

图 11.17

$$F_{ab}=F_{cd}=BIl_2$$

其大小相等，方向相反，但作用线不在一条线上，形成力偶。从图 11.17(b)看出力偶矩大小为

$$M=F_{ab}l_1\sin\varphi=BIl_2l_1\sin\varphi=BIS\sin\varphi \qquad (11.15)$$

式中 $S=l_1l_2$ 是矩形线圈的面积，$\varphi$ 是线圈正法线 $\boldsymbol{n}$（按电流方向用右螺旋法则确定 $\boldsymbol{n}$ 的正向）与 $\boldsymbol{B}$ 之间的夹角。由于载流线圈的磁矩 $\boldsymbol{p}_m=IS\boldsymbol{n}$，故磁场作用于载流线圈的磁力矩可写为

$$\boldsymbol{M}=\boldsymbol{p}_m\times\boldsymbol{B} \qquad (11.16a)$$

式(11.16a)虽然是从矩形载流线圈导出的，但可以证明，对在均匀磁场中的任意形状的平面载流线圈也都成立。

从式(11.16a)可以看出：(1)均匀磁场对载流线圈的力矩 $\boldsymbol{M}$ 不仅与线圈中的电流 $I$、线圈面积 $S$ 以及磁感应强度 $\boldsymbol{B}$ 有关，并且还与线圈和磁场之间的夹角有关；(2)线圈在磁场中取向不同，磁力矩也不同。

当 $\varphi=\pi/2$ 时(线圈平面与磁场平行)，磁力矩达到最大值 $M_{max}=BIS$；当 $\varphi=0$ 时(线圈平面与磁场垂直)，$M=0$，线圈不受磁力矩作用，处于稳定平衡状态，也就是说处于这一状态时，线圈若受到微小扰动，当扰动撤消后，它将自动返回原平衡状态；当 $\varphi=\pi$ 时，$M=0$，磁力矩虽也为零，但这时线圈处于非稳定平衡状态，也就是说若受到微小扰动，微扰撤消后线圈不再回到原平衡状态。

上面仅讨论了均匀磁场对平面载流线圈的作用。如果把平面载流线圈放在非均匀磁场中。这时，线圈除受到力偶的作用外，一般还受到净力的作用，情况较复杂，本书就不讨论了。

载流线圈在磁场中受到磁力矩的作用，是各种电动机和各种磁电式仪表的基本工作原理。图 11.18是一种常用电流计的示意图，这里磁场沿径向，当电流通过线圈时，线圈受磁力矩作用而偏转一角度 $\theta$，同时装在线圈上的螺旋弹簧(游丝)被扭转而产生反向扭力矩 $K\theta$，设线圈为矩形，边长分别为 $a$ 和 $b$，当线圈平衡时，则

$$M=NIabB=NISB=K\theta$$

所以

$$I=\frac{K\theta}{NSB}=C\theta \qquad \left(C=\frac{K}{NSB}\right)$$

即通过线圈中的电流 $I$ 与线圈的偏转角 $\theta$ 成正比。

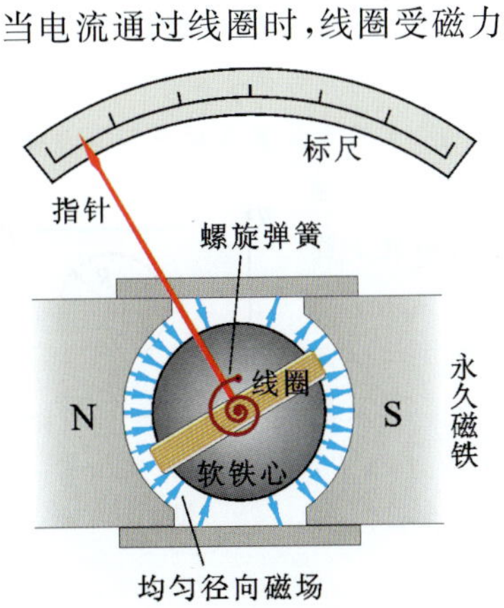


图 11.18

### 11.5.3 磁力的功

载流导线和载流线圈在磁力和磁力矩的作用下运动时，磁力就要做功。下面从两个特例出发，导出磁力做功的一般公式。

设在磁感应强度为 $\boldsymbol{B}$ 的均匀磁场中有一带滑动导线 $ab$ 的载流闭合回路 $abcda$，如图 11.19(a)。若回路中通有恒定电流 $I$，那么长为 $l$ 的载流滑动导线，在磁力 $\boldsymbol{F}$ 的作用下将向右运动，当由初始位置 $ab$ 移动到 $a'b'$ 位置时，磁力 $\boldsymbol{F}$ 所做的功是

$$A=F\,\overline{aa'}=BIl\,\overline{aa'}=BI\Delta S=I\Delta\Phi \qquad (11.17)$$

**当回路中电流不变时，磁力所做的功等于电流乘以通过回路所包围面积内的磁通量的增量。**

设载流线圈在均匀磁场中作顺时针方向转动，若设法使线圈中电流维持不变，线圈所受的磁力矩是 $M=BIS\sin\varphi$，当线圈转过 $d\varphi$ 角时，磁力矩所做的元功为

$$dA=-Md\varphi=-BIS\sin\varphi d\varphi=Id(BS\cos\varphi)=Id\Phi$$

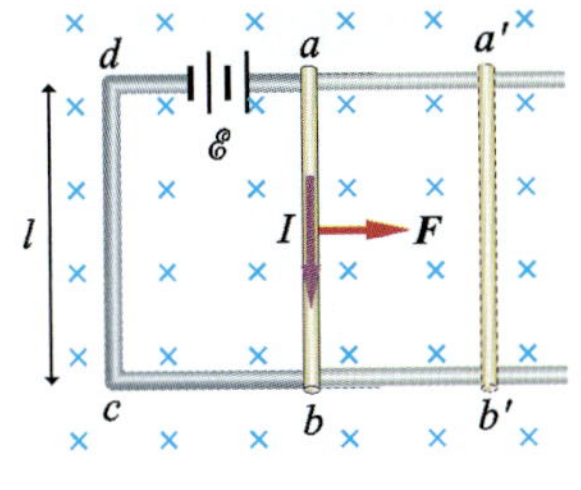


(a)

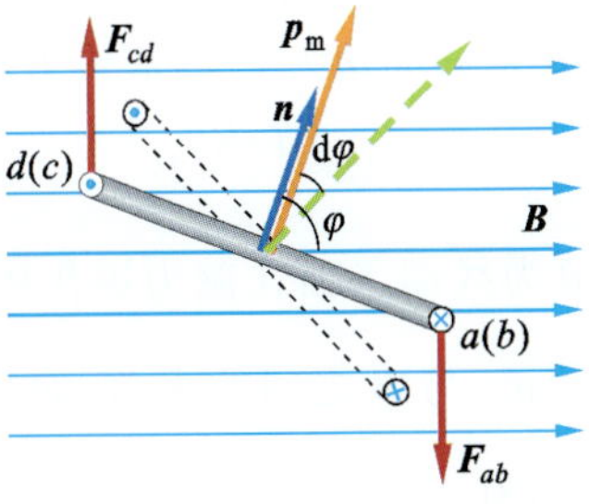


(b)

图 11.19

负号表示磁力矩做正功时，$\varphi$ 角减小，$d\varphi$ 为负值，如图 11.19(b)。当线圈从 $\varphi_1$ 转到 $\varphi_2$，磁力矩做的总功

$$A=\int_{\Phi_1}^{\Phi_2} I d\Phi = I(\Phi_2-\Phi_1)=I\Delta\Phi$$

可以看出此结果与式(11.17)相同，也就是说，磁场力和磁力矩所做的功都可按该式计算，这就是磁场力做功的一般表示式。

**例 11.12** 有一半径为 $R$ 的半圆形闭合载流线圈，通有电流 $I$，放在均匀磁场中，磁感应强度 $\boldsymbol{B}$ 的方向与线圈平面平行，如图所示。求

(1) 线圈所受磁力对 $y$ 轴之矩；

(2) 在这力矩作用下线圈转过 90°磁力矩所做的功。

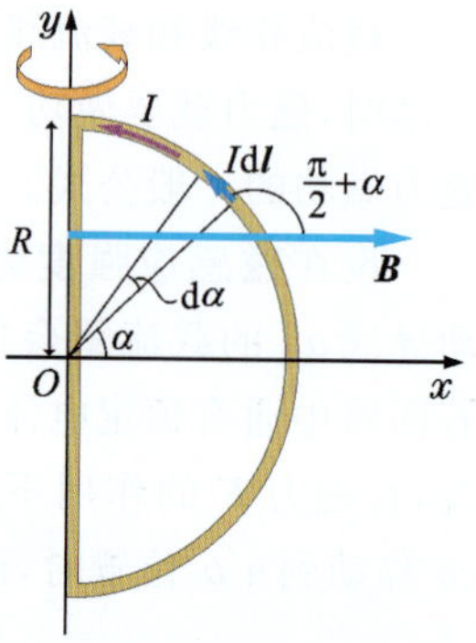

例 11.12 图

**解** (1) 解法一 根据力矩定义，求电流元所受磁力对 $y$ 轴之矩。在半圆形线圈上取一电流元 $I d\boldsymbol{l}$，它所受到磁力 $d\boldsymbol{F}$ 的大小为 $BI dl\sin(\frac{\pi}{2}+\alpha)$，方向垂直纸面向内，它对 $y$ 轴之矩的大小为

$$dM=xdF=xBIdl\sin(\frac{\pi}{2}+\alpha)$$

式中 $x=R\cos\alpha$，$dl=Rd\alpha$，代入上式得

$$dM=BIR^2\cos^2\alpha d\alpha$$

$$M=\int_{-\pi/2}^{\pi/2} BIR^2\cos^2\alpha d\alpha=\frac{I\pi R^2}{2}B$$

线圈将绕 $y$ 轴沿逆时针方向转动。磁力矩 $\boldsymbol{M}$ 矢量的方向沿 $y$ 轴正向。读者试想磁力对 $x$ 轴之矩等于多少？

解法二 直接利用公式 $\boldsymbol{M}=\boldsymbol{p}_m\times\boldsymbol{B}$ 进行计算。由于 $\boldsymbol{p}_m$ 与 $\boldsymbol{B}$ 之间夹角为 $\pi/2$，故磁力矩大小为

$$M=\frac{I\pi R^2}{2}B$$

(2) 设 $\theta$ 为线圈平面在磁力矩作用下转过的角度，$\varphi$ 为磁矩 $\boldsymbol{p}_m$ 与 $\boldsymbol{B}$ 之间的夹角，而 $\theta=\frac{\pi}{2}-\varphi$，根据式(11.15)，有

$$M=IBS\sin\varphi=IBS\cos\theta$$

故

$$A=\int_0^{\pi/2} Md\theta=\int_0^{\pi/2} IBS\cos\theta d\theta=IBS$$

$$=\frac{1}{2}\pi R^2 IB=I\Delta\Phi$$

对于磁力的功，要确定载流导线在磁场中所受的力和导线的位移；对于磁力矩的功，像本例中所做的，先要确定载流平面线圈在磁场中所受的力矩，再确定它在磁场中转过的位置，然后分别按功的定义进行计算，也可以按式(11.17)通过载流导线回路所包围面积内的磁通量的增量来计算磁力和磁力矩的功。用后一种方法计算，关键是计算磁通量的增量，建议读者用磁通量增量方法计算本例(2)中磁力矩的功。

为使载流线圈在磁场中改变空间取向，外力必须对它做功。因此，载流线圈在磁场中具有势能，线圈的势能与线圈在磁场中的取向有关。前面讲过，载流线圈相当于磁偶极子，因此可以说，磁偶极子势能与其在磁场中取向有关。磁偶极子的势能零点可取在任意位置。实际上，我们注重的是势能的变化。

设磁偶极子的磁矩 $\boldsymbol{p}_m$ 与磁感应强度 $\boldsymbol{B}$ 相互垂直时($\varphi=\frac{\pi}{2}$，见图 11.19(b))，磁偶极子的势能 $W$ 为零。于是磁偶极子在任意位置 $\varphi$ 的势能 $W$，按势能计算定义有

$$W=-\int_{\varphi}^{\pi/2} Md\varphi=-p_m B\int_{\varphi}^{\pi/2}\sin\varphi d\varphi=-p_m B\cos\varphi$$

写成矢量形式表示，有

$$W=-\boldsymbol{p}_m\cdot\boldsymbol{B} \qquad (11.16b)$$

这也是一个很有用的公式。

## 想想看

11.21 在均匀磁场中放置两个面积相等而且通过相同电流的线圈，一个是三角形，另一个是矩形，这两个线圈所受到的最大磁力矩是否相等？磁力的合力是否相等？

11.22 一圆形导线回路，水平地放置在磁感应强度 $\boldsymbol{B}$ 铅直向上的均匀磁场中，问电流沿哪个方向流动时，导线回路处于稳定平衡状态？

11.23 电流为 $i$、半径为 $R$ 的圆线圈，处于沿 $x$ 轴方向的匀强磁场中，线圈最初在 $xOy$ 平面内，问线圈最终将转向什么位置？

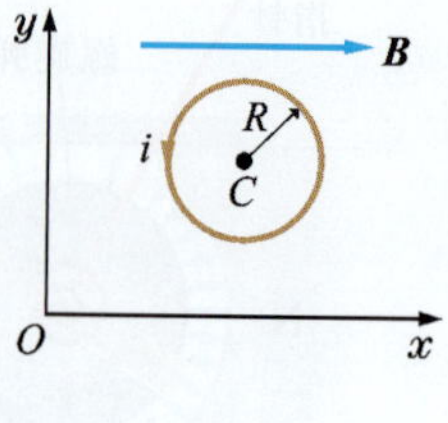

想 11.23 图

**复习思考题**

**11.7** 水平面 $xOy$ 内，长 $l=1.00$ m 的导线载有电流 $i=50.0$ A，在这一区域内有 $B=1.20$ T 的匀强磁场，方向与电流间的夹角为 150°，见图。求：①作用在这段导线上安培力的大小和方向；②要使导线的重力与安培力平衡，导线的质量应为多大？

你是否可从本题计算中联想到什么是磁悬浮现象？

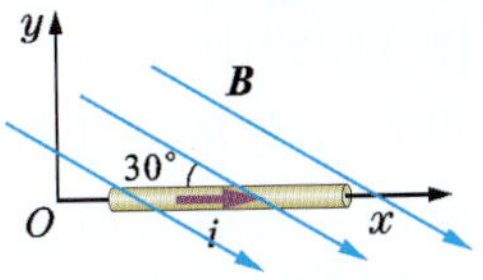

思 11.7 图

**11.8** 电子和质子垂直地入射到同一匀强磁场，在下列几种情况下是电子还是质子受磁场力偏转圆径迹半径大(或相同)？①两者的速率相同；②两者的动能相同；③两者的动量大小相同。

**11.9** 面积为 $S$，具有 $n$ 匝，载有电流 $I$，能绕 $x$ 轴自由转动的线圈，处于沿 $y$ 方向的匀强磁场中，见图。试求图示几种情况线圈受到磁力矩的大小和方向。

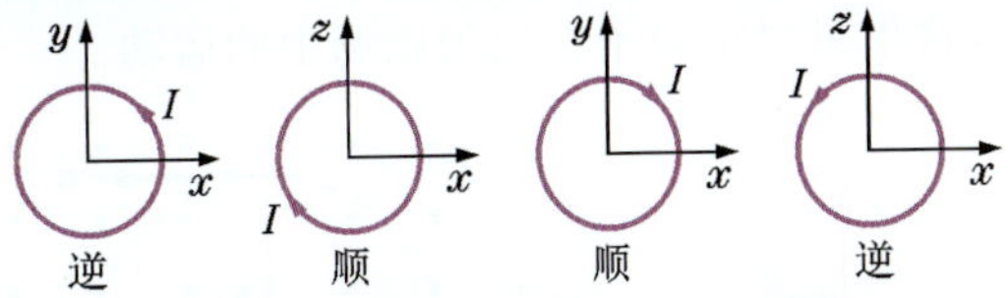

思 11.9 图

**11.10** 半径为 5.00 cm，有 50 匝圆线圈中载有 15.0 A 的电流，圆线圈平面与 $B=0.150$ T 匀强磁场间的夹角为 30°，见图。求：①线圈的磁偶极矩；②线圈受到的磁力矩；③如果线圈是自由的，试用矢量表示出线圈将旋转的方向。

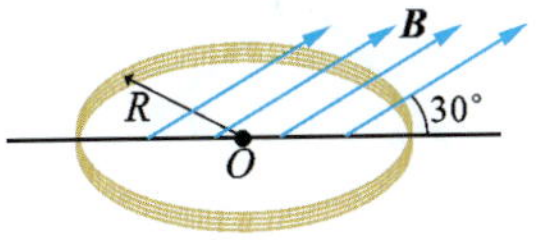

思 11.10 图

## 11.6 带电粒子在电场和磁场中的运动

### 11.6.1 带电粒子在电场中的运动

我们知道一个带电荷量为 $q$、质量为 $m$ 的带电粒子，在电场强度为 $\boldsymbol{E}$ 的电场中所受到的静电场力 $\boldsymbol{F}=q\boldsymbol{E}$。根据牛顿运动定律，带电粒子在电场力作用下的运动方程为

$$q\boldsymbol{E}=m\boldsymbol{a}=m\frac{\mathrm{d}\boldsymbol{v}}{\mathrm{d}t}$$

在一般电场中，求解上述运动微分方程可能是比较复杂的。下面以氢原子中的电子在氢原子核作用下的运动为例，进行讨论。

按经典理论，氢原子是由原子核和一个绕核运动的电子组成。设电子绕核运动轨迹为圆。电子在运动时具有一定的动能，同时由于电子是处在氢原子核的电场中，因而还有一定的电势能。通常说氢原子的能量就是指电子的动能和电势能之和。取无穷远处为电势能的零参考点，则电子在半径为 $r$ 的轨道上具有的电势能 $E_p$ 为

$$E_p=-\frac{e^2}{4\pi\varepsilon_0 r}$$

设电子在这一轨道上运动速率为 $v$，则它的动能 $E_k$ 为

$$E_k=\frac{1}{2}mv^2$$

由于电子绕核作圆周运动，根据牛顿运动定律和库仑定律，有

$$\frac{e^2}{4\pi\varepsilon_0 r^2}=\frac{mv^2}{r}$$

因此电子的动能 $E_k$ 可改写为

$$E_k=\frac{1}{2}mv^2=\frac{e^2}{8\pi\varepsilon_0 r}$$

氢原子的能量 $E$ 为

$$E=E_k+E_p=-\frac{1}{4\pi\varepsilon_0}\frac{e^2}{2r} \qquad (11.18)$$

这里能量 $E$ 为负，是由于规定 $r$ 在无穷远处的电势能为零的缘故。显然，$r$ 越大，氢原子能量越大，即半径大的轨道代表原子处于能量高的状态。按照经典理论，轨道半径 $r$ 可取任意值，因而氢原子能量值是连续的。在第 15 章中将讲到氢原子的这一经典理论是与实验事实不符的。

### 11.6.2 带电粒子在磁场中的运动

带电粒子在磁场中运动时，将受到磁场力的作用，这个力称为洛伦兹力。载流导线在磁场中所受到的安培力就其产生的微观本质来讲，应归结为洛伦兹力。

实验证明，运动的带电粒子在磁场中受到的洛伦兹力 $\boldsymbol{F}$ 与粒子所带电量 $q$、粒子的速度 $\boldsymbol{v}$ 和磁感应强度 $\boldsymbol{B}$ 之间的关系为

$$\boldsymbol{F}=q\boldsymbol{v}\times\boldsymbol{B} \qquad (11.19)$$

洛伦兹力 $\boldsymbol{F}$ 的大小为

$$|\boldsymbol{F}|=qvB\sin\theta \qquad (11.20)$$

式中 $\theta$ 为 $\boldsymbol{v}$ 与 $\boldsymbol{B}$ 之间的夹角，如图 11.20 所示。$\boldsymbol{F}$ 的方向总是垂直于 $\boldsymbol{v}$ 和 $\boldsymbol{B}$ 组成的平面，且对于带正电荷的粒子，$\boldsymbol{v}$、$\boldsymbol{B}$ 和 $\boldsymbol{F}$ 三个矢量间满足右螺旋法则。**洛伦兹力 $\boldsymbol{F}$ 的一个重要特点是它始终垂直于速度 $\boldsymbol{v}$，因此洛伦兹力只改变带电运动粒子的运动**

**方向，不改变它的速度的大小。**

一般来说，粒子在不均匀的磁场中运动，情况较复杂，这里只讨论粒子在均匀磁场中的运动。

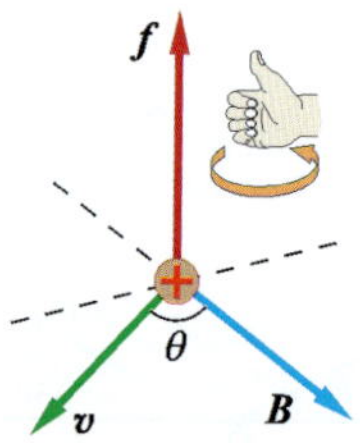


图 11.20

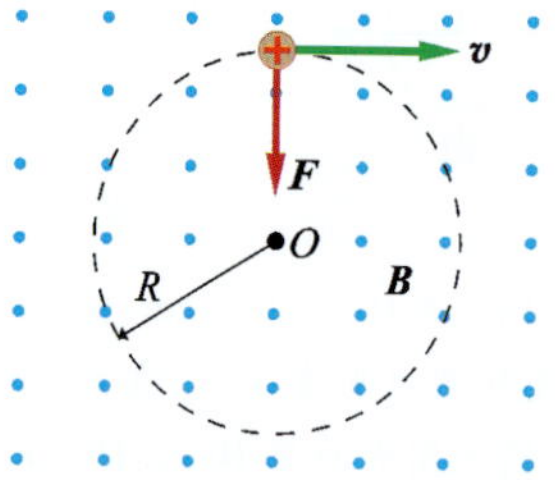


图 11.21

设在磁感应强度为 $\boldsymbol{B}$，方向如图 11.21 所示的均匀磁场中，有一带正电、电荷量为 $q$ 的粒子以垂直于 $\boldsymbol{B}$ 的速度 $\boldsymbol{v}$ 运动，由于洛伦兹力 $\boldsymbol{F}$ 与 $\boldsymbol{v}$ 垂直，所以 $\boldsymbol{F}$ 只改变速度 $\boldsymbol{v}$ 的方向，因而粒子作匀速圆周运动。设圆轨道半径为 $R$，因此有

$$qvB=\frac{mv^2}{R}$$

所以

$$R=\frac{mv}{qB} \tag{11.21}$$

式中 $q/m$ 称为带电粒子的荷质比。可以看出对一定的带电粒子，$q/m$ 是一定的，所以当 $B$ 一定时，粒子的速率(或动能)越大，则圆轨道半径也越大。这一点在研究基本粒子、核物理中都有着重要的应用。当带电粒子在已知磁场中运动时，可以根据云室、泡室等探测器中粒子运动轨迹照片，测量出其运动轨迹的曲率半径，若已知粒子的荷质比，就可确定粒子的速度和能量。

还应注意到洛伦兹力 $\boldsymbol{F}$ 的方向与带电粒子电荷的正负有关。当带电粒子以速度 $\boldsymbol{v}$ 垂直地进入磁感应强度为 $\boldsymbol{B}$ 的匀强磁场时，对带有正电荷的粒子，在洛伦兹力的作用下，它将向左偏转作反时针方向的圆周运动；对带有负电荷的粒子，它将向右偏转作相反方向的圆周运动(见图 11.22)。因此，从带电粒子的偏转方向可以判别粒子所带电荷的正负。图 11.23 所示为宇宙射线进入云室并穿过铅板的示意图。磁场方向垂直纸面向外(图中横线表示铅板)。从图中可以看出，粒子轨迹的下半部分曲率半径较上半部分的小，这表明粒子在铅板上部的速率比在铅板下部的速率大，也就是说粒子从上进入云室，在穿过铅板时损失了一部分能量。由于粒子偏转方向是向左，因而可以确定粒子是带正电荷。安德森就是利用这个试验方法于 1932 年发现正电子的，为此他获得了 1936 年诺贝尔物理学奖。

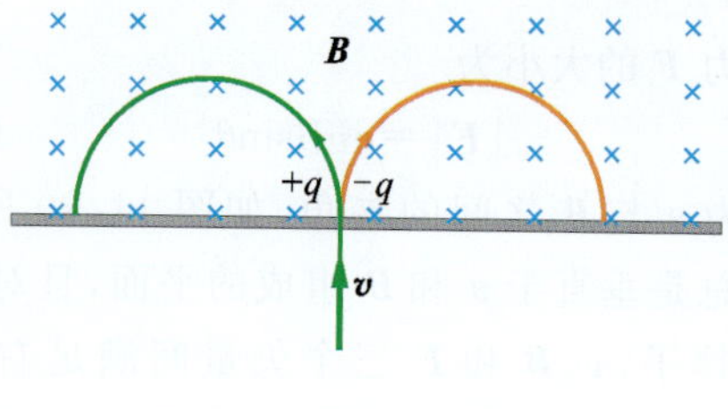


图 11.22

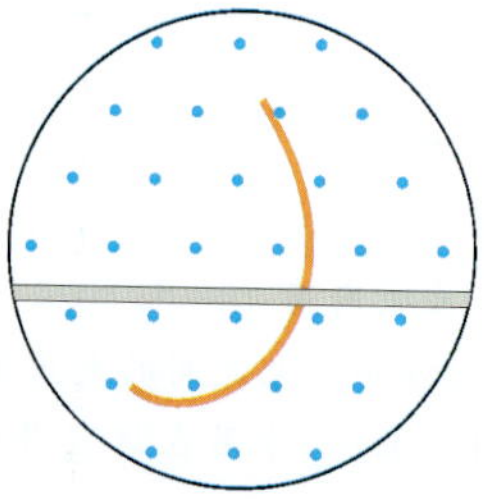

图 11.23

## 想想看

11.24　在匀强磁场 $\boldsymbol{B}$ 中有 $a$、$b$、$c$ 三点，一质子以速度 $\boldsymbol{v}$，①从 $a$ 运动到 $b$，②从 $a$ 运动到 $c$，问：质子在这两次中所受到的洛伦兹力各指向何方？受到的洛伦兹力的大小各等于多少？

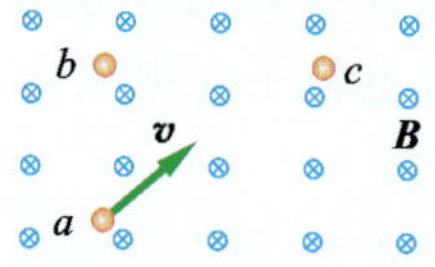


想 11.24 图

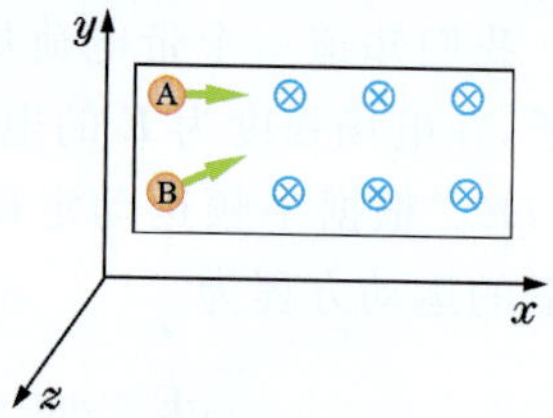


想 11.25 图

11.25　质子 A 和 B 在图示的匀强磁场 $\boldsymbol{B}$ 中，以速度 $\boldsymbol{v}$ 运动(不计两质子间的相互作用)，问：①它们受到的洛伦兹力谁大谁小？②质子 B 受到的洛伦兹力 $x$ 分量 $F_{2x}$ 是大于、小于还是等于零？③在磁场区中，它们的速率是增大、减小还是不变？

11.26　两室 $A$ 和 $B$ 相联如图所示，室内各有与纸面垂直的匀强磁场，一正电荷射入 $A$ 室后，其轨迹如图示，问：$A$、$B$ 二室的磁场方向各是怎样的？二磁场的磁感应强度孰大孰小？磁场力在二室中的功各是多大？

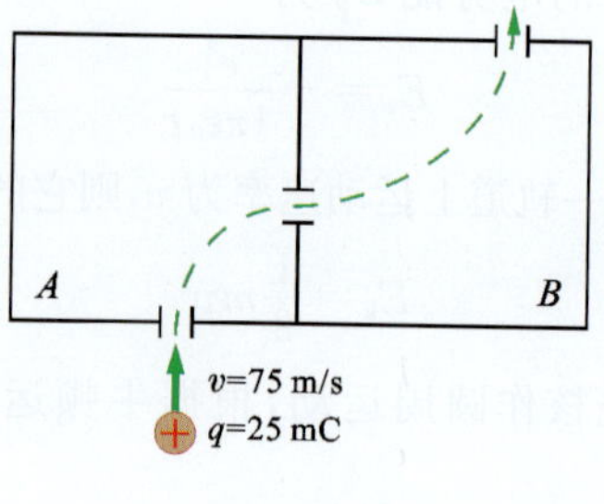


想 11.26 图

**11.27**　照片显示的是在氢泡室中，高能光子进入泡室并与氢原子中电子碰撞，光子湮灭产生正负电子对，试判断：①哪条是负电子径迹？哪条是正电子径迹？②为什么两条径迹是螺旋线型？③为什么两条螺旋线径迹的大小不同？照片上长曲线径迹是反冲电子径迹。已知泡室中磁场垂直纸面向外。

想 11.27 图

### 11.6.3　霍耳效应

将一块通有电流 $I$ 的金属导体或半导体，放在磁感应强度为 $\boldsymbol{B}$ 的匀强磁场中，使磁场方向与电流方向垂直，见图 11.24。则在垂直于磁场和电流方向上的 $a$ 和 $b$ 两个面之间将出现电势差 $U_{ab}$，这一现象称为霍耳效应，$U_{ab}$ 称为霍耳电势差。

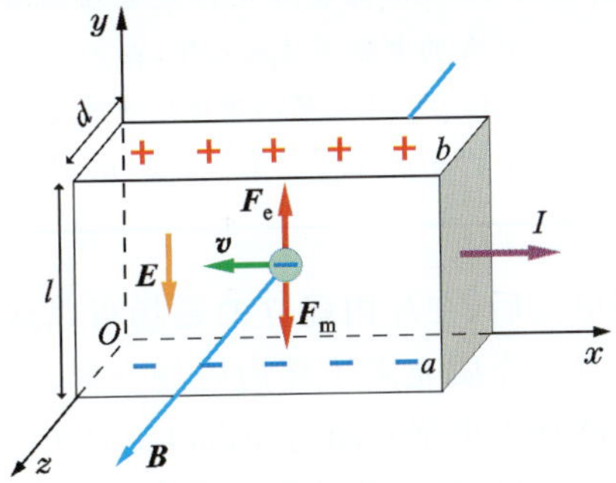


图 11.24

霍耳效应的产生可以用洛伦兹力来说明。如图 11.24 所示，设图中载流子(运动电荷)的电荷为负，其定向运动方向与电流方向相反。由于受到方向向下的洛伦兹力 $\boldsymbol{F}_m$ 作用，因而向下偏移，结果 $a$ 面聚积负电荷，$b$ 面聚积正电荷，并产生由 $b$ 指向 $a$ 的静电场。载流子 $q$ 受到的静电力 $\boldsymbol{F}_e$ 与洛伦兹力 $\boldsymbol{F}_m$ 反向，它阻碍载流子继续向 $a$ 面聚积。当静电力与洛伦兹力达到平衡时，即 $F_e=F_m$ 时，电荷才停止聚积。这样，在 $a$ 和 $b$ 两面间便产生了一定的电势差 $U_{ab}$。

设载流子的电荷量为 $q$，定向运动速度的平均值为 $\bar{v}$，磁感应强度为 $\boldsymbol{B}$，那么平衡时有

$$q\bar{v}B=qE$$

$$E=\bar{v}B$$

设 $l$ 为金属片的宽度，$a$ 和 $b$ 面间电场为匀强电场，于是电势差

$$U_{ab}=El=\bar{v}Bl$$

设单位体积内的载流子数为 $n$，则根据电流的定义有

$$I=nq\bar{v}S$$

式中 $S=ld$，是薄片的横截面积。从上两式消去 $\bar{v}$，得

$$U_{ab}=\frac{IB}{nqd}=K\frac{IB}{d}\qquad(11.22)$$

式中 $K=\dfrac{1}{nq}$ 称为霍耳系数。

由于电子带负电荷，故霍耳系数为负，式(11.22)给出的 $U_{ab}$ 也为负，这正是图 11.24 给出的情况。实验测定，多数金属，例如 Li、Na、K、Cu 等的霍耳系数均为负，但对金属 Be、Zn、Cd、Fe 等霍耳系数却均为正。后一现象只能认为导体中的载流子不是带负电荷的电子，而是带正电荷的“粒子”，见图 11.25。霍耳系数为正这一现象，在一段时期里使物理学家感到困惑，因为那时普遍认为金属的载流子只有电子一种。后来，又发现通有电流的半导体置于与电流方向垂直的磁场中，也会呈现霍耳效应，而且它的霍耳系数一般要比金属的更大。实验也证实半导体的霍耳系数也是有正、有负。后来发现了空穴导电机制，并知道空穴的行为完全相当于带正电的粒子。关于空穴理论及应用空穴概念解释霍耳效应只能用固体能带理论给出。

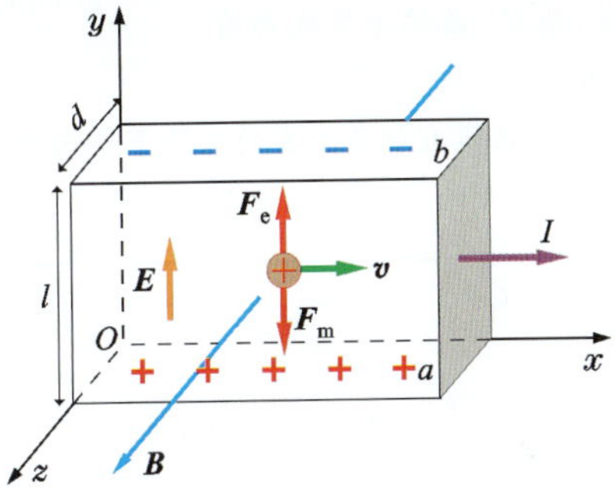


图 11.25

利用霍耳效应可以准确地确认多数金属中的载流子是电子，也可用以确认 p 型半导体的载流子为空穴，n 型则为电子。此外，由于式(11.22)中 $U_{ab}$、$I$、$B$、$d$ 各量都可由实验测定，从而可确定 $K$，再由 $K$ 便可算出载流子的浓度 $n$。在半导体材料的研究中，$n$ 是一个重要的参数。霍耳效应还可用以测定磁感应强度、电流、功率等，在科研和现代技术领域中有广泛应用。

### 想想看

11.28　一长方金属导体(内有自由电子),边长如图示,它以恒定速度 $\boldsymbol{v}$ 沿 $x$ 轴正向运动,通过一沿 $z$ 轴正向的匀强磁场 $\boldsymbol{B}$,问导体的这一运动产生的霍尔电势差是多大?哪一个面是高电势,哪一个面是低电势?若本题中的磁场也是沿 $x$ 轴正向,结果将是怎样的?

11.29　一半导体样品通过的电流为 $I$,放在磁场中如图所示,实验测得霍耳电压 $U_{ba}<0$,此半导体是 n 型还是 p 型?

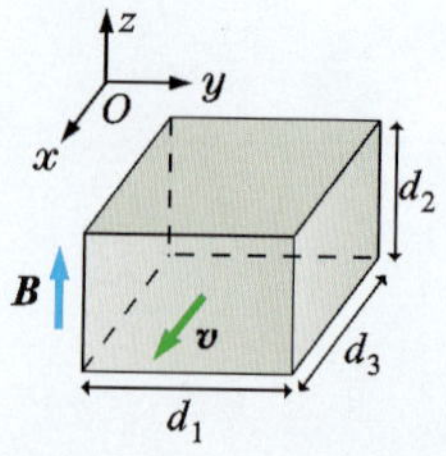


想 11.28 图

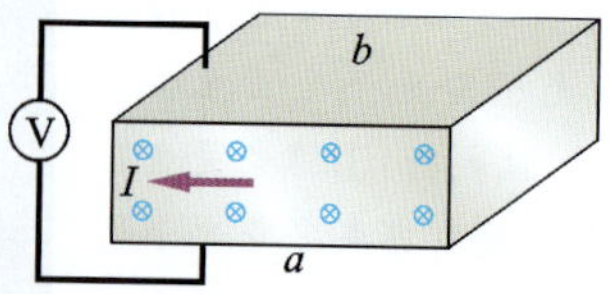


想 11.29 图

### 复习思考题

**11.11**　一束速率相同、具有 $+e$ 的碳离子,通过屏 $M$ 上狭缝 $S$ 进入匀强磁场后,在屏上相隔 5cm 的二处有离子淀积,已知丰度最大、质量数为 12 的同位素 ${}^{12}_{6}\mathrm{C}$ 的轨迹较小,半径为 15cm,问对应另一轨迹碳的另一同位素的质量数是多大?本图表示的是质谱仪工作原理。质谱仪在物理、化学、地矿、医学等领域都有着广泛应用。

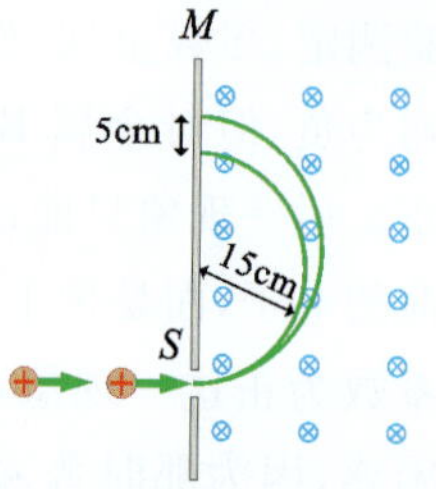


思 11.11 图

**11.12**　图示的区域有相互垂直的电场 $\boldsymbol{E}$ 和匀强磁场 $\boldsymbol{B}$,有带电粒子 $q$ 以速度 $\boldsymbol{v}_0$ 沿 $x$ 轴方向入射。问:①粒子不变方向地穿过这一电场和磁场的条件是什么?②如果入射的是包含不同速度的粒子束,那么通过此电场和磁场,各种速度的粒子将如何运动?为什么说这样的示意装置可作为速度选择器?

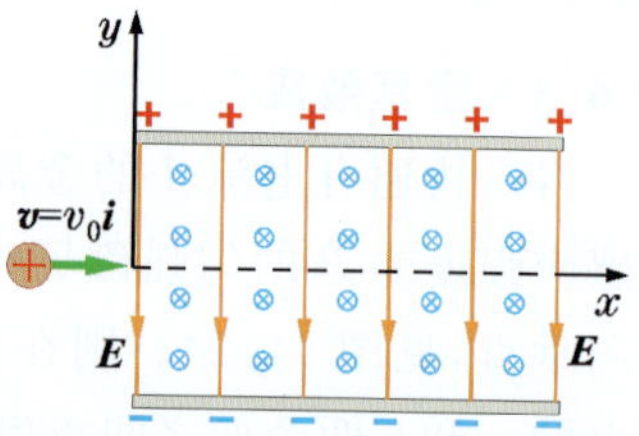


思 11.12 图

**11.13**　一厚度为 125 μm 的霍耳元件放置在磁场中,如图 11.25 所示。25.0 A 的电流通过此元件,在宽度2.0 cm间测得霍耳电势差为 $-11$ μV,求磁场的磁感应强度大小。已知铜单位体积内载流子数为 $n=8.49\times10^{28}$ 电子/m³。

## 11.7　磁介质

### 11.7.1　磁介质的分类

磁介质是指放在磁场中经磁化后能反过来影响原来磁场的物质。实验表明,不同物质对磁场的影响差异可以很大。设真空中原来磁场的磁感应强度为 $\boldsymbol{B}_0$,放入磁介质后,磁介质因磁化而产生附加磁场的磁感应强度为 $\boldsymbol{B}'$,则磁介质中的磁感应强度 $\boldsymbol{B}$ 是 $\boldsymbol{B}_0$ 和 $\boldsymbol{B}'$ 的矢量和,即

$$\boldsymbol{B}=\boldsymbol{B}_0+\boldsymbol{B}' \tag{11.23}$$

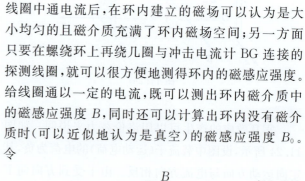

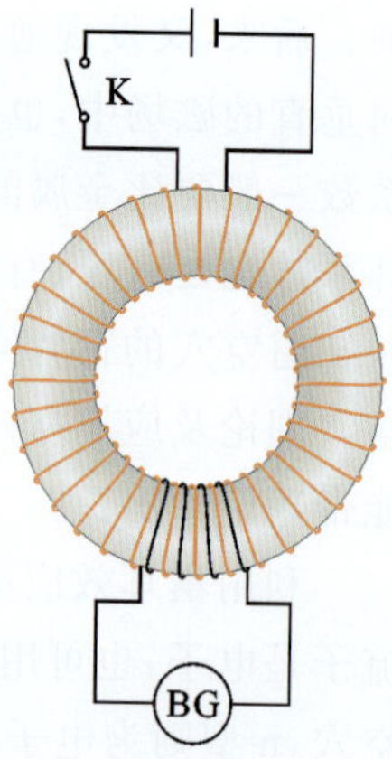


图 11.26

为了从实验上研究磁介质的特性,可将待测各向同性均匀磁介质样品作成一细圆环,在圆环上密绕导线圈,形成一个具有磁介质芯的螺绕环,如图 11.26。用这样的螺绕环来研究磁介质的特性,一方面是因为线圈中通电流后,在环内建立的磁场可以认为是大小均匀的且磁介质充满了环内磁场空间;另一方面只要在螺绕环上再绕几圈与冲击电流计 BG 连接的探测线圈,就可以很方便地测得环内的磁感应强度。给线圈通以一定的电流,既可以测出环内磁介质中的磁感应强度 $B$,同时还可以计算出环内没有磁介质时(可以近似地认为是真空)的磁感应强度 $B_0$。令

$$\mu_r=\frac{B}{B_0} \tag{11.24}$$

$\mu_r$ 称为磁介质的相对磁导率,它可以描述磁介质磁化后对磁场的影响。几种常见磁介质的相对磁导率见表 11.3。

实验表明,磁介质可分为以下三类。

(1)顺磁质　顺磁质的 $\mu_r>1$,即以磁介质为磁芯时测得的磁感应强度 $B$ 大于无磁芯真空(或空气)中的磁感应强度 $B_0$。顺磁质产生的附加磁场中的 $\boldsymbol{B}'$ 与原来磁场的 $\boldsymbol{B}_0$ 同方向。铬、铀、锰、氮等都是顺磁质。

(2)抗磁质　抗磁质的 $\mu_r<1$,即以磁介质为磁芯时测得的磁感应强度 $B$ 小于无磁芯时真空(或空

气)中的磁感应强度 $B_0$。抗磁质产生的附加磁场中的 $\boldsymbol{B}'$ 与原来磁场的 $\boldsymbol{B}_0$ 方向相反。铋、硫、氯、氢等都是抗磁质。

(3)铁磁质　铁磁质的 $\mu_r \gg 1$,即 $B \gg B_0$。铁磁质产生的附加磁感应强度 $\boldsymbol{B}'$ 与原来磁场的磁感应强度 $\boldsymbol{B}_0$ 方向也相同。钴、铁、镍等都是铁磁质。

由于铁磁质能显著地增强磁场,通常把它称为强磁性物质。从表 11.3 可以看出,顺磁质和抗磁质对磁场的影响都极其微弱,因此常把它们称为弱磁性物质(非磁性物质)。

非磁性物质的相对磁导率 $\mu_r$ 与 1 相差甚小(数量级为 $\pm 10^{-5}$),使用不便,通常采用磁化率 $\chi_m$ 代替 $\mu_r$。$\chi_m$ 定义为

$$\chi_m = \mu_r - 1 \tag{11.25}$$

顺磁质 $\chi_m > 0$;抗磁质 $\chi_m < 0$。铁磁质 $\chi_m$ 甚大,且不为常数。

**表 11.3　相对磁导率和磁化率**

| 物质 | 温度/℃ | $\mu_r$ | $10^{-5} \times \chi_m$ |
|---|---|---|---|
| 真空 | | 1 | 0 |
| 空气(标准状态) | | 1.000 000 04 | 0.04 |
| 铂 | 20 | 1.000 26 | 26 |
| 铝 | 20 | 1.000 022 | 2.2 |
| 钠 | 20 | 1.000 007 2 | 0.72 |
| 氧(标准态) | | 1.000 001 9 | 0.19 |
| 汞 | 20 | 0.999 971 | −2.9 |
| 银 | 20 | 0.999 974 | −2.6 |
| 铜 | 20 | 0.999 900 | −1.0 |
| 碳(金刚石) | 20 | 0.999 979 | −2.1 |
| 铅 | 20 | 0.999 982 | −1.8 |
| 岩盐 | 20 | 0.999 986 | −1.4 |

### 11.7.2　顺磁性和抗磁性的微观解释

物质的磁性可以用物质分子的电结构予以解释。

物质内部原子、分子中的每个电子都参与两种运动,一是轨道运动,为简单计,把它看成是一个圆形电流,具有一定的轨道磁矩,如图 11.27(a)所示;二是电子本身固有的自旋,相应地也有自旋磁矩。

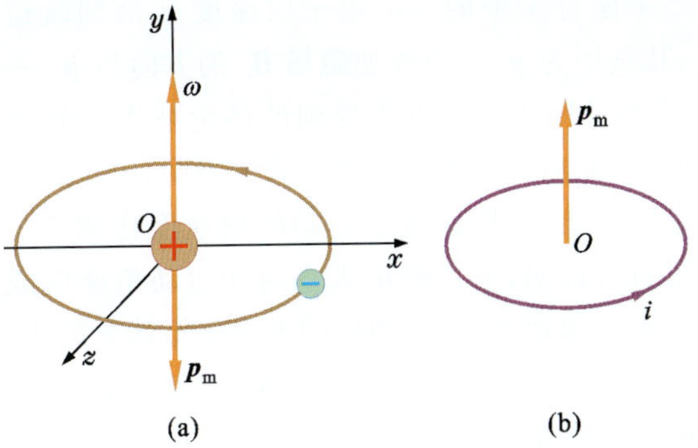


图 11.27

一个分子中所有电子的各种磁矩的总和构成这个分子的固有磁矩 $\boldsymbol{p}_m$。这个分子固有磁矩可以看成是由一个等效的圆形分子电流 $i$ 产生的,如图 11.27(b)所示。研究表明,抗磁质分子在没有外磁场作用时,分子的固有磁矩 $\boldsymbol{p}_m$ 为零(即这类分子的各电子磁矩的总和在没有外磁场作用时为零);顺磁质的分子,在没有外磁场作用时,分子的固有磁矩不为零。但是,由于分子的热运动,使各分子的磁矩取向杂乱无章,如图 11.28(a)所示。因此,在无外磁场时,不论是顺磁质还是抗磁质,宏观上对外都不呈现磁性。

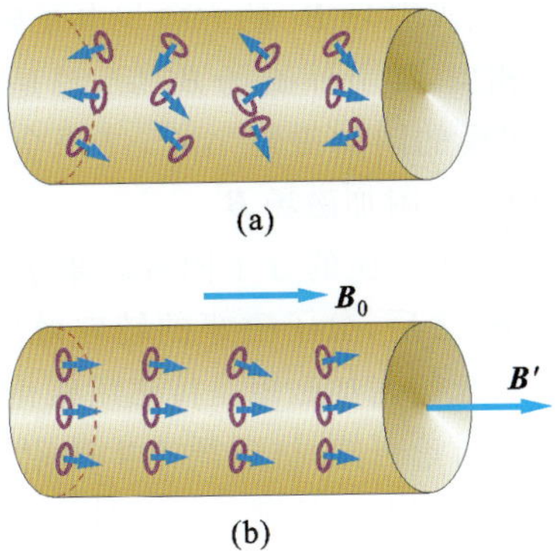


图 11.28

将磁介质放到外磁场 $\boldsymbol{B}_0$ 中去,磁介质将受到两种作用。

一是分子固有磁矩将受到外磁场的磁力矩作用,使各分子磁矩要克服热运动的影响而转向外磁场方向排列,如图 11.28(b)。这样,各分子磁矩将沿外磁场方向产生一附加磁场 $\boldsymbol{B}'$。

二是外磁场 $\boldsymbol{B}_0$ 将使分子固有磁矩 $\boldsymbol{p}_m$ 发生变化,即对每个分子产生一个附加磁矩 $\Delta \boldsymbol{p}'_m$。下面证明这个附加磁矩 $\Delta \boldsymbol{p}'_m$ 的方向总是与外加磁场 $\boldsymbol{B}_0$ 方向相反。

考虑分子中的一个电子以速度 $\boldsymbol{v}$ 沿圆轨道运动，其磁矩为 $\boldsymbol{p}_m$。当外加磁场 $\boldsymbol{B}_0$ 的方向与 $\boldsymbol{p}_m$ 一致时，见图 11.29(a)，电子受到的洛伦兹力沿轨道半径向外，使向心力减小。理论研究表明，电子运动轨道半径不会变，因而电子运动的角速度将减小。读者可自行证明，电子磁矩大小与其运动角速度成正比。由于角速度减小，相应的电子磁矩就要减小，这就等效于产生了一个方向与 $\boldsymbol{B}_0$ 相反的附加磁矩 $\Delta\boldsymbol{p}'_m$。当外加磁场 $\boldsymbol{B}_0$ 方向与 $\boldsymbol{p}_m$ 相反时，如图 11.29(b)，作类似分析可知，等效附加磁矩 $\Delta\boldsymbol{p}'_m$ 的方向仍然和 $\boldsymbol{B}_0$ 方向相反。

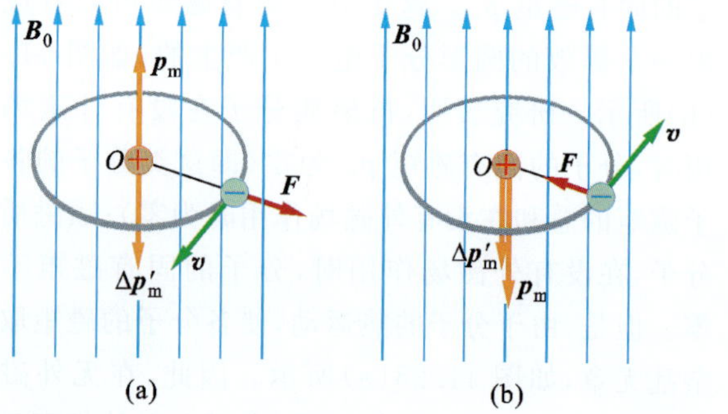

图 11.29

因此，不论外磁场 $\boldsymbol{B}_0$ 的方向与电子磁矩 $\boldsymbol{p}_m$ 方向相同还是相反，加上外磁场 $\boldsymbol{B}_0$ 后，总是产生一个与 $\boldsymbol{B}_0$ 方向相反的附加磁矩 $\Delta\boldsymbol{p}'_m$，结果会产生一个与 $\boldsymbol{B}_0$ 方向相反的附加磁场 $\boldsymbol{B}'$。

前面讲过，抗磁质的分子固有磁矩 $\boldsymbol{p}_m$ 为零，在施加外磁场 $\boldsymbol{B}_0$ 之后，分子磁矩的转向效应不存在，所以外磁场引起的附加磁矩是抗磁质磁化的唯一原因。由上面的讨论可知，抗磁质产生的附加磁场 $\boldsymbol{B}'$ 总是与 $\boldsymbol{B}_0$ 的方向相反，这就是抗磁性产生的机理。

顺磁质的分子固有磁矩 $\boldsymbol{p}_m$ 不为零，加上外磁场 $\boldsymbol{B}_0$ 后，也要产生上述附加分子磁矩。由于顺磁质的分子固有磁矩 $\boldsymbol{p}_m$ 一般要比附加磁矩 $\Delta\boldsymbol{p}'_m$ 大得多，因而在顺磁质内 $\Delta\boldsymbol{p}'_m$ 一般可忽略不计，所以顺磁质在外磁场中的磁化主要取决于分子磁矩的转向作用。也就是说，顺磁质产生的附加磁场 $\boldsymbol{B}'$ 总是与 $\boldsymbol{B}_0$ 方向相同，这就是顺磁性产生的机理。

顺磁质的磁化与有极分子的电极化有些相似。例如，顺磁质分子具有固有磁矩，在外磁场中具有取向作用，这类似于有极分子具有的固有电偶极矩，在外电场中具有取向作用。但是两者又有不同之处，如顺磁质磁化后在其内部产生的附加磁场 $\boldsymbol{B}'$ 与外磁场 $\boldsymbol{B}_0$ 的方向相同，而电介质极化后在其内部产生的附加电场 $\boldsymbol{E}'$ 与外电场 $\boldsymbol{E}_0$ 方向相反。抗磁质的磁化则与无极分子的电极化相似。例如，抗磁质分子的磁矩是在外磁场作用下才产生的，磁介质内部附加磁场 $\boldsymbol{B}'$ 与外磁场 $\boldsymbol{B}_0$ 方向总是相反的。这类似于无极分子的电偶极矩是在外电场作用下才产生的，电介质内部附加电场 $\boldsymbol{E}'$ 与外电场 $\boldsymbol{E}_0$ 方向总是相反。因此，对照着电介质研究磁介质对我们是有益的。

### 11.7.3 磁介质中的安培环路定理 磁场强度 $\boldsymbol{H}$

*1. 磁介质的磁化 束缚电流*

仍以图 11.26 所示的螺绕环为例，讨论螺绕环中磁介质的磁化问题。设想取螺绕环中的一段均匀各向同性顺磁介质来进行研究。如图 11.30(a)所示，当线圈中通有电流 $I$ 时，环中的匀强磁场 $\boldsymbol{B}_0$ 将使磁介质中的分子磁矩沿着 $\boldsymbol{B}_0$ 方向排列起来，这时磁介质被磁化了，图 11.30(b)为磁化后的磁介质横截面上分子圆电流的排列情况示意图。在磁介质内部任一处，相邻分子圆电流总是成对而反向的，因而互相抵消。只是在横截面边缘的各点，分子圆电流并不成对，因而不能抵消，结果形成了沿横截面边缘的圆电流，通常称为束缚电流，见图 11.30(c)。整个磁介质芯的总束缚电流 $I_s$ 是沿着磁介质芯环形柱表面流动着，它可想象为绕在磁芯表面上另一组密绕线圈中的电流。对顺磁质芯，$I_s$ 的方向与螺绕环线圈中的电流 $I$ 方向一致；如果是抗磁质芯环，则 $I_s$ 与 $I$ 方向相反。

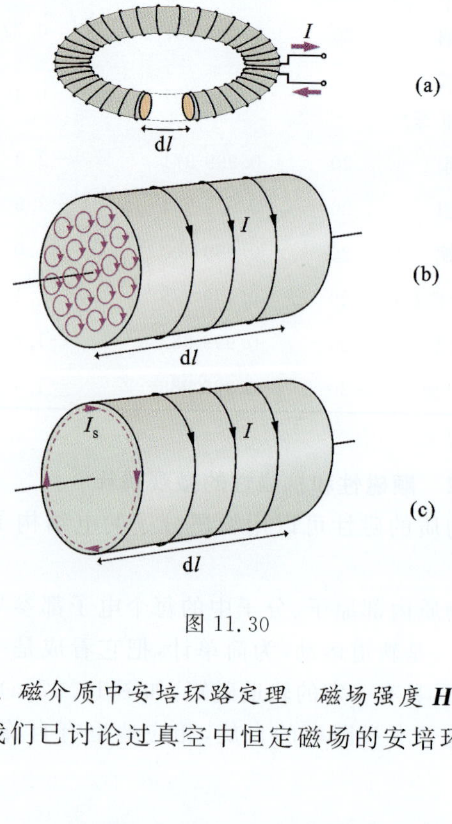

图 11.30

*2. 磁介质中安培环路定理 磁场强度 $\boldsymbol{H}$*

我们已讨论过真空中恒定磁场的安培环路定

理,现在把它推广到有磁介质存在时的恒定磁场中去,从而得到磁介质中的安培环路定理。

为了简单,仍以图11.26所示,充满各向同性均匀顺磁质的螺绕环为例进行讨论。设螺绕环中的传导电流为 $I$,束缚电流为 $I_s$,螺绕环的总匝数为 $N$,磁介质的相对磁导率为 $\mu_r$。螺绕环的剖面图如图11.31所示。

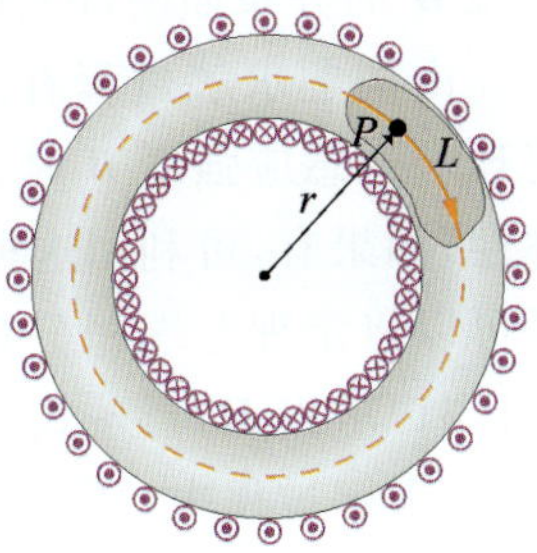

图 11.31

将安培环路定理应用到磁介质中,并取以 $r$ 为半径的闭合同心圆周为积分路径,则有

$$\oint_L \boldsymbol{B} \cdot \mathrm{d}\boldsymbol{l} = \mu_0(NI + I_s) \qquad (11.26)$$

式中 $\boldsymbol{B}=\boldsymbol{B}_0+\boldsymbol{B}'$,为线圈中传导电流和磁介质磁化形成的束缚电流在磁介质中产生的总磁感应强度。之所以能像式(11.26)那样将真空中的安培环路定理应用到磁介质中,是因为磁介质磁化后,对外产生的磁效应能完全由束缚电流的磁效应所代替。因此,计及束缚电流就可以把螺绕环中的磁介质看作已不存在,在这样处理的基础上,根据叠加原理就可得到式(11.26)。

由于 $I_s$ 通常不能预先知道,且 $\boldsymbol{B}$ 又与 $I_s$ 有关,因此一般说来式(11.26)应用起来是很困难的。如果能设法使 $I_s$ 不在式(11.26)中出现,问题就比较容易解决了。假定在螺绕环内的磁介质是各向同性并且均匀的,则根据对称性可知,在磁介质环内与环共心、半径为 $r$ 的圆周上,$\boldsymbol{B}$ 的大小相等,方向沿圆周的切线,指向由右螺旋法则确定。因此,由积分式(11.26)得

$$B \cdot 2\pi r = \mu_0(NI + I_s)$$

另一方面有

$$B_0 \cdot 2\pi r = \mu_0 NI$$

从上两式可得

$$\mu_r = \frac{B}{B_0} = \frac{NI + I_s}{NI}$$

将此结果代入式(11.26),得

$$\oint_L \boldsymbol{B} \cdot \mathrm{d}\boldsymbol{l} = \mu_0 \mu_r NI \qquad (11.27)$$

令

$$\mu = \mu_0 \mu_r \qquad (11.28)$$

式中 $\mu$ 称为磁介质的磁导率;又因 $NI$ 为闭合路径所包围的传导电流的代数和,可改写成 $\sum\limits_{(内)} I$。这样,式(11.27)可改写成

$$\oint_L \frac{\boldsymbol{B}}{\mu} \cdot \mathrm{d}\boldsymbol{l} = \sum_{(内)} I \qquad (11.29)$$

令

$$\frac{\boldsymbol{B}}{\mu} = \boldsymbol{H}, \quad \boldsymbol{B} = \mu \boldsymbol{H} \qquad (11.30)$$

式中 $\boldsymbol{H}$ 为磁场强度。采用 $\boldsymbol{H}$,式(11.29)可表示为

$$\oint_L \boldsymbol{H} \cdot \mathrm{d}\boldsymbol{l} = \sum_{(内)} I \qquad (11.31)$$

式(11.31)表明,磁介质内 $\boldsymbol{H}$ 矢量沿所选闭合圆周路径的线积分等于闭合积分路径所包围的所有传导电流的代数和。与式(11.26)相比,式(11.31)中不明显地出现束缚电流,这就为它的应用带来了方便。式(11.31)就是磁介质中的安培环路定理,虽然它是通过特例导出的,理论研究表明它是在恒定磁场中磁介质存在时,普遍适用的安培环路定理。磁介质中的安培环路定理一般可表述为:**$\boldsymbol{H}$ 矢量沿任一闭合路径的线积分,等于该闭合路径所包围传导电流的代数和,与束缚电流以及闭合路径之外的传导电流无关。**

在各向同性均匀的磁介质中,任意一点的磁场强度矢量 $\boldsymbol{H}$ 可定义为该点的磁感应强度 $\boldsymbol{B}$ 除以该点的磁导率,即

$$\boldsymbol{H} = \frac{\boldsymbol{B}}{\mu}$$

对于均匀磁介质,$\mu$ 为取决于磁介质种类的常数。如果介质不均匀,则各处的 $\mu$ 值一般不同,但只要是各向同性介质,$\boldsymbol{H}$ 与 $\boldsymbol{B}$ 总是同方向的。$\boldsymbol{H}$ 的单位是 A/m。

读者若将 $\boldsymbol{D}$ 矢量与 $\boldsymbol{H}$ 矢量以及它们作为辅助物理量的引入对照,进行学习和研究,定会受到启示并有所收获。

安培环路定理在磁路设计中有着重要应用。

**例 11.13** 长直圆柱形铜导线,外面包一层相对磁导率为 $\mu_r$ 的圆筒形磁介质。导线半径为 $R_1$,磁介质的外半径为 $R_2$,导线内有均匀分布的电流 $I$ 通过,如图(a)。铜的相对磁导率可取为 1,求导线和介质内外的磁场强度 $\boldsymbol{H}$ 及磁感应强度 $\boldsymbol{B}$ 的分布。

**解** 在垂直于轴线的平面内,以该平面与轴线的交点为圆心作圆,当导线通有电流时,因具有对称性,故该圆的圆周上,磁场强度 $\boldsymbol{H}$ 和磁感应强度 $\boldsymbol{B}$ 的大小分别为常数,方向都沿圆周切线方向,因此可以用安培环路定理求解。

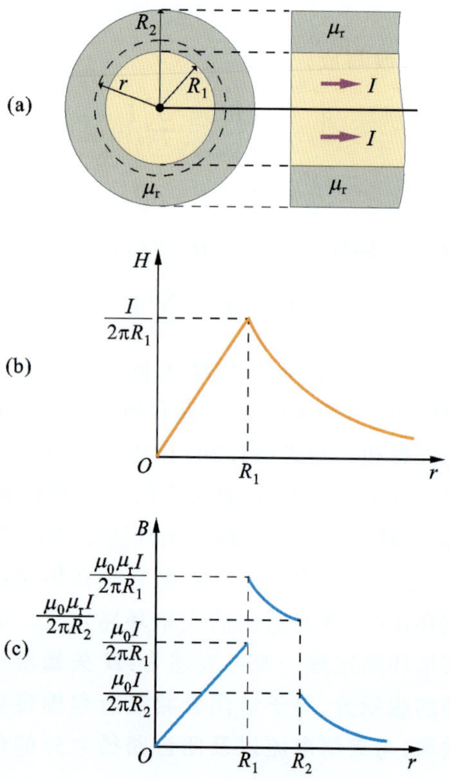


例 11.13 图

选择以圆柱轴线上一点为圆心，半径为 $r$ 的圆周为积分路径，则

(1)当 $0\leqslant r\leqslant R_1$ 时，由

$$\oint_L \boldsymbol{H}_1 \cdot \mathrm{d}\boldsymbol{l} = \sum_{(内)} I$$

可得

$$H_1 2\pi r = \frac{I}{\pi R_1^2}\pi r^2$$

$$H_1 = \frac{Ir}{2\pi R_1^2}$$

由于铜导线的 $\mu_r$ 取为 1，故

$$B_1 = \mu_0 H_1 = \frac{\mu_0 Ir}{2\pi R_1^2}$$

(2)当 $R_1\leqslant r\leqslant R_2$ 时，根据安培环路定理，则有

$$H_2 2\pi r = I$$

$$H_2 = \frac{I}{2\pi r}$$

磁介质内的 $\mu=\mu_0\mu_r$，得

$$B_2 = \frac{\mu_0\mu_r I}{2\pi r}$$

(3)当 $r>R_2$ 时，有

$$H_3 = \frac{I}{2\pi r}$$

磁介质外，$\mu=\mu_0$，故

$$B_3 = \frac{\mu_0 I}{2\pi r}$$

$\boldsymbol{H}$ 及 $\boldsymbol{B}$ 的分布如图(b)、(c)所示。

由本题求解过程看出，用有磁介质的安培环路定理求磁感应强度 $\boldsymbol{B}$ 时，首先要分析磁场是否有对称性，如果有，可利用这种对称性。选择适当积分路径可以将定理左端积分积出，在此基础根据定理式(11.31)求出 $\boldsymbol{H}$，再按式(11.30)求出 $\boldsymbol{B}$。需要注意：(1)在求解过程中，环路定理式(11.31)中不包含束缚电流；(2)磁场没有上述对称性的特点是不能用有磁介质的安培环路定理求 $\boldsymbol{H}$ 和 $\boldsymbol{B}$ 的分布的。

**想想看**

11.30 在恒定磁场中，若闭合曲线所包围的面积中没有任何电流穿过，则该曲线上各点的磁感应强度必为零。在恒定磁场中，若闭合曲线上各点的磁场强度皆为零，则该曲线所包围的面积中穿过的传导电流的代数和必为零。这两种说法对不对？

11.31 在图示充满磁导率为 $\mu$ 的磁介质空间，有各通 5.0A 的 8 条导线，电流方向如图示。问：沿路径 $L_1$ 和 $L_2$ 的积分 $\oint \boldsymbol{H}\cdot \mathrm{d}\boldsymbol{l}$ 各等于多少？正负如何？

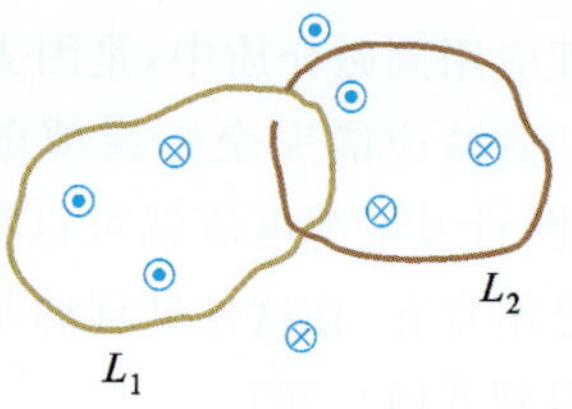


想 11.31 图

11.32 在图示条形磁铁附近，有顺磁性和抗磁性条块 1 和 2，问：①作用在 1 和 2 的磁场力各沿什么方向？②物块 1 和 2 的磁偶矩各沿什么方向？

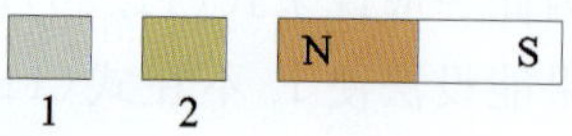


想 11.32 图

### *11.7.4 B、H、M 的关系

为宏观地描述磁介质的磁化程度，可仿照电介质理论中引入的极化强度矢量 $\boldsymbol{P}$，引入磁化强度矢量 $\boldsymbol{M}$，它定义为：在磁介质中，单位体积内各分子磁矩 $\boldsymbol{p}_m$ 的矢量和，即

$$\boldsymbol{M} = \frac{\sum \boldsymbol{p}_m}{\Delta V} \qquad (11.32)$$

磁化强度的单位是 A/m。

实验表明，对顺磁质和抗磁质，在无外加磁场时，磁化强度矢量恒为零；存在外加磁场时，各向同性的磁介质中，任一点的磁化强度 $\boldsymbol{M}$ 与同一点的磁场强度 $\boldsymbol{H}$ 成正比，即

$$\boldsymbol{M} = \chi_m \boldsymbol{H} = \frac{\chi_m}{\mu}\boldsymbol{B} \qquad (11.33)$$

现仍以图 11.26 所示的螺绕环为例，研究磁化

强度矢量 $\boldsymbol{M}$ 与 $\boldsymbol{B}$、$\boldsymbol{H}$ 矢量间的关系。

取如图 11.30(b)所示的一段长为 $\mathrm{d}l$ 的磁介质，其截面积为 $S$，设磁介质表面单位长度上束缚电流为 $i_S$，则这一段磁介质的总磁矩为 $i_S\mathrm{d}l\cdot S$，按磁化强度定义，则有

$$M=\frac{i_S\mathrm{d}l\cdot S}{\mathrm{d}l\cdot S}=i_S \qquad (11.34)$$

将这一段小圆柱形磁介质看作单位长度内通有电流 $i_S$ 的螺线管，则由束缚电流产生的附加磁场的磁感应强度为

$$B'=\mu_0 i_S=\mu_0 M$$

按式(11.23)，顺磁介质的磁感应强度为

$$B=B_0+B'=\mu_0 nI+\mu_0 M=\mu_0(nI+M)$$

式中 $n$ 为螺绕环单位长度内的匝数，$I$ 为螺绕环中的传导电流。因螺绕环内磁场强度 $H=nI$，故上式可改写成

$$B=\mu_0(H+M) \qquad (11.35)$$

这一 $\boldsymbol{B}$、$\boldsymbol{H}$、$\boldsymbol{M}$ 的关系式虽是螺绕环特例导出的，但可以证明它对顺磁质、抗磁质是普遍适用的。

利用式(11.30)和式(11.33)不难证明

$$\mu=\mu_0(1+\chi_m);\ \mu_r=\frac{\mu}{\mu_0}=1+\chi_m \qquad (11.36)$$

### 11.7.5 铁磁质

前面已经讲过，铁磁质是一类特殊的磁介质，这突出地表现在它磁化后产生的附加磁场特别强。顺磁质、抗磁质的相对磁导率都十分接近 1，而且一般是与外磁场无关的常数。铁磁质的相对磁导率一般都很大，其数量级为 $10^2\sim10^3$，甚至 $10^6$ 以上，而且随外磁场等因素改变而变化。铁磁质的这一特性用一般磁介质的磁化理论是无法解释的。现代物理研究表明，要准确地解释铁磁性必须采用量子力学理论，这已超出本书的范围。本节先介绍铁磁质的磁化规律，然后简要地介绍铁磁质的磁畴理论。

*1. 铁磁质磁化规律　磁滞回线*

用待测的铁磁质为芯制成图 11.26 所示的螺绕环。当线圈中通以电流 $I$ 时，不难证明，环内的磁场强度 $\boldsymbol{H}$ 的大小 $H=nI$。因此，测出电流 $I$ 也就知道了使铁磁芯磁化的磁场强度 $\boldsymbol{H}$。

对应线圈中一定的电流 $I$，可测出相应的铁磁芯中的磁感应强度 $B$。这样逐步改变电流 $I$ 的大小，依次测出相应的铁磁芯中 $B$，就可画出表征铁磁芯磁化规律的 $B-H$ 实验曲线。

实验开始 $I=0$，未经磁化的铁磁芯中 $H=0$，$B=0$，这一状态相当于 $B-H$ 图上的原点 $O$。逐渐增大线圈中电流 $I$，相应地 $H=nI$ 按比例增大。开始时 $B$ 增加较慢，如 $Oa$ 段，接着 $B$ 很快地增加($ab$ 段)，过 $b$ 点后，$B$ 的增加减慢了，过了 $S$ 点，再增加 $H$，$B$ 几乎不再增加，这时铁磁芯磁化达到饱和。从 $O$ 到达饱和状态 $S$ 这一段 $B-H$ 曲线，称为铁磁芯的磁化曲线，$B_m$ 称为饱和磁感应强度。

从图 11.32 的磁化曲线看出，对铁磁质来说，$B$ 与 $H$ 间不是线性关系。若仍按 $B=\mu H$ 定义磁导率 $\mu$，则铁磁质的 $\mu$ 不为常数，它是随 $H$ 的变化而变化的。

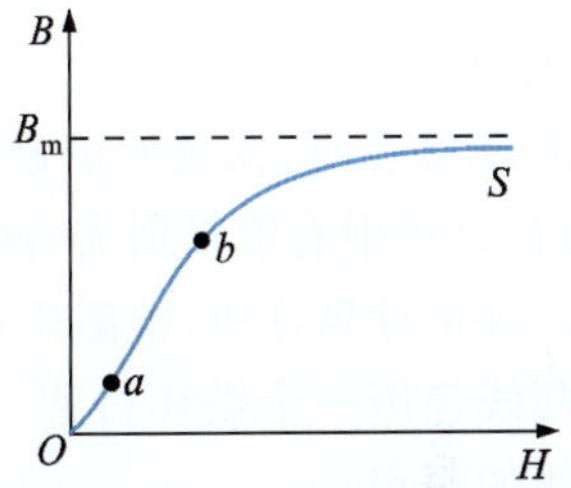


图 11.32

当铁磁质磁化曲线达到饱和状态 $S$ 之后，减小 $H$，这时 $B$ 也随之减小，但并不沿原来的磁化曲线减小，而是沿另一条 $SR$ 曲线下降，见图 11.33。当 $H=0$ 时，$B$ 并不为零而等于 $B_r$，如图 11.34。$B_r$ 称为剩磁。要消除剩磁，使铁磁质中的 $B$ 恢复到零，必须加一反向磁场，而且只有当 $H=-H_c$ 时，$B$ 才能等于零。这时的反向磁场强度 $H_c$ 称为矫顽力。

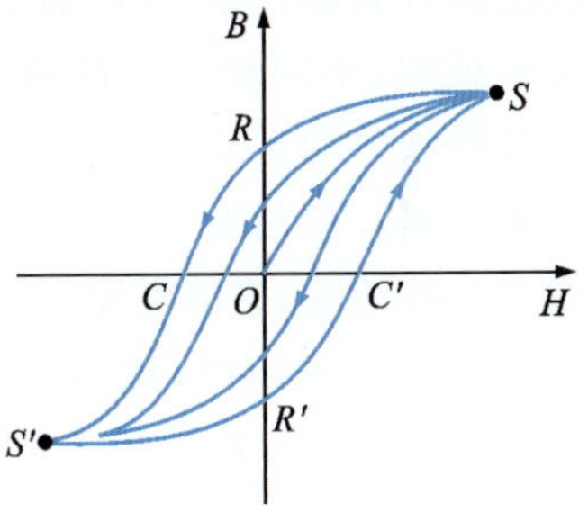


图 11.33

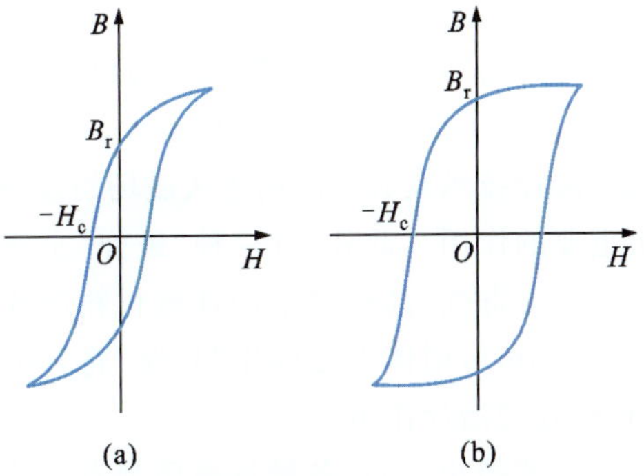


图 11.34

从具有剩磁状态 $R$ 到完全退磁状态 $C$ 这一段 $B-H$ 曲线，称为退磁曲线。铁磁质到达退磁状态后，如果反向磁场强度继续增加，则铁磁质将被反向磁化，直到饱和状态 $S'$。一般说来，反向饱和时磁感应强度的数值与正向磁化时一样。此后，若使反向磁场强度 $H$ 减少到零，然后又沿正方向增加，铁磁质的状态将沿 $S'R'C'S$ 曲线回到正向饱和状态 $S$，构成一条具有方向性的闭合曲线，此闭合曲线称为磁滞回线。

磁滞是指铁磁质磁化状态的变化总是落后于外加磁化磁场的变化。例如在 $R$ 点处，$H$ 已经减小到零，$B$ 却还有剩磁 $B_r$，在 $OC$ 范围内，$H$ 已经反向，而 $B$ 还没有反向等。

磁滞现象表明，铁磁质的磁化过程是不可逆过程，在磁化过程中有能量损失，这种能量损失称为磁滞损耗。理论计算证明，铁磁质在缓慢磁化情况下，沿磁滞回线经历一个循环过程，其磁滞损耗正比于磁滞回线的面积。

磁滞回线表明 $B$ 和 $H$ 间不仅不是线性关系，而且也不是单值的。就是说给定一个 $H$ 值，不能唯一地确定 $B$ 值，$B$ 值等于多少，尚与铁磁质经历怎样的磁化过程有关。

铁磁质有剩磁现象，使制造永久磁铁成为可能。

实验证明，不同铁磁材料的磁滞回线有很大的不同。按矫顽力的大小，可将铁磁材料分为软磁材料和硬磁材料。软磁材料的矫顽力 $H_c$ 很小，因而其剩磁容易被消除，它的磁滞回线呈细长形，因面积小，因而在交变磁场中，磁滞损耗小，如图 11.34(a)。软铁、硅钢片等都是软磁材料。软磁材料适用于交变磁场，特别是高频磁场。

硬磁材料的矫顽力 $H_c$ 较大，因此磁化后常可以保留很强的磁性，它的磁滞回线如图 11.34(b)所示。钴钢、碳钢、铁氧体等都是硬磁材料。硬磁材料特别适用于制造永久磁铁。

有一种称为“永磁王”的稀土新永磁材料钕铁硼(Nd-Fe-B)，它的剩磁和矫顽力都很大，在航天、电子、仪表、医疗技术及其他需用永久磁场的设备中具有突出重要的作用。此外，有一种“磁弹”是将治疗用的药物和无毒性、高磁导率的铁磁材料制成细粉(直径 1～3 μm)，用体外磁场作“导航”将其引入病区，起到有效的治疗作用。

最后还要指出一点，各种铁磁质都有一临界温度 $T_c$，称为居里点。当其工作温度低于居里点时，铁磁材料具有上述各种铁磁性质；当工作温度高于居里点时，铁磁质将丧失其铁磁性而转化为顺磁质。常见的铁磁质的居里点有：纯铁1040 K，镍 631 K，钴 1388 K，硅钢(热轧、含硅 4%)963 K，45 坡莫合金(含镍 45%)710 K，铁氧体 370～870 K。

2. *磁畴*

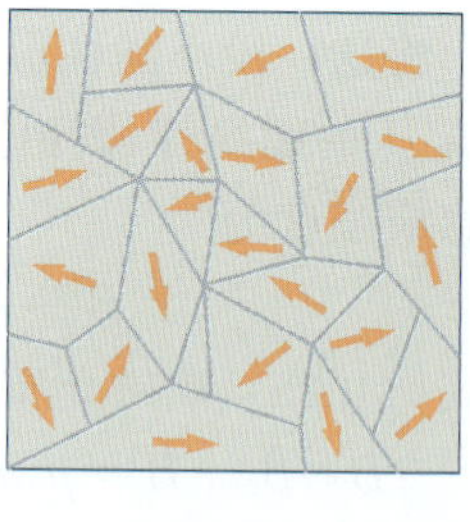

图 11.35

在铁磁质中，相邻电子之间存在着一种很强的“交换耦合”作用，使得在没有外磁场的情况下，它们的自旋磁矩能在一个个微小区域内“自发地”整齐排列起来。这样形成的自发磁化的小区域称为磁畴。在未经磁化的铁磁质中，虽然每一磁畴内部都有确定的自发磁化方向，有很强的磁性，但大量磁畴的磁化方向各不相同，因而整个铁磁质对外并不呈现磁性，如图 11.35。当铁磁质置于外磁场中时，那些自发磁化方向与外加磁场方向成小角度的磁畴的体积，随着外加磁场的逐渐增大而扩大，而另一些自发磁化方向与外加磁场方向成大角度的磁畴的体积则逐渐缩小。这时，铁磁质也就逐渐地对外显示出宏观的磁性来。当外加磁场继续增强，磁畴的磁化方向将在不同程度上转向外加磁场方向，直到铁磁质中所有磁畴都沿着外加磁场方向排列好，磁化达到饱和。由于在每个磁畴中各单元磁矩已排列整齐，因此它具有很强的磁性。外加磁场不是像顺磁质那样使单个原子、分子转向，而是使整个磁畴转向。这就是铁磁质为什么在外加磁场作用下，产生的附加磁场 $\boldsymbol{B}'$ 的值比顺磁质强得多的原因。

由于铁磁质中存在掺杂等原因，各个磁畴之间存在着某种“摩擦”，阻碍各磁畴在去掉外加磁场之后重新回到原来混乱排列的消磁状态。因而，即使去掉了外磁场，铁磁质仍然保留部分磁性。这就是在宏观上的剩磁和磁滞现象。

当铁磁质温度升高到临界温度时，由于分子剧烈热运动的影响，磁畴就会瓦解，这时铁磁质的各种铁磁特性都将随之消失。

## 想想看

11.33 为什么磁铁能吸引未磁化的铁屑?

11.34 顺磁质和铁磁质的磁导率明显与温度有关，而抗磁质的磁导率与温度无关，这是为什么？

11.35 图中三条线分别表示三种不同磁介质的 $B-H$ 关系，哪一条表示顺磁质？ 哪一条表示铁磁质？

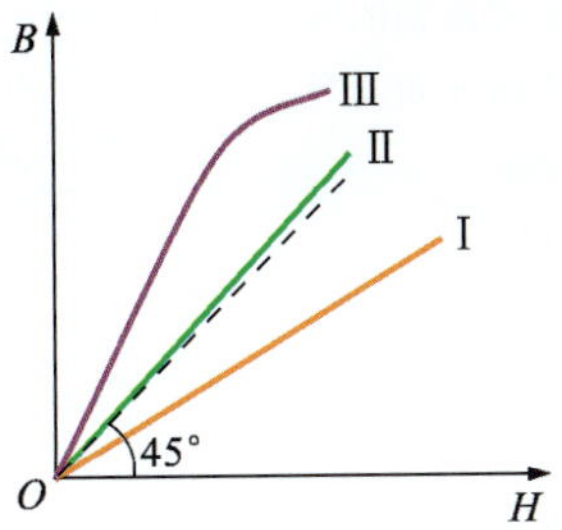


想 11.35 图

11.36 试根据铁磁质的磁滞回线说明铁磁质有些什么特性？

**例 11.14** 矩磁材料具有近矩形磁滞回线，如图(a)所示，外加磁场一超过矫顽力，磁化方向就立即翻转。矩磁材料的用途是制作电子计算机等的存储元件——环形磁芯，这类磁芯由矩磁铁氧体材料制成，见图(b)。磁芯外直径一般为 0.8 mm，内直径为 0.5 mm，高为 0.3 mm。若磁芯原来已被磁化，方向如图所示，现需使磁芯中自内到外的磁化方向全部翻转，长直导线中脉冲电流 $i_m$ 的峰值至少需多大 (设磁芯矩磁材料的矫顽力 $H_c=\frac{1}{2\pi}\times10^3$ A/m)？

**解** 假定磁芯中的磁力线为与磁芯共轴的同心圆，则由安培环路定理

$$\oint \boldsymbol{H}\cdot \mathrm{d}\boldsymbol{l}=i$$

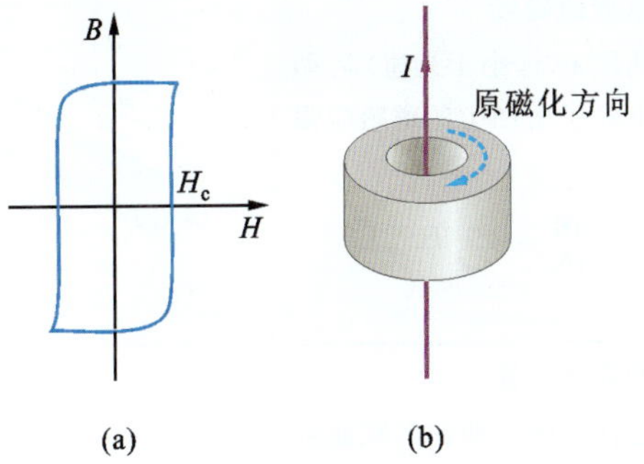


例 11.14 图

得载流长直导线中电流 $i$ 在距导线 $r$ 处产生的磁场强度为

$$H=\frac{i}{2\pi r}$$

其方向与磁芯中原磁化方向相反。由上式可见，若 $H$ 一定，则 $i$ 与 $r$ 成正比，因此只要磁芯外边缘处磁化方向能反转，则磁芯中自内到外的磁化方向就能全部翻转。据此，导线中脉冲电流的最小峰值 $i_m$ 可由下式决定，即

$$i_m=2\pi R_{外}H_c$$

式中 $R_{外}$ 为磁芯的外半径，$H_c$ 为磁芯材料的矫顽力。代入已知数据

$$i_m=\frac{1}{2\pi}\times10^3\times2\pi\times\frac{0.8\times10^{-3}}{2}=0.4\ \text{A}$$

## 第 11 章小结

**磁感应强度 $\boldsymbol{B}$**

描述磁场性质的物理量，其大小和方向可用安培力公式定义

$$\mathrm{d}\boldsymbol{F}=I\mathrm{d}\boldsymbol{l}\times\boldsymbol{B}$$

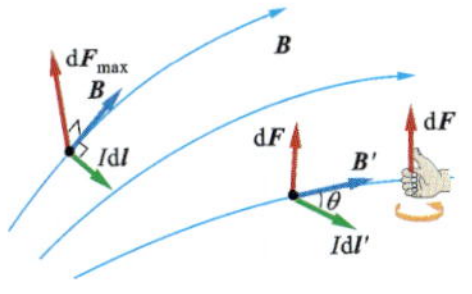

**毕奥-萨伐尔定律**

计算电流元 $I\mathrm{d}\boldsymbol{l}$ 产生的磁感应强度的定律

$$\mathrm{d}\boldsymbol{B}=\frac{\mu_0}{4\pi}\frac{I\mathrm{d}\boldsymbol{l}\times\boldsymbol{r}^0}{r^2}$$

$$\boldsymbol{B}=\frac{\mu_0}{4\pi}\int\frac{I\mathrm{d}\boldsymbol{l}\times\boldsymbol{r}^0}{r^2}$$

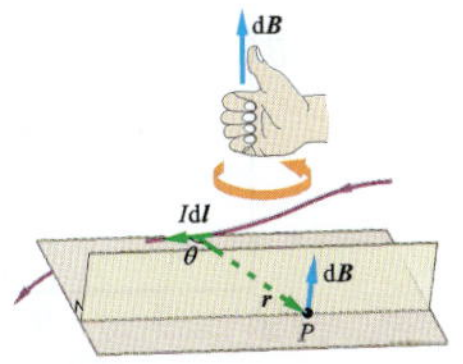

**匀强磁场对平面载流线圈的力矩**

匀强磁场对平面载流线圈作用的力矩 $\boldsymbol{M}$ 等于线圈磁矩 $\boldsymbol{p}_m$ 与磁感应强度 $\boldsymbol{B}$ 的矢积

$$\boldsymbol{M}=N\boldsymbol{p}_m\times\boldsymbol{B}$$

($N$ 为线圈匝数)

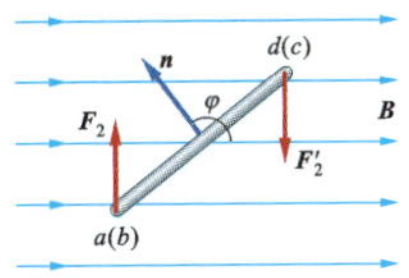

**带电粒子在磁场中运动**

在磁场中以速度 $\boldsymbol{v}$ 运动的单个带电粒子会受到洛伦兹力 $\boldsymbol{f}$ 的作用。洛伦兹力始终与带电粒子的速度垂直

$$\boldsymbol{f}=q\boldsymbol{v}\times\boldsymbol{B}$$

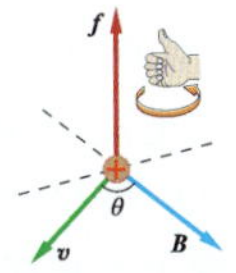

**运动电荷的磁场**

以速度 $\boldsymbol{v}$(远小于光速)运动的带电粒子所产生的磁感应强度

$$\boldsymbol{B}=\frac{\mathrm{d}\boldsymbol{B}}{\mathrm{d}N}=\frac{\mu_0}{4\pi}\frac{q\boldsymbol{v}\times\boldsymbol{r}^0}{r^2}$$

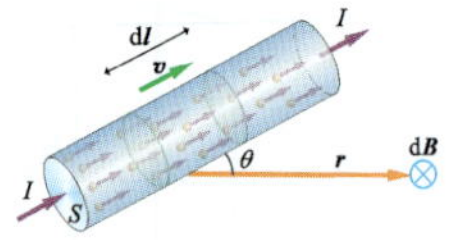


**磁场的高斯定律**

通过任一闭合曲面的磁通量恒等于零

$$\oint\boldsymbol{B}\cdot\mathrm{d}\boldsymbol{S}=0$$

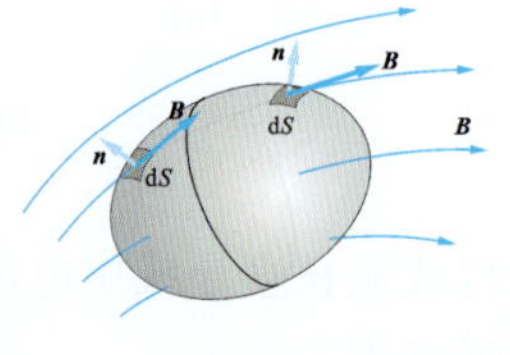


**安培环路定理**

磁感应强度 $\boldsymbol{B}$ 沿任一闭合路径 $L$ 的积分等于 $\mu_0$ 乘以穿过 $L$ 的所有电流的代数和

$$\oint_L\boldsymbol{B}\cdot\mathrm{d}\boldsymbol{l}=\mu_0\sum_{(内)}I_i$$

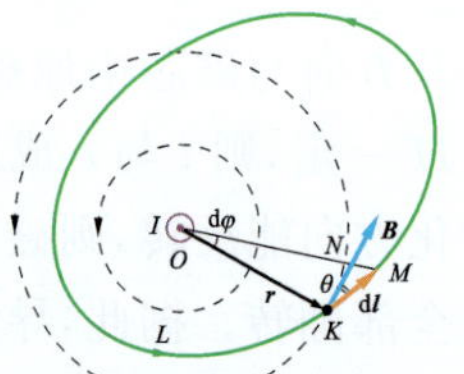


**磁场对载流导线的作用**

磁场对一段载流导线 $L$ 的作用力等于磁场对电流元 $I\mathrm{d}\boldsymbol{l}$ 作用力的矢量和

$$\boldsymbol{F}=\int_L I\mathrm{d}\boldsymbol{l}\times\boldsymbol{B}$$

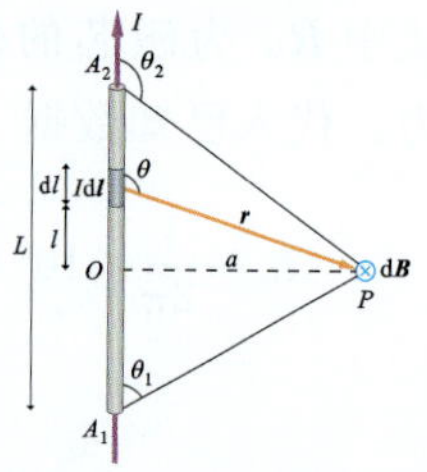


**霍耳效应**

通有电流 $I$ 的导体或半导体置于与电流方向垂直的磁场 $\boldsymbol{B}$ 中时,在垂直于电流和磁场的方向上,导体或半导体两面间会产生霍耳电势差

$$U=K\frac{IB}{d}$$

$$霍耳系数\ K=\frac{1}{nq}$$

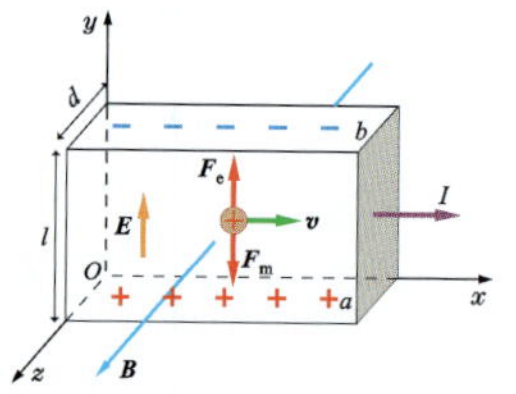


**磁介质中的安培环路定理**

磁场强度 $\boldsymbol{H}$ 沿任一闭合路径 $L$ 的线积分,等于该路径所包围的传导电流的代数和,与束缚电流以及闭合路径外的电流无关

$$\oint\boldsymbol{H}\cdot\mathrm{d}\boldsymbol{l}=\sum_{(内)}I_i$$

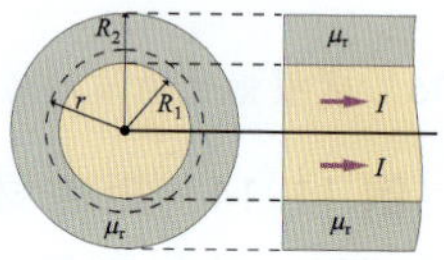


**磁介质分类**

根据相对磁导率 $\mu_r>1$、$\mu_r<1$、$\mu_r\gg1$,磁介质分为顺磁质、抗磁质和铁磁质

$$\mu_r=\frac{B}{B_0}$$

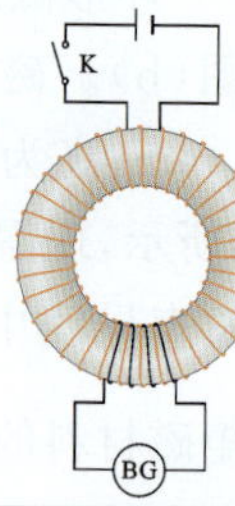


**铁磁质**

铁磁质产生的原因是具有磁畴。铁磁质有磁滞现象。

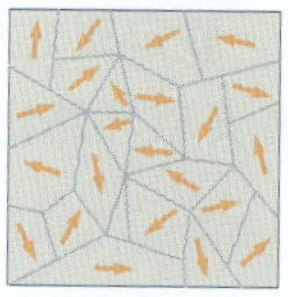

## 习　题

**11.1　选择题**

(1)有两条长直导线各载有 5 A 的电流,分别沿 $x$、$y$ 轴正向流动。在(40,20,0)(cm)处的 $\boldsymbol{B}$ 是[　　]。

(A) $3.5\times10^{-6}$ T 且沿 $z$ 轴负向

(B) $2.5\times10^{-6}$ T 且沿 $z$ 轴负向

(C) $4.5\times10^{-6}$ T 且沿 $z$ 轴负向

(D) $5.5\times10^{-6}$ T 且沿 $z$ 轴正向

(2)半径为 $a_1$ 的圆形载流线圈与边长为 $a_2$ 的方形载流线圈,通有相同的电流,若两线圈中心 $O_1$ 和 $O_2$ 的磁感应强度大小相同,则半径与边长之比 $a_1:a_2$ 为[　　]。

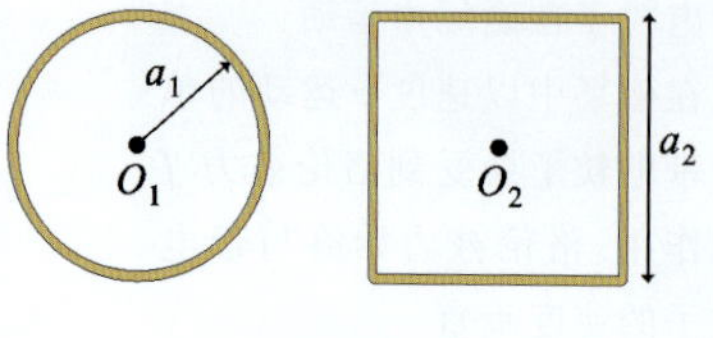


题 11.1(2)图

(A) 1 : 1　　(B) $2^{1/2}\pi:1$

(C) $2^{1/2}\pi:4$　　(D) $2^{1/2}\pi:8$

(3)无限长空心圆柱导体的内、外半径分别为 $a$ 和 $b$,电流在导体截面上均匀分布,则在空间各处 $\boldsymbol{B}$ 的大小与场点到

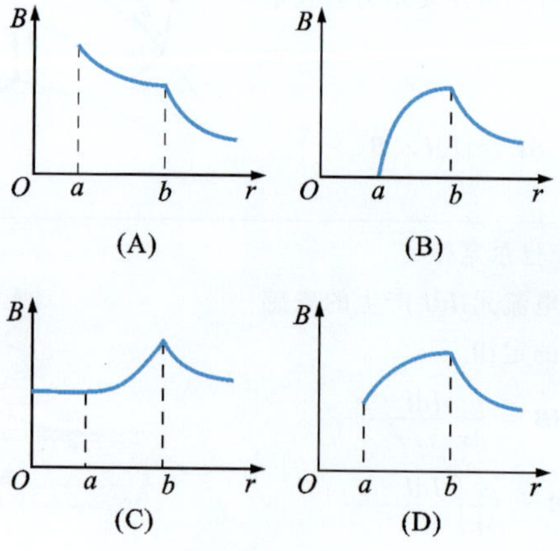


题 11.1(3)图

圆柱中心轴线的距离 $r$ 的关系，定性地分析如图[　　]。

(4)氢原子处在基态(正常状态)时，它的电子可看作是在半径为 $a=0.53\times10^{-8}$ cm的轨道作匀速圆周运动，速率为 $2.2\times10^{8}$ cm/s，那么在轨道中心 $\boldsymbol{B}$ 的大小为[　　]。

(A) $8.5\times10^{-6}$ T　(B) 13 T　(C) $8.5\times10^{-4}$ T

(5)如图所示，一细螺绕环，它由表面绝缘的导线在铁环上密绕而成，每厘米绕 10 匝，当导线中的电流 $I$ 为 2.0 A 时，测得铁环内的磁感应强度的大小为 1.0 T。则可求得铁环的相对磁导率为[　　]。

(A) $7.96\times10^{2}$　(B) $3.98\times10^{2}$

(C) $1.99\times10^{2}$　(D) $63.3\times10^{2}$

(真空磁导率 $\mu_0=4\pi\times10^{-7}$ T·m/A)

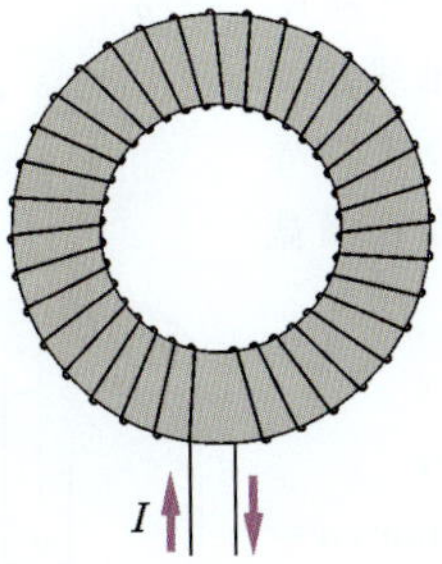


题 11.1(5)图

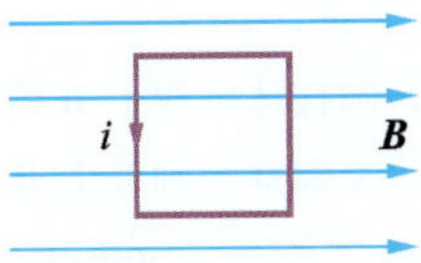


题 11.1(6)图

(6)载流 $i$ 的方形线框，处在匀强磁场 $\boldsymbol{B}$ 中，如图所示，线框受到的磁力矩是[　　]。

(A)向上　(B)向下

(C)由纸面向外　(D)由纸面向内

**11.2　填空题**

(1)在同一平面内有两条互相垂直的导线 $L_1$ 和 $L_2$，$L_1$ 为无限长直导线，$L_2$ 是长为 $2a$ 的直导线，二者相对位置如图。若 $L_1$ 和 $L_2$ 同时通以电流 $I$，那么作用在 $L_2$ 上的力对于 $O$ 点的磁力矩为________。

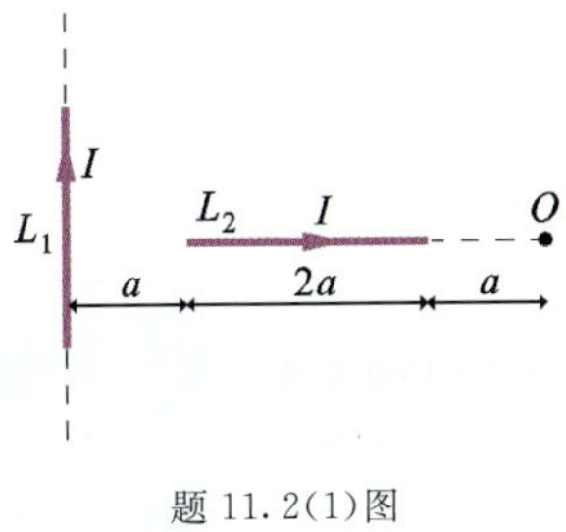


题 11.2(1)图

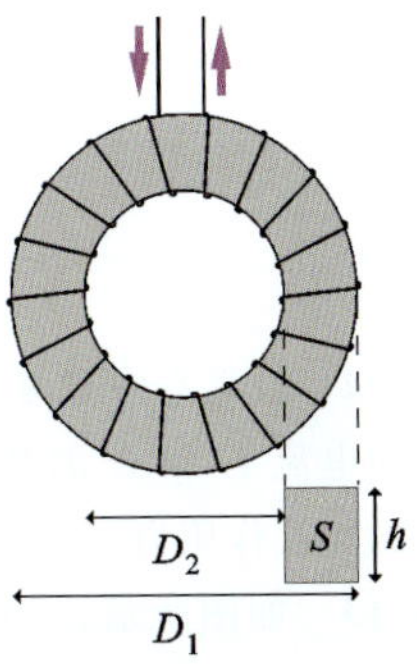


题 11.2(2)图

(2)矩形截面的螺绕环尺寸见图，则在截面中点处的磁感应强度为________；通过截面 $S$ 的磁通量为________。

(3)每单位长度的质量为 0.009 kg/m 的导线，取东西走向放置在赤道的正上方，如图。在导线所在的地点的地磁是水平朝北，大小为 $3\times10^{-5}$ T，问要使磁力正好支承导线的重量，导线中的电流应为________。

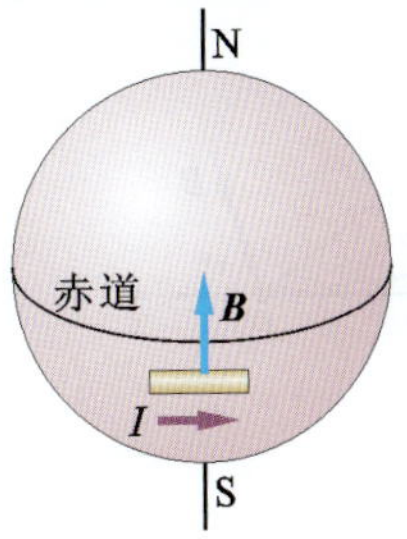


题 11.2(3)图

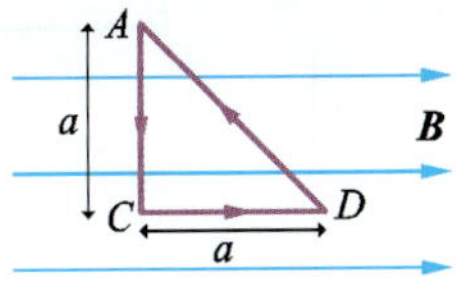


题 11.2(4)图

(4)一等腰直角三角形 $ACD$，直角边长为 $a$，线圈维持恒定电流 $I$，放在磁感应强度为 $\boldsymbol{B}$ 的均匀磁场中，线圈平面与磁场方向平行，如图。如果 $AC$ 边固定，$D$ 点绕 $AC$ 边向纸面外旋转 $\pi/2$，则磁力所做的功为________；如果 $CD$ 边固定，$A$ 点绕 $CD$ 边向纸面外旋转 $\pi/2$，则磁力所做的功为________；如果 $AD$ 边固定，$C$ 点绕 $AD$ 边向纸面外旋转 $\pi/2$，则磁力所做的功为________。

(5) 如图，一个载流线圈绕组中通有电流 $I=3$A，分别写出 $\oint_{L_1}\boldsymbol{H}\cdot d\boldsymbol{l}=$________；$\oint_{L_2}\boldsymbol{H}\cdot d\boldsymbol{l}=$________；$\oint_{L_3}\boldsymbol{H}\cdot d\boldsymbol{l}=$________；$\oint_{L_4}\boldsymbol{H}\cdot d\boldsymbol{l}=$________。

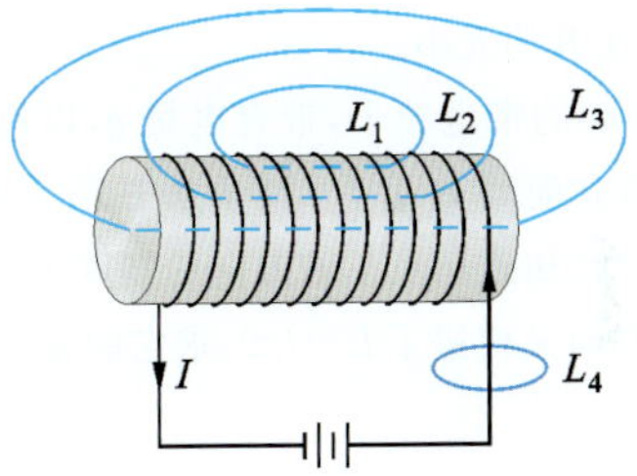


题 11.2(5)图

(6)图中所示的是一块半导体样品，其体积是 $a\times b\times c$。沿 $x$ 方向通有电流 $I$，在 $z$ 方向有均匀磁场 $\boldsymbol{B}$。实验所得的数据是：$a=0.10$ cm，$b=0.35$ cm，$c=1.0$ cm，$I=1.0$ mA，$B=0.3$ T，两侧电压 $U_{AA'}=6.55$ mV。该半导体样品载流子浓度是________，是正电荷导电(p)型还是负电荷导电(n)型________。

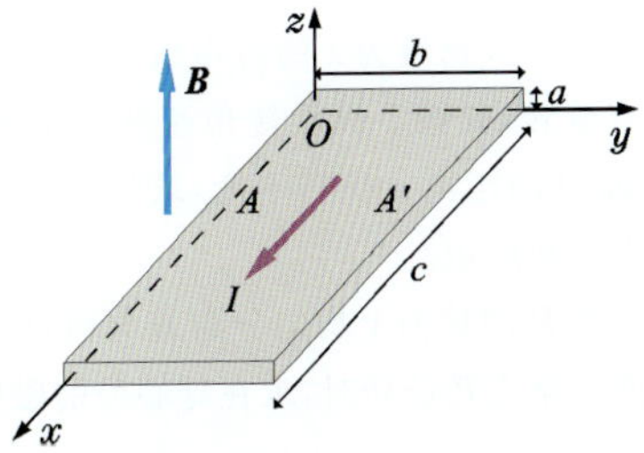


题 11.2(6)图

**11.3** 载流正方形线圈边长为 $2a$，电流为 $I$，求此线圈轴线上距中心为 $x$ 处的磁感应强度。

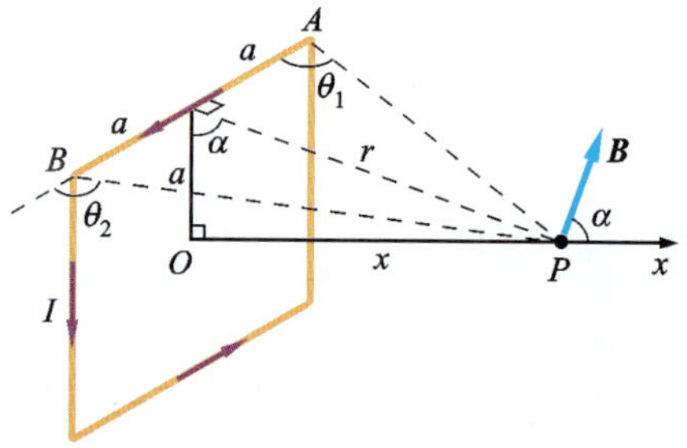


题 11.3 图

**11.4** 将一无限长直导线弯成图示的形状，其上载有电流 $I$，计算圆心 $O$ 点处 $\boldsymbol{B}$ 的大小。

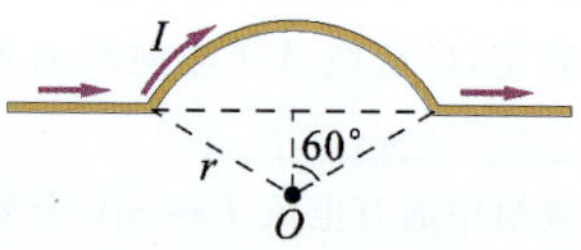


题 11.4 图

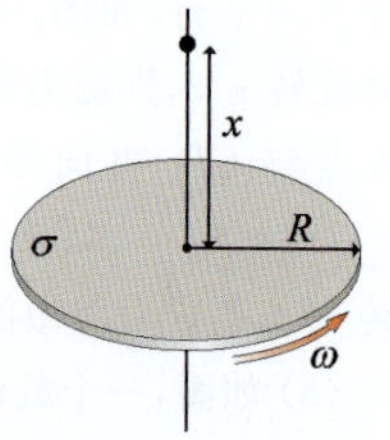


题 11.5 图

**11.5** 半径为 $R$ 的圆片上均匀带电，面密度为 $\sigma$。若该片以角速度 $\omega$ 绕它的轴旋转，如图所示，求轴线上距圆片中心为 $x$ 处的磁感应强度 $\boldsymbol{B}$ 的大小。

**11.6** 质量为 $\boldsymbol{m}$ 的带电粒子，带有电量 $\boldsymbol{q}$，以速度 $\boldsymbol{v}$ 射入匀强磁场中，$\boldsymbol{v}$ 的方向与 $\boldsymbol{B}$ 垂直；粒子从磁场出来后，继续运动，如图所示。已知磁场在 $x$ 轴方向的宽度为 $l$，粒子从磁场出来后，在 $x$ 方向又前进了 $L-l/2$，求它的偏转距离 $y$。

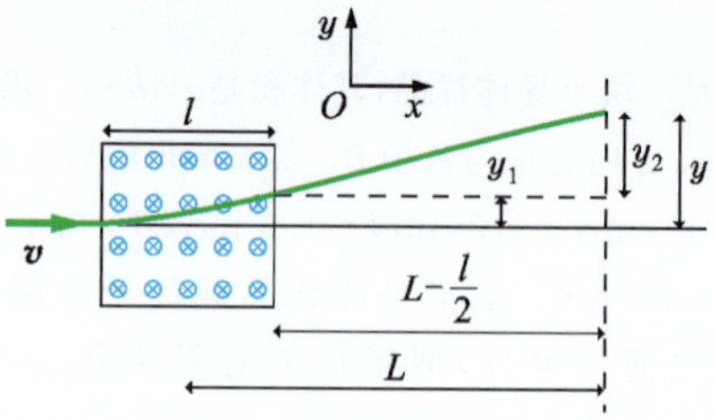


题 11.6 图

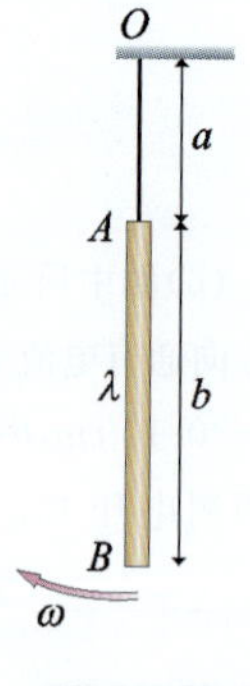


题 11.7 图

**11.7** 有一长为 $b$、线密度为 $\lambda$ 的带电线段 $AB$，绕与一端距离为 $a$ 的 $O$ 点旋转，如图。设旋转角速度为 $\omega$，转动过程中线段 $A$ 端距轴 $O$ 的距离 $a$ 保持不变，求带电线段在 $O$ 点产生的磁感应强度和磁矩。

**11.8** 一半径为 $R$ 的球面上均匀分布着电荷，面密度为 $\sigma_0$，当它以角速度 $\omega$ 绕直径旋转时，求在球心处的磁感应强度 $\boldsymbol{B}$ 的大小。

**11.9** 电缆由导体圆柱和一同轴的导体圆筒构成，使用时电流 $I$ 从导体流出，从另一导体流回，电流均匀分布在横截面上，如图所示。设圆柱体的半径为 $r_1$，圆筒的内、外半径分别为 $r_2$ 和 $r_3$，若场点到轴线的距离为 $r$，求 $r$ 从 $0\to\infty$ 范围内各处磁感应强度的大小。

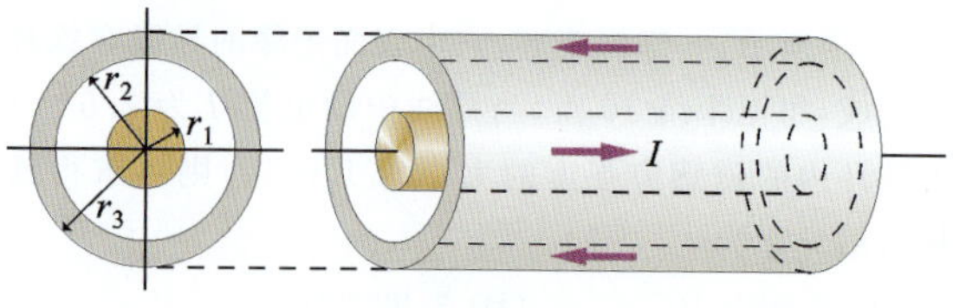


题 11.9 图

**11.10** 图中所示是一根无限长的圆柱形导体，半径为 $R_1$，其内有一半径为 $R_2$ 的无限长圆柱形空腔，它们的轴线相互平行，距离为 $a(R_2<a<R_1-R_2)$，$I$ 沿导体轴线方向流动，且均匀地分布在横截面上。求：

(1) 圆柱体轴线上 $\boldsymbol{B}$ 的大小；

(2) 空腔部分轴线上 $\boldsymbol{B}$ 的大小；

(3) 设 $R_1=10$ mm，$R_2=0.5$ mm，$a=5.0$ mm，$I=20$ A，分别计算上述两处 $\boldsymbol{B}$ 的大小。

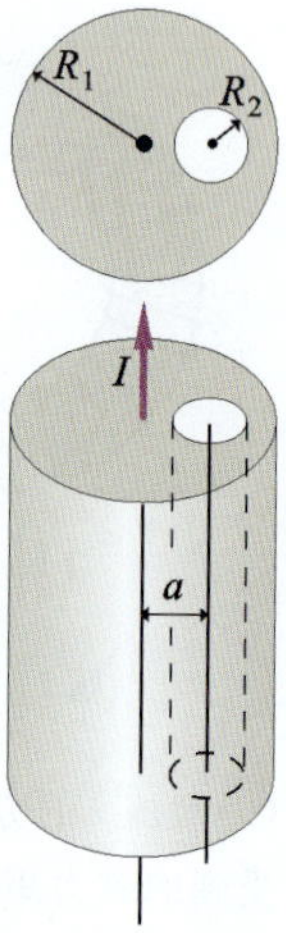


题 11.10 图

**11.11** 一细导线弯成半径为 4.0 cm 的圆环，置于不均匀的外磁场中，磁场方向对称于圆心并都与圆平面的法线成 60°角，如图所示。导线所在处 $\boldsymbol{B}$ 的大小是 0.1 T，计算当电流 $I=15.8$ A时线圈所受的合力。

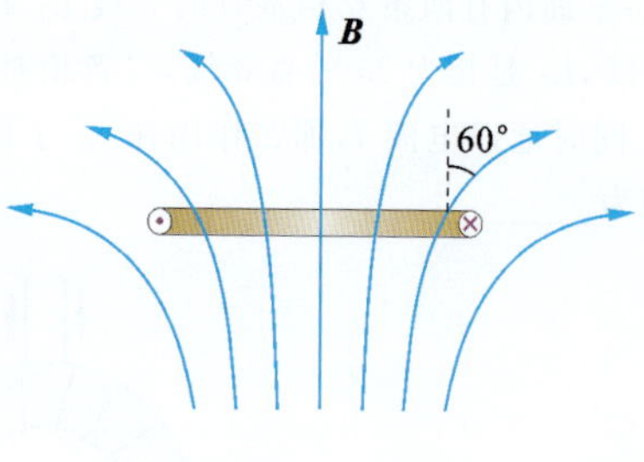


题 11.11 图

**11.12** 设真空中有两条长均为 $L$，相距为 $a$，分别通有平行反向电流 $I_1$ 和 $I_2$ 的载流直导线，求它们之间的相互作用力。

**11.13** 如图所示，一半径为 $R$ 的无限长半圆柱面导体，其上电流与其轴线上一无限长直导线的电流等值、反向，电流 $I$ 在半圆柱面上均匀分布。求：

(1) 轴线上导线单位长度所受的力；

(2) 若将另一无限长直导线（通有方向与半圆柱面相同的电流 $I$）代替圆柱面，产生同样的作用力，该导线应放在何处？

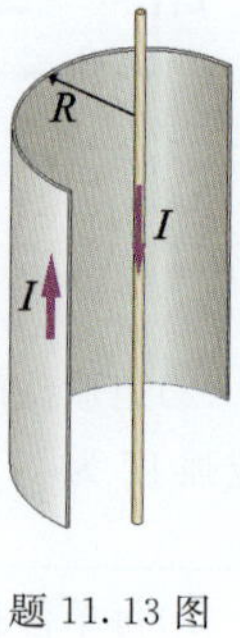


题 11.13 图

**11.14** 载有电流 $I_1$ 的长直导线，旁边有一个正三角形线圈，边长为 $a$，电流为 $I_2$，它们共面，如图所示。三角形一边与长直导线平行，三角形中心到直导线的距离为 $b$，求 $I_1$ 对该三角形的作用力。

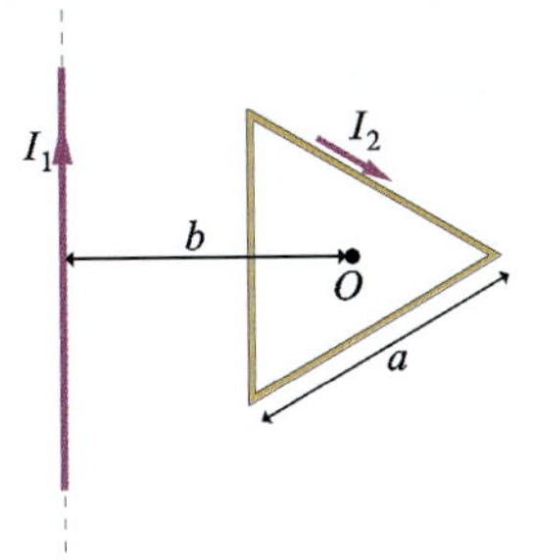


题 11.14 图

**11.15** 如图所示，有一半径为 $R$ 的圆形电流 $I_2$，在沿其直径 $AB$ 方向上有一无限长直线电流 $I_1$，方向见图。求：

(1)半圆弧 $AaB$ 所受作用力的大小和方向；

(2)整个圆形电流所受作用力的大小和方向。

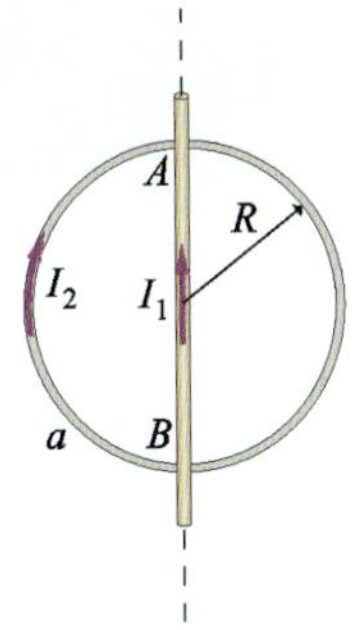


题 11.15 图

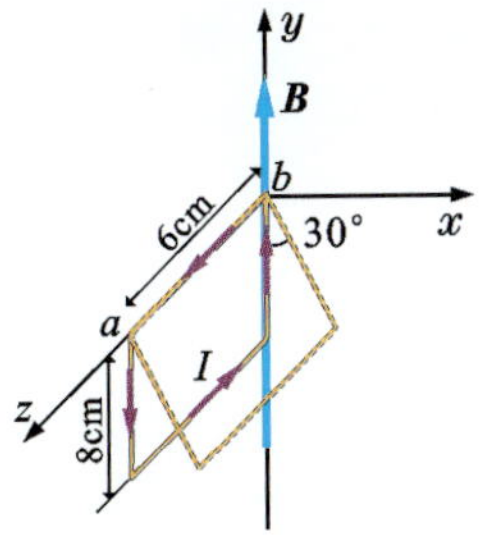


题 11.16 图

**11.16** 如图所示，矩形线圈的面积是 $8.0\times6.0\ \text{cm}^2$，质量为 0.10 g/cm，可绕 $ab$ 边自由转动。磁场沿 $y$ 轴正方向。当线圈中电流为 10 A 时，线圈偏离平衡位置与铅直方向成 30° 角，求：

(1) $\boldsymbol{B}$ 的大小；

(2)若 $\boldsymbol{B}$ 沿 $x$ 轴方向，线圈又将如何？

**11.17** 半径为 $R=0.10$ m 的半圆形闭合线圈，载有电流 $I=10$ A，置于均匀的外磁场中，磁场方向与线圈平面平行，$\boldsymbol{B}$ 的大小是 $5.0\times10^{-1}$ T。求：

(1)线圈所受的力矩；

(2)在力矩作用下，线圈转过 90°角时，力矩做的功是多少？

**11.18** 盘面与均匀磁场 $\boldsymbol{B}$ 成 $\varphi$ 角的带正电圆盘，半径为 $R$，

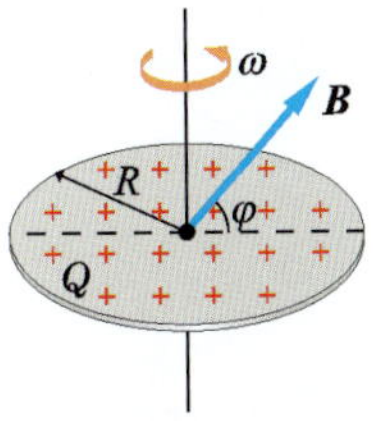


题 11.18 图

电荷量 $Q$ 均匀分布在表面上。圆盘以角速度 $\omega$ 绕通过盘心，与盘面垂直的轴转动。求此带电旋转圆盘在磁场中所受的磁力矩。

**11.19** 真空中有一半径为 $R$ 的圆线圈通有电流 $I_1$，另有一电流为 $I_2$ 的无限长直导线，与圆线圈平面垂直，且与圆线圈相切(彼此绝缘)，如图所示。求：

(1)圆线圈在图示位置时所受到的磁力矩；

(2)圆线圈将怎样运动；

(3)若长直导线 $I_2$ 改放在圆线圈中心位置，此时线圈受到的磁力矩为多大。

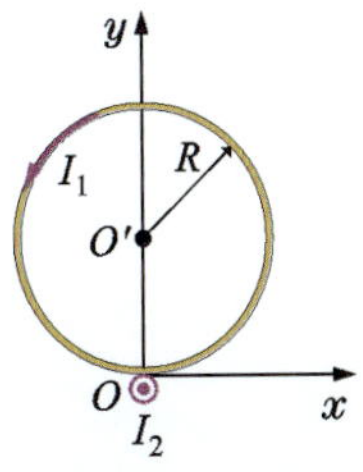


题 11.19 图

**11.20** 在显像管里，电子沿水平方向从南向北运动，动能是 $1.2\times10^4$ eV，该处地球磁场的磁感应强度在竖直方向的分量的方向向下，大小是 $0.55\times10^{-4}$ T。问：

(1)由于地球磁场的影响，电子如何偏转；

(2)电子的加速度多大；

(3)电子在显像管内运动 20 cm 时，偏转有多少。

**11.21** 电子在 $B=2\times10^{-3}$ T 的均匀磁场中运动，其轨迹是半径为 2.0 cm、螺距为 5 cm 的螺旋线，计算这个电子的速度大小。

**11.22** 在两块无限大的导体平板上均匀地通有电流，每块导体板单位宽度的电流均为 $I$，两块板上的电流互相平行，方向相反。两块导体板之间插有两块相对磁导率为 $\mu_{r_1}$ 及 $\mu_{r_2}$ 的顺磁质，如图所示。试求两板之间的 $H_1$；$H_2$；$B_1$；$B_2$。

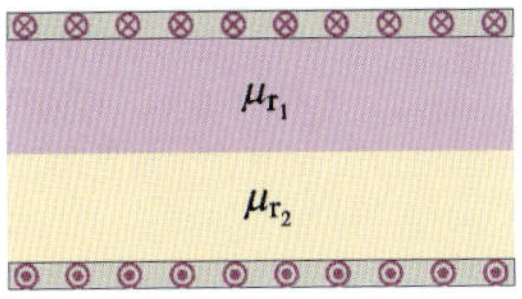


题 11.22 图

**11.23** 有两个与纸面垂直的磁场以平面 $AA'$ 为界面，如图所示。已知它们的磁感应强度的大小分别为 $B$ 和 $2B$，设有一质量为 $m$、电荷量为 $q$ 的粒子以速度 $\boldsymbol{v}$ 自下向上地垂直射

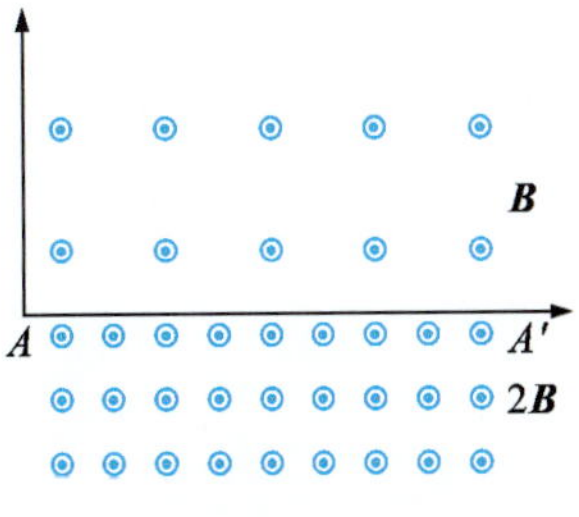


题 11.23 图

达界面 $AA'$，试画出带电粒子运动的轨迹，并求出带电粒子运动的周期和沿分界面方向的平均速率。

**11.24** 将磁导率为 $\mu=50\times10^{-4}$ Wb/(A·m)的铁磁质做成一个细圆环，环上密绕线圈，单位长度匝数 $n=500$，形成有铁芯的螺绕环。当线圈中电流 $I=4$ A 时，试计算：

(1)环内 $\boldsymbol{B}$、$\boldsymbol{H}$ 的大小；

(2)束缚面电流产生的附加磁感应强度。

**11.25** 螺绕环平均周长 $l=10$ cm，环上线圈 $N=200$ 匝，线圈中电流 $I=100$ mA。试求：

(1)管内 $\boldsymbol{B}$ 和 $\boldsymbol{H}$ 的大小；

(2)若管内充满相对磁导率 $\mu_r=4200$ 的磁介质，管内 $\boldsymbol{B}$ 的大小。

第11章习题解析

Physics

# 第12章 电磁感应与电磁场

大学物理

## 射电望远镜

地球表面的大气使大部分波段范围内的天体辐射无法到达地面"把能到达地面的波段形象地称为“大气窗口”，这种“窗口”有三个：

光学窗口：波长在 300～700 nm 之间，光学望远镜一直是地面天文观测的主要工具；

红外窗口：波长范围为 0.7～1000 $\mu$m，对于天文研究常用的有七个红外窗口；

射电窗口：射电波段是指波长大于 1 mm 的电磁波，大气对射电波段也有少量的吸收，在 40 mm～30 m 的范围内大气几乎是完全透明的，一般把 1 mm～30 m 的范围称为射电窗口。

大气对于其他波段如紫外线、X 射线 $\gamma$ 射线等均为不透明的，人类在将观测仪器送上太空后才实现了对这些波段的天文观测。

射电望远镜是观测和研究来自天体的射电波的基本设备，它在宇宙学、星系演化、恒星物理、探索地外理性生命等研究中扮演着重要角色。20 世纪 60 年代的四大天文发现：类星体、脉冲星、星际有机分子和微波背景辐射都是用射电手段观测到的。

高灵敏度、高分辨率的射电望远镜能让我们在射电波段“看”到更远、更清晰的宇宙天体。上图是位于贵州克度镇的，有着超级“天眼”之称的，我国 500 米口径球面射电望远镜“FAST”。它由我国天文学家于 1994 年提出构想，从预研到建成历时 22 年，具有我国自主知识产权、是世界上最大单口径、最灵敏的射电望远镜。

中国“天眼”利用天然的喀斯特洼坑作为台址，它的主动反射面是由上万根钢索和 4450 个反射单元组成的球冠型索膜结构，其外形像一口巨大的锅，采用轻型索拖动机构和并联机器人实现接收机高精度定位，接收面积相当于 30 个标准足球场。“天眼”能够接收到 137 亿光年以外的电磁信号，观测范围可达宇宙边缘。试运行期间，仅仅几个月即发现距离地球分别约 4100 光年和 1.6 万光年 2 颗新脉冲星，和 1 颗自转周期 5.19 毫秒，根据色散估算距离地球约 4000 光年的毫秒脉冲星。

第 10、第 11 两章讨论了不随时间变化的静电场和恒定磁场。如果电场和磁场随时间变化，那么将会产生什么现象并服从什么规律呢？这些就是本章要讨论的问题。

本章首先讲述电磁感应的基本定律和感应电动势产生的物理机制；然后在此基础上，讨论自感、互感以及磁能等有关问题；最后给出积分形式的麦克斯韦方程组。通过本章的学习，加深对电场和磁场的认识，并建立起统一的电磁场概念。

## 12.1　电磁感应的基本规律

人们在认识了电可以产生磁的现象后，自然就提出了磁可否产生电的问题。英国物理学家和化学家法拉第经过 10 年反复实验和研究，于 1831 年提出：**不论用什么方法，只要使穿过导体闭合回路的磁通量发生变化，此回路中就会产生电流。**这一现象称为电磁感应现象，回路中产生的电流称为感应电流，而驱动感应电流的电动势则称为感应电动势。

电磁感应现象的发现，无论是从理论意义上还是从实践意义上讲，都是一项伟大的发现。这一发现为电的广泛应用奠定了基础。

### 12.1.1　电动势

图 12.1 中，金属板 $A$ 带正电荷，金属板 $B$ 带负电荷，所以 $A$ 板电势高于 $B$ 板。若将 $A$、$B$ 板用导线连接起来，则 $A$ 板上的正电荷将在静电力作用下流向 $B$ 板，结果在导线中形成了电流，同时两板间的电势差减小。当两板间的电势差为零时，电流消失，所以导线中的电流是瞬时的。如果用导线将 $A$、$B$ 板连接起来之后，不断地向 $A$ 板补充正电荷，并从 $B$ 板取走正电荷，使两金属板间保持电势差，那么导线中的电流就可以持续流动。这好像在两个连通的水池中，必须从一个水池抽出流入的水，再不断地注入到另一个流出水的水池中，以保持两水池的水位差才能使水流不断地流动的道理一样。实现水流的循环流动可以依靠水泵，而要实现电荷的循环运动则必须靠电源（如发电机、蓄电池、光电池等）。

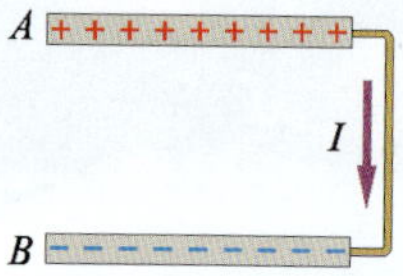

图 12.1

图 12.2 所示为接有电源的闭合电路。在电源以外的外电路中，由于静电力作用，正电荷由带正电荷的极板（正极）流向带负电荷的极板（负极）。为了维持正负电极之间的电势差，在电源内部，需要不断地把正电荷再从负极搬回到正极。但极板间的静电力 $\boldsymbol{F}_e$ 会阻碍它的移动，这就需要在电源内部存在一种能够反抗静电力而把正电荷由负极（低电势处）移动到正极（高电势处）的“非静电力”$\boldsymbol{F}_k$。电源就是产生这种非静电力的装置。不同类型的电源，非静电力的性质不同，如化学电池中的非静电力是化学力，发电机中的非静电力是电磁力等。

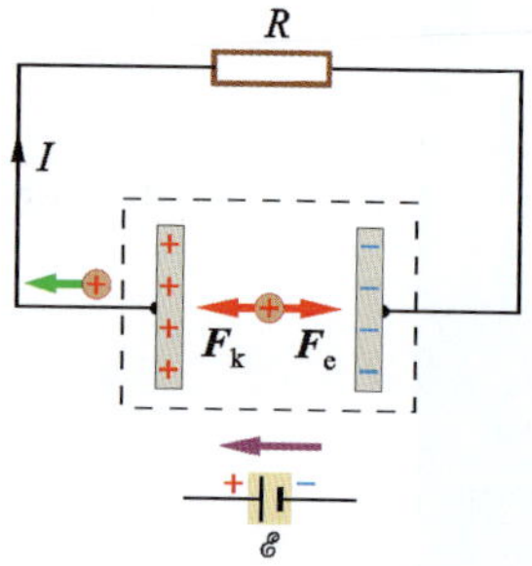

图 12.2

电源的非静电力在反抗静电力把正电荷由负极移到正极的过程中，将对正电荷做正功。从能量的观点来看，在这个过程中，电源把其他形式的能量转化成为电能，如化学电池中的电能是由化学能转化而来的，光电池中的电能则是由光能转化而来的等等。为了定量描述非静电力做功本领的大小，或电源把其他形式能量转化为电能本领的大小，特引入一个称为电动势的物理量。电动势的定义为：**非静电力把单位正电荷从负极通过电源内部搬移到正极所做的功**，用 $\mathscr{E}$ 表示。如果用 $A_k$ 表示在电源内非静电力把正电荷 $q$ 从负极搬到正极所做的功，则

$$\mathscr{E}=\frac{A_k}{q} \tag{12.1a}$$

或写成微分形式，即

$$\mathscr{E}=\frac{dA_k}{dq} \tag{12.1b}$$

式中 $dA_k$ 为电源内非静电力把正电荷元 $dq$ 从负极搬到正极所做的功。

从场的观点来看，可把非静电力看作是一种非静电场对电荷的作用。仿照静电学中电场强度的定义，可将单位正电荷所受的非静电力定义为非静电性电场强度。若用 $\boldsymbol{F}_k$ 表示正电荷 $q$ 所受的非静电力，用符号 $\boldsymbol{E}_k$ 表示非静电性电场强度，则

$$\boldsymbol{E}_k=\frac{\boldsymbol{F}_k}{q} \tag{12.2}$$

正电荷 $q$ 经电源内部由负极移到正极时，非静电力对它所做的功为

$$A_k=\int_{-(\text{电源内})}^{+}\boldsymbol{F}_k\cdot d\boldsymbol{l}=q\int_{-(\text{电源内})}^{+}\boldsymbol{E}_k\cdot d\boldsymbol{l}$$

将上式代入式(12.1a)，可得

$$\mathscr{E}=\int_{-(\text{电源内})}^{+}\boldsymbol{E}_k\cdot d\boldsymbol{l} \qquad (12.1c)$$

如果一个闭合电路 $L$ 上处处都有非静电力 $\boldsymbol{F}_k$ 存在，这时整个闭合电路内的总电动势为

$$\mathscr{E}=\oint\boldsymbol{E}_k\cdot d\boldsymbol{l} \qquad (12.1d)$$

对于有非静电力 $\boldsymbol{F}_k$ 存在的一段电路 $ab$ 上的电动势，则有

$$\mathscr{E}=\int_a^b\boldsymbol{E}_k\cdot d\boldsymbol{l} \qquad (12.1e)$$

考虑到在电源外部或上述一段电路 $ab$ 以外，非静电性电场强度 $\boldsymbol{E}_k=\boldsymbol{0}$，则式(12.1d)就化为式(12.1c)或式(12.1e)。因此，式(12.1d)比式(12.1c)和式(12.1e)有更广的普遍性。

电源的电动势是表征电源本身性质的物理量，它与外电路的性质以及电源所在电路接通与否一般无关。

电动势是标量，但与电流一样，为讨论问题方便，通常把电源内部电势升高的方向，或者说从电源负极经电源内部至电源正极的方向规定为电源电动势的方向。

### 12.1.2 法拉第电磁感应定律

导体闭合回路中出现感应电流，这一现象发生的原因是通过回路的磁通量发生了变化，从而在回路中产生了电动势。实验表明：**导体回路中产生的感应电动势 $\mathscr{E}_i$ 的大小与穿过回路的磁通量的变化率 $d\Phi/dt$ 成正比**，这就是法拉第电磁感应定律。在 SI 中，法拉第电磁感应定律可表示为

$$\mathscr{E}_i=-\frac{d\Phi}{dt} \qquad (12.3)$$

式(12.3)中“$-$”号确定了感应电动势 $\mathscr{E}_i$ 的方向。判断感应电动势方向的具体方法是：先规定回路的绕行正方向，然后按右螺旋法则确定回路所包围面积的法线正方向 $\boldsymbol{n}$，即右手四指弯曲方向沿绕行正方向，伸直拇指的方向就是 $\boldsymbol{n}$ 的方向。当磁感应强度 $\boldsymbol{B}$ 与 $\boldsymbol{n}$ 的夹角小于 90°时，穿过回路面积的磁通量 $\Phi$ 为正，反之 $\Phi$ 为负；再根据 $\Phi$ 的变化情况，确定 $d\Phi/dt$ 的正负。如果 $d\Phi/dt>0$，根据式(12.3)，则 $\mathscr{E}_i<0$，这时感应电动势 $\mathscr{E}_i$ 的方向与所规定的回路绕行正方向相反。反之，若 $d\Phi/dt<0$，则 $\mathscr{E}_i>0$，感应电动势 $\mathscr{E}_i$ 的方向与所规定的回路绕行正方向一致。

现用图 12.3 来说明怎样用上述规定来确定感应电动势的方向。在图 12.3(a)和图 12.3(b)中，取逆时针方向(俯视)为回路绕行正方向。按右螺旋法则，回路法线的正方向 $\boldsymbol{n}$ 垂直回路平面向上，这时穿过回路的 $\Phi>0$。在图 12.3(a)中，N 极朝向回路运动，穿过回路的 $\Phi$ 增加，$d\Phi/dt>0$，根据式(12.3)得 $\mathscr{E}_i<0$，因此 $\mathscr{E}_i$ 的方向与所规定回路绕行正方向相反，为顺时针方向；在图 12.3(b)中，N 极背向回路运动，$d\Phi/dt<0$，根据式(12.3)得 $\mathscr{E}_i>0$，因此 $\mathscr{E}_i$ 的方向与所规定回路绕行正方向相同，为逆时针方向。

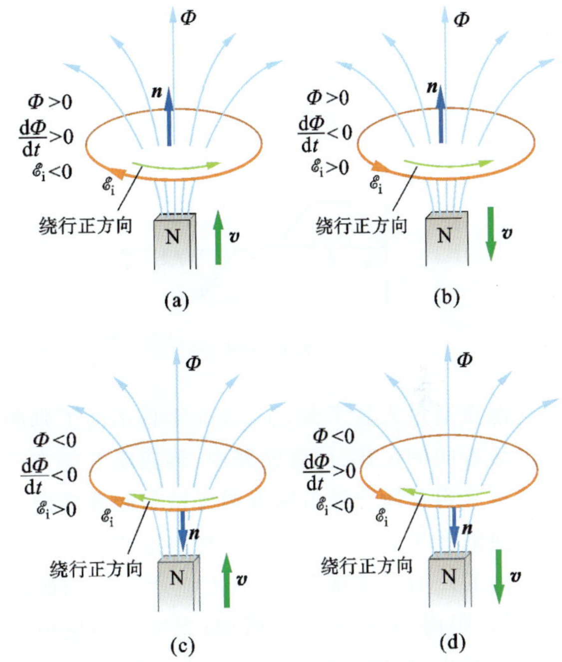


图 12.3

感应电动势的方向仅由磁通量的变化情况决定，与如何选取绕行正方向无关。图 12.3(c)中，如果选取顺时针方向为回路绕行正方向，则回路法线 $\boldsymbol{n}$ 的方向垂直回路平面向下，这时 $\Phi<0$。当 N 极朝向回路运动时 $|\Phi|$ 增加，但 $d\Phi/dt<0$。根据式(12.3)，得$\mathscr{E}_i>0$，因此 $\mathscr{E}_i$ 的方向与所规定的回路绕行正方向相同，即顺时针方向，得到与图 12.3(a)相同的结果。图 12.3(d)所示情况，读者可自己分析。

**想想看**

12.1 如图，在均匀磁场中分别放置三种导体回路。当磁感应强度的大小变化时，在回路中会出现电动势。分别按照磁通量和电动势的大小对三种导体回路排序。

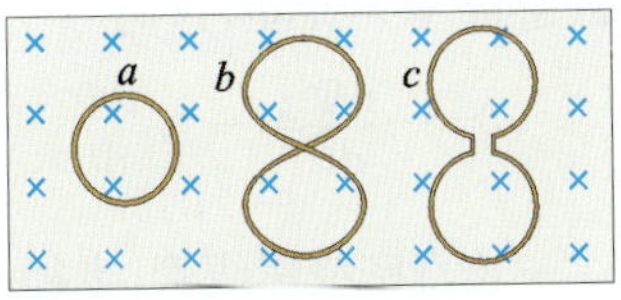


想 12.1 图

12.2　图中所示为矩形线圈在长直导线磁场中的四种运动情况，当线圈与长直导线共面，并且矩形的一边与长直导线平行时，哪些情况下线圈的电动势为零？

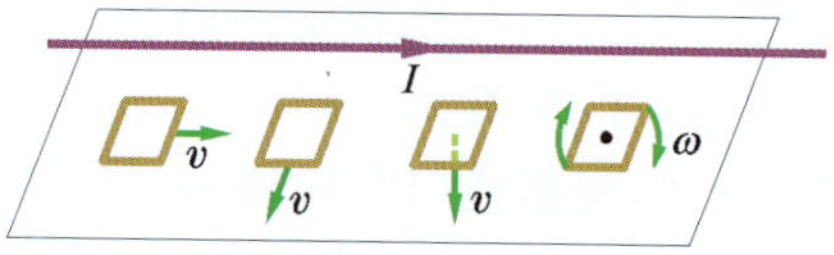


想 12.2 图

12.3　通过一导体回路的磁通量随时间变化的曲线如图所示，试确定在图中的哪些区域内导体回路中的电动势的方向相同，并判断电动势是否沿绕行的正方向？

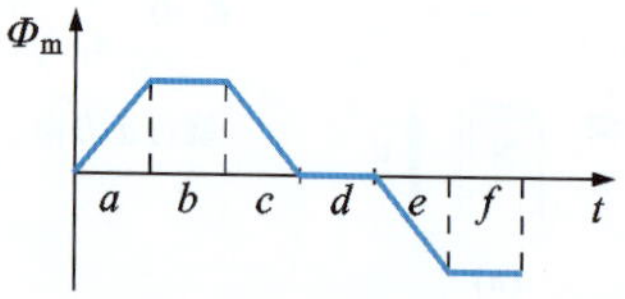


想 12.3 图

楞次通过大量实验，于 1833 年总结出了判断感应电流方向的定律：**闭合回路中，感应电流的方向总是使得它自身所产生的磁通量反抗引起感应电流的磁通量的变化**。这一结论又称楞次定律。当引起感应电流的磁通量增加时，感应电流所产生的磁通量将反抗（阻碍）原磁通量的增加；当引起感应电流的磁通量减小时，感应电流所产生的磁通量将反抗（补偿）原磁通量的减小。

式(12.3)只适用于单匝导体回路。若回路是 $N$ 匝串联的线圈，由于磁通量的变化，整个线圈的感应电动势 $\mathscr{E}_i$ 应等于各匝线圈中感应电动势 $\mathscr{E}_1,\mathscr{E}_2,\cdots,\mathscr{E}_N$ 之和。当穿过各匝线圈的磁通量分别为 $\Phi_1,\Phi_2,\cdots,\Phi_N$ 时，则

$$\begin{aligned}\mathscr{E}_i &= \mathscr{E}_1+\mathscr{E}_2+\cdots+\mathscr{E}_N \\ &= \left(-\frac{d\Phi_1}{dt}\right)+\left(-\frac{d\Phi_2}{dt}\right)+\cdots+\left(-\frac{d\Phi_N}{dt}\right) \\ &= -\frac{d}{dt}\left(\sum_{k=1}^{N}\Phi_k\right)=-\frac{d\Psi}{dt} \end{aligned} \tag{12.4a}$$

式中 $\Psi=\sum_{k=1}^{N}\Phi_k$ 是穿过各线圈的总磁通量，也称磁通链数。如果穿过各匝线圈的磁通量相同，则穿过 $N$ 匝线圈的总磁通量 $\Psi=N\Phi$，这时

$$\mathscr{E}_i=-\frac{d\Psi}{dt}=-N\frac{d\Phi}{dt} \tag{12.4b}$$

**例 12.1**　一长直密绕螺线管，半径 $r_1=0.020$ m，单位长度的线圈匝数为 $n=10000$ 匝/m。另一绕向与螺线管线圈绕向相同，半径 $r_2=0.030$ m，匝数 $N=100$ 匝的圆线圈 $A$ 套在螺线管外，如图所示。如果螺线管中的电流按 0.100 A/s 的变化率增加，则：

(1)求圆线圈 $A$ 内感应电动势的大小和方向；

(2)在圆线圈 $A$ 的 $a$、$b$ 两端接入一个可测量电量的冲击电流计，若测得感应电量 $\Delta q_i=20.0\times10^{-7}$ C，求穿过圆线圈 $A$ 的磁通量的变化值。已知圆线圈 $A$ 回路的总电阻为 10 Ω。

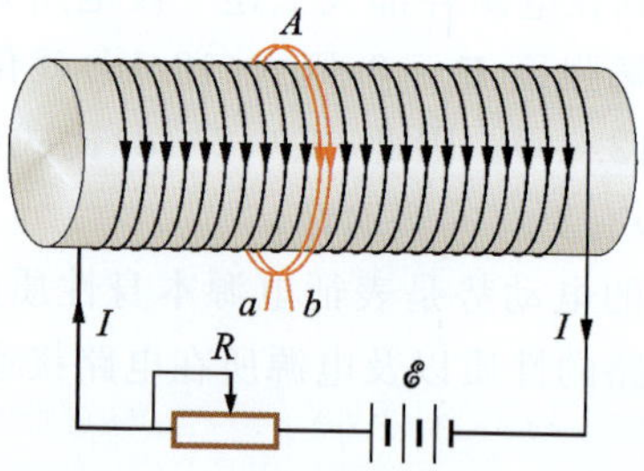


例 12.1 图

**解**　(1)取圆线圈 $A$ 回路的绕行正方向与长直螺线管内电流的方向相同，则回路 $A$ 的法线 $\boldsymbol{n}$ 的方向与长螺线管中电流所产生的磁感应强度 $\boldsymbol{B}$ 的方向相同。通过圆线圈 $A$ 每匝的磁通量为

$$\Phi=\boldsymbol{B}\cdot\boldsymbol{S}=\mu_0 nI\pi r_1^2$$

根据式(12.4b)，圆线圈 $A$ 中的感应电动势为

$$\mathscr{E}_i=-\frac{d\Psi}{dt}=-N\frac{d\Phi}{dt}=-\mu_0 nN\pi r_1^2\frac{dI}{dt}$$

已知 $\mu_0=4\pi\times10^{-7}$ Wb/A·m，$n=10000$ 匝/m，$r_1=0.020$ m，$N=100$ 匝，$dI/dt=0.100$ A/s，代入上式得

$$\begin{aligned}\mathscr{E}_i &= -4\pi\times10^{-7}\times10^4\times10^2\times3.14\times(0.020)^2\times0.100 \\ &= -1.58\times10^{-4}\ \text{V}\end{aligned}$$

“—”号说明 $\mathscr{E}_i$ 的方向与长直螺线管中电流的方向相反。

(2)电量等于电流强度对时间的积分，电流强度由感应电动势决定，即

$$I_i=\frac{\mathscr{E}_i}{R}=-\frac{N}{R}\frac{d\Phi}{dt}$$

感应电量为

$$\Delta q_i=\int_{t_1}^{t_2}I_i\,dt=-\frac{N}{R}\int_{\Phi_1}^{\Phi_2}d\Phi=-\frac{N}{R}(\Phi_2-\Phi_1)$$

式中 $\Phi_1$ 和 $\Phi_2$ 分别为 $t_1$ 和 $t_2$ 时刻通过圆线圈 $A$ 每匝的磁通量。由上式可得

$$\Phi_1-\Phi_2=\frac{\Delta q_i R}{N}=\frac{20\times10^{-7}\times10}{100}=20.0\times10^{-8}\ \text{Wb}$$

如果 $t_1$ 为接通长直螺线管的时刻，则 $\Phi_1=0$；$t_2$ 为长直螺线管中电流达到稳定值 $I$ 的时刻，则 $\Phi_2=B\pi r_1^2$。利用以上关系式可得 $B=\dfrac{\Delta q_i R}{N\pi r_1^2}$。因此，用本题的装置可以测量电流为 $I$ 值时，长直螺线管中的均匀磁场的磁感应强度。

■ **例 12.2** 长直导线中载有恒定电流 $I$，在它旁边平行放置一匝数为 $N$，长为 $l_1$，宽为 $l_2$ 的矩形线框 $abcd$，如图所示。$t=0$ 时，$ad$ 边离长直导线的距离为 $r_0$。设矩形线框以匀速度 $\boldsymbol{v}$ 垂直导线向右运动，求线框中感应电动势的大小和方向。

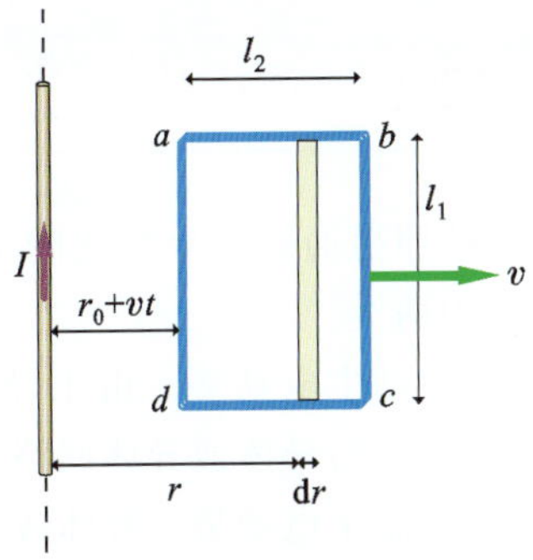


例 12.2 图

**解** 载流长直导线周围空间是一非均匀磁场，当线圈向右运动时，通过线圈的磁通量将发生变化。为求感应电动势，需先求出任意时刻 $t$ 通过线圈中的磁通量。为此，取顺时针方向为线圈绕行正方向，则线圈法线 $\boldsymbol{n}$ 的方向垂直纸面向里。取距长直导线为 $r$ 的矩形小面积元 $\mathrm{d}\boldsymbol{S}=l_1\mathrm{d}r\boldsymbol{n}$，电流 $I$ 在小面积元处产生的磁感应强度为 $\boldsymbol{B}=\dfrac{\mu_0 I}{2\pi r}\boldsymbol{n}$，$t$ 时刻穿过 $\mathrm{d}\boldsymbol{S}$ 面积元的磁通量为

$$\mathrm{d}\Phi=\boldsymbol{B}\cdot\mathrm{d}\boldsymbol{S}=\frac{\mu_0 I l_1}{2\pi r}\mathrm{d}r$$

$t$ 时刻通过每匝线圈的磁通量为

$$\Phi=\int_S \boldsymbol{B}\cdot\mathrm{d}\boldsymbol{S}=\int_{r_0+vt}^{r_0+l_2+vt}\frac{\mu_0 I l_1}{2\pi}\frac{\mathrm{d}r}{r}=\frac{\mu_0 I l_1}{2\pi}\ln\frac{r_0+l_2+vt}{r_0+vt}$$

$N$ 匝线圈中的感应电动势为

$$\mathscr{E}_i=-N\frac{\mathrm{d}\Phi}{\mathrm{d}t}=\frac{N\mu_0 I l_1 l_2 v}{2\pi(r_0+vt)(r_0+l_2+vt)}$$

$\mathscr{E}_i$ 为正值，故感应电动势 $\mathscr{E}_i$ 的方向与所取绕行正方向一致，为顺时针方向。

求解回路中的感应电动势，一般需要首先确定通过回路的磁通量的表达式，再根据法拉第电磁感应定律，将磁通量对时间求导，可得到电动势的大小，电动势的方向可根据求导结果的符号或楞次定律判断。如果需要，还可结合给定条件进一步确定感应电流和电量。

## 复习思考题

**12.1** 三个矩形导体回路，它们的一个边长相同。一根通有电流 $I$ 的长直导线向下移动，在某一时刻，回路 $a$ 和 $c$ 对于直导线是对称的，如图所示。试对三个回路按感应电动势大小进行排序。

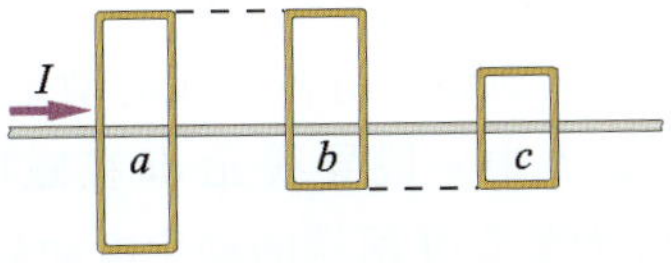


思 12.1 图

**12.2** (1)如图(a)所示，$a$ 环是一个闭合金属圆环，$b$ 环是一个有缺口的金属圆环，$O$ 为支点，使它们处于平衡状态。试问：当用磁铁插入 $a$ 环时，会出现什么现象？用磁铁插入 $b$ 环时，又会出现什么现象？为什么？

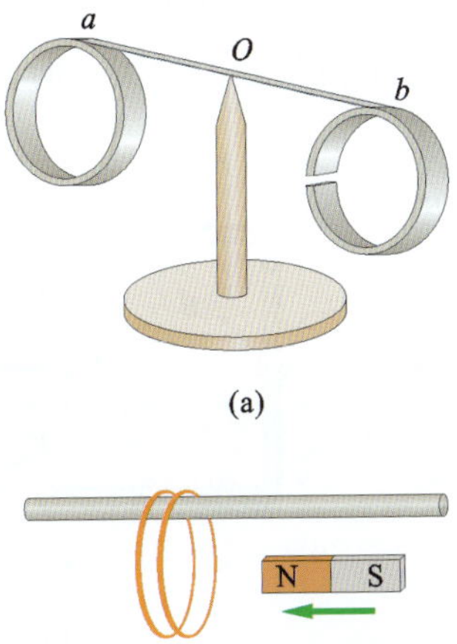


(a)

(b)

思 12.2 图

(2)两个闭合的金属环,穿在一光滑的绝缘杆上,如图(b)所示。当条形磁铁的 N 极自右向左插向圆环时,两圆环将怎样运动?

**12.3**　将磁铁插入闭合金属圆环,一次是缓慢地插入,一次是迅速地插入,在其他条件相同的情况下,试问两次产生的感应电量是否相同?手对磁铁所做的功是否相同?(参考例 12.1(2))

## 12.2　动生电动势与感生电动势

按照磁通量发生变化的不同原因,感应电动势可分为两类:

(1)动生电动势。由于导体或导体回路在恒定磁场中运动,导体或导体回路内产生的感应电动势。

(2)感生电动势。导体或导体回路不动,由于磁场随时间变化,导体或导体回路中产生的感应电动势。

下面主要讨论这两类感应电动势产生的物理机制,并由电磁感应定律导出相应电动势的表达式。

### 12.2.1　动生电动势

若长为 $l$ 的导体棒 $ab$,在恒定的均匀磁场中以匀速度 $\boldsymbol{v}$ 沿垂直于磁场 $\boldsymbol{B}$ 的方向运动,如图 12.4(a)。这时,导体棒中的自由电子将随棒一起以速度 $\boldsymbol{v}$ 在磁场 $\boldsymbol{B}$ 中运动,因而每个自由电子都受到洛伦兹力 $\boldsymbol{F}_{\mathrm{m}}$ 的作用,即

$$\boldsymbol{F}_{\mathrm{m}}=-e(\boldsymbol{v}\times\boldsymbol{B})$$

上式中力 $\boldsymbol{F}_{\mathrm{m}}$ 的方向由 $b$ 指向 $a$。在力 $\boldsymbol{F}_{\mathrm{m}}$ 的作用下,自由电子沿棒向 $a$ 端运动。自由电子运动的结果,是棒 $ab$ 两端出现了上正下负的电荷堆积,从而产生自 $b$ 指向 $a$ 的静电场,其电场强度为 $\boldsymbol{E}$,于是电子又受到一个与洛伦兹力方向相反的静电力 $\boldsymbol{F}_{\mathrm{e}}=-e\boldsymbol{E}$。此静电力随电荷的累积而增大。当静电力的大小增大到等于洛伦兹力的大小时,$a$、$b$ 两端形成一定的电势差。如果用导线把 $a$、$b$ 两端联结起来,如图 12.4(b),则在外电路 $aGb$ 上,自由电子在静电力的作用下,将由负极 $a$ 端沿 $aGb$ 的方向运动到正极 $b$ 端。由于电荷的移动,使 $a$、$b$ 两端堆积的电荷减小,从而静电场的电场强度 $\boldsymbol{E}$ 变小。于是,运动棒内原来两力平衡的状态被破坏,又会发生电子沿洛伦兹力 $\boldsymbol{F}_{\mathrm{m}}$ 方向的运动,补充 $a$、$b$ 两端减少的电荷,使匀速运动棒的两端维持一定的电势差。这时导体棒 $ab$ 相当于一个具有一定电动势的电源。显然,洛伦兹力是该"电源"的非静电力,它不断地在该"电源"内部把电子从高电势处搬移到低电势处,使运动导体棒内形成动生电动势,产生闭合回路中的电流。

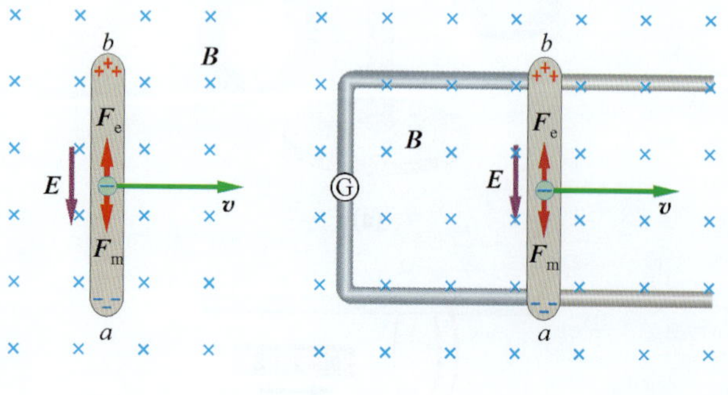


图 12.4

根据式(12.2),运动导体棒内与洛伦兹力相对应的非静电性电场强度 $\boldsymbol{E}_{\mathrm{k}}$ 为

$$\boldsymbol{E}_{\mathrm{k}}=\frac{\boldsymbol{F}_{\mathrm{m}}}{-e}=\boldsymbol{v}\times\boldsymbol{B}$$

由电动势的定义,导体棒 $ab$ 上的动生电动势为

$$\mathscr{E}_{\mathrm{i}}=\int_a^b\boldsymbol{E}_{\mathrm{k}}\cdot\mathrm{d}\boldsymbol{l}=\int_a^b(\boldsymbol{v}\times\boldsymbol{B})\cdot\mathrm{d}\boldsymbol{l}\quad(12.5\mathrm{a})$$

一段任意形状的导线 $ab$,在恒定的非均匀磁场中作任意运动,如图 12.5 所示。导线中的自由电子在随导线一起运动时,同样会受到洛伦兹力 $\boldsymbol{F}_{\mathrm{m}}$ 的作用。一般情况下,导线内会出现 $\boldsymbol{E}_{\mathrm{k}}$ 并产生动生电动势。此时,导线 $ab$ 上动生电动势可由各线元的动生电动势之和求得。设导线 $ab$ 中一段导线元 $\mathrm{d}\boldsymbol{l}$ 在磁场 $\boldsymbol{B}$ 中以速度 $\boldsymbol{v}$ 运动,则导线元 $\mathrm{d}\boldsymbol{l}$ 两端的动生电动势 $\mathrm{d}\mathscr{E}_{\mathrm{i}}$ 应为

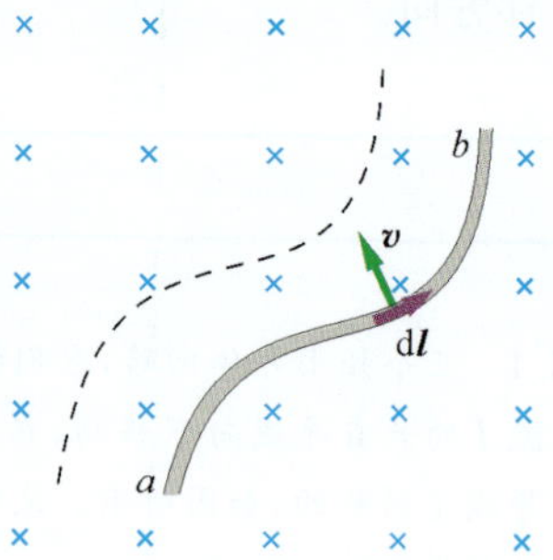


图 12.5

$$\mathrm{d}\mathscr{E}_{\mathrm{i}}=\boldsymbol{E}_{\mathrm{k}}\cdot\mathrm{d}\boldsymbol{l}=(\boldsymbol{v}\times\boldsymbol{B})\cdot\mathrm{d}\boldsymbol{l}$$

导线 $ab$ 上的总动生电动势为

$$\mathscr{E}_{\mathrm{i}}=\int_a^b\mathrm{d}\mathscr{E}_{\mathrm{i}}=\int_a^b\boldsymbol{E}_{\mathrm{k}}\cdot\mathrm{d}\boldsymbol{l}=\int_a^b(\boldsymbol{v}\times\boldsymbol{B})\cdot\mathrm{d}\boldsymbol{l}\quad(12.5\mathrm{b})$$

由此可见,式(12.5a)与式(12.5b)相同,故式(12.

5a)可作为动生电动势的一般表达式。如果闭合导体回路 $L$ 在恒定磁场中运动，则闭合回路内的动生电动势等于回路中所有各小段上电动势之和，即

$$\mathscr{E}_i=\oint_L \mathrm{d}\mathscr{E}_i=\oint_L(\boldsymbol{v}\times\boldsymbol{B})\cdot\mathrm{d}\boldsymbol{l} \qquad (12.6)$$

动生电动势的大小与 $\boldsymbol{v}$ 和 $\boldsymbol{B}$ 的大小、$\boldsymbol{v}$ 和 $\boldsymbol{B}$ 的夹角 $\theta$ 以及($\boldsymbol{v}\times\boldsymbol{B}$)和 $\mathrm{d}\boldsymbol{l}$ 的夹角 $\varphi$ 有关。动生电动势的方向则由 $\mathscr{E}_i>0$ 或 $\mathscr{E}_i<0$ 来决定。如果由式(12.5a)求得 $\mathscr{E}_i>0$，则表明积分路径是沿着非静电性电场强度 $\boldsymbol{E}_k$ 的方向进行的，因此 $a$ 点的电势比 $b$ 点的电势低。反之，由式(12.5a)得到 $\mathscr{E}_i<0$，则 $a$ 点电势比 $b$ 点电势高。若由式(12.6)求得，$\mathscr{E}_i>0$，表示电动势 $\mathscr{E}_i$ 的方向与所取的积分绕行方向一致；$\mathscr{E}_i<0$，则表示相反。例如在图 12.4 中，$\boldsymbol{v}$、$\boldsymbol{B}$、$\mathrm{d}\boldsymbol{l}$ 三者互相垂直，当积分路径由 $a$ 到 $b$，则 $\theta=\pi/2$，$\varphi=0$，由式(12.5a)得到 $ab$ 棒上的动生电动势为

$$\mathscr{E}_i=\int_a^b(\boldsymbol{v}\times\boldsymbol{B})\cdot\mathrm{d}\boldsymbol{l}=\int_a^b Bv\mathrm{d}l=Bvl$$

$\mathscr{E}_i>0$，说明 $a$ 点电势比 $b$ 点的电势低。

上式中 $vl$ 是单位时间 $ab$ 导体棒扫过的面积，$Bvl$ 为单位时间内导体棒切割的磁力线数。由此可见，只有当导体棒作“切割”磁力线的运动时，才产生动生电动势。

**想想看**

12.4 运动的导体内与洛伦兹力相对应的非静电性场强为 $\boldsymbol{v}\times\boldsymbol{B}$。图示一导体棒在竖直向上的均匀磁场中作定轴转动，试判断在导体内的非静电性场强的方向，并按照电势的大小，把导体上的 $a$、$b$、$c$ 三点排序。

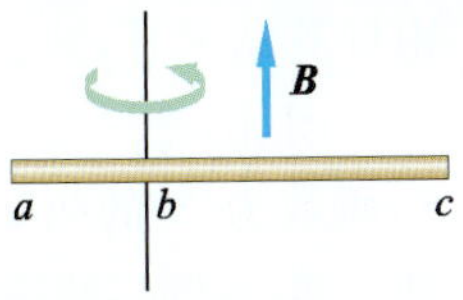

想 12.4 图

通过导体在磁场中运动时产生动生电动势的机制讨论看出，动生电动势的产生是导体中自由电子受到洛伦兹力作用的结果。如果运动导体与外电路组成闭合回路，如图 12.4(b)所示，则在闭合回路中产生电流，这时动生电动势是要做功的。我们已经知道洛伦兹力对运动电荷是不做功的！这里似乎产生了矛盾。从能量转换和守恒的观点讨论这一问题是很有意思的，希望读者能自己研究这一问题。为了帮助读者研究这一问题，这里作两点提示供参考：一是导体中电子除随导体一起运动外，尚有在导体内的定向运动，因此上面讲的力 $\boldsymbol{F}_m$ 不是电子受到的全部洛伦兹力；二是要使导体在磁场中匀速运动，必须有外力作用于导体。

■ **例 12.3** 法拉第圆盘发电机是一个在磁场中转动的金属圆盘，如图(a)所示。设圆盘半径 $R=0.20\ \mathrm{m}$，匀强磁场的磁感应强度 $B=0.70\ \mathrm{T}$，转速为 $50\ \mathrm{s^{-1}}$ 时，求盘心与盘边缘之间的电势差 $U$。

**解** 整个圆盘可以看作由许多沿圆盘半径方向的细棒(比较确切地说，是许多小的扇形面)组成。当圆盘转动时，每一细棒切割磁力线并产生大小和方向都相同的动生电动势。这些细棒彼此并联，因此盘心与盘边缘之间的电势差的值就等于此电动势的大小。

现取图(a)所示的一条细棒为研究对象。在距盘心 $a$ 为 $r$ 处取一线元 $\mathrm{d}r$，其速度大小 $v=r\omega$，线元 $\mathrm{d}r$ 上的动生电动势为

$$\mathrm{d}\mathscr{E}_i=(\boldsymbol{v}\times\boldsymbol{B})\cdot\mathrm{d}\boldsymbol{r}=|\boldsymbol{v}\times\boldsymbol{B}|\mathrm{d}r=Bv\mathrm{d}r=B\omega r\mathrm{d}r$$

盘心 $a$ 与盘边缘 $b$ 之间的动生电动势为

$$\mathscr{E}_i=\int_a^b\mathrm{d}\mathscr{E}_i=B\omega\int_0^R r\mathrm{d}r=\frac{1}{2}B\omega R^2$$

若 $\mathscr{E}_i>0$，表示 $\mathscr{E}_i$ 的方向由 $a$ 指向 $b$，即 $a$ 点为低电势，$b$ 点为高电势。所以，盘心 $a$ 与盘边缘 $b$ 间的电势差为

$$U=u_a-u_b=-\mathscr{E}_i=-\frac{1}{2}B\omega R^2$$

将 $B=0.70\ \mathrm{T}$，$R=0.20\ \mathrm{m}$，$\omega=2\pi\times50\ \mathrm{s^{-1}}$ 代入上式，得

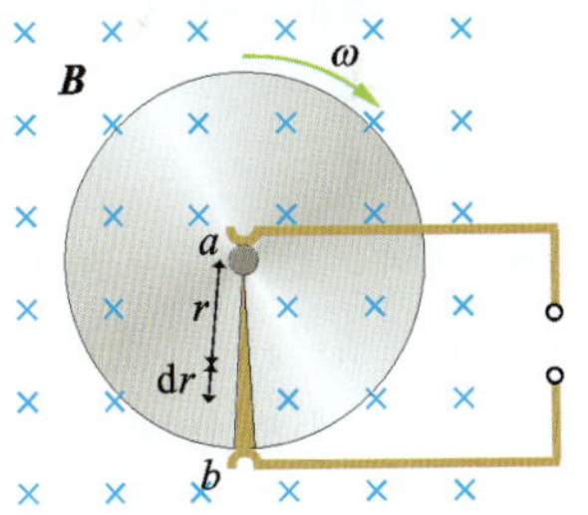

(a)

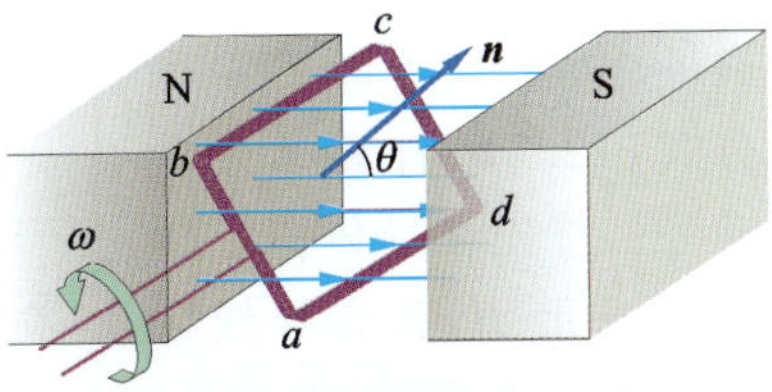

(b)

例 12.3 图

$$|U|=\frac{1}{2}\times 0.70\times 2\pi\times 50\times (0.20)^2=4.4\ \text{V}$$

由计算结果看，圆盘发电机所产生的电动势太小，不实用。

图(b)是一交流发电机的基本原理示意图。$abcd$ 是一个面积为 $S$，匝数为 $N$ 的线圈，它在均匀磁场 $\boldsymbol{B}$ 中以匀角速度 $\omega$ 绕中心轴转动。若 $t=0$ 时，线圈的法线 $\boldsymbol{n}$ 平行于 $\boldsymbol{B}$，$t$ 时刻线圈处于图(b)所示的位置，故 $\theta=\omega t$，通过线圈的总磁通量为

$$\Psi=N\boldsymbol{B}\cdot\boldsymbol{S}=N\Phi=NBS\cos\omega t$$

则

$$\mathscr{E}_i=-\frac{\mathrm{d}\Psi}{\mathrm{d}t}=NBS\omega\sin\omega t=\mathscr{E}_0\sin\omega t$$

式中 $\mathscr{E}_0=NBS\omega$ 是感应电动势的最大值。显然，增加线圈匝数 $N$ 或提高转速 $\omega$ 等都是增大 $\mathscr{E}_0$ 值的有效方法。

动生电动势一般采用式(12.5b)计算，先在运动导体上选定 $\mathrm{d}\boldsymbol{l}$，弄清 $\mathrm{d}\boldsymbol{l}$ 的速度 $\boldsymbol{v}$ 以及该处的 $\boldsymbol{B}$，特别注意 $\mathrm{d}\boldsymbol{l}$、$\boldsymbol{B}$ 和 $\boldsymbol{v}$ 三者之间的夹角关系。在此基础上，正确算出 $\mathrm{d}\mathscr{E}_i=(\boldsymbol{v}\times\boldsymbol{B})\cdot\mathrm{d}\boldsymbol{l}$。运动导体的动生电动势也可用法拉第电磁感应定律计算：构造一个适当的导体回路，回路中运动导体的动生电动势等于整个回路的动生电动势，在磁场不变的情况下，回路的动生电动势可以用法拉第电磁感应定律很方便地得到。

**想想看**

12.5　在均匀磁场中，一导体棒上端不动，下端作圆周运动，如图所示。试用右螺旋法则判断图示导体棒上 $\mathrm{d}\boldsymbol{l}$ 处 $\boldsymbol{v}\times\boldsymbol{B}$ 的方向，$\mathrm{d}\boldsymbol{l}$ 上电动势 $\mathrm{d}\mathscr{E}$ 的正负及其方向如何？并用标量 $B$、$v$ 和 $\mathrm{d}l$ 表示出电动势 $\mathrm{d}\mathscr{E}$；当导体棒的下端运动到 $C$ 位置时，$\mathrm{d}\boldsymbol{l}$ 上电动势 $\mathrm{d}\mathscr{E}$ 等于多少？

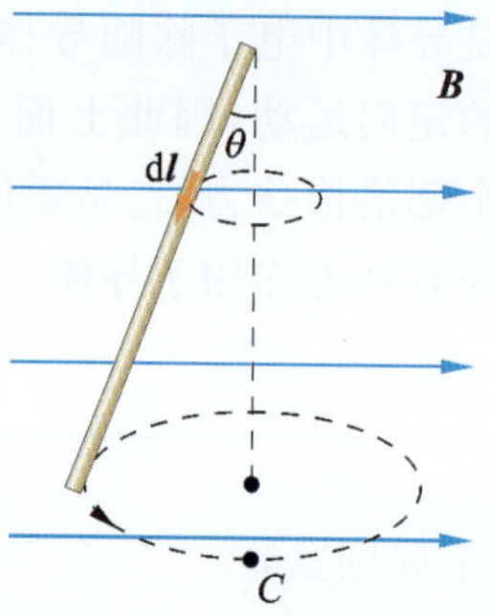

想 12.5 图

**例 12.4**　如图，一通有恒定电流 $I$ 的长直导线，旁边有一个与它共面的长为 $l$ 的导体棒，其两端到长直导线的距离分别为 $r_0$ 和 $r_0+d$，当导体棒以速度 $\boldsymbol{v}$ 沿竖直方向向上运动时，在导体棒上产生的动生电动势有多大？

**解**　导体棒在非均匀磁场中运动，所以要用积分式(12.5b)计算动生电动势。首先在导体棒上选取一线元 $\mathrm{d}\boldsymbol{l}$，长直导线在该处产生的磁感应强度为

$$B=\frac{\mu_0 I}{2\pi x}$$

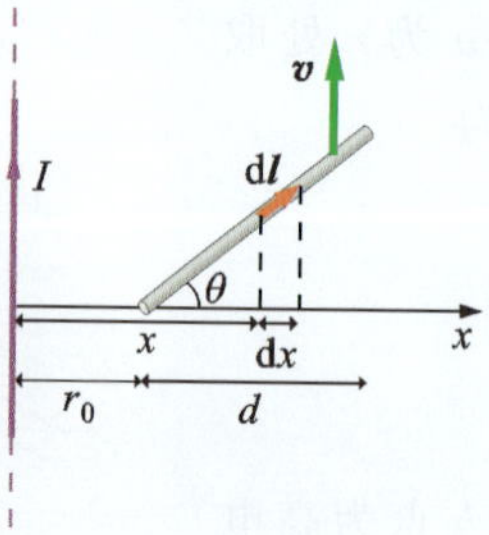

例 12.4 图

$\mathrm{d}\boldsymbol{l}$ 上的动生电动势为

$$\mathrm{d}\mathscr{E}_i=(\boldsymbol{v}\times\boldsymbol{B})\cdot\mathrm{d}\boldsymbol{l}=Bv\mathrm{d}l\cos(\pi-\theta)$$
$$=-Bv\mathrm{d}l\cos\theta=-Bv\mathrm{d}x$$

导体棒的动生电动势为

$$\mathscr{E}_i=\int\mathrm{d}\mathscr{E}_i=-\int_{r_0}^{r_0+d}\frac{\mu_0 I}{2\pi x}v\,\mathrm{d}x=\frac{\mu_0 I v}{2\pi}\ln\frac{r_0}{r_0+d}$$

如果导体棒与长直导线平行，由于导体棒上的任意一个线元都与 $\boldsymbol{v}\times\boldsymbol{B}$ 垂直，因此动生电动势为零。事实上，这种情况下运动的导体棒不切割磁力线，所以这一结果是可以理解的。

### 12.2.2　感生电动势　有旋电场

用洛伦兹力能很好地解释动生电动势产生的机制，但却不能解释为什么在导体回路不动的情况下，只是由于磁场变化，就会在导体回路产生感应电动势的现象。是什么非静电场力作用于导体回路中的自由电子使之定向移动而形成感应电流呢？1861 年，麦克斯韦提出了感生电场的假设：**变化的磁场在周围空间激发出电场线为闭合曲线的电场，称其为感生电场或有旋电场。**有旋电场的出现与是否存在导体没有关系。大量的实验证实了麦克斯韦假设的正确性。

综上所述，在自然界中存在着：由电荷产生的静电场 $\boldsymbol{E}$ 及变化磁场产生的有旋电场 $\boldsymbol{E}_V$。有旋电场与静电场相同之点是都具有电能，都能对场中的电荷施加作用力。但是，有旋电场的电场线是无“头”无“尾”的闭合曲线，且环流 $\oint_L\boldsymbol{E}_V\cdot\mathrm{d}\boldsymbol{l}$ 在变化磁场中一般(通常)不为零，即有旋电场不是保守场。有旋电场对电荷所施的力是一种非静电力。在变化的磁场中，正是有旋电场力作为非静电力使固定不动的导体回路中产生感应电动势。由变化磁场产生的感应电动势称为感生电动势。根据电动势的定义和法

拉第电磁感应定律，感生电动势应为

$$\mathscr{E}_i=\oint_L \boldsymbol{E}_V\cdot d\boldsymbol{l}=-\frac{d\Psi}{dt}=-\frac{d}{dt}\iint_S \boldsymbol{B}\cdot d\boldsymbol{S} \quad (12.7)$$

当回路固定不动，磁通量 $\Psi$ 的变化仅来自磁场的变化时，上式可改写为

$$\mathscr{E}_i=\oint_L \boldsymbol{E}_V\cdot d\boldsymbol{l}=-\iint_S \frac{\partial \boldsymbol{B}}{\partial t}\cdot d\boldsymbol{S} \quad (12.8)$$

式中面积分区域 $S$ 是以闭合路径 $L$ 为周界的平面或曲面。式(12.8) 说明在变化的磁场中，有旋电场强度对任意闭合路径 $L$ 的线积分等于这一闭合路径所包围的面积上磁通量的变化率。

使闭合路径 $L$ 的积分绕行正方向与其所包围面积的法线正方向满足右螺旋法则，则由式(12.8) 可知，$\boldsymbol{E}_V$ 线的方向与 $\partial \boldsymbol{B}/\partial t$ 的方向之间满足左螺旋法则，由图 12.6 可以说明这种关系。假设图中 $\boldsymbol{B}$ 在增大，于是 $\partial \boldsymbol{B}/\partial t$ 的方向与 $\boldsymbol{B}$ 相同。若取逆时针方向为闭合路径 $L$ 的积分绕行正方向，则 $\partial \boldsymbol{B}/\partial t$ 的方向与闭合路径包围的面积的法线正方向一致。由式(12.8) 得到 $\oint_L \boldsymbol{E}_V\cdot d\boldsymbol{l}<0$，表明 $\boldsymbol{E}_V$ 线的方向与积分绕行方向相反，为顺时针方向。由此可见，$\boldsymbol{E}_V$ 线与 $\partial \boldsymbol{B}/\partial t$ 两者的方向满足左螺旋法则。

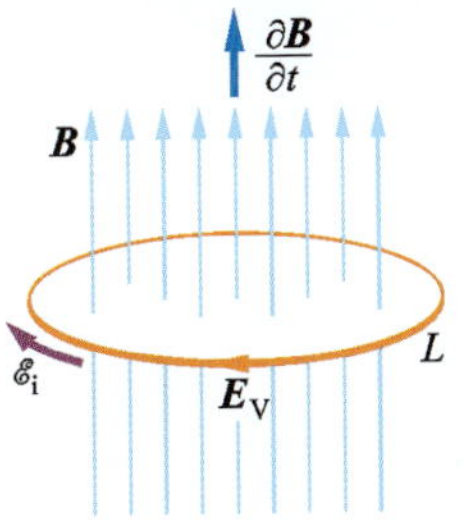

图 12.6

如果图 12.6 中的积分路径是一个闭合导体回路，则导体回路内会产生感应电流，其方向与 $\mathscr{E}_i$ 的方向（即 $\boldsymbol{E}_V$ 线的方向）相同，为顺时针方向。此感应电流会产生方向向下的磁场去反抗向上增长的变化磁场，这是符合楞次定律的。

## 想想看

12.6 在如图所示的 5 个面积相同区域中，均匀磁场垂直于纸面，其中，区域 $a$ 中的磁场指向纸面外。5 个区域中的磁场以相同的稳定速率在增大。有旋电场场强沿路径 2、3 和 4 的积分是沿路径 1 积分的整数倍（如表所示），试判断从区域 $b$ 到区域 $e$ 磁场的指向。

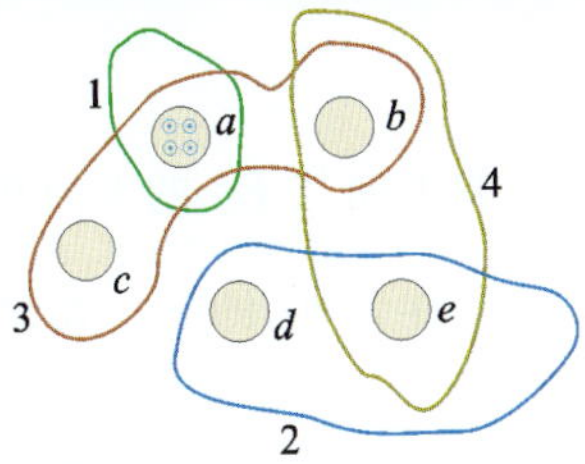


| 路径 | 1 | 2 | 3 | 4 |
|---|---|---|---|---|
| 积分 | 1 | 0 | 3 | 2 |

想 12.6 图

12.7 导体回路处在均匀磁场中，磁感应强度随时间的变化如图所示。试确定在图中哪些区域内 $\frac{\partial B}{\partial t}$ 有相同的方向，在图 12.6 中标出其方向，并根据左螺旋法则标出由于磁感应强度变化所感应出的感生电场的方向？

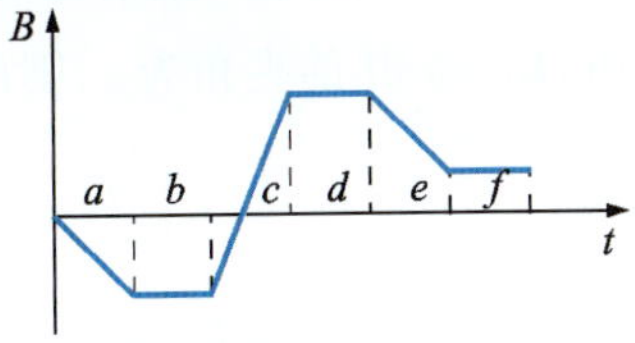

想 12.7 图

■ **例 12.5** 一半径为 $R$ 的长直螺线管中载有变化电流，图(a) 所示为在管内产生的均匀磁场的一个横截面。当磁感应强度以恒定变化率 $\partial \boldsymbol{B}/\partial t$ 增加时，求：

(1) 管内外的 $\boldsymbol{E}_V$，并计算同心圆形导体回路中的感生电动势；

(2) 将长为 $l$ 的金属棒 $ab$ 垂直于磁场放置在螺线管内，如图(b) 所示，求金属棒上感生电动势的大小及方向。

**解** (1) 电流变化引起螺线管内磁场变化，变化的磁场在螺线管的内外激发出有旋电场。由于磁场分布具有轴对称性，因此有旋电场的电场线是一簇圆心在螺线管轴线上的圆，并且任意一个圆上各点 $\boldsymbol{E}_V$ 的大小相等。任取一个圆作为积分路径 $L$，半径设为 $r$，把 $\boldsymbol{E}_V$ 沿逆时针方向积分，有

$$\mathscr{E}_i=\oint_L \boldsymbol{E}_V\cdot d\boldsymbol{l}=\oint_L E_V dl=E_V\oint_L dl=E_V 2\pi r$$

由式(12.8)得 $E_V 2\pi r = \dfrac{\partial B}{\partial t}\pi r^2$

故管内 $E_V$ 的大小和同心闭合圆形导体回路中的感应电动势 $\mathscr{E}_i$ 分别为

$$E_V = \frac{1}{2} r \frac{\partial B}{\partial t}$$

$$\mathscr{E}_i = \frac{\partial B}{\partial t}\pi r^2$$

$\mathscr{E}_i$ 的方向与 $\boldsymbol{E}_V$ 的方向相同,为逆时针方向。

在管外,即 $r > R$ 区域,各处 $B = 0, \dfrac{\partial B}{\partial t} = 0$

故 $\mathscr{E}_i = E_V 2\pi r = \dfrac{\partial B}{\partial t}\pi R^2$

因此有 $E_V = \dfrac{1}{2}\dfrac{R^2}{r}\dfrac{\partial B}{\partial t}$

$\boldsymbol{E}_V$ 线的方向与 $\mathscr{E}_i$ 的方向也都沿逆时针方向。$E_V$ 随 $r$ 的变化规律,由图(a)中的 $E_V - r$ 曲线给出。

(2) $\boldsymbol{E}_V$ 线是一簇沿逆时针方向的同心圆。沿金属棒 $ab$ 取线元 $\mathrm{d}\boldsymbol{l}$,$\boldsymbol{E}_V$ 与 $\mathrm{d}\boldsymbol{l}$ 的夹角为 $\alpha$,则由式(12.7)有

$$\mathscr{E}_{ab} = \int_a^b \boldsymbol{E}_V \cdot \mathrm{d}\boldsymbol{l} = \int_a^b E_V \cos\alpha \mathrm{d}l$$

在 $r < R$ 区域内 $E_V = \dfrac{r}{2}\dfrac{\partial B}{\partial t}$,又因 $\cos\alpha = \dfrac{h}{r}$,所以有

$$\mathscr{E}_{ab} = \frac{h}{2}\frac{\partial B}{\partial t}\int_a^b \mathrm{d}l = \frac{1}{2}hl\frac{\partial B}{\partial t} = \frac{l}{2}\left(R^2 - \left(\frac{l}{2}\right)^2\right)^{1/2}\frac{\partial B}{\partial t}$$

又因 $\mathscr{E}_{ab} > 0$,则感生电动势的方向由 $a$ 指向 $b$,即 $b$ 点的电势比 $a$ 点的高。

在 $\mathscr{E}_{ab}$ 的表达式中,$\dfrac{1}{2}hl$ 恰好是三角形回路 $\triangle Oab$ 的面积。根据法拉第电磁感应定律,这表明,$\mathscr{E}_{ab}$ 等于三角形回路 $\triangle Oab$ 中的电动势,即 $\mathscr{E}_{ab} = \mathscr{E}_{\triangle Oab}$。这为计算 $\mathscr{E}_{ab}$ 提供了一种新的方法。

为什么 $\mathscr{E}_{ab} = \mathscr{E}_{\triangle Oab}$?下面作一解释。三角形回路 $\triangle Oab$ 中的电动势等于三个边上的电动势之和

$$\mathscr{E}_{\triangle Oab} = \mathscr{E}_{Oa} + \mathscr{E}_{ab} + \mathscr{E}_{bO}$$

其中,$\mathscr{E}_{Oa} = \int_O^a \boldsymbol{E}_V \cdot \mathrm{d}\boldsymbol{l}$,$\mathscr{E}_{bO} = \int_b^O \boldsymbol{E}_V \cdot \mathrm{d}\boldsymbol{l}$,由于 $Oa$ 和 $bO$ 与有旋电场强度处处垂直,即 $\boldsymbol{E}_V$ 垂直于 $\mathrm{d}\boldsymbol{l}$,故

$$\mathscr{E}_{Oa} = \mathscr{E}_{bO} = 0$$

因此

$$\mathscr{E}_{ab} = \mathscr{E}_{\triangle Oab}$$

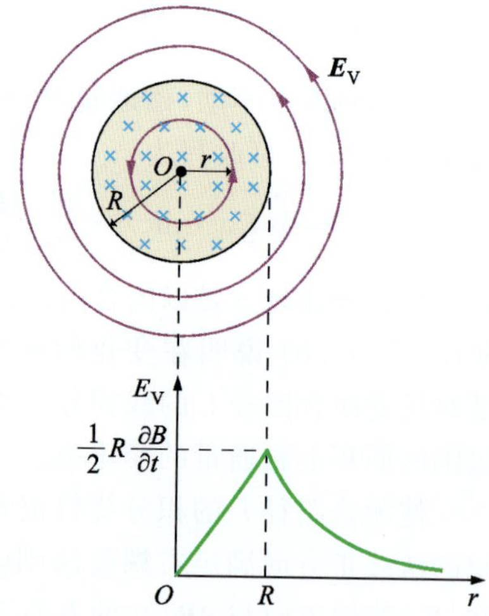

(a)

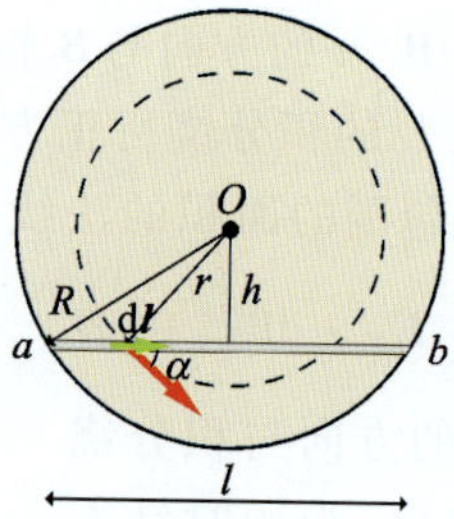

(b)

例 12.5 图

导体上感生电动势的计算有两种方法:一种是 $E_V$ 沿导体积分;另一种是利用法拉第电磁感应定律。对于非闭合回路的导体,可通过构造特定的闭合回路,在其上用后一种方法计算出电动势。当然,所构造的闭合回路中其他部分的电动势应能够很容易算出。

## 想想看

12.8 图示为长直螺线管的横截面，当其中的均匀磁场变化时，按照所产生电动势的大小，对 $a$、$b$、$c$ 三段直导体排序。

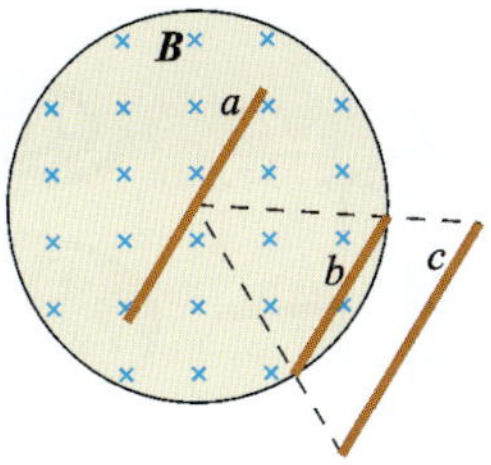


想 12.8 图

**例 12.6** 图中所示的是利用高频感应加热方法加热电子管的阳极，以清除其中气体的原理示意图。阳极是一个圆柱形薄壁导体壳，半径为 $r$，高为 $h$，电阻为 $R$，放在匝数为 $N$，长为 $L$ 的密绕螺线管的中部，且 $L \gg h$。当螺线管中通以交变电流 $I=I_0\sin\omega t$时，试求：

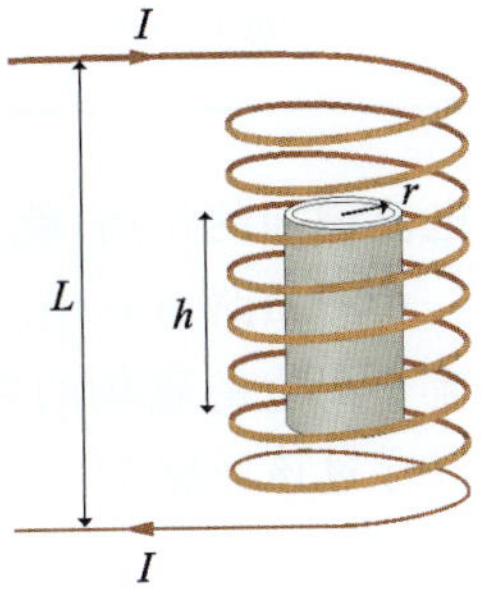


例 12.6 图

（1）阳极中产生的感应电流；

（2）怎样可提高感应电流产生的焦耳热。

**解** （1）因为题中给出的 $L \gg h$，所以此螺线管可视为长直螺线管，故通过阳极的磁通量为

$$\Phi=\boldsymbol{B}\cdot\boldsymbol{S}=\left(\mu_0\frac{N}{L}I\right)(\pi r^2)=\frac{\mu_0 N\pi r^2}{L}I$$

阳极管壁中产生的感生电动势为

$$\mathscr{E}_i=-\frac{\mathrm{d}\Phi}{\mathrm{d}t}=-\frac{\mu_0 N\pi r^2}{L}\frac{\mathrm{d}}{\mathrm{d}t}(I_0\sin\omega t)$$

$$=-\frac{\mu_0 N\pi r^2 I_0\omega}{L}\cos\omega t$$

感应电流为

$$I_i=\frac{\mathscr{E}_i}{R}=-\frac{\mu_0 N\pi r^2 I_0\omega}{LR}\cos\omega t$$

（2）因为感应电流是交变的，为考察电流产生的焦耳热，应先求一个周期内感应电流的功率的平均值，即

$$\overline{P}=\frac{1}{T}\int_0^T I_i^2 R\mathrm{d}t=\frac{1}{T}\int_0^T\frac{\mu_0^2N^2\pi^2r^4I_0^2\omega^2}{L^2R}\cos^2\omega t\,\mathrm{d}t$$

$$=\frac{\mu_0^2N^2\pi^2r^4I_0^2\omega^2}{2L^2RT}\int_0^T(1+\cos2\omega t)\mathrm{d}t$$

$$=\frac{\mu_0^2N^2\pi^2r^4I_0^2\omega^2}{2L^2R}$$

$t$ 时间内，感应电流产生的焦耳热为

$$Q=\overline{P}t=\frac{\mu_0^2N^2\pi^2r^4I_0^2\omega^2t}{2L^2R}=\frac{\pi^2r^4}{2R}B_{\max}^2\omega^2t$$

式中 $B_{\max}=\mu_0 NI_0/L$。所以，电流产生的焦耳热与 $B_{\max}^2$ 及 $\omega^2$ 成正比，即 $B_{\max}$ 值越大，磁场变化的频率越高，感应电流产生的焦耳热就越多。

大块金属处于变化的磁场中，或在磁场中运动，都有可能在其内部产生涡旋状的闭合感应电流，通常称此电流为涡电流或涡流。由于大块金属的电阻很小，形成的涡流很大，所以能把金属加热到很高的温度。涡流的热效应常被用于金属和半导体材料的真空提纯以及冶炼难熔金属等。在电机和变压器等通有交流电的电器设备中，为了减少热能损耗，通常采用叠片式铁芯来减小涡流。

如果涡流是由于导体在磁场中运动而产生，根据楞次定律，感应电流的效果总是反抗引起感应电流的原因。此时涡流除热效应外，还产生阻尼作用的机械效应来阻碍导体和磁场之间的相对运动。这种作用称为电磁阻尼。磁电式仪表，就是利用电磁阻尼原理，使仪表中的线圈和固定在它上面的指针能迅速停止运动。

图 12.7(a)是用于检测金属的安检门，其工作原理是，它产生一个变化的磁场 $\boldsymbol{B}_0$，$\boldsymbol{B}_0$ 在被探测的金属物品内感应出涡电流，涡电流反过来又产生变化的磁场 $\boldsymbol{B}'$，$\boldsymbol{B}'$会在安检门的接收线圈中感应出电流。图 12.7(b)是工作原理与此相同的便携式金属探测器。

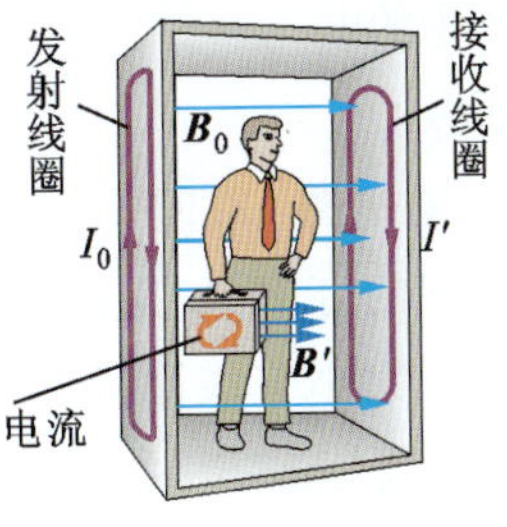


(a)

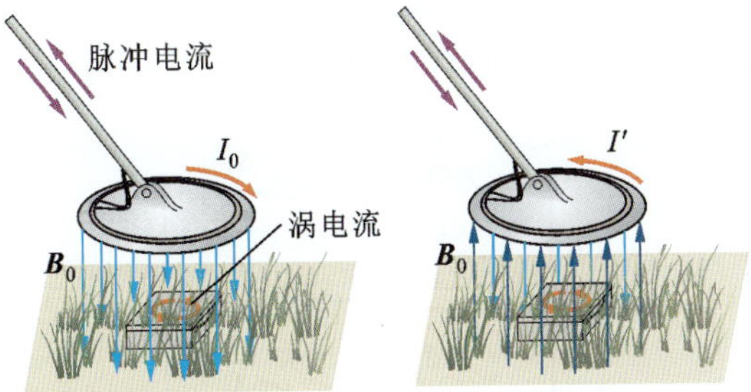


(b)

图 12.7

## 复习思考题

**12.4** 根据公式 $\mathscr{E}_i=\int_a^b(\boldsymbol{v}\times\boldsymbol{B})\cdot \mathrm{d}\boldsymbol{l}=\int_a^b vB\sin\theta\cos\varphi \mathrm{d}l$ 画出满足条件：① $\theta=\frac{\pi}{2},\varphi=\frac{\pi}{2}$；② $\theta=\frac{\pi}{2},\varphi=\frac{\pi}{3}$；③ $\theta=\frac{\pi}{3}$，$\varphi=0$时，导体棒 $ab$ 在磁场中的运动情况，并计算 $\mathscr{E}_i$ 的大小。你能否由以上讨论得出，只有当导体作切割磁力线运动时，才产生动生电动势的结论。

**12.5** 为了减小变压器铁芯中的涡电流，应当将图中哪个横截面切割成互相绝缘的薄层面？为什么？

**12.6** 一种转速表工作原理如图所示，永久磁铁与转轴相连，磁铁被带动而旋转，磁铁的旋转使铝质圆盘 $A$ 随其一起旋转。当铝盘所受的磁力矩(与转速成正比)与弹簧 $S$ 的反力矩平衡时，指针 $P$ 即指示出转速的大小。试讨论铝盘随磁铁旋转的原因。

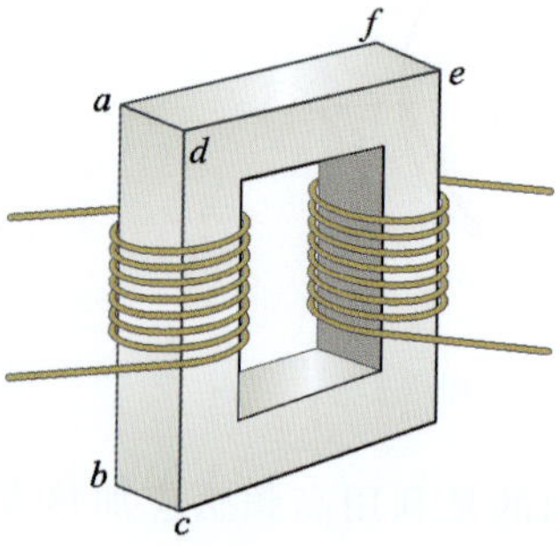

思 12.5 图

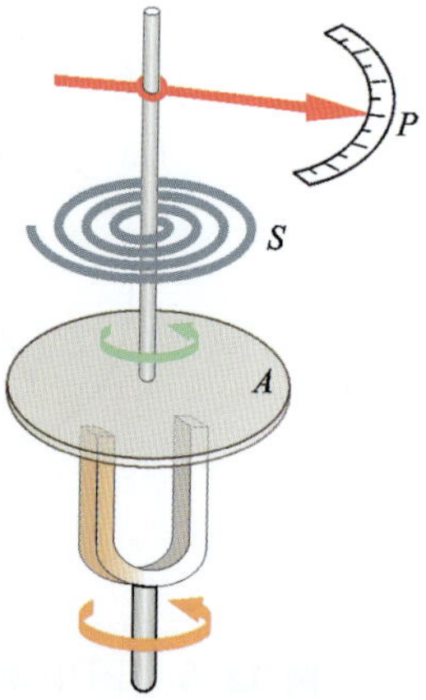

思 12.6 图

## 12.3 自感和互感

### 12.3.1 自感现象 自感系数 自感电动势

任意通有电流的回路，其电流在周围空间产生的磁场，必有磁力线穿过回路本身，如图 12.8。自感现象是指：**导体回路中由于自身电流的变化，而在自身回路中产生感应电动势的现象。**产生的电动势称为自感电动势。

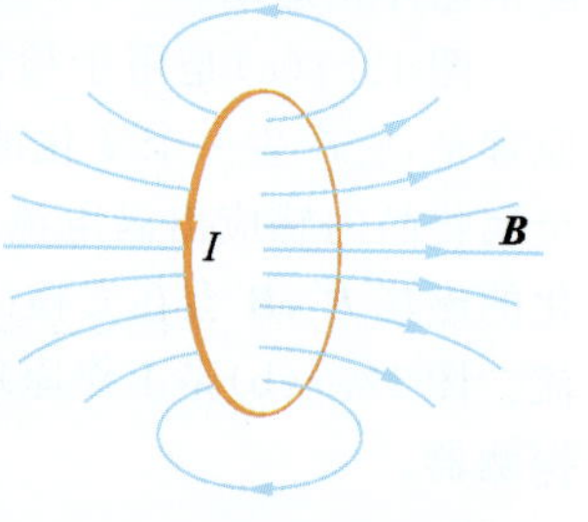

图 12.8

自感现象可以通过图 12.9 所示的实验来观察。$S_1$ 和 $S_2$ 是两个相同的灯泡，$L$ 是自感线圈，调节变阻器 $R$，使其电阻值大小与线圈 $L$ 的电阻值相等。接通开关 K，可观察到灯泡 $S_1$ 立即正常发亮，灯泡 $S_2$ 正常发亮要比 $S_1$ 慢。这表明，在有线圈 $L$ 的支路中存在一种阻碍电流增加的作用，使得这个支路中电流从零增加到恒定值的过程比另一支路长。阻碍电流增加的作用，就是自感现象的表现。

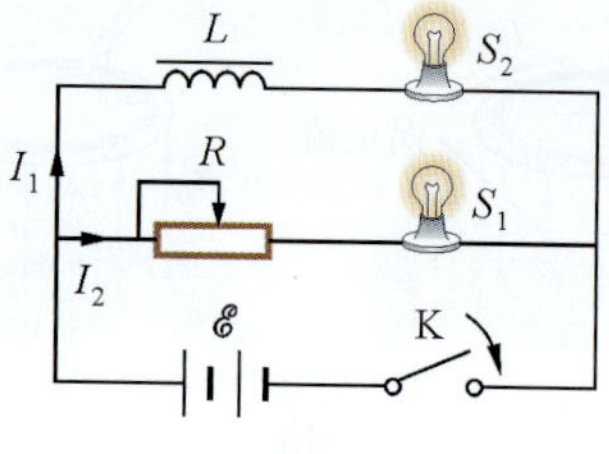

图 12.9

设一回路通有电流 $I$，根据毕奥-萨伐尔定律，电流 $I$ 产生的磁场的磁感应强度与电流 $I$ 成正比，所以穿过该回路的总磁通 $\Psi$ 应正比于回路中的电流 $I$，即

$$\Psi=LI \tag{12.9}$$

式中比例系数 $L$ 称为该回路的自感系数，简称自感。如果回路周围不存在铁磁质，自感 $L$ 是一个与电流 $I$ 无关，仅由回路的匝数、几何形状、大小，以及周围介质的磁导率决定的物理量。当决定 $L$ 的上述因素都保持不变时，$L$ 是一个不变的常量。

若回路的自感 $L$ 保持不变，则通过回路的总磁通 $\Psi$ 仅随回路中电流的变化而变化，根据法拉第电磁感应定律，自感电动势为

$$\mathscr{E}_L=-\frac{\mathrm{d}\Psi}{\mathrm{d}t}=-L\frac{\mathrm{d}I}{\mathrm{d}t} \tag{12.10}$$

式中“$-$”表明自感电动势 $\mathscr{E}_L$ 产生的感应电流的方向总是反抗回路中电流 $I$ 的变化。应注意，当 $L$ 是常量时，定义式(12.10)和式(12.9)是一致的，都可用来计算回路的自感。

#### 想想看

12.9 自感电动势总是阻碍自身回路中电流的变化。由于电流变化而在自感线圈上出现的自感电动势的方向如图所示，试判断滑动变阻器的接触点正在向哪个方向移动？

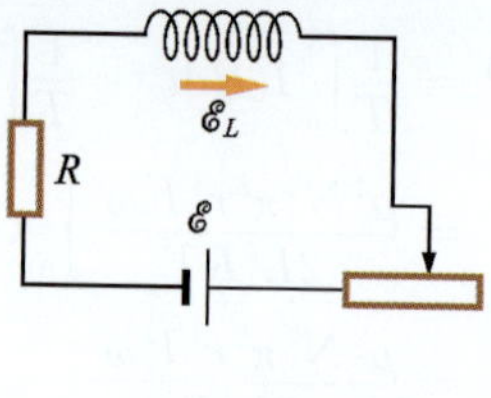

想 12.9 图

根据式(12.10),对一个确定的回路,自感在数值上等于回路中电流变化率$\frac{dI}{dt}=1$ A/s时,该回路中产生的感应电动势,即$L=|\mathscr{E}_L|$;对于不同的回路,在电流变化率$\frac{dI}{dt}$相同的条件下,回路的$L$越大,产生的$\mathscr{E}_L$越大,电流越不容易变化。换句话说,自感作用越强的回路,保持其回路中电流不变的性质越强。自感系数$L$的这一特性与力学中的质量$m$相似,所以常把自感$L$不太确切地称为"电磁惯性"。

$L$的计算一般都比较复杂,常采用实验方法测定。只有在一些典型、简单的情况下,才能利用式(12.9)或式(12.10)来计算$L$的值。

**例 12.7** 一空心单层密绕长直螺线管,总匝数为$N$,长为$l$,半径为$R$,且$l\gg R$。求螺线管的自感$L$。

**解** 用式(12.9)计算$L$值时,先假设回路电流为$I$,然后求出穿过回路的总磁通$\Psi$,将$\Psi$代入式(12.9)即可。

设螺线管中通有电流$I$,由于$l\gg R$,对于长直螺线管,管内各处的磁场可近似地看作是均匀的,且磁感应强度的大小为

$$B=\mu_0 nI=\mu_0\frac{N}{l}I$$

总磁通$\Psi$为 $\Psi=NBS=\mu_0\frac{N^2}{l}\pi R^2 I$

代入式(12.9)中,得

$$L=\frac{\Psi}{I}=\frac{\mu_0 N^2\pi R^2}{l}=\mu_0 n^2 V$$

式中$V=\pi R^2 l$是螺线管的体积。可见$L$与$I$无关,仅由$n$、$V$决定。若采用较细的导线绕制螺线管,可增大单位长度的匝数$n$,使自感$L$变大。另外,若在螺线管中插入磁介质,可使$L$值增大$\mu_r$倍。用铁磁质作为铁芯时,由于铁磁质的磁导率$\mu$与$I$有关,此时$L$值与$I$有关。

本题如果用式(12.10)计算$L$,则在求得$\Psi$后,应假设螺线管中通有随时间变化的电流,求出$\mathscr{E}_L$后代入式(12.10)就可求得$L$,即

$$\mathscr{E}_L=-\frac{d\Psi}{dt}=-\frac{d}{dt}\left(\mu_0\frac{N^2}{l}\pi R^2 I\right)=-\mu_0\frac{N^2}{l}\pi R^2\frac{dI}{dt}$$

$$L=-\frac{\mathscr{E}_L}{\frac{dI}{dt}}=\mu_0\frac{N^2}{l}\pi R^2=\mu_0 n^2 V$$

在实际中,一密绕的多匝线圈常称为自感线圈,它是电子技术中的基本元件之一,多用在稳流、滤波及产生电磁振荡等电路中。日光灯上的镇流器,电工中用的扼流圈等都是一些具有一定$L$值的电感元件。大型电动机、发电机、电磁铁等,它们的绕组线圈都具有很大的自感,在电闸接通和断开时,强大的自感电动势可能使电介质击穿,因此必须采取措施以保护人身和设备的安全。

**例 12.8** 两根长直平行的传输线,它们的半径都为$r_0$,两轴线相距为$d$,且$r_0\ll d$。求长为$l$的这对导线的自感。

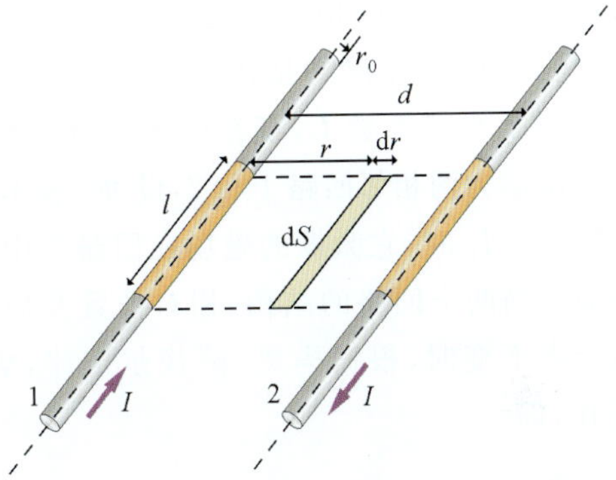


例 12.8 图

**解** 设传输线中通有电流$I$。两传输线间长为$l$,宽为$d$的面积内的磁通量为

$$\Phi=\Phi_1+\Phi_2$$

式中$\Phi_1$和$\Phi_2$分别为导线1和导线2中的电流所产生的磁通量,由于$r_0\ll d$,可以忽略两导线内部的磁通量。

导线1在距其轴线为$r$处,宽为d$r$,长为$l$的面积元d$S=l$d$r$内产生的磁通量为

$$d\Phi_1=BdS=\frac{\mu_0 I}{2\pi r}l\,dr$$

导线1在长为$l$,宽为$d$的面积内产生的磁通量则为

$$\Phi_1=\int_{r_0}^{d-r_0}\frac{\mu_0 Il}{2\pi}\frac{dr}{r}=\frac{\mu_0 Il}{2\pi}\ln\left(\frac{d-r_0}{r_0}\right)$$

导线2中的电流与导线1中的电流大小相等方向相反,所以$\Phi_1$与$\Phi_2$量值相等符号相同。

因此 $\Phi=2\Phi_1=\frac{\mu_0}{\pi}Il\ln\frac{d-r_0}{r_0}$

长为$l$的一对导线的自感为

$$L=\frac{\Phi}{I}=\frac{\mu_0}{\pi}l\ln\left(\frac{d-r_0}{r_0}\right)\approx\frac{\mu_0}{\pi}l\ln\frac{d}{r_0}$$

通常称此$L$为传输线的分布电感。如果$r_0=1\times10^{-3}$ m,$d=2\times10^{-1}$ m,则单位长度的分布电感为

$$L_0=\frac{\mu_0}{\pi}\ln\frac{d}{r_0}=\frac{4\pi\times10^{-7}}{\pi}\ln\frac{2\times10^{-1}}{1\times10^{-3}}\approx2.3\ \mu\text{H/m}$$

虽然此 $L_0$ 很小，但在传输高频电流时 $\frac{\mathrm{d}I}{\mathrm{d}t}$ 很大，此时小的分布电感也会引起不可忽视的自感电动势。

### 12.3.2　互感现象　互感系数　互感电动势

**由于某一个导体回路中的电流发生变化，而在邻近导体回路内产生感应电动势的现象，称为互感现象。**各种变压器和互感器都是利用互感现象的原理设计制造的。两路电话线之间的串音，无线电和电子仪器中线路之间的相互干扰，也是互感现象造成的，这是一些需要消除的互感作用。

类似引入自感系数 $L$，现在引入互感系数 $M$。图 12.10 所示为两相邻回路 1 和 2，设 $\Psi_{21}$ 表示回路 1 中通有电流 $I_1$ 时，它激发的磁场在回路 2 中产生的总磁通。当两个回路的结构、相对位置及周围介质的磁导率不变时，根据毕奥-萨伐尔定律，$\Psi_{21}$ 与 $I_1$ 成正比，即

$$\Psi_{21}=M_{21}I_1 \tag{12.11a}$$

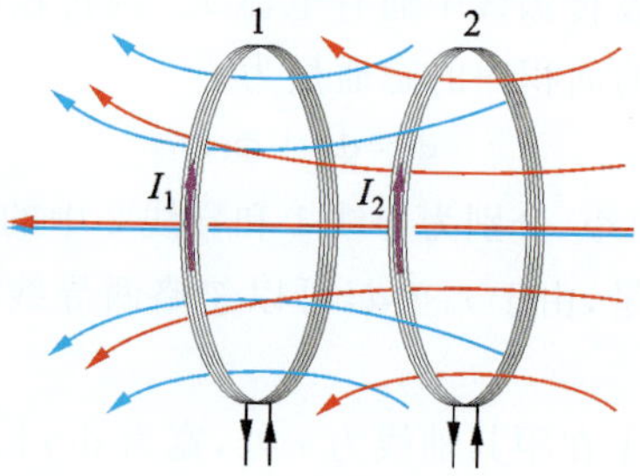


图 12.10

同理，回路 2 中的电流 $I_2$ 在回路 1 中产生的总磁通量 $\Psi_{12}$ 与 $I_2$ 成正比，即

$$\Psi_{12}=M_{12}I_2 \tag{12.11b}$$

系数 $M_{21}$ 称为回路 1 对回路 2 的互感系数；$M_{12}$ 称为回路 2 对回路 1 的互感系数。实验指出（理论也可以证明）$M_{21}$ 与 $M_{12}$ 总是相等的，即

$$M_{21}=M_{12}=M \tag{12.12}$$

$M$ 为两个回路间的互感系数，简称互感，其值由回路的几何形状、尺寸、匝数、周围介质的磁导率以及回路的相对位置决定，与回路中的电流无关。如果回路周围有铁磁质存在，互感系数就与回路中的电流有关了。

**想想看**

12.10　两个长度相同、半径相近的螺线管，在下面三种情况下，哪种情况下的互感系数最小？哪种最大？

(1) 两螺线管轴线在一条直线上，并且靠得很近；

(2) 两螺线管轴线垂直，并且靠得很近；

(3) 两螺线管套在一起。

当 $M$ 不变时，应用法拉第电磁感应定律和式(12.11a)、式(12.11b)，可以得出由于电流 $I_1$ 的变化在回路 2 中产生的互感电动势为

$$\mathscr{E}_{21}=-\frac{\mathrm{d}\Psi_{21}}{\mathrm{d}t}=-M\frac{\mathrm{d}I_1}{\mathrm{d}t} \tag{12.13a}$$

同样，由于电流 $I_2$ 的变化在回路 1 中产生的互感电动势为

$$\mathscr{E}_{12}=-\frac{\mathrm{d}\Psi_{12}}{\mathrm{d}t}=-M\frac{\mathrm{d}I_2}{\mathrm{d}t} \tag{12.13b}$$

式(12.13a)和式(12.13b)可统一表示为

$$\mathscr{E}_M=-M\frac{\mathrm{d}I}{\mathrm{d}t} \tag{12.13c}$$

在一般情况下，通常把式(12.13c)作为 $M$ 的定义。

与自感系数 $L$ 一样，通常互感 $M$ 是通过实验来测定的，只有在一些简单的情况下，才能利用式(12.11)或式(12.13c)计算出 $M$。

**例 12.9**　如图所示，两个同轴螺线管 1 和螺线管 2，同绕在一个半径为 $R$ 的长磁介质棒上。它们的绕向相同，截面积都可近似等于磁介质棒的截面积，螺线管 1 和螺线管 2 的长度分别为 $l_1$ 和 $l_2$，单位长度上的匝数分别为 $n_1$ 和 $n_2$，且 $l_1\gg R$，$l_2\gg R$。试由此特例证明 $M_{12}=M_{21}=M$。

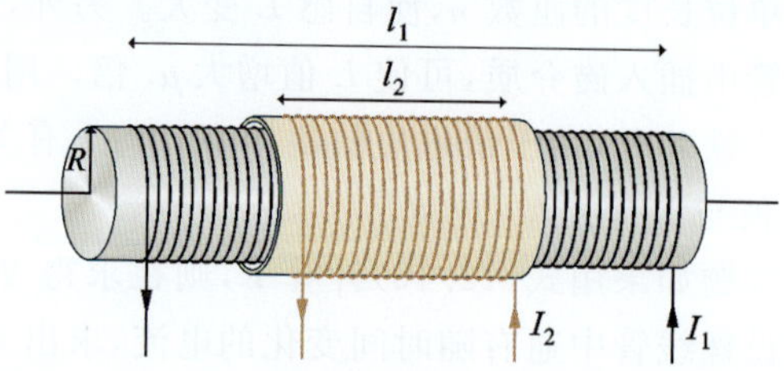


例 12.9 图

**解**　设螺线管 1 中通有电流 $I_1$，它产生的磁场的磁感应强度大小为 $B_1=\mu n_1 I_1$

电流 $I_1$ 产生的磁场穿过螺线管 2 每一匝的磁通量为

$$\Phi_{21}=B_1S_2=\mu n_1 I_1\pi R^2$$

因此有 $\Psi_{21}=n_2 l_2 \Phi_{21}=\mu n_1 n_2 l_2 \pi R^2 I_1$

由式(12.11a)可得

$$M_{21}=\frac{\Psi_{21}}{I_1}=\mu n_1 n_2 l_2 \pi R^2=\mu n_1 n_2 V_2$$

$V_2=l_2 \pi R^2$ 是螺线管 2 的体积。

设螺线管 2 中通有电流 $I_2$，它产生的磁感应强度大小为

$$B_2=\mu n_2 I_2$$

电流 $I_2$ 产生的磁场穿过螺线管 1 每一匝的磁通量为

$$\Phi_{12}=B_2 S_1=\mu n_2 I_2 \pi R^2$$

我们知道，在长直螺线管的端口以外，$B$ 很快减到零，因此螺线管 1 中只有 $n_1 l_2$ 匝线圈穿过 $\Phi_{12}$ 的磁通量，故 $I_2$ 的磁场在螺线管 1 中产生的总磁通为

$$\Psi_{12}=n_1 l_2 \Phi_{12}=\mu n_1 n_2 l_2 \pi R^2 I_2$$

由式(12.11b)可得

$$M_{12}=\frac{\Psi_{12}}{I_2}=\mu n_1 n_2 l_2 \pi R^2=\mu n_1 n_2 V_2$$

两次计算的互感相等，即证明了 $M_{12}=M_{21}=M$。还可以用更一般的方法证明 $M_{12}=M_{21}$，这里不再介绍了。

**例 12.10** 一矩形线圈 $ABCD$，长为 $l$，宽为 $a$，匝数为 $N$，放在一长直导线旁边与之共面，如图所示。这长直导线是一闭合回路的一部分，其他部分离线圈很远，未在图中画出。当矩形线圈中通有电流 $i=I_0\cos\omega t$ 时，求长直导线中的互感电动势。

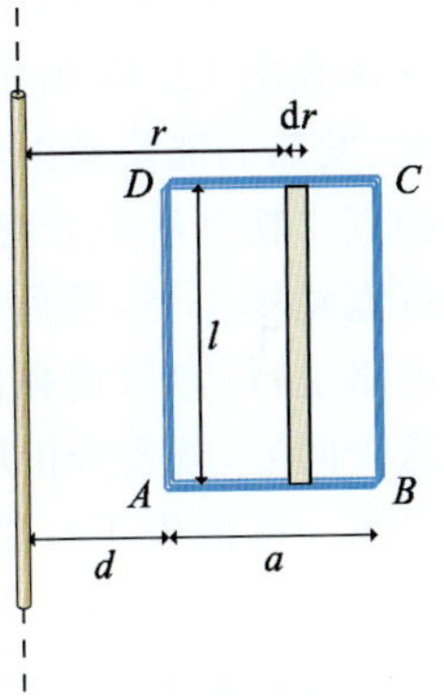

例 12.10 图

**解** $\mathscr{E}_M=-M\dfrac{\mathrm{d}I}{\mathrm{d}t}$，欲求长直导线中的互感电动势 $\mathscr{E}_M$，需先求矩形线圈对长直导线的互感 $M$，此值不好计算。由于$M_{12}=M_{21}=M$，故可计算长直导线对矩形线圈的互感。

假设在长直导线中通一电流 $I$，此电流的磁场在矩形线圈中产生的总磁通为

$$\Psi=N\iint \boldsymbol{B}\cdot \mathrm{d}\boldsymbol{S}=N\int_d^{d+a}\frac{\mu_0 I}{2\pi r}l\,\mathrm{d}r$$

$$=\frac{\mu_0 NlI}{2\pi}\ln\frac{d+a}{d}$$

长直导线与矩形线圈之间的互感为

$$M=\frac{\Psi}{I}=\frac{\mu_0 Nl}{2\pi}\ln\frac{d+a}{d}$$

矩形线圈中的电流 $i=I_0\cos\omega t$ 在长直导线中产生的互感电动势则为

$$\mathscr{E}_M=-\frac{\mu_0 Nl}{2\pi}\ln\frac{d+a}{d}\frac{\mathrm{d}}{\mathrm{d}t}(I_0\cos\omega t)$$

$$=\frac{\mu_0 NlI_0\omega}{2\pi}\ln\frac{d+a}{d}\sin\omega t$$

在处理互感问题时，常常涉及到互感系数的计算。根据式(12.12)，$M_{12}=M_{21}$，因此，常常选择其中容易计算的一个来计算，从而获得两回路间的互感系数。

## 复习思考题

**12.7** (1)一个线圈自感的大小由哪些因素决定？怎样绕制一个自感为零的线圈？(2)两个线圈之间的互感大小由哪些因素决定？怎样放置可使两线圈间的互感最大？

**12.8** 如图所示，当 $L_1$ 中的电流均匀变小时，$L_4$ 中有无感生电流产生？

**12.9** 如图所示，下列各种情况里是否有电流通过灯泡？如有，则灯泡发热发光的能量来自哪里？

(1) 开关 K 接通的瞬间；

(2) 开关 K 接通一定的时间后；

(3) 开关 K 断开的瞬间。

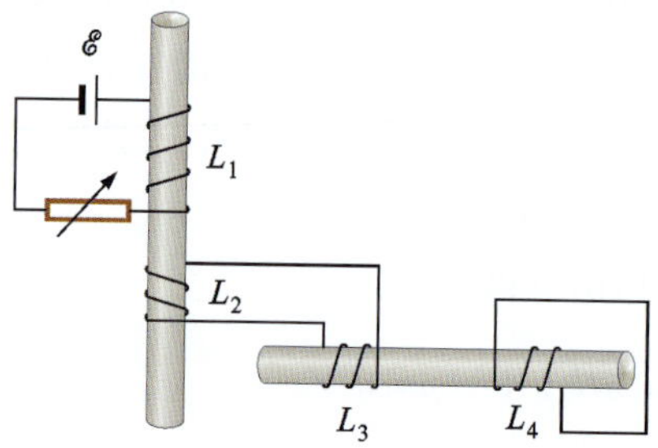

思 12.8 图

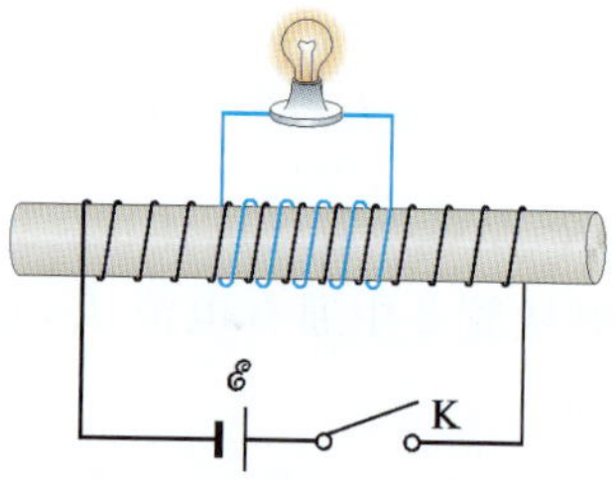

思 12.9 图

## 12.4 磁　能

与电场类似，凡存在磁场的地方必具有磁场能量。现研究图 12.11 所示的实验。电路接通后，灯泡发光、发热的能量是由电源提供的。当电键 K 突然由触点 1 换到触点 2 时，电源虽被切断，但却可以看到灯泡猛然一亮，然后才熄灭的现象。在没有电源的电路里，灯泡所消耗的能量是"谁"提供的？要回答这个问题，就要分析灯泡熄灭过程中，是"谁"伴随着电流一起消失了？显然，伴随电流一起消失的是它所激发的磁场，消失的磁场将其能量转化为灯泡的光能和热能了。

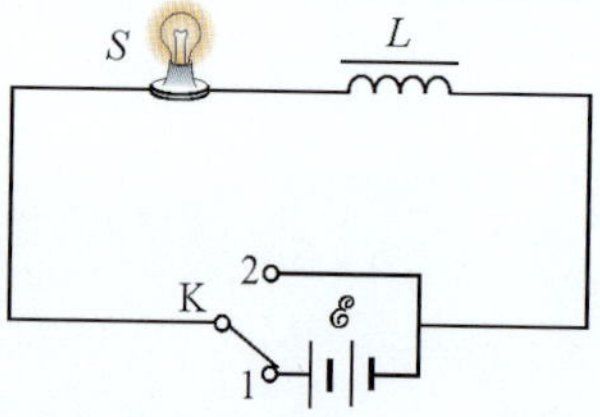

图 12.11

下面仍以图 12.11 的实验为例来推导磁能公式。当电键 K 接到触点 1 时，由于自感作用，回路中电流有一由零上升到恒定值的短暂过程。与此同时，电流所激发的磁场由零达到一恒定分布状态。在此过程中，电源对外做功分为两部分：一部分是为电路中出现的焦耳-楞次热提供能量而做功；另一部分则为反抗电流建立过程中出现的自感电动势而做功。与后一部分功相应的电源的能量，就转化为磁场的能量，即磁能。

在 $\mathrm{d}t$ 时间内，电源克服自感电动势 $\mathscr{E}_L$ 所做的元功为

$$\mathrm{d}A = -\mathscr{E}_L i\,\mathrm{d}t$$

式中 $i$ 为变化电流在 $t$ 时刻的值，而 $\mathscr{E}_L$ 为

$$\mathscr{E}_L = -L\frac{\mathrm{d}i}{\mathrm{d}t}$$

因此

$$\mathrm{d}A = Li\,\mathrm{d}i$$

电流由零增大到 $I$ 的过程中，电源克服自感电动势所做功为

$$A = \int_0^I Li\,\mathrm{d}i = \frac{1}{2}LI^2 \qquad (12.14\text{a})$$

这部分功就等于线圈中储存的磁能。

当切断电源后，经过一段时间，线圈中的电流将由 $I$ 减小到零。这时线圈中的自感电动势会阻碍电流的减小，也就是说，自感电动势的方向与电流的方向相同。在 $\mathrm{d}t$ 时间内，自感电动势所做的功为

$$\mathrm{d}A' = \mathscr{E}_L i\,\mathrm{d}t = -Li\,\mathrm{d}i$$

在这过程中所做的总功为

$$A' = \int \mathrm{d}A' = \int_I^0 -Li\,\mathrm{d}i = \frac{1}{2}LI^2$$

这表明自感电动势所做的功，恰好等于形成恒定电流时线圈中储藏的磁能。同时也说明，在断开电源时，储藏在线圈中的磁能通过自感电动势对外做功又释放出来了。由此可见，一个自感为 $L$ 通有电流 $I$ 的线圈，其中所储存的磁能 $W_\mathrm{m}$ 为

$$W_\mathrm{m} = \frac{1}{2}LI^2 \qquad (12.14\text{b})$$

$W_\mathrm{m}$ 称为自感磁能。与电容 $C$ 储能作用一样，自感线圈 $L$ 也是一个储能元件。例如一个自感 $L=10\ \mathrm{H}$ 的长螺线管，当通有 2 A 的恒定电流时，线圈中储存的磁能 $W_\mathrm{m}=LI^2/2=20\ \mathrm{J}$。

储藏在线圈中的能量可以用描述磁场的物理量 $\boldsymbol{B}$ 或 $\boldsymbol{H}$ 来表示。下面用长直螺线管这个特例来导出此表达式。长直螺线管的自感为 $L=\mu n^2V$，当螺线管中的电流为 $I$ 时，其磁能为

$$W_\mathrm{m} = \frac{1}{2}LI^2 = \frac{1}{2}\mu n^2 I^2 V$$

对于长直螺线管，有

$$H = nI;\qquad B = \mu nI$$

代入上式得

$$W_\mathrm{m} = \frac{1}{2}BHV \qquad (12.15\text{a})$$

或

$$W_\mathrm{m} = \frac{1}{2}\mu H^2 V = \frac{1}{2}\frac{B^2}{\mu}V \qquad (12.15\text{b})$$

在螺线管内，磁场均匀分布在体积 $V$ 中，因此单位体积中磁场的能量，即磁能密度为

$$w_m = \frac{1}{2}BH \quad (12.16a)$$

或 $$w_m = \frac{1}{2}\mu H^2 = \frac{1}{2}\frac{B^2}{\mu} \quad (12.16b)$$

式(12.16a)虽是由螺线管中均匀磁场的特例导出的，但进一步研究表明，它适用于一切磁场。式(12.16b)表明，某点磁场的能量密度只与该点的磁感应强度 $B$ 和介质的性质有关。一般情况下，磁能密度是空间位置和时间的函数。对于不均匀磁场，可把磁场存在的空间划分为无数个体积元，任一体积元 $\mathrm{d}V$ 内的磁能为

$$\mathrm{d}W_m = w_m\mathrm{d}V = \frac{1}{2}BH\mathrm{d}V$$

有限体积 $V$ 内的磁能则为

$$W_m = \int_V \mathrm{d}W_m = \frac{1}{2}\int_V BH\mathrm{d}V \quad (12.17)$$

### 想想看

12.11 如图所示 3 个长直螺线管，它们的横截面积相同，长度、电流强度、线圈匝数已知。分别按照螺线管内磁能密度以及磁能的大小，对 3 个螺线管排序。

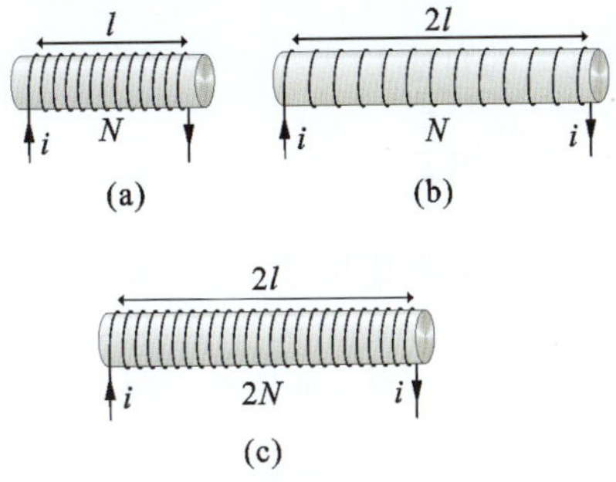


想 12.11 图

**例 12.11** 如图所示，一长同轴电缆由半径为 $R_1$ 的内圆柱导体和半径为 $R_2$ 的圆筒同轴组成，其间充满磁导率为 $\mu$ 的磁介质。内外导体中通有大小相等、方向相反的轴向电流，且电流在圆柱体内均匀分布。求长为 $l$ 的一段电缆内所储藏的磁能。

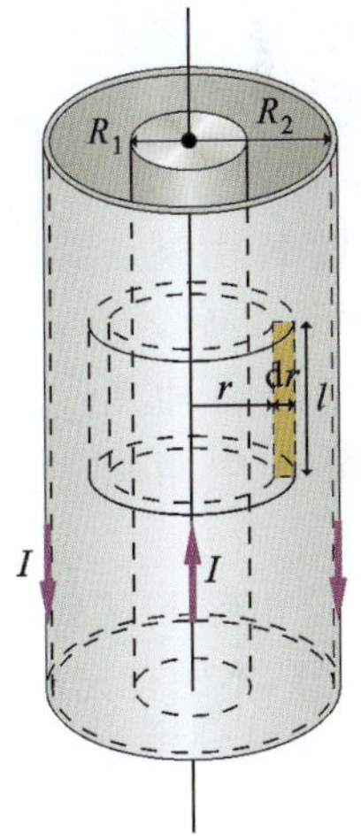


例 12.11 图

**解** 根据安培环路定律，可求得圆柱体与圆筒之间，离轴线距离为 $r$ 处的磁感应强度的大小为

$$B = \frac{\mu I}{2\pi r} \quad (R_1 < r < R_2)$$

此处的磁能密度为

$$w_{m_1} = \frac{B^2}{2\mu} = \frac{\mu I^2}{8\pi^2 r^2}$$

两导体间磁能密度是 $r$ 的函数。取半径为 $r$，厚为 $\mathrm{d}r$，长为 $l$ 的圆柱壳体积 $\mathrm{d}V$ 作为体积元，则 $\mathrm{d}V = 2\pi rl\mathrm{d}r$。其中的磁能为

$$\mathrm{d}W_{m_1} = w_{m_1}\mathrm{d}V = \frac{\mu I^2}{8\pi^2 r^2}2\pi rl\mathrm{d}r = \frac{\mu I^2 l}{4\pi}\frac{\mathrm{d}r}{r}$$

所以储藏在长为 $l$ 的内外两载流导体之间的总磁能为

$$W_{m_1} = \int_{R_1}^{R_2}\mathrm{d}W_{m_1} = \frac{\mu I^2 l}{4\pi}\int_{R_1}^{R_2}\frac{\mathrm{d}r}{r} = \frac{\mu I^2 l}{4\pi}\ln\frac{R_2}{R_1}$$

由于在内圆柱体横截面内，电流是均匀分布的，根据安培环路定理可求得此圆柱体内的磁感应强度 $B$ 的大小为

$$B = \frac{\mu_0 Ir}{2\pi R_1^2}$$

因导体的磁导率接近于真空中磁导率，故导体中的磁导率取为 $\mu_0$。

用上述同样的方法，可求出长为 $l$ 的圆柱导体内储藏的磁能为

$$W_{m_2} = \int_V \frac{B^2}{2\mu_0}\mathrm{d}V = \frac{\mu_0 I^2 l}{4\pi R_1^4}\int_0^{R_1} r^3\mathrm{d}r = \frac{\mu_0 I^2 l}{16\pi}$$

所以载有电流 $I$,长为 $l$ 的同轴电缆内所储藏的总磁能为

$$W_m=W_{m_1}+W_{m_2}=\frac{\mu I^2 l}{4\pi}\ln\frac{R_2}{R_1}+\frac{\mu_0 I^2 l}{16\pi}$$

注意,若已知 $W_m$,则由 $W_m=\frac{1}{2}LI^2$ 可求得自感 $L$。此处长为 $l$ 的同轴电缆的自感 $L$ 为

$$L=\frac{2W_m}{I^2}=\frac{\mu l}{2\pi}\ln\frac{R_2}{R_1}+\frac{\mu_0 l}{8\pi}$$

选择适当的电缆尺寸,使 $\frac{\mu_0 l}{8\pi}$ 相对 $\frac{\mu l}{2\pi}\ln\frac{R_2}{R_1}$ 可忽略不计;或者电缆的内导体不是圆柱体,而是空心圆筒。则由于筒内磁场为零,$\frac{\mu_0 l}{8\pi}$ 项不存在,这时单位长度同轴电缆的自感即为

$$L=\frac{\mu}{2\pi}\ln\frac{R_2}{R_1}$$

计算磁能一般有两种方法:一是根据式(12.14b)计算;二是用式(12.17)计算,这需要首先计算载流导体产生的磁场分布。

**例 12.12** 图示电路的电阻为 $R$,自感为 $L$,电流为 $I_0$。试证:电键 K 由触点 1 打到触点 2 后,电阻上放出的焦耳热等于线圈 $L$ 中储藏的磁能。

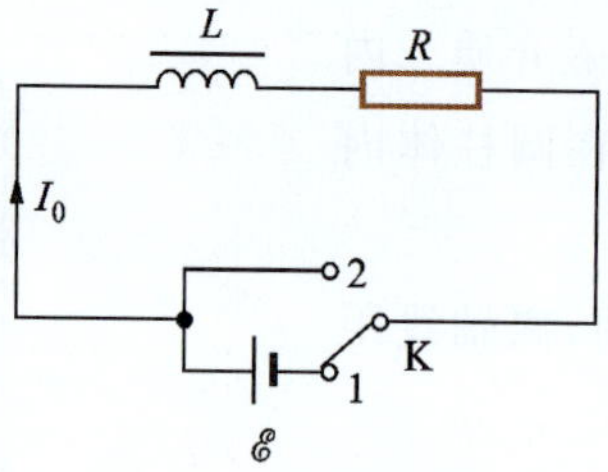

例 12.12 图

**解** 在电键 K 接到触点 2 时,自感线圈是电路唯一的电源,本题首先根据欧姆定律和式(12.10)求出电流强度随时间变化的函数关系,据此求得焦耳热。根据欧姆定律有

$$\mathscr{E}_L=Ri$$

把 $\mathscr{E}_L=-L\frac{di}{dt}$ 代入上式得

$$L\frac{di}{dt}+Ri=0$$

利用 $t=0$ 时,$I=I_0$ 的初始条件,上述方程的解为

$$i=I_0 e^{-\frac{R}{L}t}$$

可见电路中电流按指数衰减。通常把时间 $\tau=L/R$ 称为 $RL$ 电路的时间常数或弛豫时间,它的意义是经过 $\tau=L/R$ 一段弛豫时间,电流降低为原稳定值的 1/e(约 37%)。弛豫时间可衡量自感电路中电流衰减的快慢程度。

电阻 $R$ 上放出的焦耳热为

$$Q=\int_0^{\infty} i^2 R dt=I_0^2 R\int_0^{\infty} e^{-\frac{2R}{L}t}dt=\frac{1}{2}LI_0^2$$

这正好等于线圈 $L$ 中储藏的磁能。

## 复习思考题

**12.10** 如图所示一体积为 $V$,自感为 $L$ 的长直螺线管,和一电容为 $C$,两极板间体积为 $V'$ 的平行板电容器串接在一起。当电键 K 接通后 $t$ 秒时,电路中的充电电流的瞬时值为 $i$,电容器两极板上的电势差为 $U$。问此时刻电能和磁能各为多少?这些能量是怎样建立起来的?

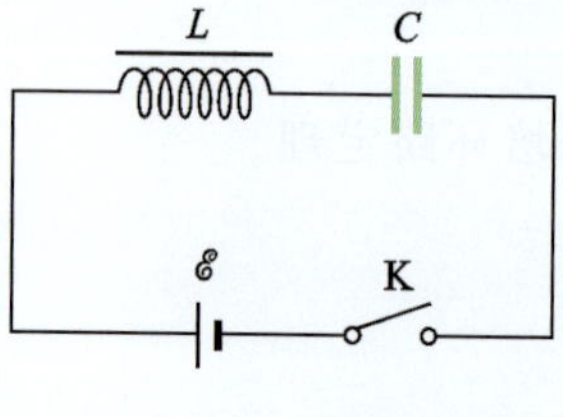

思 12.10 图

**12.11** 如图所示,在环形螺绕环中,其内半径附近的 $B$ 点和外半径附近的 $A$ 点,哪点的磁能密度大?

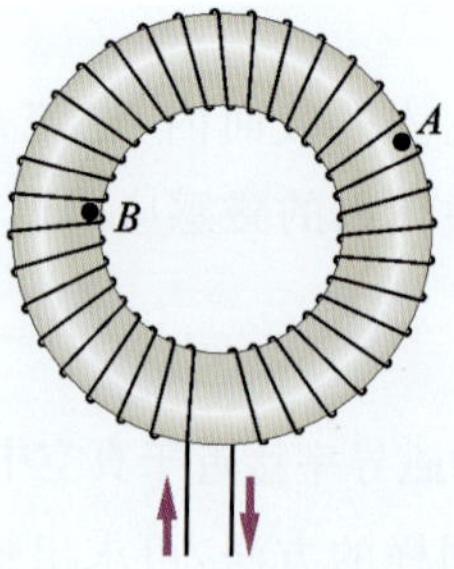

思 12.11 图

# 12.5 麦克斯韦电磁场理论简介

麦克斯韦在前人实践的基础上,经研究提出:**变化的磁场可以产生有旋电场**和**变化的电场**(位移电流)**可以产生磁场**两个假设,并用一组方程概括了全部电场和磁场的性质和规律,建立了完整的电磁场理论基础。本节初步介绍麦克斯韦理论的基本概念及其积分方程组。

## 12.5.1 位移电流

我们知道,恒定电流的磁场遵从安培环路定理,即

$$\oint_L \boldsymbol{H}\cdot \mathrm{d}\boldsymbol{l}=\sum_{(L内)} I_i$$

式中的电流是穿过以闭合曲线 $L$ 为边界的任意曲面 $S$ 的传导电流(电荷定向运动形成的电流)。对于非恒定电流产生的磁场,安培环路定理是否还适用呢?例如电容器充电过程中,在电容器的一个极板附近,任取一包围载流导线的闭合曲线 $L$,以 $L$ 为边界作 $S_1$ 和 $S_2$ 两个曲面,如图 12.12。当把安培环路定理应用于曲面 $S_1$ 和曲面 $S_2$ 之上时,对于 $S_1$ 曲面,因有传导电流 $I$ 穿过该面,故有

$$\oint_L \boldsymbol{H}\cdot \mathrm{d}\boldsymbol{l}=I$$

对于曲面 $S_2$,它伸展到电容器两极板之间,不与导体相交,则穿过该曲面的传导电流为零,因此有

$$\oint_L \boldsymbol{H}\cdot \mathrm{d}\boldsymbol{l}=0$$

于是在非恒定磁场中,把安培环路定理应用到以同一闭合曲线 $L$ 为边界的不同曲面时,得到完全不同的结果。

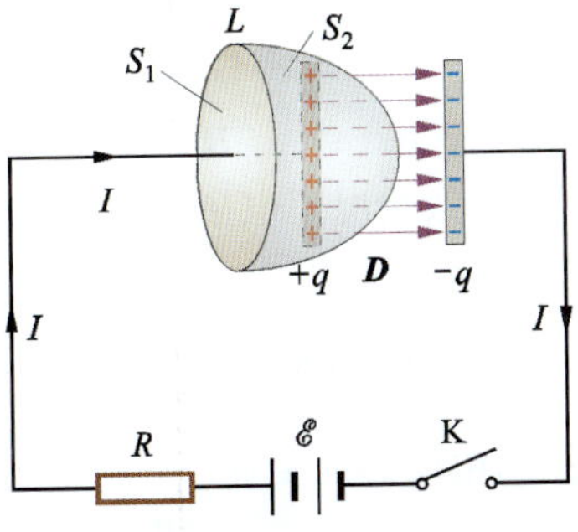


图 12.12

麦克斯韦认为上述矛盾的出现,是由于把 $\boldsymbol{H}$ 的环流认为唯一的由传导电流决定,而传导电流在电容器两极板间却中断了。他注意到,在电容器充电(或放电)过程中,电容器极板间虽无传导电流,却存在着电场,电容器极板上自由电荷 $q$ 随时间变化形成传导电流的同时,极板间的电场、电位移也在随时间变化着。设极板的面积为 $S$,某时刻极板上自由电荷面密度为 $\sigma$,则电位移 $D=\sigma$,于是极板间的电位移通量 $\Phi_{\mathrm{D}}=DS=\sigma S$。电位移通量 $\Phi_{\mathrm{D}}$ 的时间变化率为

$$\frac{\mathrm{d}\Phi_{\mathrm{D}}}{\mathrm{d}t}=\frac{\mathrm{d}}{\mathrm{d}t}(\sigma S)=\frac{\mathrm{d}q}{\mathrm{d}t} \tag{12.18}$$

式中 $\mathrm{d}q/\mathrm{d}t$ 为导线中的传导电流。由式(12.18)可知,穿过 $S_2$ 曲面有与穿过 $S_1$ 曲面的传导电流 $\mathrm{d}q/\mathrm{d}t$ 大小相等的电位移通量变化率 $\mathrm{d}\Phi_{\mathrm{D}}/\mathrm{d}t$。麦克斯韦把 $\mathrm{d}\Phi_{\mathrm{D}}/\mathrm{d}t$ 称为位移电流 $I_{\mathrm{D}}$,即

$$I_{\mathrm{D}}=\frac{\mathrm{d}\Phi_{\mathrm{D}}}{\mathrm{d}t} \tag{12.19}$$

引入位移电流概念以后,在电容器极板处中断的传导电流 $I$ 被位移电流 $\mathrm{d}\Phi_{\mathrm{D}}/\mathrm{d}t$ 接替,使电路中电流保持连续不断。传导电流和位移电流之和称为全电流。在非恒定电路中,全电流 $I+I_{\mathrm{D}}$ 是保持连续的。前面所讲,在非恒定情况下,应用安培环路定理出现的问题就在于电流不连续。现在有了位移电流,这就使得全电流在非恒定情况下也保持连续。很自然地想到,在非恒定情况下安培环路定理应推广为

$$\oint_L \boldsymbol{H}\cdot \mathrm{d}\boldsymbol{l}=I+I_{\mathrm{D}} \tag{12.20}$$

上式称为全电流安培环路定理。它表明不仅传导电流 $I$ 能产生有旋磁场,位移电流也能产生有旋磁场。应该注意的是,位移电流只表示电位移通量的变化率,不是真实的电荷在空间运动。之所以把电位移通量的变化率称为电流,仅仅是因为它在产生磁场这一点上和传导电流一样。显然,形成位移电流不需要导体,它不会产生热效应,即使在真空中仍可以有位移电流存在。如上所述,位移电流产生的磁场也是有旋场,根据式(12.20),$I_{\mathrm{D}}$ 的方向与 $\boldsymbol{H}$ 方向之间的关系,与 $I$ 和 $\boldsymbol{H}$ 之间的关系相同,即满足右螺旋法则。麦克斯韦的位移电流假设的实质是**变化的电场能产生磁场。**

### 想想看

12.12 图示电容器正处在充电状态,$L_1$、$L_2$、$L_3$ 是三条积分环路,根据磁场强度 $\boldsymbol{H}$ 沿三条路径积分值的大小,对三条路径排序。

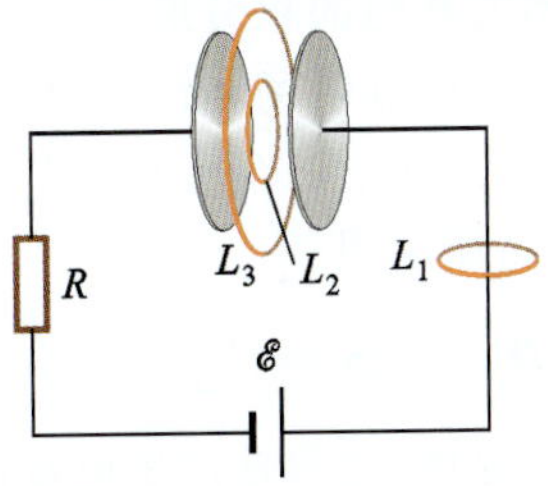


想 12.12 图

**例 12.13**　图示一平行板电容器，两极板都是半径为 $R=0.10\ \mathrm{m}$ 的导体圆板。当充电时，极板间的电场强度以 $\mathrm{d}E/\mathrm{d}t=10^{12}\ \mathrm{V/(m\cdot s)}$ 的变化率增加。设两极板间为真空，略去边缘效应，求：

(1)两极板间的位移电流 $I_{\mathrm{D}}$；

(2)距两极板中心连线为 $r(r<R)$ 处的磁感应强度 $B_r$，并估算 $r=R$ 处的磁感应强度的大小。

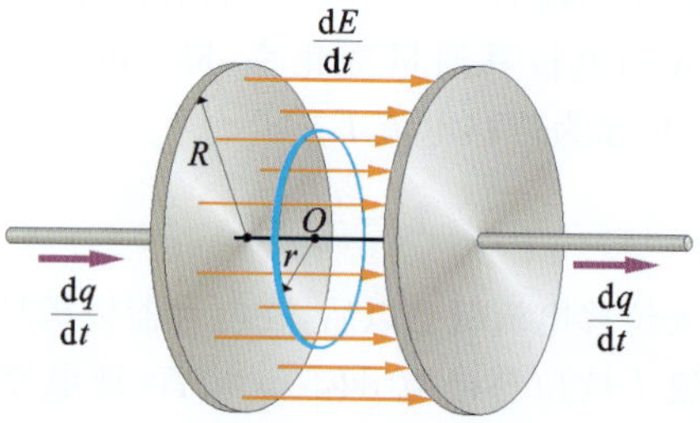


例 12.13 图

**解**　在忽略边缘效应时，平行板间电场可看成均匀分布。

(1)根据式(12.19)有

$$I_{\mathrm{D}}=\frac{\mathrm{d}\Phi_{\mathrm{D}}}{\mathrm{d}t}=\frac{\mathrm{d}D}{\mathrm{d}t}S=\varepsilon_0\frac{\mathrm{d}E}{\mathrm{d}t}\pi R^2$$
$$=8.85\times10^{-12}\times10^{12}\times\pi\times(0.10)^2$$
$$=0.28\ \mathrm{A}$$

(2)两极板间的位移电流相当于均匀分布的圆柱电流，它产生具有轴对称分布的有旋磁场。取半径为 $r$ 的磁场线为闭合积分路径。由于极板间的传导电流 $I=0$，则根据全电流安培环路定理有

$$\oint \boldsymbol{H}\cdot\mathrm{d}\boldsymbol{l}=\frac{1}{\mu_0}B_r 2\pi r=I_{\mathrm{D}}=\varepsilon_0\frac{\mathrm{d}E}{\mathrm{d}t}\pi r^2$$

所以　$$B_r=\frac{\varepsilon_0\mu_0}{2}r\frac{\mathrm{d}E}{\mathrm{d}t}$$

当 $r=R$ 时，有

$$B_R=\frac{\varepsilon_0\mu_0}{2}R\frac{\mathrm{d}E}{\mathrm{d}t}$$
$$=\frac{1}{2}\times8.85\times10^{-12}\times4\pi\times10^{-7}\times0.10\times10^{12}$$
$$=5.56\times10^{-7}\ \mathrm{T}$$

计算结果表明，位移电流产生的磁场是相当弱的。一般只是在超高频的情况下才需要考虑位移电流产生的磁场。

### 12.5.2　麦克斯韦方程组的积分形式　电磁场

回顾前面所讲过的静电场和恒定磁场的基本性质和规律，可以归纳出如下四个方程，即

(1)静电场的高斯定理

$$\oint_S \boldsymbol{D}^{(1)}\cdot\mathrm{d}\boldsymbol{S}=\sum_i q_i$$

它表明静电场是有源场，电荷是产生电场的源。

(2)静电场的环路定理

$$\oint_L \boldsymbol{E}^{(1)}\cdot\mathrm{d}\boldsymbol{l}=0$$

它表明静电场是保守(无旋、有势)场。

上两式中 $\boldsymbol{D}^{(1)}$ 和 $\boldsymbol{E}^{(1)}$ 表示的是静止电荷所产生的电场的电位移矢量和电场强度。对各向同性介质，$\boldsymbol{D}^{(1)}$ 和 $\boldsymbol{E}^{(1)}$ 的关系是

$$\boldsymbol{D}^{(1)}=\varepsilon\boldsymbol{E}^{(1)}$$

式中 $\varepsilon$ 是电介质的介电常数。

(3)恒定磁场的高斯定理

$$\oint_S \boldsymbol{B}^{(1)}\cdot\mathrm{d}\boldsymbol{S}=0$$

它表明恒定磁场是无源场。

(4)恒定磁场的安培环路定理

$$\oint_L \boldsymbol{H}^{(1)}\cdot\mathrm{d}\boldsymbol{l}=\sum_{(L内)} I$$

它表明恒定磁场是有旋(非保守)场。$\boldsymbol{B}^{(1)}$ 和 $\boldsymbol{H}^{(1)}$ 是恒定电流所产生的磁场的磁感应强度和磁场强度。对于各向同性介质，$\boldsymbol{B}^{(1)}$ 和 $\boldsymbol{H}^{(1)}$ 的关系是

$$\boldsymbol{B}^{(1)}=\mu\boldsymbol{H}^{(1)}$$

式中 $\mu$ 为磁介质的磁导率。

麦克斯韦提出“有旋电场”和“位移电流”的假设，并在总结了电场和磁场之间相互激发的规律之后，对描述静电场和恒定磁场的方程进行了修正，归纳出一组描述统一电磁场的方程组。

麦克斯韦认为：在一般情况下，电场既包括自由电荷产生的静电场 $\boldsymbol{E}^{(1)}$ 和 $\boldsymbol{D}^{(1)}$，也包括变化磁场产生的有旋电场 $\boldsymbol{E}^{(2)}$ 和 $\boldsymbol{D}^{(2)}$，电场强度 $\boldsymbol{E}$ 和电位移 $\boldsymbol{D}$ 是两种电场的矢量和，即

$$\boldsymbol{E}=\boldsymbol{E}^{(1)}+\boldsymbol{E}^{(2)};\qquad \boldsymbol{D}=\boldsymbol{D}^{(1)}+\boldsymbol{D}^{(2)}$$

同时，磁场既包括传导电流产生的磁场 $\boldsymbol{B}^{(1)}$ 和 $\boldsymbol{H}^{(1)}$，也包括位移电流(变化电场)产生的磁场 $\boldsymbol{B}^{(2)}$ 和 $\boldsymbol{H}^{(2)}$，即

$$\boldsymbol{B}=\boldsymbol{B}^{(1)}+\boldsymbol{B}^{(2)};\qquad \boldsymbol{H}=\boldsymbol{H}^{(1)}+\boldsymbol{H}^{(2)}$$

这样就得到在一般情况下电磁场所满足的方程组为

(1)电场的高斯定理

$$\oint_S \boldsymbol{D}\cdot\mathrm{d}\boldsymbol{S}=\sum_i q_i$$

(2)法拉第电磁感应定律

$$\oint_L \boldsymbol{E}\cdot\mathrm{d}\boldsymbol{l}=-\iint_S\frac{\partial\boldsymbol{B}}{\partial t}\cdot\mathrm{d}\boldsymbol{S}$$

(3)磁场的高斯定理

$$\oint_S \boldsymbol{B}\cdot\mathrm{d}\boldsymbol{S}=0$$

(4)全电流的安培环路定律

$$\oint_L \boldsymbol{H}\cdot\mathrm{d}\boldsymbol{l}=\sum(I_{\mathrm{D}}+I)$$

这四个方程就称为麦克斯韦方程组的积分形式。

根据麦克斯韦"变化电场能产生磁场"和"变化的磁场能产生电场"的假设，如果在空间某一区域内有变化的电场(如电荷作加速运动)，那么在邻近区域内就会产生变化的有旋磁场。这变化的磁场又会在较远处产生变化的有旋电场。这样产生出的电场也是随时间变化的场，它必定要产生新的有旋磁场。如果介质不吸收电磁场能量，则电场与磁场之间的相互转化过程就会永远循环下去，形成相互联系在一起的、不可分割的统一电磁场，并由近及远地传播出去以形成电磁波。大量的实验和事实证实电磁场具有能量、动量和质量，它和实物一样是客观存在的物质形式。但是，它与实物有区别，例如同一空间不能被几个实物所占据，而几个电磁场可以叠加在同一空间里。

麦克斯韦电磁理论是从宏观电磁现象总结出来的，可以应用在各种宏观电磁现象中，如用它可以研究运动电荷所产生的电磁场及一般辐射问题。然而，在分子和原子的微观区域中的电磁现象，需由更普遍的量子电动力学来解决。麦克斯韦电磁理论可以看作量子电动力学在某些特殊情况下的近似。

## 复习思考题

**12.12** 位移电流和传导电流有何异同之处？证明 $\mathrm{d}\Phi_D/\mathrm{d}t$ 具有电流的量纲。

**12.13** 图(a)所示是变化电场的位移电流，图(b)所示是变化的磁场，试分别画出它们相联系的磁场(即 $\boldsymbol{H}$ 线)线和电场线。

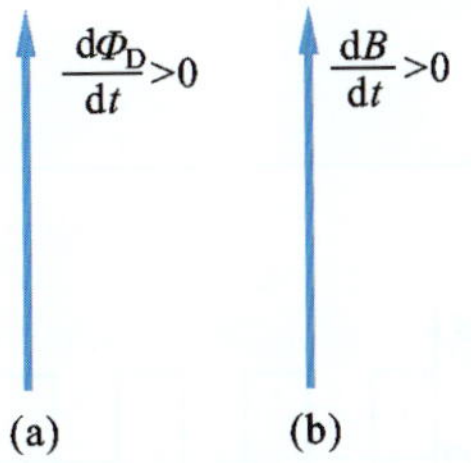

思 12.13 图

**12.14** 试由麦克斯韦积分方程组，定性地说明怎样产生统一的电磁场，并说明静电场和恒定磁场是统一的电磁场在一定条件下的一种特殊形式。

**12.15** 在麦克斯韦积分方程组中，两个高斯定理与静电场和恒定磁场的高斯定理形式相同。其物理意义是否相同？

## 第 12 章小结

**电动势**

非静电力把单位正电荷从负极移动到正极所做的功

$$\mathscr{E}=\oint \boldsymbol{E}_k \cdot \mathrm{d}\boldsymbol{l}$$

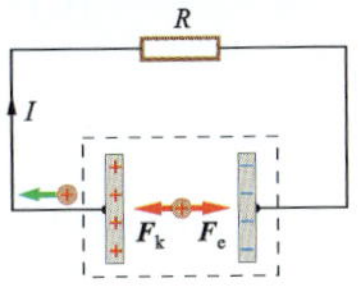


**法拉第电磁感应定律**

如果穿过一闭合回路的磁通量发生变化，在回路中就会产生感应电动势

$$\mathscr{E}=-\frac{\mathrm{d}\Phi_m}{\mathrm{d}t}$$

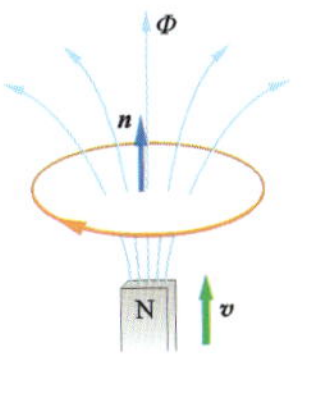


**感生电动势**

变化的磁场会感应出有旋电场(感生电场)$\boldsymbol{E}_V$。$\boldsymbol{E}_V$ 沿任一闭合路径的线积分等于该路径上的感生电动势，等于这一闭合路径所包围面积的磁通量的变化率

$$\mathscr{E}=\oint \boldsymbol{E}_V \cdot \mathrm{d}\boldsymbol{l}=-\iint_S \frac{\partial \boldsymbol{B}}{\partial t} \cdot \mathrm{d}\boldsymbol{S}$$

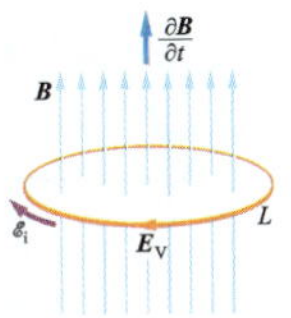


**动生电动势**

导体在磁场中运动，其内部与洛伦兹力相对应的非静电性场强 $\boldsymbol{v}\times\boldsymbol{B}$ 沿导体的线积分为动生电动势

$$\mathscr{E}=\oint(\boldsymbol{v}\times\boldsymbol{B}) \cdot \mathrm{d}\boldsymbol{l}$$

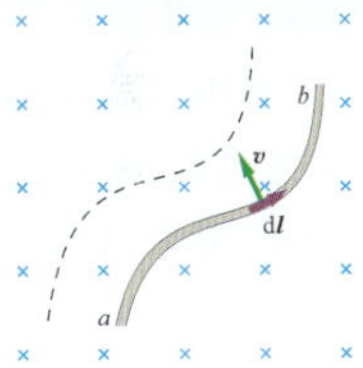


**自感**

由于导体回路中电流变化，而在自身回路中产生电动势的现象

$$L=\frac{\Phi_m}{I}$$

$$\mathscr{E}_L=-L\frac{\mathrm{d}I}{\mathrm{d}t}$$

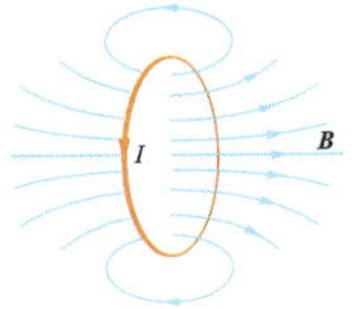


**互感**

由于一导体回路中电流发生变化，而在附近另一回路中产生电动势的现象

$$M=\frac{\Phi_m}{I}$$

$$\mathscr{E}_M=-M\frac{\mathrm{d}I}{\mathrm{d}t}$$

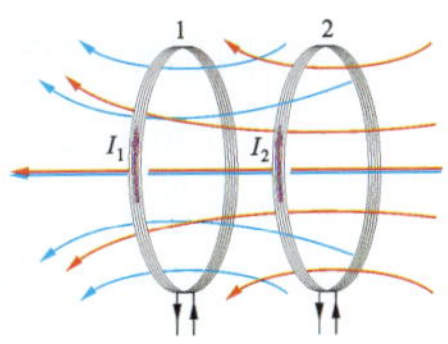

**磁能**

磁能密度 $w=\boldsymbol{B}\cdot\boldsymbol{H}/2$，其体积分为磁场能量

$$W=\int_V \frac{1}{2}\boldsymbol{B}\cdot\boldsymbol{H}\mathrm{d}V$$

$$W=\frac{1}{2}LI^2$$

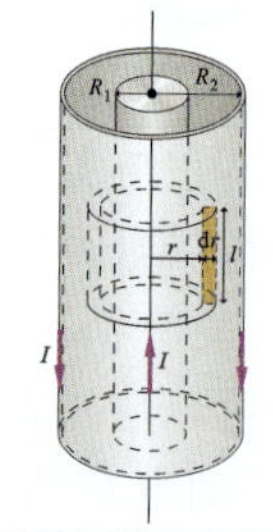


**全电流安培环路定理**

不仅传导电流 $I$ 能产生磁场，位移电流 $I_D$ 也会产生磁场。位移电流的实质是变化的电场

$$\oint \boldsymbol{H}\cdot\mathrm{d}\boldsymbol{l}=I+I_D$$

$$I_D=\frac{\mathrm{d}\Phi_D}{\mathrm{d}t}$$

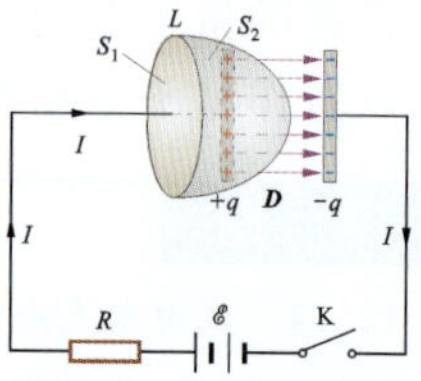


**麦克斯韦方程组**

麦克斯韦用一组方程总结了全部电场和磁场的性质及规律，建立了完整的电磁场理论基础

$$\oint_S \boldsymbol{D}\cdot\mathrm{d}\boldsymbol{S}=\sum_i q_i$$

$$\oint_L \boldsymbol{E}\cdot\mathrm{d}\boldsymbol{l}=-\iint_S \frac{\partial \boldsymbol{B}}{\partial t}\cdot\mathrm{d}\boldsymbol{S}$$

$$\oint_S \boldsymbol{B}\cdot\mathrm{d}\boldsymbol{S}=0$$

$$\oint \boldsymbol{H}\cdot\mathrm{d}\boldsymbol{l}=\sum(I+I_D)$$

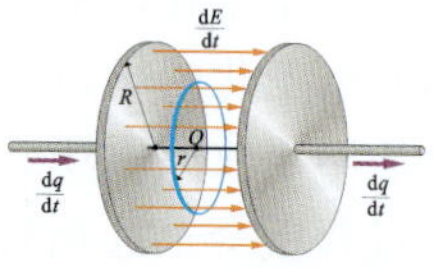


# 习 题

**12.1 选择题**

(1) $\boldsymbol{E}_k$ 和 $\boldsymbol{E}$ 分别是电源中的非静电场和静电场的场强，$rI$ 为内阻上的电势降落，取从电源负极经电源内部到正极为积分路径，则 $\int_-^+ \boldsymbol{E}_k\cdot\mathrm{d}\boldsymbol{l}=$[　　]；$\int_-^+ \boldsymbol{E}\cdot\mathrm{d}\boldsymbol{l}=$[　　]；$\int_-^+ (\boldsymbol{E}_k-\boldsymbol{E})\cdot\mathrm{d}\boldsymbol{l}=$[　　]。

(A) 端电压 $u$　　(B) 电动势 $\mathscr{E}$　　(C) $rI$

(2) 一棒状铁芯密绕着线圈 1 和线圈 2，如图所示。按下电键 K，并取线圈 2 回路面积的法线正方向为 $\boldsymbol{n}$，应用法拉第电磁感应定律判断 $\mathscr{E}_i$ 方向的方法，对于线圈 2 回路，正确的判断是[　　]。

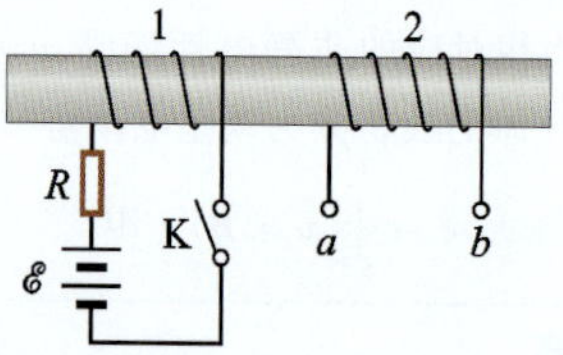


题 12.1(2)图

(A) $\Phi<0, \frac{\mathrm{d}\Phi}{\mathrm{d}t}>0, \mathscr{E}_i<0, U_a<U_b$

(B) $\Phi>0, \frac{\mathrm{d}\Phi}{\mathrm{d}t}<0, \mathscr{E}_i>0, U_a>U_b$

(C) $\Phi<0, \frac{\mathrm{d}\Phi}{\mathrm{d}t}<0, \mathscr{E}_i>0, U_a>U_b$

(D) $\Phi<0, \frac{\mathrm{d}\Phi}{\mathrm{d}t}<0, \mathscr{E}_i<0, U_a<U_b$

(3) 一半圆形的闭合金属导线绕轴 $O$ 在矩形均匀分布的恒定磁场中作逆时针方向的匀速转动，如图(a)所示。图(b)中能表示导线中感应电动势 $\mathscr{E}_i-t$ 的函数关系的曲线为[　　]。

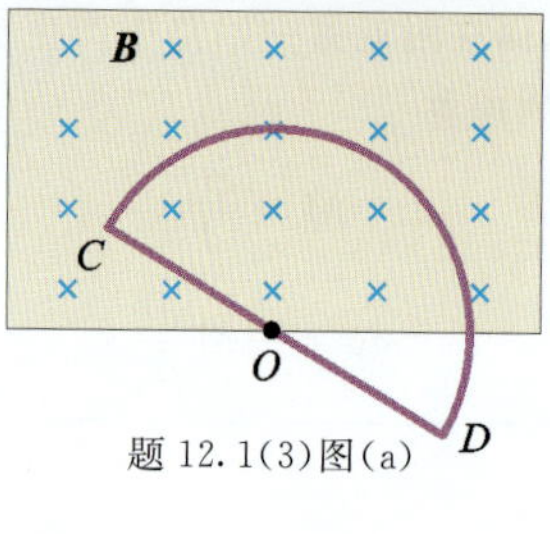


题 12.1(3)图(a)

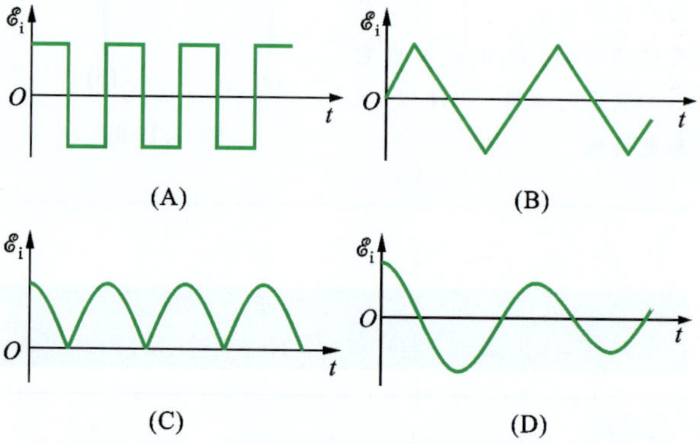


题 12.1(3)图(b)

(4) 均匀磁场中有几个闭合线圈，如图所示。当磁场不断减小时，在各回路中产生的感应电流的方向各为：

(a)[　　]；(b)[　　]；(c)[　　]；(d)[　　]。

(A) 沿 $abcd$　　(B) 沿 $dcba$　　(C) 无感应电流

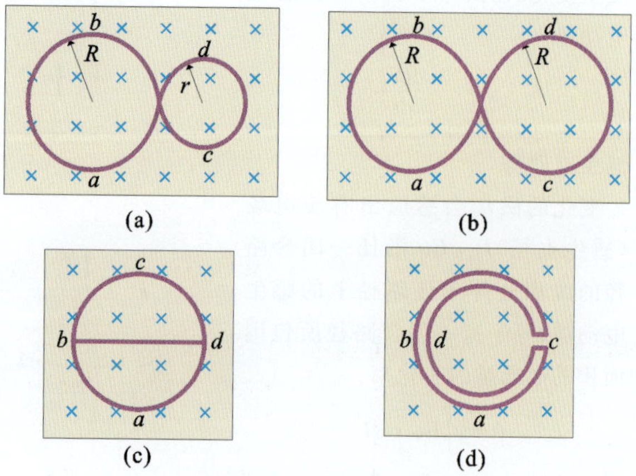


题 12.1(4)图

(5)一半径为 $R$ 没有铁芯的无限长密绕螺线管，单位长度上的匝数为 $n$，通入 $\mathrm{d}I/\mathrm{d}t$ 为常数的增长电流。如图所示。将导线 $Oab$ 和 $bc$ 垂直于磁场放置在管内外，$Oa=ab=bc=R$。

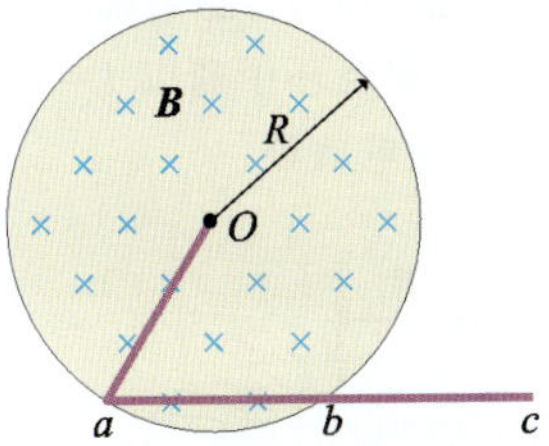

题 12.1(5)图

(a) 导线上感生电动势为[　　]。

(A) $\mathscr{E}_{Oa}=\mathscr{E}_{ab}=\mathscr{E}_{bc}$

(B) $\mathscr{E}_{Oa}=0, \mathscr{E}_{ab}<\mathscr{E}_{bc}$

(C) $\mathscr{E}_{Oa}=0, \mathscr{E}_{ab}>\mathscr{E}_{bc}$

(D) $\mathscr{E}_{Oa}<\mathscr{E}_{ab}=\mathscr{E}_{bc}$

(b) $a$、$b$、$c$ 三点电势之间的关系是[　　]。

(A) $U_a=U_b=U_c$　(B) $U_a<U_b<U_c$

(C) $U_a>U_b>U_c$　(D) $U_a>U_b=U_c$

**12.2　填空题**

(1)把一根导线弯成平面曲线放在均匀磁场 $\boldsymbol{B}$ 中，绕其一端 $a$ 以角速率 $\omega$ 逆时针方向旋转，转轴与 $\boldsymbol{B}$ 平行，如图所示。则，整个回路电动势为______，$ab$ 两端的电动势为______，$a$ 点的电势比 $b$ 点的______。

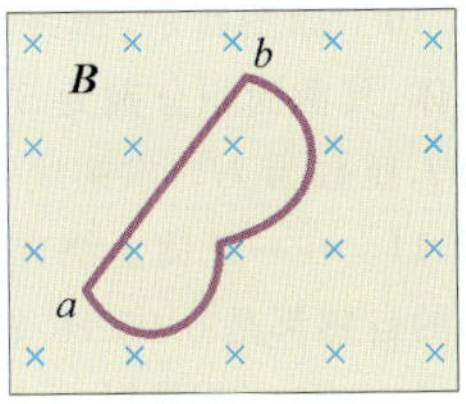

题 12.2(1)图

(2)根据电磁感应现象把被测的非电量(如转速、位移、振动频率、流量等)转化为感应电动势的变换器叫作感应变换器。图示为一测量导电液体流量的电磁流量计的主要结构图。当导电液体以速度 $\boldsymbol{v}$ 沿着用非磁性材料制成的管道通过磁场 $\boldsymbol{B}$ 时，可测得放置管道内壁处，相距近似等于管道直径 $D$ 的两个电极 $a$ 与 $b$ 间的感应电动势 $\mathscr{E}_{ab}=$________，已知液体流量 $Q=\dfrac{\pi D^2}{4}v$，它与 $\mathscr{E}_{ab}$ 的关系为 $\mathscr{E}=KQ$，式中 $K=$________叫作仪表常数。

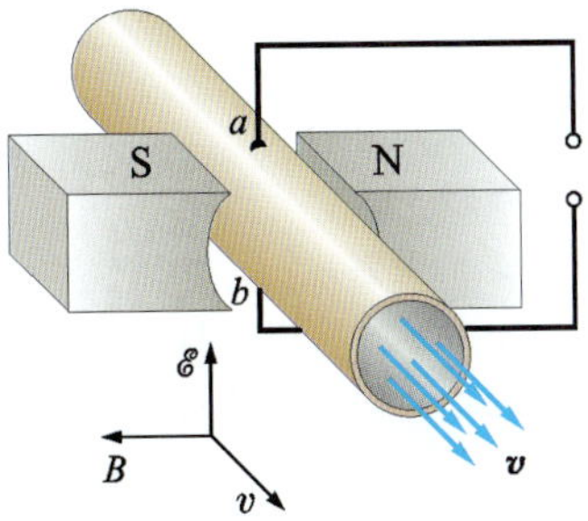

题 12.2(2)图

(3)图(a)为磁电式仪表的结构原理图，其动线圈绕在面积为 $S$ 的铝框架 $e$ 上，放在磁感强度为 $\boldsymbol{B}$ 的辐射状磁场中，如图(b)所示。当被测电流通入线圈，在磁力作用下，线圈以角速度 $\omega$ 转动，铝框在随线圈转动过程中产生的感应电动势 $\mathscr{E}=$________，已知铝框架的电阻为 $R$，则框内产生感应电流 $i=$________，磁场对铝框产生的力矩 $M=$________，此力矩的作用为__________。

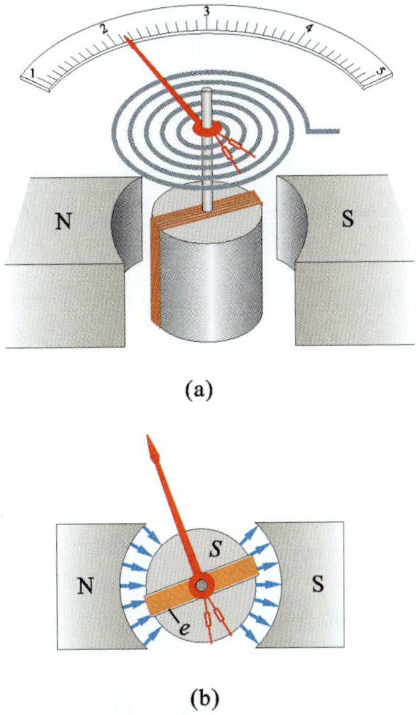

题 12.2(3)图

(4) 一长直螺线管，单位长度上的线圈匝数为 $n$，横截面积为 $S$。在螺线管上绕一线圈，其匝数为 $N$。螺线管和线圈的互感系数为________；若螺线管上通有电流 $I=I_0\mathrm{e}^{-\alpha t}$，则线圈上的互感电动势为________；若线圈上通有电流 $I=I_0\mathrm{e}^{-\alpha t}$，则螺线管上的互感电动势为________。

(5)极板面积为 $S$，相距为 $l$ 的圆形平板电容器，两极板间充满介电常数为 $\varepsilon$ 的电介质，当电键 K 按下后，两极板上的电量 $Q=Q_0(1-\mathrm{e}^{-t/\tau})$，式中 $Q_0$ 和 $\tau$ 均为常数，则极板间位移电流密度的大小为__________，位移电流方向为________，画出极板间某点 $P$ 处电场强度和磁场强度的方向。

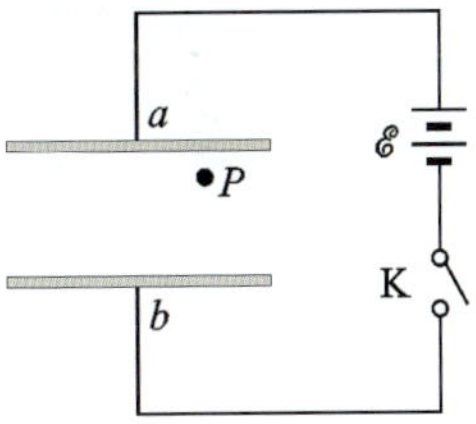

题 12.2(5)图

**12.3**　如图所示，长直载流导线载有电流 $I$，一导线框与它处在同一平面内，导线 $ab$ 可在线框上滑动。若 $ab$ 向右以匀速度 $\boldsymbol{v}$ 运动，求线框中感应电动势的大小。

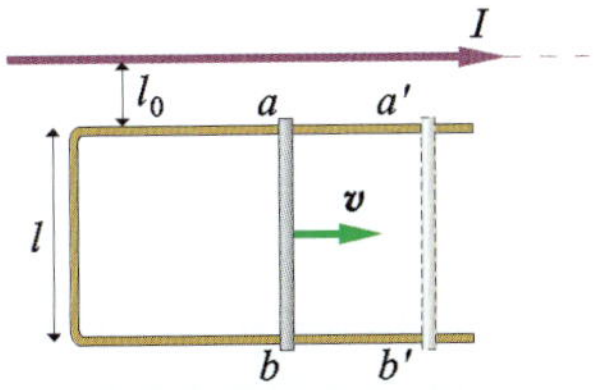

题 12.3 图

**12.4**　如图所示，一电阻为 $R$ 的金属框架置于均匀磁场 $\boldsymbol{B}$ 中，长为 $l$，质量为 $m$ 的导体杆可在金属框架上无摩擦地滑动。现给导体杆一个初速度 $v_0$，求：

(1) 导体的速度 $v$ 与时间 $t$ 的函数关系；

(2)回路中感应电流与时间 $t$ 的函数关系；

（3）在时间 $t\to\infty$ 时，回路产生的焦耳热是多少？

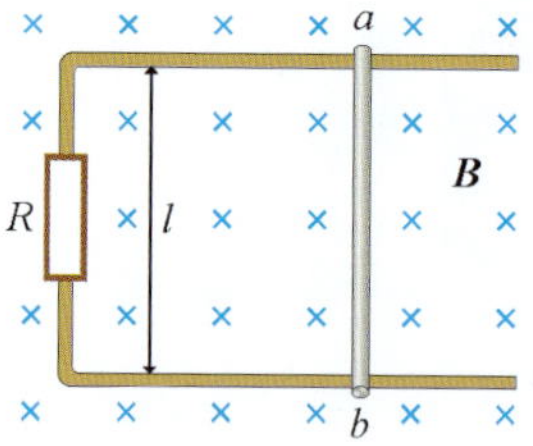


题 12.4 图

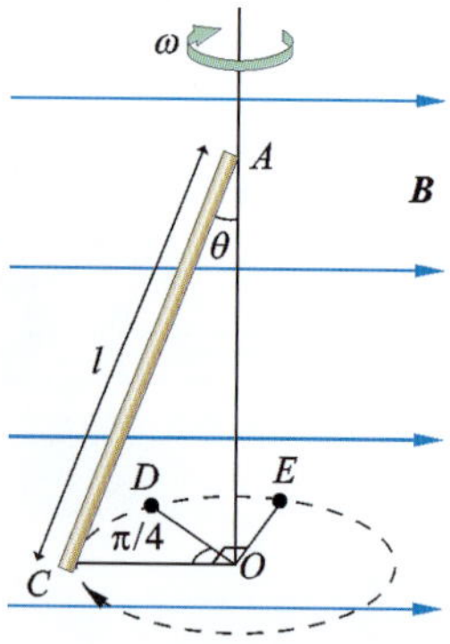


题 12.5 图

**12.5** 长为 $l$ 的直导线 $AC$，在均匀磁场 $\boldsymbol{B}$ 中与竖直方向 $AO$ 夹角为 $\theta$，以角速度 $\omega$ 沿顺时针方向转动，如图所示。求：

（1）当转到图示位置时，$A$ 和 $C$ 两点间的动生电动势的大小和方向；

（2）当 $C$ 点转到 $D$ 点或 $E$ 点时，$A$ 和 $C$ 两点间的电动势的大小。

**12.6** 如图所示，一长直导线内通有恒定电流 $I$，电流方向向上。导线旁有一长度为 $L$ 的金属棒，绕其一端点 $O$ 在一竖直平面内，以角速度 $\omega$ 匀速转动。$O$ 点至导线的距离为 $a$，当金属棒转至 $OM$ 位置时，试求棒内电动势的大小和方向。

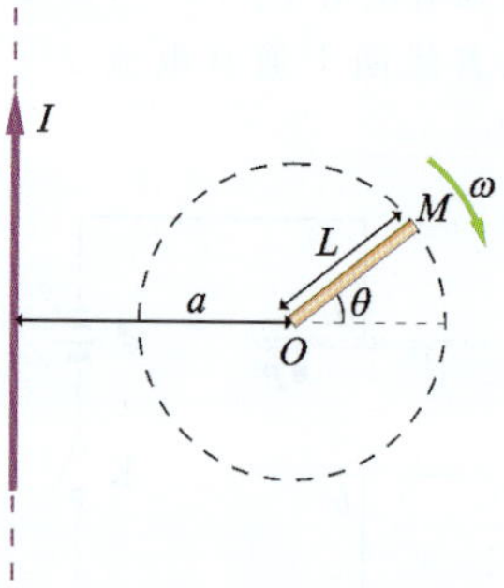


题 12.6 图

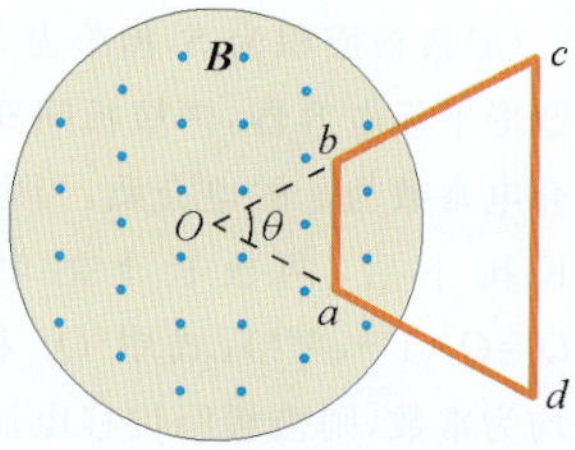


题 12.7 图

**12.7** 均匀磁场 $\boldsymbol{B}$ 被限制在半径 $R=0.10$ m 的无限长圆柱空间内，方向垂直纸面向外，设磁场以 $\mathrm{d}B/\mathrm{d}t=100$ T/s 的变化率匀速增加，已知 $\theta=\pi/3$，$Oa=Ob=0.04$ m，试求等腰梯形导线框 $abcd$ 的感应电动势，并判断感应电流的方向。

**12.8** 如图所示，两条平行长直载流输电导线，和一矩形的导线框共面，已知两导线中的电流同为 $I=I_0\sin\omega t$，但方向相反，导线框的长为 $a$，宽为 $b$。求：

（1）输电回路与导线框之间的互感系数；

（2）回路中的感应电动势。

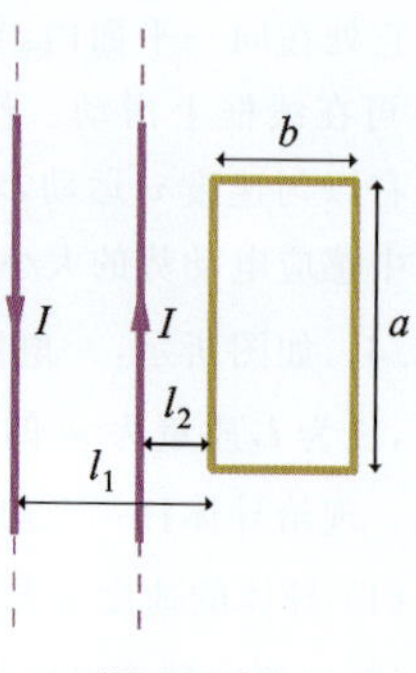


题 12.8 图

**12.9** 一截面为矩形的螺绕环，内外半径分别为 $R_1$ 和 $R_2$，高为 $h$，共有 $N$ 匝，螺绕环的轴处放一无限长直导线。求：

（1）螺绕环的自感系数；

（2）当螺绕环中通以 $I=I_0\sin\omega t$ 的交变电流时，长直导线中的感应电动势。

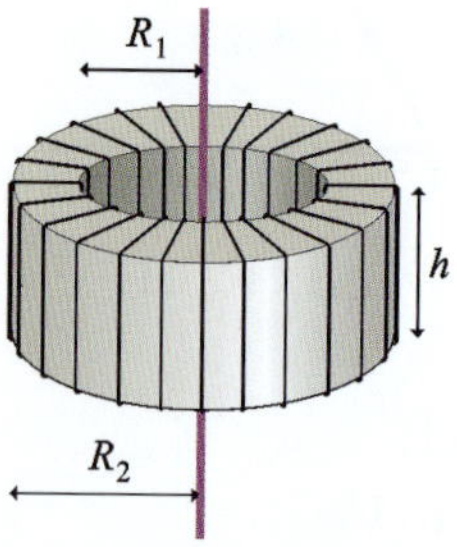


题 12.9 图

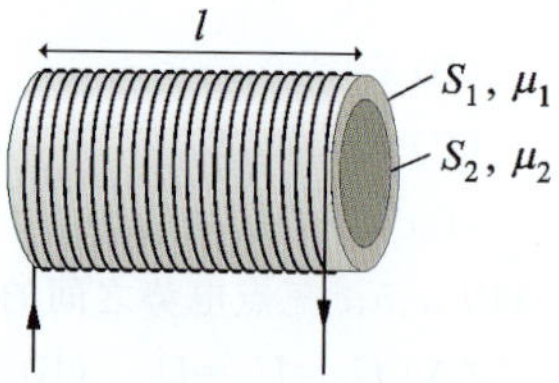


题 12.10 图

**12.10** 如图所示，螺线管的管心是两个套在一起的同轴圆柱体，其截面积分别为 $S_1$ 和 $S_2$，磁导率分别为 $\mu_1$ 和 $\mu_2$，管长为 $l$，匝数为 $N$。求螺线管的自感系数（设管的截面很小）。

**12.11** 在一纸筒上绕有两个相同的线圈 $ab$ 和 $a'b'$，两个线圈的自感都是 0.05 H，如图所示。求：

（1）$a$ 和 $a'$ 相接时，$b$ 和 $b'$ 间的自感；

（2）$a'$ 与 $b$ 相接时，$a$ 和 $b'$ 间的自感。

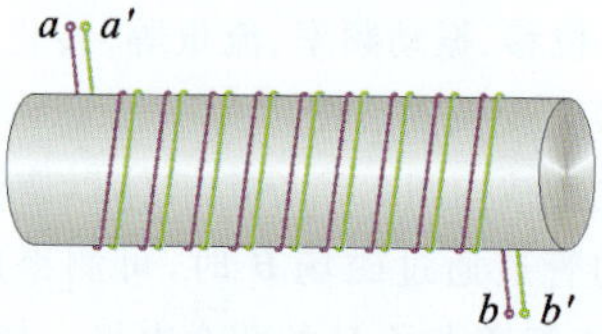


题 12.11 图

**12.12** 一螺绕环，横截面的半径为 $a$，中心线的半径为 $R$，$R\gg a$，其上由表面绝缘的导线均匀地密绕两个线圈，一个为 $N_1$ 匝，另一个为 $N_2$ 匝，试求：

（1）两个线圈的自感 $L_1$ 和 $L_2$；

（2）两个线圈的互感 $M$；

（3）$M$ 与 $L_1$ 和 $L_2$ 的关系。

**12.13** 如图所示，一等边三角形与长直导线共面放置，求它们之间的互感系数。

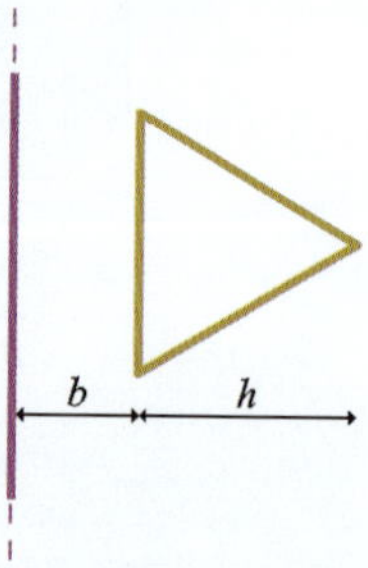


题 12.13 图

**12.14** 一根同轴电缆由内圆柱体和与它同轴的外圆筒构成，内圆柱的半径为 $a$，圆筒的内、外半径为 $b$ 和 $c$。电流 $I$ 由外圆筒流出，从内圆柱体流回。在横截面上电流都是均匀分布的。

（1）求下列各处每米长度内的磁能密度 $\omega_m$：圆柱体内、圆柱体与圆筒之间、圆筒内、圆筒外；

（2）当 $a=1.0$ mm，$b=4.0$ mm，$c=5.0$ mm，$I=10$ A 时，每

米长度同轴电缆中储存多少磁能？

**12.15**　长直螺线管内磁场的磁感应强度按 0.1 T/s 的速率增加，管内有一边长 $l=0.2$ m 的正方形导体回路，其中心在螺线管的轴线上，$b$ 为 $ac$ 的中点，求：

（1）$a$、$b$ 两点有旋电场的电场强度；

（2）$abcd$ 折线上的感生电动势。

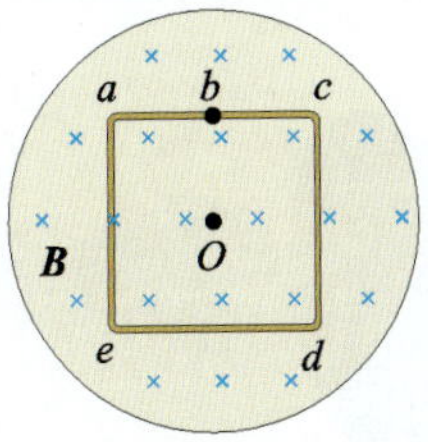


习题 12.15 图

**12.16**　在半径 $r_1=20.0$ cm 和 $r_2=30.0$ cm 的圆形区域 $R_1$ 和 $R_2$ 中有匀强磁场，$R_1$ 中的磁感应强度为 $B_1=50$ mT，方向垂直纸面向外，$R_2$ 中磁感应强度 $B_2=75.0$ mT，方向垂直纸面向里（忽略边缘效应）。两部分磁场磁感应强度按同一速率 8.5 mT/s 增大。对本题图中的三条路径分别计算 $\oint \boldsymbol{E}_V \cdot \mathrm{d}\boldsymbol{l}$。

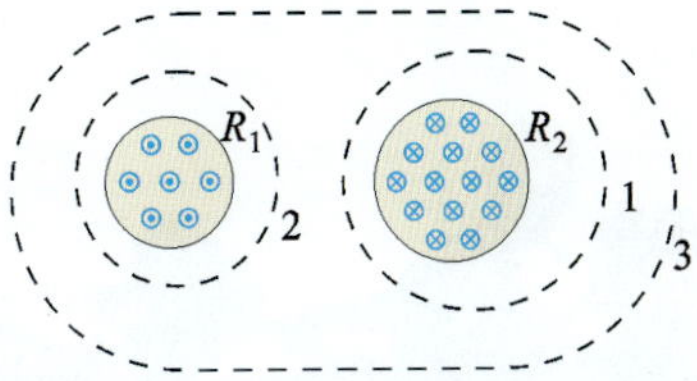


题 12.16 图

**12.17**　设电荷在半径为 $R$ 的圆形平板电容器极板上均匀分布（边缘效应忽略不计）。当它接在圆频率为 $\omega$ 的简谐交流电路中，电流为 $i=I_0\cos\omega t$。计算电容器极板间磁感应强度的分布（用 $r$ 表示离极板轴线的距离）。

## 伏尔加河上的纤夫

列宾(俄罗斯　1844—1930)

27岁的彼得堡美术学院学生列宾，一天在涅瓦河上写生。他突然发现河的那头有一队人像牲口似地在河岸边蠕动，走近才看清是一行拉着满载货物大船的纤夫。他又把目光转向涅瓦河大桥上往来的红男绿女和热烈豪华的场景，这是两个完全不同的世界。年轻画家感叹道："啊！这就是俄罗斯。"因此萌发了创作纤夫生活的构思。他利用暑假与风景画家瓦西里耶夫一起去伏尔加河考察民情和写生，画了很多真实纤夫的形象和素材，用三年的时间创作完成这幅世界名作。

在宽广的伏尔加河上，一群拉着重载货船的纤夫在河岸艰难地行进着。正值夏日的中午，闷热笼罩着大地，一条陈旧的缆绳把纤夫们连接在一起，他们哼着低沉的号子，默默地向前缓行。残酷的现实将他们沦为奴隶，其中有破产的农民、退伍军人、失去信任的神父、流浪汉等，然而在每个奴隶的心中都燃烧着一股不屈的火焰，他们祈盼着世道的改变。

画面以一字形排列，由远渐近。十一个人分四组，最前面一组中领头的那个老者叫冈宁，原是神父，后被革职沦为纤夫，他是大家的领路人。他有智慧和组织才能，他朴实坚韧且有善良性格。第一个最卖力气弯腰拉纤的红头发男子，一看就是破产的敦厚农民。而那个戴小帽嘴上刁着烟斗，还戴一幅墨镜的男子是个痞子，在万般无奈的情况下，也混到这个队伍中，他偷懒，避重就轻，纤绳都是弯着的。画家还有意描绘了一位孩子，他从没吃过这般苦，身体后倾而用手极力推着纤绳板以减轻痛苦。孩子的脖颈上还挂着一个十字架，他是上帝虔诚的奴仆，但上帝也无力救助他。后面的每个纤夫都有各自不同的血泪史。画中每个人都有很鲜明的个性特征，是俄罗斯劳动者的群像典型。单纯的画面揭示了深刻的社会本质。画家注重人物的形象细节描绘，充满深刻的文学性和视觉的绘画性，一切思想都通过具体形象来展现，甚至河滩上的脚印和遗弃的纤夫用的杂物，都表明过去和未来。

俄罗斯著名艺术评论家斯塔索夫说，就凭这张画，列宾就可以跻身于世界一流大画家之列。

# 第13章 波动光学基础

## 上海同步辐射装置

上海同步辐射光源(SSRF,简称上海光源)是先进的第三代同步辐射光源,其电子储存环能量居于世界第四位。

上海光源具有3个重要特性:

**1. 高效性** 它总共有近50条光束线;根据科学实验需要,可向用户提供包括扫描光电子能谱、扫描透射X射线显微、X射线荧光显微、X射线非弹性散射等上百个实验站。

**2. 灵活性** SSRF可运行于单束团、多束团、高通量、高亮度和窄脉冲等多种模式,可依据用户需求快速变换运行模式以满足用户多种需求。

**3. 前瞻性** SSRF的科学寿命至少30年,其电子直线加速器可同时用于发展深紫外区高增益自由电子激光。

同步辐射是电子在磁场中作高速曲线运动改变运动方向所产生的电磁辐射。这种辐射是1947年在同步加速器上发现的,它具有常规光源不可比拟的优良物性。上海同步辐射光源将成为我国迎接知识经济时代、创立国家知识创新体系的必不可少的国家级大科学装置。

这里只就SSRF建成后在生物、生命科学以及医学领域里一些重要应用作一简要介绍。

利用SSRF出射的第三代同步辐射光具有的宽波段、高准直、高偏振、高纯净、高亮度、窄脉冲、高度稳定性、高通量、微束径、准相干等独特而优异的性能,在生物学和生命科学中,能获知生物大分子的三维结构,进而研究其结构与功能之间的关系。不过静态地了解这一结构只是第一层次的研究,了解结构变化的实时观察才是更高层次的研究,上海同步辐射光使这类动态过程的研究成为可能。预计不久,人们将有可能像看电影那样直接观察生物大分子之间相互作用的精细过程。

利用上海同步辐射光还可大大促进蛋白质结构基因组学的研究。基因测序是生物学的前沿课题,目前人类基因组测序已完成,但这只是生命科学的开端,因为要从根本上掌握生命现象规律,必须了解基因载体——蛋白质分子的三维结构,破解其结构与功能的关系,测定蛋白质分子三维结构的最有效的手段是X射线蛋白质晶体衍射。由于蛋白质晶体体积小,且分子数目少,要求所用的X射线光具有高亮度。如用X光机束测一套蛋白质晶体衍射数据的话,需要几十个小时,而用第三代同步辐射新光源则只要几秒钟;另外,第三代同步辐射光源还具有短脉冲(小于100皮秒)时间结构,为实时观测生物分子结构动态变化过程提供了可能性;通过上海同步辐射X光显微成像和断层扫描成像技术能够直接获取活细胞结构图像。最近,利用同步辐射X光源射线横向相干性好的特性,发展了X射线相位反衬成像技术,这一技术能够清晰地拍摄出吸收反衬很弱的软组织如血管、神经的照片,有望发展出不需要造影剂的心血管造影术,等等。第三代同步辐射装置的建成,将把我国生物和生命科学研究带入一个崭新的时代。

上海同步辐射装置全景

## 13.1 光是电磁波

### 13.1.1 电磁波

19 世纪 60 年代，麦克斯韦在系统总结了电磁学已有成果的基础上，建立了系统的电磁场理论，并且预言电磁波的存在。之后，赫兹从实验上证实了麦克斯韦电磁场理论的正确性。理论和实验还进一步证明了光是电磁波。这样，就把光波和电磁波统一了起来，使人们对光的本质认识大大地深入了一步。

1. 电磁波的波源

任何振动电荷或电荷系都是发射电磁波的波源，如天线中振荡的电流、振荡的电偶极子，以及原子或分子中电荷的振动都会在其周围空间产生电磁波。这是因为振动的电荷或电荷系在其周围空间产生变化的电场，变化的电场又产生变化的磁场，变化的磁场又产生变化的电场，这样互相激发，随着时间的推移就在空间发生了电磁场的传播，即电磁波。

2. 电磁波是电场强度 $\boldsymbol{E}$ 与磁场强度 $\boldsymbol{H}$ 的矢量波

因为任何形式的波都可以用频率不同的简谐波叠加来表示，这里，介绍平面简谐电磁波的一些基本特性。沿 $x$ 轴传播的平面简谐电磁波电场强度 $\boldsymbol{E}$ 和磁场强度 $\boldsymbol{H}$ 可分别表示为

$$\boldsymbol{E}(x,t)=\boldsymbol{E}_0\cos\omega\left(t-\frac{x}{u}\right) \tag{13.1a}$$

$$\boldsymbol{H}(x,t)=\boldsymbol{H}_0\cos\omega\left(t-\frac{x}{u}\right) \tag{13.1b}$$

式中 $\boldsymbol{E}_0$ 和 $\boldsymbol{H}_0$ 分别为场矢量 $\boldsymbol{E}$ 和 $\boldsymbol{H}$ 的振幅，$\omega$ 为电磁波的角频率，其值由波源频率决定，$x$ 为波源到电磁场中场点的距离，$u$ 为电磁波在均匀介质中传播的速率，理论和实验都证明平面简谐电磁波有如下基本特性。

(1)电磁波场矢量 $\boldsymbol{E}$ 和 $\boldsymbol{H}$，在同一地点同时存在，具有相同的相位，都以相同的速度传播。

(2)$\boldsymbol{E}$ 和 $\boldsymbol{H}$ 互相垂直，且二者都与波的传播方向垂直，$\boldsymbol{E}$、$\boldsymbol{H}$、$\boldsymbol{u}$ 三者满足右螺旋关系，见图 13.1。这表明电磁波是横波；$\boldsymbol{E}$ 和 $\boldsymbol{H}$ 各自与波的传播方向构成的平面称为 $\boldsymbol{E}$ 的振动面和 $\boldsymbol{H}$ 的振动面，$\boldsymbol{E}$ 和 $\boldsymbol{H}$ 分别在各自的振动面内振动，这个特性称为偏振性；只有横波才具有偏振性。

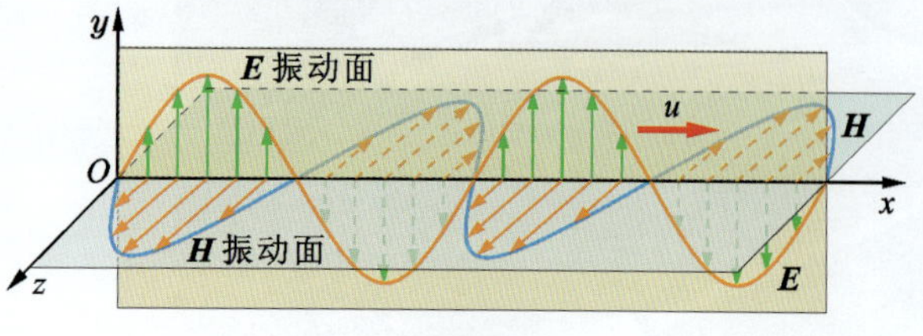


图 13.1

(3)在空间任一点处，$\boldsymbol{E}$ 和 $\boldsymbol{H}$ 之间在量值上有下列关系

$$\sqrt{\varepsilon}E=\sqrt{\mu}H \tag{13.2}$$

式中 $\varepsilon=\varepsilon_r\varepsilon_0$，$\mu=\mu_r\mu_0$，分别是电磁波所在介质的介电常量和磁导率。

(4)电磁波的传播速率决定于介质的介电常量 $\varepsilon$ 和磁导率 $\mu$，且为

$$u=\sqrt{\frac{1}{\varepsilon\mu}} \tag{13.3a}$$

在真空中 $\varepsilon_r=1$、$\mu_r=1$，电磁波的传播速率 $c$，由 $\varepsilon_0$ 和 $\mu_0$ 的值计算得

$$c=\sqrt{\frac{1}{\varepsilon_0\mu_0}}=2.9979\times10^8\ \mathrm{m\cdot s^{-1}} \tag{13.3b}$$

光速实验值与上式结果符合得很好。1983 年国际计量大会决定采用的真空中光速值为

$$c=2.99792458\times10^8\ \mathrm{m\cdot s^{-1}}$$

(5)电磁波在两种不同介质的分界面上要发生反射和折射。电磁波在真空中的速率 $c$ 与在某种介质中的速率 $u$ 之比称为该介质的绝对折射率 $n$，简称折射率，由下式给出

$$n=\frac{c}{u}=\sqrt{\varepsilon_r\mu_r} \tag{13.4}$$

对非铁磁性介质，$\mu_r\approx1$，折射率 $n$ 为

$$n=\sqrt{\varepsilon_r} \tag{13.5}$$

表 13.1 一些介质的折射率($\lambda_0=589$ nm)

| 介 质 | 折射率 | 介 质 | 折射率 |
|---|---|---|---|
| 真空 | 1(精确) | 冕玻璃 | 1.52 |
| 空气(标准状态) | 1.00029 | 氯化钠 | 1.54 |
| 水(20℃) | 1.33 | 二硫化碳 | 1.63 |
| 酒精 | 1.36 | 蓝宝石 | 1.77 |
| 石英 | 1.46 | 火石玻璃 | 1.89 |
| 糖溶液(80%) | 1.49 | 金刚石 | 2.42 |

3. 电磁波的能量

电磁波是电磁场在空间的传播，而电磁场是具有能量的，所以电磁波的传播伴随着电磁能量的传播。在各向同性介质中，电磁能量传播方向与波速方向相同。电磁波所携带的电磁能量也称辐射能，

**单位时间通过垂直电磁波传播方向单位面积的辐射能称为能流密度，也称为波的强度。**在电磁学中通常把矢量形式表示的能流密度称为坡印亭矢量，常用 $\boldsymbol{S}$ 表示。

前面讲过电场和磁场的能量体密度分别为

$$w_e=\frac{1}{2}\varepsilon E^2,\quad w_m=\frac{1}{2}\mu H^2$$

所以电磁场的总能量密度为

$$w=w_e+w_m=\frac{1}{2}(\varepsilon E^2+\mu H^2)$$

设在垂直于电磁波传播方向 $x$ 上取一面积元 $\mathrm{d}A$，则在 $\mathrm{d}t$ 时间内通过面积元 $\mathrm{d}A$ 的辐射能应为 $wu\mathrm{d}A\mathrm{d}t$，则能流密度（即坡印亭矢量的大小）应为

$$S=\frac{wu\mathrm{d}A\mathrm{d}t}{\mathrm{d}A\mathrm{d}t}=wu=\frac{1}{2}(\varepsilon E^2+\mu H^2)\cdot\sqrt{\frac{1}{\varepsilon\mu}}$$

根据式(13.2)，$S$ 可表示为

$$S=EH \tag{13.6}$$

由于 $\boldsymbol{E}$、$\boldsymbol{H}$ 和 $\boldsymbol{u}$ 三者构成右螺旋关系，而辐射能的传播方向与波速一致。因此，坡印亭矢量可表示为

$$\boldsymbol{S}=\boldsymbol{E}\times\boldsymbol{H} \tag{13.7}$$

如图 13.2 所示。对平面简谐电磁波，利用式(13.1)，式(13.7)可写成

$$\boldsymbol{S}=\boldsymbol{E}_0\times\boldsymbol{H}_0\cos^2\omega\left(t-\frac{r}{u}\right)$$

显然，$\boldsymbol{S}$ 的大小在极大值与极小值之间作周期性变化。当频率很高时，$\boldsymbol{S}$ 是一个随时间变化很快的函数，在这种情况下，它的瞬时值实际上很难测量。因此，我们采用取平均值的办法来量度电磁波能流密度的大小，在一个周期 $T$ 内平均能流密度的大小用 $I$ 表示

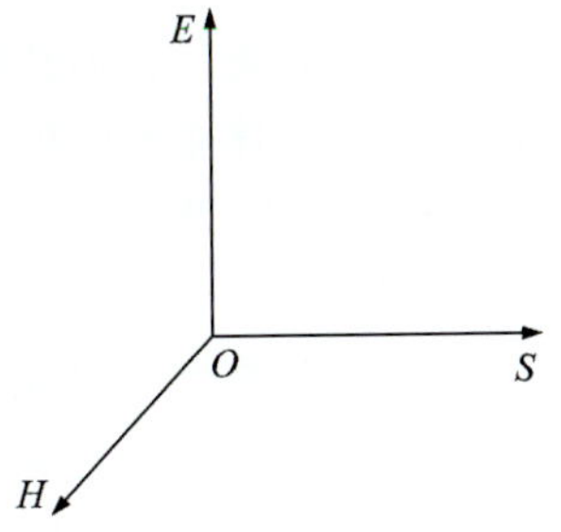

图 13.2

$$I=\langle S\rangle=\frac{1}{T}\int_t^{t+T}EH\,\mathrm{d}t$$

符号〈〉表示对时间的平均。**在光学中通常把平均能流密度 $I$ 称为光强**。平面简谐电磁波的平均能流密度为

$$I=\frac{1}{T}\int_t^{t+T}E_0H_0\cos^2\omega\left(t-\frac{r}{u}\right)\mathrm{d}t=\frac{1}{2}E_0H_0$$

$$=\frac{1}{2}\sqrt{\frac{\varepsilon}{\mu}}E_0^2 \tag{13.8}$$

此式表明，平均能流密度正比于电磁波中电场强度振幅的平方。

一般常用平均能流密度的相对大小，而不是其绝对值，此时平均能流密度可表示为

$$I=\frac{1}{2}E_0^2 \tag{13.9}$$

这一表示式虽是从平面简谐波导出并定义的，但它对一般类型的波也是适用的，至少可作近似表示式。

**例 13.1**　真空中一点光源辐射功率 $P=150$ W，计算距光源 2.00 m 处：(1)光强；(2)最大电场强度；(3)最大磁感应强度。

**解**　(1) 光强度是随光源距离变化而变化的，一般很复杂。在真空中，点光源发射光的光强在以点光源处为圆心、半径为 $r$ 的球面上应相等，根据能量守恒和光强的定义（为什么？），有

$$I=\frac{P}{4\pi r^2}=\frac{150}{4\pi(2.00)^2}=2.98\ \mathrm{W/m^2}$$

(2) 由式(13.8)有

$$I=\frac{1}{2}\sqrt{\frac{\varepsilon_0}{\mu_0}}E_0^2=\frac{1}{2}\frac{E_0^2}{c\mu_0}$$

可算得最大电场强度

$$E_0=\sqrt{2c\mu_0 I}=\sqrt{2\times3.00\times10^8\times4\pi\times10^{-7}\times2.98}$$
$$=47.4\ \mathrm{V/m}$$

(3) 由 $B_0=\mu_0H_0$ 和 $\sqrt{\varepsilon}E=\sqrt{\mu}H$，可得出

$$B_0=\frac{E_0}{c}=\frac{47.4}{3.00\times10^8}=1.58\times10^{-7}\ \mathrm{T}$$

上述结果表明，磁感应强度比电场强度小得多，但我们不能说电场比磁场强，因为它们的单位不同，不能简单地做比较。

### 13.1.2　光是电磁波

精确实验测定表明，光在真空中的传播速率等于电磁波在真空中的传播速率 $c$；光与电磁波在两种不同介质分界面上都发生反射和折射；光与电磁波都表现波动特有的干涉、衍射现象，并且二者都具有横波才有的偏振特性。以上事实和其他实验事实，以及用电磁波理论研究光学现象的结果都说明光是电磁波。电磁波有波长很短、频率很高的电磁波，也有波长很长、频率很低的电磁波，图 13.3 为电磁波谱图。可见光是一种波长很短的电磁波，在电磁波谱中只占很窄的频段。可见光的波长范围约为 400～760 nm，其频率范围约为 $7.5\times10^{14}\sim3.9\times10^{14}$ Hz。

可见光的一个主要特点是对人的眼睛能引起视觉。实验表明，引起视觉和光化学效应的是光波中

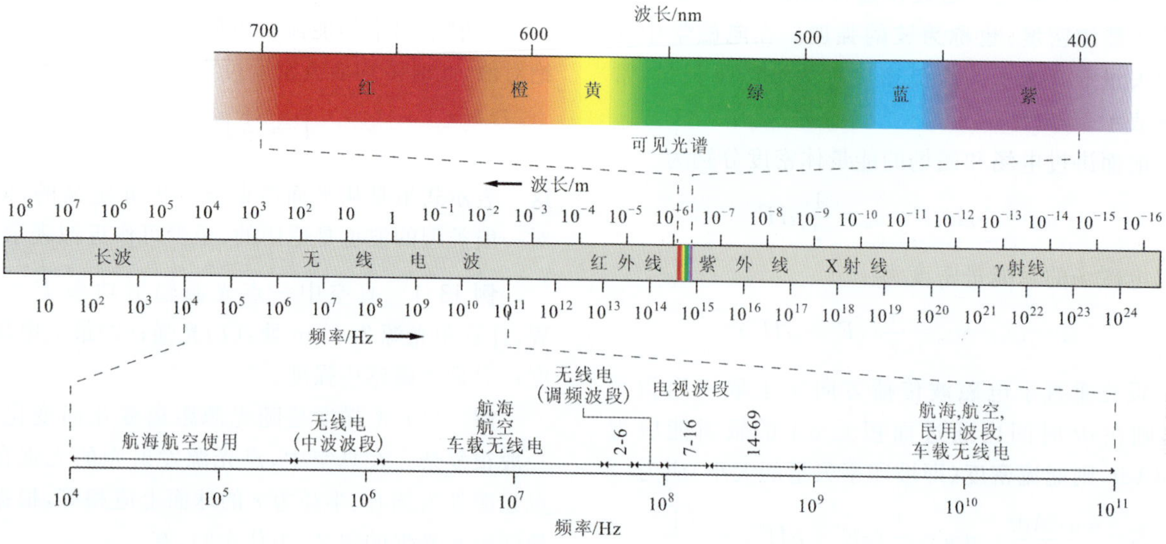


图 13.3

的电场矢量 $\boldsymbol{E}$。另一方面,带电粒子在电磁场中运动时($v \ll c$)——相对于带电粒子所受电场的作用力来说——受磁场的作用力要小得多,以致可忽略不计。因此,常把 $\boldsymbol{E}$ 矢量称为光矢量。这就是通常为什么用 $\boldsymbol{E}$ 而不用 $\boldsymbol{H}$ 表示光强的原因。

**想想看**

13.1 说光是电磁波有什么根据?

13.2 某无线电台发射频率为 $650\times10^3$ Hz 的电磁波,其在空气中的波长是多少?在折射率为 $n$ 的介质中的波长是多少?

13.3 什么叫电磁波的能流密度?为什么引入平均能流密度的概念?平面简谐电磁波的平均能流密度怎样计算,等于什么?

13.4 一平面简谐电磁波的电场强度振幅为 $3.20\times10^{-4}$ V/m,求磁感应强度的振幅。

13.5 沿 $x$ 轴正方向传播能量的平面简谐电磁波,某时刻在某一地点电场强度 $\boldsymbol{E}$ 沿 $y$ 轴负方向,问磁场 $\boldsymbol{H}$ 沿什么方向?坐标系为右螺旋系统。

## 13.2 光源 光的干涉

### 13.2.1 光源

发射光波的物体称为光源。太阳、电灯、日光灯和水银灯等都是常见的光源。

不同材料的物体在不同激发方式下的发光过程可以很不相同,但却有着一个共同点:都是物质发光的基本单元(原子、分子等),从具有较高能量的激发态到较低能量激发态(特别是基态)跃迁过程中释放能量的一种形式。

按照发光基本单元激发方式不同,常见的发光过程有以下几类。

(1)热辐射 任何热物体都辐射电磁波,在温度较低时,热物体主要辐射红外线,温度高的热物体可以发射可见光、紫外线等。太阳、白炽灯都属于热辐射发光光源。

(2)电致发光 电能直接转换为光能的现象称为电致发光。闪电、霓虹灯以及半导体 pn 结的发光过程都是电致发光过程。利用电致发光原理制造的各种电致发光片和发光二极管,是用途广泛的显示光源。

(3)光致发光 用光激发引起的发光现象称为光致发光。光致发光最普遍的应用是日光灯。它是通过灯管内气体放电产生的紫外线激发管壁上的荧光粉而发射可见光。这种发光过程叫做荧光。有些物质在光的作用之后,可以在一段时间内持续发光,这种发光过程叫做磷光,夜光表上磷光物质的发光属于此类。

(4)化学发光 由于化学反应而发光的过程称为化学发光。燃烧过程,腐物中的磷在空气中缓慢氧化而发出的光都属于化学发光。萤火虫的发光是特殊类型的化学发光过程,称为生物发光。

一般光源发光机理是处于激发态的原子或分子等(下面以原子为例)的自发辐射。光源中的原子吸收外界能量后处于较高能量的激发态，这个状态是不稳定的，当它们由激发态返回到较低能量状态时，常把多余的能量以电磁波的形式辐射出来。这个辐射过程的时间是很短的，约为 $10^{-9} \sim 10^{-8}$ s。一般说来，各个原子的激发与辐射是彼此独立的、随机的，是间歇性进行的，因此同一瞬间不同原子发射的电磁波，或同一原子先后发射的电磁波，其频率、振动方向和初相不可能完全相同。另一方面，光源中每个原子每次发射的电磁波为持续时间很短、长度有限的波列，见图13.4。按傅里叶分析，一个有限长度的波列可以表示为许多不同频率、不同振幅的简谐波的叠加。因此，光源发出的光波是大量简谐波的叠加。

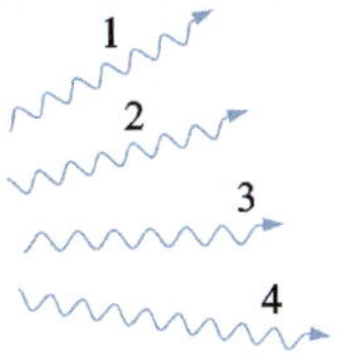

图 13.4

在光学中，我们称具有单一波长的光为单色光，具有很多不同波长的复合光为复色光。复色光是由很多单色光组成的光波。显然，普通光源发出的光是复色光。纯单色光是不存在的。实用中，常采用一些设备从复色光中获得近似单色的准单色光，例如使用滤光片或用各种光谱分析仪得到准单色光。钠光灯由于其特征谱线 $D$ 线谱线宽度小，而且谱线特别强而直接用作准单色光源。准单色光只是近似

Na 原子光谱

的单色光，它的光强分布有一定的波长范围，通常用最大光强一半所包含的波长范围 $\Delta\lambda$ 来表征准单色光的单色程度，如图 13.5 所示，$\Delta\lambda$ 称为准单色光的**谱线宽度**。$\Delta\lambda$ 愈小，谱线的单色性愈好。

同步辐射光又称同步光，是 1947 年首次在同步加速器中发现的，这种光具有强度大、亮度高、方向性和偏振性好、污染少、洁静度高，频谱从红外到软 X 射线范围内连续可调，配合单色仪可得到一定波长的单色光，易实现脉冲化，脉冲宽度可达到 0.1 ns 或更小等一系列优异的性能而得到广泛的应用。它的应用不仅遍及物理学、化学、生物学等基础科学，而且越来越广泛地应用于材料科学、表面科学、计量科学、医学、显微及光刻等技术。同步加速装置已成为性能良好的新型光源。1989 年初，我国在合肥建成专门生产同步光的同步辐射加速器。我国北京正负电子对撞机也提供同步光。此外，我国台湾省也在新竹建成同步辐射加速器。

合肥国家同步辐射实验室储存环大厅

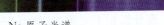

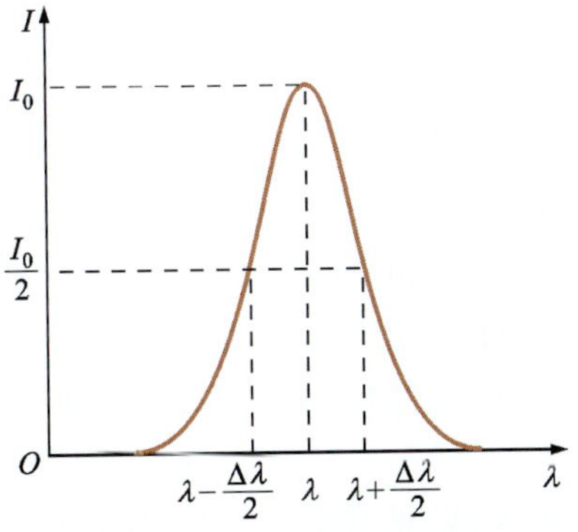

图 13.5

1960 年发明的激光器是一种性能优良的新光源。激光器发光机理与普通光源不同，由于激光具有单色性好、方向性好、亮度高和相干性好等一系列优异的性能，得到越来越广泛的应用。对激光器和激光将在第 17 章中再作介绍。

### 13.2.2 光波的叠加

在机械波一章中已经知道，在波的强度不是很大时，波的叠加原理成立，两束满足相干条件的机械波相遇时会产生干涉现象。光波是电磁波，虽然与机械波有完全不同的物理本质，但在光波强度不是很大时，叠加原理对光波也是成立的，满足下述相干条件时，光波也会产生干涉现象，即**频率相同、光矢量振动方向平行、相位差恒定的两束简谐光波相遇时，在光波重叠区，某些点合成光强大于分光强之和，在另一些点，合成光强小于分光强之和，合成光波的光强在空间形成强弱相间的稳定分布**。光波的这种叠加称**相干叠加**。**能产生相干叠加的两束光称相干光**。相干叠加必须满足的条件称**相干条件**。如果两束光不满足相干叠加条件，则在光波的重叠区，合成光强等于分光强之和，没有干涉现象产生。此时两束光的叠加称**非相干叠加**。

图 13.6 表示了相干叠加与非相干叠加的区别，从双缝 $H_1$、$H_2$ 出射的两束光在屏幕 $S$ 上叠加，如果这两束光不是相干光，则屏幕上显示的光强 $I'$ 是两束光强 $I_1$ 和 $I_2$ 的算术相加，即 $I'=I_1+I_2$，如果两束光满足相干条件，即为相干光，则屏幕上的光强 $I$ 显示出明暗相间的稳定干涉条纹。

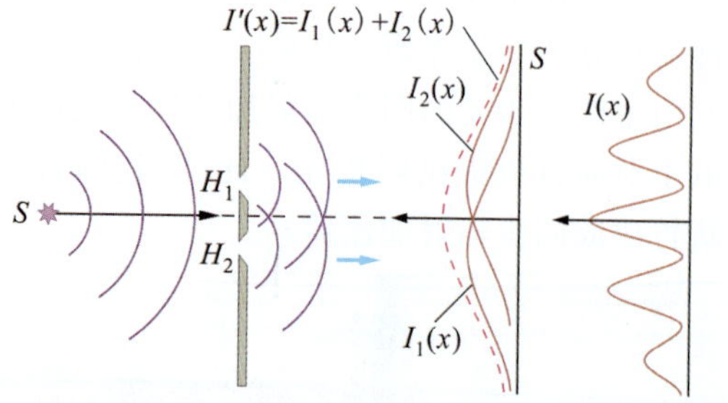


图 13.6

想想看

13.6　常见光源的发光机理是什么？你知道的常见光源有几类？

13.7　发光物质中各发光粒子发射的光有些什么特点？

13.8　什么是光波的相干条件？光的相干叠加与非相干叠加有什么区别？

## 13.3　获得相干光的方法　杨氏双缝实验

根据前面讲过的光源发光机理，我们知道两个独立的普通光源或同一光源的不同部分发出的光不是相干光，因它们的频率一般不同，光矢量的振动方向及相位差都随时间无规则地变化，不满足相干条件。这种非相干光源发出的光的叠加是不会产生稳定干涉图样的。

要实现相干叠加，观察到稳定的干涉图样，必须用满足相干条件的光源。从整体看，普通单色光源发出的光是不相干的；但从微观分析看，如果能够从光源发出的同一波列的波面上取出两个次波源(分波阵面法，见杨氏干涉)，或把同一波列的波分为两束光波(分振幅法，见薄膜干涉)，这样经分波后的两束光，不但频率相同，振动方向相同，而且相遇时总有恒定的相位差，因而满足相干条件，在叠加区域，能观察到稳定的干涉图样。

下面介绍两种用分波阵面法获得相干光的装置及有关干涉实验。

### 1. 杨氏双缝实验

英国物理学家托马斯·杨，在 1801 年首先用实验方法观察到光的干涉现象，使光的波动理论得到证实。

杨氏双缝实验原理如图 13.7 所示，用单色光照射小孔 $S$，因而 $S$ 可看作是一个单色点光源，它发出的光射到不透明屏上的两个小孔 $S_1$ 和 $S_2$，这两个孔靠得很近，并且与 $S$ 等距离，因而它们就成为从同一波阵面上分出的两个同相的单色光源，即相干光源。从它们发出的光波在观察屏 $AB$ 上叠加，形成明暗相间的干涉条纹。为了提高干涉条纹的亮度，实际上 $S$、$S_1$ 和 $S_2$ 用三个互相平行的狭缝代替三个小孔。这个实验称为杨氏双缝干涉实验。

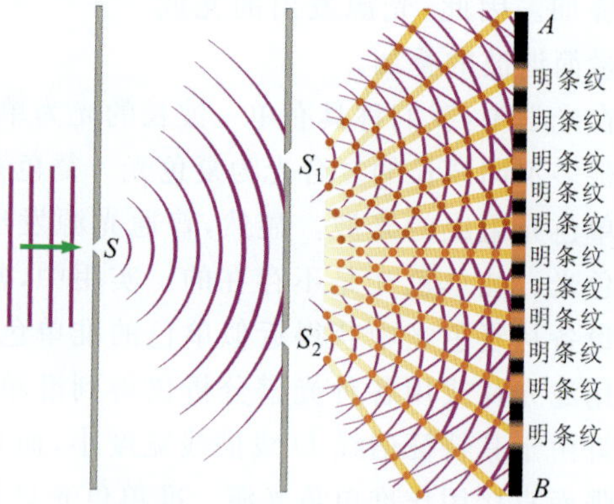


图 13.7

现分析相干光源 $S_1$ 和 $S_2$ 在观察屏 $AB$ 上产生的干涉条纹明暗分布情况。如图 13.8 所示。设屏

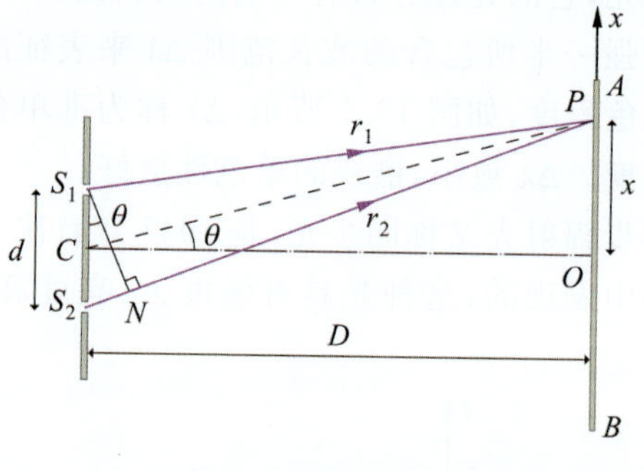


图 13.8

与两小孔连线 $S_1S_2$ 的垂直平分线 $CO$ 交于原点 $O$。$S_1S_2=d$，$CO=D$，且 $D\gg d$。令 $x$ 轴平行于 $S_1S_2$，$P$ 为屏 $AB$ 上距原点 $x$ 处的点，$r_1$ 和 $r_2$ 分别为 $S_1$ 和 $S_2$ 到 $P$ 点的距离，从 $S_1$ 和 $S_2$ 到 $P$ 点的波程差 $\delta$ 为

$$\delta=r_2-r_1$$

作 $S_1N$ 线，使其垂直于 $S_2P$，由于 $S_1S_2$ 与 $S_1N$ 间的

夹角 $\theta$ 很小，因此有 $\sin\theta \approx \tan\theta = x/D$，故有

$$\delta = r_2 - r_1 \approx d\sin\theta = \frac{d}{D}x \qquad (13.10)$$

由于这两列相干波在 $S_1$ 和 $S_2$ 处的相位相同，因此它们到达屏幕上 $P$ 点的相位差完全决定于波程差 $\delta$，为研究干涉条纹的明暗条件常将波程差 $\delta$ 转换成相位差 $\Delta\varphi$，由于光传播一个波长 $\lambda$ 距离，相位改变 $2\pi$，因此有

$$\Delta\varphi = 2\pi \frac{\delta}{\lambda} \qquad (13.11)$$

根据波动一章讲过的，当相位差为零或 $2\pi$ 整数倍时，干涉加强，即

$$\Delta\varphi = 2\pi \frac{\delta}{\lambda} = 2\pi \frac{d}{D\lambda}x = \pm 2k\pi$$

或 $$x = \pm 2k\frac{D\lambda}{2d}, \qquad k = 0,1,2,\cdots(\text{干涉加强})$$

(13.12a)

有的参考书上用波程差表示干涉加强条件，这时应有

$$\delta = \pm 2k\frac{\lambda}{2} \qquad (13.12b)$$

同理，当相位差为 $\pi$ 的奇数倍时，干涉相消，即

$$\Delta\varphi = 2\pi \frac{\delta}{\lambda} = 2\pi \frac{d}{D\lambda}x = \pm(2k+1)\pi$$

或 $$x = \pm(2k+1)\frac{D\lambda}{2d}, \quad k = 0,1,2,\cdots(\text{干涉相消})$$

(13.13a)

如果用波程差表示干涉相消条件，则有

$$\delta = \pm(2k+1)\frac{\lambda}{2} \qquad (13.13b)$$

由于条纹的位置只与 $x$ 有关，因此条纹的走向是平行于狭缝 $S_1$、$S_2$ 的。由式(13.12)和(13.13)可以看出：

(1)屏上相邻明条纹或相邻暗条纹之间距 $\Delta x$ 为

$$\Delta x = \frac{D\lambda}{d}$$

由于光的波长 $\lambda$ 值很小，只有 $d$ 足够小而 $D$ 足够大，使得干涉条纹间距 $\Delta x$ 大到可以分辨，才会观察到干涉条纹。对一定波长 $\lambda$ 的单色光，相邻条纹间距相等。

(2)对入射的单色光，若已知 $d$ 和 $D$ 值，可以测出 $k$ 级条纹与中央明条纹的距离而算出单色光的波长 $\lambda$ 值。

(3)若 $d$ 与 $D$ 保持不变，$\Delta x$ 正比于波长 $\lambda$，波长大的相邻条纹间距大，波长小的相邻条纹间距小。

当用白光作为光源时，在零级白色中央条纹两边对称地排列着几条彩色条纹。

由白光光源获得的杨氏干涉条纹

2. 洛埃镜

洛埃镜是一块下表面涂黑的平玻璃片或金属平板，从狭缝 $S_1$ 发出的光，以掠入射角(近 90°的入射角)入射到洛埃镜上，经反射，光的波阵面改变方向，见图 13.9，反射光就好像从 $S_1$ 的虚像 $S_2$ 发出的一样，$S_1$ 和 $S_2$ 形成一对相干光源，它们“发出”的光在

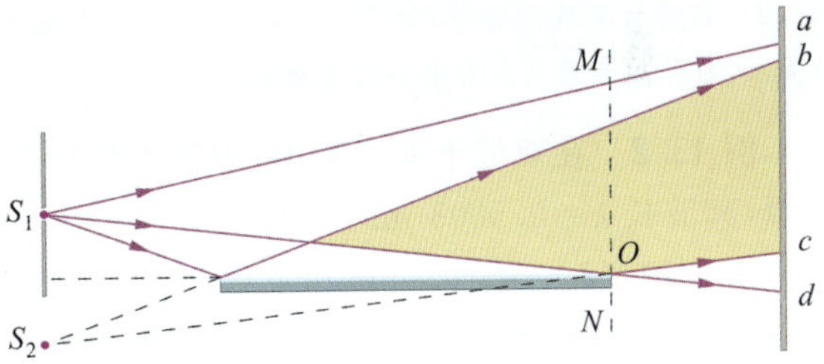


图 13.9

屏上($bc$ 区)相遇，产生明暗相间的干涉条纹。洛埃镜实验结果的分析方法与杨氏双缝干涉相似，但洛埃镜的实验结果，却揭示了光波由光疏介质射向光密介质时，在分界面上反射的光有半波损失这一事实。因此，它是一个很重要的实验。当把屏移到 $MN$ 位置，使与平面镜的边缘相接触，发现接触处屏上出现暗条纹。但是，根据 $S_1$ 和 $S_2$ 到该处的波程差计算，却应该是明条纹。其他的条纹也都有这种情况，即按式(13.12)计算应该是明条纹的那些地方，实际观察到的都是暗纹；而按式(13.13)计算应该是暗纹的那些地方，实际观察到的都是明纹。这表明直射到屏上的光波和从平面镜反射来的光波之间有一相位差 $\pi$ 的突变。这一相位突变只能是在反射过程发生的，因为两束光在充满着均匀介质或真空中传播时，不可能引起这种相位差的变化，这种变化只能是由一束光在两种介质分界面上反射时发生的。这一变化等效于反射光的波程在反射过程中附加了半个波长，因而这种现象称作**半波损失**。

今后在讨论光波叠加时，若有半波损失，在计算

波程差时必须计及。否则，会得出与实际情况不同的结果。

最后再指出一点，洛埃镜实验采取掠射的形式，原因有二：一是保证出现相位改变 $\pi$，另一是这样的安排能使反射光和自狭缝直接射到屏上的光有近乎相等的振幅。这两点的理论证明超出了本书要求的范围。

## 想想看

13.9 获取相干光的方法有几种？为什么用这些方法获得的光是相干光？

13.10 在杨氏双缝实验中，若减小双缝间距离或将屏移向双缝，屏上的干涉条纹将发生怎样的变化？

13.11 在杨氏双缝实验中，$k$ 级极大和极小间波程差、相位差各是多少？

13.12 在杨氏双缝实验中，① 如果将光源 $S$ 向上移动，干涉条纹将发生怎样的变化？② 若双缝间距离不断增大，干涉条纹间距将如何变化？

13.13 在杨氏双缝实验中，对应一级明纹，只有一个确定的位置 $x$，为什么各级明纹都有一定宽度？

**例 13.2** 在双缝干涉实验中，用钠光灯作单色光源，其波长 $\lambda=0.5893\ \mu\text{m}$，屏与双缝的距离 $D=500$ mm，问：(1) $d=1.2$ mm 和 $d=10$ mm 两种情况，相邻明条纹间距分别为多大？(2)若相邻明条纹的最小分辨距离为 0.065 mm，能分清干涉条纹的双缝间距 $d$ 最大是多少？

**解** 这是一个应用已有公式的简单例题，只要正确理解相应理论和所得公式的意义，解这样问题是很容易的。

已知 $D=500$ mm，$\lambda=0.5893\ \mu\text{m}=5.893\times10^{-4}$ mm

(1) $d=1.2$ mm，明纹间距 $\Delta x$ 为

$$\Delta x=\frac{D\lambda}{d}=\frac{500\times5.893\times10^{-4}}{1.2}\approx0.25\text{ mm}$$

$d=10$ mm，同理可得

$$\Delta x=\frac{D\lambda}{d}=\frac{500\times5.893\times10^{-4}}{10}\approx0.030\text{ mm}$$

(2) $\Delta x=0.065$ mm，双缝间距 $d$ 为

$$d=\frac{D\lambda}{\Delta x}=\frac{500\times5.893\times10^{-4}}{0.065}\approx4.5\text{ mm}$$

这表明，双缝间距 $d$ 必须小于 4.5 mm，才能看到干涉条纹，因此，$d=10$ mm，实际上看不到干涉条纹。

**例 13.3** 用白光作光源观察杨氏双缝干涉。设缝间距为 $d$，缝面与屏距离为 $D$，试求能观察到的清晰可见光谱的级次。

**解** 解本题的关键是将题目要求变成具体物理条件。

白光波长在 400～760 nm 范围。明条纹为

$$\delta=\frac{xd}{D}=\pm k\lambda$$

当 $k=0$ 时，各种波长的光波程差均为零，所以各种波长的零级条纹在屏上 $x=0$ 处重叠，形成中央白色明纹。在中央明纹两侧，各种波长的同一级次的明纹，由于波长不同而 $x$ 值不同，因而彼此错开，从中央向外，由紫到红，并产生不同级次条纹的重叠。在重叠的区域内，靠近中央明纹的两侧，观察到的是由混合色光形成的彩色条纹，再远处则各色光重叠的结果形成一片白色，看不到条纹。

最先发生重叠的是某一级次的红光和高一级次的紫光。因此，能观察到的从紫到红清晰的可见光谱的级次由下式求得

$$k\lambda_{红}=(k+1)\lambda_{紫}$$

因而

$$k=\frac{\lambda_{紫}}{\lambda_{红}-\lambda_{紫}}=\frac{400}{760-400}=1.1$$

$k$ 取整数，则计算结果表明，清晰的可见光谱只有一级。

## 复习思考题

**13.1** 在双缝干涉实验中，如果入射到双缝平面的相干平行光不是垂直入射，而是有一倾角，请写出屏上相遇的两光线的波程差与相位差。在这种情况下，屏上零级条纹的位置是否改变？为什么？

**13.2** 在图 13.8 所示杨氏双缝干涉实验中，从双缝发出的两列波到达 $k$ 级暗纹时它们间的波程差和相位差各是多少？

**13.3** 在图 13.8 所示的杨氏双缝干涉实验中，试用小量 $\theta$ 角分别表示出干涉明纹和暗纹条件。用 $\lambda=550$ nm 的光，入射到间距 $d=7.7\ \mu\text{m}$ 的两狭缝上，问第 3 级暗纹的偏向角 $\theta$ 是多大？分别用弧度(rad)和角度表示。

**13.4** 在空气中做杨氏双缝干涉实验，然后用同一实验装置在水中重复做实验，问：在水中做实验与在空气中做实验相比，干涉条纹变得更密、更稀还是不变？

## 13.4 光程与光程差

为了便于计算相干光在不同介质中传播相遇时的相位差,特引入光程的概念。已知单色光的传播速率在不同介质中是不同的,在折射率为 $n$ 的介质中,光速为 $u=c/n$。因此,在相同时间 $t$ 内,光波在不同介质中传播的路程是不同的。若时间 $t$ 内光波在介质中传播的路程为 $r$,则相应在真空中传播的路程 $x$ 应为

$$x=ct=\frac{cr}{u}=nr \tag{13.14}$$

上式说明,**在相同时间内,光在介质中传播的路程 $r$ 可折合为光在真空中传播的路程 $nr$。**

另一方面,若单色光的频率为 $\nu$,则在介质中光波的波长为

$$\lambda=\frac{u}{\nu}=\frac{c}{n\nu}=\frac{\lambda_0}{n} \tag{13.15}$$

式中 $\lambda_0$ 为真空中光的波长。显然,**在不同介质中,同一频率单色光的波长是不同的。**但是,光波传播一个波长的距离,相位都改变 $2\pi$。因此,在改变相同相位 $\Delta\varphi$ 的条件下,光波在不同介质中传播的路程是不同的。若光波在介质中传播的路程为 $r$,相应在真空中传播的路程为 $x$,有

$$\Delta\varphi=\frac{2\pi r}{\lambda}=\frac{2\pi x}{\lambda_0} \tag{13.16}$$

$$x=\frac{\lambda_0 r}{\lambda}=nr$$

上式再次说明,在相位变化相同的条件下,光在介质中传播的路程 $r$ 可折合为光在真空中传播的路程 $nr$。

综上所述,我们引入光程的概念。**光程是一个折合量,在传播时间相同或相位改变相同的条件下,把光在介质中传播的路程折合为光在真空中传播的相应路程。**在数值上,**光程等于介质折射率乘以光在介质中传播的路程**,即

$$\text{光程}=nr \tag{13.17a}$$

当一束光连续经过几种介质时

$$\text{光程}=\sum_i n_i r_i \tag{13.17b}$$

下面再由一个简单的例子,进一步了解引入光程的意义。

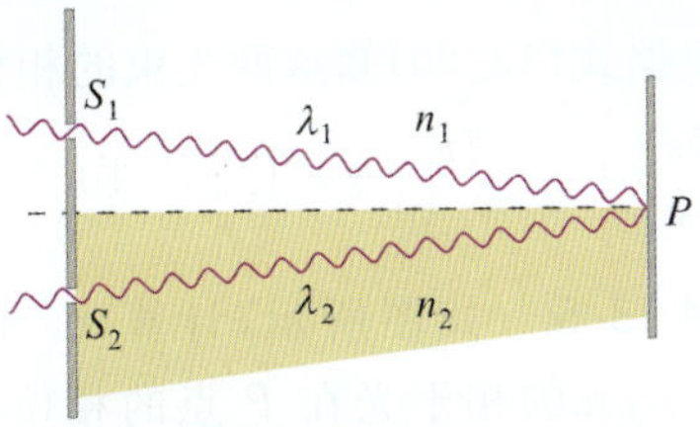


图 13.10

如图 13.10 所示,$S_1$ 和 $S_2$ 为初相相同的相干光源,光束 $S_1P$ 和 $S_2P$ 分别在折射率为 $n_1$ 和 $n_2$ 的介质中传播,在 $P$ 点两光束相遇,其**相位差**为

$$\Delta\varphi=\frac{2\pi r_2}{\lambda_2}-\frac{2\pi r_1}{\lambda_1}$$
$$=\frac{2\pi n_2 r_2}{\lambda_0}-\frac{2\pi n_1 r_1}{\lambda_0}$$

即
$$\Delta\varphi=\frac{2\pi}{\lambda_0}(n_2r_2-n_1r_1) \tag{13.18}$$

上式说明,引入光程的概念后,计算通过不同介质的相干光的相位差,可不用介质中的波长,而统一地采用真空中的波长 $\lambda_0$ 进行计算。

在式(13.18)中,令

$$\delta=n_2r_2-n_1r_1 \tag{13.19}$$

$\delta$ 称为**光程差**,当 $n_2=n_1=1$,即两光束在真空中传播时,可得

$$\delta=r_2-r_1$$

这是已知的波程差的表达式。所以,波程差是特殊情况下的光程差。

利用式(13.19),式(13.18)可重写为

$$\Delta\varphi=\frac{2\pi}{\lambda_0}\delta \tag{13.20}$$

有了光程和光程差的概念,以后计算相干光经过不同介质时的干涉就方便多了。

**想想看**

13.14 在真空中频率和波长分别为 $\nu_0$ 和 $\lambda_0$ 的光束,进入折射率为 $n$ 的介质后,它的频率和波长各是多少?

13.15 什么是光程?为什么要引进光程概念?

13.16 光程差和相位差的关系是什么?

**例 13.4** 真空中波长为 550 nm 的两列光束,垂直进入厚度为 2.60 μm、折射率分别为 $n_2=1.60$ 和 $n_1=1.00$ 的介质时具有相同的相位,问出射时,它们之间的相位差是多大?

**解** 由式(13.19)知,这两列光束出射时的光程差为

$\delta=2.60\times(1.60-1.00)\times10^{-6}=1.56\times10^{-6}$ m

根据式(13.20)知这两光束的相位差为

$$\Delta\varphi=\frac{2\pi}{\lambda_0}\delta=\frac{2\pi}{550\times10^{-9}}\times1.56\times10^{-6}=17.8\ \text{rad}$$

**例 13.5**　如图所示，计算 $S_1$ 和 $S_2$ 发出波长 $\lambda_0=0.5\ \mu$m的相干光在 $P$ 点的相位差，其中一束光经过空气(折射率 $n_0\approx1$)到 $P$ 点，另一束光还通过厚度为 $x$、折射率为 $n$ 的玻璃片，已知 $n=1.5$，$x=0.1$ mm，$S_2$ 和 $S_1$ 的初相差 $\varphi_2-\varphi_1=\pi$。

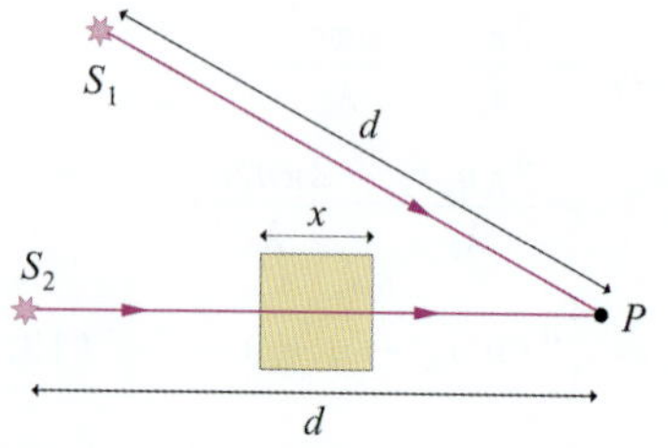


例 13.5 图

**解**　两光波在 $P$ 点的光程差和相位差分别为

$$\delta=(d-x)n_0+nx-dn_0=(n-1)x$$

$$\begin{aligned}\Delta\varphi&=-2\pi\frac{\delta}{\lambda_0}+(\varphi_2-\varphi_1)\\&=-2\pi\frac{(n-1)x}{\lambda_0}+\pi\\&=-2\pi\times\frac{0.5\times0.1\times10^{-3}}{0.5\times10^{-6}}+\pi\\&=-199\pi\end{aligned}$$

## 13.5　薄膜干涉

在日光照射下，肥皂泡薄膜、油薄膜或金属表面氧化层薄膜等表面上会出现彩色的花纹，这是薄膜上产生的干涉现象引起的。薄膜是指透明介质形成的厚度很薄的一层介质膜。对薄膜干涉现象的详细分析比较复杂，在本课程中着重介绍比较简单但实际用途比较多的薄膜等厚干涉和等倾干涉。

### 13.5.1　等厚干涉

如图 13.11 所示，折射率为 $n_2$，厚度不均匀的薄膜，置于折射率为 $n_1$ 的介质中，单色点光源置于透镜焦点上，使出射的平行光束入射到薄膜表面上，现考虑两条特定的光线 1 和 2，光线 1 入射于薄膜上表面 $A$ 点，并折入薄膜内，再从膜下表面 $B$ 点反射，最后从膜上表面 $C$ 点射出；光线 2 直接入射到膜上表面 $C$ 点，并在该处反射回原介质。在交点 $C$，这两条光线的光程差为

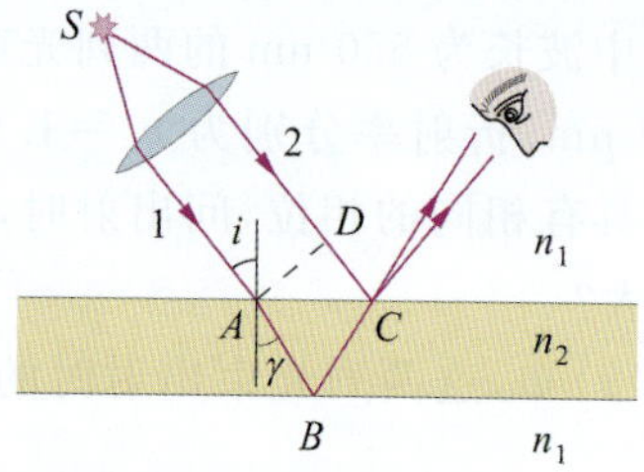


图 13.11

$$\delta=n_2(AB+BC)-n_1DC$$

因膜很薄，又 $A$ 点与 $C$ 点距离很近，因而可认为 $AB$ 近似等于 $BC$，并在这一区域内薄膜的厚度可看作相等，设为 $d$，可得

$$AB=BC=\frac{d}{\cos\gamma}$$

$$DC=AC\sin i=2d\tan\gamma\cdot\sin i$$

根据折射定律

$$n_1\sin i=n_2\sin\gamma$$

可得，光程差 $\delta$ 为

$$\begin{aligned}\delta&=2n_2AB-n_1DC\\&=2d\sqrt{n_2^2-n_1^2\sin^2 i}=2n_2d\cos\gamma\end{aligned}\tag{13.21}$$

还必须指出，由洛埃镜实验知，光从光疏介质射向光密介质，在分界面反射时有半波损失，在我们讨论的问题中，不论 $n_1<n_2$，还是 $n_1>n_2$，1 与 2 这两条光线之一总有半波损失出现。因而在光程差中，必须计及这个半波损失。1 与 2 两条光线的光程差最后应表示为

$$\delta=2n_2d\cos\gamma+\frac{\lambda}{2}\tag{13.22}$$

显然，薄膜表面上 $C$ 点的光强决定于光程差 $\delta$，且有

$$\delta=2n_2d\cos\gamma+\frac{\lambda}{2}=\begin{cases}2k\cdot\dfrac{\lambda}{2}, & k=1,2,3,\cdots(\text{相长干涉})\\(2k+1)\cdot\dfrac{\lambda}{2}, & k=0,1,2,\cdots(\text{相消干涉})\end{cases}\tag{13.23}$$

在实际应用中，通常使光线垂直入射膜表面，即 $i=\gamma=0$，在这种情况下，上式变为

$$\delta=2n_2d+\frac{\lambda}{2}=\begin{cases}2k\cdot\dfrac{\lambda}{2}, & k=1,2,3,\cdots(\text{相长干涉})\\(2k+1)\cdot\dfrac{\lambda}{2}, & k=0,1,2,\cdots(\text{相消干涉})\end{cases}\tag{13.24}$$

在薄膜表面上相长干涉处光强大，因而亮；在相消干涉处光强小，因而暗，形成干涉图样。由式(13.24)可以看出，两条光线在相遇点的光程差只决定于该处薄膜的厚度 $d$，因此**干涉图样中同一干涉条纹对应于薄膜上厚度相同点的连线**，这种条纹称为**等厚干涉条纹**。

由上面讨论可以看出，薄膜干涉和杨氏干涉等不同，在这里相干光束是通过把一波列的波分割而形成的，即用分振幅法获得相干光。

在图 13.11 中，若所用点光源是非单色的，则由于各种波长的光各自在薄膜表面形成自己的一套彩色干涉图样，而各套图样的干涉条纹互相错开，因而在薄膜表面形成色彩绚丽的花纹，这正是前面提到的各种薄膜干涉现象。

还要指出的是，在本节讨论中用的是点光源，若改用扩展光源，问题的研究将变得较复杂，详细讨论已超出本课程的要求。但可以说一点，就是当薄膜的厚度很小，并用具有小入射孔径的光学仪器或眼睛进行观察时，采用扩展光源可增大视场，对厚度均匀的薄膜，还可增大干涉条纹的亮度，因此在做实验时采用扩展光源，一般说来是有利无害的。

上面讨论的薄膜等厚干涉法是测量和检验精密机械零件或光学元件的重要方法，在现代科学技术中有着广泛的应用，下面介绍两种有代表性的等厚干涉实验装置。

1. 劈尖干涉

图 13.12(a)为劈尖干涉的实验装置，从单色光源 $S$ 发出的光经光学系统成为平行光束，经平玻璃片 $M$ 反射后垂直入射到空气劈尖 $W$，由劈尖上、下表面反射的光束进行相干叠加，形成干涉条纹，通过显微镜 $T$ 进行观察和测量。

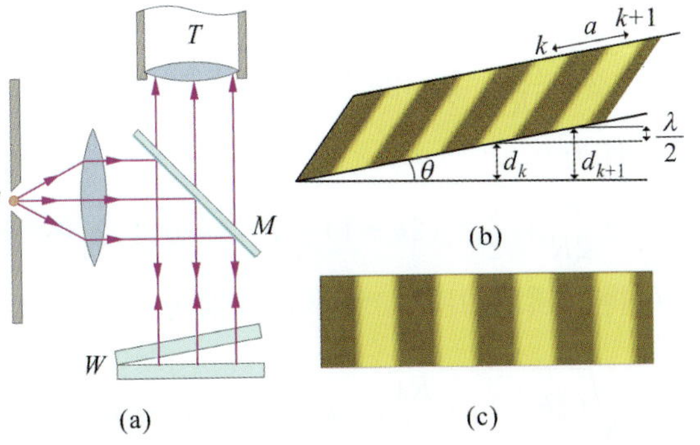


图 13.12

根据式(13.24)知

$$\left.\begin{aligned}\delta=2d+\frac{\lambda}{2}&=2k\cdot\frac{\lambda}{2}, && k=1,2,3,\cdots(\text{明纹})\\ \delta=2d+\frac{\lambda}{2}&=(2k+1)\cdot\frac{\lambda}{2}, && k=0,1,2,\cdots(\text{暗纹})\end{aligned}\right\}\tag{13.25}$$

显然，同一明条纹或同一暗条纹都对应相同厚度的空气层，因而是等厚条纹。

由式(13.25)容易求得，两相邻明条纹(或暗条纹)对应的空气层厚度差都等于$\frac{\lambda}{2}$，见图 13.12(b)

$$d_{k+1}-d_k=\frac{\lambda}{2}$$

设劈尖的夹角为 $\theta$，则相邻明条纹(或暗条纹)之间距 $a$ 应满足关系式

$$a\sin\theta=\frac{\lambda}{2}$$

从上式看出，劈尖的夹角 $\theta$ 愈小，条纹分布愈疏；反之，$\theta$ 愈大，条纹分布愈密。当夹角 $\theta$ 大到一定程度，干涉条纹将密得无法分辨，这时将看不到干涉现象。图 13.12(c)为空气劈尖干涉条纹照片示意图。

从上式还可以看出，如果已知夹角 $\theta$，则测出条纹间距 $a$，就可算出波长 $\lambda$。反之，如果波长 $\lambda$ 已知，则测出条纹间距 $a$，就可算出微小角度 $\theta$。

**例 13.6** 为了测量一根细的金属丝直径 $D$，按图所示的办法形成空气劈尖，用单色光照射形成等厚干涉条纹，用读数显微镜测出干涉明条纹的间距，就能算出 $D$。设 $\lambda=0.5893\ \mu\text{m}$，测量结果是：金属丝与劈尖顶点距离 $L=28.880$ mm，第一条明条纹到第 31 条明条纹的距离为 4.295 mm，求 $D$。

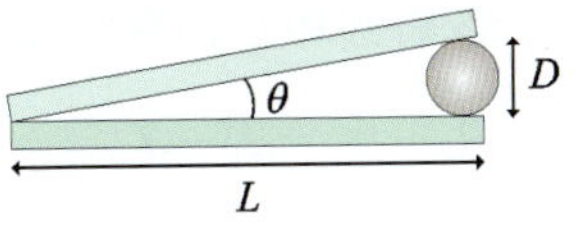


例 13.6 图

**解** 因角度 $\theta$ 很小，故可取

$$\sin\theta\approx\frac{D}{L}$$

于是得 $a\cdot\frac{D}{L}=\frac{\lambda}{2}$，故 $D=\frac{L}{a}\cdot\frac{\lambda}{2}$，$a$ 是相邻两条明条纹间的距离，由题设有

$$a=\frac{4.295}{30}=0.14317\ \text{mm}$$

故金属丝直径为

$$D=\frac{L}{a}\cdot\frac{\lambda}{2}=\frac{28.830}{0.14317}\times\frac{1}{2}\times0.5893\times10^{-3}$$

$$=0.05945\ \text{mm}$$

**例 13.7**　根据薄膜干涉原理制成的测定固体线膨胀系数的干涉膨胀仪，其构造如图(a)所示。$AB$和$A'B'$均为平玻璃板，$C$为热膨胀系数极小的石英圆环，$W$为待测热膨胀系数的样品，其上表面与玻璃板$AB$的下表面形成空气劈尖。以波长为$\lambda$的单色光自上而下垂直照射时，当温度升高为$t$时测得$W$的长度为$L$，$C$的长度可认为不变，设在温度为$t_0$时测得$W$的长度为$L_0$，则在温度升高过程中，有$N$条干涉条纹从视场中某一固定刻线通过，如图(b)所示，试证明样品$W$的线膨胀系数为

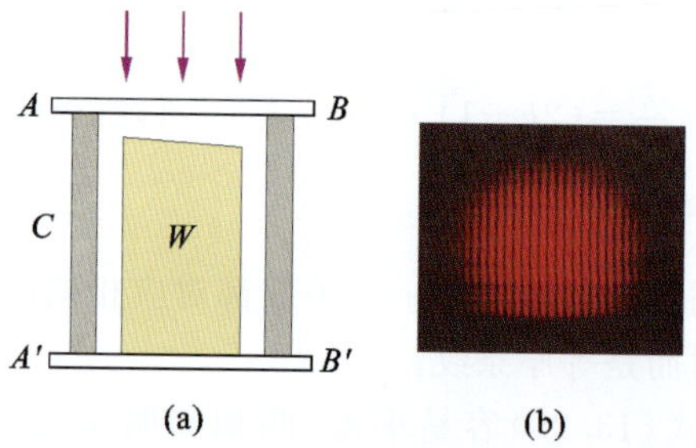


例 13.7 图

$$\beta=\frac{N\lambda}{2L_0(t-t_0)}$$

**证**　温度为$t_0$时，在劈尖等厚干涉条纹中，设第$k$级暗纹所在处劈尖空气层的厚度为

$$d_k=k\frac{\lambda}{2}$$

温度升到$t$时，依题意该处劈尖空气层厚度应为

$$d_{k-N}=(k-N)\frac{\lambda}{2}$$

忽略圆环$C$的膨胀伸长，则空气层的厚度变化为

$$\Delta L=L-L_0=d_k-d_{k-N}=\frac{N}{2}\lambda$$

根据线膨胀系数的定义，得

$$\beta=\frac{L-L_0}{L_0}\cdot\frac{1}{t-t_0}=\frac{N\lambda}{2L_0(t-t_0)}$$

在本题题目中，对一个实际测量系统作了细致的分析，在此基础上，将一个实际系统转化成一个可进行理论计算的物理模型，这种分析问题的方法具有普适性，值得读者学习。

除了上面应用劈尖干涉进行长度精密测量外，劈尖干涉还可用来检验精密测量中用的块规，机械或光学零件的表面光洁度，精密测量零件的尺寸等等。

2. 牛顿环

如图 13.13(a)所示，在一块平面玻璃与一块曲率半径很大的平凸透镜之间形成一个上表面是球面，下表面是平面的空气薄层，当用单色光垂直照射时，从上往下观察会看到以接触点$O$为中心的一组圆形干涉条纹，见图 13.13(b)。这是由环形空气劈尖上下表面反射的光发生干涉而形成的条纹。由于以接触点$O$为中心的任一圆周上，空气层的厚度是相等的，因此这种条纹是等厚干涉条纹，通常称其为牛顿环。

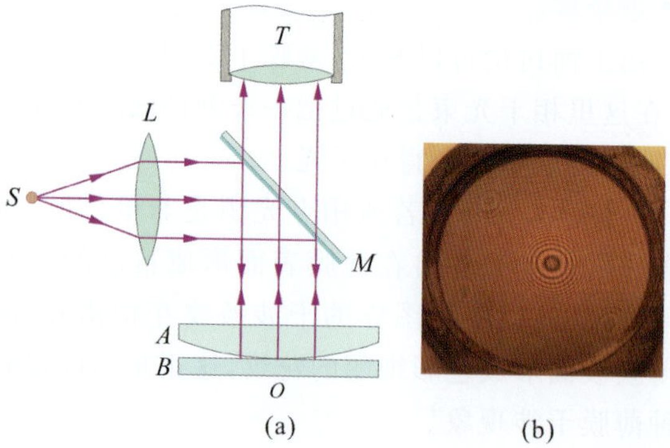


图 13.13

现在对牛顿环进行计算，图 13.14 中$R$为平凸透镜的曲率半径，$r$为环形干涉条纹的半径，只要知道$r$与$R$、$\lambda$的关系，就可以用已测得的$r$和已知的曲率半径$R$求出入射光的波长，或已知$\lambda$求出$R$。

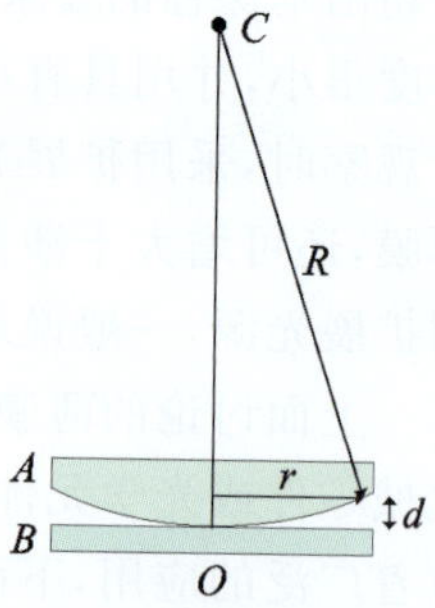


图 13.14

若半径为$r$的环形条纹下面的空气层厚度为$d$，由图中可知

$$R^2=r^2+(R-d)^2=r^2+R^2-2Rd+d^2$$

因$d\ll R$，$d^2$可略去，于是得

$$d=\frac{r^2}{2R}\tag{13.26}$$

这一结果表明，离中心$O$愈远($r$愈大)，光程差增加愈快，所看到的牛顿环也变得愈密。

根据式(13.22)，可知牛顿环的明纹条件为

$$2\cdot\frac{r^2}{2R}+\frac{\lambda}{2}=2k\frac{\lambda}{2},\quad k=1,2,3,\cdots$$

暗纹条件为

$$2\cdot\frac{r^2}{2R}+\frac{\lambda}{2}=(2k+1)\frac{\lambda}{2},\quad k=0,1,2,\cdots$$

由此可得牛顿环的明、暗纹半径分别为

$$\left.\begin{aligned}&r=\sqrt{(2k-1)\cdot\frac{R\lambda}{2}},\quad k=1,2,3,\cdots\text{(明纹)}\\&r=\sqrt{k\lambda R},\quad k=0,1,2,\cdots\text{(暗纹)}\end{aligned}\right\}\tag{13.27}$$

在生产上，牛顿环常用来检验透镜的质量，测定平凸透镜的曲率半径，也可用来测定光的波长。

**例 13.8** 用等厚干涉测量平凸透镜的曲率半径，若光的波长 $\lambda=589.3$ nm，用读数显微镜测得牛顿环第 $k$ 级暗纹的直径 $D_k=6.220$ mm，第 $k+5$ 级暗纹的直径 $D_{k+5}=8.188$ mm，试求透镜的曲率半径为多少？

**解** 根据式(13.27)牛顿环暗纹的半径

$$r_k^2=\left(\frac{D_k}{2}\right)^2=k\lambda R$$

$$r_{k+5}^2=\left(\frac{D_{k+5}}{2}\right)^2=(k+5)\lambda R$$

两式相减，得

$$\frac{D_{k+5}^2-D_k^2}{4}=5\lambda R$$

因此，平凸透镜的曲率半径 $R$ 为

$$R=\frac{D_{k+5}^2-D_k^2}{4\times5\lambda}$$

$$=\frac{(8.188\times10^{-3})^2-(6.220\times10^{-3})^2}{4\times5\times589.3\times10^{-9}}$$

$$=2.40\quad\text{m}$$

本例通过测量不同级次牛顿环的直径，用直径平方差而不用直径平方来求平凸透镜的曲率半径，这样可消除平凸透镜与平板玻璃的不良接触所造成的误差。

在光学器件加工车间，常用牛顿环快速检测透镜的曲率半径及其表面是否合格。其中一种是样板检测法：用一样板(标准件)覆盖在待测件上，如果两者完全密合，见图(a)，即达到标准值要求，不出现牛顿环；如果被测件曲率半径小于或大于标准值，见图(b)、(c)，则产生牛顿环，圆环条纹越多、误差越大。若条纹不圆，则说明被测件曲率半径不均匀，此时，用手均匀轻压样板，牛顿环各处空气隙的厚度必然减小，相应的光程差也减小，条纹发生移动：若条纹向边缘扩展，说明零级条纹在中心，得知被测件曲率半径小于标准值，见图(b)；若条纹向中心收缩，说明零级条纹在边缘，得知被测件曲率半径大于标准值。这样，通过现场检测，及时判断，再对不合格元件进行相应精加工，直到合乎标准为止。

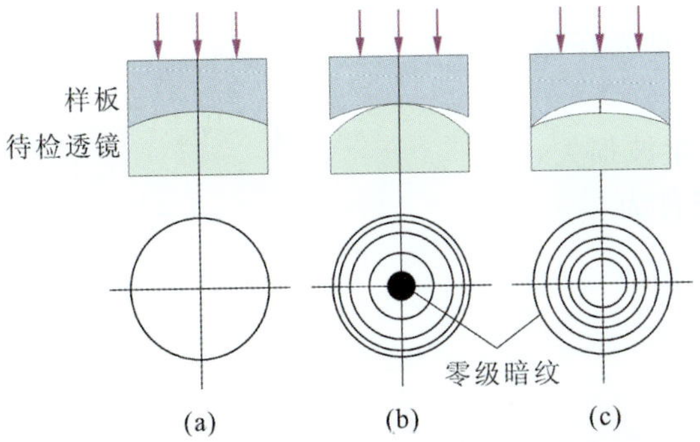


例 13.8 图

### 13.5.2 等倾干涉

图 13.15 为厚度均匀、折射率为 $n_2$ 的薄膜，置于折射率为 $n_1$ 的介质中，一单色入射光，经薄膜上下表面反射后得到 1 和 2 两条光线，它们相互平行，并且是相干的，经类似前面薄膜等厚干涉的分析计算，可得 1 和 2 两条光线的光程差表达式与式(13.21)相同，即

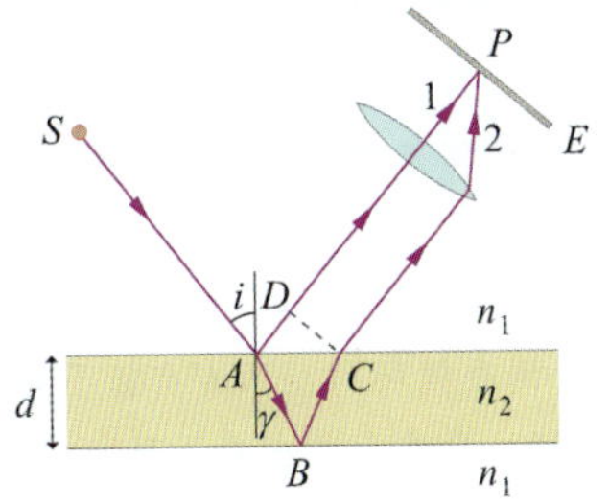


图 13.15

$$\delta=2d\sqrt{n_2^2-n_1^2\sin^2 i}=2n_2 d\cos\gamma$$

上式与等厚干涉不同之处在于薄膜厚度 $d$ 不随光线入射点而变，而是一个常量。当 $n_1$、$n_2$ 给定后，则光程差完全取决于入射角 $i$ 的大小。考虑到其中一条光线反射时有半波损失。上式改写为

$$\delta=2n_2 d\cos\gamma+\frac{\lambda}{2} \qquad (13.28)$$

上式与式(13.22)是相同的。因而两条光线干涉的明纹和暗纹条件由式(13.23)决定，这里不再重复。值得注意的是，此时干涉图样定域与等厚干涉不同，不是在薄膜的表面上，而是在无穷远。若用透镜进行观察，则在透镜像侧焦平面的屏 $E$ 上，可看到干涉图样。**因干涉图样中同一干涉条纹是来自薄膜表面的等倾角光线经透镜聚焦后的轨迹，故称为等倾干涉条纹，这种干涉现象称为等倾干涉。**

由于等倾干涉实验装置及干涉条纹分析较复杂，这里就不再介绍了。

常用等倾干涉检查高精度平板(如玻璃平板)两表面的平行度。

#### 想想看

13.17 何谓等厚干涉？

13.18 如果研究的不是空气劈尖，而是劈尖中充满折射率为 $n$ 的介质，则相干明暗条件式(13.25)应作什么样的改变？

13.19 如果玻璃板上有一层油膜，上面是空气，已知油的折射率 $n_2$ 小于玻璃的折射率 $n_3$，在薄膜干涉条件公式中，还要

写上半波损失引起的光程吗？为什么？

13.20　如果形成空气劈尖的两块玻璃板内表面凹凸不平，这种情况下空气的等厚干涉条纹还平行于棱边吗，为什么？若上板为标准平面，如何根据等厚干涉条纹的形状判断下板表面某处是凹还是凸？

13.21　为何牛顿环随着环纹的半径增大，其条纹变得越来越密？

13.22　怎样用牛顿环测量单色光在空气中、水中的波长？已知单色光在空气中的速率，如何用牛顿环测量它在水中的速率？

13.23　劈尖干涉和牛顿环都是等厚干涉，它们的干涉条纹形状、条纹间距有何不同？厚度增减时条纹怎样移动？间距会变化吗？

13.24　看牛顿环常从反射光的方向看，若从透射方向看，也能看到牛顿环吗？两者有何不同？

13.25　平常为什么看不到窗玻璃的等厚干涉？

13.26　从一个声源发出的信号输入两个相距为 $d$ 的扬声器，问：① 这两个扬声器发出的声波是相干的吗？② 你在与两扬声器连接线平行方向上行走时能听到声音相消相长的干涉现象吗？

**例 13.9**　为了提高光学仪器镜头对波长为 $\lambda$ 光的透射能力，常在镜头上镀上一层透明介质薄膜，如果薄膜厚度合适，可使波长为 $\lambda$ 的光，因干涉效应只透射不反射，这种薄膜称为**增透膜**。

波长 $\lambda=550$ nm 黄绿光对人眼和照像底片最敏感。要使照像机对此波长反射小，可在照像机镜头上镀一层氟化镁（$MgF_2$）薄膜，已知氟化镁的折射率 $n=1.38$，求氟化镁薄膜的最小厚度。

**解**　如图所示，照像时光线近似地与镜头垂直，为了看得清楚，图中把入射角画大了些。因氟化镁的折射率介于空气和玻璃之间，所以光在氟化镁薄膜的上下两表面反射时都有半波损失。因此，两条反射光之间的光程差就等于薄膜厚度的两倍 $2d$ 乘以氟化镁的折射率 $n$，两条反射光干涉减弱条件是

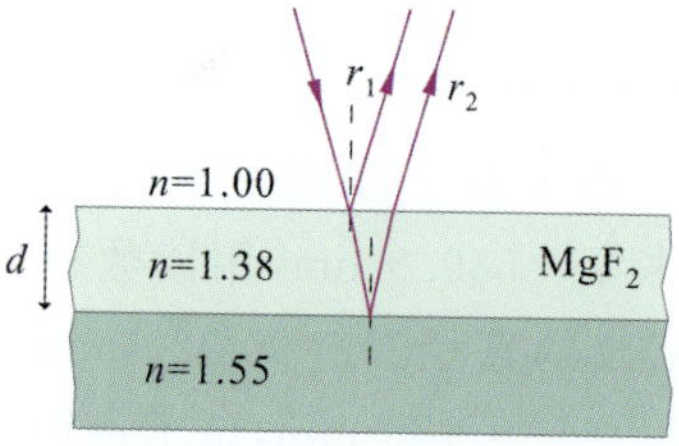


例 13.9 图

$$2nd=(2k+1)\frac{\lambda}{2},\quad k=0,1,2,\cdots$$

取 $k=0$，得氟化镁增透膜的最小厚度为

$$d=\frac{\lambda}{4n}=\frac{550}{4\times1.38}\approx100\ \text{nm}$$

在本例中，因为反射光中缺少黄绿色而呈蓝紫色。因此，如果我们看到薄膜呈蓝紫色，就知道它的最小厚度大约是 100nm 左右。在半导体元件生产中，估计二氧化硅薄膜厚度的一种简便方法，就是根据二氧化硅表面的颜色来判断。

在上述例题中，若薄膜光学厚度（$nd$）仍为 $\lambda/4$，但膜层折射率 $n$ 比玻璃的折射率还大，于是膜层上表面反射光有半波损失，但下表面反射光却没有半波损失。因此，两束反射光叠加后产生相长干涉，这样的膜层称**增反射膜**。

根据薄膜干涉原理，使用多层镀膜的方法，可以制成常用的透射式的干涉滤色片和反射式的干涉滤色片，以及反射本领高达 99% 以上的反射面。它们能使某种特定波长的单色光因干涉而在透射或反射中加强，使其他波长的光因干涉而在透射或反射中减弱。为此，对各层镀膜的材料和厚度是有要求的。

**例 13.10**　空气中肥皂膜（$n_2=1.33$）厚 $d=375$ nm，见图，在波长从 380 nm 到 750 nm 的太阳光几乎垂直照射下，问：(1) 哪些波长的可见光在反射光中产生干涉相长；(2) 哪些波长的可见光在透射光中产生干涉相长？

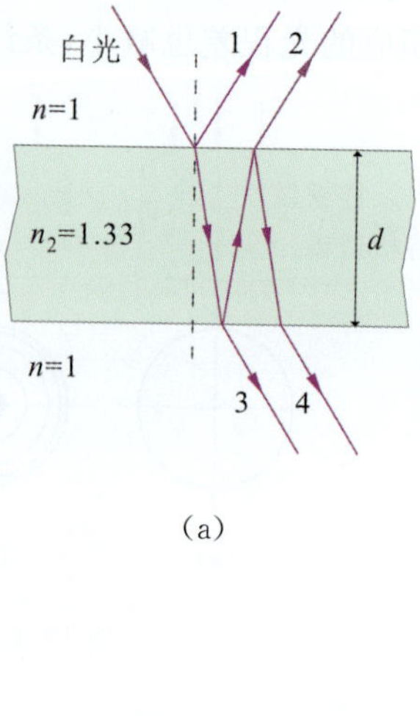


(a)

**解**　(1) 这是一个分振幅薄膜干涉问题，反射光 1 有半波损失，反射光 2 没有半波损失，按式(13.24)，反射光相长干涉条件为

$$2n_2d+\frac{\lambda}{2}=k\lambda,\quad k=1,2,3,\cdots$$

当　$k=1$　$\lambda_1=1995$ nm　不可见红外光

　　$k=2$　$\lambda_2=665$ nm　可见红光

$k=3$　　$\lambda_3=399\ \text{nm}$　　可见紫光

$k=4$　　$\lambda_4=285\ \text{nm}$　　不可见紫外光

(2)显然透射光 3、4 也是相干光，而 3、4 两束光都无半波损失，因此，按式(13.24)，透射光相长干涉条件为

$$2n_2d=k\lambda,\qquad k=1,2,3,\cdots$$

当　$k=1$　　$\lambda_1=997.5\ \text{nm}$　　不可见红外光

$k=2$　　$\lambda_2=498.8\ \text{nm}$　　可见青光

$k=3$　　$\lambda_3=332.5\ \text{nm}$　　不可见紫外光

综上所述，反射光中有红光和紫光各一条，透射光中只有一条青光。

解薄膜干涉有关问题的关键是确定相干光束间的光程差或位相差：光程差为波长整数倍、或相位差为 $2\pi$ 的整数倍时干涉相长；光程差为波长奇数倍或相位差为 $2\pi$ 的奇数倍时，干涉相消。要特别注意的是正确确定在光反射过程中有无半波损失，见图(c)、(d)，如有，在光程差或相位差中必须计及！只要牢记这一解题思路，就可以直接写出相干明、暗纹应满足的条件。例如，尽管在正文中并未讲过透射光的干涉问题，但在本例中我们很容易地写出了明(暗)条纹应满足的条件。

还需要注意的是在写干涉明、暗条件时，所涉及的波长是空气中的还是薄膜中的！有的书中用波程差写干涉明、暗相干条件，这时所涉及的波长就是薄膜中的波长。你知道这是为什么吗？

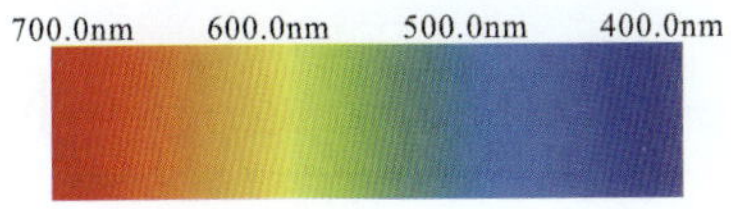


(b)

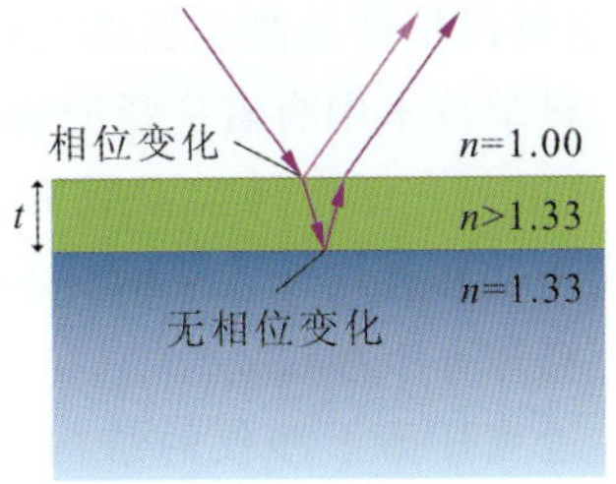


(c)

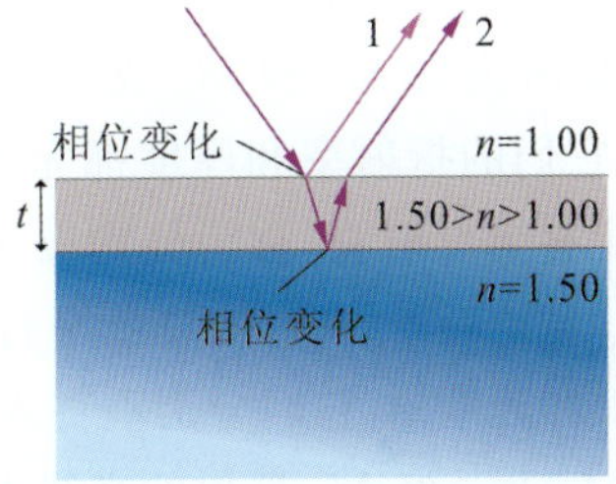


(d)

例 13.10 图

## 复习思考题

**13.5**　玻璃球表面上镀了一层介质膜，膜及膜内、外的折射率分别为 $n_1$、$n_2$、$n_3$，光近似垂直地入射到球的表面上，见图。问：(1)在下列几种情况下从介质上、下表面反射光 $r_1$、$r_2$ 间有半波损失吗？(2)又在透射光 $r_3$、$r_4$ 间有半波损失吗？

(a) $n_1=1.4, n_2=1.3, n_3=1.6$

(b) $n_1=1.3, n_2=1.4, n_3=1.6$

(c) $n_1=1.6, n_2=1.4, n_3=1.3$

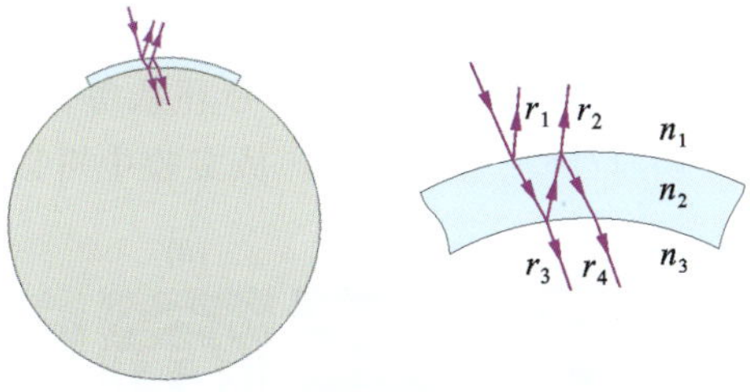


(a)　　　　(b)

思 13.5 图

**13.6**　上题中若膜厚 $d$ 产生的路程差 $2d$ 为一个波长，又 $n_1=1.3, n_2=1.4, n_3=1.6$，问反射光 $r_1$、$r_2$ 能产生相长干涉吗？

**13.7**　如图，波长为 $\lambda=500\ \text{nm}$ 的光沿一 1500 nm 长、折射率为 1.55 的介质传播，若光在介质的一端是波峰，问此时在介质的另一端是波峰还是波谷？

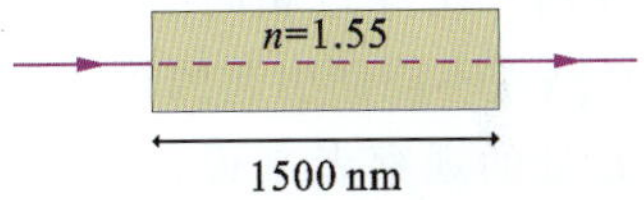


思 13.7 图

**13.8**　水面上油膜产生干涉条纹，膜很薄(可近似认为是零)，观察到膜边缘处条纹呈干涉相消为黑色，据此判断油膜的折射率比水的折射率是大还是小。

**13.9**　太阳光垂直入射到厚为 815 nm、折射率为 1.33 的肥皂泡表面上(肥皂泡两面皆为空气)，问哪些波长可见光波将反射干涉相长？如果肥皂泡内充满折射率为 1.34 的水蒸气，再回答上问。

**13.10**　图示为白光照射在竖直放置的肥皂膜上产生的干涉图样，对此图样能做些什么判断，并说明理由。

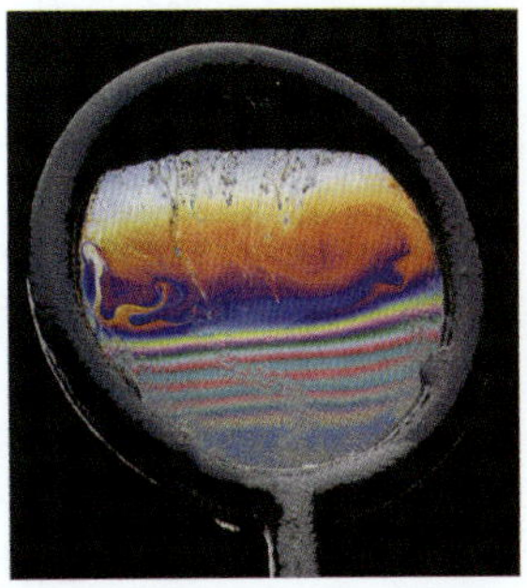

思 13.10 图

## 13.6 迈克耳孙干涉仪

干涉仪是根据光的干涉原理制成的精密测量仪器,它可以精密地测量长度及长度的微小变化等,在现代科学技术中有着广泛的应用。干涉仪的种类很多,这里只介绍在科学发展史上起过重要作用并在近代物理和近代计量技术的发展上仍起着重要作用的迈克耳孙干涉仪。

迈克耳孙干涉仪的结构如图13.16所示。$M_1$和$M_2$是两块互相垂直放置的平面反射镜,$M_2$固定不动,$M_1$可以沿精密丝杠前后作微小移动。$G_1$和$G_2$是两块与$M_1$和$M_2$成45°平行放置的平面玻璃板,它们的折射率和厚度都完全相同,其中$G_1$的背面镀有半反射膜,称为分光板,$G_2$称为补偿板。

自透镜$L$出射的单色平行光,经分光板分成光线1和光线2,它们分别垂直入射到平面反射镜$M_1$和$M_2$上。经$M_1$反射的光线1回到分光板后,一部分透过分光板成为光线1′,并向$E$方向传播;而透过$G_1$和$G_2$并经$M_2$反射的光线2回到分光板后,其中一部分被反射成为光线2′,并向$E$方向传播。由于光线1′和2′两者是相干光,因此在$E$处可以看到干涉现象。光路中放置补偿板$G_2$是使光线1和光线2分别三次穿过相同的玻璃板,以避免光线1和2所经路径不同而引起的较大光程差。

对$E$处的观察者来说,光自$M_1$和$M_2$上的反射就相当于自相距为$d$的$M_1$和$M_2'$上的反射,其中$M_2'$是平面镜$M_2$经$G_1$半反射膜反射所成的虚像。因此,在$E$处所看到的明暗干涉现象取决于厚度$d$。设光在半反射膜内外两侧反射时引起的半波损失相同,则当$d$为零时,光线1′和2′间的光程差为零,产生相长干涉,$E$处视场最亮。移动反射镜$M_1$,当移动距离为$\lambda/4$时,光线1′和2′间的光程差为$\lambda/2$,产生相消干涉,$E$处视场最暗。显然,每移动$\lambda/2$,视场从最亮(最暗)到最亮(最暗)变化一次。这样,若$E$处视场从最亮到第$N$次出现最亮时,反射镜$M_1$移动的距离为$\Delta d$,有

$$\Delta d = N\frac{\lambda}{2} \tag{13.29}$$

因此,通过$E$处亮暗的变化就能测出反射镜的移动量,测量精度高于$\lambda/2$。正是利用这样的方法,可由已知光波波长来精确地测量长度或长度变化量;当然,也可以借助标准米尺来测量光波的波长。

在图13.16中,若$M_1$和$M_2$不严格相互垂直,因此$M_1$和$M_2'$有微小夹角而形成一空气劈尖,我们可以在视场$E$看到光束1和2生成如图13.17中(f)～(j)的劈尖"等厚"干涉条纹。若$M_1$距$M_2'$大于某一特定长度时,将不发生干涉,如图13.17中(f)和(j)所示;当$M_1$和$M_2'$的间隔逐渐缩小(不论$M_1$在$M_2'$的前面或后面),开始出现愈来愈清晰的干涉条纹,不过,最初这些条纹不是严格的等厚线,它们两端朝背离$M_1$和$M_2'$交线的方向弯曲,如图13.17(g)和(i)所示;当$M_1$和$M_2'$十分靠近,甚至相交时,条纹变直,如图13.17(h),此时为等厚干涉条纹。

在图13.16中,若$M_1$和$M_2$严格垂直,则$M_1$和$M_2'$严格平行,两者构成厚度均匀的空气薄膜,若图13.16中的光源是扩展光源,理论分析表明,这时观察到的是一组明暗相间的同心环状等倾干涉条纹,如图13.17(a)～(e)所示。从实验中可以看到:

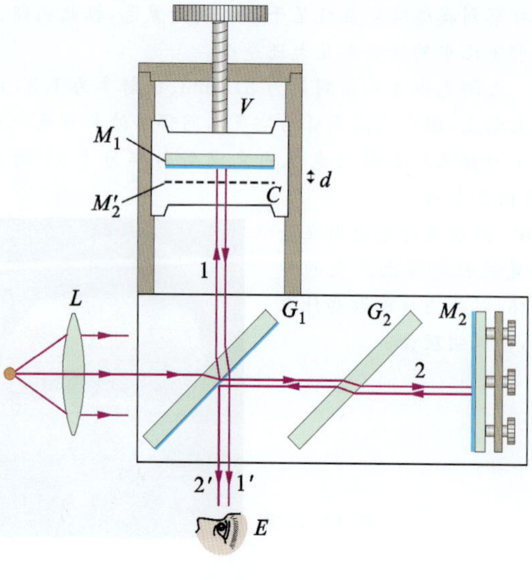


图13.16

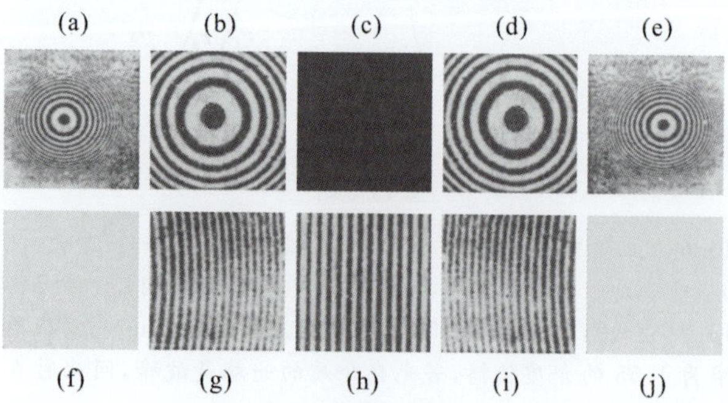


图13.17

当 $M_1$ 和 $M_2'$ 相距较远时，条纹比较密，如图 13.17(a)和(e)所示；将 $M_1$ 逐渐向 $M_2'$ 移动，我们看到各圆条纹不断陷入中心，条纹变得越来越稀疏，见图 13.17(b)和(d)；直到 $M_1$ 和 $M_2'$ 重合，干涉条纹消失，见图 13.17(c)；当 $M_1$ 逐渐远离 $M_2'$ 时，圆条纹不断从中心冒出来，条纹变得越来越密。当间距增大到一定值时，干涉条纹消失。

每当 $M_1$ 移动 $\lambda/2$，可观察到从中心冒出或消失一个明环(或暗环)，我们可以对冒出或消失的明环(或暗环)进行计数，在已知 $\lambda$ 的情况下，再按式(13.29)求出 $\Delta d$，或已知 $\Delta d$ 时，求出波长 $\lambda$。

在用迈克耳孙干涉仪作实验时发现，当 $M_1$ 和 $M_2'$ 之间的距离超过一定限度后，就观察不到干涉现象。这是为什么呢？原来一切实际光源发射的光是一个个的波列，每个波列有一定长度。例如在迈克耳孙干涉仪的光路中，点光源先后发出两个波列 $a$ 和 $b$，每个波列都被分光板分为 1 和 2 两个波列，用 $a_1$、$a_2$，$b_1$、$b_2$ 表示。当两光路光程差不太大时，如图 13.18(a)所示，由同一波列分出来的两波列如 $a_1$ 和 $a_2$，$b_1$ 和 $b_2$ 等等可以重叠，这时能够发生干涉。但如果两光路的光程差太大，如图 13.18(b)所示，则由同一波列分解出来的两波列不再重叠，而相互重

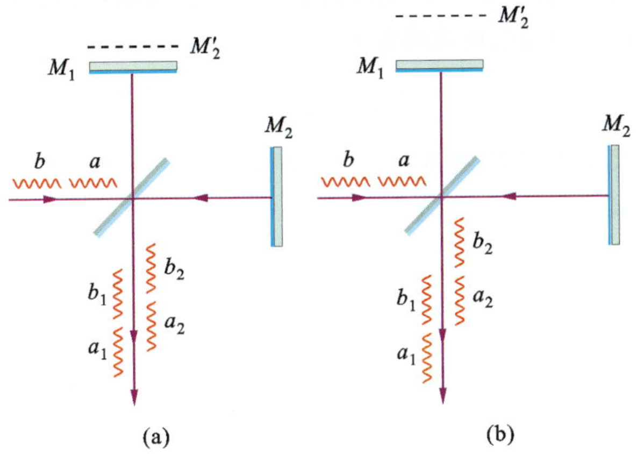


图 13.18

叠的却是不同波列 $a$、$b$ 分出来的波列，例如 $a_2$ 和 $b_1$。这时就不能发生干涉。这就是说，两光路之间的光程差超过了波列长度 $L$，就不再发生干涉。因此，两个分光束产生干涉效应的最大光程差 $\delta_m$ 为波列长度 $L$，这称为该光源所发射的光的**相干长度**。与相干长度对应的时间 $\Delta t = \delta_m / c$，称为**相干时间**。当同一波列分出来 1、2 两波列到达观察点的时间间隔小于 $\Delta t$ 时，这两波列叠加后发生干涉现象，否则就不发生。为了描述所用光源相干性的好坏，常用相干长度或相干时间来衡量。

迈克耳孙干涉仪设计精巧，用途广泛，可测定光谱的精细结构、薄膜的厚度、气体的折射率，还可以用光波作度量标准，对长度进行定标。迈克耳孙干涉仪是许多近代干涉仪的原型。迈克耳孙因发明干涉仪和测定光速而获得 1907 年诺贝尔物理学奖。

**想想看**

13.27 在迈克耳孙干涉仪中，$M_1$ 和 $M_2'$ 间距离 $d$ 增加或减小时，等倾干涉圆纹向中心收缩或向外扩展，为什么？

13.28 $d$ 一定时，圆纹的干涉级次从中心向外增加还是减小？圆纹间距变大还是变小？与牛顿环比较有何不同，为什么？

13.29 $d$ 的大小与圆纹的疏密有何关系？

## 13.7 惠更斯-菲涅耳原理

### 13.7.1 光的衍射现象

光沿直线传播是建立几何光学的基本依据，在通常情况下，光表现出直线传播的性质。当光通过较宽的单缝时，在屏上将呈现单缝的清晰影子，见图 13.19(a)，这是光直线传播特性的表现。但是，当用一束光照射诸如小孔、细缝、细丝等尺寸接近光波波长的微小障碍物时，却表现出与光沿直线传播不同的现象：在远处的屏上会观察到光线绕过障碍物到达偏离直线传播的区域，并在屏上呈现出明暗相间

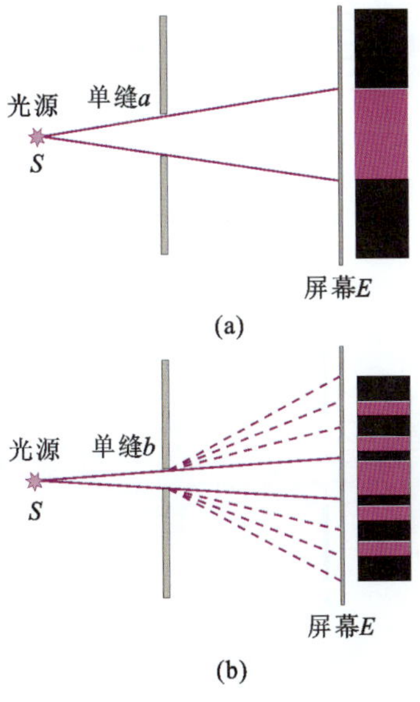


图 13.19

的光强分布条纹，即产生了光的衍射现象见图 13.19(b)。图 13.20(a)和(b)分别是用一束单色光照射剃须刀片和矩形小孔在远处屏上形成的衍射图样。

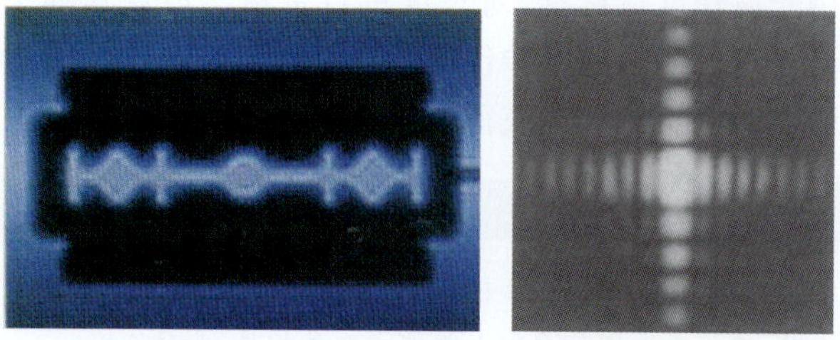

(a) (b)

图 13.20

衍射现象通常分为两类，一类称作菲涅耳衍射，在这类衍射中，光源 $S$、观察屏 $E$(或二者之一)到衍射屏 $K$ 的距离为有限，菲涅耳衍射很容易用实验观察到。图 13.21(a)所示为观察这类衍射的实验装置示意图。另一类衍射称为夫琅禾费衍射，在这类衍射中光源 $S$、观察屏 $E$ 到衍射屏 $K$ 的距离均为无穷远，图 13.21(b)为观察夫琅禾费衍射实验装置示意图。光源 $S$ 位于透镜 $L_1$ 焦点，该透镜使入射到衍射屏 $K$ 上的光为平行光，透镜 $L_2$ 再将通过衍射屏的光聚焦在观察屏 $E$ 上。由于夫琅禾费衍射涉及的是平行光，因而数学处理较菲涅耳衍射简单，这种衍射在实际的应用中很重要。下面主要就夫琅禾费衍射进行讨论。

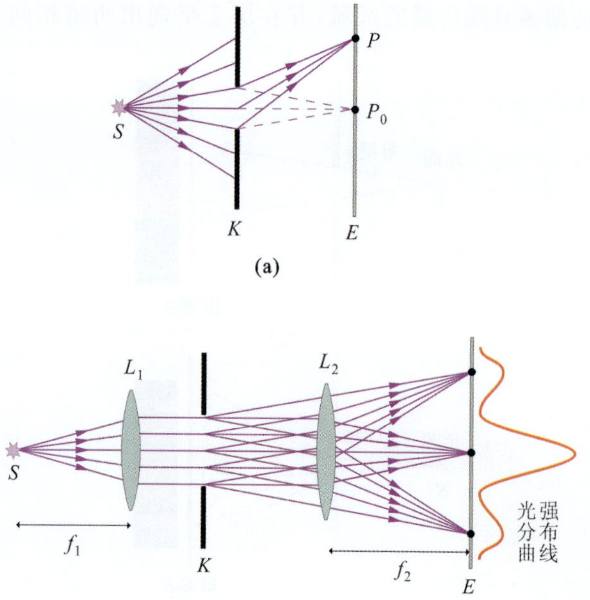


图 13.21

光的衍射现象和光的干涉现象一样，显示了光的波动性质。

### 13.7.2 惠更斯-菲涅耳原理

我们知道，惠更斯原理可以解释光偏离直线传播的现象。但是，惠更斯原理不能解释为什么在屏上会出现明暗条纹。菲涅耳接受了惠更斯的次波概念，并提出各次波都是相干的，从而发展了惠更斯原理，后称**惠更斯-菲涅耳原理**。原理要点可定性表述为：**从同一波前上各点发出的次波是相干波，经过传播在空间某点相遇时的叠加是相干叠加**。根据这个原理，如果已知某时刻波前 $S$，则空间任意点 $P$ 的光振动就可由波前 $S$ 上每个面元 $dS$ 发出的次波在该点叠加后的合振动来表示。如图 13.22 所示，将 $t=0$ 时刻的波前 $S$ 分成许多面元 $dS$，菲涅耳假设面元 $dS$ 发出的次波在 $P$ 点引起的振动的振幅与 $dS$ 成正比，与 $P$ 点到 $dS$ 的距离成反比，而且和倾角 $\theta$ 有关，若取 $t=0$ 时刻波前上各点初相为零，则 $dS$ 在 $P$ 点引起的振动可表示为

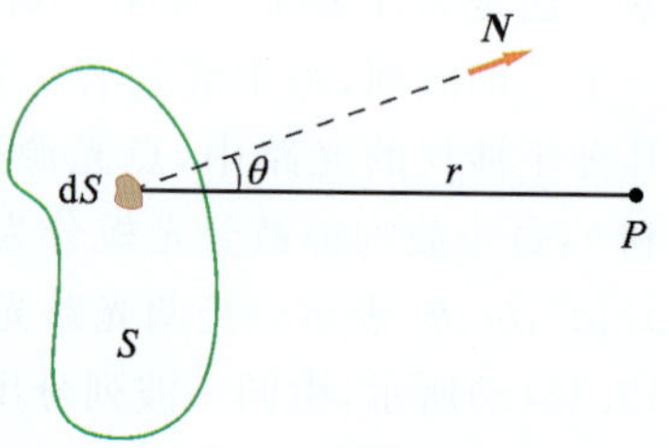


图 13.22

$$dE = Fk(\theta)\frac{dS}{r}\cos\left(\omega t - \frac{2\pi r}{\lambda}\right)$$

式中 $F$ 是比例系数，$k(\theta)$ 称为倾斜因子，是 $\theta$ 的函数，随 $\theta$ 增大而减小，当 $\theta=0$，$k(\theta)$ 最大，可取作 1。$P$ 点合振动就等于波前 $S$ 上所有 $dS$ 发出的次波在 $P$ 点引起振动的叠加，故有

$$E(P) = \int_S Fk(\theta)\frac{\cos\left(\omega t - \dfrac{2\pi r}{\lambda}\right)}{r}dS \qquad (13.30)$$

这就是惠更斯-菲涅耳原理的数学表达式。

菲涅耳用倾斜因子来说明次波不能向后传播。他假设当 $\theta \geqslant \pi/2$ 时，$k(\theta)=0$，因而次波振幅为零。借助于惠更斯-菲涅耳原理，原则上可定量地描述光通过各种障碍物所产生的各种衍射现象。但对一般衍射问题，积分计算是相当复杂和困难的。对光通过具有对称性的障碍物，如狭缝、圆孔等，用半波带法或振幅矢量法来研究衍射问题更为方便，这样不仅可将积分运算转化为代数运算，且物理图像清晰。后面主要通过半波带法研究单缝和多缝的夫琅禾费

衍射现象。

### 13.7.3 物像之间等光程性简介

在观察光的干涉和衍射现象时,常用到薄透镜。这里我们简单地介绍正薄透镜的物点和像点之间的等光程性问题。

在图 13.23(a)中,从物点 $S$ 发出球面波,某时刻的波面为 $\Sigma$,显然,从 $S$ 到波面上任意一点 $P$ 的光程是相等的。根据惠更斯-菲涅耳原理,像点 $S'$ 的光振动是由波面 $\Sigma$ 上各点发出的次波在该点的光振动相干叠加的结果。今像点 $S'$ 是透镜右方像空间中最明亮的,说明从波面 $\Sigma$ 上各点发出的次波在 $S'$ 是相干加强的;也就是说从波面 $\Sigma$ 上任意一点 $P$ 至像点 $S'$ 的各光线,虽传播的路径不同,经过介质的情况也不尽相同,但光程是相同的。否则,各光线在到达 $S'$ 点时将有光程差,叠加后一般将不会成为最明亮的像点。这一结论对任何正薄透镜都适用。由此可得出结论,从正薄透镜光轴上物点发出的各光线至像点的光程是相等的。其实这一结论不只适用于在光轴上的物点和像点,就是不在光轴上的物点和像点,只要经过正薄透镜,物点发出的光,无像差地会聚成明亮的像点,上述结论也是适用的。物像点之间的等光程问题可以从理论上给予更一般的证明。

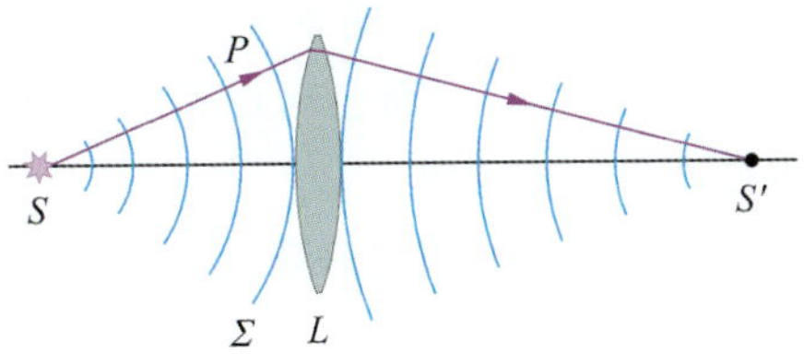


(a)

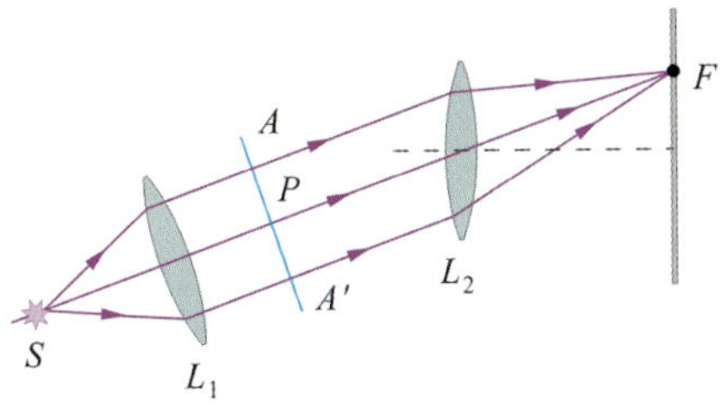


(b)

图 13.23

对于图 13.23(b)所示的情况,应用上面的结果,不难看出从波面 $AA'$ 上任意点 $P$ 经正薄透镜聚焦于焦点 $F$ 的各光线光程都是相等的,这种情况在下面研究夫琅禾费衍射时将会用到。

## 13.8 单缝的夫琅禾费衍射

### 13.8.1 用菲涅耳半波带法研究屏 $E$ 上衍射条纹的分布

如图 13.24(a)所示,一宽度为 $a$ 的狭缝垂直纸面放置,一束平行单色光垂直狭缝平面入射,通过狭缝的光发生衍射,衍射角 $\varphi$ 相同的平行光束经透镜会聚于放置在透镜焦平面处的屏上,会聚点 $P$ 的光强决定于同一衍射角 $\varphi$ 的平行光束中各光线之间的光程差。

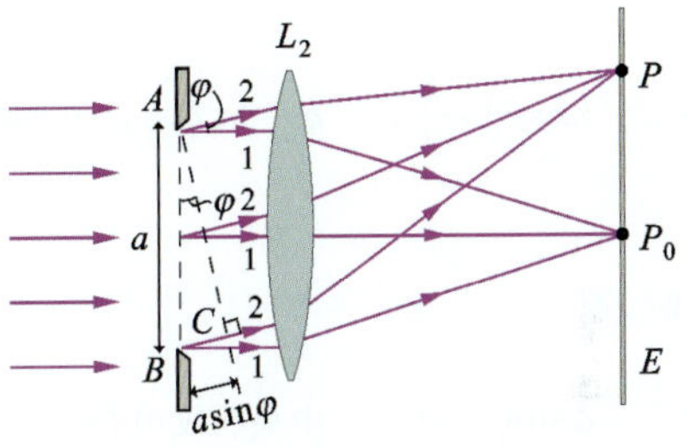


(a)

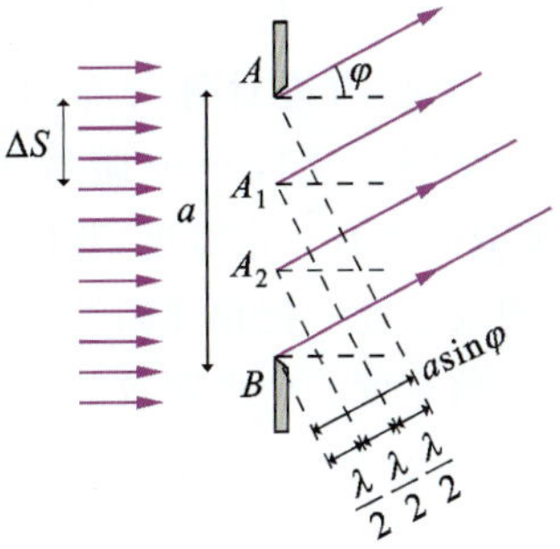


(b)

图 13.24

如图 13.24(b)所示,对应于某衍射角 $\varphi$,把缝上波前 $S$ 沿着与狭缝平行方向分成一系列宽度相等的窄条 $\Delta S$,并使从相邻 $\Delta S$ 各对应点发出的光线的光程差为半个波长,这样的 $\Delta S$ 称为半波带。

由图 13.24(a)可以看出,对应于衍射角为 $\varphi$ 的屏上 $P$ 点,缝上下边缘两条光线之间的光程差为

$$\delta = BC = a\sin\varphi$$

因而半波带的条数 $N$ 为

$$N=\frac{a\sin\varphi}{\frac{\lambda}{2}}$$

显然,在给定缝宽 $a$ 和波长 $\lambda$ 的情况下,半波带数目

的多少和半波带面积的大小，仅决定于衍射方向角 $\varphi$。$N$ 可以是整数，也可以是非整数。当 $N$ 为偶数时，因相邻半波带各对应点的光线的光程差都是 $\lambda/2$，即相位差为 $\pi$，因而两两相邻半波带的光线在 $P$ 点都干涉相消，$P$ 点的光强为零，即 $P$ 点为暗点；当 $N$ 为奇数时，因相邻半波带发出的光两两干涉相消后，剩下一个半波带发出的光未被抵消，因此 $P$ 点为明点。由此，可得单缝夫琅禾费衍射条纹的明暗条件为

$$a\sin\varphi=\pm 2k\frac{\lambda}{2},\quad k=1,2,3,\cdots \quad \text{暗纹} \tag{13.31}$$

$$a\sin\varphi=\pm(2k+1)\frac{\lambda}{2},\quad k=1,2,3,\cdots \quad \text{明纹中心} \tag{13.32}$$

当 $\varphi=0$ 时，有

$$a\sin\varphi=0 \quad \text{中央明纹中心} \tag{13.33}$$

式中 $k$ 为衍射级，中央明纹是零级明纹。因所有光线到达中央明纹中心 $P_0$ 点的光程相同，光程差为零，所以中央明纹中心 $P_0$ 处光强最大。明暗条纹以中央明纹为中心两边对称分布，依次是第一级($k=1$)，第二级($k=2$)，……暗纹和明纹，见图 13.25。各级明纹都有一定宽度，我们把相邻暗纹间的距离称为明纹宽度。把相邻暗纹对应的衍射角之差称为明纹的角宽度。中央明纹的宽度是由紧邻中央明纹两侧的暗纹($k=1$)决定。由式(13.31)可知

$a\sin\varphi=\lambda$ 　对应 $k=1$ 的暗条纹

$a\sin\varphi=-\lambda$ 　对应 $k=-1$ 的暗条纹

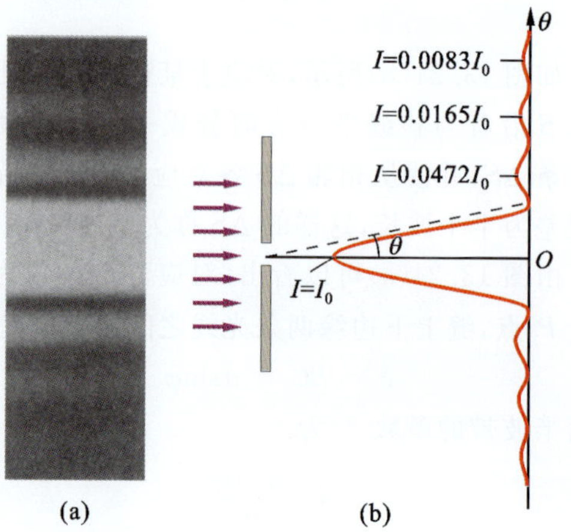


图 13.25

也就是说中央明纹的范围是

$$-\lambda < a\sin\varphi < +\lambda$$

当 $\varphi$ 很小时 $\qquad \sin\varphi\approx\varphi\approx\dfrac{\lambda}{a}$

把第一级暗条纹所对应的衍射角 $\varphi$，称为中央明条纹的半角宽度。

这里还必须指出，当半波带数 $N$ 不是整数时，$P$ 点的光强介于明暗之间，实际上屏上光强的分布是连续变化的。因衍射角 $\varphi$ 愈大，$N$ 愈大，同一缝宽 $a$ 中每个半波带的面积愈小，因而明纹光强随衍射级的增加而减小。

由单缝夫琅禾费衍射公式(13.31)、(13.32)可知，对于一定波长的单色光，缝宽 $a$ 愈小，各级条纹的衍射角 $\varphi$ 愈大，在屏上相邻条纹的间隔也愈大，也即衍射效果愈显著。反之，$a$ 愈大，各级条纹衍射角 $\varphi$ 愈小，各级衍射条纹向中央明纹靠拢；当 $a$ 增大到分辨不清各级条纹时，衍射现象消失，此时相当于光直线传播的情况。可见，光的直线传播是光波传播过程中衍射效果很不显著的表现，其条件是限制光波传播的障碍物的线度(例如单缝宽 $a$)，要远大于光波的波长。

当缝宽 $a$ 一定时，波长 $\lambda$ 越大，则衍射角 $\varphi$ 越大。若以白光入射时，除了中央明条纹的中部是白色外，对于其他各级同一级明条纹，不同波长的入射光对应的衍射角不同，因而会出现彩色条纹。这表明单缝也会产生色散现象。

### 13.8.2 用振幅矢量合成法来研究各级条纹的强度

用波长为 $\lambda$ 的平行单色光垂直照射缝宽为 $a$ 的单缝，将单缝上的波面分成 $N$ 个宽度为 $d$ 的微波带。根据惠更斯-菲涅耳原理，每个微波带都是一个次波源。在衍射角 $\varphi$ 比较小时，可假设由各次波源发出的次波到达屏上各点时，有相同的振幅，但各次波源在屏上某点 $P$ 形成的光振动的相位依次相差一个相同的值 $\delta=\dfrac{2\pi}{\lambda}d\sin\varphi=\dfrac{2\pi a\sin\varphi}{N\lambda}$，如图 13.26 所

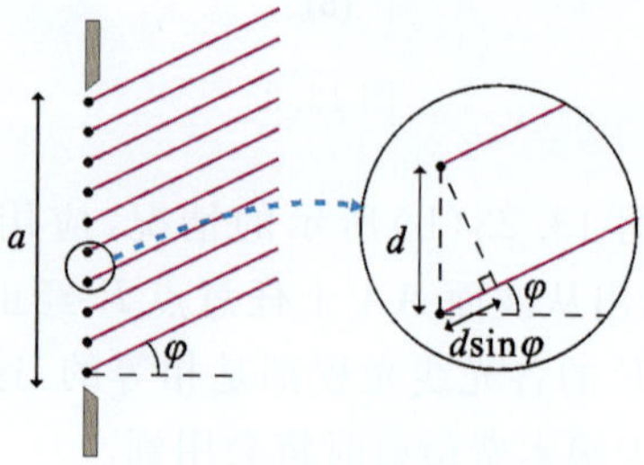


图 13.26

示。因而单缝在 $P$ 点形成的光振动可以看作是同方向、同频率、等振幅、相位依次相差 $\delta$ 的 $N$ 个次波在 $P$ 点形成的光振动的叠加，图 13.27 是这 $N$ 个光

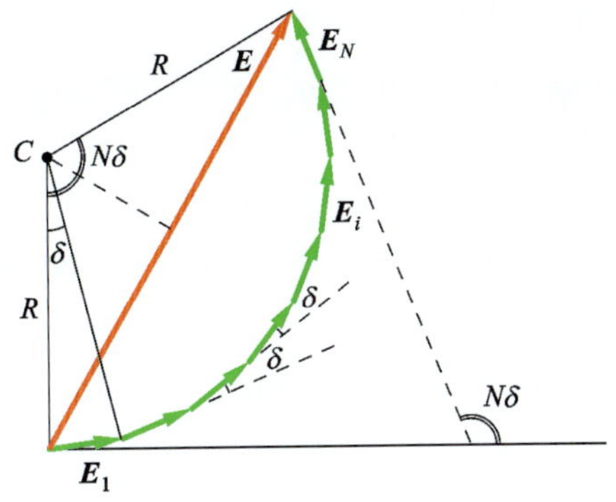


图 13.27

振动叠加的振幅矢量图，当 $N$ 很大时，$\delta$ 很小，各振幅矢量叠加形成的多边形近似为圆心在 $C$、半径为 $R$ 的一段圆弧，合成振动的振幅为

$$\boldsymbol{E}=\sum_i \boldsymbol{E}_i$$

第一个分振动矢量 $\boldsymbol{E}_1$ 与第 $N$ 个分振动矢量 $\boldsymbol{E}_N$ 的夹角为

$$N\delta=\frac{2\pi a\sin\varphi}{\lambda}$$

每个分振动矢量对应的圆心角与相邻分振动的相位差 $\delta$ 相等，因而有 $E_i=R\delta$，或写作

$$R=\frac{E_i}{\delta}$$

合振幅矢量 $\boldsymbol{E}$ 的大小，从几何关系可得

$$E=2R\sin\frac{N\delta}{2}$$

令 $u=\frac{N\delta}{2}$，并将 $R=\frac{E_i}{\delta}$ 代入上式，可得

$$E=2\frac{E_i}{\delta}\sin\frac{N\delta}{2}=\frac{NE_i}{N\delta}\cdot 2\sin\frac{N\delta}{2}$$

$$=NE_i\frac{\sin(N\delta/2)}{N\delta/2}=NE_i\frac{\sin u}{u}$$

对于中央明条纹，$\varphi=0,\delta=0,u=0$，所以 $\frac{\sin u}{u}=1$，令 $E_0=NE_i$，故上式可写作

$$E=E_0\frac{\sin u}{u}$$

因而 $P$ 点的光强为

$$I=I_0\left(\frac{\sin u}{u}\right)^2 \tag{13.34}$$

这就是单缝夫琅禾费衍射光强的分布公式。式中 $I_0$ 为中央明条纹中心处的光强。

由式(13.34)可知，当 $u=\frac{\pi a\sin\varphi}{\lambda}=\pm k\pi$ 时，即

$$a\sin\varphi=\pm k\lambda,\quad k=1,2,3,\cdots$$

$I=0$，上式就是暗条纹的条件，在相邻两个暗条纹之间，有一次极大，次极大出现的条件为

$$\frac{\mathrm{d}}{\mathrm{d}u}\left(\frac{\sin u}{u}\right)^2=0$$

由此可得

$$\tan u=u$$

这是一个超越方程，可用图解法求出次极大相应的 $u$ 值。如图 13.28 所示，分别作出曲线 $y=\tan u$ 和 $y=u$，它们的交点就是这个超越方程的解，可求得

$$u_1=\pm 1.43\pi$$
$$u_2=\pm 2.46\pi$$
$$u_3=\pm 3.47\pi$$
$$\vdots$$

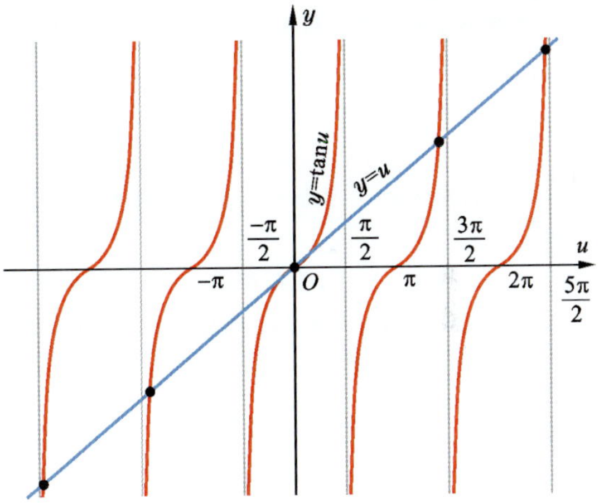


图 13.28

相应的次极大的强度为

$$I_1=0.0472I_0$$
$$I_2=0.0165I_0$$
$$I_3=0.0083I_0$$
$$\vdots$$

可见次极大的光强比中央明条纹中心的光强小得多，并且随级次的增加很快地减小。分布曲线 $\frac{I}{I_0}-u$ 见图13.29。

也可以用菲涅耳积分法来推导单缝衍射光强的分布公式，感兴趣的读者可自行去研究。

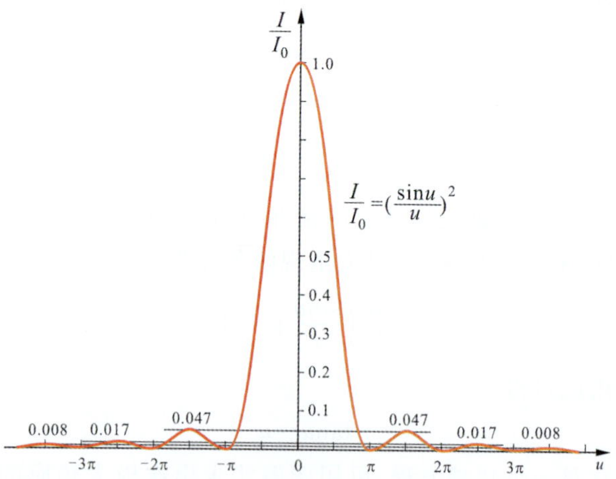


图 13.29

## 想想看

13.30 在单缝衍射中，为什么衍射角 $\varphi$ 愈大的那些条纹的光强愈小？

13.31 在单缝衍射中，增大波长与增大缝宽对衍射图样分别产生什么影响？

13.32 宽度为 $a$ 长度为 $b$ 的单缝，在长度 $b$ 方向是否也产生夫琅禾费衍射现象？

13.33 用白光垂直入射单缝时，夫琅禾费衍射条纹分布如何？

13.34 产生衍射条纹与产生干涉条纹的根本原因有差别吗？为什么？

13.35 在杨氏双缝实验中，若在双缝的屏后放一薄透镜，并在其焦平面上置一屏，则两种情况屏上条纹的分布情况是否相同？如何分析这个问题？

**例 13.11** 如图所示，用波长$\lambda=0.5\ \mu$m的单色光，垂直照射到宽$a=0.5$ mm的单缝上，在缝后置一焦距$f=0.5$ m的凸透镜，求在屏上：(1)中央明纹的宽度；(2)第一级明纹的宽度。

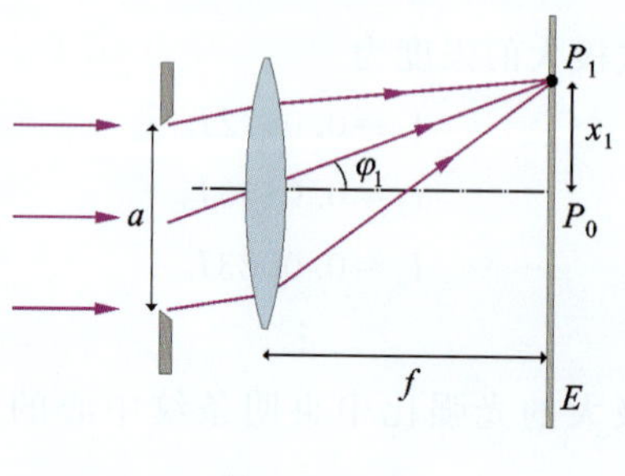


例 13.11 图

**解** (1)中央明纹的宽度为 $k=+1$ 与 $k=-1$ 的两条暗纹之间的距离，设为 $2x_1$。由公式 $a\sin\varphi_1=k\lambda$，可得

$$\sin\varphi_1=\frac{\lambda}{a}=\frac{0.5\times10^{-6}}{0.5\times10^{-3}}=10^{-3}$$

由于 $\sin\varphi_1$ 很小，所以 $\sin\varphi_1\approx\tan\varphi_1$，由图看出

$$\frac{x_1}{f}=\tan\varphi_1\approx\sin\varphi_1$$

$$x_1=f\sin\varphi_1=0.5\times10^{-3}\ \text{m}$$

中央明纹宽度为

$$2x_1=2\times0.5\times10^{-3}=1.0\times10^{-3}\ \text{m}$$

(2)第一明纹宽度为 $k=1$ 和 $k=2$ 两条暗纹之间的距离，即

$$\Delta x=x_2-x_1=f(\tan\varphi_2-\tan\varphi_1)\approx f(\sin\varphi_2-\sin\varphi_1)$$
$$=0.5\times(2\times10^{-3}-10^{-3})=0.5\times10^{-3}\text{m}$$

在观察单缝夫琅禾费衍射的装置图 13.21(b)中，若用一小圆孔代替狭缝，见图 13.30(a)，那么在透镜 $L_2$ 的焦平面上可得到圆孔夫琅禾费衍射图样，如图 13.30(b)所示。衍射图样的中央是一明亮的圆斑，外围是一组同心暗环和明环。由第一暗环所包围的中央亮斑称艾里斑。理论计算可以证明，艾里斑占整个入射光束总光强的 84%，其半角宽度，见图 13.30(a)，为

$$\theta_0\approx\sin\theta_0=1.22\frac{\lambda}{D}\qquad(13.35)$$

式中 $D=2a$ 是圆孔的直径，$\lambda$ 是入射光波的波长。显然，$D$ 愈小，或 $\lambda$ 愈大，衍射现象愈明显。

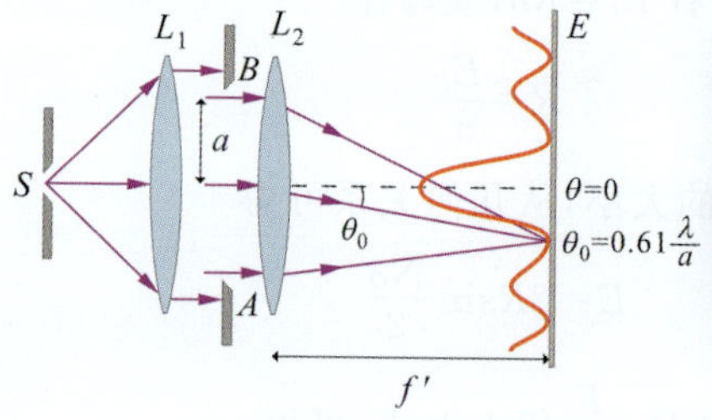


(a)

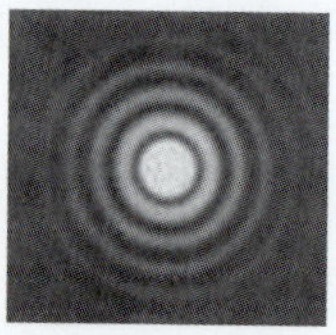

(b)

图 13.30

通常，光学仪器中所用的光阑和透镜都是圆形的，所以研究圆孔夫琅禾费衍射，对评价仪器成像质量具有重要意义。例如，天上一颗星(可视为点光源)发出的光经望远镜的物镜后所成的像，并不是几何光学中所说的一点，而是有一定大小的衍射斑。当天上两颗相隔很近的星所成的像斑的中心不重叠，见图 13.31(a)，则能分辨这是两颗星；若中心像斑大部分重叠，见图 13.31(c)，则这两颗星就分不清了。为了给光学仪器规定一最小分辨角的标准，通常采用**瑞利判据**。这个判据规定，当一个圆斑像

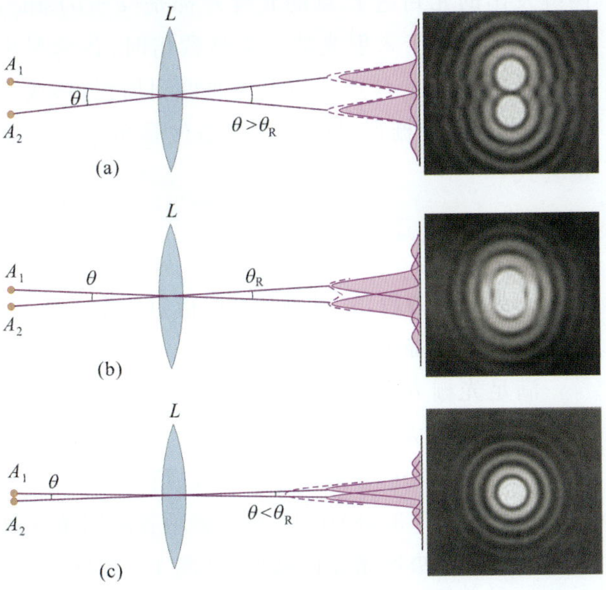


图 13.31

中心刚好落在另一圆斑像的第一级暗环上时，就算两个像刚刚能分辨，见图 13.31(b)。由式(13.35)可知，这时两像斑中心的角距离为$\theta_R=1.22\dfrac{\lambda}{D}$。这样，望远镜的最小分辨角的大小可用下式表示

$$\delta\varphi_R = 1.22\frac{\lambda}{D} \tag{13.36}$$

上式表明，最小分辨角 $\delta\varphi_R$ 与仪器孔径 $D$ 和光波长 $\lambda$ 有关。例如，人眼的瞳孔直径 $d\approx 2$ mm，入射光平均波长 $\lambda=550$ nm，可以算得人眼的最小分辨角为$3.4\times10^{-4}$ rad，即约 1′；而世界上最大的天文望远镜物镜的孔径有 6 m，可算得其最小分辨角为 $1.12\times10^{-7}$ rad，比人眼的分辨能力高3000倍。

通常，把望远镜的最小分辨角 $\delta\varphi_R$ 的倒数称为望远镜的**分辨本领**或**分辨率**。望远镜的分辨本领为

$$R=\frac{1}{\delta\varphi_R}=\frac{1}{1.22}\frac{D}{\lambda} \tag{13.37}$$

由此可知，望远镜的分辨本领与其孔径成正比，与入射光波的波长成反比。关于其他光学仪器分辨本领的讨论，读者可参考有关书籍。

**例 13.12**　设想图 13.31(b)中的 $A_1$ 和 $A_2$ 为远处的两颗明亮星，通过直径 $d=30$ mm、焦距 $f=30$ cm 的正圆透镜在屏上形成像 $A'_1$ 和 $A'_2$，问满足瑞利判据的 $A_1$ 和 $A_2$ 的角距离最小是多大？此时在焦平面上的距离是多大？涉及光的波长 $\lambda=550$ nm。

**解**　按瑞利判据式(13.36)并参照图 13.31(b)，有两星的最小角距离为

$$\theta_0=\theta_i=\delta\varphi_R=1.22\frac{\lambda}{d}=\frac{(1.22)(550)\times10^{-9}\,\text{m}}{30\times10^{-3}\,\text{m}}$$
$$=2.2\times10^{-5}\ \text{rad}$$

由于 $\tan\dfrac{\theta_i}{2}=\dfrac{\Delta x}{f}=\theta_i$，故有

$$\Delta x=f\theta_i=(30\times10^{-2}\,\text{m})\cdot(2.2\times10^{-5}\,\text{rad})=6.6\ \mu\text{m}$$

## 复习思考题

**13.11**　波长为 650 nm 红光作单缝衍射实验产生一套衍射条纹组，①如果换用 430 nm 的紫光做实验；②如果单缝宽度减小一半；③如果实验在水中做；在上述三种情况下，衍射条纹组将发生怎样的变化？

**13.12**　波长 633 nm 的光入射到一个狭缝上，已知中央明纹两侧的暗纹($k=1$)间的夹角为 1.20°，此狭缝的宽度是多大？

**13.13**　单色光入射到缝宽为 0.750 mm 的单缝，在离缝 2.00 m的观察屏上测得第 1 级暗纹离中心明纹距离为 1.35 mm，此入射光波的波长是多少？

**13.14**　波长为 633 nm 的红光入射到单缝上，在离缝 6.00 m 处的屏上观察到第 1 级暗纹间距离为 32 mm，问：(1)缝宽是多少？(2)在离中央明纹中心 3.00 mm 处一点的光强是多大？已知中央明纹中心的光强为 $I$。

**13.15**　杨氏双缝实验干涉加强条件(式(13.12(b)))与单缝衍射暗纹条件(式(13.31))形式完全相同，你能从二者完全不同的物理意义上理解二者的区别吗？

# 13.9　衍射光栅及光栅光谱

### 13.9.1　衍射光栅

**利用多缝衍射原理使光发生色散的元件称为衍射光栅。**光栅的种类很多，有透射光栅、平面反射光栅和凹面光栅等等。光栅是光谱仪、单色仪及许多光学精密测量仪器的重要元件。下面介绍透射光栅的构造和对光产生的衍射和干涉效应。

在一块透明的屏板上刻有大量相互平行等宽等间距的刻痕，这样一块屏板就是一种透射光栅，其中刻痕为不透光部分。若刻痕间距为 $a$，刻痕宽度为

$b$，则 $d=a+b$ 称为**光栅常数**。通常，光栅常数是很小的，例如在 10 mm 内刻有 5000 条等宽等间距的狭缝，此时，$d=2\times10^{-3}$ mm。

如图 13.32(a)所示，平行单色光垂直照射在光栅上，光栅后面的衍射光束通过透镜后会聚在透镜焦平面处的屏上，并在屏上产生一组明暗相间的衍射条纹。一般说来，这些衍射条纹与单缝衍射条纹相比较有明显的差别，其主要特点是：明条纹很亮很细，明条纹之间有较暗的背景，见图 13.32(b)，随着缝数的增加，屏上明条纹愈来愈细，也愈来愈亮；相应地，这些又细又亮的条纹之间的暗背景也愈来愈暗。如果入射光由波长不同的成分组成，则每一波长都将产生和它对应的又细又亮的明纹，即光栅有着色散分光作用。正是由于光栅衍射条纹这一特点，加之近几十年，特别是近年来光栅刻制技术的飞速发展，迄今已能在 1 mm 内刻制数千条线，总缝数可达 $10^5$ 条量级，因而光栅摄谱仪已适用于从远红外直到真空紫外摄谱，这就使光栅摄谱技术广泛的应用于物理学、化学、天文、地质等基础学科和近代生产技术的许多部门。

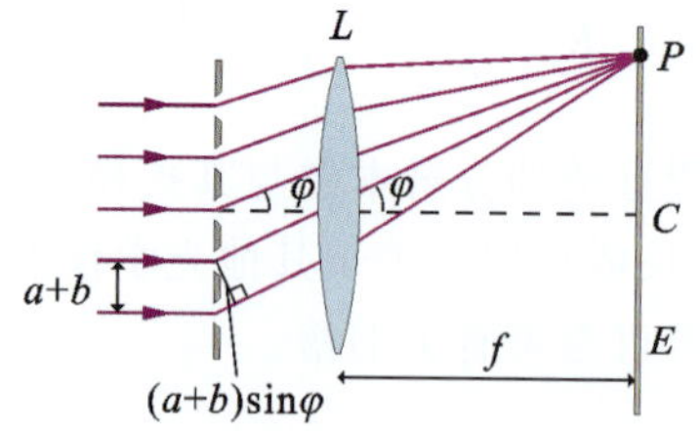


(a)

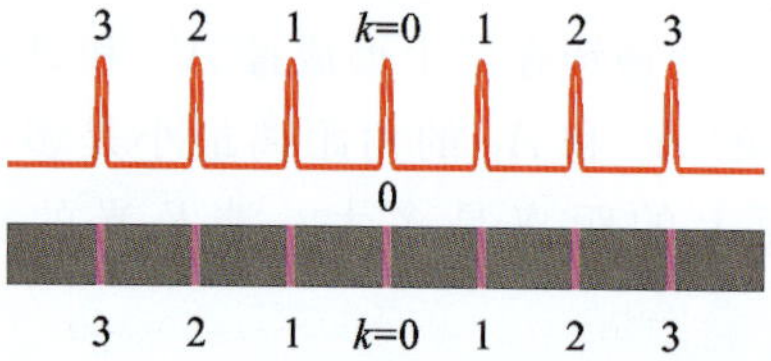


(b)

图 13.32

光栅衍射条纹与单缝衍射条纹如此不同，原因在于前者是衍射和干涉的综合结果。实际上光栅中每一缝都将按单缝衍射规律对入射光进行衍射，但是各单缝发出的光是相干光，因此将发生干涉，结果形成不同于单缝的光栅衍射规律和相应衍射图样。

1. 光栅方程

如图 13.32(a)所示，对应于衍射角 $\varphi$，任意相邻两缝发出的光到达 $P$ 点的光程差都是 $(a+b)\sin\varphi$，当此光程差等于入射光波长 $\lambda$ 整数倍时，各缝射出的光聚焦于屏上 $P$ 点因相干叠加得到加强，形成明条纹。因此，光栅衍射明条纹的条件是角 $\varphi$ 必须满足公式

$$(a+b)\sin\varphi=\pm k\lambda,\quad k=0,1,2,\cdots \tag{13.38}$$

上式称为**光栅方程**，它是研究光栅衍射的重要公式。

2. 主极大条纹

满足光栅方程的明条纹称主极大条纹，也称光谱线，$k$ 称主极大级数。$k=0$ 时，$\varphi=0$，称中央明条纹；$k=1$，$k=2$，…，分别称为第 1 级、第 2 级、……主极大条纹。式(13.38)中正、负号表示各级明条纹对称地分布在中央明条纹的两侧，见图 13.32(b)。需要指出的有两点：一是主极大条纹是由缝间干涉决定的；二是在光栅方程中，衍射角 $|\varphi|$ 不可能大于 $\frac{\pi}{2}$，$|\sin\varphi|$ 不可能大于 1。这就对能观察到的主极大数目有了限制，主极大的最大级数 $k<(a+b)/\lambda$。

从光栅方程中可以看出，光栅常数愈小，各级明条纹的衍射角愈大，即各级明条纹分得愈开。对给定长度的光栅，总缝数愈多，明条纹愈亮。图 13.33 所示为几种不同缝数光栅衍射图样的照片。对光栅常数一定的光栅，入射光波长 $\lambda$ 愈大，各级明条纹的衍射角也愈大，这就是上面提到的光栅衍射具有的色散分光作用。

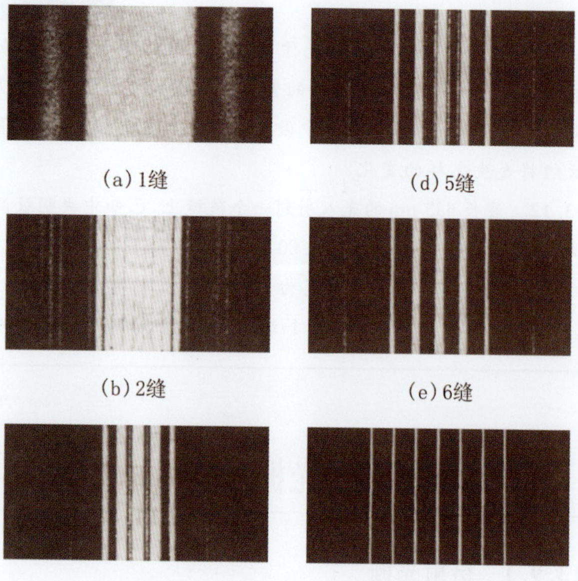

(a) 1缝　(d) 5缝

(b) 2缝　(e) 6缝

(c) 3缝　(f) 20缝

图 13.33

3. 谱线的缺级

上面我们只研究了由光栅各缝发出的光因干涉在屏上形成极大的情形，而没有考虑每个缝（单缝）衍射对屏上明纹的影响。今设想光栅中只留下一个缝透光，其余全部遮住，这时屏上呈现的是单缝衍射条纹。不论留下哪一个缝，屏上的单缝衍射条纹都一样，而且条纹位置也完全重合，这是因为同一衍射角 $\varphi$ 的平行光经过透镜都聚焦于同一点之故。因此满足光栅方程的 $\varphi$ 角，若同时满足单缝衍射的暗纹条件，即

$$(a+b)\sin\varphi=\pm k\lambda$$

$$a\sin\varphi=\pm k'\lambda,\quad k'=1,2,\cdots$$

这时，对应衍射角 $\varphi$，由于各狭缝所射出的光都各自满足暗纹条件，当然也就不存在缝与缝之间出射光的干涉加强。因此，虽然满足光栅方程，相应于衍射角 $\varphi$ 的主极大条纹并不出现，这称为**光谱线**的**缺级**，缺级的级数 $k$ 为

$$k=k'\frac{a+b}{a} \tag{13.39}$$

例如，当 $(a+b)=3a$，缺级的级数为 $k=3,6,9,\cdots$，见图 13.34。由此可见，光栅方程只是产生主极大条纹的必要条件，而不是充分条件。也就是说，在研究光栅衍射图样时，除考虑缝间干涉外，还必须考虑缝的衍射，即光栅衍射是干涉和衍射的综合结果。

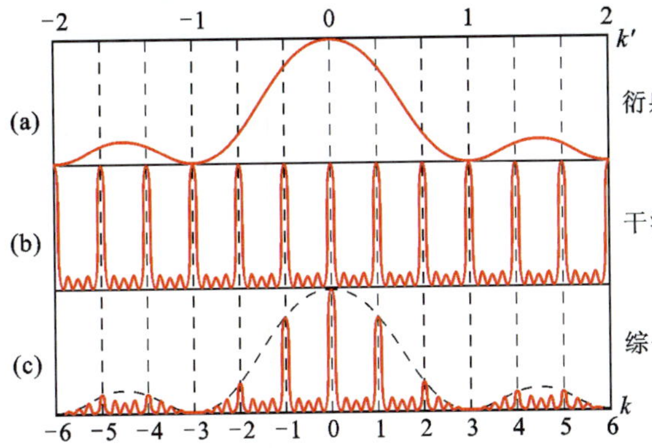


图 13.34

4. 暗纹条件

在光栅衍射中，两主极大条纹之间分布着一些暗条纹，也称极小。这些暗条纹是由各缝射出的光聚焦于屏上一点，因干涉相消而形成的。

我们知道，屏上任一点 $P$ 的光振动矢量 $\boldsymbol{A}$ 应是来自各缝光振动矢量 $\boldsymbol{A}_1,\boldsymbol{A}_2,\cdots,\boldsymbol{A}_n$ 之和。由于各缝面积相等，又对应于同一衍射角 $\varphi$，故 $\boldsymbol{A}_1,\boldsymbol{A}_2,\cdots,\boldsymbol{A}_n$ 各矢量大小应相等。这样，只要知道了来自各缝光振动矢量的夹角，就可以用矢量多边形法则求得合矢量 $\boldsymbol{A}$，见图 13.35(a)。前面讲过，相邻两缝沿衍射角 $\varphi$ 方向发出光的光程差都等于 $(a+b)\sin\varphi$，相应的相位差 $\Delta\varphi$ 都等于

$$\Delta\varphi=\frac{2\pi(a+b)\sin\varphi}{\lambda}$$

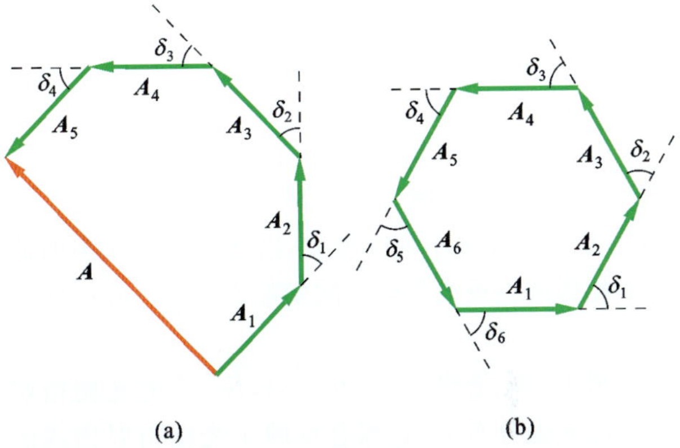


图 13.35

根据谐振动的矢量表示法，显然 $\Delta\varphi$ 就是 $\boldsymbol{A}_1,\boldsymbol{A}_2,\cdots,\boldsymbol{A}_n$ 各矢量间依次的夹角，如果合矢量，$\boldsymbol{A}=\sum\boldsymbol{A}_i=\boldsymbol{0}$，即 $\boldsymbol{A}_i$ 矢量组成的多边形是封闭的，见图 13.35(b)，则 $P$ 点为暗纹上的点。因此，暗纹形成的条件为

$$N\Delta\varphi=\pm m\cdot 2\pi\quad(m\neq kN,\ k=1,2,\cdots) \tag{13.40}$$

或改写为

$$N(a+b)\sin\varphi=\pm m\lambda \tag{13.41}$$

式中 $m=1,2,\cdots,(N-1),(N+1),\cdots,(2N-1),(2N+1),\cdots$

衍射角 $\varphi$ 满足式(13.41)的方向上出现暗纹。当 $m=N,2N,3N,\cdots$，即 $m$ 为 $N$ 的整数倍时，从式(13.41)可看出，这时相邻两缝沿衍射角 $\varphi$ 方向发出的光相位差正好为 $2\pi$ 的整数倍，因此相干叠加加强。事实上，这时相应的衍射角 $\varphi$ 正是光栅方程确定的主极大条纹位置。例如，对 $N=6$ 的情况，当 $m=1,2,3,4,5,7,8,9,10,11,13,\cdots$ 时，式(13.41)所确定的衍射角 $\varphi$ 都对应暗纹，而当 $m=6,12,18,\cdots$ 时，式(13.41)分别成为

$$(a+b)\sin\varphi_1=\pm\lambda,\qquad(a+b)\sin\varphi_2=\pm 2\lambda,$$

$$(a+b)\sin\varphi_3=\pm 3\lambda,\qquad\cdots$$

这些正是出现主极大条纹的条件，见图 13.36。

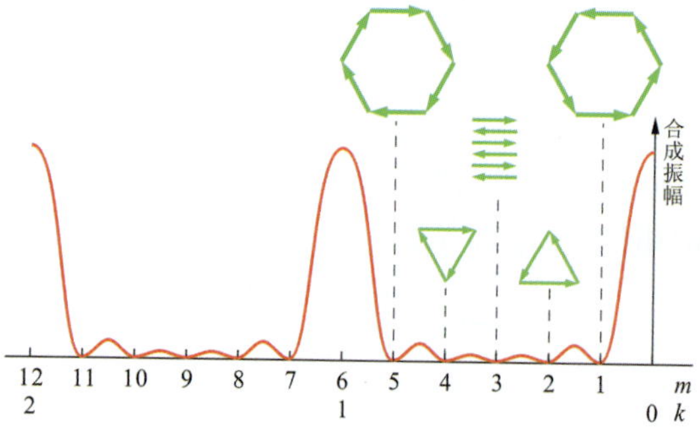


图 13.36

综上所述，在相邻两个主极大条纹之间，有 $(N-1)$ 个暗纹，显然，在这 $(N-1)$ 个暗纹之间还有 $(N-2)$ 个光强很小的次极大，以致在缝数众多的情况下相邻两主极大条纹之间实际上形成一片暗的背景。

图 13.34 给出了 $a+b=3a$，$N=5$ 的光栅衍射图样的光强分布图，它综合反映了光栅衍射谱线的主要特点。

(1)图 13.34(b)给出了按光栅方程给出的各级主极大(明条纹)，它们对称地分布在中央明条纹的两侧，图中还给出了在相邻两主极大之间的 $(N-1)=4$ 个极小(暗条纹)，以及这 4 个相邻极小之间的 $(N-2)=3$ 个光强很小的次极大。

(2)由式(13.39)知，在给定的条件下，相应 $k=3,6,9,\cdots$ 主极大缺级，在图 13.34(c)中给出了相应 $k=3,6$ 的缺级。

(3)图 13.34(a)给出了缝宽为 $a$ 的单缝衍射图样的光强分布图。理论计算表明，缝间干涉形成的主极大光强将受单缝衍射光强分布的调制，使得各级极大的光强大小不同，如图 13.34(c)所示。

### 13.9.2　衍射光谱

由光栅方程可知，在光栅常数 $(a+b)$ 一定的情况下，波长对衍射条纹的分布有影响，波长愈长，条纹愈疏，即各级条纹距中央零级条纹愈远。当用白光入射时，中央零级仍为白光，在中央零级条纹的两侧对称地分布由紫到红的第 1 级光谱、第 2 级光谱等。但从第 2 级光谱开始，各级光谱发生重叠。如果入射光是波长不连续的复色光，例如汞灯照明，将出现与各波长对应的各级线状光谱。

白光衍射的光谱图

一定物质发出的光谱是一定的，测定其光栅光谱中各光谱线的波长及其相对光强，可以确定发光物质的成分和含量。在固体物理中，利用光栅衍射测定物质光谱线的精细结构，从而使人们对物质的微观结构有较深入的了解。

**想想看**

13.36　有人认为 $(a+b)\sin\varphi=\pm(2k+1)\dfrac{\lambda}{2}$，$k=0,1,2,\cdots$，为光栅衍射的暗纹条件，错在哪里？

13.37　光栅衍射中明条纹条件是 $(a+b)\sin\varphi=\pm k\lambda$，而单缝衍射中，暗条纹条件是 $a\sin\varphi=\pm k\lambda(k=1,2,3,\cdots)$，上述两公式有矛盾吗？为什么？

13.38　什么叫光谱线缺级？缺级的原因是什么？

13.39　在分析光栅衍射明、暗条纹分布时，如果把每个缝都用菲涅耳半波带法分成若干波带，再把所有缝的各个半波带发出的光进行叠加，其结果是否与光栅方程算出的结果相同？为什么？

13.40　宽 20 nm 的光栅具有 600 条刻线，问：① 两相邻刻线间距离多大？② 垂直入射到光栅上的光波长为 589 nm，在观察屏上什么角度 $\theta$ 能出现强度极大？

13.41　在光栅衍射中，总缝数 $N$、光栅常数 $d$ 和缝宽 $a$ 对衍射条纹有何影响？当 $d/a=n$ 为整数时，在单缝衍射中央明纹范围内共包含有多少条光栅衍射主极大明纹？缺级情况如何？

**例 13.12**　用一块 500 条/mm 刻痕的光栅，刻痕间距 $a=1\times10^{-3}$ mm，观察波长 $\lambda=0.59\ \mu$m 的光谱线，问：(1)平行光垂直入射时，最多能观察到第几级光谱线？实际能观察到几条光谱线？(2)平行光与光栅法线夹角 $\theta=30°$ 时入射，见图，最多能观察到第几级光谱线？

**解**　(1)按题设光栅常数

$$a+b=\frac{1\times10^{-3}}{500}=2\times10^{-6}\ \text{m}$$

$k$ 的可能最大值相应于 $\varphi=\pi/2$，即 $\sin\varphi=1$，由光栅方程得

$$k=\frac{(a+b)\sin\varphi}{\lambda}=\frac{2\times10^{-6}}{0.59\times10^{-6}}=3.4$$

故最多能观察到第 3 级谱线。

又，已知缝宽 $a=1\times10^{-6}$ m，由

$$\frac{a+b}{a}=\frac{2\times10^{-6}}{1\times10^{-6}}=2$$

知光栅衍射光谱线 2,4,6,…缺级，故实际看到 0 级、1 级和 3 级谱线共 5 条。

(2)斜入射时，由图可以看出，1、2 两光线的光程差除 $BC$ 外，还有入射前的光程差 $AB$，因此，总光程差为

$$AB+BC=(a+b)\sin\theta+(a+b)\sin\varphi$$
$$=(a+b)(\sin\theta+\sin\varphi)$$

由光栅方程相应得

$$k=\frac{(a+b)(\sin\theta+\sin\varphi)}{\lambda}$$

注意：当入射光线和衍射光线在光栅法线两侧时，1、2 两光线总光程差是 $AB-BC$。

由题设 $\theta=30°$，$k$ 的可能最大值相应于 $\varphi=\frac{\pi}{2}$，因此

$$k=\frac{2\times10^{-6}(\sin30°+1)}{0.59\times10^{-6}}\approx5$$

30°斜入射时，可观察到第 5 级光谱线。

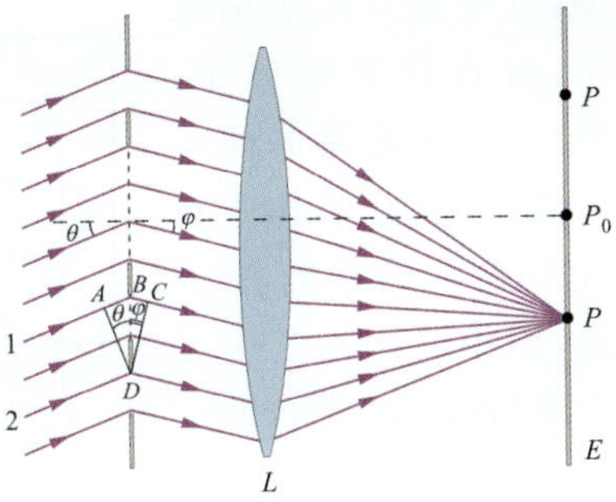


例 13.12 图

解光栅衍射有关问题时，必须切实理解和掌握光栅方程的导出过程及其物理意义，在应用光栅方程解题时，重要的是要学会确定光程差、光栅常数，要理解明、暗纹的级数含义及不同明、暗条纹级数的确定方法；还要搞清什么是光谱线缺级，缺级产生的物理原因以及缺级的确定方法，所有这些都在本例题中有较详细的介绍。

## 复习思考题

**13.16** 钠光垂直地入射到每厘米有 $1.20\times10^3$ 条狭缝的光栅，观察到一级主极大位于离入射方向 45.0°处，试求入射钠光的波长。

**13.17** 光垂直入射到衍射光栅，其中有已知波长为 656 nm 的光，也有波长未知的光。经光栅衍射后，观察发现，未知波长光的第 3 级极大与波长为 656 nm 光的第 2 级极大角位置完全重合，问：要确定未知光的波长是否一定要知道光栅常数？如果不需要，试计算未知波长光的波长。

**13.18** 用 1.00 cm 内有 2000 条狭缝的衍射光栅分析汞的光谱。已知汞有两条波长分别为 76.959 nm 和 579.065 nm 的谱线，试求这两条谱线经光栅衍射后第 2 级极大间的角间隔。

**13.19** 视光栅方程(式(13.38))中 $d=(a+b)$ 和 $k$ 为常数并对该式求导，可得方程

$$\frac{d\varphi}{d\lambda}=\frac{k}{d\cos\varphi}$$

你能对此式的物理意义做解释吗？如能，试用此式解上一思考题。

### *13.9.3 X 射线在晶体上的衍射

X 射线是一种波长为 0.1 nm 数量级的电磁波，由于它的波长很短，用普通光栅观察不到 X 射线的衍射现象。

1912 年德国物理学家劳厄想到晶体中原子的规则排列是一种适用于 X 射线的三维空间光栅，他用天然晶体进行了试验，圆满地获得了 X 射线的衍射图样。实验的成功既证明了 X 射线是一种电磁波，也证明了晶体内的原子是按一定的间隔、规则地排列的。从此，开创了 X 射线作晶体结构分析的重要应用。

图 13.37 为食盐(NaCl)晶体内原子分布的模

型，其中蓝点代表钠原子，红点代表氯原子。图13.38为此晶体的一个截面图，在晶体中有许多系列的平行原子层，图中只画出其中三个系列（$aa$、$bb$ 和 $cc$）。

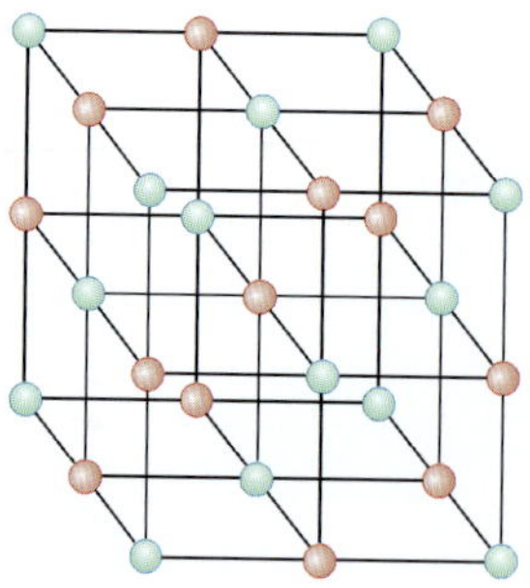

图 13.37

英国布喇格父子对X射线通过晶体产生的

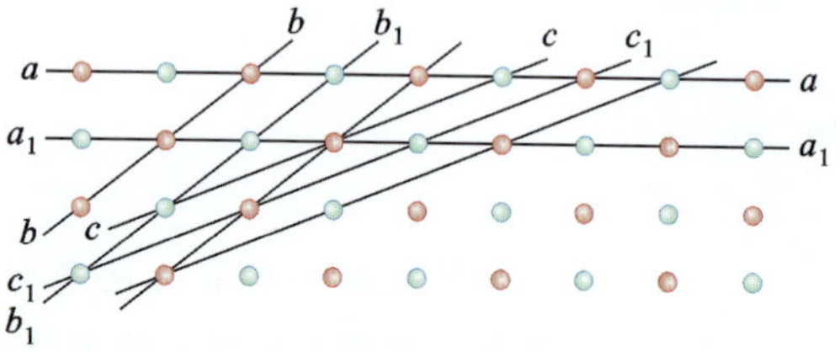


图 13.38

衍射现象提出了另一种解释，使衍射理论更为简单。实际上，当波长为 $\lambda$ 的平面波以掠射角入射到晶体上时，各原子层中的每个原子都将吸收入射波，并立即向各方向发出衍射波，这些衍射波是相干波，它们的叠加可分两种情况来研究。一是从同一原子层中各原子所发出的衍射波的相干叠加，对此布喇格认为只有在衍射线与该原子层间的夹角等于掠入射角的方向上，衍射光强极大；换言之，可把原子层看成镜面，只有在满足镜面反射条件的方向上，衍射光强极大。其次是不同原子层中各原子所发出的衍射波的相干叠加。

如图 13.39 所示，设原子层之间距离为 $d$，当一束平行的相干的 X 射线以掠射角 $\varphi$ 入射时，相邻两层反射线的光程差为

$$AC+CB=2d\sin\varphi$$

显然，符合条件

$$2d\sin\varphi=k\lambda,\quad k=1,2,\cdots \tag{13.42}$$

时，各原子层的反射线都将相互加强，光强极大。式

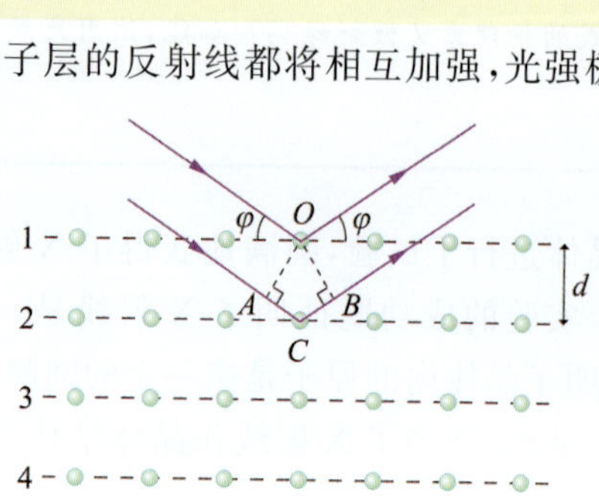


图 13.39

（13.42）就是著名的**布喇格公式**。

必须注意，布喇格公式（13.42）与光栅方程（13.38）之间虽然有着表面上的相似性，但它们是不同的。式（13.42）中的 $\varphi$ 角在式（13.38）中相当于 $90°$ 减去 $\varphi$ 角。此外，在式（13.38）中没有系数 2。因此不要把这两个关系式混淆起来。

与 X 射线的衍射相类似，在显示实物粒子（如电子、中子等）射线的波动性实验中，也采用布喇格的晶体衍射方法。

晶体对 X 射线的衍射应用很广。如果晶体的结构已知，亦即晶体的晶格常数已知时，就可用来测定 X 射线的波长，这一方面的工作称为 X 射线的光谱分析，对原子结构的研究极为重要。如果用已知波长的 X 射线在晶体上衍射，就可测定晶体的晶格常数，这一方面的工作称为 X 光结构分析，分子物理中很多重要的结论都是以此为基础的。X 射线的晶体结构分析，在工程技术上也有极大的应用价值。

布喇格父子由于开创性地用 X 射线对晶体结构的研究而共享 1915 年诺贝尔物理学奖。

**例 13.14**　波长为 0.154 nm 的 X 射线沿硅某原子层系掠入射，当掠入射角 $\varphi$ 由 $0°$ 逐渐增大时，实验发现第 1 次光强极大发生在掠射角为 $34.5°$ 处，（1）问该原子层的间距 $d$ 是多大？（2）在这一实验中，能否观察到角度更大的光强极大？

**解**　（1）利用布喇格公式并令 $k=1$，即可直接算出 $d$，即

$$d=\frac{k\lambda}{2\sin\varphi}=\frac{1\times0.154}{2\sin34.5°}=0.136\ \text{nm}$$

（2）为考察是否有比 $34.5°$ 大的掠射角 $\varphi$ 所对应于光强极大，只要看 $k\geqslant2$ 时，布喇格公式是否能满足，即

$$\sin\varphi=\frac{k\lambda}{2d}=\frac{0.154k}{2\times0.136}=0.566\ k$$

由于 $\sin\varphi\leqslant1$，因此对应于这一原子层系，不能有另一光强极大。

## 13.10　线偏振光　自然光

### 13.10.1　线偏振光

**光矢量只限于单一方向振动的光称线偏振光。**图 13.1 中光矢量 $\boldsymbol{E}$ 限制在 $y$ 方向振动，故是线偏振光；又由于它被限制在 $xy$ 平面内振动，故线偏振光又称为平面偏振光。平面 $xy$ 称为 $\boldsymbol{E}$ 的振动面。

图 13.40 分别表示光矢量垂直于纸面和光矢量平行于纸面振动的线偏振光。

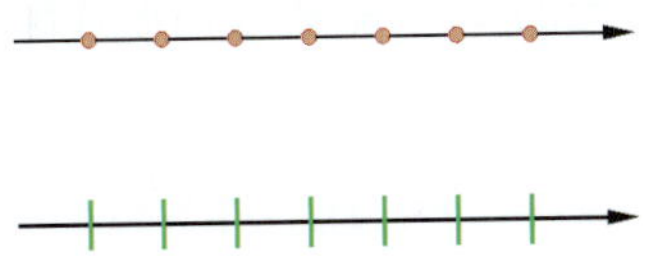

图 13.40

### 13.10.2 自然光

在 13.2.1 节中讲过电灯、太阳等一般光源，它们的发光机理是由为数众多的原子或分子等的自发辐射。它们之间，无论在发光的前后次序(相位)、振动的取向和大小(偏振和振幅)，以及发光的持续时间(波列的长短)都相互独立。所以在垂直光传播方向的平面上看，几乎各个方向都有大小不等、前后参差不齐而变化很快的光矢量的振动，但按统计平均来说，无论哪一个方向的振动都不比其他方向占优势，这种光就是**自然光**，如图 13.41(a)所示。也就是说，一般光源发出的光都不是线偏振光。

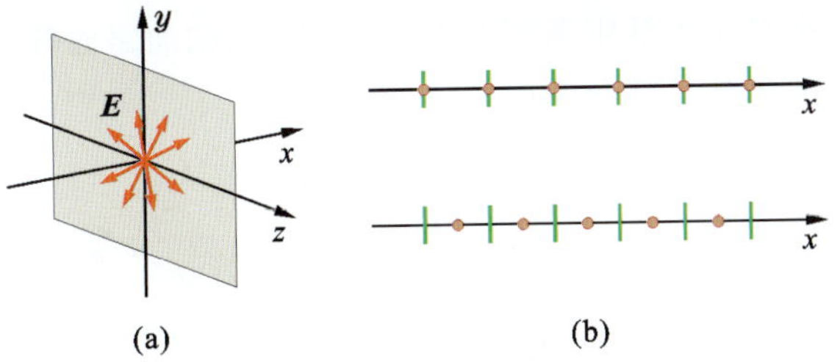


图 13.41

自然光中任何一个方向的光振动，都可以分解成某两个相互垂直方向的振动，它们在每个方向上的时间平均值相等，但是由于这两个分量是相互独立的，没有固定的相位关系，所以不能合成一个线偏振光。

基于上述原因，通常可以把自然光用两个互相独立的、等振幅的、振动方向互相垂直的线偏振光表示，见图 13.41(b)，这两个线偏振光的光强等于自然光光强度的一半。

在光学实验中，常采用某些装置完全移去自然光中两互相垂直的分振动之一而获得线偏振光。若分振动之一部分移去，则获得部分偏振光。

## 13.11 偏振片的起偏和检偏 马吕斯定律

### 13.11.1 起偏与检偏

从自然光获得线偏振光的过程称为**起偏**，获得线偏振光的器件或装置称为**起偏器**。起偏器有多种，例如利用光的反射和折射起偏的玻璃片堆，利用晶体的双折射特性起偏的尼科耳棱镜等，以及利用晶体的二向色性的各类偏振片。

称为偏振片的起偏器，它只能透过沿某个方向振动的光矢量或光矢量振动沿该方向的分量，而不能透过与该方向垂直振动的光矢量或光矢量振动与该方向垂直的分量。这个透光方向称为**偏振化方向**或**起偏方向**。自然光透过偏振片后，透射光即变为偏振光。由偏振片的特性可知，它既可用作起偏器，也可用作检偏器，检验向它入射的光是否是线偏振光。

自然光透过偏振片后，迎着光的传播方向观察透射光的强弱，当转动偏振片时，光强不变，因为自然光的光矢量振动沿传播方向是轴对称分布、且无固定相位关系的大量线偏振光的混合，不论偏振片的偏振化方向转到什么方向，总有相同光强的光透过偏振片。如果线偏振光入射偏振片，则透射光的强弱在转动偏振片时要发生周期性的变化，这是因为线偏振光的光矢量振动方向与偏振片的偏振化方向的夹角在改变，使光矢量平行于偏振化方向的分量随之改变而引起的。光矢量振动方向与偏振化方向平行时透射光最强，垂直时最暗。

图 13.42 表示利用偏振片起偏与检偏的情况，图中偏振片 $A$ 是起偏器，$B$ 是检偏器，片上以虚线画出它们的偏振化方向，图(a)表示偏振片 $A$ 和 $B$ 的偏振化方向平行，图(b)表示 $A$ 和 $B$ 的偏振化方向垂直。

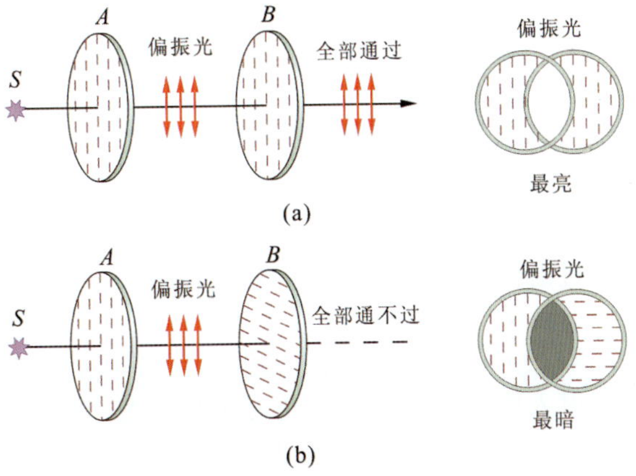


图 13.42

### 13.11.2 马吕斯定律

马吕斯在研究线偏振光透过检偏器后透射光的

光强时发现：如果入射线偏振光的光强为 $I_0$，透过检偏器后，透射光的光强（不计检偏器对光的吸收）为 $I$，则

$$I = I_0\cos^2\alpha \tag{13.43}$$

式中 $\alpha$ 是线偏振光的光矢量振动方向和检偏器偏振化方向之间的夹角。上式即**马吕斯定律**的数学表达式。

马吕斯定律的证明如下。

如图 13.43 所示，设 $\boldsymbol{A}_0$ 为入射线偏振光的光矢量，$ON$ 是检偏器的偏振化方向，将 $\boldsymbol{A}_0$ 沿着 $ON$ 及与 $ON$ 垂直的方向分解为 $A_{01}$ 和 $A_{02}$，它们的大小分别为 $A_0\cos\alpha$ 和 $A_0\sin\alpha$，则透过检偏器的线偏振光的振幅为 $A_0\cos\alpha$。由于透射光的光强 $I$ 与入射光的光强 $I_0$ 之比为

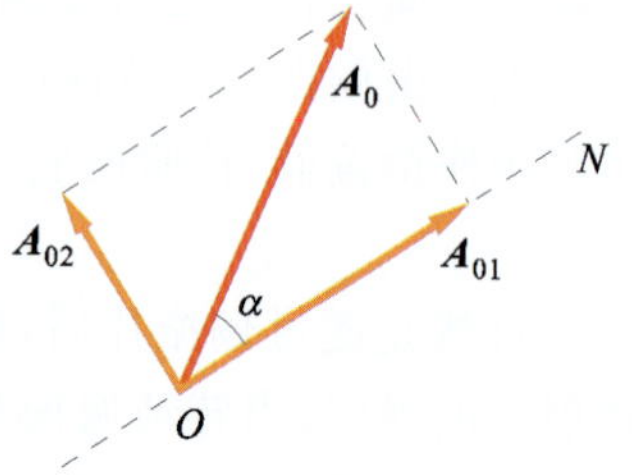

图 13.43

$$\frac{I}{I_0}=\frac{A_0^2\cos^2\alpha}{A_0^2}$$

于是得

$$I=I_0\cos^2\alpha$$

由上式可知，当 $\alpha=0^\circ$ 或 $180^\circ$ 时，$I=I_0$；当 $\alpha=90^\circ$ 或 $270^\circ$ 时，$I=0$，这时没有光从检偏器射出。

**例 13.15**　一束自然光入射到互相重叠的四块偏振片上，每块偏振片的偏振化方向相对前面一块偏振片沿顺时针（迎着透射光看）转过 30°角，问入射光中有百分之几透过这组偏振片（不计偏振片对光的吸收）？

**解**　设入射光的光强为 $I_0$，透过第一、二、三和第四块偏振片后的光强分别为 $I_1$、$I_2$、$I_3$ 和 $I_4$。因自然光可以看作振动方向互相垂直、互相独立、光强相等的两个线偏振光，由第一块偏振片的起偏作用，只透过沿偏振化方向振动的光，所以有

$$I_1=\frac{1}{2}I_0$$

射入第二块偏振片的光为线偏振光，透过它的光强为 $I_2$，根据马吕斯定律为

$$I_2=I_1\cos^2\alpha=\frac{1}{2}I_0\cos^2\alpha$$

同理可得 $I_3$ 为

$$I_3=I_2\cos^2\alpha=\frac{1}{2}I_0\cos^4\alpha$$

$$I_4=I_3\cos^2\alpha=\frac{1}{2}I_0\cos^6\alpha=\frac{1}{2}I_0\left(\frac{\sqrt{3}}{2}\right)^6=0.21I_0$$

即入射光的 21% 能透过偏振片组。

## 13.12　反射和折射产生的偏振　布儒斯特定律

### 13.12.1　反射和折射产生的偏振

如图 13.44 所示，一束自然光入射到两种介质的分界面上，产生反射和折射。用偏振片检验反射光时，发现当偏振化方向与入射面垂直时，透过偏振片的光强最大；当偏振片的偏振化方向与入射面平行时，透过偏振片的光强最小。这一结果说明反射光为偏振方向垂直入射面成分较多的部分偏振光。同样方法可以检验出折射光为偏振方向平行于入射面成分较多的部分偏振光。实验结果说明反射和折射过程会使入射自然光变成为部分偏振光，这种现象在日常生活中遇到的很多，从水面、柏油路面等反射的光都是部分偏振光。

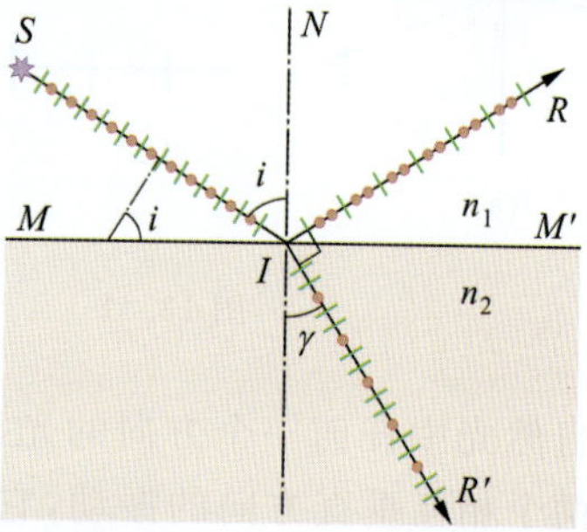

图 13.44

### 13.12.2　布儒斯特定律

1815 年布儒斯特在研究反射光的偏振化程度时发现，反射光的偏振化程度决定于入射角 $i$。**当入射角 $i$ 与折射角 $\gamma$ 之和等于 90°，即反射光与折射光互相垂直时，反射光即成为光矢量振动方向与入射面垂直的完全偏振光，这称为布儒斯特定律**。如图 13.45 所示，设以 $i_B$ 代表在这种情况时的入射角，由折射定律有

$$\sin i_B=\frac{n_2}{n_1}\sin\gamma=\frac{n_2}{n_1}\cos i_B$$

得到

$$\tan i_B = \frac{n_2}{n_1} \tag{13.44}$$

上式即**布儒斯特定律**的数学表达式，$i_B$ **称布儒斯特角**，也称起偏角。例如光自空气入射到介质面上，有

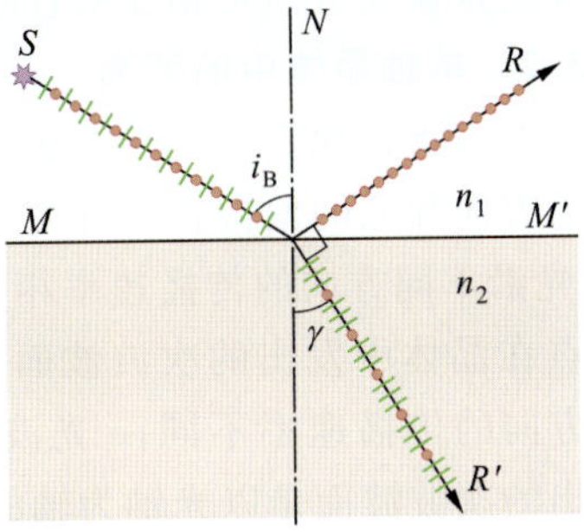


图 13.45

$n_1=1$，对于一般玻璃 $n_2=1.5$，则 $i_B=57°$，对于石英，$n_2=1.46$，则$i_B=55°38'$。因此，自然光以布儒斯特角入射到介质表面时，其反射光为线偏振光，这就是反射起偏法。

在外腔式气体激光器上往往装有布儒斯特窗，使出射的光为完全偏振光，如图 13.46 所示。

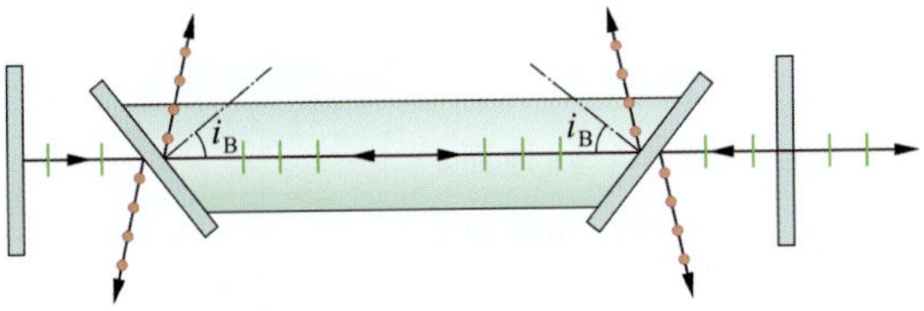


图 13.46

在两种介质分界面上，利用起偏角反射是获得偏振光的一种简单方法。但是，在这种方法中，不但全偏振的反射光与入射光不在一条直线上，使用不便，而且经一次反射获得的全偏振反射光的光强太小，一般也不能使用。至于折射光，又只是部分偏振光。为解决这一矛盾，可采用玻璃堆片作为产生线偏振光的装置，见图 13.47，使入射自然光的入射角为起偏角 $i_B$，由于经多片玻璃反射，透射（折射）光可以很接近线偏振光，而且与入射光在同一方向上。所用玻璃堆片的质量要好，表面平，光洁度好，以减少杂散光。

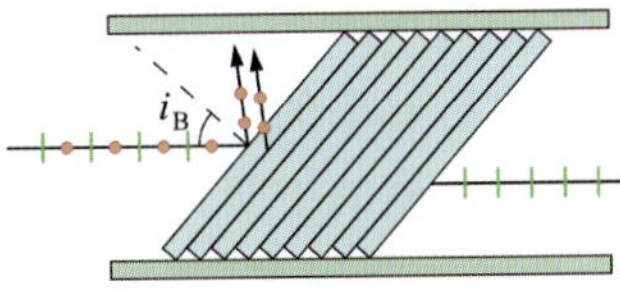


图 13.47

**例 13.16** 如图所示，自然光由空气入射到折射率$n_2=1.33$的水面上，入射角为 $i$ 时使反射光为完全偏振光。今有一块玻璃浸入水中，其折射率 $n_3=1.5$，若光由玻璃面反射也成为完全偏振光，求水面与玻璃之间的夹角 $\alpha$。

**解** 根据反射光成为完全偏振光的条件

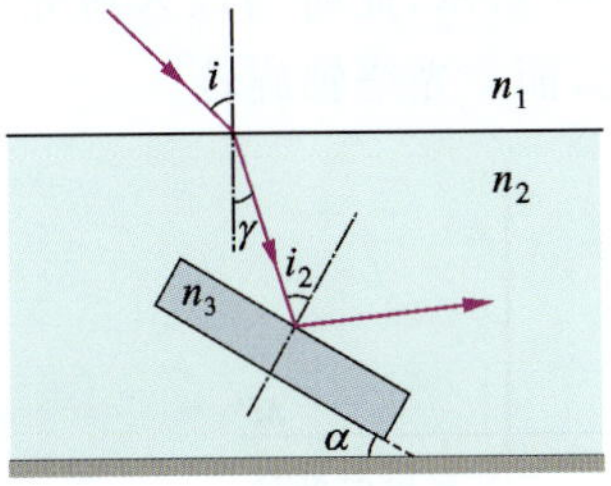


例 13.16 图

$$i+\gamma=90°,\qquad i=90°-\gamma$$

由图可知，$i_2=\gamma+\alpha$，$\alpha$ 为所求的角，从折射定律可得

$$\sin\gamma=\frac{n_1}{n_2}\sin i=\frac{n_1}{n_2}\cos\gamma$$

即 $$\tan\gamma=\frac{n_1}{n_2}=\frac{1}{1.33}$$

得 $$\gamma=36°56'$$

又因 $i_2$ 是布儒斯特角，由布儒斯特定律可得

$$\tan i_2=\frac{n_3}{n_2}=\frac{1.5}{1.33},\qquad i_2=48°26'$$

$$\alpha=i_2-\gamma=48°26'-36°56'=11°30'$$

## 13.13 双折射现象

### 13.13.1 晶体的双折射现象

光波在光学各向同性介质（如空气、水、玻璃）中传播时，光速与光的传播方向和偏振状态无关，但在光学各向异性介质（如方解石、石英等）中传播时，光速与光的传播方向和偏振状态有关。有一些光学各向同性介质在电场、磁场、外力等的作用下也可以成为光学各向异性介质。

当一束自然光射向各向异性介质时，在界面折入晶体内部的折射光常分为传播方向不同的两束折射光线，如图 13.48，这种现象称为晶体的**双折射**现象。

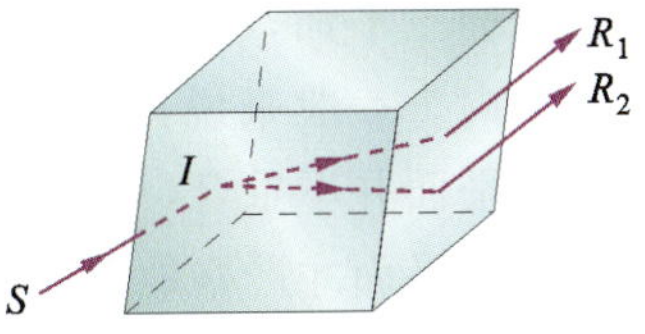


图 13.48

实验发现两束折射光具有下述特性。

(1)两束折射光是光矢量振动方向不同的线偏振光。

(2)其中一束折射光始终在入射面内，并遵守折射定律，称为**寻常光**，简称**o 光**；另一束折射光一般不在入射面内，且不遵守折射定律，称为**非常光**，简称**e 光**。在入射角 $i=0$ 时，寻常光沿原方向传播（$\gamma_o=0$），而非常光一般不沿原方向传播（$\gamma_e\neq0$），如

图 13.49 所示，此时当以入射光为轴转动晶体时，o 光不动，而 e 光绕轴旋转。

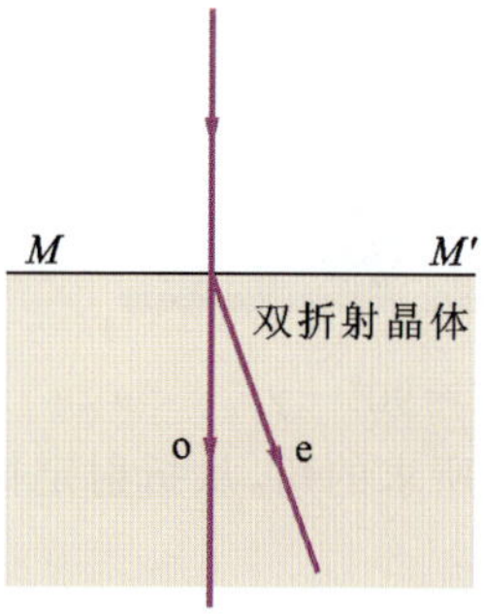


图 13.49

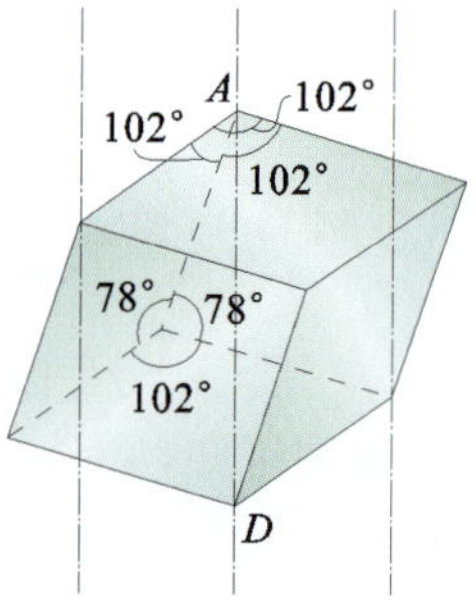


图 13.50

(3)在方解石一类晶体内存在一个特殊方向，光线沿着这个方向传播时，不产生双折射现象，这个特殊方向称为晶体的**光轴**。光轴仅标志双折射晶体的一个特定方向，任何平行于这个方向的直线都是晶体的光轴。图 13.50 所示为各棱边长相等的方解石晶体，$AD$ 连线是它的光轴方向。方解石、石英、红宝石等这类只有一个光轴方向的晶体，称为**单轴晶体**。还有一类像云母、硫磺等晶体，它们有两个光轴方向，称为**双轴晶体**。光在双轴晶体内的传播规律很复杂，本教材不作介绍。

为了说明 o 光和 e 光的偏振方向，特引入**主平面**概念。晶体中某光线与晶体光轴构成的平面，叫做这条光线对应的主平面。通过 o 光和光轴所作的平面就是与 o 光对应的主平面，通过 e 光和光轴所作的平面就是与 e 光对应的主平面。

理论和实践证明：o 光光矢量振动的方向垂直于自己的主平面，e 光光矢量的振动在 e 光自己的主平面内。一般来说，对一给定的入射光，o 光和 e 光的主平面并不重合，只是当光轴位于入射面内时，这两个主平面才严格地重合，但在一般情况下，这两者的光矢量振动方向是相互垂直的，见图 13.51。

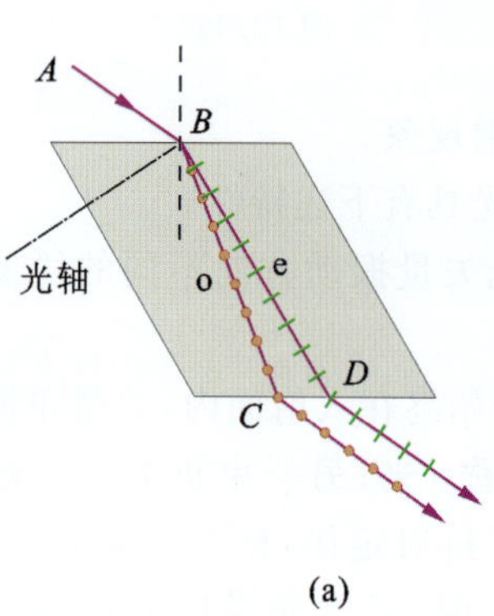

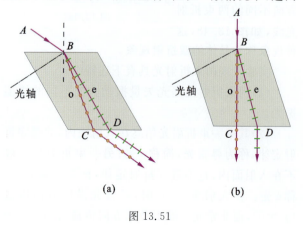

图 13.51

### 13.13.2 单轴晶体中的波面

光的双折射现象是由于光在晶体中的传播速率与传播方向和光的偏振状态有关而产生的。理论证明，o 光沿不同方向的传播速率相同，因此 o 光波面上一点在晶体中发出的次波波面是球面，而 e 光沿不同方向的传播速率不同，e 光波面上一点在晶体中发出的次波波面是以光轴为轴的旋转椭球面。如图 13.52 所示，在光轴方向上，o 光和 e 光的速率相等，两波面相切；在垂直光轴的方向上，o 光和 e 光的速率相差最大。用 $v_o$ 表示 o 光在晶体中的传播速率，以 $v_e$ 表示 e 光在晶体中沿垂直于光轴方向的传播速率。对于 $v_o > v_e$ 一类晶体，如石英，称为**正晶体**，见图 13.52(a)；另一类晶体 $v_e > v_o$，如方解石，称为**负晶体**，见图 13.52(b)。

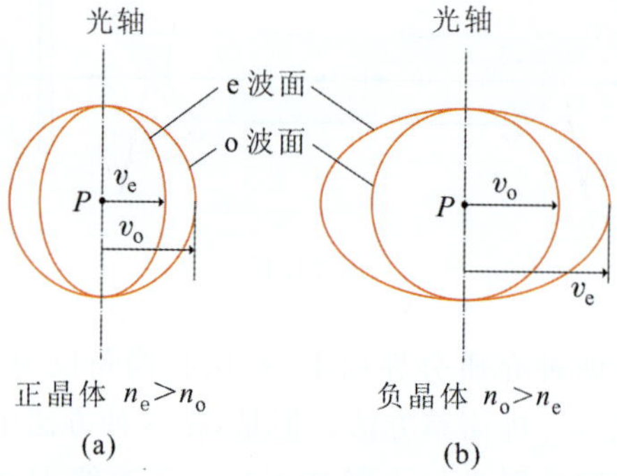


图 13.52

根据折射率的定义，对于 o 光，晶体的折射率 $n_o = c/v_o$，它与 o 光传播方向无关，是只由晶体材料决定的常数；对于 e 光，由于它不服从折射定律，因此无法用一个折射率来反映它的折射规律。通常把真空中的光速 $c$ 与 e 光沿垂直于光轴方向的传播速率 $v_e$ 之比 $n_e = c/v_e$ 称为 e 光的折射率。但应注意，它与一般折射率的含义有较大的差异。$n_o$ 和 $n_e$ 都称为单轴晶体的主折射率，知道了晶体光轴方向和 $n_o$、$n_e$ 两个主折射率，就可以确定 o 光和 e 光的折射方向，对此，我们将通过一个简单的例子予以说明。

图 13.53(a)所示为以入射角 $i$ 斜入射到晶体表面的平面波，已知晶体的主折射率 $n_o$、$n_e$ 和光轴在入射面内的方位，现根据惠更斯原理，采用作图的方法来确定折射光的波阵面和折射光线。

如图 13.53(a)所示，$AC$ 是入射平面波的一个波面，当入射波由 $C$ 传到 $D$ 时，自 $A$ 已向晶体内发出了 o 光的球面次波和 e 光的旋转椭球面次波，两

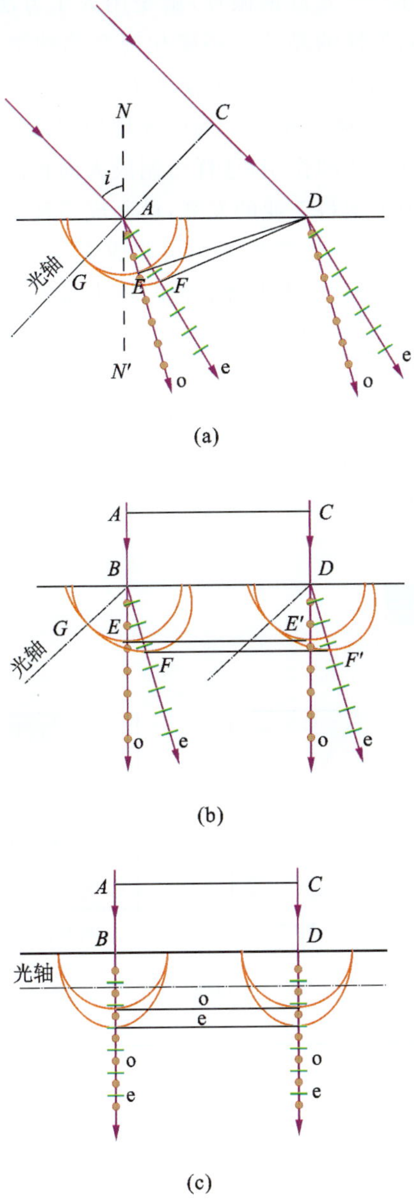


图 13.53

次波面相切于光轴上的 $G$ 点，$A$、$D$ 之间各点也先后发出这样的次波面，这些球面次波面的包迹平面 $DE$ 就是 o 光在晶体中的新波面，$AE$ 为一根折射光线，它是 o 光光线，各旋转椭球次波波面的包迹平面 $DF$ 就是 e 光在晶体中的新波面，$AF$ 为另一根折射线，它是 e 光光线。由图中可见，o 光和 e 光的传播方向不同，因而出现了双折射现象。从图中还可看到，e 光的传播方向与波面并不垂直。对于图 13.53(b)和(c)所示情况，读者可自己分析研究。

### 13.13.3　尼科耳棱镜和渥拉斯顿棱镜

利用光的双折射现象可以从自然光中获得质量高的线偏振光，有各种用双折射晶体制成的获得线偏振光的棱镜，我们只简要地介绍其中有代表性的两种——尼科耳棱镜和渥拉斯顿棱镜的主要工作原理。

1. 尼科耳棱镜

尼科耳棱镜简称尼科耳，见图 13.54，它是由一块方解石切成两半，再用加拿大树胶粘合而成，这种树胶的折射率能使 o 光全反射，于是从尼科耳另一端出射的将是一束线偏振光。

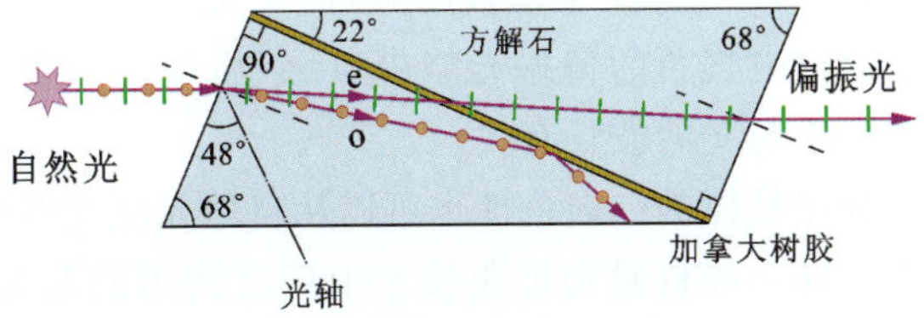


图 13.54

显然，尼科耳不仅可用于起偏，而且也能用于检偏。

2. 渥拉斯顿棱镜

渥拉斯顿棱镜与尼科耳不同，它能产生两束相互分开的、振动方向相互垂直的线偏振光，是由两块方解石作成的直角棱镜拼成的，见图 13.55，棱镜 $ABD$ 的光轴平行于 $AB$ 面，棱镜 $CDB$ 的光轴垂直于 $ABD$ 的光轴。

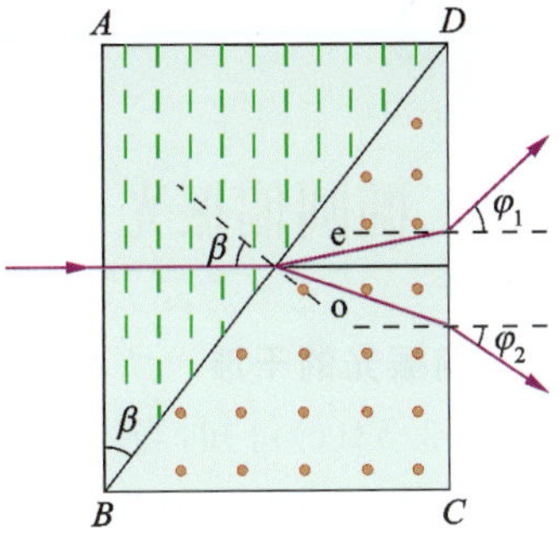


图 13.55

自然光垂直入射到 $AB$ 面时，o 光和 e 光将分别以速率 $v_o$ 和 $v_e$ 无折射地沿同一方向行进，参看图 13.53(c)，当它们进入第二棱镜后，由于第二棱镜光轴与第一棱镜光轴垂直，所以在第一棱镜中的 o 光对第二棱镜来说变成 e 光；反之，在第一棱镜中的 e 光对第二棱镜来说变成 o 光。随着进入两棱镜分界面前后 o 光和 e 光性质的变化，它们的折射率也相应发生了变化。由于方解石是负晶体，$n_o > n_e$，这样，第一棱镜中的 o 光进入第二棱镜时，折射角应大于入射角，折射光远离 $BD$ 面的法线传播；反之，第一棱镜中的 e 光进入第二棱镜时，折射角应小于入射角，折射光靠近 $BD$ 面的法线传播。因此，两束线偏振光在第二棱镜中分开。当两束光由第二棱镜 $CD$ 面出射进入空气时，因此各自都由光密介质进入光疏介质，它们将进一步分开。

### 13.13.4　偏振片

某些双折射晶体对振动方向相互垂直的 o 光和 e 光有不同的吸收，这种特性称为**二向色性**。例如电气石吸收 o 光比吸收 e 光大得多，白光通过 1 mm 电气石片，o 光几乎全部被吸收，而 e 光只略微被吸收。透过电气石的偏振光略带黄绿色，这是因为吸收的大小与光的波长有关。

利用晶体的二向色性也可以从自然光获得线偏振光。在一般科研和工业技术中广泛使用的起偏、检偏元件——人造偏振片，就是用人工方法制成的具有二向色性的晶片。将碘化硫金鸡钠微晶（具有较强的二向色性）浮悬在胶体中，当胶体拉成薄膜时，这些微晶随着拉伸方向整齐排列，起到一块大片二向色性晶体的作用，这样可制成大面积的偏振片。近年来由于塑料工业的发展，已制成多种偏振片，如 H 片、K 片等。这类偏振片可制成直径大至数十厘米的尺寸，而且成本低廉，轻便，可大量生产，所以得到广泛的应用。但透过这类偏振片的偏振光有偏振不纯的弱点。

利用光的双折射现象，还可以制作多种应用很广的器件，例如 1/2 波片，1/4 波片等，这里就不一一介绍了。

## 复习思考题

**13.20**　自然光射到前后放置的两个偏振片上，这两个偏振片的取向使得光不能透过，如果把第三个偏振片放在这两个偏振片之间，问是否可以有光透过？

**13.21**　双折射晶体的光轴是否只是一条线，或者是空间的一个方向？

**13.22**　试想出一种方法来确定偏振片的偏振化方向。

**13.23**　双折射晶体中的 e 光是否总是以 $c/n_e$ 给出的速率在晶体中传播？

**13.24**　用偏振片制成的太阳眼镜，是如何减轻眼睛疲劳的？

**13.25**　试确定自然光经过图中的棱镜后双折射光线的传播方向和振动方向。

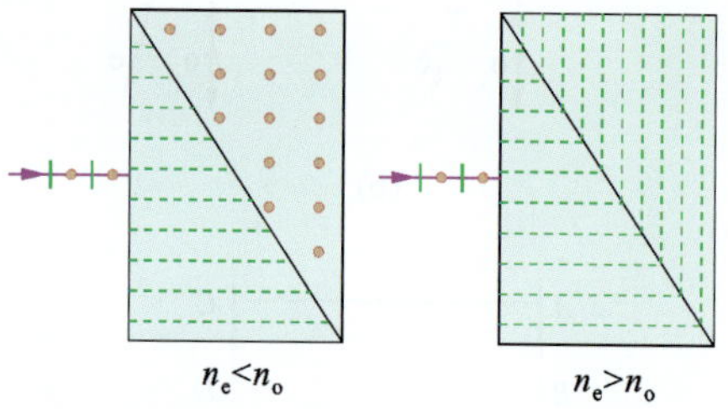


思 13.25 图

## 13.14　椭圆偏振光　偏振光的干涉

### 13.4.1　偏振光的干涉

由图 13.53(c)可知，当一束线偏振光垂直入射到光轴与晶体表面平行的晶体时，在晶体中产生的 o 光和 e 光将沿相同方向传播，但传播速度不同，振动方向相互垂直，e 光的振动方向与晶体的光轴平行，o 光的振动方向垂直于光轴，在图 13.56 中线偏振光通过晶片 $C$ 的传播就属这种情况。

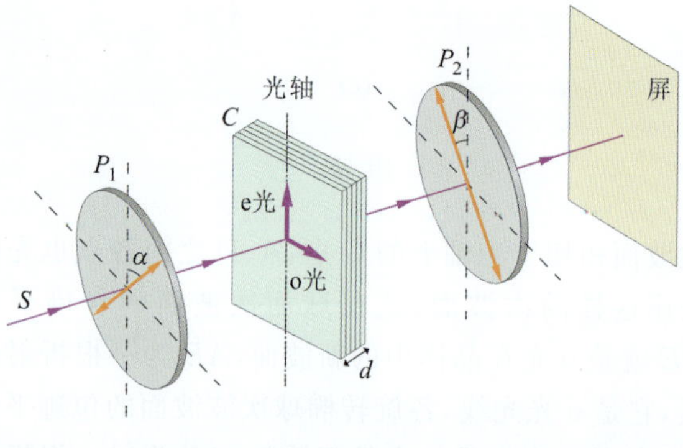


图 13.56

在图 13.56 中一束平行单色自然光通过偏振片 $P_1$ 产生振幅为 $A_1$ 的线偏振光，若该偏振光的振动方向（即 $P_1$ 的偏振化方向）与晶片 $C$ 的光轴方向夹角为 $\alpha$，则根据图 13.57 可知，该偏振光在晶体中形成的 o 光和 e 光的振幅分别为

$$A_{1o}=A_1\sin\alpha,\quad A_{1e}=A_1\cos\alpha \tag{13.45}$$

从上式可以看出，在晶体中产生的 o 光和 e 光的振幅由入射线偏振光的振动方向和光轴的夹角 $\alpha$ 确定。当 $\alpha=0$ 时，晶体中只有 e 光；当 $\alpha=90°$时，晶

体中只有 o 光；当 $\alpha=45°$，o 光、e 光的振幅相等。由于 o 光和 e 光在晶体中的传播速度不同，因此，在光从晶体的另一面出射时，o 光和 e 光之间将有一相位差，即

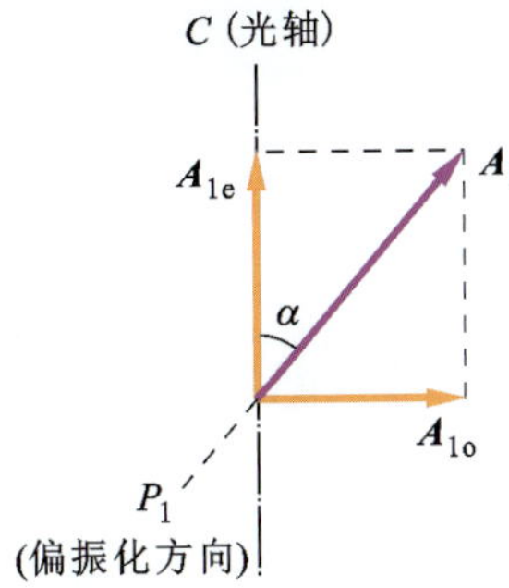

图 13.57

$$\delta=\frac{2\pi}{\lambda}|n_o-n_e|d$$

式中，$d$ 为晶片的厚度，$\lambda$ 为入射线偏振光在真空中的波长。从以上讨论可知，一束线偏振光经过晶片 $C$ 后变为两束传播方向相同，频率相同，相位差恒定的线偏振光，由于两束光的振动方向垂直，因而两光束相遇也不会发生干涉。根据第 11 章讲过的同频率垂直谐振动的合成理论，这两束光在它们前进的路程中所经过的任一点上，合成光矢量 $\boldsymbol{E}$ 的端点在垂直于光传播方向的平面内的投影描出的轨迹为椭圆，如图 13.58 所示。**这种在垂直于光传播方向平面内，光矢量 $\boldsymbol{E}$ 的端点描绘出椭圆的光称为椭圆偏振光。**对于这样两束光振动方向垂直的线偏振光，只有把它们的光振动转变到同一方向上来才能产生干涉，图 13.56 中的偏振片 $P_2$ 即可起到这种作用。从晶片 $C$ 出射的振幅为 $A_{1o}$ 和 $A_{1e}$ 的两束线偏振光中只有平行于偏振片 $P_2$ 的偏振化方向的光振动分量可以通过偏振片 $P_2$，设偏振片 $P_2$ 的偏振化方向与晶片 $C$ 的光轴方向夹角为 $\beta$，则透过偏振片 $P_2$ 的两个分振动光束的振幅可由图 13.59 得到，即

$$A_{2o}=A_{1o}\sin\beta,\quad A_{2e}=A_{1e}\cos\beta$$

将式(13.45)代入，有

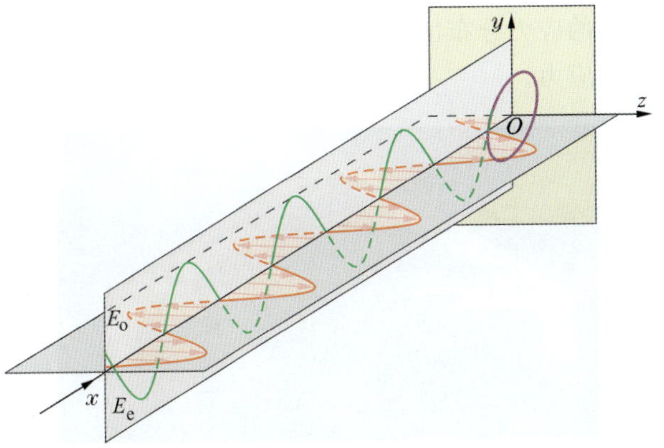

图 13.58

$$A_{2o}=A_1\sin\alpha\sin\beta,\quad A_{2e}=A_1\cos\alpha\cos\beta \tag{13.46}$$

从以上讨论可以看出，透过偏振片 $P_2$ 的两束光是由同一偏振光 $A_1$ 所产生的振动方向平行、频率相同、相位差恒定的相干光。从偏振片 $P_2$ 出射的两束光之间的相位差，除了与晶片厚度有关的相位差 $\frac{2\pi d}{\lambda}|n_o-n_e|$ 外，还可能产生一个附加相位差 $\pi$。如果 $A_{1o}$ 和 $A_{1e}$ 在偏振片 $P_2$ 的偏振化方向上的投影方向相反，如图 13.59(a)所示，则从 $P_2$ 出射的两束光有附加相位差 $\pi$，即总的相位差为

$$\delta=\frac{2\pi}{\lambda}|n_o-n_e|d+\pi \tag{13.47}$$

如果 $A_{1o}$ 和 $A_{1e}$ 在偏振片 $P_2$ 的偏振化方向上的投影方向相同，如图 13.59(b)，则没有附加相位差，即总相位差为

$$\delta=\frac{2\pi}{\lambda}|n_o-n_e|d \tag{13.48}$$

显然，当 $\delta=2k\pi$ 时($k$ 为整数)，干涉加强，屏上的视场最明亮；当 $\delta=(2k+1)\pi$ 时，干涉减弱，屏上的视场最暗。由式(13.46)可知，当 $\alpha+\beta=90°$，$A_{2o}=A_{2e}=A_1\cos\alpha\sin\alpha=\frac{1}{2}A_1\sin2\alpha$，由 $P_2$ 出射的两束光的振幅相等，而且当 $\alpha=\beta=45°$时，振幅最大，干涉效果最好。

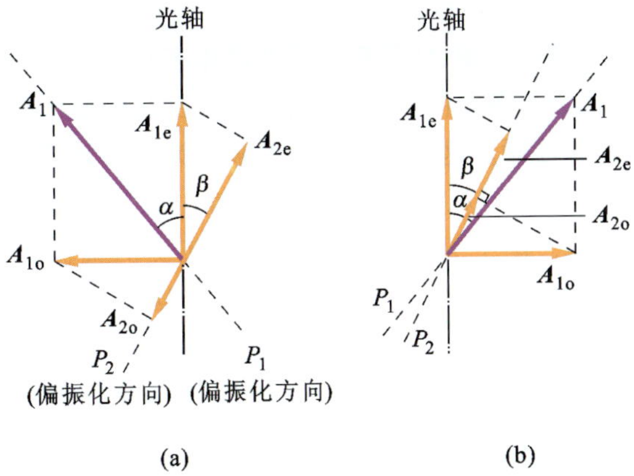

图 13.59

**如果用白光照射图 13.56 所示的装置，由于对不同波长的光，干涉加强和减弱的条件不能同时满足，结果在屏上显示出颜色，这种现象被称作色偏振。**如果图 13.56 中的晶片用厚度不等的劈形晶片代替，则在屏上可观察到彩色的条纹。偏振光干涉有很多应用，例如在偏光显微镜中，应用偏振光干涉

分析判断矿物的种类和性质。偏振光干涉也是检验双折射现象最灵敏的方法。

**想想看**

13.42 任何干涉装置中都必须有分光束器件，在图 13.56 所示的偏振光干涉装置中，什么是分光束器件？这个分光束是属分波前还是属分振幅，或是其他？

13.43 在偏振光干涉装置图 13.56 中，偏振片 $P_1$ 和 $P_2$ 对保证相干条件起什么作用？撤掉偏振片 $P_1$ 或 $P_2$ 能否产生干涉？为什么？

13.44 在图 13.56 中，晶片 $C$ 的厚度应如何取值，使得从晶片出射时 o 光和 e 光的相位差为：①$\pi/2$；②$\pi$？具有前者厚度的晶片称为四分之一波片（$\lambda/4$ 波片），后者称为二分之一波片（$\lambda/2$ 波片或半波片）。

13.45 已知黄光波长 $\lambda=589.3$ nm，方解石的主折射率差值为 $n_o-n_e=0.172$，问这时 $\lambda/4$ 波片的最小厚度是多少？

13.46 在图 13.56 中由 $\lambda/4$ 波片、$\lambda/2$ 波片出射的光是自然光、椭圆偏振光还是线偏振光？

13.47 $\lambda/4$ 波片和 $\lambda/2$ 波片都是很有用的光学元件，你能说出它们各自的几种用处吗？

### 13.14.2 人工双折射及应用

**有些透明的非晶体在通常情况下是各向同性的，不会产生双折射，但在一定的外界条件下，这些物质会变成各向异性，而出现双折射现象。这类双折射现象称为人工双折射。**下面简要介绍常见的几种人工双折射。

1. 光弹实验

**塑料、玻璃、环氧树脂等非晶体在它们受到应力时，就会由各向同性转变为各向异性，从而显示出双折射的性质。这种人工双折射被称为光弹效应。**图 13.60 是一个观测样品中应力分布的光弹实验装置原理图。图中 $P_1$、$P_2$ 是两个相互正交的偏振片，$C$ 是一个透明的非晶体介质板。在介质板 $C$ 未受力时，因为板是各向同性的，不呈现双折射，因此不会有光透过偏振片 $P_2$。当 $C$ 受到沿 $OO'$ 方向的拉伸或压缩时，介质板 $C$ 由各向同性变为各向异性，在 $OO'$ 方向上形成了一个光轴，这时的介质板 $C$ 就相当于一个以 $OO'$ 为光轴的单轴晶体板。如果 $P_1$ 的偏振化方向与 $OO'$ 成 45°，则线偏振光垂直入射到介质板 $C$ 时就分解为振幅相等的 o 光和 e 光，两光线传播方向一致，但速度不同。实验表明，在一定的应力范围内，o 光和 e 光折射率的差值与介质板中的应力 $p$ 成正比，即

$$n_o-n_e=cp$$

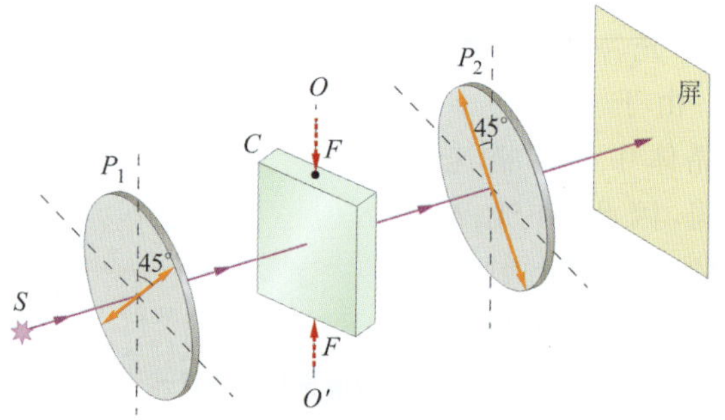

图 13.60

式中 $c$ 是一个与材料性质有关的常量。这样当 o 光和 e 光透过厚度为 $d$ 的受力介质板 $C$ 后，产生的相位差为

$$\delta=\frac{2\pi(n_o-n_e)d}{\lambda}=2\pi\frac{cpd}{\lambda} \tag{13.49}$$

o 光和 e 光通过偏振片 $P_2$ 后，产生干涉，干涉的结果取决于二者的相位差。

按上面讲的在介质板受力不均匀时，介质板中有些地方应力较大，$(n_o-n_e)$ 值较大，有些地方应力较小，$(n_o-n_e)$ 值较小，这样光通过介质板的不同位置，o 光和 e 光的相位差不同，因而将会有干涉条纹或彩色图案出现。应力分布越复杂，干涉条纹或彩色图案就越复杂。

在工程中，光弹效应已被广泛地应用于研究介质中的应力分布，已发展成为一个专门的学科——光测弹性学。通常用适当的透明材料制造出按比例缩小的工程构件的模型，并加上一定的负载，模拟构件的受力分布。通过观察偏振光的干涉条纹，分析构件上的应力分布。图 13.61 是塑料桁架模型受力后产生的与应力分布有关的干涉条纹。用光弹方法测量应力分布的最大优点在于能够显示出构件小范围内的应力分布情况，而用计算方法通常只能给出平均应力。

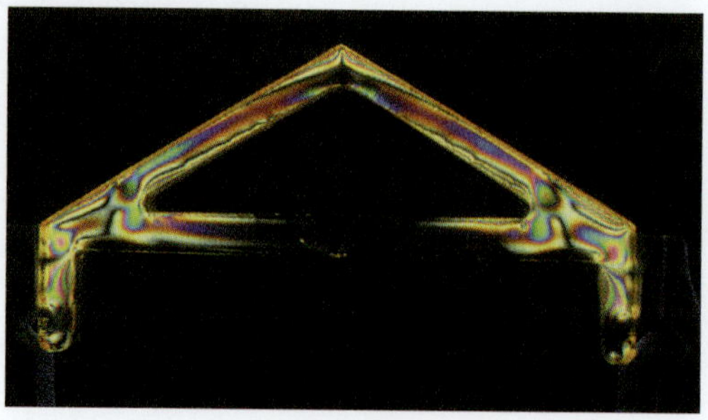

图 13.61

2. 电致双折射——克尔效应

**在电场作用下，可以使某些各向同性的透明介质变为各向异性，从而使光产生双折射，这种现象被称为电致双折射或克尔效应。**图 13.62 是一个观测克尔效应的实验装置原理图。在图中，$C$ 是一个具有一对平行板电极并盛有硝基苯($C_6H_5NO_2$)液体的容器，称为克尔盒。$P_1$ 和 $P_2$ 是两个相互正交的偏振片。在没有给电容器充电之前，光不能通过偏振片 $P_2$。加电场后，两极之间的液体在电场的作用

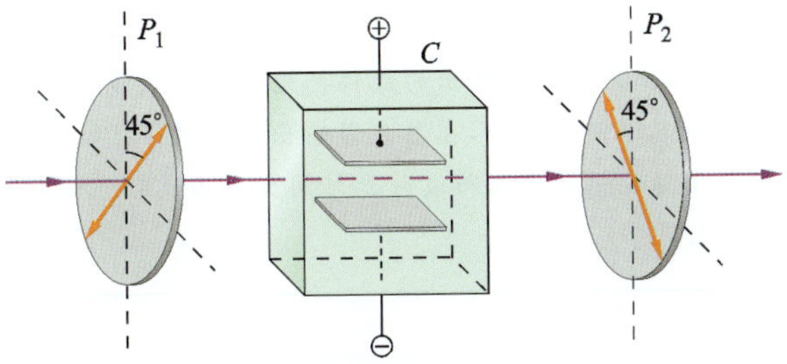


图 13.62

下变为各向异性，具有单轴晶体的性质，其光轴平行于电场(垂直于光路)。实验表明，o 光和 e 光折射率的差值正比于电场强度的平方，即

$$n_o - n_e = kE^2$$

式中的 $k$ 称为克尔常数，它只和液体的种类有关。在光通过厚度为 $d$ 的液体后，o 光和 e 光之间所产生的相位差为

$$\delta = \frac{2\pi}{\lambda}(n_o - n_e)d = \frac{2\pi}{\lambda}dkE^2$$

如果平行板电极间的距离为 $D$，电势差为 $U$，则 $E=\frac{U}{D}$，故

$$\delta = \frac{2\pi}{\lambda}\frac{dk}{D^2}U^2 \qquad (13.50)$$

因此，当加在两极板上的电压发生变化时，$\delta$ 随之发生相应变化，从而使透过偏振片 $P_2$ 的光强(因干涉)也随 $U$ 发生变化。因此，利用克尔效应可对偏振光进行调制。需要指出的是，克尔效应的建立或消失所需时间极短，从接通电源(或断开)到效应的建立(或消失)仅需 $10^{-9}$ s，因此利用克尔效应可以制成动作速度极快的光开关。这种高速光开关已被广泛地应用于高速摄影和脉冲激光器中。

## 13.15 旋光效应简介

图 13.63 是观察石英晶体旋光效应装置的原理图，$K$ 为光轴垂直于两平行通光面的石英晶片，$P_1$、$P_2$ 为偏振化方向正交的偏振片。在晶片未放入两偏振片之间时，屏上显然是暗的。将晶片放到两偏振片之间，并使晶片通光面垂直于光的传播方向，这时屏 $M$ 上变亮。但将偏振片 $P_2$ 以入射光传播方向为轴转过某一确定的角度，屏上又变暗。这表明从石英晶片出射的光仍为线偏振光，但是石英晶片使通过它的线偏振光的振动面旋转了一个角度。石英晶片的这一性质称为**旋光性**。具有旋光性的物质称为旋光物质。糖、松节油、石油、酒石酸等许多有机液体及溶液都是旋光物质；蛋白质是氨基酸构成的，实验表明，氨基酸也是旋光物质。

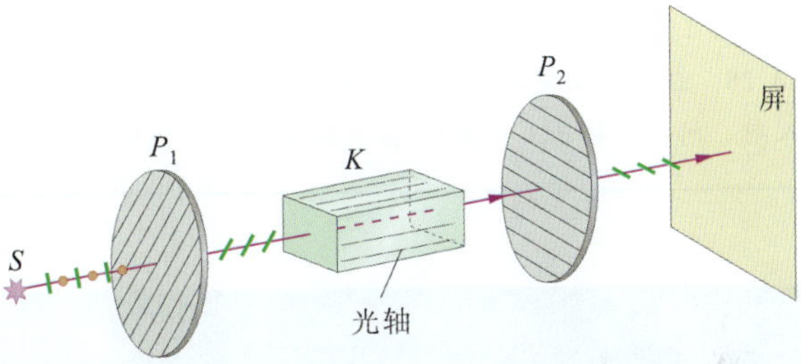


图 13.63

旋光物质有两类：当面对光的传播方向看，使振动面沿顺时针方向转动的为右旋光物质；反之，沿逆时针方向转动的为左旋光物质。一般说来，同一旋光物质都有左旋和右旋两种，二者互为同分异构体。

实验表明，在天然旋光物质中，光的振动面旋转的角度 $\varphi$ 与光经过旋光物质的厚度成正比，即

$$\varphi = \alpha d \qquad (13.51)$$

对于有旋光性的溶液，$\varphi$ 还与溶液的浓度 $c$ 成正比，即

$$\varphi = \alpha cd \qquad (13.52)$$

两式中的系数 $\alpha$ 称为旋光率，它与旋光物质的性质、温度以及入射光的波长有关，表 13.2 给出了石英对不同波长的旋光率。

**表 13.2 石英的旋光率与波长关系**

| 波长/nm | 794.76 | 728.1 | 656.2 | 546.1 | 430.7 | 382.0 | 257.1 |
|---|---|---|---|---|---|---|---|
| $\alpha$/(°/mm) | 11.589 | 13.294 | 17.318 | 25.538 | 42.604 | 55.625 | 143.266 |

测出给定溶液的旋光率 $\alpha$ 和 $\varphi$，根据已知的 $d$ 就可确定溶液的浓度 $c$。用旋光效应测定溶液的浓度既可靠又迅速，早已广为应用。例如在工业生产、质量检验中使用的量糖计就是根据这一原理制成的；在医院中，旋光效应还被用来测定血糖。

上面已经指出，旋光率与波长有关，这称为旋光色散现象。对不同的旋光物质，旋光色散现象可能很不相同，而且旋光色散现象对分子结构的变化、分子内部和分子间相互作用反映特别灵敏。正因为如此，研究旋光现象不只在物理学中，而且在化学、药物学以及生物学中都有重要意义。

用人工方法也可以产生旋光效应，其中最重要的是磁致旋光效应，通常称为法拉第旋光效应。对此本书不再作介绍。

## 复习思考题

**13.26** 有一束光，它可能是自然光、圆偏振光或为二者混合。如果给你一块1/4波片和一块偏振片，你能否确定入射光是哪一种？

**13.27** 一束沿 $z$ 轴传播的右旋圆偏振光，通过光轴沿 $y$ 轴方向的1/4波片和1/2波片，试问出射光的偏振态如何？

**13.28** 在一对正交的偏振片间放一块1/4波片，以自然光入射。问：(1)转动1/4波片，出射光的光强将怎样变化？有无消光现象？(2)如果有光强的极大和消光现象，它们在1/4波片的光轴处于什么方向时出现？这时从1/4波片射出的光偏振状态如何？

**13.29** 在使用激光器发出的线偏振光的各种测量仪器上，为避免激光返回谐振腔，在激光器输出镜端放一1/4波片，并使线偏振光振动方向与波片光轴间夹角为45°，试说明此波片的作用。

## 第13章小结

### 光是电磁波

光是电场强度 $\boldsymbol{E}$ 与磁场强度 $\boldsymbol{H}$ 的矢量波，平面简谐电磁波

$$\boldsymbol{E}=\boldsymbol{E}_0\cos(\omega t-x/u)$$

$$\boldsymbol{H}=\boldsymbol{H}_0\cos(\omega t-x/u)$$

波速 $u=\sqrt{\dfrac{1}{\varepsilon\mu}}$

平均能流密度 $I=\dfrac{1}{2}E_0^2$

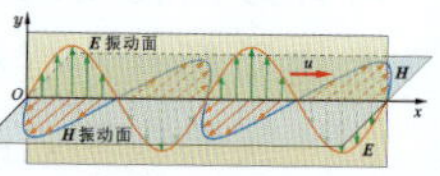


### 波的叠加

非相干叠加 $I=I_1+I_2$

相干叠加

$$I=I_1+I_2+2\sqrt{I_1I_2}\cos\Delta\varphi$$

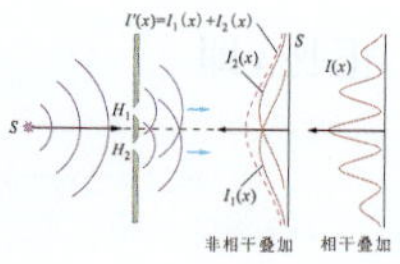


### 杨氏双缝试验

干涉加强(明纹)

$$x=\pm 2k\frac{D\lambda}{2d}\qquad k=0,1,2,\cdots$$

干涉相消(暗纹)

$$x=\pm(2k+1)\frac{D\lambda}{2d}\qquad k=0,1,2,\cdots$$

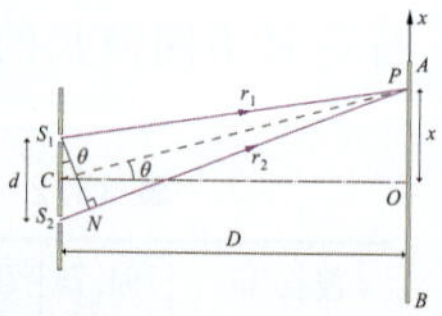

### 光程与光程差

在传播时间相同的条件下，把光在介质中传播的路程折合为光在真空中传播的路程

光程 $x=nr$

光程差 $\delta=n_2r_2-n_1r_1$

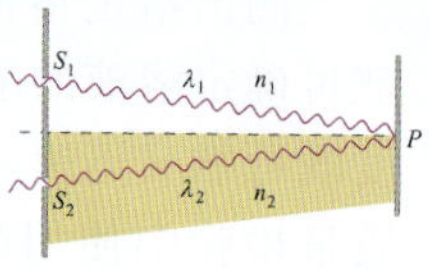

### 薄膜等厚干涉(劈尖干涉，牛顿环)

在薄膜等厚干涉系统中，同一条干涉条纹对应于薄膜上厚度相同的点的连线

$$\delta=2n_2d\cos\gamma+\frac{\lambda}{2}$$

明纹条件 $\delta=\pm 2k\dfrac{\lambda}{2}$

暗纹条件 $\delta=\pm(2k+1)\dfrac{\lambda}{2}$

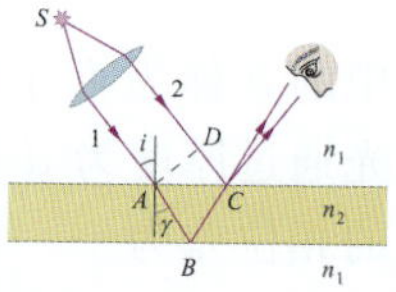

### 单缝的夫琅禾费衍射

用平行光照射单缝，用菲涅耳半波带法可得衍射条纹分布规律

暗纹条件

$$a\sin\varphi=\pm 2k\frac{\lambda}{2}\qquad k=1,2,\cdots$$

明纹条件

$$a\sin\varphi=\pm(2k+1)\frac{\lambda}{2}\quad k=1,2,\cdots$$

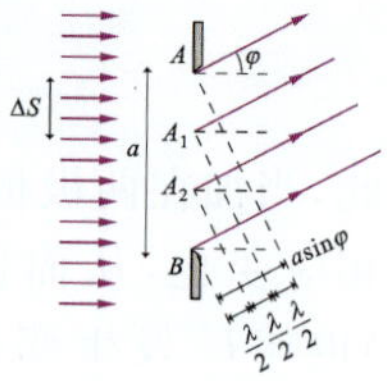

### 圆孔衍射

圆孔衍射的艾里斑的光强占总光强的84%。

艾里斑半角宽度

$$\theta_0\approx\sin\theta_0=1.22\frac{\lambda}{D}$$

瑞利判据

$$\delta_R=1.22\frac{\lambda}{D}$$

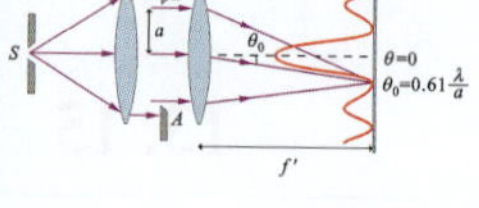

**衍射光栅**

在两条主极大明纹之间有 $N-1$ 条暗纹，$N-2$ 个次级大明纹

光栅方程　$(a+b)\sin\varphi=\pm k\lambda$

暗纹条件　$N(a+b)\sin\varphi=\pm m\lambda$

$m\neq k$ 的整数倍

缺级条件　$k=k'\dfrac{a+b}{a}$

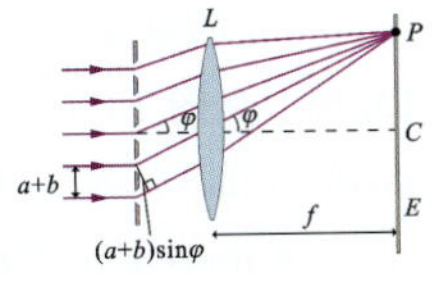


**布儒斯特定律**

自然光以布儒斯特角 $i_B$ 入射两介质的分界面，反射光为光矢量垂直于入射面的线偏振光

$$\tan i_B=\frac{n_2}{n_1}$$

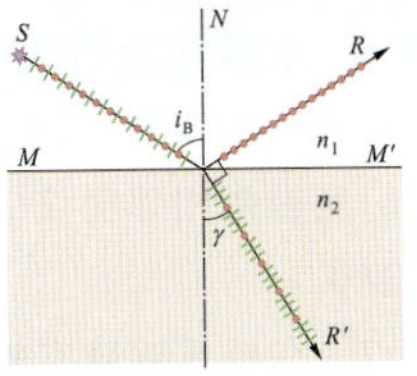


**X 射线在晶体中的衍射**

由于原子在晶体中规则排列，形成三维光栅，在 X 射线照射下产生衍射图样

布喇格方程

$2d\sin\varphi=k\lambda$　　$k=1,2,\cdots$

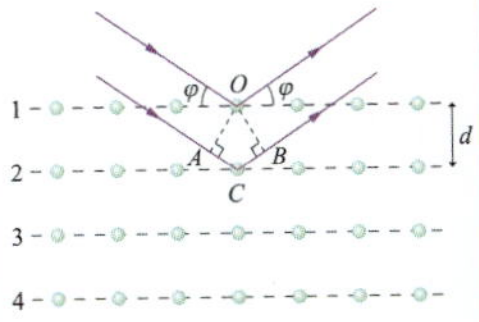


**双折射**

一束自然光向各向异性介质入射，在介质内出现两束折射光，它们是光矢量方向不同的线偏振光，其中一条遵守折射定律

$$n_o=\frac{c}{v_o}$$

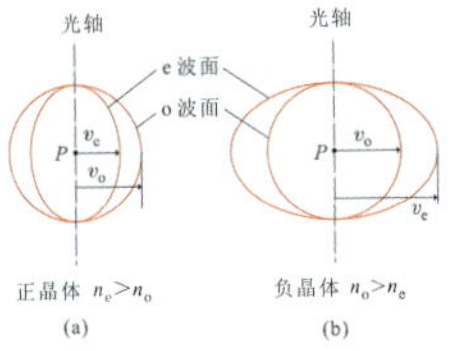


**马吕斯定律**

线偏振光透过检偏器后透射光的光强

$$I=I_0\cos^2\alpha$$

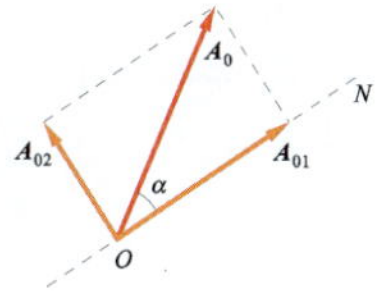


# 习　题

**13.1　选择题**

(1)根据惠更斯-菲涅耳原理，若已知光在某时刻的波阵面为 $S$，则 $S$ 的前方某点 $P$ 的光强度决定于波阵面上所有面积元发出的子波各自传到 $P$ 点的[　　]。

(A) 振动振幅之和　　(B) 振动的相干叠加

(C) 振动振幅之和的平方　　(D) 光强之和

(2)在真空中波长为 $\lambda$ 的单色光，在折射率为 $n$ 的透明介质中从 $A$ 沿某路径传到 $B$，若 $A$、$B$ 两点相位差为 $3\pi$，则此路径 $AB$ 的光程差为[　　]。

(A) $1.5\lambda$　　(B) $1.5n\lambda$

(C) $3\lambda$　　(D) $1.5\lambda/n$

(3)某元素的特征光谱中，含有波长分别为 $\lambda_1=450$ nm 和 $\lambda_2=750$ nm的光谱线，在光栅光谱中，这两种波长的谱线有重叠现象，重叠处 $\lambda_2$ 的谱线级数将是[　　]。

(A) 2,3,4,5,…　　(B) 2,5,8,11,…

(C) 2,4,6,8,…　　(D) 3,6,9,12,…

(4)在双缝干涉实验中，用单色自然光，在屏上形成干涉条纹，若在两缝后放一个偏振片，则[　　]。

(A)干涉条纹的间距不变，但明纹的亮度加强

(B)干涉条纹的间距不变，但明纹的亮度减弱

(C)干涉条纹的间距变窄，且明纹的亮度减弱

(D)无干涉条纹

(5)在迈克耳孙干涉仪的一条光路中，将一折射率为 $n$，厚度为 $d$ 的透明薄片放入后，这条光路的光程改变了[　　]。

(A) $2(n-1)d$　　(B) $2nd$

(C) $2(n-1)d+\dfrac{1}{2}\lambda$　　(D) $nd$

(E) $(n-1)d$

**13.2　填空题**

(1)光的干涉和衍射现象反映了光的＿＿＿＿＿＿性质。光的偏振现象说明光波是＿＿＿＿＿＿波。

(2)波长为 600 nm 的单色平行光，垂直入射到缝宽为 $a=0.6$ mm的单缝上，缝后有一焦距 $f=60$ cm 的透镜，在透镜焦平面上观察到衍射图样，则：中央条纹的宽度为＿＿＿＿＿＿，两个第 3 级暗纹之间的距离为＿＿＿＿＿＿。

(3)一束平行单色光垂直入射在一光栅上，若光栅的透明缝宽度 $a$ 与不透明部分宽度 $b$ 相等，则可能看到的衍射光谱的级次为＿＿＿＿＿＿＿＿＿＿＿＿＿＿＿＿。

(4)若在迈克耳孙干涉仪的可动反射镜 $M$ 移动 0.620 mm 的过程中，观察到干涉条纹移动了 2300 条，则所用光波的波长为＿＿＿＿＿＿ nm。

(5)一束自然光以布儒斯特角入射到平板玻璃片上，就偏振状态来说，则反射光为＿＿＿＿＿＿＿＿，反射光 $\boldsymbol{E}$ 矢量的振动方向＿＿＿＿＿＿＿＿，透射光为＿＿＿＿＿＿＿＿。

**13.3**　设在真空中电磁波的能流密度 $S=100\ \mathrm{W/m^2}$，求：电磁波能量体密度 $w$；电场强度 $\boldsymbol{E}$ 和磁感强度 $\boldsymbol{B}$ 的大小。

**13.4**　一广播电台的广播辐射功率是 10 kW，假定辐射场均匀分布在以电台为中心的半球面上。

(1)求距电台为 $r=100$ km 处的平均能流密度；

(2)若在上述距离处的电磁波可看作平面波，求该处的电场强度和磁场强度的振幅。

**13.5**　一气体激光器发出的光的光强可达 $3\times10^{18}\ \mathrm{W/m^2}$，

计算对应的电场强度和磁场强度振幅。

**13.6**　汞弧灯发出的光通过一绿色滤光片后射到两相距 0.60 mm 的双缝上，在距双缝 2.5 m 处的屏幕上出现干涉条纹。测得两相邻明纹中心的距离为 2.27 mm，试计算入射光的波长。

**13.7**　在杨氏双缝实验中，测得 $d=1.0$ mm，$D=50$ cm，相邻暗条纹间的距离为 0.3 mm，求入射光波的波长。

**13.8**　图示为一双棱镜，顶角 $A$ 很小，狭缝光源 $S_0$ 发出的光通过双棱镜分成两束，好像直接来自虚光源 $S_1$ 和 $S_2$，它们的间距 $d=2aA(n-1)$，$n$ 为棱镜的折射率。

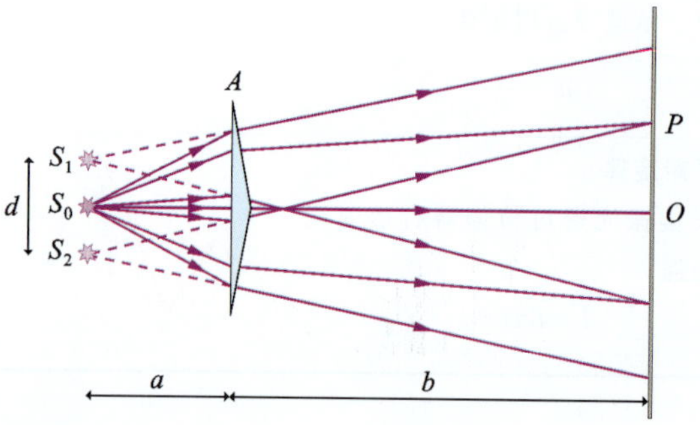


题 13.8 图

如果棱镜 $n=1.50$，$\angle A=6'$，狭缝到双棱镜的距离 $a=20$ cm，试求：

(1) 两虚光源的间距；

(2) 用波长 500 nm 的绿光照射狭缝，在距棱镜 $b=2$m 的屏幕上干涉条纹的间距。

**13.9**　在洛埃镜装置中，狭缝光源 $S_1$ 和它的虚像 $S_2$ 在离镜左边20 cm的平面内，见图 13.9。镜长 30 cm，在镜的右面边缘放置一毛玻璃屏。如 $S_1$ 到镜面的垂直距离为 2.0 mm，使用波长为$7.2\times10^{-7}$ m的红光，试计算镜面右边边缘到第 1 条明条纹的距离。

**13.10**　用折射率 $n=1.58$ 的很薄的云母片覆盖在双缝实验中的一条缝上，这时屏上的第 7 级亮条纹移到原来的零级亮条纹的位置上。如果入射光波长为 550 nm，试问此云母片的厚度是多少？

**13.11**　利用等厚干涉可以测量微小的角度。如图所示，折射率 $n=1.4$的劈尖状板，在某单色光的垂直照射下，量出两相邻明条纹间距 $l=0.25$ cm，已知单色光在空气中的波长 $\lambda=700$ nm，求劈尖顶角 $\theta$。

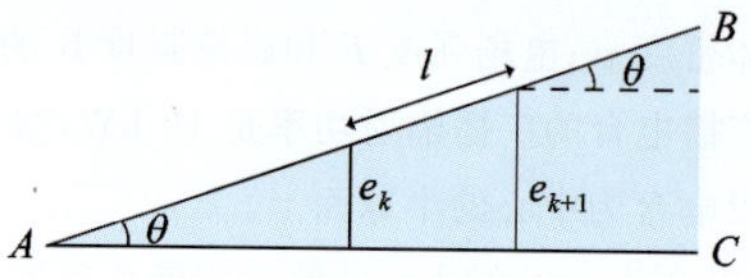


题 13.11 图

**13.12**　氦氖激光器发出波长为 632.8 nm 的单色光，垂直照射在两块平面玻璃片上，两玻璃片一边互相接触，另一边夹着一云母片，形成一空气劈尖。测得 50 条暗条纹间距离为 $6.351\times10^{-3}$ m，劈尖边到云母片的距离为$30.313\times10^{-3}$ m，求云母片的厚度。

**13.13**　如图 13.14 所示，用紫色光观察牛顿环时，测得第 $k$ 级暗环的半径 $r_k=4$ mm，第 $k+5$ 级暗环的半径 $r_{k+5}=6$ mm，所用平凸透镜的曲率半径$R=10$ m，求紫光的波长和级数 $k$。

**13.14**　利用牛顿环的干涉条纹，可以测定凹曲面的曲率半径，方法是：将已知半径的平凸透镜放置在待测的凹面上（如图），在两曲面之间形成空气层，可以观察到环状的干涉条纹。测得第 $k=4$ 级暗环的半径 $r_4=2.250$ cm，已知入射光波长 $\lambda=589.3$ nm，平凸透镜凸面半径为 $R_1=102.3$ cm，求待测凹面的曲率半径 $R_2$。

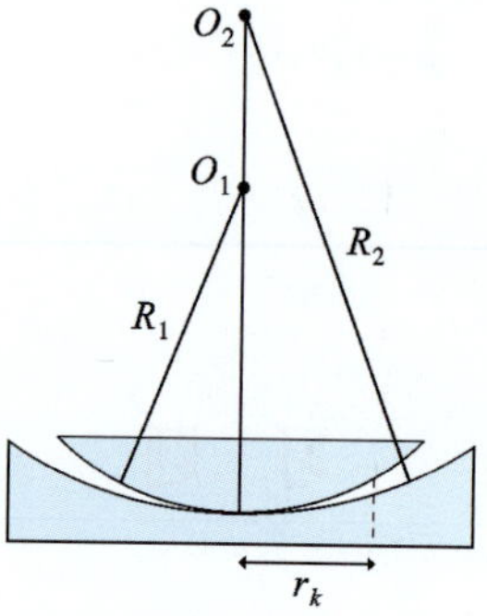


题 13.14 图

**13.15**　一平面单色光波垂直照射在厚度均匀的薄油膜上，油膜覆盖在玻璃板上，所用光源波长可连续变化，观察到 500 nm 与 700 nm 这两个波长的光在反射中消失。油的折射率为 1.30，玻璃的折射率为 1.50，试求油膜的厚度。

**13.16**　白光垂直照射在空气中厚度为 0.40 $\mu$m 的玻璃片上，玻璃片的折射率为 1.50。试问在可见光范围内（$\lambda=400\sim700$ nm），哪些波长的光在反射中加强？哪些波长的光在透射中加强？

**13.17**　用氦氖激光器（$\lambda=632.8$ nm）作光源，迈克耳孙干涉仪中的 $M_1$ 反射镜移动一段距离，这时数得干涉条纹移动了 792 条，试求 $M_1$ 移动的距离。

**13.18**　迈克耳孙干涉仪的一臂引入 100 mm 长玻璃管，并充以一个大气压的空气，用波长 $\lambda=585$ nm 的光照射，如将玻璃管逐渐抽成真空，发现有 100 条干涉条纹的移动。求空气的折射率。

**13.19**　常用雅敏干涉仪来测定气体在各种温度和压力下的折射率。干涉仪光路如图所示，$S$ 为光源，$L$ 为聚光透镜，$G_1$、$G_2$ 为两块等厚而且互相平行的玻璃板，$T_1$、$T_2$ 为等长的两个玻璃管，长度为 $l$。进行测量时，先将 $T_1$、$T_2$ 抽空，然后将待测气体徐徐导入其一管中，在 $E$ 处观察干涉条纹的移动数，即可求得待测气体的折射率。设在测量某气体折射率时，将气体慢慢放入 $T_2$ 管中，开始进气到标准状态时，在 $E$ 处共看到有 98 条干涉条纹移动过去，所用的钠光波长 $\lambda=589.3$ nm(真空中)，$l=20$ cm，求该气体在标准状态中的折射率。

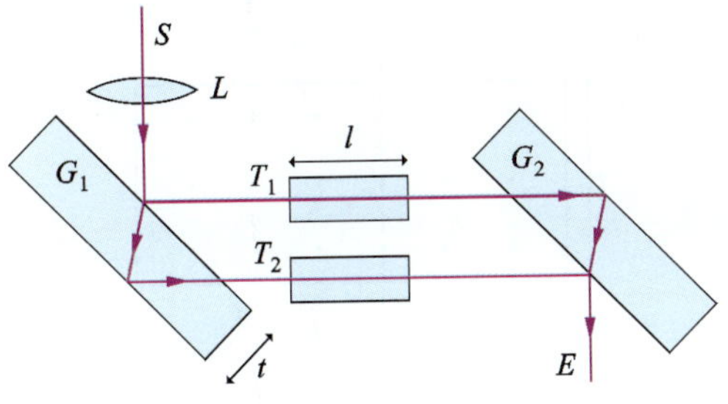


题 13.19 图

**13.20**　波长 $\lambda=500$ nm 的平行光，垂直地入射于一宽度为 $a=1.0$ mm的单缝上，若在缝的后面有一焦距为 $f=100$ cm 的凸透镜，使光线聚焦于屏上，试问从衍射图样的中心到下列各点的距离如何？

(1)第 1 级极小；

(2)第 1 级明条纹的极大处；

(3)第 3 级极小。

**13.21**　有一单缝，宽$a=0.1$ mm，在缝后放一焦距为 50 cm 的凸透镜，用波长$\lambda=546$ nm的平行绿光垂直照射单缝，求位于透镜焦面处的屏上的中央明条纹的宽度。如果把此装置浸入水中，中央明条纹宽度如何变化？

**13.22**　如图示，设有一波长为 $\lambda$ 的单色平面波沿着与缝平面的法线成 $\theta$ 角的方向入射于宽为 $a$ 的单缝 $AB$ 上，试写出各级暗条纹对应的衍射角 $\varphi$ 所满足的条件。

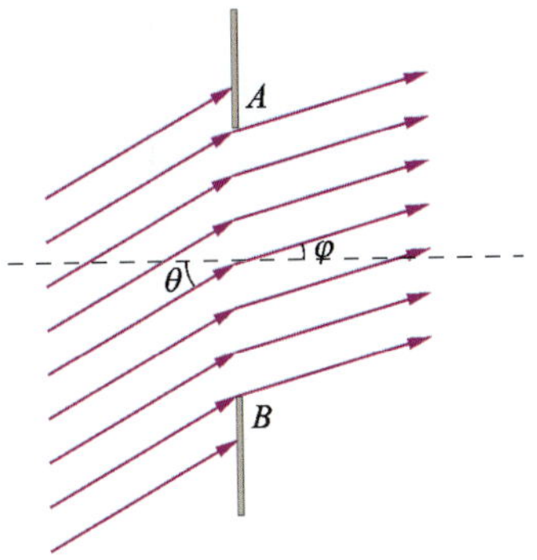


题 13.22 图

**13.23**　一单色平面光波，垂直照射在宽为 1.0 mm 的单缝上，在缝后放一焦距为 2.0 m 的凸透镜。已知位于透镜焦面处的屏上的中央明条纹宽为 2.5 mm，求照射光波长。

**13.24**　在单缝夫琅禾费衍射实验中，波长为 $\lambda$ 的单色光的第 3 级明纹与 $\lambda'=630$ nm 的单色光的第 2 级明条纹恰好重合，试计算 $\lambda$ 的数值。

**13.25**　波长为 500 nm 及 520 nm 的平面单色光同时垂直照射在光栅常数为 0.002 cm 的衍射光栅上，在光栅后面用焦距为 2 m 的透镜把光线聚在屏上，求这两种单色光的第 1 级光谱线间的距离。

**13.26**　为了测定一光栅的光栅常数，用波长为$\lambda=632.8$ nm 的氦氖激光器光垂直照射光栅做光栅的衍射光谱实验，已知第 1 级明条纹出现在 30°的方向上，问这光栅的光栅常数是多大？这光栅的 1 cm 内有多少条缝？第 2 级明条纹是否可能出现？为什么？

**13.27**　波长 $\lambda=600$ nm 的单色光垂直入射在一光栅上，第 2 级、第 3 级光谱线分别出现在衍射角 $\varphi_2$、$\varphi_3$ 满足下式的方向上，即 $\sin\varphi_2=0.20$，$\sin\varphi_3=0.30$，第 4 级缺级，试问：

(1)光栅常数等于多少？

(2)光栅上狭缝宽度有多大？

(3)在屏上可能出现的全部光谱线的级数。

**13.28**　在迎面驶来的汽车上，两盏前灯相距 120 cm，试问人在离汽车多远的地方，眼睛恰能分辨这两盏灯？设夜间人眼瞳孔直径为 5.0 mm，入射光波 $\lambda=550$ nm。

**13.29**　试指出并绘图表示光栅常数$(a+b)$为下述三种情况时，哪些级数的光谱线缺级？

(1)光栅常数为狭缝宽度的 2 倍，即$(a+b)=2a$；

(2)光栅常数为狭缝宽度的 3 倍，即$(a+b)=3a$；

(3)光栅常数为狭缝宽度的 4 倍，即$(a+b)=4a$。

**13.30**　已知两偏振片的偏振化方向成 30°角时，透射光的光强为 $I_1$，若入射光的光强不变，而使两偏振片的偏振化方向成 45°角，则透射光的光强如何？

**13.31**　月球距地面约 $3.86\times10^5$ km，设月光波长可按 $\lambda=550$ nm计算，问：月球表面距离为多远的两点才能被地面上直径 $D=500$ cm 的天文望远镜所分辨？

**13.32**　两偏振片装成起偏器和检偏器，当两偏振片的偏振化方向成 30°角时看一光源，成 60°角时又看同一位置的另一个光源，两次观测所得的光强相等，求两光源的光强之比。

**13.33**　两偏振片的偏振化方向的夹角成 10°及 75°时，透过检偏振片的光的光强之比如何？

**13.34**　一束自然光和线偏振光的混合光，当它通过一偏振片时，发现光强取决于偏振片的取向，可以变化 5 倍。求入射光束中两种光的光强各占总入射光强的几分之几？

**13.35**　平行放置两偏振片，使它们的偏振化方向成 60°角。

(1)如果两偏振片对光振动平行于其偏振化方向的光线均无吸收，则让自然光垂直入射后，其透射光的光强度与入射光的光强之比是多大？

(2)如果两偏振片对光振动平行于其偏振化方向的光线分别吸收了 10%的能量，则透射光的光强与入射光的光强之比是多大？

(3)今在这两偏振片之间再平行地插入另一偏振片，使它的偏振化方向与前两个偏振片均成 30°角，此时，透射光的光强与入射光的光强之比又是多大？先按各偏振片均无吸收计算，再按各偏振片均吸收 10%能量计算。

**13.36**　利用布儒斯特定律，可以测定不透明电介质的折射率，今测某一电介质的起偏角为 57°，试求这一电介质的折射率。

**13.37** 一束太阳光，以某一入射角入射平面玻璃上，这时反射光为完全偏振光。若透射光的折射角为 32°，试问：

(1)太阳光的入射角是多大？

(2)此种玻璃的折射率是多少？

**13.38** 已知某一物质的全反射临界角是 45°，它的起偏角是多大？

**13.39** 如图示，一束自然光入射到一方解石晶体上，其光轴垂直于纸面，已知方解石对 o 光的折射率为$n_o=1.658$，对 e 光的主折射率为$n_e=1.486$。

(1)如果方解石晶体的厚度 $t=1.0$ cm，自然光入射角 $i=45°$，求 $a$，$b$ 两透射光之间的垂直距离；

(2)两透射光中的光振动方向如何？哪一束光在晶体中是 o 光？哪一束光在晶体中是 e 光？

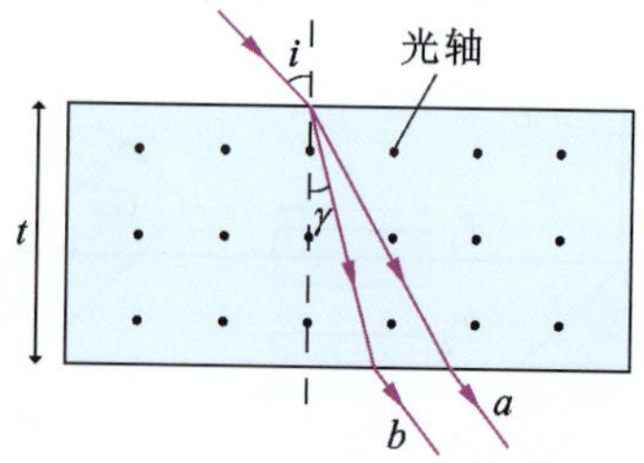


题 13.39 图

# 第14章 狭义相对论力学基础

## 爱因斯坦

A. 爱因斯坦是20世纪最伟大的物理学家，物理学革命的旗手。他1879年3月14日生于德国乌尔姆，1900年毕业于瑞士苏黎世工业大学。1905年，爱因斯坦在科学史上创造了史无前例的奇迹：这一年的3月到9月的半年中，他利用业余时间发表了6篇论文，在物理学三个领域作出了具有划时代意义的贡献。

**1. 创建了光量子理论** 这是历史上第一次揭示了微观客体具有波粒二象性。正是在这一理论启示下，1924年L. V. 德布罗意提出了物质波概念；也是在这一理论启示下，1926年E. 薛定谔提出了薛定谔方程，建立了波动力学。因此美国物理学家A. 派斯认为："爱因斯坦不仅是量子论的三元老(指普朗克、爱因斯坦和N. 玻尔)之一，而且也是波动力学唯一的教父。"M. 玻恩也认为，"在征服量子现象这片荒原的斗争中，他是先驱"，也是"我们的领袖和旗手"。由于光电效应定律的建立，爱因斯坦获得了1921年诺贝尔物理学奖。

**2. 创建了狭义相对论** 狭义相对论在很大程度上解决了19世纪末出现的经典物理学的危机，推动了整个物理学理论的革命。狭义相对论时空观更使人们对客观世界的认识产生了一个飞跃。

狭义相对论揭示的质能关系已成为原子核物理学和粒子物理学的理论基础，也为核能的利用奠定了理论基础。

**3. 分子运动论** 爱因斯坦对布朗运动的研究，不仅为分子运动理论的建立奠定了基础，而且解决了半个多世纪科学界和哲学界争论不休的、有关原子是否存在的问题。当时最反对原子论的德国化学家、"唯能论"的创始者F. W. 奥斯特瓦尔德于1908年主动宣布："原子假说已成为一种基础巩固的科学理论。"

爱因斯坦在1915年到1917年3年中还在三个不同领域作出了历史性的杰出贡献，即建立广义相对论、辐射量子理论和现代科学的宇宙论。其中辐射量子论中提出的受激辐射概念，为20世纪60年代发展起来的激光技术奠定了理论基础。

爱因斯坦热爱和平、反对侵略战争、反对民族压迫和种族歧视，为人类进步和世界和平进行了不屈不挠的斗争。1914年第一次世界大战爆发时，德国有43个科学和文化界名流联名发表宣言，为德国的侵略罪行辩护，爱因斯坦则在一份针锋相对的、仅有4人赞同的反战宣言上签了名，随后又积极参加反战组织"新祖国同盟"的活动。

1933年1月，希特勒上台后，爱因斯坦深受纳粹政权迫害，幸而当时他在美国讲学，未遭毒手。3月他回欧洲，避居比利时；9月9日发现有准备行刺他的盖世太保跟踪，星夜渡海到英国；10月到美国，任新建的普林斯顿大学高级研究院教授，直到1945年退休。1940年他取得美国国籍。1939年他获悉铀核裂变及其链式反应的发现，上书美国总统罗斯福，建议研制原子弹，以防德国占先。第二次世界大战结束前夕，美国在日本投掷原子弹，爱因斯坦对此甚为不满。战后，为反对核战争的和平运动和反对美国国内法西斯恐怖进行了不懈的斗争。

爱因斯坦对水深火热中的中国劳动人民的苦难寄予深切的同情。"九一八"事变后，他一再向各国呼吁，用经济抵制的方法制止日本对华的军事侵略。

1955年4月18日他逝世于普林斯顿。遵照他的遗嘱，不举行任何丧礼、不筑坟墓、不立纪念碑，骨灰撒在永远对人保密的地方，为的是不使任何地方成为圣地。

爱因斯坦的相对论分为狭义相对论和广义相对论，本章仅介绍狭义相对论的时空观、高速运动力学的基本方程以及相对论动力学的主要结论。

## 14.1 力学相对性原理 伽利略坐标变换式

### 14.1.1 力学相对性原理

假定和地面固结的参考系是惯性系，那么在相对地面作匀速直线运动的封闭船上，从挂在天花板上的装水杯子里落下的水滴是竖直落在地板上，还是偏向船尾？当你抛一件东西给你的朋友时，是不是当他在船头时，你所费的力要比他在船尾时更大些？伽利略通过实验观察，早在1632年就对这些问题作出了明确的回答。他指出，只要船的运动是匀速直线运动，则在封闭的船上觉察不到物体运动的规律和地面上的有任何不同。上述水滴仍将竖直地落在地板上，尽管当水滴尚在空中时船已向前行进了；不管你的朋友是在船头还是在船尾，你抛东西给他时所费的力是一样的，等等。伽利略所描述的现象说明，**在彼此作匀速直线运动的所有惯性系中，物体运动所遵循的力学规律是完全相同的，应具有完全相同的数学表达形式。**也就是说，**对于描述力学现象的规律而言，所有惯性系都是等价的，**这称为**力学相对性原理。**由此可知，在一个惯性系内所作的任何力学实验都不能确定这个惯性系是静止的，还是在作匀速直线运动。

### 14.1.2 绝对时空观

在狭义相对论建立之前，科学家们普遍认为，时间和空间都是绝对的，可以脱离物质运动而存在，并且时间和空间也没有任何联系。用牛顿的话来说，“绝对的、真正的和数学的时间自身在流逝着，而且由于其本性在均匀地、与任何其他外界事物无关地流逝着”。“绝对空间就其本质而言，是与任何外界事物无关，而且永远是相同的和不动的”。这就是**经典力学的时空观**，也称为**绝对时空观。**这种观点表现在对时间间隔和空间间隔的测量上，则认为在所有惯性参考系中的观察者，对于任意两个事件的时间间隔和空间任意两点间距离的测量结果都应该相同。

显然绝对时空观符合人们日常经验。在经典力学中，上述力学相对性原理是与绝对时空观紧密联系着的。

### 14.1.3 伽利略坐标变换式

经典力学中的伽利略坐标变换式是以绝对时空观为依据建立的。

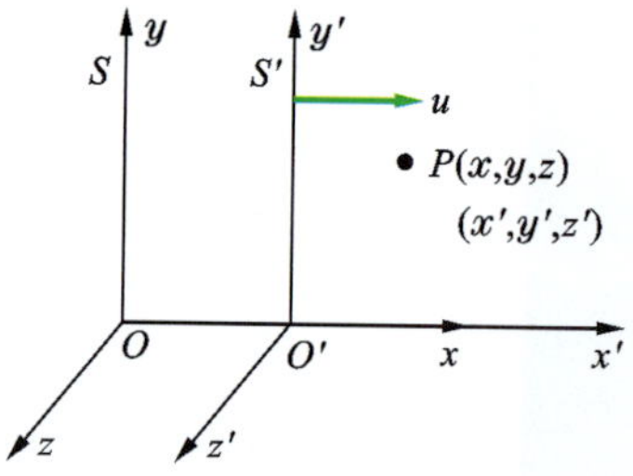

图14.1

设有两个惯性参考系$S$和$S'$。取坐标系$Oxyz$和$O'x'y'z'$分别与$S$和$S'$系固结，为简单起见，使它们相对应的坐标轴互相平行，且$x$轴与$x'$轴相重合，如图14.1所示。设$S'$系沿$x$轴方向以恒定速度$\boldsymbol{u}$相对$S$系运动，并且在坐标原点$O$与$O'$重合时刻，$t=t'=0$。

本章后面讲到的$S$和$S'$系以及相应的$Oxyz$和$O'x'y'z'$坐标系定义都与此相同。

已知空间一点$P$在$S$系中的坐标为$(x,y,z)$，则它在$S'$系中的坐标$(x',y',z')$为

$$\left.\begin{aligned}x'&=x-ut\\y'&=y\\z'&=z\end{aligned}\right\}\tag{14.1a}$$

根据绝对时间概念，两惯性系中时间同样均匀地流逝着，因此，在任何时刻都有

$$t'=t\tag{14.1b}$$

式(14.1a)、(14.1b)所表示的就是$S$和$S'$系之间的**伽利略坐标变换式。**

读者可自行验证，根据伽利略变换，对于空间任意两点之间的距离，在$S$和$S'$系中测得的结果完全相同。至于任意两个事件之间的时间间隔，两惯性系测得的结果相同，则是显而易见的。

从伽利略坐标变换式出发，还可求出经典力学中的速度和加速度变换式。设$\boldsymbol{r}$、$\boldsymbol{r}'$、$\boldsymbol{v}$、$\boldsymbol{v}'$、$\boldsymbol{a}$、$\boldsymbol{a}'$分别为一运动质点在惯性参考系$S$和$S'$中的位矢、速度和加速度，则有$\boldsymbol{v}=\frac{\mathrm{d}\boldsymbol{r}}{\mathrm{d}t}$、$\boldsymbol{v}'=\frac{\mathrm{d}\boldsymbol{r}'}{\mathrm{d}t'}$，$\boldsymbol{a}=\frac{\mathrm{d}\boldsymbol{v}}{\mathrm{d}t}$、$\boldsymbol{a}'=\frac{\mathrm{d}\boldsymbol{v}'}{\mathrm{d}t'}$。对式(14.1a)求导，并且注意到$t'=t$，可得

$$\boldsymbol{v}'=\boldsymbol{v}-\boldsymbol{u}\tag{14.2}$$

对式(14.2)求导，又可得

$$\boldsymbol{a}'=\boldsymbol{a}\tag{14.3}$$

式(14.2)和(14.3)是对$S$和$S'$两惯性系适用的伽利略速度和加速度变换公式。其实这些结果早在第

1 章中已经给出。在通常情况下，这些关系都与实验结果相符，因此长期以来人们对此深信不疑。

根据力学相对性原理，如果伽利略坐标变换式是正确的，就必然要求反映物体力学运动规律的数学表达式经过伽利略变换后，在各惯性系中具有完全相同的形式。因此，在经典力学中，常把力学相对性原理表述为：力学规律的数学表达式应具有伽利略坐标变换的不变性(或协变性)。这种表述称为经典力学的相对性原理。

### 14.1.4 牛顿运动定律具有伽利略变换的不变性

现在考察作为经典力学基础的牛顿运动定律，看其是否具有伽利略坐标变换的不变性。

设在惯性参考系 $S$ 中，牛顿第二定律成立，则对任一质点 $M$ 有

$$\boldsymbol{F} = m\boldsymbol{a}$$

式中 $m$、$\boldsymbol{a}$、$\boldsymbol{F}$ 分别为该质点在 $S$ 系中的质量、加速度和所受到的合力。

质点 $M$ 在 $S'$ 系中的质量、加速度、所受到的合力分别用 $m'$、$\boldsymbol{a}'$、$\boldsymbol{F}'$ 表示。根据伽利略变换，有

$$\boldsymbol{a}' = \boldsymbol{a}$$

经典力学认为，质点的质量与其运动速度无关，即有 $m'=m$；在力学中所见到的质点间作用力一般都只与质点间的相对位置和相对速度有关，而在伽利略变换下，相对位置和相对速度都是不变量，因而在不同惯性系中，质点所受到的作用力相同，即有 $\boldsymbol{F}'=\boldsymbol{F}$。

这样，在惯性系 $S'$ 中就有

$$\boldsymbol{F}' = m'\boldsymbol{a}'$$

这表明牛顿第二定律具有伽利略变换的不变性。

可以证明经典力学中所有的基本定律，如动量守恒定律、机械能守恒定律等都具有这种不变性，满足经典力学相对性原理的要求。因此在狭义相对论建立之前，经典力学理论一直被认为是一个完善的理论体系。

但是，经典电磁学理论的情况似乎完全不同。经过长期实践为人们确认的、描述宏观电磁现象规律的麦克斯韦方程组不具有伽利略变换的不变性，即在这种变换下，不同惯性系中方程组的形式是不同的。现在的问题是，在不同惯性系中，电磁运动规律究竟是否相同？如果不同，则必然导致各惯性系不等价，从而应存在一个特殊惯性系的结论；如果相同，则经坐标变换后，方程组的形式应保持不变。这只有两种可能：如果认为伽利略变换是正确的，则麦克斯韦方程组必须予以修正；或者反过来，认为麦克斯韦方程组是正确的，则伽利略坐标变换式必须予以修正。对此下节将作较详细的分析。

**想想看**

14.1 在经典力学中，理论上如何判断一个定律是否满足力学相对性原理的要求？

14.2 能否在一个惯性系中用力学实验确定该惯性系是静止，还是在做匀速直线运动？为什么？如果在不同的惯性系中，电磁运动规律不同，能否通过电磁试验来达到这一目的？

**复习思考题**

**14.1** 什么是经典力学相对性原理？它是怎样表述的？

**14.2** 根据力学相对性原理，描述力学规律的数学方程应满足什么要求？在伽利略坐标变换下，牛顿运动方程满足这个要求吗？

**14.3** 在伽利略变换下，一质点的位置、速度、加速度矢量，它的质量和它所受到的作用力，两质点间的相对位置、相对速度和它们之间的相互作用力，两个事件之间的时间间隔、空间间隔，一物体的长度等物理量中，哪些量与惯性系的选择有关，哪些量与之无关？

## 14.2 狭义相对论的两个基本假设

上节末指出，麦克斯韦方程组不具有伽利略变换的不变性，同时也指出了由此所引出的一系列问题。寻求这些问题的答案导致了狭义相对论的建立。

### 14.2.1 光速的伽利略变换未能被实验证实

光是电磁波，由麦克斯韦方程组可知，光在真空中传播的速率为

$$c = \frac{1}{\sqrt{\varepsilon_0\mu_0}} = 2.998\times10^8\ \mathrm{m/s}$$

它是一个恒量，这说明光在真空中沿各个方向传播的速率与参考系的选择及光传播的方向无关。

按照伽利略速度变换式(14.2)，不同惯性参考系中的观察者测定同一光束的传播速度时，所得结

果应各不相同。假如在 $S$ 系中，麦克斯韦方程组成立，光沿各方向传播的速率都是 $c$，则在 $S'$ 系中应测得沿 $x'$ 轴正向的光速为 $c-u$，沿 $x$ 轴负向的光速为 $c+u$ 等等，即在 $S'$ 系中，光沿各方向传播的速率不同。由此必将得到一个结论：只有在一个特殊的惯性系中，麦克斯韦方程组才严格成立，或者说，在不同惯性系中，宏观电磁现象所遵循的规律是不同的。这样一来，对于不可能通过力学实验找到的特殊惯性系，现在似乎可以通过电磁学、光学实验找到。例如，若能测出地球上各方向光速的差异，就可以发现地球相对上述特殊惯性系的运动。

为了发现不同惯性系中各方向上光速的差异，人们不仅重新研究了早期的一些实验和天文观测，还设计了许多新的实验。其中最著名的是 1887 年利用迈克耳孙干涉仪所做的迈克耳孙-莫雷实验。这个实验是为测量地球上各方向光速的差别设计的，实验方法构思巧妙，精度很高，是近代物理学中的重要实验之一。然而，在各种不同条件下多次反复进行的测量都表明：在所有惯性系中，真空中光沿各方向传播的速率都相同，即都等于 $c$。

这是和伽利略变换乃至和整个经典力学不相容的实验结果，它曾使当时的物理学界大为震动。为了在绝对时空观的基础上统一地说明这个实验和其他实验的结果，一些物理学家，如洛伦兹等，曾提出各种各样的假设，但都未能成功。

1905 年，26 岁的爱因斯坦另辟蹊径。他不固守绝对时空观和经典力学的观念，而是在对实验结果和前人工作进行仔细分析研究的基础上，从一个新的角度来考虑所有问题。首先，他认为自然界是对称的，包括电磁现象在内的一切物理现象和力学现象一样，都应满足相对性原理，即在所有惯性系中物理定律及其数学表达式都是相同的，因而用任何方法都不能发现特殊的惯性系；此外，他还指出：许多实验都已表明，在所有惯性系中测量，真空中的光速都相同，因此这一点也应作为基本假设提出来。于是爱因斯坦提出了两条基本假设，并在此基础上建立了新的理论——狭义相对论。

### 14.2.2 狭义相对论的两个基本假设

假设Ⅰ **在所有惯性系中，一切物理学定律都相同，即具有相同的数学表达形式**。或者说，**对于描述一切物理现象的规律来说，所有惯性系都是等价的**。这也称为**狭义相对论的相对性原理**。

假设Ⅱ **在所有惯性系中，真空中光沿各个方向传播的速率都等于同一个恒量 $c$，与光源和观察者的运动状态无关**。这也称为**光速不变原理**。

假设Ⅰ是力学相对性原理的推广和发展，假设Ⅱ实际上对不同惯性系间坐标、速度变换关系提出了一个新的要求，在这种新变换下，各惯性系内真空中光沿各方向传播的速率都等于恒量 $c$。

**想想看**

14.3 设计迈克耳孙-莫雷实验的目的是什么？最后有没有达到这一目的？

14.4 存在与真空中运动的光子相对静止的惯性系吗？

14.5 在一辆高速直线运动的列车的中点固定一光源，列车两端各固定一个接收器。今使光源发出一闪光，在列车参考系中观测，两接收器是否会同时接收到光信号？

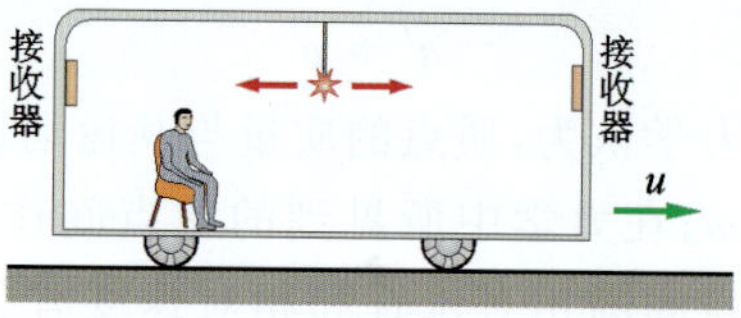


想 14.5 图

狭义相对论的这两条基本假设虽然非常简单，但却和人们已经习以为常的经典时空观及经典力学体系不相容。确认两个基本假设，就必须摒弃绝对时空观念，修改伽利略坐标变换和经典力学定律等，使之符合狭义相对论的相对性原理及光速不变原理的要求。另一方面应注意到，伽利略变换和牛顿力学定律是在长期实践中被证明是正确的，因此它们应该是新的坐标变换式和新的力学定律在一定条件下的近似。

尽管狭义相对论的某些结论可能会使初学者感到难以理解，但是几十年来大量实验结果表明，依据上述两个基本假设建立起来的狭义相对论，确实比经典理论更真实、更全面、更深刻地反映了客观世界的规律性。

**复 习 思 考 题**

14.4 狭义相对论的两个基本假设是怎样表述的？

14.5 光速不变原理对新的坐标变换式提出了什么要求？

相对性原理对于描述物理规律的数学表达式提出了什么要求？

**14.6**　在高速飞船船舱的首尾分别向前和向后各发出一激光脉冲，从飞船上和地面上观察，这两个脉冲的速率各是多少？

## 14.3　狭义相对论的时空观

### 14.3.1　“同时性”的相对性

在某个惯性系中观测，两个异地事件是同时发生的，在其他惯性系中观测是否也同时？常识和经典物理告诉我们，这是毋庸置疑的。但有了光速不变原理，这一结论不再成立。下面举例说明。

列车（$S'$系）相对地面（$S$ 系）以速度 $\boldsymbol{u}$ 运动，在车厢中央 $C$ 处有一盏电灯，车厢前后各有一光探测器 $F$ 和 $R$，见图 14.2(a)。某时刻打开灯，根据光速不变原理，车内观察者 $B$ 观测到光是“**同时**”到达后（事件 1）前（事件 2）两探测器 $R$ 和 $F$ 的；但地面上的观察者 $A$ 观测到，光先到达后探测器 $R$，后到达前探测器 $F$，即两事件并不同时。这是因为根据光速不变原理，对观察者 $A$ 来说，光速仍为 $c$，并且在灯光传播过程中，后探测器 $R$ 迎着光传播方向向前移动了一段距离，见图 14.2(b)，而前探测器沿着光传播方向移动了一段距离，见图 14.2(c)。也就是说，**在 $S'$系中异地同时发生的两个事件，在 $S$ 系看来并不同时**；反过来，也可以证明，在 $S$ 系异地同时发生的两个事件，在 $S'$系看来也不同时。可见“同时性”概念已不再像在经典力学中那样具有绝对意义了。两个异地事件同时与否，随惯性系不同而不同，即“同时性”具有相对性。

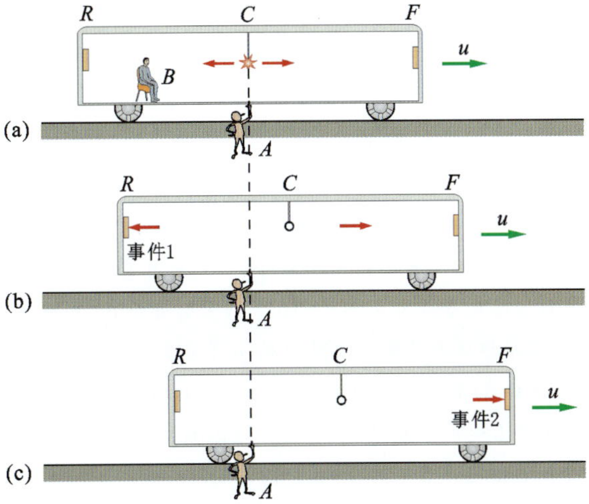


图 14.2

需要说明的是，在一个惯性系同一地点发生的两个同时事件，对其他惯性系都是同时的，也就是说，同地发生的事件，“同时性”具有绝对意义。产生“同时性”相对性的原因是，光在不同惯性系中具有相同的速率和光的速率是有限的。“同时性”的相对性是狭义相对论时空观的核心，也是狭义相对论时空观与绝对时空观的原则区别所在。

### 14.3.2　时间延缓

异地事件的“同时性”具有相对性，那么时间间隔测量是否随惯性系的不同而不同，即也具有相对性呢？现仍以上述列车为例对此问题进行讨论。

设想在车中（$S'$系）一光脉冲从车厢地板上 $N$ 点垂直向上发出（事件 1），见图 14.3(a)，到车厢顶 $M$ 点被反射回原地 $N$ 点（事件 2）。由于在 $S'$系中，事件 1 和事件 2 发生在同一地点 $N$，车中的观测者只要有一只静止在此系中的时钟即可测得这两个事件之间的时间间隔 $\tau_0$，见图 14.3(a)。

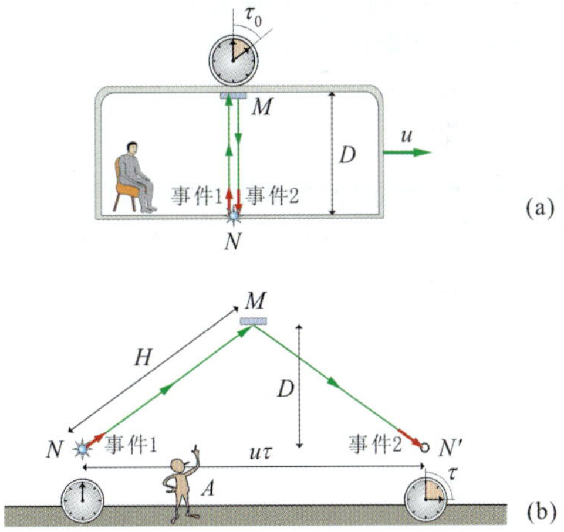


图 14.3

设从车厢地板上 $N$ 点到车厢顶上 $M$ 点间的距离为 $D$，则有

$$2D = c\tau_0$$

对地面上（$S$ 系）的观测者 $A$ 来说，这两个事件之间光脉冲的轨迹是总长为 $2H$ 的等边三角形 $\triangle NMN'$的两个边，见图 14.3(b)，由于两个事件不是发生在同一地点，因此，他必须用分别放置在两事

件发生地(分别与 $N$ 和 $N'$ 点对应)的两只时钟才能测得这两个事件之间的时间间隔,设为 $\tau$。根据光速不变原理,有

$$2H = c\tau$$

由$\triangle NMN'$,有

$$H^2 = D^2 + \left(\frac{1}{2}u\tau\right)^2$$

从上三式消去 $D$ 和 $H$,得

$$\tau = \frac{\tau_0}{\sqrt{1-\beta^2}} = \gamma\tau_0 \qquad (14.4)$$

式中 $\beta=\frac{u}{c}$,$\gamma=\frac{1}{\sqrt{1-\beta^2}}$。由于 $\gamma>1$,故 $\tau>\tau_0$。

**将在一个惯性系中测得的、发生在该惯性系中同一地点的两个事件之间的时间间隔称为原时**,这里的 $\tau_0$ 显然为原时。式(14.4)表明,时间间隔的测量具有相对性,**在不同惯性系中测量给定的两个事件之间的时间间隔,测得的结果以原时最短**,这一现象称为**时间延缓效应**。

时间延缓效应还可陈述为,**运动时钟走的速率比静止时钟走的速率要慢**。实际上,对 $S$ 系的观测者来说,静止在 $S'$ 系中的时钟是运动的,他认为运动时钟较他所在惯性系中的时钟走的要慢。

应当注意,时间延缓效应是相对的,也就是说,对 $S'$ 系的观测者来说,静止于 $S$ 系中的时钟是运动的,因此相对于自己系中的时钟走的要慢。

还应注意,当 $u\ll c$ 时,$\gamma\approx 1$、$\tau=\tau_0$,这时,在不同惯性系中测得的时间间隔均相同,即时间间隔测量与参考系无关,这就回到了绝对时间概念。这表明,绝对时间概念只不过是狭义相对论的时间概念在低速情况下的近似。

时间延缓效应显著与否决定于因子 $\gamma$,为了使读者有一数量级概念,现将 $\gamma$ 及 $\gamma^{-1}$ 的计算值列于表 14.1 中。

从表中看出只是在速率 $u\approx 10^8$ m/s 或更大时,才有比较明显的时间延缓效应,宏观世界中的运动速率一般都远小于真空中的光速,如空气中的声速通常约为 340 m/s,第三宇宙速度也只有 $1.67\times10^4$ m/s。在现代已知的各种实物运动中,只有微观粒子和遥远的天体运动速度可能有与光速相比拟的速率。有关时间延缓的直接实验验证事例还是很多的。

**表 14.1 $\gamma$ 及 $\gamma^{-1}$ 的计算值(取 $c=3\times10^8$ m/s)**

| $u$ /(m·s$^{-1}$) | $\gamma\equiv\left(1-\frac{u^2}{c^2}\right)^{-\frac{1}{2}}$ | $\gamma^{-1}\equiv\left(1-\frac{u^2}{c^2}\right)^{\frac{1}{2}}$ |
|---|---|---|
| $3\times10^3$ | 1.000 000 000 05 | 0.999 999 999 95 |
| $3\times10^4$ | 1.000 000 005 | 0.999 999 995 |
| $3\times10^5$ | 1.000 000 5 | 0.999 999 5 |
| $3\times10^6$ | 1.000 05 | 0.999 95 |
| $3\times10^7$ | 1.005 0 | 0.995 |
| $2.5\times10^8$ | 1.809 1 | 0.552 8 |
| $2.70\times10^8$ | 2.214 2 | 0.435 9 |
| $2.90\times10^8$ | 3.905 7 | 0.256 0 |
| $2.95\times10^8$ | 5.500 2 | 0.181 8 |
| $2.99\times10^8$ | 12.257 7 | 0.081 6 |

## 想想看

14.6 一行进中的列车前后两处遭遇雷电,在地面系中观测,雷电同时发生,如图所示。在列车上中点的观察者是否会同时接收到来自于两个雷电的光?据此,他能否对雷电是否同时发生作出判断?

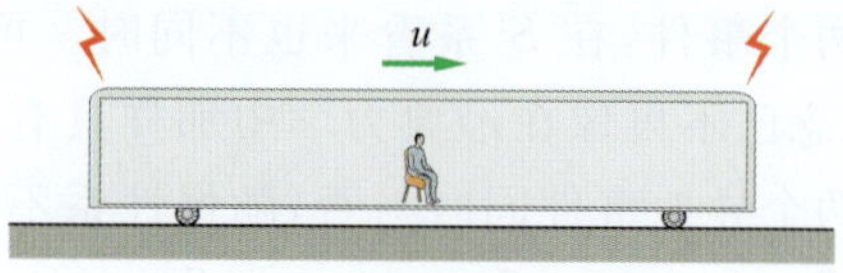


想 14.6 图

14.7 一宇航员乘坐速度为 $0.8c$ 的火箭离开地球(事件 1)到达 5 光年远的星球(事件 2),宇航员和地面上的观察者分别测得的两事件的时间间隔哪个为原时?

14.8 宇宙射线在大气上层产生的 $\mu$ 子速度极大,可达 $v=0.998c$。$\mu$ 子是一种不稳定的粒子,在相对其静止的参考系中测到的平均寿命为 $\tau_0=2\times10^{-6}$ s(固有寿命)。在地面 $S$ 系中,按照经典力学绝对的时空观,$\mu$ 子从其产生(事件 1)到衰变(事件 2)走过的平均距离为 $v\tau_0\approx600$ m,但实际上 $\mu$ 子却可穿过 $L\approx9000$ m 厚的大气层到达地面,这是否意味着运动 $\mu$ 子在地面系中的平均寿命 $\tau$ 大于 $\tau_0$?怎么解释这一现象?把计算出的 $v\tau$ 与 $L$ 比较,你会得到什么结论?

■ **例 14.1** $\pi^-$ 介子是一种不稳定的粒子，从它产生（事件 1）到它衰变为 $\mu^-$ 介子（事件 2）经历的时间即为它的寿命，已测得静止 $\pi^-$ 介子的平均寿命 $\tau_0=2\times10^{-8}$ s。某加速器产生的 $\pi^-$ 介子以速率 $u=0.98c$ 相对实验室运动。试求 $\pi^-$ 介子衰变前在实验室中通过的平均距离。

**解** 设 $\pi^-$ 介子衰变前在实验室中通过的平均距离为 $d$，解本题的一种做法是

$d=u\tau_0=0.98\times3\times10^8\times2\times10^{-8}=5.9$ m

**这种做法是错误的。**在固定于 $\pi^-$ 介子的 $S'$系中，$\pi^-$ 介子静止，其产生（事件 1）和衰变（事件 2）发生在同一地点，因此，在 $S'$系中测到的两事件的时间间隔，即 $\pi^-$ 介子的静止寿命 $\tau_0$ 为原时；在实验室 $S$ 系中，$\pi^-$ 介子以速率 $u$ 运动，其产生与衰变发生在不同地点，它们的时间间隔，即运动粒子的寿命大于原时 $\tau_0$，为

$$\tau=\frac{\tau_0}{\sqrt{1-\left(\frac{u}{c}\right)^2}}=\frac{2\times10^{-8}}{\sqrt{1-(0.98)^2}}=10.05\times10^{-8}\ \text{s}$$

因此 $\pi^-$ 介子衰变前在实验室中通过的平均距离为

$d'=u\tau=0.98\times3\times10^8\times10.05\times10^{-8}=29.55$ m

寻求在不同惯性系中两个事件的时间间隔关系时，必须首先明确 $S$ 系和 $S'$系，确定所研究的两个事件，并且判断这两个事件在其中一个系中是否是同地的，如果是，则在这一系中测得的两事件间的时间间隔 $\tau_0$ 为原时，这时可以用时间延缓式(14.4)计算在另一系中的时间间隔 $\tau$；如果两事件在任一系中都不同地，这时不能简单地用式(14.4)去求解，而是要采用后面将要讲到的洛伦兹变换。

### 14.3.3 长度收缩

“同时性”具有相对性，“时间间隔”测量也具有相对性，那么长度测量是否也具有相对性呢？现仍以上述列车为例对此问题进行讨论。

车（$S'$系）以速度 $\boldsymbol{u}$ 相对地面（$S$ 系）沿尺长度方向运动，当车经过静止于地面上的尺的 $A$ 端时，车上的 $C'$钟和地面上 $A$ 处的 $C_1$ 钟分别指示 $t_1'$和 $t_1$，它经过尺 $B$ 端时，$C'$钟和地面上 $B$ 处的 $C_2$ 钟的指示分别为 $t_2'$和 $t_2$，见图 14.4。显然，车从尺 $A$ 端到 $B$ 端经历的时间，对 $S'$系的观测者来说是 $\tau_0=t_2'-t_1'$，为原时（为什么?），对 $S$ 系的观测者来说为 $\tau=t_2-t_1$，根据时间延缓式(14.4)有

$$\tau=\frac{\tau_0}{\sqrt{1-\left(\frac{u}{c}\right)^2}} \tag{a}$$

设地面上的观测者测得静止的尺的长度为 $L$，这一长度在狭义相对论中称为原长，由于 $u$ 既是车相对地面的速率，也是地面相对车的速率，故有

$$L=u\tau,\quad L'=u\tau_0 \tag{b}$$

这里 $L'$表示车上观测者测得运动的尺的长度，从式(a)和式(b)可得

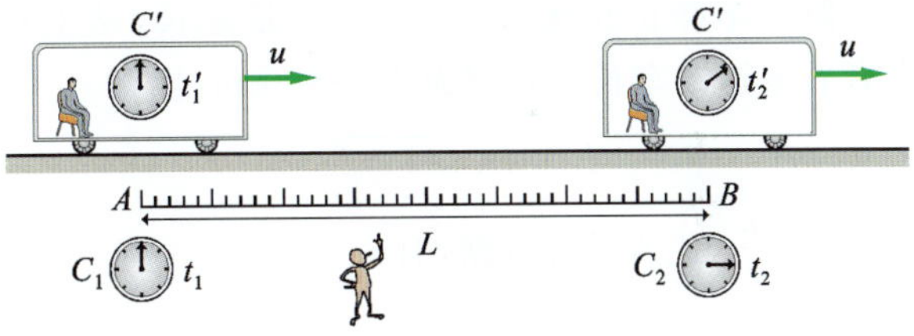


图 14.4

$$L'=L\sqrt{1-\left(\frac{u}{c}\right)^2} \tag{14.5}$$

式(14.5)表明，**沿尺长度方向运动的观测者测得的尺长，较相对尺静止观测者测得的同一尺的原长 $L$ 要短，或者说，在各惯性系中测量同一尺长，以原长为最长。**这一现象称为**长度收缩**。

长度收缩效应是相对的，在 $S$ 系中静止的米尺，在 $S'$系测得的结果不足一米；反之，在 $S'$系中静止的米尺，在 $S$ 系测得的结果也不足一米。

应当注意，长度收缩只发生在物体的运动方向上，垂直于运动方向的长度不发生这种收缩。由此可以推断，物体的形状将会随参考系的不同而不同。

长度收缩现象表明，长度测量也具有相对性，这

和经典力学时空概念也是不相容的。

当 $u \ll c$ 时，$L' \approx L$，即长度测量与参考系无关。这就是绝对空间概念。这再次表明，绝对空间概念只不过是狭义相对论空间概念在低速情况下的近似。

## 想想看

14.9 想想看 14.7 中的宇航员，测得的地球到星球间的距离是多少？

14.10 想想看 14.8 中，在相对 $\mu$ 子静止的 $S'$ 系中观测，$\mu$ 子从产生到衰变，大气层移动的平均距离约为 $v\tau_0=600$ m。在这一过程中，$\mu$ 子从大气上层到达地面这一现象是否意味着在 $S'$ 系中测到的相应的大气层的厚度（在地面 $S$ 系中约为 9000 m）接近或小于 600 m？怎么解释这一现象？

**例 14.2** 静止长度为 1200 m 的列车，相对车站以匀速 $u$ 直线运动，已知车站站台长 900 m，站上观察者看到车尾通过站台进口时，车头正好通过站台出口，见图。试问车的速率是多少？车上乘客看车站是多长？

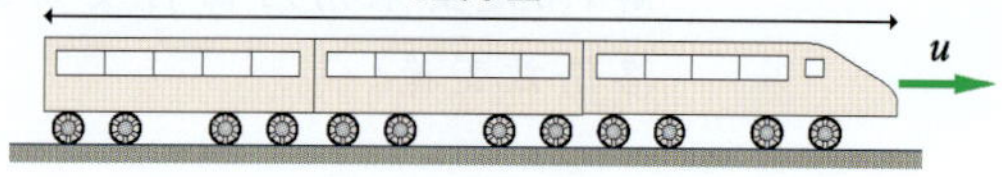


例 14.2 图

**解** 车静止长度 $L_0=1200$ m 是原长，站上观察者看来运动车长将收缩为 $L'=900$ m，且有

$$L'=L_0\sqrt{1-\beta^2}$$

其中 $\beta=\dfrac{u}{c}$，代入题设数据，有

$$900=1200\sqrt{1-\beta^2}$$

由此解得

$$u=2\times10^8\ \text{m/s}$$

对车上观察者，车站是运动的，车站长度要收缩为 $L''$，且

$$L''=900\sqrt{1-\beta^2}=671\ \text{m}$$

寻求在不同惯性系中沿运动方向的长度或距离间的关系时，须明确哪个是 $S$ 系、哪个是 $S'$ 系？并且确定沿运动方向所要测定的长度或距离，如果待测的长度或距离在一个系中是静止的，则在这一系中测得的长度或距离 $L_0$，即为原长。这时可以用长度收缩式(14.5)计算在另一系中这一长度或距离的大小，应注意的是在与运动方向垂直的尺长不呈现长度收缩现象。

**例 14.3** 如图所示，身高 $l_0=1.70$ m 的宇航员躺在床上休息，床与飞船底板的夹角为 45°。飞船相对地面以 $u=(\sqrt{3}/2)c$ 的速度向右飞行，在地面系中测到的宇航员的身高以及床与飞船底板的夹角各是多少？

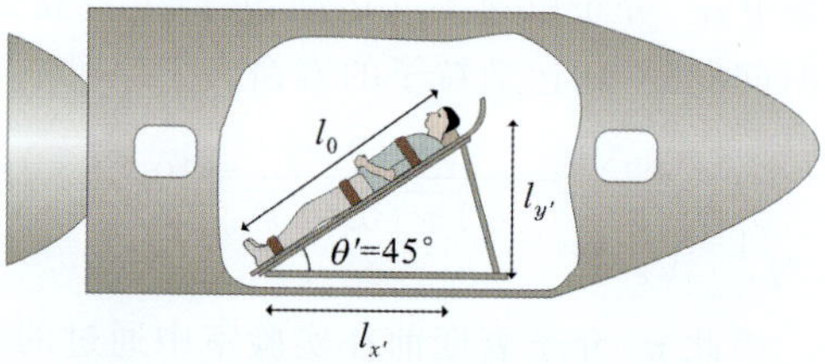


例 14.3 图

**解** 取地面为 $S$ 系，飞船为 $S'$ 系，$\theta'=45°$。在 $S'$ 系中，宇航员身高沿 $x'$、$y'$ 坐标轴的投影分别为

$$l_{x'}=l_0\cos\theta',\quad l_{y'}=l_0\sin\theta'$$

设地面 $S$ 系测得宇航员身高为 $l$，与 $x$ 轴的夹角为 $\theta$。由于长度收缩只发生在运动方向上，故有

$$l_x=l_{x'}\sqrt{1-(u/c)^2},\quad l_y=l_{y'}$$

因此在地面 $S$ 系中测得宇航员身高为

$$l=\sqrt{l_x^2+l_y^2}=l_0\sqrt{\left(\frac{\sqrt{2}}{4}\right)^2+\left(\frac{\sqrt{2}}{2}\right)^2}=1.34\ \text{m}$$

夹角 $\theta$ 为

$$\theta=\arctan\frac{l_y}{l_x}=\arctan 2=63°26'$$

在地面 $S$ 系中测得宇航员的身高缩短了，而且与 $x$ 轴方向的夹角增大了。

■ **例 14.4** 静止的 $\pi^+$ 介子的半衰期 $\tau_{1/2}=1.77\times10^{-8}$ s，已知 $\pi^+$ 介子束产生后以速率 $u=0.99c$ 离开 $\pi^+$ 介子源，在实验室参考系经 38 m 后，强度减小为原来的一半。试分别用时间延缓效应和长度收缩效应解释这一现象。

**解** 解法一 根据经典力学绝对的时空观，$\pi^+$ 介子经一个半衰期前进的距离 $L$ 为

$L=u\tau_{1/2}=0.99\times3\times10^8\times1.77\times10^{-8}=5.3\ \text{m}$ (a)

$L$ 与实验室测定结果 38 m 相差甚远，这实际上是随 $\pi^+$ 介子一起运动的($S'$系)观测者测得的距离。

由于 $\pi^+$ 介子运动速率接近光速，因此处理这一问题必须用相对论理论。实际上，题给半衰期是原时，在实验室系 $S$ 中运动的 $\pi^+$ 介子的半衰期 $\tau'_{1/2}$ 为

$$\tau'_{1/2}=\frac{\tau_{1/2}}{\sqrt{1-\left(\frac{u}{c}\right)^2}}=\frac{1.77\times10^{-8}}{\sqrt{1-0.99^2}}=12.5\times10^{-8}\ \text{s} \quad \text{(b)}$$

$\pi^+$ 介子这一段时间在实验室参考系内前进的距离 $L'$ 为

$L'=u\tau'_{1/2}=0.99\times3\times10^8\times12.5\times10^{-8}=37.2\ \text{m}$

这和实验结果已比较好地符合了。

解法二　现采用固定在 $\pi^+$ 介子上的 $S'$ 系来研究这一问题。题设定的在 $\pi^+$ 介子离开介子源衰减为原来强度一半时，在实验室 $S$ 系经过的距离为 38 m。对 $S'$ 系来说，实验室系 $S$ 为运动系，因此在 $S'$ 系量得的长度要收缩，设为 $L$，则有

$$L=L_0\sqrt{1-\left(\frac{u}{c}\right)^2}=38\times\sqrt{1-(0.99)^2}=5.4\ \text{m}$$

这与式(a)计算结果基本一致。

不同惯性系中的观测者对这一类问题的解释是不同的。在实验室系 $S$ 中的观测者用时间延缓效应解释这一现象，这里的关键是确定原时；而在 $\pi^+$ 介子系中的观测者用长度收缩效应来解释，此处的关键是确定原长。

## 复习思考题

**14.7**　列车穿过一条隧道，在地面系中，列车和隧道等长，当列车完全处在隧道内时，在隧道的出口和入口同时遭遇两道闪电，如图所示，躲在隧道内的列车安然无恙。如果变换到与列车相对静止的参考系内去看问题，发现隧道的长度因长度收缩而变得比列车短一些，列车还会安然无恙吗？为什么？

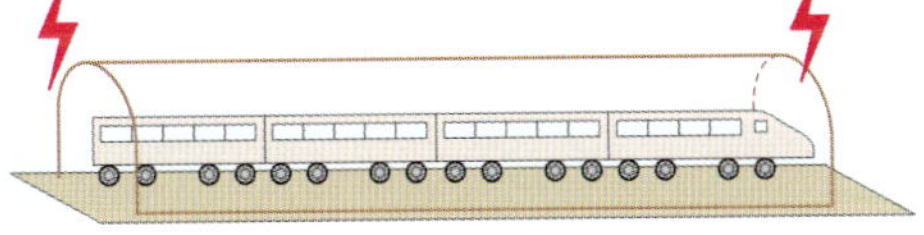

思 14.7 图

**14.8**　站台上各有一列列车以相同的速率南北对开，站台上的人观测两列车上的时钟走的一样快吗？两火车上的人彼此看对方的时钟呢？

**14.9**　如图，在静止参考系 $S$ 中有两个经过同步校准的时钟 $C_1$、$C_2$，在运动参考系 $S'$ 中有一个时钟 $C'_1$。当 $C'_1$ 通过 $C_1$ 时，两时钟的读数皆为零，试问当 $C'_1$ 通过 $C_2$ 时，① 哪一个时钟的读数小？② 哪一个时钟测量的是原时？

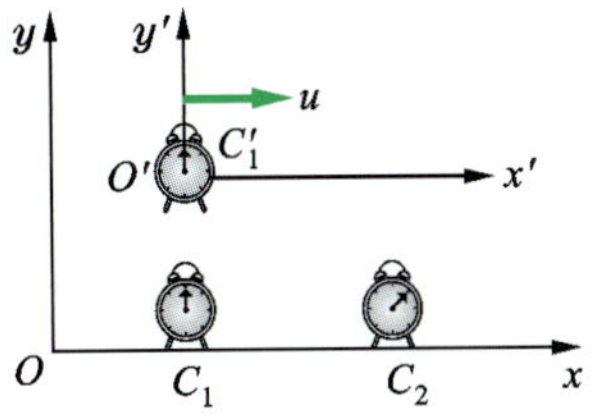


思 14.9 图

**14.10**　在复习思考题 14.8 中，站台上的人观测到一列车上的纵向直尺比自己的直尺短吗？该车上的人是否同意他的观点，另一列车上的人呢？

## 14.4 洛伦兹变换

### 14.4.1 洛伦兹坐标和时间变换式

如前所述，在不同惯性系中观察同一事件发生的位置坐标和时间之间关系，在经典力学中用伽利略变换确定，在狭义相对论中，则需用洛伦兹变换确定。

假设发生在位置 $P$ 的某一事件在惯性系 $S$ 中的时空坐标为$(x,y,z,t)$，在惯性系 $S'$中的时空坐

标为$(x',y',z',t')$，见图14.5。以两原点重合为两惯性系的零时刻，即$t=t'=0$。

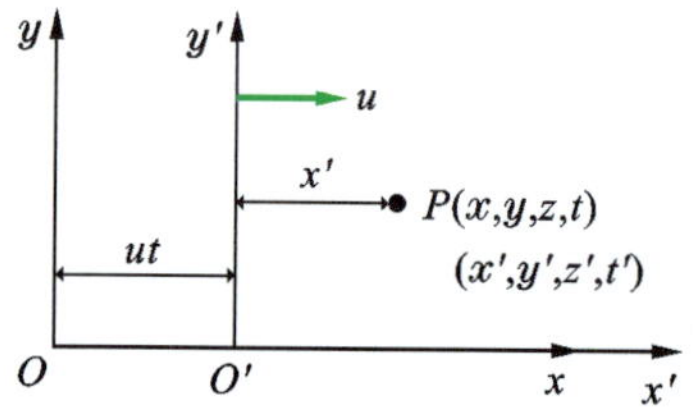


图 14.5

$t$时刻，在$S$系中测得两原点间的距离为$ut$。在$S'$系中，长度$x'$是原长，由长度收缩公式，在$S$系中测到的长度为$x'\sqrt{1-\beta^2}$，所以$P$到$y$轴的距离

$$x=ut+x'\sqrt{1-\beta^2}$$

因而有

$$x'=\frac{x-ut}{\sqrt{1-\beta^2}}$$

这实际上是$x'$与$x$间的变换关系。下面再来找$x$与$x'$间的变换关系。在$S$系中，长度$x$是原长，按长度收缩公式，在$S'$系测得的$P$到$y'$轴的距离为

$$x'=x\sqrt{1-\beta^2}-ut'$$

根据上面的两个等式可得

$$t'=\frac{t-\frac{u}{c^2}x}{\sqrt{1-\beta^2}}$$

所以，一事件在两惯性系$S$和$S'$中的两组时空坐标之间的变换关系为

$$x'=\frac{x-ut}{\sqrt{1-\beta^2}},\quad t'=\frac{t-\frac{u}{c^2}x}{\sqrt{1-\beta^2}} \tag{14.6}$$
$$y'=y,\quad z'=z$$

式(14.6)就是满足两个基本假设的**洛伦兹坐标和时间变换式**。其逆变换式为

$$x=\frac{x'+ut'}{\sqrt{1-\beta^2}},\quad t=\frac{t'+\frac{u}{c^2}x'}{\sqrt{1-\beta^2}} \tag{14.7}$$
$$y=y',\quad z=z'$$

从式(14.6)变换到式(14.7)，或反过来从式(14.7)变换到式(14.6)，只需将带撇的与不带撇的量互换，同时将速率$u$前面的正负号变号。

需要指出，在洛伦兹变换中，时间坐标与空间坐标有密切联系，再次表明时空是不可分割的。狭义相对论的这一论断，在当时很难为人们理解和接受。

关于洛伦兹变换，应注意以下四点。

(1)洛伦兹坐标、时间变换式是狭义相对论的基本方程，它是以两个基本假设为依据导出的。它集中地反映了狭义相对论时空观，而且还能用它解决各种与粒子高速运动有关的运动学问题。以它为基础能方便的导出诸如爱因斯坦速度相加定理、光(电磁波)的多普勒频移公式等。

(2)变换式中$(x,y,z,t)$和$(x',y',z',t')$的关系是线性的。这是因为一个事件在$S$系中的一组坐标，总是与它在$S'$系中的一组坐标一一对应，反之亦然。这是真实事件必须满足的条件。

(3)当$u\ll c$、$\beta=u/c\to 0$时，洛伦兹变换式与伽利略变换式趋于一致。这表明伽利略变换是洛伦兹变换在惯性系间作低速相对运动条件下的近似。因此在低速相对运动情况下，伽利略变换仍然适用，而在惯性系间作高速相对运动时，则必须采用洛伦兹变换。

(4)由于洛伦兹变换表示的是一个真实事件在两惯性系中的时空坐标之间的变换关系，因此变换式中不应出现虚数。由此可以得出一个结论：任何两个惯性系间相对运动速率都小于真空中的光速$c$。由于每一个惯性系都与一个物体或物体组相固结，因此，按照狭义相对论，**真空中的光速$c$是一切物体运动速率的极限**，而在经典力学中，物体的速率是没有限制的。

迄今为止，所有实验都直接或间接地证实了洛伦兹变换的正确性。

## 想想看

14.11　两个参考系$S$和$S'$，它们之间的相对运动有三种情形，洛伦兹变换式(14.6)中$u$前面的符号是正的还是负的？

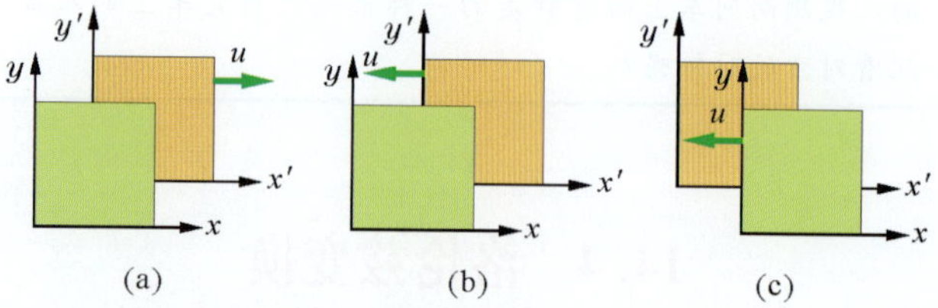


想14.11图

14.12　在一惯性系$S$中观测，若两个事件同地$(\Delta x=0)$同时$(\Delta t=0)$，而在另一惯性系$S'$中，两事件是否同时发生，即

$\Delta t'$是否等于0？若$\Delta x\neq 0$呢？

**例 14.5** 在地面参考系 $S$ 中，在 $x=1.0\times10^6$ m处，于 $t=0.02$ s时爆炸了一颗炸弹。如果有一沿 $x$ 轴正方向、以 $u=0.75c$ 速率运动的飞船经过，试求在飞船参考系 $S'$ 中的观察者测得这颗炸弹爆炸的空间和时间坐标。又若按伽利略变换，结果如何？

**解** 由洛伦兹变换式(14.6)，可求出在飞船系 $S'$ 中测得炸弹爆炸的空间、时间坐标分别为

$$x'=\frac{x-ut}{\sqrt{1-\beta^2}}=\frac{1\times10^6-0.75\times3\times10^8\times0.02}{\sqrt{1-(0.75)^2}}$$

$$=-5.29\times10^6\ \text{m}$$

$$t'=\frac{t-\frac{u}{c^2}x}{\sqrt{1-\beta^2}}=\frac{0.02-\frac{0.75\times1\times10^6}{3\times10^8}}{\sqrt{1-(0.75)^2}}=0.0265\ \text{s}$$

$x'<0$，说明在 $S'$ 系中观测，炸弹爆炸地点在 $x'$ 轴上原点 $O'$ 的负侧；$t'\neq t$，说明在两惯性系中测得的爆炸时间不同。

若按伽利略变换式(14.1a)、(14.1b)，则有

$$x'=x-ut=1\times10^6-0.75\times3\times10^8\times0.02$$

$$=-3.50\times10^6\ \text{m}$$

$$t'=t=0.02\ \text{s}$$

显然与洛伦兹变换所得结果不同。这说明在本题所述条件下($u=0.75c$)，用伽利略变换计算误差太大，必须用洛伦兹变换计算。更突出地，按洛伦兹变换 $t'\neq t$，这和伽利略变换完全不同。

由洛伦兹变换式(14.6)和(14.7)很容易得到两个事件在不同惯性系中的时间间隔和空间间隔之间的变换关系。

设有任意两个事件1和2，事件1在惯性系 $S$ 和 $S'$ 中的时空坐标分别为$(x_1,y_1,z_1,t_1)$和$(x_1',y_1',z_1',t_1')$，事件2的时空坐标分别$(x_2,y_2,z_2,t_2)$和$(x_2',y_2',z_2',t_2')$，则这两个事件在 $S$ 和 $S'$ 系中的时间间隔和沿两惯性系相对运动方向的空间间隔之间的变换关系为

$$\Delta t'=\frac{\Delta t-\frac{u}{c^2}\Delta x}{\sqrt{1-\beta^2}} \tag{14.8a}$$

$$\Delta x'=\frac{\Delta x-u\Delta t}{\sqrt{1-\beta^2}} \tag{14.8b}$$

和

$$\Delta t=\frac{\Delta t'+\frac{u}{c^2}\Delta x'}{\sqrt{1-\beta^2}} \tag{14.9a}$$

$$\Delta x=\frac{\Delta x'+u\Delta t'}{\sqrt{1-\beta^2}} \tag{14.9b}$$

式中 $\Delta x=x_2-x_1$，$\Delta t=t_2-t_1$，$\Delta x'=x_2'-x_1'$，$\Delta t'=t_2'-t_1'$，都是代数量。式(14.8a)和式(14.9a)表明，事件发生地的空间距离将影响不同惯性系上的观测者对时间间隔的测量，也就是说，**空间间隔和时间间隔是紧密联系着的**。这也是狭义相对论时空观与经典时空观的区别所在。

---

■ **例 14.6** 地面观测者测得地面上甲、乙两地相距 $8.0\times10^6$ m，设测得作匀速直线运动的一列(假想)火车，由甲地到乙地历时2.0 s。在一与列车同方向相对地面运行、速率 $u=0.6c$ 的宇宙飞船中观测，试求该列车由甲地到乙地运行的路程、时间和速度。

**解** 取地面参考系为 $S$ 系，飞船为 $S'$ 系，飞船对地面运行的方向沿 $x$ 轴和 $x'$ 轴的正方向。

设列车经过甲地为事件1，经过乙地为事件2，则由题意可知，$\Delta x=x_2-x_1=8.0\times10^6$ m，$\Delta t=t_2-t_1=2.0$ s，列车相对地面的速度 $v=\Delta x/\Delta t=8.0\times10^6/2.0=4.0\times10^6$ m/s。

由式(14.8a)、(14.8b)可求出在飞船系 $S'$ 中观测，两事件的空间间隔和时间间隔为

对于已知某物体在一个惯性系中的位移和时间，要求出在另一惯性系中观测到的位移、时间和速率这一类问题，本题所采取的方法和步骤是普遍适用的。

$$\Delta x'=\frac{\Delta x-u\Delta t}{\sqrt{1-\beta^2}}=\frac{8\times10^6-0.6\times3\times10^8\times2.0}{\sqrt{1-(0.6)^2}}=-4.40\times10^8\ \text{m}$$

$$\Delta t'=\frac{\Delta t-\frac{u}{c^2}\Delta x}{\sqrt{1-\beta^2}}=\frac{2.0-\frac{0.6\times8\times10^6}{3\times10^8}}{\sqrt{1-(0.6)^2}}=2.48\ \text{s}$$

$\Delta x'$、$\Delta t'$也就是在飞船系$S'$中观测到的列车由甲地到乙地所经历的路程和时间，故列车的速度为

$$v'=\frac{\Delta x'}{\Delta t'}=\frac{-4.40\times10^8}{2.48}=-1.774\times10^8(\text{m/s})\approx-0.59c$$

$\Delta x'<0$和$v'<0$，表明在飞船系$S'$中观测，列车是沿$x'$轴负方向由甲地向乙地运动的，经历路程为$4.40\times10^8$ m，时间为2.48 s，速率为$0.59c$。

用洛伦兹变换能够确定任意一对事件的空间间隔、时间间隔在两个惯性系间的变换。首先明确两个事件，按所取坐标写出它们在一个惯性系中的空间间隔和时间间隔，然后，利用洛伦兹变换，求出在另一系中的空间间隔和时间间隔。需要注意的是，空间间隔的正负及变换式中$u$前面的符号都与坐标轴正方向的选取有关。

**例 14.7** 北京、上海相距1000 km，北京站的火车先于上海站的火车$1.0\times10^{-3}$ s发车。现有一艘飞船沿北京到上海的方向从高空掠过，速率为$u=0.6c$。求飞船系中测得的两车发车的时间间隔；问哪一列先开？

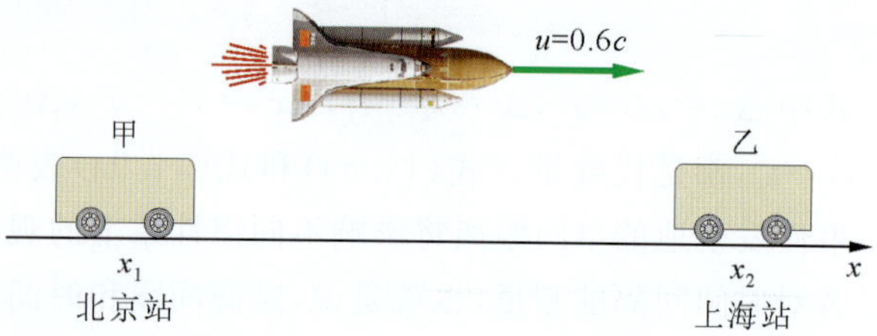


例14.7图

**解** 设地面系和飞船系分别为$S$、$S'$，北京站到上海站的方向为$x$轴正方向，如图所示。以火车从北京站发车为事件$1(x_1,t_1)$，火车从上海站发车为事件$2(x_2,t_2)$。根据题意，在$S$系中，两事件的空间间隔和时间间隔分别为

$$\Delta x = x_2-x_1 = 1000\ \text{km}$$

$$\Delta t = t_2-t_1 = 1.0\times10^{-3}\ \text{s}$$

由式(14.8a)可得，在飞船系$S'$中两事件的时间间隔为

$$\Delta t' = \frac{\Delta t-\frac{u}{c^2}\Delta x}{\sqrt{1-u^2/c^2}} = -1.25\times10^{-3}\ \text{s}$$

$\Delta t'<0$，即两个事件的时间次序发生了颠倒，上海站的火车先于北京站的甲车发车。需要指出的是，这是两个独立事件。

### 14.4.2 洛伦兹变换与狭义相对论时空观

现根据洛伦兹变换，再审视“同时性”、“时间间隔”和“长度”测量的相对性。

1. “同时性”的相对性

设在$S'$系中不同地点($\Delta x'\neq0$)、同时($\Delta t'=0$)发生了两个事件，由式(14.9a)知，在$S$系看来，这两个事件之间的时间间隔$\Delta t$为

$$\Delta t=\left(\frac{u}{c^2}\Delta x'\right)\Big/\sqrt{1-\beta^2}$$

表明在一个惯性系异地同时发生的两个事件，在其他惯性系并不同时，这就是前面所述的“同时性”具有相对性。

从上面讨论还可推出，在一个惯性参考系中同地同时发生的两个事件，对其他惯性系都是同时的。

2. 时间延缓

设在$S'$系中同一地点($\Delta x'=0$)，不同时间($\Delta t'\neq0$)发生的两个事件，对$S$系观测者来说，这两个事件之间的时间间隔为$\Delta t$，由式(14.9a)知

$$\Delta t=\frac{\Delta t'}{\sqrt{1-\beta^2}}$$

由于$\Delta x'=0$，故$\Delta t'$为原时$\tau_0$，故上式可改写为

$$\Delta t=\frac{\tau_0}{\sqrt{1-\beta^2}}$$

这正是表示时间延缓效应的式(14.4)。

3. 长度收缩

设尺沿$x'$方向静止在$S'$系中，$S'$系中观测者测得尺长$L_0=\Delta x'$为尺的原长。$S$系中的观测者要测量运动尺的长度$L$，**必须要在$S$系中同时($\Delta t=0$)确**

定尺两端的坐标 $x_1$、$x_2$，即当 $t_1=t_2$ 时，$L=x_2-x_1$，见图 14.6。这样，根据式(14.8b)有

$$L=\Delta x=L_0\sqrt{1-\beta^2}$$

这正是表示长度收缩效应的式(14.5)。

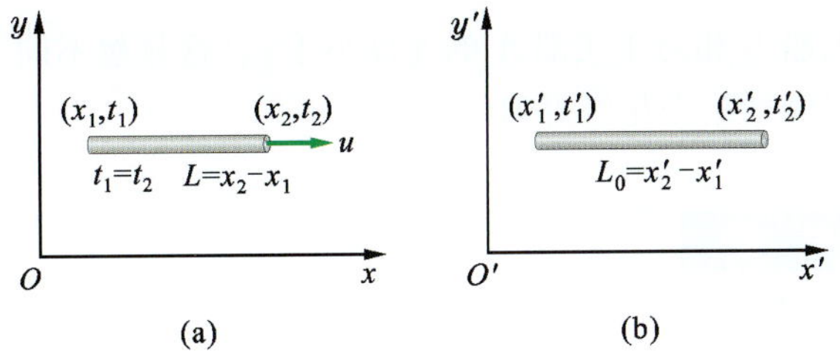


图 14.6

**例 14.8** 在例 14.6 中，飞船系中的观察者测得地面上甲、乙两地之间的距离是多少？

**解** 甲、乙两地是地面上的固定点，地面观察者测得的是其静止长度 $l_0$，已知 $l_0=8.0\times10^6$ m，飞船系观察者测得的是其运动长度 $l$，由式(14.5)可得

$$l=l_0\sqrt{1-\beta^2}=8.0\times10^6\times\sqrt{1-(0.6)^2}$$
$$=6.4\times10^6\ \text{m}$$

例 14.6 中列车走过的路程 $\Delta x'$ 和本题中的甲乙两地的距离 $l$ 在物理意义上有什么不同？路程 $\Delta x'$ 是列车从甲地出发和到达乙地这两个事件的空间间隔，甲乙两地的距离 $l$ 可以是同时(对飞船系而言)发生在甲乙两地的两个事件的空间间隔。前一对事件有因果关系，时间间隔不会为 0；后一对事件是两个独立事件，并且对飞船系来说，时间间隔为 0。

需要进一步指出，在不同的惯性系中观测，两个独立事件发生的时序有可能会颠倒，如例 14.7 中 $\Delta t'$ 与 $\Delta t$ 符号相反。但因果事件的时序不会颠倒，例如子弹被击发和击中目标，在地面系中两事件的空间间隔和时间间隔分别为 $\Delta x$ 和 $\Delta t$，子弹的平均速度为 $\Delta x/\Delta t$，在另一个惯性系中，两事件的时间间隔为

$$\Delta t'=\frac{\Delta t-\frac{u}{c^2}\Delta x}{\sqrt{1-u^2/c^2}}=\frac{\Delta t}{\sqrt{1-u^2/c^2}}\left(1-\frac{u}{c^2}\frac{\Delta x}{\Delta t}\right)$$

上式中子弹的平均速度 $\Delta x/\Delta t$ 和惯性系间的相对速度 $u$ 都不超过光速，因此，$\left(1-\frac{u}{c^2}\frac{\Delta x}{\Delta t}\right)>0$，$\Delta t'$ 和 $\Delta t$ 的符号相同，即子弹被击发和击中目标的时序没有颠倒。在所有的惯性系中，有因果关系的两事件的时间次序不会颠倒，不会违背因果律。

**想想看**

14.13 在想想看 14.6 中，两个雷击事件在地面系中的空间间隔是否等于在该系中测到的运动列车的长度？为什么？

14.14 在 $S$ 系中，两事件同地异时，在 $S'$ 系中，两事件发生的时序会不会颠倒？

### 14.4.3 爱因斯坦速度相加定律

从洛伦兹变换出发，还可导出狭义相对论速度变换式。

一个质点在 $S$ 系中的速度可表示为

$$\boldsymbol{v}=v_x\boldsymbol{i}+v_y\boldsymbol{j}+v_z\boldsymbol{k}$$

在 $S'$ 系中的速度为

$$\boldsymbol{v}'=v'_x\boldsymbol{i}+v'_y\boldsymbol{j}+v'_z\boldsymbol{k}$$

其中 $v_x=\frac{\mathrm{d}x}{\mathrm{d}t}$，$v_y=\frac{\mathrm{d}y}{\mathrm{d}t}$，$v_z=\frac{\mathrm{d}z}{\mathrm{d}t}$

$$v'_x=\frac{\mathrm{d}x'}{\mathrm{d}t'},\ v'_y=\frac{\mathrm{d}y'}{\mathrm{d}t'},\ v'_z=\frac{\mathrm{d}z'}{\mathrm{d}t'}$$

对式(14.6)微分得

$$\mathrm{d}x'=\frac{\mathrm{d}x-u\mathrm{d}t}{\sqrt{1-\beta^2}}=\frac{(\mathrm{d}x/\mathrm{d}t-u)}{\sqrt{1-\beta^2}}\mathrm{d}t=\frac{(v_x-u)}{\sqrt{1-\beta^2}}\mathrm{d}t \qquad \text{(a)}$$

$$\mathrm{d}y'=\mathrm{d}y,\ \mathrm{d}z'=\mathrm{d}z$$

$$\mathrm{d}t'=\frac{\mathrm{d}t-\frac{u}{c^2}\mathrm{d}x}{\sqrt{1-\beta^2}}=\frac{\left(1-\frac{u}{c^2}\frac{\mathrm{d}x}{\mathrm{d}t}\right)}{\sqrt{1-\beta^2}}\mathrm{d}t=\frac{\left(1-\frac{u}{c^2}v_x\right)}{\sqrt{1-\beta^2}}\mathrm{d}t \qquad \text{(b)}$$

(a)式除(b)式得

$$v'_x=\frac{\mathrm{d}x'}{\mathrm{d}t'}=\frac{v_x-u}{1-\frac{u}{c^2}v_x} \qquad (14.10\text{a})$$

同理可得

$$v'_y=\frac{\mathrm{d}y'}{\mathrm{d}t'}=\frac{v_y\sqrt{1-\beta^2}}{1-\frac{u}{c^2}v_x},\quad v'_z=\frac{\mathrm{d}z'}{\mathrm{d}t'}=\frac{v_z\sqrt{1-\beta^2}}{1-\frac{u}{c^2}v_x} \qquad (14.10\text{b})$$

在两个参考系中，虽然 $\mathrm{d}y'=\mathrm{d}y$，$\mathrm{d}z'=\mathrm{d}z$，但 $v'_y\neq v_y$，$v'_z\neq v_z$，这是因为时间间隔不相等。

当 $u\ll c$ 时，速度变换式(14.10a)和(14.10b)可简化为

$$v'_x=v_x-u,\quad v'_y=v_y,\quad v'_z=v_z$$

这正是经典力学中的伽利略速度变换式。

**例 14.9** 飞船 $A$、$B$ 相对于地面分别以 $0.6c$ 和

0.8$c$ 的速度相向飞行，求在飞船 $A$ 上测得飞船 $B$ 的速度。

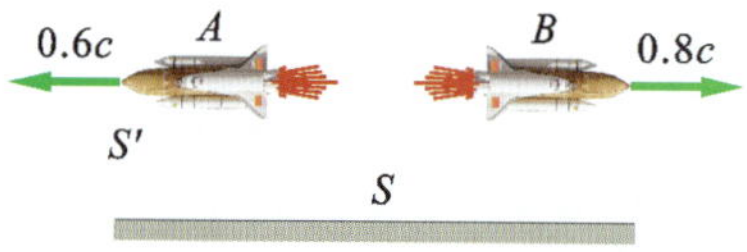


例 14.9 图

**解**　以地面为 $S$ 系，飞船 $A$ 为 $S'$ 系，并以飞船 $B$ 的速度方向为 $x$、$x'$ 轴正方向。根据速度变换式(14.10a)，$S'$ 系(飞船 $A$)测得飞船 $B$ 的速度为

$$v'=\frac{v-u}{1-vu/c^2}=\frac{0.8c-(-0.6c)}{1-0.8\times(-0.6c)/c^2}=0.95c$$

飞船 $B$ 相对于飞船 $A$ 的速度小于 $c$。这显然不同于用伽利略变化所得到的结果。

**复 习 思 考 题**

**14.11**　在狭义相对论中，洛伦兹变换是根据什么导出的？

**14.12**　洛伦兹变换式和伽利略变换式的主要区别是什么？在 $u\ll c$ 的情况下，两种变换趋于一致，这说明了什么？

**14.13**　相对论时空观与经典力学时空观有何不同？有何联系？

## 14.5　狭义相对论质点动力学简介

在经典力学中，质点动力学基本方程是牛顿第二定律

$$\boldsymbol{F}=\frac{\mathrm{d}\boldsymbol{p}}{\mathrm{d}t}=m\frac{\mathrm{d}\boldsymbol{v}}{\mathrm{d}t}$$

其中质点的质量 $m$ 是一个与速度 $\boldsymbol{v}$ 无关的常量，因而质点动量 $\boldsymbol{p}=m\boldsymbol{v}$ 与其速度成正比。前面讲过，这个方程和经典力学中的其他基本定律都具有伽利略变换的不变性。但是可以证明方程 $\boldsymbol{F}=m\frac{\mathrm{d}\boldsymbol{v}}{\mathrm{d}t}$ 不具有洛伦兹变换的不变性，因而不满足狭义相对论的相对性原理。从另一方面看，由于质量 $m$ 是一个常量，按牛顿第二定律，如果质点受到一个与其速度方向相同的合力 $\boldsymbol{F}$，即使 $|\boldsymbol{F}|$ 不大，只要时间足够长，质点速度总会达到和超过光速 $c$。这与狭义相对论的结论不符，也与高能物理实验的结果相矛盾。

狭义相对论的质点动力学基本方程和其他基本规律，应该具有洛伦兹变换的不变性，而且在低速情况下应还原为经典力学中的相应方程。

孤立系统的动量守恒和能量守恒是经典力学中重要的基本规律，在低速情况下已被无数实验所证实，有理由假定在高速情况下它们也是正确的。动量守恒和能量守恒定律应具有洛伦兹变换的不变性。在这个前提下，可以建立起狭义相对论的质点动力学。由于系统地讨论这个问题已超出本课程的要求，下面仅就一些主要问题作简要介绍。

### 14.5.1　相对论动量和质量

如果我们仍然定义质点动量等于其质量与速度乘积的话，即令 $\boldsymbol{p}=m\boldsymbol{v}$，可以证明，要使动量守恒定律在洛伦兹变换下保持不变，则质点的质量 $m$ 不再认为是一个与其速率 $v$ 无关的常量，而是随速率增大而增大，且应为

$$m(v)=\frac{m_0}{\sqrt{1-\left(\frac{v}{c}\right)^2}}\qquad(14.11)$$

式中 $m_0$ 是质点静止时的质量，即由相对该质点静止的观察者测得的质量，称为**静止质量**。此式表明，当质点以一定速率相对观察者运动，即由相对该质点运动的观察者测量时，其质量 $m$ 大于静止质量 $m_0$。因此，质点的质量也是相对的。式(14.11)称为相对论的**质速关系式**。图 14.7 示出了 $\frac{m}{m_0}-\frac{v}{c}$ 关系曲线。可以看出，当质点速度接近光速 $c$ 时，其质

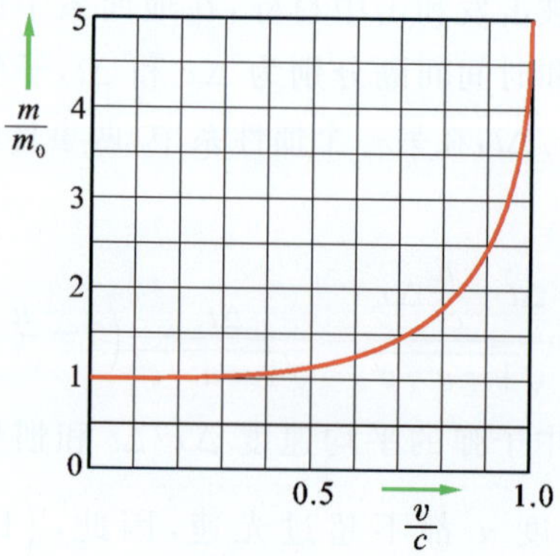


图 14.7

量变得很大，欲使之再加速就很困难，这就是一切物体的速率都不可能达到和超过光速 $c$ 的动力学原因。实验证明，在高能加速器中的粒子，随着能量大幅度增加，其速率只是越来越接近光速，而从来没有达到或超过真空中的光速 $c$。实验还证实了式(14.11)是正确的。

**想想看**

14.15　均质细棒原长为 $l$，静止质量为 $m_0$，当棒沿着与棒垂直的方向以速度 $v$ 运动时，棒的线密度会改变吗？

由前述质点相对论动量的定义和质速关系式(14.11)可得质点的相对论动量 $\boldsymbol{p}$ 与其速度 $\boldsymbol{v}$ 的关系为

$$\boldsymbol{p}=m\boldsymbol{v}=\frac{m_0}{\sqrt{1-\left(\dfrac{v}{c}\right)^2}}\boldsymbol{v} \qquad (14.12)$$

还可以证明，对洛伦兹变换保持形式不变的相对论质点动力学方程为

$$\boldsymbol{F}=\frac{\mathrm{d}\boldsymbol{p}}{\mathrm{d}t}=\frac{\mathrm{d}}{\mathrm{d}t}\left[\frac{m_0}{\sqrt{1-\left(\dfrac{v}{c}\right)^2}}\boldsymbol{v}\right] \qquad (14.13)$$

不难看出，在 $v\ll c$ 的情况下，即当质点速率远小于光速时，所有上述关系式都与经典力学中对应的关系式相同，说明经典力学是相对论力学在低速条件下的近似。

### 14.5.2　相对论动能

在经典力学中，质点动能表示式为 $E_k=\frac{1}{2}mv^2$，式中 $m$ 为常量，并且质点动能的增量等于合力对质点所做的功。在相对论力学中，我们认为动能定理仍然适用，并由此可导出相对论中质点动能的表示式。若取速率为零时，质点动能为零，则在力 $\boldsymbol{F}$ 作用下，质点速率由零增大到 $v$ 时，其动能为

$$E_k=\int\boldsymbol{F}\cdot\mathrm{d}\boldsymbol{r}=\int_0^v\mathrm{d}(m\boldsymbol{v})\cdot\boldsymbol{v} \qquad (14.14)$$

其中

$$\mathrm{d}(m\boldsymbol{v})\cdot\boldsymbol{v}=\mathrm{d}m\boldsymbol{v}\cdot\boldsymbol{v}+m\mathrm{d}\boldsymbol{v}\cdot\boldsymbol{v}=v^2\mathrm{d}m+mv\mathrm{d}v$$

又由质速关系式(14.11)可得

$$m^2v^2=m^2c^2-m_0^2c^2$$

对等式两边取微分，并整理即得

$$v^2\mathrm{d}m+mv\mathrm{d}v=c^2\mathrm{d}m$$

将此结果代入式(14.14)，即得质点的相对论动能作为速率函数的表示式

$$E_k=\int_{m_0}^{m}c^2\mathrm{d}m=mc^2-m_0c^2 \qquad (14.15)$$

初看起来，它和经典的质点动能表示式全然不同，但当 $v\ll c$ 时，有

$$\left[1-\left(\frac{v}{c}\right)^2\right]^{-\frac{1}{2}}\approx 1+\frac{1}{2}\left(\frac{v}{c}\right)^2$$

代入式(14.15)，即得质点作低速运动时的动能为

$$E_k=\frac{1}{2}m_0v^2$$

这就和经典动能的表示式相同了。

### 14.5.3　质能关系式

由质点动能表示式(14.15)出发，爱因斯坦在进行了更深入的研究之后，提出了一个重要的新概念。把式(14.15)写成

$$E_k=mc^2-m_0c^2=E-E_0$$

爱因斯坦指出，式中 $E_0=m_0c^2$ 应当是质点静止时所具有的能量（称为**静止能量**，简称**静能**），$E=mc^2$ 是质点运动时所具有的总能量，二者之差即为质点由于其运动而增加了的能量，也就是动能 $E_k$。这显然是一个合乎逻辑的推论。

$$\begin{aligned}E&=mc^2\\E_0&=m_0c^2\end{aligned} \qquad (14.16)$$

式(14.16)称为**质能关系式**，它揭示出质量和能量这两个物质基本属性之间的内在联系，即一定的质量 $m$ 相应地联系着一定的能量 $E=mc^2$，表明即使处于静止状态的物体也具有能量 $E_0=m_0c^2$。

质能关系式在原子核反应等过程中得到证实。在某些原子核反应，如重核裂变和轻核聚变过程中，会发生静止质量减小的现象，称为**质量亏损**。由质能关系式可知，这时静止能量也相应地减少。但在任何过程中，总质量和总能量又是守恒的，因此这意味着，有一部分静止能量转化为反应后粒子所具有的动能。而后者又可以通过适当方式转变为其他形式能量释放出来，这就是某些核裂变和核聚变反应能够释放出巨大能量的原因。原子弹、核电站等的能量来源于裂变反应，氢弹和恒星能量来源于聚变反应。

质能关系式为人类利用核能奠定了理论基础，它是狭义相对论对人类的最重要的贡献之一。

**想想看**

14.16 三个粒子，它们的静止能量和总能量用一量 $A$ 表示，分别为：①$A$、$2A$；②$A$、$3A$；③$3A$、$4A$。试分别按粒子的(1)质量；(2)动能；(3)速率；从大到小将三粒子排列。

**例 14.10** 电子静止质量 $m_0=9.11\times10^{-31}$ kg

(1)试用焦耳和电子伏为单位，表示电子静能；

(2)静止电子经过 $10^6$ V 电压加速后，其质量、速率各为多少？

**解** (1)电子静能

$$E_0=m_0c^2=9.11\times10^{-31}\times9\times10^{16}=8.20\times10^{-14}\ \text{J}$$

$$E_0=\frac{8.20\times10^{-14}}{1.60\times10^{-19}}=0.51\times10^6\ \text{eV}=0.51\ \text{MeV}$$

(2)静止电子经过 $10^6$ V 电压加速后，动能为

$$E_k=1\times10^6\ \text{eV}=1.6\times10^{-13}\ \text{J}$$

由于 $E_k\approx2E_0$，因此必须考虑相对论效应。电子质量为

$$m=\frac{E}{c^2}=\frac{E_0+E_k}{c^2}=\frac{8.20\times10^{-14}+1.6\times10^{-13}}{9\times10^{16}}$$
$$=2.69\times10^{-30}\ \text{kg}$$

可见 $m\approx3m_0$，又由质速关系式得电子速率

$$v=\sqrt{1-\left(\frac{m_0}{m}\right)^2}\,c=\sqrt{1-\left(\frac{9.11\times10^{-31}}{2.69\times10^{-30}}\right)^2}\,c$$
$$=0.94c$$

**例 14.11** 在热核反应过程中，

$${}^2_1\text{H}+{}^3_1\text{H}\rightarrow{}^4_2\text{He}+{}^1_0\text{n}$$

如果反应前粒子动能相对较小，试计算反应后粒子所具有的总动能。已知各粒子静止质量分别为

$$m_0({}^2_1\text{H})=3.3437\times10^{-27}\ \text{kg}$$
$$m_0({}^3_1\text{H})=5.0049\times10^{-27}\ \text{kg}$$
$$m_0({}^4_2\text{He})=6.6425\times10^{-27}\ \text{kg}$$
$$m_0({}^1_0\text{n})=1.6750\times10^{-27}\ \text{kg}$$

**解** 反应前、后的粒子静止质量之和 $m_{10}$ 和 $m_{20}$ 分别为

$$m_{10}=m_0({}^2_1\text{H})+m_0({}^3_1\text{H})=8.3486\times10^{-27}\ \text{kg}$$
$$m_{20}=m_0({}^4_2\text{He})+m_0({}^1_0\text{n})=8.3175\times10^{-27}\ \text{kg}$$

与质量亏损所对应的静止能量减少量即为动能增量，也就是反应后粒子所具有的总动能

$$\Delta E_k=(m_{10}-m_{20})c^2=0.031\,1\times10^{27}\times9\times10^{16}$$
$$=2.80\times10^{-12}\ \text{J}=17.5\ \text{MeV}$$

这也就是上述反应过程中能够释放出来的能量。

根据爱因斯坦光子假说，与频率为 $\nu$ 的光所对应的光子能量，$E=h\nu$，利用质能关系式可求出光子质量为

$$m_\varphi=\frac{E}{c^2}=\frac{h\nu}{c^2}\qquad(14.17)$$

根据质速关系式，光子以光速 $c$ 运动，可知光子的静止质量 $m_0=0$。以光速运动的中微子的静止质量也等于零。在任何惯性系内，光子、中微子在真空中的速率都是 $c$，都不可能处于静止状态。

### 14.5.4 相对论能量和动量的关系

在经典力学中，一质点的动能和动量之间的关系是

$$E_k=\frac{1}{2}mv^2=\frac{p^2}{2m}$$

在相对论中，由质速关系式可知

$$m^2\left(1-\frac{v^2}{c^2}\right)=m_0^2$$

等式两边同时乘以 $c^4$，并整理可得

$$m^2c^4=m^2v^2c^2+m_0^2c^4$$

由于 $p=mv$，上式又可写成

$$E^2=p^2c^2+E_0^2\qquad(14.18)$$

这就是相对论中同一质点的能量和动量间的关系式。

对于光子，由于 $m_0=0$，则有 $E=pc$，于是可知光子动量为

$$p=\frac{h\nu}{c}=\frac{h}{\lambda}\qquad(14.19)$$

**复 习 思 考 题**

**14.14** 静止质量为 $m_0$ 的粒子以接近光速的速率 $v$ 运动，它的动能是不是 $\frac{mv^2}{2}$（其中 $m=\frac{m_0}{\sqrt{1-(v/c)^2}}$）？如果 $v\ll c$ 呢？

**14.15** 总能量相同的电子和质子，哪个的动能大？

**14.16** 在某些核反应过程中，会发生质量亏损的现象。在这种情况下，反应前后系统的静止质量和相对论质量是否都守恒。

# 第 14 章小结

### 狭义相对论两个基本假设

狭义相对性原理

一切物理规律在所有的惯性系中都具有相同的数学形式

光速不变原理

在所有的惯性系中，真空中的光速为 $c$

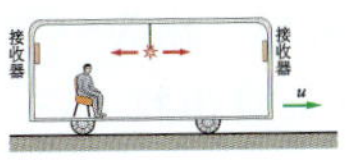


### 相对论动量和能量的关系

$$E^2=p^2c^2+E_0^2$$

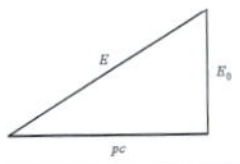


### 时间延缓效应

将在一惯性系中测得的、发生在该系同一地点的两事件的时间间隔称为原时，各惯性系中测得的两事件的时间间隔，以原时 $\tau_0$ 最短

$$\tau=\frac{\tau_0}{\sqrt{1-(u/c)^2}}$$

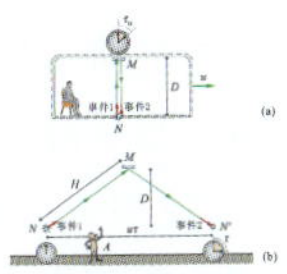

### 长度收缩效应

将在一惯性系中测得的、相对该系静止的尺子的长度称为原长，各惯性系中测得的尺子的长度，以原长 $l_0$ 最长

$$l_0=\frac{l}{\sqrt{1-\beta^2}}$$

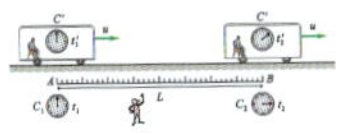

### 洛伦兹变换

一个事件的时间、空间位置坐标在两个惯性系中的变换关系

$$x'=\frac{x-ut}{\sqrt{1-\beta^2}}$$

$$t'=\frac{t-ux/c^2}{\sqrt{1-\beta^2}}$$

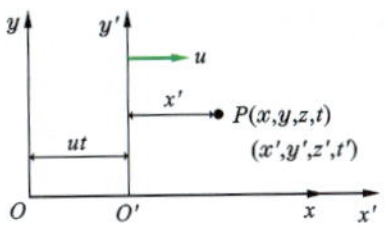


### 同时性问题

在一个惯性系中两异地（$\Delta x'\neq 0$）事件同时（$\Delta t'=0$）发生，在其他惯性系中观测，两事件不是同时发生的

在一个惯性系中两同地（$\Delta x'=0$）事件同时（$\Delta t'=0$）发生，在其他惯性系中观测，两事件仍是同时发生的

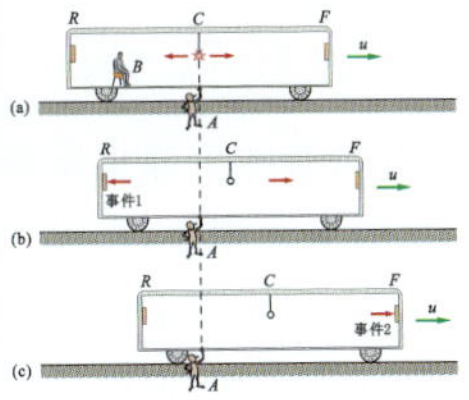

### 爱因斯坦速度相加定律

质点速度在两惯性系中沿两系相对速度方向的投影的关系为

$$v_x'=\frac{v_x-u}{1-\frac{u}{c^2}v_x}$$

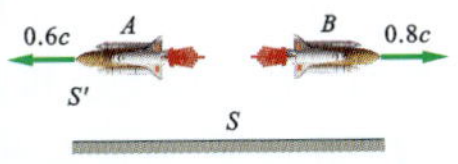


### 质速关系及相对论动量

质点的相对论质量随速率的增加而增大

$$m=\frac{m_0}{\sqrt{1-v^2/c^2}}$$

质点动量等于相对论质量与其速度的乘积

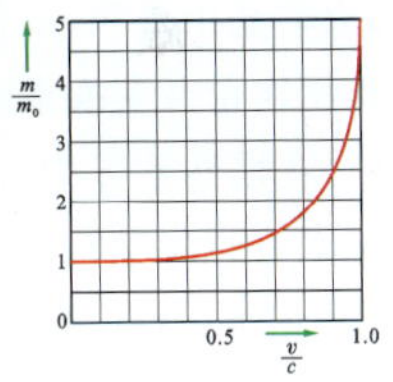


### 质能关系及相对论动能

质点的能量等于相对论质量与光速 $c$ 平方的乘积；其静止能量等于静止质量与光速平方的乘积

$$E=mc^2$$

$$E_0=m_0c^2$$

质点动能等于质点的总能量与静止能量的差

$$E_k=E-E_0$$

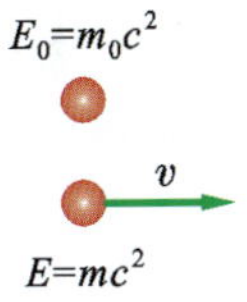


# 习　题

**14.1　选择题**

（1）在一惯性系中观测，两个事件同时不同地，则在其他惯性系中观测，它们[　　]。

（A）一定同时　　（B）可能同时

（C）不可能同时，但可能同地

（D）不可能同时，也不可能同地

（2）在一惯性系中观测，两个事件同地不同时，则在其他惯性系中观测，它们[　　]。

（A）一定同地　　（B）可能同地

（C）不可能同地，但可能同时

（D）不可能同地，也不可能同时

（3）一宇航员要到离地球 5 光年的星球去旅行。如果宇航员希望把这路程缩短为 3 光年，则他所乘的火箭相对于地球的速度 $v$ 应为[　　]。

（A）$0.5c$　（B）$0.6c$　（C）$0.8c$　（D）$0.9c$

（4）某宇宙飞船以 $0.8c$ 的速度离开地球，若地球上测到它发出的两个信号之间的时间间隔为 10 s，则宇航员测出的相应的时间间隔为[　　]。

（A）6s　（B）8s　（C）10s　（D）10/3s

**14.2　填空题**

（1）$S'$ 系相对 $S$ 系的速率为 $0.8c$，在 $S'$ 中观测，两个事件

的时间间隔 $\Delta t'=5\times10^{-7}$ s，空间间隔 $\Delta x'=-120$ m，则在 $S$ 系中测得的两事件的空间间隔 $\Delta x=$________，时间间隔 $\Delta t=$________。

(2)用 $v$ 表示物体的速度，则当 $\frac{v}{c}=$____时，$m=2m_0$；$\frac{v}{c}=$____时，$E_k=E_0$。

(3)设有两个静止质量均为 $m_0$ 的粒子，以大小相等、方向相反的速度相撞，合成一个复合粒子，则该复合粒子的动量为________，静止质量 $M_0=$________。

(4)两飞船以相对于某遥远恒星以 $0.8c$ 的速度朝相反的方向离开，则两飞船的相对速度为________。

**14.3**　地面上 $A$、$B$ 两点相距 100 m，一短跑选手由 $A$ 跑到 $B$ 历时 10 s，试问在与运动员同方向运动，飞行速度为 $0.6\,c$ 的飞船系 $S'$ 中观测，这选手由 $A$ 到 $B$ 跑了多少路程？经历多长时间？速度的大小和方向如何？

**14.4**　在地球-月球系中测得地-月距离为 $3.844\times10^8$ m，一火箭以 $0.8\,c$ 的速率沿着从地球到月球的方向飞行，先经过地球(事件1)，之后又经过月球(事件2)。试问在地球-月球系和火箭系中观测，火箭由地球飞向月球各需要多少时间？(要求用洛伦兹变换求解)

**14.5**　在惯性系 $S$ 中，两事件发生在同一时刻，沿 $x$ 轴相距 1 km，若在以恒速沿 $x$ 轴运动的惯性系 $S'$ 中，测得此两事件沿 $x'$ 轴相距 2 km，试问在 $S'$ 系中测得它们的时间差是多少？

**14.6**　一静止长度为 $l_0$ 的火箭，以速率 $u$ 对地飞行，现自其尾端发射一个光信号。试根据洛伦兹变换计算，在地面系中观测，光信号自火箭尾端到前端所经历的位移、时间和速度。

**14.7**　一根米尺静止在 $S'$ 系中，与 $O'x'$ 轴成 30°角。如果在 $S$ 系中测得该米尺与 $Ox$ 轴成 45°角，试求 $S'$ 系的速率 $u$，又在 $S$ 系中测得米尺的长度是多少？

**14.8**　在 $S$ 系中测量，一根静止直杆的长度为 $l_0$，与 $X$ 轴的夹角为 $\theta$，已知 $S'$ 系沿 $X$ 轴正向相对 $S$ 系运动的速率为 $u$，试求出 $S'$ 系中测量，此直杆的长度和它与 $X'$ 轴的夹角。

**14.9**　(1)用长度收缩公式(14.5)重新求解习题14.4；
(2)用时间延缓公式(14.4)重新求解习题14.4。

**14.10**　在一惯性系中，两个事件发生在同一地点而时间相隔 4 s，若在另一惯性系中测得此两事件时间间隔为 6 s，试问它们的空间间隔是多少？

**14.11**　如图所示，一静止长度为 $l_0$ 的棒 $AB$，固定于 $S'$ 系中，沿 $x'$ 轴放置，随 $S'$ 系以速度 $u$ 相对 $S$ 系运动。$S$ 系观察者测量此运动棒长度的另一方法是：在固定点 $P$ 记录棒的两个端点 $B$ 和 $A$ 通过该点时所经历的时间 $\Delta t$，则该棒沿其运动方向的长度就是 $l=u\Delta t$。试由此出发，根据洛伦兹变换式推出长度收缩公式(14.5)和时间延缓公式(14.4)。

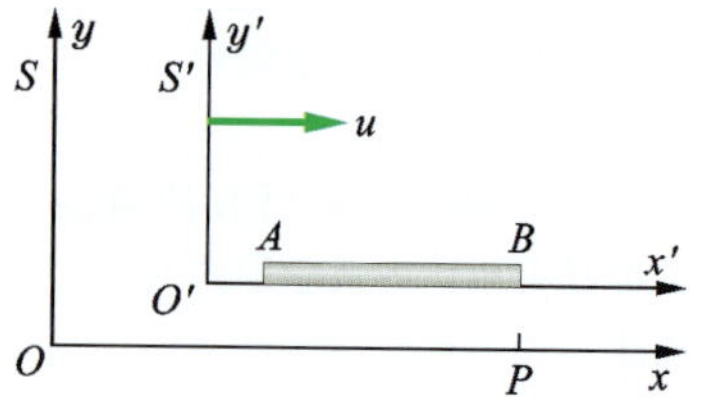

题14.11图

**14.12**　作为一个静止的自由粒子，中子的平均寿命为 15 min 30 s，它能自发地转变为一个电子、一个质子和一个中微子。试问：一个中子必须以多大的平均最小速度离开太阳，才能在转变之前到达地球？已知地球到太阳的平均距离为 $1.496\times10^{11}$ m。

**14.13**　设火箭的静止质量为 100 t，当它以第二宇宙速度飞行时，它的质量增加了多少？

**14.14**　当一静止体积为 $V_0$，静止质量为 $m_0$ 的立方体沿其一棱以速率 $v$ 运动时，计算其体积、质量和密度。

**14.15**　要使电子的速率从 $1.2\times10^8$ m/s 增加到 $2.4\times10^8$ m/s，必须做多少功？

**14.16**　求一个质子和一个中子结合成一个氘核时放出的能量(用焦耳和电子伏表示)。已知它们的静止质量分别为

质子　　$m_p=1.67262\times10^{-27}$ kg

中子　　$m_n=1.67493\times10^{-27}$ kg

氘核　　$m_D=3.34359\times10^{-27}$ kg

**14.17**　太阳的辐射能来自其内部的核聚变反应。太阳每秒钟向周围空间辐射出的能量约为 $5\times10^{26}$ J/s，由于这个原因，太阳每秒钟减少多少质量？把这个质量同太阳目前的质量 $2\times10^{30}$ kg 作比较。

**14.18**　氢弹利用了聚变反应，在该反应中，各氢原子核的中子聚变成质量较大的核，每用 1 g 氢，约损失 0.006 g 静止质量。求在这种反应中释放出来的能量与同量的氢被燃烧成水时释放出来的能量的比值。已知氢被燃烧时，1 g 氢释放出 $1.3\times10^5$ J 的能量。

**14.19**　粒子的静止质量为 $m_0$，当其动能等于其静能时，其质量和动量各等于多少？

**14.20**　一质子(静止质量为 1840 $m_e$)以 $c/20$ 的速率运动。问一电子(静止质量为 $m_e$)在多大速率时才具有与该质子同样多的动能？

**14.21**　假设有一个静止质量为 $m_0$，动能为 $2m_0c^2$ 的粒子同一个静止质量为 $2m_0$，处于静止状态的粒子相碰撞并结合在一起，试求碰撞后的复合粒子的静止质量。

# 第15章 量子物理基础

## 玻色—爱因斯坦凝聚

粒子按自旋分为两类：自旋为 1/2、3/2 等半整数的称为费米子，如电子、质子、中子；自旋为整数的称为玻色子，如光子、π 介子。费米子遵守泡利不相容原理，如电子在每一个能级上最多只能有两个电子；而玻色子在同一能态的群居不受限制。

物理系统总是趋向于最小的能量，但在一般温度下，粒子间的碰撞常常使大部分粒子都处于激发态，如果达到某一个极低的温度，所有的玻色子会在一瞬间，突然地、大量地降低到同一个能态上，它们的速度一样、能量一样，完全不能分辨。爱因斯坦与印度科学家玻色在 1924 年预言了这种玻色子的凝聚，即玻色-爱因斯坦凝聚。

${}^{4}_{2}$He 原子有两个质子、两个中子和两个电子，这些费米子的数目是偶数，因此${}^{4}_{2}$He 原子为玻色子。1938 年，人们在对液${}^{4}_{2}$He 的研究中发现，处在 2 K 附近的 λ 温度以下的液氦黏度比原来突然降低了一百万倍，进入超流状态，这时的液氦，能够像薄膜一样爬上容器器壁。液${}^{4}_{2}$He 的这种奇怪性质，是所有原子处于同一量子态因而步调一致、协同运动的结果。

1995 年 6 月美国物理学家 Eric A. Cornell 等利用激光冷却技术，把铷-87 原子的稀薄气体冷却到绝对零度以上的一亿分之二度，达成了玻色-爱因斯坦凝聚：2000 个原子协同运动，就像一个原子一样。三个月后，麻省理工学院的 Wolfgang Ketterle 以钠-23 原子做实验，也实现了玻色-爱因斯坦凝聚。

传统物理告诉我们，物质有固态、气态、液态、电浆态等四种形态，然而玻色-爱因斯坦凝聚态并不属于其中任何一种，它是新的物质态，被列为第五态。

另一类粒子——费米子，1999 年美国科罗拉多大学的 Deborah Jin 由冷却钾原子（费米子）而获得凝聚态，这被称为费米简并态。下图的图左和图右分别是锂-7 原子（玻色子）和锂-6 原子（费米子）形成的凝聚态，由上而下的温度分别为 810 nK、510 nK、240 nK。玻色子趋向于凝聚，费米子会互相排斥。随着温度的下降，费米子会形成简并压力，无法继续塌缩下去。

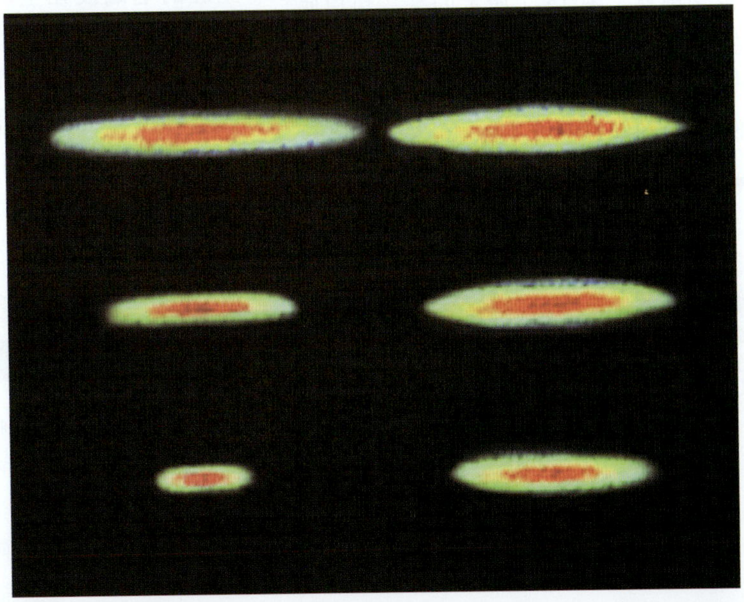

在寻求黑体辐射、光电效应、原子光谱等实验规律的理论解释过程中，人们逐渐认识到光波（电磁波）不仅具有波动性，也具有粒子性；而电子等微观粒子不仅具有粒子性，也具有波动性，也就是说，一切微观粒子都具有波粒二象性。在此基础上建立了描述微观粒子运动规律的理论——量子力学。本章介绍与建立量子化概念有关的实验基础、量子理论的建立和发展以及量子力学的基本原理等。

## 15.1　量子物理学的诞生——普朗克量子假设

量子概念最初是普朗克在研究黑体辐射时提出来的。

实验证明，任何物体在任何温度下都在不断地向周围空间发射电磁波，其波谱是连续的。室温下，物体在单位时间内辐射的能量很少，辐射能大多分布在波长较长的区域。随着温度升高，单位时间内辐射的能量迅速增加，辐射能中短波部分所占比例也逐渐增大。如对金属和碳而言，温度升至 800 K 以上时，可见光成分逐渐显著，随着温度再升高，物体由暗红色，逐渐变为赤红、黄、白、蓝白色等。**物体的这种由其温度所决定的电磁辐射称为热辐射。**

物体在辐射电磁波的同时，也吸收投射到物体表面的电磁波。**当辐射和吸收达到平衡时，物体的温度不再变化而处于热平衡状态，这时的热辐射称为平衡热辐射。**

理论和实验表明，**物体的辐射本领越大，其吸收本领也越大，反之亦然。**图 15.1 所示的是一块白底黑花的瓷片在室温下和在高温下的照片。在室温下，瓷片本身不辐射可见光，我们看到的是照射到瓷片上光的反射光：白底部分吸收本领小，入射光多被反射，黑花部分则吸收本领大，入射光多被吸收，反射少，所以看起来白底部分比黑花部分明亮。在高温下，看到的主要是瓷片本身辐射的光：黑花部分吸收本领大，辐射本领也大，白底部分的吸收本领小，辐射本领也小，因此看起来，黑花部分反而比白底部分明亮。

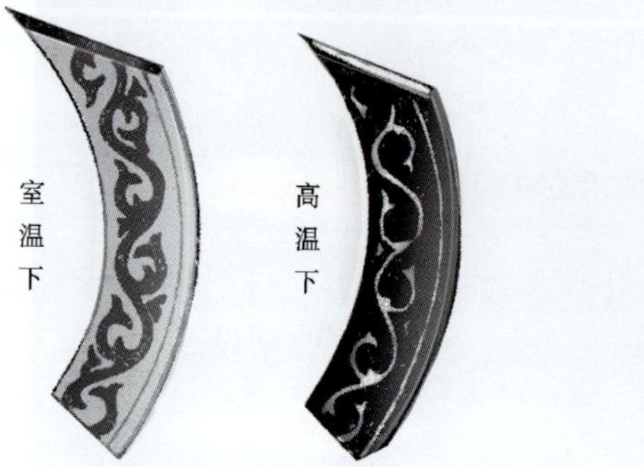


图 15.1

为描述物体热辐射能量按波长的分布规律，引入**单色辐射出射度**（简称**单色辐出度**）这一物理量，定义为：**物体单位表面积在单位时间内发射的、波长在 $\lambda \to \lambda + d\lambda$ 范围内的辐射能 $dM_\lambda$ 与波长间隔 $d\lambda$ 的比值**，用 $M_\lambda(T)$ 表示，即

$$M_\lambda(T) = \frac{dM_\lambda}{d\lambda}$$

实验指出，对于给定物体，在一定温度下，单色辐出度 $M_\lambda(T)$ 随辐射波长 $\lambda$ 而变化；当温度升高时，$M_\lambda(T)$ 也随之增大。此外，$M_\lambda(T)$ 与物体的材料及表面情况等也有关系。

投射到物体表面的电磁波，可能被物体吸收，也可能被反射和透射。**能够全部吸收各种波长的辐射能而完全不发生反射和透射的物体称为绝对黑体**，简称**黑体**。显然，在相同温度下，黑体的吸收本领最大，因而辐射本领也最大；而且，黑体的单色辐出度 $M_{B\lambda}(T)$ 仅与波长 $\lambda$ 和温度 $T$ 有关，与其材料、表面情况等无关，对黑体热辐射的研究是热辐射研究中最重要的课题。但是这种理想黑体在自然界中并不存在，人们在实验室中用不透明材料制成带有小孔的空腔物体可以近似地作为黑体的模型。如图 15.2所示，从小孔射入空腔的电磁波在空腔内壁上经过许多次吸收和反射，只有极小一部分能量有机会再从小孔射出，因此空腔上的小孔就相当于黑体表面。加热空腔，当腔壁和腔内电磁辐射场通过辐射和吸收交换能量达到热平衡时，从小孔射出的电磁辐射就具有黑体平衡热辐射的性质。

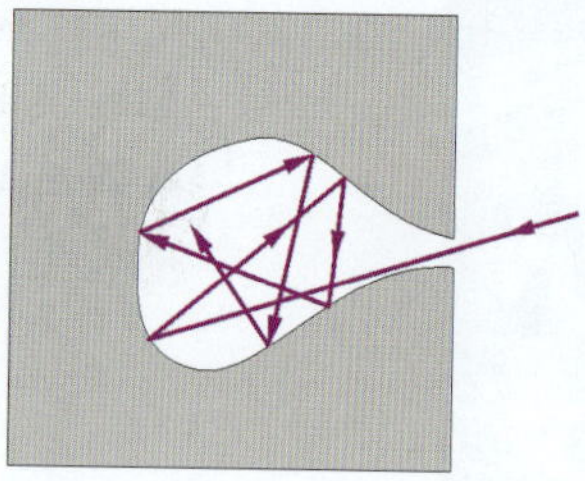

图 15.2

### 想想看

15.1　一个在白天看起来不透明的红色物体，如果放在暗处并升温到其发出明显的可见光，试问其发光是什么颜色，还是红色的吗？

15.2　白天在外遥望房间的窗口，会发现窗口是暗的，并且窗口越小这种现象越明显，为什么？

15.3 在黑体模型中，为什么说小孔相当于黑体表面，对此你是如何理解的？

图15.3所示是在不同温度下，测量黑体单色辐出度$M_{B\lambda}(T)$随波长$\lambda$变化，得到的实验曲线。容易看出$M_{B\lambda}(T)$-$\lambda$曲线有一极大值，与其对应的波长称为峰值波长，温度越高，峰值波长越短。此外在$\lambda$很小和很大时，$M_{B\lambda}(T)$都趋于零。

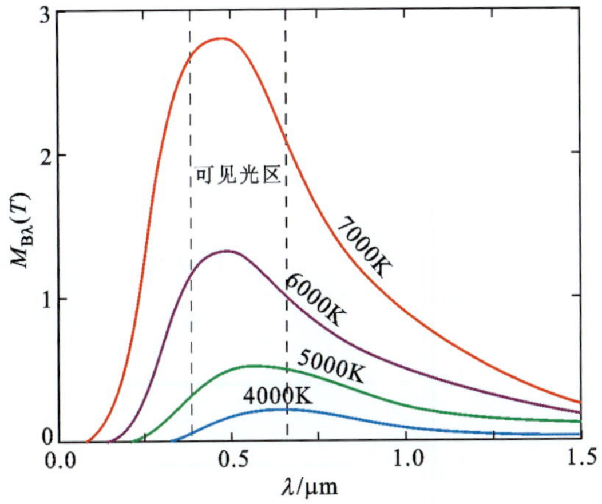


图15.3

19世纪末，很多物理学家都试图在经典物理学的基础上得到与实验曲线吻合的函数关系式$M_{B\lambda}(T)=f(\lambda,T)$，其中最著名的是维恩公式和瑞丽-金斯公式。维恩公式在短波部分和实验曲线符合得很好，但在长波部分相差较大，如图15.4所示；瑞丽-金斯公式在波长很长的部分与实验曲线符合，但在短波部分，随着波长的减小，理论结果会趋于无穷大。这一荒谬的结果，被称为“紫外灾难”。这暴露出经典物理学在热辐射问题上所遇到的巨大困难。

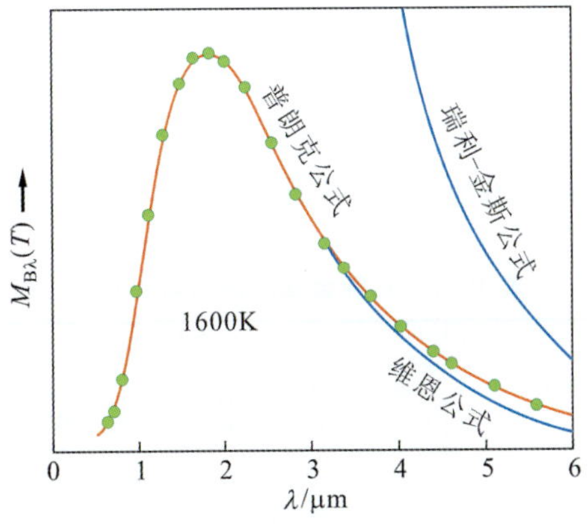


图15.4

1900年10月德国物理学家普朗克找到了一个和实验结果非常符合的纯粹经验公式，即在一定温度$T$下，黑体单色辐出度为

$$M_{B\lambda}(T)=2\pi hc^2\lambda^{-5}\frac{1}{e^{\frac{hc}{k\lambda T}}-1} \tag{15.1}$$

式中$c$是光速，$k$是玻耳兹曼常数，$h$是首次引入的一个常量，称为**普朗克常量**，可由实验测出，其值为$h=6.6260755\times10^{-34}$ J·s。式(15.1)称为**普朗克公式**。普朗克公式在长波部分渐近瑞丽-金斯公式，在短波部分渐近维恩公式，并与实验结果符合得很好。

“即使这个新的辐射公式竟然能够证明是绝对精确的，但是如果把它仅仅看作一个侥幸揣测出来的内插公式，那么它的价值只是有限的”。正是这个缘故，从它提出之日起，普朗克就致力于找出这个公式真正的物理意义。他终于发现，要导出这个公式，必须引进一个假设：**腔壁中带电谐振子的能量不能连续变化，频率为$\nu$的振子的能量$\varepsilon$只能取$h\nu$的整数倍，即$\varepsilon=nh\nu$，$n$称为量子数，谐振子和腔内辐射场交换能量(即发射和吸收辐射能)也只能是$h\nu$的整数倍。谐振子能量的这个最小单位称为能量子，**上述假设称为**普朗克的量子假设**。

按照经典物理的观点，谐振子的能量是可以连续变化的，可以取任意值。普朗克假设突破了经典物理学能量连续取值的观念，首次提出微观粒子具有分离的能量值，打开了认识微观世界的大门。在此基础上，人们逐步认识到了辐射场的粒子性，描述微观粒子的一些物理量具有量子性的特性，最终形成了反映微观粒子运动规律的量子物理。

1900年12月14日，在德国物理学会会议上，普朗克报告了他的发现，这一天被认为是量子理论的诞生日。普朗克因此成为量子理论的奠基人，荣获了1918年诺贝尔物理学奖。但在最初几年中，这一假设并未受到人们的重视，甚至普朗克本人也总是试图回到经典物理的轨道上去。最早认识普朗克假设重要意义的是爱因斯坦，他在1905年发展了普朗克的思想，提出了光子假说，成功地说明了光电效应的实验规律。

**例15.1** 一个质量$m=1$ kg的球，挂在劲度系数$k=10$ N/m的弹簧下，作振幅$A=4\times10^{-2}$ m的谐振动，求振子能量的量子数。如果量子数改变，能量变化率是多少？

**解** 振子的振动频率为

$$\nu=\frac{1}{2\pi}\sqrt{\frac{k}{m}}=\frac{1}{2\pi}\sqrt{10}=0.503\ \mathrm{s}^{-1}$$

振子的能量是

$$\varepsilon=\frac{1}{2}kA^2=\frac{1}{2}\times10\times(4\times10^{-2})^2=8\times10^{-3}\ \mathrm{J}$$

量子数是

$$n=\frac{\varepsilon}{h\nu}=\frac{8\times10^{-3}}{6.63\times10^{-34}\times0.503}\approx2.40\times10^{31}$$

量子数变化 1，能量变化为 $h\nu$，因此能量变化率为

$$\frac{\Delta\varepsilon}{\varepsilon}=\frac{h\nu}{nh\nu}=\frac{1}{n}=\frac{1}{2.4\times10^{31}}\approx4.17\times10^{-22}$$

由上可知，对宏观振子来说，量子数很大，振动能量的分立不可能观察到！

**复习思考题**

**15.1** 绝对黑体和平常所说的黑色物体有什么区别？

**15.2** 与处在相同温度下的其他物体相比，黑体的吸收本领________，辐射本领________。

**15.3** 普朗克量子假设的内容是什么？

## 15.2 光电效应 爱因斯坦光子理论

光是电磁波，其能量应连续分布在电磁场中，但电磁波理论却不能够说明光电效应等现象的实验规律。

### 15.2.1 光电效应的实验规律

**金属及其化合物在光照射下发射电子的现象称为光电效应**。研究光电效应的实验装置如图 15.5 所示。在一个抽空的玻璃泡内装有金属电极 $K$（阴极）和 $A$（阳极），当用适当频率的光从石英窗口射入照在阴极 $K$ 上时，便有光电子自其表面逸出，经电场加速后为阳极 $A$ 所收集，形成光电流 $i$。改变电势差 $U_{AK}$，测量光电流 $i$，可得光电效应的伏安特性曲线，如图 15.6 所示。

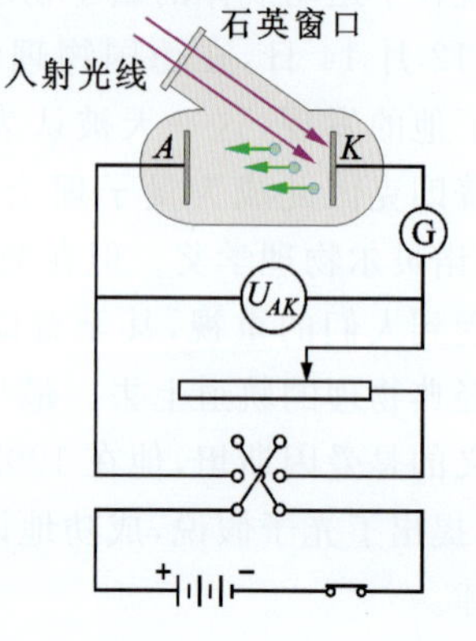

图 15.5

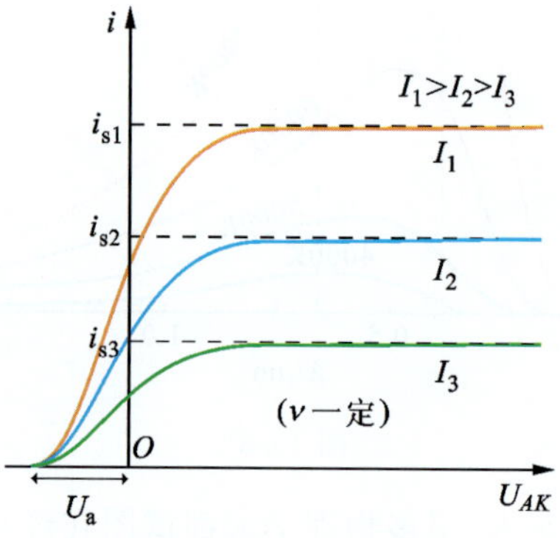

图 15.6

实验研究表明，光电效应有如下规律：

(1)阴极 $K$ 在单位时间内所发射的光电子数与照射光的光强 $I$ 成正比。

从图 15.6 可以看出，光电流 $i$ 开始时随 $U_{AK}$ 增大而增大，而后就趋于一个饱和值 $i_s$，它与单位时间内从阴极 $K$ 发射的光电子数成正比。实验证明，$i_s$ 以及在单位时间内从阴极 $K$ 发射的光电子数与照射光强 $I$ 成正比。

(2)存在截止频率。

实验表明，对一定的金属阴极，当照射光频率 $\nu$ 小于某个最小值 $\nu_0$ 时，不管光强多大，照射时间多长，都没有光电子逸出。这个最小频率 $\nu_0$ 称为该种金属的光电效应**截止频率**，也叫做**红限**。红限也常用对应的波长 $\lambda_0$ 表示。不同物质的红限不同，多数金属的红限在紫外区，参看表 15.1。

**表 15.1 几种金属的逸出功和红限**

| 参数 | 金属 | | | | | |
|---|---|---|---|---|---|---|
| | 铯(Cs) | 钾(K) | 钠(Na) | 锌(Zn) | 钨(W) | 银(Ag) |
| 逸出功/eV | 1.94 | 2.25 | 2.29 | 3.38 | 4.54 | 4.63 |
| 红限 $\nu_0/10^{14}$ Hz | 4.69 | 5.44 | 5.53 | 8.06 | 10.95 | 11.19 |
| 红限 $\lambda_0/\mu$m | 0.639 | 0.551 | 0.541 | 0.372 | 0.273 | 0.267 |

(3)光电子的最大初动能与照射光的强度无关，而与其频率成线性关系。

在保持光照射不变的情况下，改变电势差 $U_{AK}$，发现当 $U_{AK}=0$ 时，仍有光电流。这显然是因为光电子逸出时就具有一定的初动能。改变电势差极性，使 $U_{AK}<0$，当反向电势差增大到一定值时，光电流才降为零，如图 15.6 所示。此时反向电势差的绝对值称为**遏止电压**，用 $U_a$ 表示。不难看出，遏止电压 $U_a$ 与光电子的最大初动能间有如下关系

$$\frac{1}{2}mv_m^2=eU_a \tag{15.2}$$

式中 $m$ 和 $e$ 分别是电子的静止质量和电量，$v_m$ 是光电子逸出金属表面的最大速率。

实验还表明，遏止电压 $U_a$ 与光强 $I$ 无关，而与照射光的频率 $\nu$ 成线性关系。图 15.7 中示出了几种金属的 $U_a-\nu$ 图线，其函数关系可表示为

$$U_a=K(\nu-\nu_0)\quad(\nu\geqslant\nu_0) \tag{15.3}$$

式中 $K$ 为 $U_a-\nu$ 图线的斜率。从图中可以看出，对各种不同金属，图线斜率相同，即 $K$ 是一个与材料性质无关的普适恒量；$\nu_0$ 是图线在横轴上的截距，它等于该种金属的光电效应红限。

由式(15.2)和(15.3)可知，光电子的最大初动能与入射光的频率成线性关系。

(4)光电子是即时发射的，滞后时间不超过 $10^{-9}$ s。

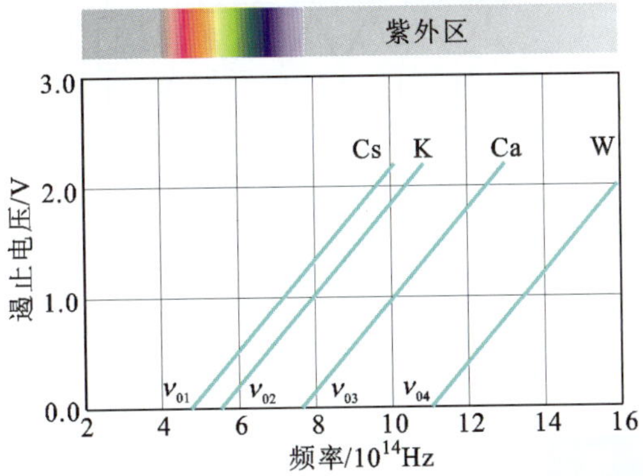


图 15.7

### 15.2.2 经典物理解释的困难

从经典电磁波理论出发，受光照射的物质中有电子逸出是在预料之中的，但是根据波动理论所作出的一些预言却和上述实验规律完全不符。这些预言是：不管照射光频率如何，物质中的电子在电磁波作用下总能够获得足够能量而逸出，因而不应存在红限 $\nu_0$；逸出光电子的初动能应随光强增大而增大，而与照射光的频率无关；如果光强很小，则物质中的电子必须经过较长时间的能量积累，直到有足够能量时才能逸出，因而光电子的发射不可能是即时的，等等。

### 15.2.3 爱因斯坦光子假说和光电效应方程

在对黑体辐射和光电效应等实验进行了仔细研究之后，爱因斯坦在 1905 年发表的一篇论文中指出："在我看来，关于黑体辐射、光致发光、紫外光产生阴极射线(即光电效应——编者注)，以及其他一些有关光的产生和转化现象的观测结果，如果用光的能量在空间中不是连续分布的这种假说来解释，似乎就更好理解。"按照爱因斯坦的假说，**一束光就是一束以光速运动的粒子流，这些粒子称为光子；频率为 $\nu$ 的光的每一光子所具有的能量为 $h\nu$，它不能再分割，而只能整个地被吸收或产生出来。**这就是爱因斯坦的**光子假说**。

按照光子假说，并根据能量守恒定律，当金属中一个电子从入射光中吸收一个光子后，就获得能量 $h\nu$，如果 $h\nu$ 大于该种金属的电子逸出功 $A$，这个电子就可从金属中逸出(所谓逸出功，即一个电子脱离金属表面时为克服表面阻力所需做的功)，且有

$$h\nu=A+\frac{1}{2}mv_m^2 \tag{15.4}$$

此式称为爱因斯坦**光电效应方程**。式中 $\frac{1}{2}mv_m^2$ 是光电子的最大初动能，也就是电子从金属表面逸出时所具有的最大初动能，内部电子逸出时所需做的功大于逸出功 $A$，因而初动能较小。

根据上述方程可以全面说明光电效应的实验规律。显然，按照这个方程，光电子初动能与照射光频率成线性关系；能够使某种金属产生光电子的入射光，其最低频率 $\nu_0$ 应由该种金属的逸出功 $A$ 决定，即

$$\nu_0=\frac{A}{h} \tag{15.5}$$

不同金属的逸出功不同，因而红限也不同。另外，光照射到物质上，一个光子的能量立即整个地被电子吸收，因而光电子的发射是即时的。最后，按光子假说，照射光的光强 $I$ 就是单位时间到达被照物单位垂直表面积的能量，是由单位时间到达单位垂直面积的光子数 $N$ 决定的，即 $I=Nh\nu$。因此光强越大，光子数越多，逸出的光电子数也就越多。

为便于和实验比较，根据式(15.2)，将光电效应方程式(15.4)中的 $mv_m^2/2$ 换成 $eU_a$，则可得

$$U_a = \frac{h}{e}\nu - \frac{A}{e} \tag{15.6}$$

将式(15.6)与 $U_a-\nu$ 的实验关系式(15.3)比较，即可知 $K=h/e$，$\nu_0=A/h$ 或 $h=eK$，$A=eK\nu_0$。据此可通过实验测量 $K$ 和 $\nu_0$，算出普朗克常数 $h$ 和逸出功 $A$。爱因斯坦于1905年提出光子假设和光电效应方程，1916年密立根对光电效应进行了精确的测量，并用上述方法测定了 $h$，结果和用其他方法测量的符合得很好，因而从实验上直接验证了光电效应方程和光子假说。由于成功解释了光电效应，爱因斯坦获得了1921年诺贝尔物理学奖。

**想想看**

15.4 分别按照截止频率、逸出功，由大到小对图15.7中的材料排序。

15.5 用相同频率的光照射表15.1中的几种材料，哪种材料的遏止电压最大？哪种最小？

15.6 在保持照射光强不变的情况下，增大其频率，则饱和电流是否变化？如何变化？

### 15.2.4 光(电磁辐射)的波粒二象性

光子假说不仅成功地说明了光电效应等实验，而且加深了人们对于光的本性的认识。许多实验表明，光具有波动性，而包括上面提到的一些实验在内的许多实验又表明光是粒子(光子)流，具有粒子性，这就说明光具有**波粒二象性**。

光子不仅具有能量，而且具有质量和动量等一般粒子共有的特性。光子的质量 $m_\varphi$ 可由相对论质能关系式求出，即

$$m_\varphi = \frac{E}{c^2} = \frac{h\nu}{c^2} = \frac{h}{c\lambda} \tag{15.7}$$

光子动量为

$$p = m_\varphi c = \frac{h}{\lambda} \tag{15.8}$$

光子具有动量这一点已在实验中得到证实。

由以上两式可见，描述光的粒子特征的能量和动量与描述其波动特征的频率和波长之间，通过普朗克常数紧密联系了起来。

### 15.2.5 光电效应的应用

光电效应不仅有重要的理论意义，而且在很多领域都有广泛的应用。

利用光电效应制成的光电成像器件，能将物体可见或不可见的辐射图像转换或增强为可观察、传输、储存的图像。如用于夜视的红外变像管，能把红外辐射图像转换为可见光图像；像增强器能把夜间微弱星光等照明下目标的反射辐射增强为高亮度的图像。

光电倍增管是一种能将微弱的光信号转换成可测电信号的光电转换器件，其原理如图15.8所示。一个光子到达阴极，逸出一个光电子，然后被第一个倍增电极和阴极之间的300 V的电势差加速，高速撞击到第一个倍增电极上，产生多个电子，这些电子被称为二次电子。二次电子被电场加速，撞击到第二个倍增电极，产生更多的电子。经过多个这样的过程，会有数目非常多的电子到达阳极，形成电流脉冲，因此光电倍增管有较高的灵敏度，能测量微弱的光信号。光电倍增管的局限性是它只能探测一定波长范围内的光，而在长波端的响应极限主要由阴极材料的性质决定。

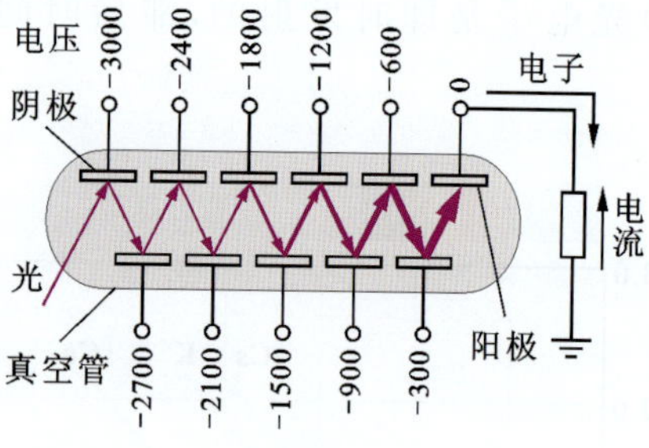


图15.8

**复习思考题**

15.4 光电效应的主要实验规律是什么？经典电磁波理论解释光电效应的困难表现在哪些方面？

15.5 试述爱因斯坦光子假说和光电效应方程。

15.6 若测出某种金属的 $U_a-\nu$ 曲线的斜率 $K$ 和横轴上的截距 $\nu_0$，则可得普朗克常数 $h=$________，逸出功 $A=$________。

15.7 怎样理解光的波粒二象性？

15.8 如果用紫外光照射一金属板，金属板会发射电子，但经过一段时间后，将停止发射，为什么？

15.9 微波炉和X光机都发出电磁波，试问两种波中，哪个的波长长，哪个的光子动量大？

## 15.3 康普顿效应及光子理论的解释

电磁辐射与物质相互作用时，可能会发生若干种不同的效应，有发光现象，有光电效应，有本节要讨论的康普顿效应，还有产生正负电子对等等。它们是不同能量的光子与物质中的分子、原子、电子、原子核相互作用的结果。各种现象发生的概率与入射光子的能量有密切关系。入射光子能量较低时（$h\nu<0.5$ MeV），以光电效应为主；入射的高能 $\gamma$ 光子（$h\nu>1.02$ MeV）可以与原子核发生作用，产生正负电子对；当入射光子具有中等能量时，产生康普顿效应的概率较大。

### 15.3.1 康普顿效应

1923 年美国物理学家康普顿发现，单色 X 射线被物质散射时，散射线中有两种波长，其中一种波长比入射线的长，且波长改变量与入射线波长无关，而随散射角的增大而增大，这种波长变大的散射现象称为**康普顿散射**，或**康普顿效应**。

研究康普顿散射的实验装置如图 15.9 所示。X 射线源发出一束单色 X 射线（$\lambda_0\approx0.1$ nm），投射到散射体石墨上，选择具有确定散射角 $\theta$ 的一束散射线，用摄谱仪测出其波长及相对强度。然后改变散射角 $\theta$，再进行同样的测量。

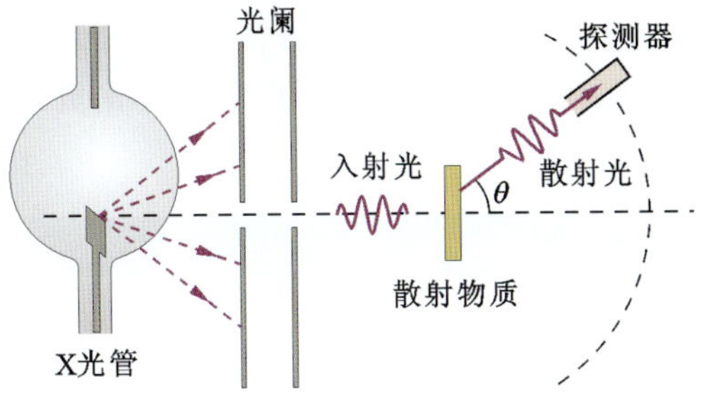


图 15.9

实验结果如图 15.10 所示，对任一散射角 $\theta$ 都测量到两种波长 $\lambda_0$ 和 $\lambda$ 的散射线，且 $\Delta\lambda=\lambda-\lambda_0$ 随 $\theta$ 增大而增大，而与 $\lambda_0$ 及散射物质无关。实验还表明对轻元素，波长变大的散射线相对较强，而对重元素，波长变大的散射线相对较弱，见图 15.11。我国物理学家吴有训曾在这方面做过许多工作。

按照经典电磁波理论，当一定频率电磁波照射物质时，物质中带电粒子将从入射电磁波中吸收能量，作同频率的受迫振动。振动的带电粒子又向各

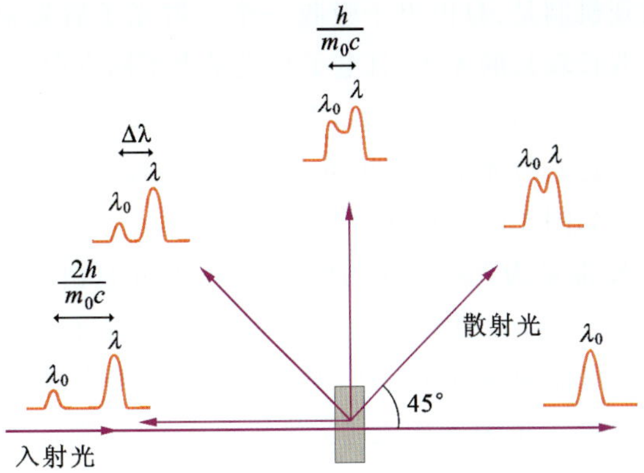


图 15.10

方向发射同一频率的电磁波，这就是散射线。显然，这一理论只能说明波长不变的散射现象（通常称为瑞利散射），而不能说明康普顿散射。

### 15.3.2 光子理论的解释

康普顿根据光的量子理论成功地说明了康普顿散射。他认为上述效应是单个光子与物质中弱束缚电子相互作用的结果；他还假设在这个过程中，动量和能量都守恒。

按照光的量子理论，电磁辐射是光子流，每一光子都具有确定的动量和能量。X 射线光子的能量约为 $10^4\sim10^5$ eV，它们与散射物质中那些受原子核束缚较弱的电子（结合能约为 $10\sim10^2$ eV）的相互作用可以看成是与静止自由电子的作用。康普顿效应的

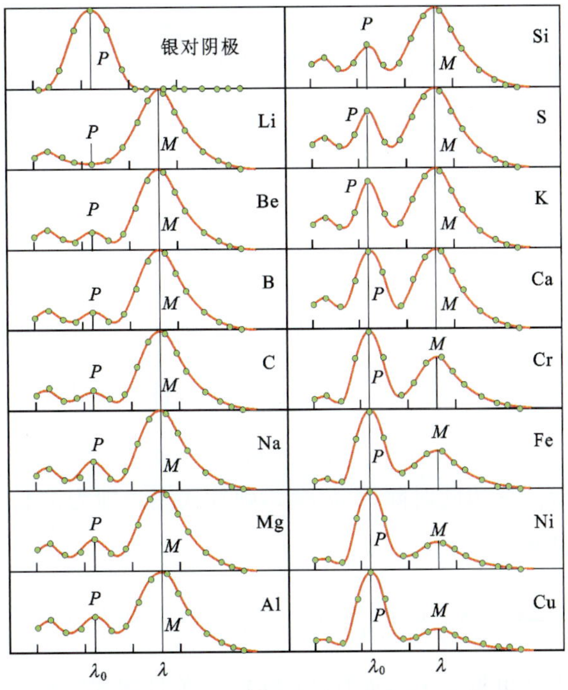


图 15.11

微观机制是:自由电子吸收一个入射光子后发射一个波长较长的光子,且电子与光子沿不同方向运动,由于动量和能量都守恒,因此康普顿散射过程可以看成是入射光子与自由电子的弹性碰撞。

如图 15.12 所示,设碰撞前入射光子的频率为 $\nu_0$,则能量为 $h\nu_0$,动量为 $(h\nu_0/c)\boldsymbol{n}^0$;静止自由电子的能量为 $m_0c^2$,动量为零。碰撞后,散射光子和反冲电子可能向各方向运动,但须满足动量和能量守恒。考虑散射角为 $\theta$ 的光子,设其频率为 $\nu$,则能量为 $h\nu$,动量为 $(h\nu/c)\boldsymbol{n}$;相应地,电子沿着与入射线成 $\varphi$ 角的方向运动,设其速度为 $\boldsymbol{v}$,则质量为 $m=m_0\bigg/\sqrt{1-\left(\frac{v}{c}\right)^2}$,能量为 $mc^2$,动量为 $m\boldsymbol{v}$。

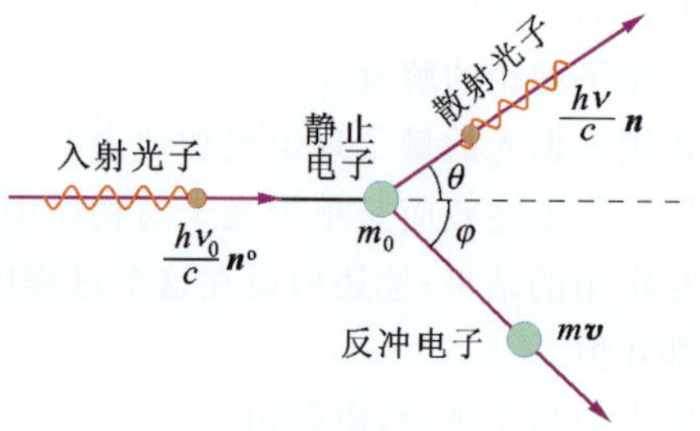


图 15.12

由动量守恒和能量守恒定律可列出方程

$$\left.\begin{aligned}\frac{h\nu_0}{c}&=\frac{h\nu}{c}\cos\theta+mv\cos\varphi\\ \frac{h\nu}{c}\sin\theta&=mv\sin\varphi\end{aligned}\right\}\tag{15.9a}$$

$$h\nu_0+m_0c^2=h\nu+mc^2\tag{15.10a}$$

由动量守恒方程式(15.9a)中消去 $\varphi$ 得

$$m^2v^2c^2=h^2(\nu_0^2+\nu^2-2\nu_0\nu\cos\theta)\tag{15.9b}$$

再将能量守恒方程式(15.10a)写成

$$mc^2=h(\nu_0-\nu)+m_0c^2\tag{15.10b}$$

将式(15.10b)平方后减去式(15.9b),并注意到由质速关系式可知 $m^2\left(1-\frac{v^2}{c^2}\right)=m_0^2$,整理可得

$$m_0c^2(\nu_0-\nu)=h\nu_0\nu(1-\cos\theta)$$

等式两边同时除以 $m_0c\nu_0\nu$,则等式左边即为波长改变量

$$\Delta\lambda=\lambda-\lambda_0=\frac{c}{\nu}-\frac{c}{\nu_0}=\frac{h}{m_0c}(1-\cos\theta)\tag{15.11}$$

由此可见 $\lambda>\lambda_0$,而且 $\Delta\lambda$ 与 $\lambda_0$ 无关且随散射角 $\theta$ 增大而增大。上式也常写成

$$\lambda-\lambda_0=\frac{2h}{m_0c}\sin^2\frac{\theta}{2}=2\lambda_C\sin^2\frac{\theta}{2}\tag{15.12}$$

式中常数 $\lambda_C$ 为

$$\lambda_C=\frac{h}{m_0c}=\frac{6.63\times10^{-34}}{9.1\times10^{-31}\times3\times10^8}$$
$$=0.024\times10^{-10}\,\text{m}=0.0024\,\text{nm}$$

$\lambda_C$ 称为电子的康普顿波长,其值等于在 $\theta=90^\circ$ 方向上测得的波长改变量。

根据光的量子理论和动量、能量守恒定律推出的式(15.12)与康普顿散射实验符合得很好。

前面讲过,在散射线中还有一种波长不变的成分,这可以用入射 X 射线光子和原子内层电子的碰撞来解释。由于内层电子被原子核紧紧束缚着,入射光子相当于与整个原子发生碰撞,在应用康普顿公式(15.11)时,$m_0$ 应理解为整个原子质量,因此散射光波长与入射光的相差极微小。对于轻物质,原子核库仑场较弱,几乎所有电子都处于弱束缚状态,因此波长变长的散射线相对较强。对于重物质,原子中大多数内层电子受到核的束缚较紧,因此波长变长的散射线相对较弱。这样就对所有实验规律作了圆满的解释。

康普顿散射的理论和实验完全一致,在更加广阔的频率范围内更加充分地证明了光子理论的正确性;又由于在公式推导中引用了动量守恒和能量守恒定律,从而证明了微观粒子相互作用过程也遵循这两条基本定律。由于发现康普顿效应,并对其作出了正确的解释,康普顿获得了 1927 年诺贝尔物理学奖。

### 想想看

15.7 对于 X 射线($\lambda=20$ pm)和可见光($\lambda=400$ nm)在某一个角度的康普顿散射,试分别按照:① 波长变化;② 能量变化;③ 传递给电子的能量;比较哪个大?

15.8 X 射线光子分别与原子内层电子和外层电子碰撞,哪种情况下光子的能量损失较大?为什么?

**例 15.2** 波长 $\lambda_0=0.02$ nm 的 X 射线与自由电子碰撞,若从与入射线成 90°角的方向观察散射线。求:

(1)散射线的波长;

(2)反冲电子的动能;

(3)反冲电子的动量。

**解** (1)将散射角 $\theta=90^\circ$ 代入式(15.12)可求出波长改变量

$$\Delta\lambda=\frac{2h}{m_0c}\sin^2\frac{\theta}{2}=\frac{2\times6.63\times10^{-34}}{9.1\times10^{-31}\times3\times10^8}\times\left(\frac{\sqrt{2}}{2}\right)^2$$

$$=0.0024\ \text{nm}$$

所以散射线波长

$$\lambda=\lambda_0+\Delta\lambda=0.0224\ \text{nm}$$

(2)反冲电子动能等于入射光子与散射光子能量之差

$$E_k=h\nu_0-h\nu=\frac{hc}{\lambda_0}-\frac{hc}{\lambda}=\frac{hc\Delta\lambda}{\lambda_0\lambda}$$

$$=\frac{6.63\times10^{-34}\times3\times10^8\times0.002\ 4\times10^{-9}}{0.02\times10^{-9}\times0.0224\times10^{-9}}$$

$$=1.08\times10^{-15}\ \text{J}=6.8\times10^3\ \text{eV}$$

(3)设反冲电子动量 $\boldsymbol{p}_e$ 与入射线的夹角为 $\varphi$,如图所示,则根据动量守恒应有

$$p_e=h\left(\frac{1}{\lambda_0^2}+\frac{1}{\lambda^2}\right)^{1/2}=\frac{h}{\lambda_0\lambda}(\lambda_0^2+\lambda^2)^{1/2}$$

$$=\frac{6.63\times10^{-34}}{0.02\times10^{-9}\times0.0224\times10^{-9}}$$

$$\times[(0.02\times10^{-9})^2+(0.0224\times10^{-9})^2]^{1/2}$$

$$=4.5\times10^{-23}\ \text{kg}\cdot\text{m/s}$$

$$\varphi=\arctan\frac{\lambda_0}{\lambda}=\arctan\frac{0.02}{0.0224}=42°16'$$

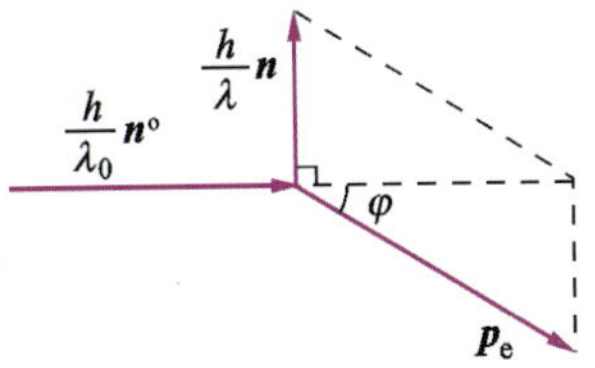


例 15.2(3)图

## 复 习 思 考 题

**15.10** 什么是康普顿散射?它的实验规律是什么?

**15.11** 可见光在物质上散射时是否产生康普顿效应?可见光是否能用于观察和研究康普顿效应?为什么?

**15.12** 散射光中与入射光波长相同的成分是入射光子与________碰撞时产生的,康普顿效应是入射光子与________碰撞的结果。

**15.13** 电子的康普顿波长 $\lambda_C$ 的表示式为________,数值为________,在散射角 $\theta=$________的方向上,$\Delta\lambda=\lambda_C$。

**15.14** $\lambda_0=0.1$ nm 的 X 射线,其光子的能量、质量和动量分别为:$E=$________ MeV,$m_\varphi=$________ kg,$p=$________ kg·m/s。

# 15.4 氢原子光谱 玻尔的氢原子理论

经典物理学不仅在说明电磁辐射与物质相互作用方面遇到前面所说的严重困难,而且在说明原子光谱的线状结构及原子本身的稳定性方面也遇到了不可克服的困难。丹麦物理学家玻尔发展了普朗克的量子假设和爱因斯坦的光子假说等,创立了关于氢原子结构的半经典量子理论,相当成功地说明了氢原子光谱的实验规律。

### 15.4.1 氢原子光谱的实验规律

实验发现,各种元素的原子光谱都由分立的谱线所组成,并且谱线的分布具有确定的规律。氢原子是最简单的原子,其光谱也是最简单的。对氢原子光谱的研究是进一步学习原子分子光谱的基础,而后者在研究原子、分子结构及物质分析等方面都有重要的意义。

图 15.13(a)、(b)是观测氢原子光谱的实验装置示意图。图中(a)是作为光源的氢放电管,管内充有稀薄氢气,压强在 133 Pa 左右。在两极间加上 2~3 kV 电压后,管内部分气体被电离产生放电。此时有些氢原子受到激发进入高能量状态,当它们

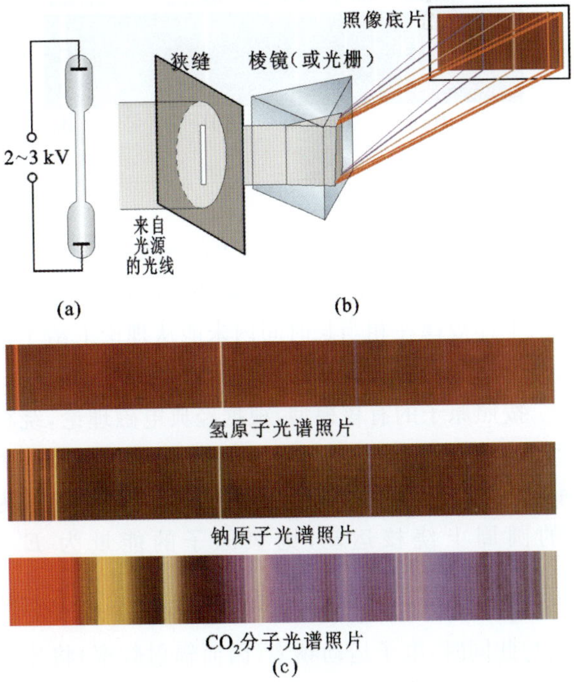


图 15.13

再回到低能量状态时就能够以发光的形式释放能量。管壁材料是石英玻璃，使得紫外光能透射出来。图(b)是一个摄谱仪，主要部分是用棱镜(或光栅)做的分光计，可以把各种不同波长的光分解开来，再把光谱拍成照片，就可以测量各条谱线的波长和光强。图(c)是氢原子及钠原子、$CO_2$ 分子光谱照片。

氢原子光谱的实验规律可归纳如下。

(1)氢原子光谱是彼此分立的线状光谱，每一条谱线具有确定的波长(或频率)。

(2)每一条光谱线的波数 $\tilde{\nu}=1/\lambda$ 都可以表示为两项之差，即

$$\tilde{\nu}=\frac{1}{\lambda}=T(k)-T(n)=R_{\mathrm{H}}\left(\frac{1}{k^2}-\frac{1}{n^2}\right) \tag{15.13}$$

式中 $k$ 和 $n$ 均为正整数，且 $n>k$。$R_{\mathrm{H}}$ 称为氢光谱的**里德伯常数**，近代测量值为 $R_{\mathrm{H}}=1.0973731\times10^7\ \mathrm{m}^{-1}$，$T(n)=R_{\mathrm{H}}/n^2$ 称为氢的光谱项。式(15.13)称为**里德伯－里兹并合原则**。

(3)当整数 $k$ 取一定值时，$n$ 取大于 $k$ 的各整数所对应的各条谱线构成一谱线系；每一谱线系都有一个线系极限，对应于 $n\to\infty$ 的情况。$k=1(n=2,3,4,\cdots)$的谱线系称为赖曼系(1908 年发现)，$k=2(n=3,4,5,\cdots)$的谱线系称为巴耳末系(1880 年前后发现)等等，图 15.14 是巴耳末线系的照片。

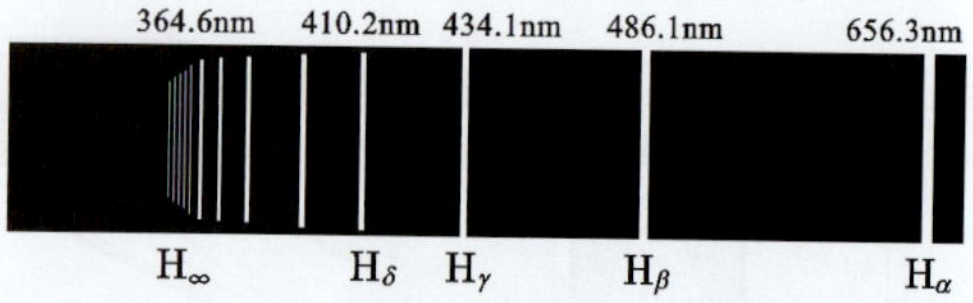


图 15.14

在 1911 年卢瑟福关于原子的核型结构得到证明以前，人们对于原子结构所知甚少，因此氢原子光谱的上述规律在相当长时间内未能从理论上给予说明。

按照原子的有核模型，根据经典电磁理论，绕核运动的电子将辐射与其运动频率相同的电磁波，因而原子系统的能量将逐渐减少。如果电子在半径为 $r$ 的圆周上绕核运动，则氢原子的能量为 $E=-\dfrac{e^2}{8\pi\varepsilon_0 r}$，显然，随能量减少，电子轨道半径将不断减小；与此同时，电子运动频率(因而辐射频率)将连续增大。因此原子光谱应是连续的带状光谱，并且最终电子将落到原子核上，因此不可能存在稳定的原子。这些结论显然与实验事实相矛盾，从而表明依据经典理论无法说明原子光谱规律等。

### 15.4.2　玻尔的氢原子理论

玻尔把卢瑟福关于原子的有核模型、普朗克量子假设、里德伯-里兹并合原则等结合起来，于 1913 年创立了氢原子结构的半经典量子理论，使人们对于原子结构的认识向前推进了一大步。

玻尔理论的基本假设是：

(1)原子只能处在一系列具有不连续能量的**稳定状态**，简称**定态**。相应于定态，核外电子在一系列不连续的稳定圆轨道上运动，但并不辐射电磁波。

(2)当原子从一个能量为 $E_k$ 的定态跃迁到另一个能量为 $E_n$ 的定态时，会发射或吸收一个频率为 $\nu_{kn}$ 的光子

$$\nu_{kn}=\frac{|E_k-E_n|}{h} \tag{15.14}$$

式(15.14)称为辐射频率公式。

(3)电子在稳定圆轨道上运动时，其轨道角动量 $L=mvr$ 必须等于$\dfrac{h}{2\pi}$的整数倍，即

$$L=mvr=n\frac{h}{2\pi}=n\hbar,\quad n=1,2,3,\cdots \tag{15.15}$$

式中$\hbar=\dfrac{h}{2\pi}$，称为约化普朗克常数。上式称为**角动量量子化条件**，$n$ 称为**量子数**。

玻尔还认为，电子在半径为 $r$ 的定态圆轨道上以速率 $v$ 绕核作圆周运动时，向心力就是库仑力，因而有

$$m\frac{v^2}{r}=\frac{1}{4\pi\varepsilon_0}\frac{e^2}{r^2} \tag{15.16}$$

由式(15.15)和(15.16)消去 $v$，即可得原子处于第 $n$ 个定态时电子轨道半径为

$$r_n=n^2\left(\frac{\varepsilon_0 h^2}{\pi m e^2}\right)=n^2 r_1,\quad n=1,2,3,\cdots \tag{15.17a}$$

式中 $r_1$ 是氢原子中电子的最小轨道半径，称为玻尔半径，其值为

$$r_1=\frac{\varepsilon_0 h^2}{\pi m e^2}=0.529\times10^{-10}\ \mathrm{m} \tag{15.17b}$$

这个结果与从气体动理论得到的原子半径相符合。式(15.17a)表明，由于轨道角动量不能连续变化，电子轨道半径也不能连续变化。

$n=1$ 的定态称为**基态**，$n=2,3,4,\cdots$各态均称

为**受激态**。氢原子处于各定态时电子轨道如图15.15所示。

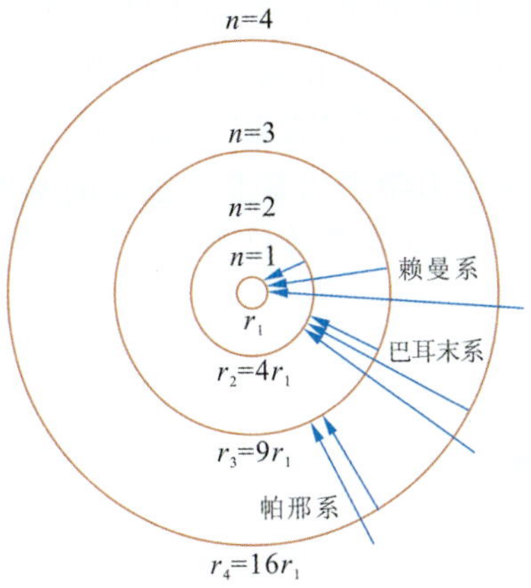


图 15.15

氢原子能量应等于电子的动能与电势能之和，即

$$E = \frac{1}{2}mv^2 - \frac{1}{4\pi\varepsilon_0}\frac{e^2}{r} = -\frac{1}{8\pi\varepsilon_0}\frac{e^2}{r}$$

处在量子数为 $n$ 的定态时，能量为

$$E_n = -\frac{1}{8\pi\varepsilon_0}\frac{e^2}{r_n} = -\frac{1}{n^2}\left(\frac{me^4}{8\varepsilon_0^2 h^2}\right) \quad n=1,2,3,\cdots \tag{15.18a}$$

由此可见，由于电子轨道角动量不能连续变化，氢原子的能量也只能取一系列不连续的值，这称为**能量量子化**，这种量子化的能量值称为**能级**。令 $n=1$，即可得氢原子基态能级的能量

$$E_1 = -\frac{me^4}{8\varepsilon_0^2 h^2} = -13.6\ \text{eV} \tag{15.18b}$$

基态能级能量最低，原子最稳定。随量子数 $n$ 增大，能量 $E_n$ 也增大，能量间隔减小。当 $n\to\infty$ 时，$r_n\to\infty$，$E_n\to 0$，能级趋于连续，原子趋于电离。$E>0$ 时，原子处于电离状态，能量可连续变化。图 15.16 是氢原子的能级图。

使原子或分子电离所需要的能量称为电离能。根据玻尔理论算出的基态氢原子能量值与实验测得的基态氢原子电离能值 13.6 eV 相符。将电子通过一定电势差加速后，使其与原子碰撞，若电子具有的动能刚能使原子电离，则上述加速电势差称为这种原子的电离电势。显然基态氢原子的电离电势为 13.6 eV。

下面用玻尔理论来研究氢光谱的规律。根据玻尔假设，当原子从较高能态 $E_n$ 向较低能态 $E_k$（$n>k$）跃迁时，发射一个光子，其频率和波数为

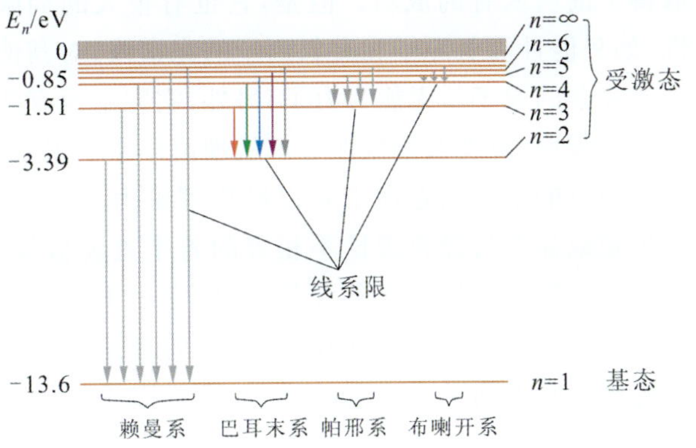


图 15.16

$$\nu_{nk} = \frac{E_n - E_k}{h}$$

$$\tilde{\nu}_{nk} = \frac{1}{\lambda_{nk}} = \frac{\nu_{nk}}{c} = \frac{1}{hc}(E_n - E_k)$$

将能量表示式(15.18a)代入，即可得氢原子光谱的波数公式

$$\tilde{\nu}_{nk} = \frac{me^4}{8\varepsilon_0^2 h^3 c}\left(\frac{1}{k^2} - \frac{1}{n^2}\right) \quad (n>k) \tag{15.19}$$

显然式(15.19)与氢光谱经验公式(15.13)是一致的；又可得里德伯常数的理论值为

$$R_{\text{H理论}} = \frac{me^4}{8\varepsilon_0^2 h^3 c} = 1.0973731\times 10^7\ \text{m}^{-1}$$

这个值与实验值符合得很好。式(15.19)中 $k=1,2$ 分别对应赖曼系和巴耳末系，可见这两个谱线系是原子由各较高能态分别向 $k=1$ 和 $k=2$ 的能态跃迁时发射出来的。图 15.15 和 15.16 中均示出了能级跃迁所产生的各谱线系。

**想想看**

15.9 你能否根据图 15.16 说明赖曼系的第二条谱线光子的能量等于：① 哪两条谱线光子能量之和？② 哪两条谱线光子能量之差？

玻尔理论成功说明了氢原子和类氢离子（核外只有一个电子的原子体系，如 $He^+$，$Li^{2+}$，$Be^{3+}$，…等）的光谱结构，表明这个理论在一定程度上能正确地反映单电子原子系统的客观实际。

由以上讨论可知，继普朗克提出谐振子能量量子化的假设之后，玻尔理论又指出原子中电子轨道角动量、能量、电子轨道半径等也都是量子化的。

### 15.4.3 玻尔理论的缺陷和意义

玻尔的半经典量子理论在说明光谱线结构方面

取得了前所未有的成功。但是，它也有很大的局限性，如只能计算氢原子和类氢离子的光谱线，对其他稍微复杂的原子就无能为力了；另外，它完全没有涉及谱线强度、宽度及偏振性等。从理论体系上来讲，这个理论的根本问题在于它以经典理论为基础，但又生硬地加上与经典理论不相容的若干重要假设，如定态不辐射和量子化条件等，因此它远不是一个完善的理论。但是，玻尔（和索末菲）的理论第一次使光谱实验得到了理论上的说明，第一次指出经典理论不能完全适用于原子内部运动过程，揭示出微观体系特有的量子化规律。因此，它是原子物理发展史上一个重要的里程碑，对于以后建立量子力学理论起了巨大的推动作用。另外，玻尔理论的一些基本概念，如“定态”、“能级”、“能级跃迁决定辐射频率”等，在量子力学中仍是非常重要的基本概念，虽然另一些概念，如轨道等已被证实对微观粒子不适用。

**复习思考题**

**15.15** 氢原子光谱的主要实验规律是什么？

**15.16** 玻尔理论的基本假设是什么？在推导轨道半径和能量公式时，还用到了哪几个经典物理公式？

**15.17** 巴耳末系的线系极限的频率 $\nu_\infty$ = ________ Hz，波长 $\lambda_\infty$ = ________ nm。

**15.18** 当氢原子处于 $n=4$ 的能级上时，它的能量是 ________ eV，电离能是 ________ eV。

## 15.5 微观粒子的波粒二象性 不确定关系

面对经典理论在研究原子、分子等微观体系运动规律时所遇到的严重困难，考虑到微观体系特有的量子化规律，以及受到光具有波粒二象性的启发，1924年法国物理学家德布罗意提出一个大胆假设，他认为一切微观粒子和光一样也具有波粒二象性。量子力学理论研究表明，具有明显波动性的微观粒子和宏观粒子不同，它的某些成对物理量如坐标和动量等不能同时具有完全确定的量值，因而经典力学对粒子运动的描述和有关规律对它不适用。

### 15.5.1 微观粒子的波粒二象性

德布罗意假设：**不仅光具有波粒二象性，一切实物粒子如电子、原子、分子等也都具有波粒二象性；** 他还把表示粒子波动特性的物理量波长 $\lambda$、频率 $\nu$ 与表示其粒子特性的物理量质量 $m$、动量 $p$ 和能量 $E$ 用下式联系起来

$$E = mc^2 = h\nu \tag{15.20a}$$

$$p = mv = \frac{h}{\lambda} \tag{15.21a}$$

上二式也可写成

$$\nu = \frac{E}{h} = \frac{mc^2}{h} = \frac{m_0 c^2}{h\sqrt{1-v^2/c^2}} \tag{15.20b}$$

$$\lambda = \frac{h}{p} = \frac{h}{mv} = \frac{h}{m_0 v}\sqrt{1-\frac{v^2}{c^2}} \tag{15.21b}$$

式(15.21b)称为**德布罗意关系式**。这种和实物粒子相联系的波称为**德布罗意波或物质波**。

德布罗意用物质波概念分析了玻尔量子化条件的物理基础。他指出，电子在玻尔轨道上运动与这个电子的物质波沿轨道传播相联系，一个无辐射的稳定圆轨道的周长必须等于电子的物质波波长的整数倍，即满足驻波条件，见图15.17。设 $r$ 为电子稳定轨道半径，则有

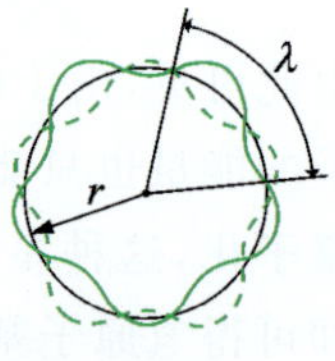

图15.17

$$2\pi r = n\lambda, \quad n=1,2,3,\cdots \tag{15.22}$$

将德布罗意关系式 $\lambda=\dfrac{h}{mv}$ 代入式(15.22)，可得

$$mvr = n\frac{h}{2\pi} = n\hbar$$

此即玻尔理论中的角动量量子化条件。这样，就由物质波驻波条件，比较自然地得出了玻尔量子化条件。由此还可以推知氢原子定态能量也是量子化的。请读者自己研究。

**想想看**

**15.10** 电子、质子和 $\alpha$ 粒子具有相同的①速度、②能量（即 $mc^2$），在这两种情况下分别按照德布罗意波波长由大到小对它们排序。

### 15.5.2　物质波的实验证明

德布罗意关于物质波的假设，1927 年首先为著名的**戴维孙-革末实验**所证实。戴维孙和革末做电子束在晶体表面散射实验时，观察到了和 X 射线在晶体表面衍射相类似的电子衍射现象，从而证实了电子具有波动性。证实物质波的实验近年来不少实验物理学家又做过许多，其中大多设计精巧、实验难度很高、效果非常突出，反映了近年来科学实验技术的飞速进步。图 15.18 中所示的是 1961 年做的、证实电子波动性的电子束单缝、双缝、三缝、四缝、五缝衍射图样的照片，实验中采用经 50 kV 电压加速的电子，相应的电子波长约为 0.005 nm。由于波长非常短，实验难度很高，因此这样的实验是极卓越的。

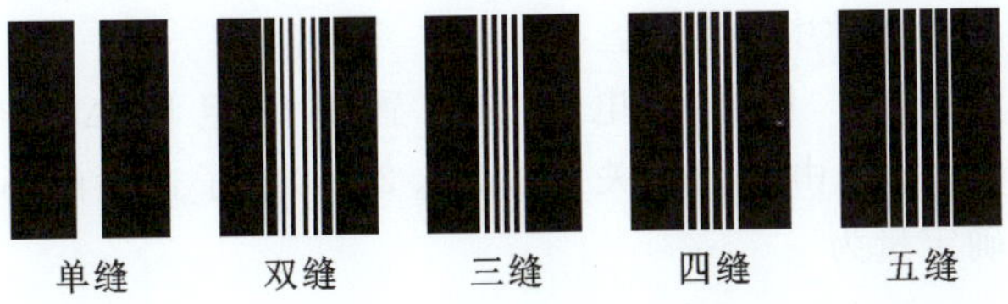


图 15.18

图 15.19(a)所示为用 X 射线束和电子束分别入射到铝粉末晶片上的实验装置。实验中，使 X 射线和电子波长相等。图 15.19(b)、(c)分别是 X 射线和电子束的衍射条纹，从两图看到两者衍射条纹相同。除电子外，还用中子、原子作了一系列与其波动性有关的实验。这些近代实验都证明了德布罗意的物质波假设。

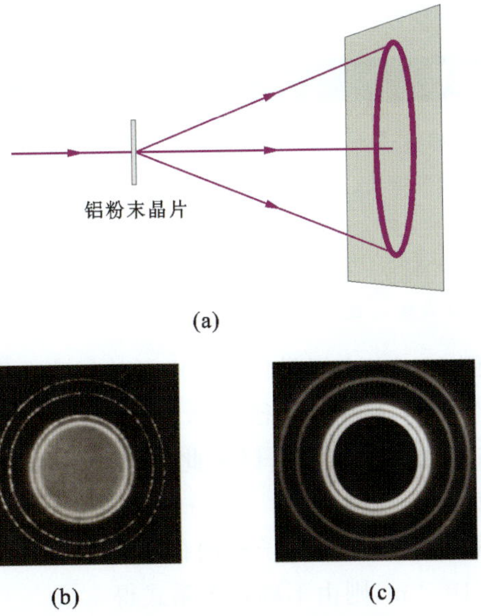


图 15.19

微观粒子的波动性在现代科学技术上已得到广泛应用，电子显微镜即为一例。根据显微镜分辨率的理论，由于受光波波长的限制，用光学显微镜看不到原子，但如果能找到比光波波长短的光源，就能提高显微镜的分辨率。例如用紫外线作光源，分辨率可提高一倍。电子的波动性被发现后，很快就被用来作为提高显微镜分辨率的新光源，研制出了电子显微镜。现在，一般电子显微镜的分辨率已达到可观察原子像的水平。美国能源部国家实验室研制出的新型电子显微镜，分辨率可达0.05 nm，是碳原子直径的 1/4。

**例 15.3**　计算经过电势差 $U=150$ V 和 $U=10^4$ V 加速的电子的德布罗意波长（在 $U\leqslant 10^4$ V 时，可不考虑相对论效应）。

**解**　经过电势差 $U$ 加速后，电子的动能和速率分别为

$$\frac{1}{2}m_0v^2=eU$$

$$v=\sqrt{\frac{2eU}{m_0}}$$

式中 $m_0$ 为电子的静止质量，将上式代入德布罗意关系式(15.21b)可得电子的德布罗意波长

$$\lambda=\frac{h}{m_0v}=\frac{h}{\sqrt{2m_0e}}\frac{1}{\sqrt{U}}$$

将常数 $h$、$m_0$、$e$ 的值代入，可得

$$\lambda=\frac{12.25}{\sqrt{U}}\times10^{-10}\ \text{m}=\frac{1.225}{\sqrt{U}}\ \text{nm}$$

式中 $U$ 的单位是伏特。

将 $U_1=150$ V、$U_2=10^4$ V 代入，得相应波长值分别为

$$\lambda_1=0.1\ \text{nm}\qquad 和\qquad \lambda_2=0.0123\ \text{nm}$$

由此可见，在这样的电压下，电子的德布罗意波长与 X 射线的波长相近。

**例 15.4**　计算质量 $m=0.01$ kg，速率 $v=300$ m/s 的子弹的德布罗意波长。

**解**　由德布罗意关系式(15.21b)，并且注意到由于 $v\ll c$，应用非相对论近似，有

$$\lambda=\frac{h}{m_0v}=\frac{6.63\times10^{-34}}{0.01\times300}=2.21\times10^{-34}\ \text{m}$$

可以看出，由于 $h$ 是一个非常小的量，宏观粒子的德布罗意波长是如此之小，以致在任何实验中都不可能观察到它的波动性，而仅表现出粒子性。

### 15.5.3　不确定关系

在经典力学中，质点（宏观物体或粒子）在任何

时刻都有完全确定的位置、动量、能量、角动量等。与此不同，微观粒子具有明显的波动性，以致它的某些成对物理量不可能同时具有确定的量值。例如，位置坐标和动量、角坐标和角动量等，其中一个量确定越准确，另一个量的不确定程度就越大。

德国物理学家海森伯根据量子力学推出，如果一个粒子的位置坐标具有一个不确定量 $\Delta x$，则同一时刻其动量也有一个不确定量 $\Delta p_x$，二者的乘积总是大于一定的数值$\hbar/2$，即有

$$\Delta x\Delta p_x \geqslant \frac{\hbar}{2} \tag{15.23a}$$

式(15.23a)称为**海森伯坐标和动量的不确定关系式**。

这一规律直接来源于微观粒子的波粒二象性，可以借助电子单缝衍射实验结果来说明。如图15.20所示，设单缝宽度为 $\Delta x$，使一束电子沿 $y$ 轴方向射向狭缝，在缝后放置照像底片，以记录电子落在底片上的位置。

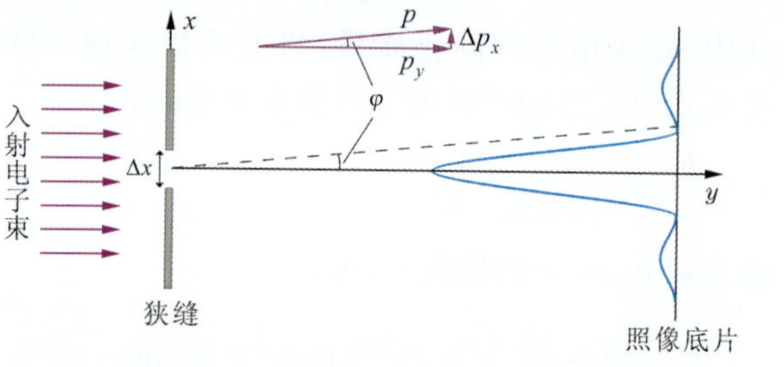


图 15.20

电子可以从缝上任何一点通过单缝，因此在电子通过单缝时刻，其位置的不确定量就是缝宽 $\Delta x$。由于电子具有波动性，底片上呈现出和光通过单缝时相似的单缝电子衍射图样，电子流强度的分布已示于图中。显然电子在通过狭缝时刻，其横向动量也有一个不确定量 $\Delta p_x$，可从衍射电子的分布来估算 $\Delta p_x$ 的大小，为简便起见，先考虑到达单缝衍射中央明纹区的电子。设 $\varphi$ 为中央明纹旁第一级暗纹的衍射角，则 $\sin\varphi=\lambda/\Delta x$，又有 $\Delta p_x=p\sin\varphi$，再由德布罗意关系式 $p=\dfrac{h}{\lambda}$，就可得到

$$\Delta p_x = p\sin\varphi = \frac{h}{\lambda}\cdot\frac{\lambda}{\Delta x} = \frac{h}{\Delta x}$$

即 $\qquad \Delta x\Delta p_x \geqslant h$

式中大于号是在考虑到还有一些电子落在中央明纹以外区域的情况后加上的。以上只是作粗略估算，严格推导所得关系式为(15.23a)。

不确定关系式(15.23a)表明，微观粒子的位置坐标和同一方向的动量不可能同时具有确定值。减小 $\Delta x$，将使 $\Delta p_x$ 增大，即位置确定越准确，动量确定就越不准确。这和实验结果是一致的。如作单缝衍射实验时，缝越窄、电子在底片上分布的范围就越宽。因此，对于具有波粒二象性的微观粒子，不可能用某一时刻的位置和动量描述其运动状态，轨道的概念已失去意义，经典力学规律也不再适用。

如果在所讨论的具体问题中，粒子坐标和动量的不确定量相对很小，说明粒子波动性不显著，实际上观测不到，则仍可用经典力学处理。

**例 15.5** 原子的线度约为 $10^{-10}$ m，求原子中电子速度的不确定量，讨论原子中的电子能否看成经典力学中的粒子。

**解** 原子中电子的位置不确定量 $\Delta x\approx 10^{-10}$ m，由不确定关系式(15.23a,)电子速度的不确定量为

$$\Delta v_x = \frac{\Delta p_x}{m} \geqslant \frac{\hbar}{2m\Delta x} = \frac{6.63\times10^{-34}}{4\times3.14\times9.1\times10^{-31}\times10^{-10}} = 5.8\times10^{5}\ \text{m/s}$$

由玻尔理论可估算出氢原子中电子速率约为 $10^6$ m/s，可见速度的不确定量与速度大小的数量级基本相同，因此原子中电子在任一时刻都没有完全确定的位置和速度，也没有确定的轨道，故不能看成经典粒子。玻尔和索末菲理论中电子在一定轨道上绕核运动的图像不是对原子中电子运动情况的正确描述。

## 想想看

**15.11** 如果枪口直径 5 mm，子弹质量 0.01 kg，速度 700 m/s，估算子弹射出枪口时的横向速度的数量级。如果射击 100 m 处的靶子，估算子弹落在靶上不确定范围的数量级。

**15.12** 如果 $h=6.63\times10^{-2}$，试估算子弹落在靶上不确定范围的数量级。这时瞄准是否还有意义？

**例 15.6** 电视显像管中电子的加速电压为 $9\times10^3$ V，设电子束的直径为 $0.1\times10^{-3}$ m，试求电子横向速度的不确定量，讨论此电子的运动问题能否用经典力学处理。

**解** 由题意知电子横向位置的不确定量 $\Delta x=0.1\times10^{-3}$ m，则由不确定关系式得

$$\Delta v_x \geqslant \frac{\hbar}{2m\Delta x} = \frac{6.63\times10^{-34}}{4\times3.14\times9.1\times10^{-31}\times0.1\times10^{-3}} = 0.58\ \text{m/s}$$

由于这时电子速度 $v$ 很大(约为 $6\times10^7$ m/s)，$\Delta v_x \ll v$，所以从电子运动速度相对来看是相当确定的，波动性不起什么实际作用，因此这里电子运动问题仍可用经典力学处理。

**例 15.7** 波长 $\lambda=500$ nm 的光波沿 $x$ 轴正向传播，如果测定波长的不准确度为 $\dfrac{\Delta\lambda}{\lambda}=10^{-7}$，试求同时测定光子位置坐标的不准确量。

**解** 由 $p=\dfrac{h}{\lambda}$ 可得光子动量的不确定量大小为

$$\Delta p_x=\frac{\Delta\lambda}{\lambda^2}h$$

又由不确定关系式可知，同时测定光子位置坐标的不准确量为

$$\Delta x\geqslant\frac{\hbar}{2\Delta p_x}=\frac{1}{4\pi}\frac{\lambda^2}{\Delta\lambda}=\frac{1}{4\times3.14}\times\frac{500\times10^{-9}}{10^{-7}}$$
$$=0.40\ \text{m}$$

不确定关系不仅存在于坐标和动量之间，也存在于能量和时间之间，如果微观体系处于某一状态的时间为 $\Delta t$，则其能量必有一个不确定量 $\Delta E$，由量子力学可推出二者之间有如下关系，即

$$\Delta E\Delta t\geqslant\frac{\hbar}{2}\qquad(15.23\text{b})$$

式(15.23b)称为**能量和时间不确定关系式**。将其应用于原子系统可以讨论原子各受激态能级宽度 $\Delta E$ 和该能级平均寿命 $\Delta t$ 之间的关系。原子通常处于能量最低的基态，在受激发后将跃迁到各个能量较高的受激态，停留一段时间后又自发跃迁进入能量较低的定态。大量同类原子在同一高能级上停留时间长短不一，但平均停留时间为一定值，称为该能级的**平均寿命**。根据能量和时间不确定关系式(15.23b)，平均寿命 $\Delta t$ 越长的能级越稳定，能级宽度 $\Delta E$ 越小，即能量越确定，因此基态能级的能量最确定。由于能级有一定宽度，两个能级间跃迁所产生的光谱线也有一定宽度。显然受激态的平均寿命越长，能级宽度越小，跃迁到基态所发射的光谱线的单色性就越好。原子中受激态平均寿命通常为 $10^{-7}\sim10^{-9}$ 数量级，设 $\Delta t=10^{-8}$ s，可算得 $\Delta E=10^{-8}$ eV。有些原子具有一种特殊的受激态，寿命可达 $10^{-3}$ s 或更长，这类受激态称为**亚稳态**。

不确定关系式是微观客体具有波粒二象性的反映，是物理学中一个重要的基本规律，在微观世界的各个领域中有很广泛的应用。由于通常都是用来作数量级估算，有时也写成 $\Delta x\Delta p_x\geqslant\hbar$ 或 $\Delta x\Delta p_x\geqslant h$ 等形式。

**复 习 思 考 题**

**15.19** 简述德布罗意波和电磁波的异同。

**15.20** 如果加速电压 $U\geqslant10^6$ eV，还可以用公式 $\lambda=\dfrac{1.225}{\sqrt{U}}$ nm 来计算电子的德布罗意波长吗？为什么？

**15.21** 如果枪口直径为 5.8 mm，子弹质量为 0.004 kg，试用不确定关系式估算子弹射出枪口时的横向速度。

**15.22** 不确定关系与观测技术或仪器的改进有无关系？

## 15.6 波函数 一维定态薛定谔方程

描述微观粒子运动规律的系统理论是量子力学，它是薛定谔、海森伯等人在 1925～1926 年期间初步建立起来的。本节介绍量子力学的基本概念和基本方程。

### 15.6.1 波函数及其统计解释

考虑到微观粒子具有波动性，奥地利物理学家薛定谔首先提出用物质波波函数描述微观粒子的运动状态，就如同用电磁波波函数描述光子的运动一样。波函数是时间和空间坐标的函数，表示为 $\Psi(\boldsymbol{r},t)$。

例如一个沿 $x$ 轴正方向运动的不受外力作用的自由粒子，由于能量 $E$ 和动量 $\boldsymbol{p}$ 都是恒量，由德布罗意关系式可知，其物质波的频率 $\nu$ 和波长 $\lambda$ 也都不随时间变化，因此自由粒子的德布罗意波是一个单色平面波。对机械波和电磁波来说，一个单色平面波的波函数 $y(x,t)$ 可以写成下列复函数形式，而只取其实数部分，即

$$y(x,t)=A\mathrm{e}^{-\mathrm{i}2\pi\left(\nu t-\frac{x}{\lambda}\right)}$$

类似地，在量子力学中，自由粒子的德布罗意波的波函数可表示为

$$\Psi(x,t)=\psi_0\mathrm{e}^{-\mathrm{i}2\pi\left(\nu t-\frac{x}{\lambda}\right)}=\psi_0\mathrm{e}^{-\frac{\mathrm{i}}{\hbar}(Et-px)}\qquad(15.24)$$

式中 $\psi_0$ 是一个待定常数，$\psi_0\mathrm{e}^{\frac{\mathrm{i}}{\hbar}px}$ 相当于 $x$ 处波函数

的复振幅，而 $e^{-\frac{i}{\hbar}Et}$ 则反映波函数随时间的变化。

对于在各种外力场中运动的粒子，它们的波函数是下面就要讲到的量子力学波动方程的解。

物质波波函数是复数，它本身并不代表任何可观测的物理量，那么，波函数是怎样描述微观粒子运动状态的呢？微观粒子的波动性与其粒子性究竟是怎样统一起来的呢？

1926 年，德国物理学家玻恩提出了物质波波函数的统计解释，回答了上述问题。玻恩指出，**实物粒子的德布罗意波是一种概率波；$t$ 时刻粒子在空间 $\boldsymbol{r}$ 处附近的体积元 $dV$ 中出现的概率 $dW$ 与该处波函数绝对值的平方成正比**，可以写成

$$dW=|\Psi(\boldsymbol{r},t)|^2dV=\Psi(\boldsymbol{r},t)\Psi^*(\boldsymbol{r},t)dV \tag{15.25}$$

式中 $\Psi^*(\boldsymbol{r},t)$ 是波函数 $\Psi(\boldsymbol{r},t)$ 的共轭复数。由式(15.25)可知，波函数绝对值平方 $|\Psi(\boldsymbol{r},t)|^2$ 代表 $t$ 时刻粒子在空间 $\boldsymbol{r}$ 处的单位体积中出现的概率，又称为**概率密度**。这就是波函数的物理意义。

实验物理学家用类似于光波波动性的双缝干涉实验装置来做电子束的双缝干涉实验，电子一个一个地打到检测屏上，图 15.21 从上到下分别是电子数约为 7、100、3000、20000、70000 的干涉照片。从图上明确地看到干涉条纹，证明电子具有波动性。从图中还清楚地看出电子波干涉条纹的形成过程，表明单个电子在屏上何处出现是随机的，但在屏上某处出现的概率具有确定的分布。电子数在屏上的分布是单个分布概率的积累，结果出现干涉条纹。

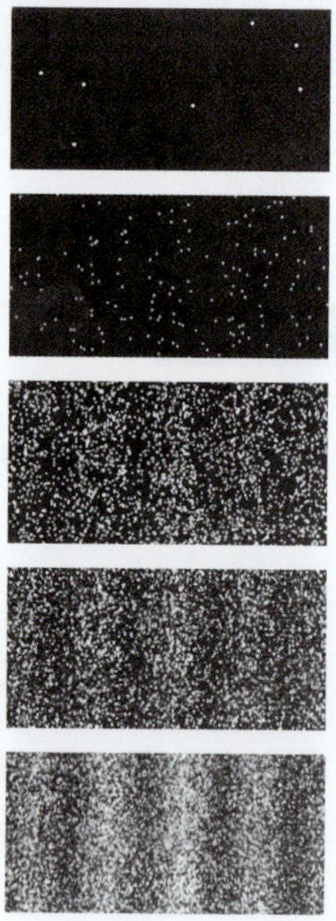

图 15.21

**想想看**

15.13　若微观粒子的波函数已知，则由波函数是否可以确定：① 粒子的轨迹；② 粒子的速度；③ 某时刻粒子在某一空间区域内出现的概率；④ 某时刻粒子将会出现的位置。

波函数既然具有这样的物理意义，它必须满足一定条件。由于在空间任一点粒子出现的概率应该唯一和有限，空间各点概率分布应该连续变化，因此**波函数必须单值、有限、连续**，不符合这三个条件的 $\Psi$ 函数是没有物理意义的，它就不代表物理实在。又因为粒子必定要在空间的某一点出现，因此粒子在空间各点出现的概率总和等于 1，即应有

$$\iiint|\Psi(\boldsymbol{r},t)|^2dxdydz=1 \tag{15.26}$$

式(15.26)称为波函数的**归一化条件**，其中积分区域遍及粒子可能到达的整个空间。

### 15.6.2　定态薛定谔方程

薛定谔建立了适用于低速情况的、描述微观粒子在外力场中运动的微分方程，也就是物质波波函数 $\Psi(\boldsymbol{r},t)$ 所满足的方程，称为薛定谔方程。

质量为 $m$ 的粒子在外力场中运动时，一般情况下，其势能 $V$ 可能是空间坐标和时间的函数，即 $V=V(\boldsymbol{r},t)$，薛定谔方程为

$$\left[-\frac{\hbar^2}{2m}\left(\frac{\partial^2}{\partial x^2}+\frac{\partial^2}{\partial y^2}+\frac{\partial^2}{\partial z^2}\right)+V(\boldsymbol{r},t)\right]\Psi(\boldsymbol{r},t)=i\hbar\frac{\partial\Psi(\boldsymbol{r},t)}{\partial t} \tag{15.27}$$

假设方程(15.27)是一个关于 $\boldsymbol{r}$ 和 $t$ 的线性偏微分方程，它具有波动方程的形式。读者可自行证明，自由粒子的波函数是满足这个方程的。薛定谔方程是量子力学基本方程，它不是由更基本的原理经过逻辑推理得到的。但将这个方程应用于分子、原子等微观体系所得到的大量结果都和实验符合，这就说明了它的正确性。

本课程不可能对薛定谔方程进行深入的讨论。一类比较简单的问题是粒子在稳定力场中的运动，此时势能函数 $V$ 与时间无关，$V=V(\boldsymbol{r})$，粒子能量 $E$（动能 $\frac{p^2}{2m}$ 与势能 $V(\boldsymbol{r})$ 之和）是一个不随时间变化的常量，这时粒子处于定态，粒子的定态波函数可以写成坐标函数 $\Psi(\boldsymbol{r})$ 与时间函数 $e^{-\frac{i2\pi}{h}Et}$ 两部分的乘积，即

$$\Psi(\boldsymbol{r},t)=\Psi(\boldsymbol{r})e^{-\frac{i2\pi}{h}Et} \tag{15.28}$$

不难看出，粒子处于定态时，它在空间各点出现的概率密度 $|\Psi(\boldsymbol{r},t)|^2=|\Psi(\boldsymbol{r})|^2$ 与时间无关，即概率密度在空间形成稳定分布，定态波函数的空间部分 $\Psi(\boldsymbol{r})$ 也叫做定态波函数。将式(15.28)代回薛定谔方程(15.27)可得 $\Psi(\boldsymbol{r})$ 所满足的方程

$$\left(\frac{\partial^2}{\partial x^2}+\frac{\partial^2}{\partial y^2}+\frac{\partial^2}{\partial z^2}\right)\Psi(\boldsymbol{r})+\frac{2m}{\hbar^2}(E-V)\Psi(\boldsymbol{r})=0 \tag{15.29a}$$

方程(15.29a)称为**定态薛定谔方程**，也称不含时间的薛定谔方程。

如果粒子在一维空间运动，方程(15.29a)简化为

$$\frac{d^2\Psi(x)}{dx^2}+\frac{2m}{\hbar^2}(E-V)\Psi(x)=0 \quad (15.29b)$$

方程(15.29b)称为**一维定态薛定谔方程**。

在关于微观粒子的各种定态问题中，把势能函数 $V(\boldsymbol{r})$ 的具体形式(如对氢原子中的电子，$V(\boldsymbol{r})=-\frac{1}{4\pi\varepsilon_0}\frac{e^2}{r}$，对一维线性谐振子，$V(x)=\frac{1}{2}m\omega^2x^2$ 等)代入定态薛定谔方程(15.29a)或(15.29b)即可求解，得到定态波函数，同时也就确定了概率密度的分布以及能量和角动量等。我们将看到，如果粒子处于束缚态，即只能在有限区域中运动时，由于波函数必须满足单值、有限、连续的条件，解出的微观粒子的能量、角动量等必定不连续，即是量子化的。

### 15.6.3 一维无限深势阱中的粒子

以金属中电子的运动为例，讨论薛定谔方程的应用。实际情况是相当复杂的，为简单起见，假定电子只能作沿 $x$ 轴的一维运动，且其势能函数具有下面的形式

$$\left.\begin{aligned} V(x)&=0, & 0<x<a \\ V(x)&=\infty, & x<0 \text{ 或 } x>a \end{aligned}\right\} \quad (15.30)$$

相应的势能曲线如图 15.22 所示。这种形式的力场叫做一维无限深(方)势阱。由于力和势能有关系 $F_x=-\frac{\partial V}{\partial x}$，在金属内部($0<x<a$ 区域)，电子不受力作用；在金属表面($x=0,a$)处势能发生突变，并且是突然升高，表明电子在这两处受到指向金属内部的无限大的作用力，因此不可能越出金属表面。这就相当于假设粒子是在两端封闭的一维管中往复运动。对金属中的电子而言，这个模型是过于简单和粗略了。因为不仅忽略了电子间的相互碰撞，还忽略了排列整齐的正离子晶格点阵所产生的、具有空间周期性的电场力对电子的作用；而且把金属表面外有限的势能当作是无限大的，还把在三维空间的运动当作是一维的等等。

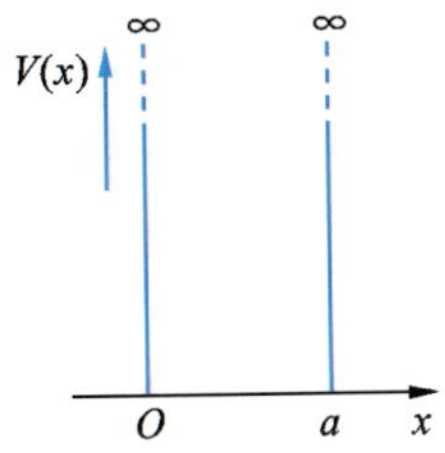

图 15.22

在 $x\leqslant0$ 和 $x\geqslant a$ 的区域内，具有有限能量的电子不可能出现，故 $\Psi(x)=0$。

在 $0<x<a$ 区域内，定态薛定谔方程为

$$\frac{d^2\Psi(x)}{dx^2}+\frac{2mE}{\hbar^2}\Psi(x)=0 \quad (15.31a)$$

令

$$k^2=\frac{2mE}{\hbar^2} \quad (15.32)$$

原方程可改写为

$$\frac{d^2\Psi(x)}{dx^2}+k^2\Psi(x)=0 \quad (15.31b)$$

这个方程的通解可以写成

$$\Psi(x)=A\sin kx+B\cos kx \quad (15.33)$$

式中常数 $k$、$A$ 和 $B$ 可由波函数必须满足单值、有限、连续的条件和归一化条件确定。

由于波函数在势阱边界上连续，应有 $\Psi(0)=\Psi(a)=0$。将 $x=0$ 和 $x=a$ 代入式(15.33)可得 $B=0$，且

$$\Psi(x)=A\sin kx \quad (15.34)$$

其中

$$k=\frac{n\pi}{a},\quad n=1,2,3,\cdots \quad (15.35)$$

式(15.35)表明常数 $k$ 只能取由正整数 $n$ 规定的一系列不连续值，且 $k$ 不为零。这是因为若 $k=0$，原方程变为 $\frac{d^2\Psi(x)}{dx^2}=0$，其解为 $\Psi(x)=Cx+D$，由边界条件可定出 $C=D=0$，因而有 $\Psi(x)=0$，即粒子不在任何地方出现，这显然不合题意。

将式(15.35)代入式(15.32)得粒子的能量为

$$E_n=\frac{\hbar^2k^2}{2m}=n^2\frac{h^2}{8ma^2},\quad n=1,2,3,\cdots \quad (15.36)$$

由此可见，一维无限深势阱中粒子能量是量子化的，$n$ 称为量子数。当 $n=1$ 时，粒子能量为 $E_1=\frac{h^2}{8ma^2}$，$E_1$ 是势阱中粒子的最小能量，也称为零点能。其余各能级的能量可表示为 $E_n=n^2E_1$，能级如图 15.23 所示。零点能 $E_1\neq0$ 表明束缚在势阱中的粒子不可能静止。这也是不确定关系所要求的，因为 $\Delta x$ 有限，$\Delta p_x$ 不能为零，粒子动能也不可能为零。

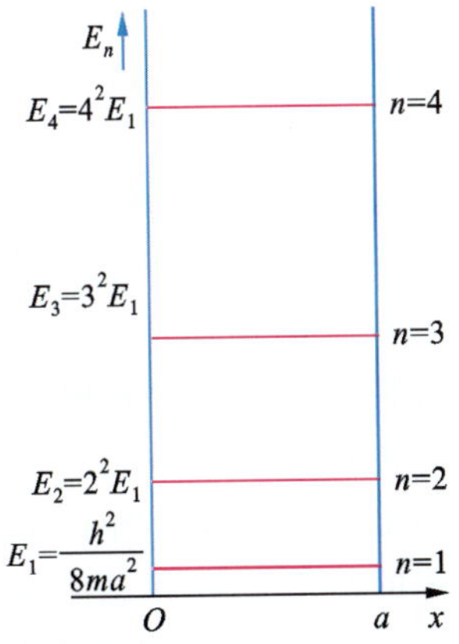

图 15.23

量子数为 $n$ 的定态波函数为

$$\Psi_n(x)=A_n\sin\frac{n\pi}{a}x,$$

$$n=1,2,3,\cdots$$

由归一化条件 $\int_{-\infty}^{+\infty}|\Psi_n(x)|^2\mathrm{d}x=1$ 可得 $A_n=\pm\sqrt{\frac{2}{a}}$，因而波函数为

$$\Psi_n(x)=\pm\sqrt{\frac{2}{a}}\sin\frac{n\pi}{a}x,\qquad n=1,2,3,\cdots \tag{15.37}$$

图 15.24(a)、(b)给出了 $n=1,2,3$ 等几个量子态的波函数 $\Psi_n(x)$ 和概率密度 $|\Psi_n(x)|^2$，后者是粒子在 $x$ 附近单位长度内出现的概率。$|\Psi_n(x)|^2-x$ 曲线上极大值所对应的坐标 $x$ 就是粒子出现概率最大的地方。不难看出，束缚在无限深势阱中的粒子的定态波函数具有驻波的形式，且波长 $\lambda_n$ 满足条件

$$a=n\frac{\lambda_n}{2},\qquad n=1,2,3,\cdots \tag{15.38}$$

可以认为势阱内波函数是由传播方向相反的两列相干波叠加而成。这一结论和前面讲过的德布罗意关于粒子定态对应于驻波的概念是一致的。实际上，对这一特例从驻波概念出发，不仅容易求出波函数和概率密度的相对分布，也很容易求出能量量子化公式(15.37)。有兴趣的读者可自己试做。

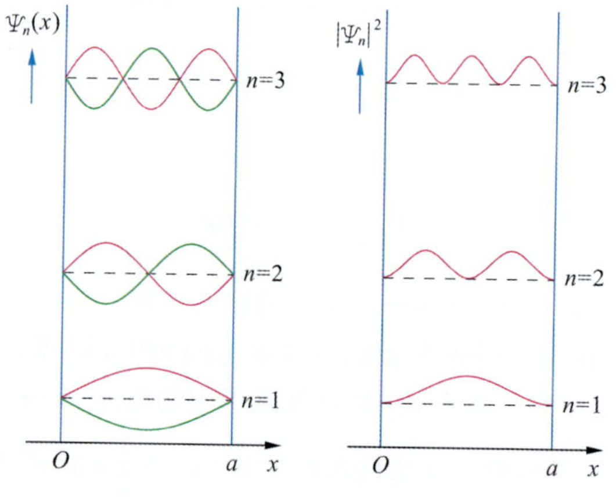

(a)　　(b)

图 15.24

## 想想看

15.14　$n=3$ 时，粒子在一维无限深势阱哪些位置附近单位长度内出现的概率最大？哪些位置附近单位长度内出现的概率最小？

为了扩大读者的视野，在表 15.2 中还列出几种常见的一维势场中粒子的运动情况。表的首列是各种系统的简单名称，然后，对于每种理想系统举出一个实际物理系统作为原型或例子(这种实际系统的势能函数和总能量与理想系统的相近)。表中还绘出了系统的势能图线和总能量图线，以及对

**表 15.2　微观粒子在几种一维势场中运动的情况**

| 系统的名称 | 物理学中的例子 | 势能 $V(x)$ 和粒子总能量 $E$ | 概率密度 $\Psi^*\Psi$ | 重要特点 |
|---|---|---|---|---|
| 零势能 | 一切自由运动的微观粒子 | 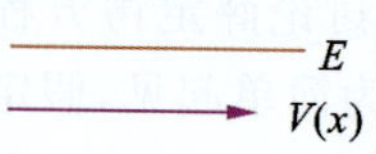 |  | |
| 无限深势阱 | 被严格限制在有限区域的微观粒子 | 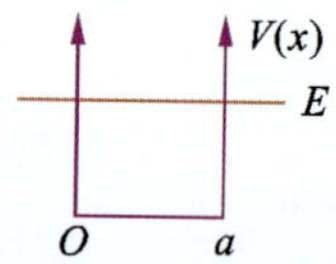 | 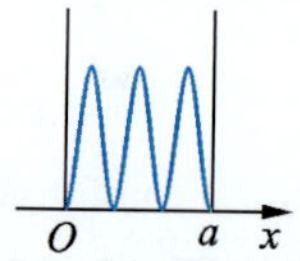 | 能量量子化<br>零点能<br>有限深势阱的近似 |
| 有限深势阱 | 被束缚在原子核内的中子 | 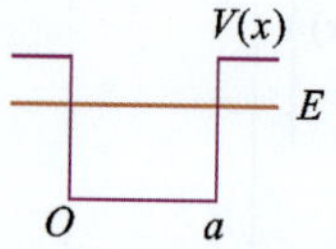 | 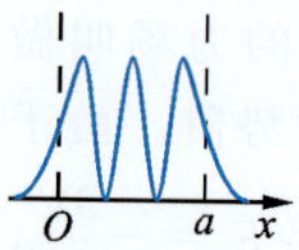 | 能量量子化<br>零点能 |
| 阶跃势(粒子总能量低于势阶高度) | 金属中靠近表面的自由电子 | 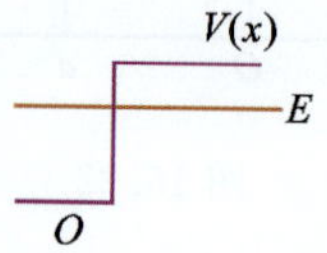 | 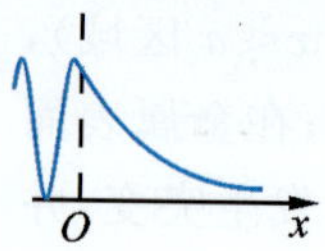 | 进入经典禁区 |
| 势垒(粒子总能量低于势垒高度) | 可能穿越库仑势垒的 α 粒子 | 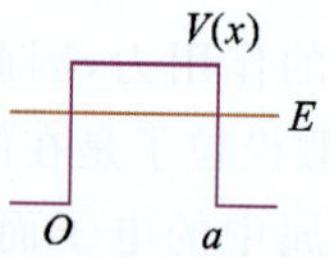 | 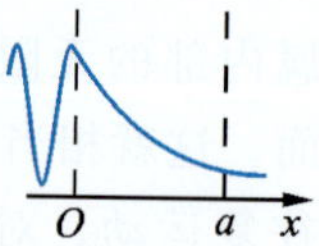 | 隧道穿透 |
| 谐振子 | 在平衡位置附近振动的微观粒子 | 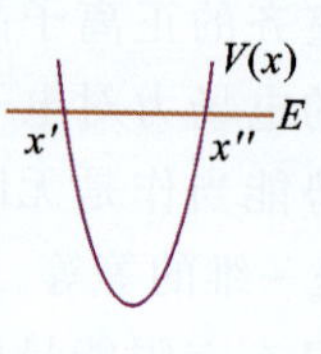 | 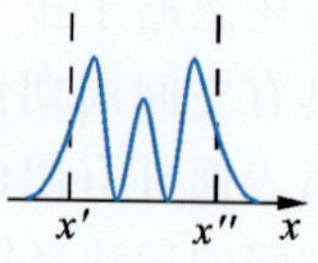 | 量子化能值为<br>$\left(n+\frac{1}{2}\right)h\nu$<br>$(n=0,1,2,\cdots)$<br>零点能为<br>$\frac{1}{2}h\nu$ |

应的(一条)概率密度曲线。在零势、阶跃势和势垒等情况，都假定粒子是从左方入射的，最后一列举出各系统的一两个最重要的特征。

关于表 15.2，着重指出以下两点：

(1)按照量子力学，在有限深势阱、阶跃势、势垒和谐振子等各类势场中，粒子都有一定概率进入总能量小于势能的区域。在势垒情况，粒子还可能穿透势垒进入 $x>a$ 区域。这被称为隧道效应，它是德布罗意的物质波假设和薛定谔方程的成果之一。这些均已被实验证实，对此经典力学是无法解释的；

(2)对于谐振子，能量量子化公式和普朗克假设有所不同，零点能为 $h\nu/2$ 而不是零，这也已被实验证明是正确的。

扫描隧道显微镜是一种巧妙利用隧道效应，将物质表面原子的排列状态转换为图像信息的仪器。金属表面存在着势垒，阻止电子向外逸出，但由于隧道效应，电子仍有一定概率穿越势垒，形成金属表面上的“电子云”。如果将一根尖锐的探针移到金属表面附近，二者表面附近的“电子云”将重叠，在探针和金属之间加上电压，就会有电流流过它们的间隙。由于电子波函数衰减很快，因此这种电流对探针和金属之间距离的变化非常敏感，发明者称“即使距离的变化只有一个原子直径，也会引起隧道电流变化 1000 倍”。在能够精确控制探针和金属之间距离的情况下，可得到分辨本领为百分之几纳米的图像。此外扫描隧道显微镜在低温下可以利用探针尖端精确操纵原子，因此它在纳米领域既是重要的测量工具又是加工工具。相关知识参见第 10 章章前内容。

## 复习思考题

**15.23** 波函数的物理意义是什么？它必须满足那些条件？

**15.24** 怎样理解微观粒子的波粒二象性？

**15.25** 写出自由粒子波函数，设其能量为 $E$，动量为 $p$，沿 $x$ 正向运动。

**15.26** 写出一维定态薛定谔方程的一般形式。写出一维线性谐振子 $\left(V=\dfrac{1}{2}m\omega^2x^2\right)$ 的定态薛定谔方程。

**15.27** 在如图 15.21 所示的一维无限深势阱中运动的粒子，其定态能量为 $E_n$ ________，定态波函数为 $\psi_n(x)=$ ________。当粒子处于 $n=6$ 的量子态时，概率密度极大值处的 $x$ 坐标为________，概率密度极小值处的 $x$ 坐标为________。

# 15.7 氢原子的量子力学描述 电子自旋

虽然用玻尔理论可以很好地说明氢原子的光谱线，但由于玻尔理论是以经典物理为基础，将氢原子中的电子看作是经典的粒子，因而玻尔理论在有些方面的结论是不正确的。实际上氢原子中的电子是具有波粒二象性的微观粒子，遵循量子力学的规律。

## 15.7.1 氢原子的量子力学结论

在氢原子中，电子在原子核的库仑场中运动，若以原子核为坐标原点，以无穷远为势能零点，则电子受核的吸引而具有的势能为

$$V(\boldsymbol{r}) = -\frac{1}{4\pi\varepsilon_0}\frac{e^2}{r} \tag{15.39}$$

将这一势能代入到定态薛定谔方程式(15.29)中，有

$$\frac{\partial^2\Psi}{\partial x^2}+\frac{\partial^2\Psi}{\partial y^2}+\frac{\partial^2\Psi}{\partial z^2}+\frac{2m}{\hbar^2}\left(E+\frac{1}{4\pi\varepsilon_0}\frac{e^2}{r}\right)\Psi=0 \tag{15.40}$$

对该微分方程的求解过程非常复杂，而且超出了我们目前所掌握的数学知识。下面我们将略去求解过程，仅就求解所得到的一些重要结论进行讨论。

1. 能量量子化

在氢原子的总能量 $E<0$ 的情况下，即电子处在束缚态时，求解薛定谔方程，可得氢原子的总能量，即

$$E_n=-\frac{1}{n^2}\frac{me^4}{8\varepsilon_0^2h^2},\quad n=1,2,3,\cdots \tag{15.41}$$

式中的 $n$ 是不为零的正整数，这表明氢原子的能量是量子化的，$n$ 称作主量子数。这里所得结果与玻尔理论一致，这一方面从实验上证明了薛定谔方程是正确的，另一方面该结果是由薛定谔方程自然导出的，未作任何人为假设。

2. 角动量量子化

电子的绕核运动具有角动量，在玻尔理论中，完全是以假设的形式给出了电子角动量的量子化条件。现在，我们通过求解氢原子的薛定谔方程可以给出电子绕核运动角动量的大小，即

$$L=\sqrt{l(l+1)}\hbar,\quad l=0,1,2,\cdots,n-1 \quad (15.42)$$

式中的 $l$ 为小于 $n$ 的正整数，称作**副量子数**，由此可见，电子的绕核运动角动量也是量子化的，但结论与玻尔理论中的角动量量子化公式有所不同。例如当 $n=2$ 时，按玻尔理论，角动量为 $2\hbar$，而按量子力学，角动量可为 0 和$\sqrt{2}\hbar$，而且实验已证明量子力学的结论是正确的。

3. 角动量空间量子化

电子绕核运动的角动量是矢量，该矢量的大小是量子化的，该矢量的方向是否可连续变化呢？通过求解氢原子的薛定谔方程我们可以进一步得到第三个量子化公式，这就是电子绕核运动的角动量 $\boldsymbol{L}$ 在外磁场 $\boldsymbol{B}$ 方向的投影 $L_z$，量子力学给出的结果是

$$L_z=m_l\hbar,\quad m_l=0,\pm1,\pm2,\cdots,\pm l \quad (15.43)$$

式中的 $m_l$ 的绝对值为不大于 $l$ 的整数，称为**磁量子数**。对于确定的副量子数 $l$，磁量子数 $m_l$ 可取$(2l+1)$个不连续值，即在角动量大小 $L=\sqrt{l(l+1)}\hbar$ 已经确定的情况下，$\boldsymbol{L}$ 在外磁场方向的投影 $L_z$ 有$(2l+1)$个不连续值，也就是说，$\boldsymbol{L}$ 在空间的取向也是量子化的，称为**空间量子化**，式(15.43)即为空间量子化公式。图 15.25(a)、(b)分别给出了 $l=1$ 和 $l=2$ 时 $\boldsymbol{L}$ 的可能取向。

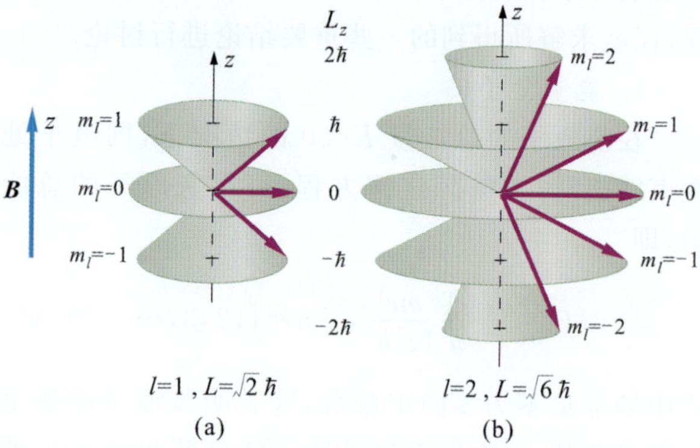


图 15.25

* 塞曼效应

早在 1896 年就已发现，当光源处于外加磁场中时，它所发出的一条光谱线将分裂成为若干条相互靠近的谱线，这种现象称作塞曼效应。显然，这是由于原来的一个能级放在磁场中分裂成为若干个分能级的缘故。

下面根据空间量子化的概念，分析塞曼效应这种现象。

从电磁学知道，原子中绕核运动的电子不仅有角动量 $\boldsymbol{L}$，而且有磁矩 $\boldsymbol{\mu}$。可以证明 $\boldsymbol{\mu}=-\dfrac{e}{2m_e}\boldsymbol{L}$，其中 $e$ 和 $m_e$ 分别是电子的电量和质量。因此和角动量一样，电子磁矩在外磁场方向的投影 $\mu_z$ 也只能取$(2l+1)$个不连续值，即有

$$\mu_z=-\frac{e}{2m_e}L_z=-\frac{e}{2m_e}(m_l\hbar)=-m_l\mu_B \qquad (15.44)$$
$$m_l=0,\pm1,\pm2,\cdots,\pm l$$

式中 $\mu_B=\dfrac{e\hbar}{2m_e}=9.27015\times10^{-24}$ J/T，称为**玻尔磁子**，$\mu_B$ 常作为原子磁矩单位。

由于磁矩在磁场中的不同取向产生不同的附加能量 $\Delta E$，即

$$\Delta E=-\boldsymbol{\mu}\cdot\boldsymbol{B}=-\mu_zB=m_l\mu_BB \quad (15.45)$$
$$m_l=0,\pm1,\pm2,\cdots,\pm l$$

$m_l$ 越大，$\Delta E$ 也越大，因此原来由一组 $n$、$l$ 值确定的一个能级，在磁场中将分裂成为$(2l+1)$个分能级，光谱线也随之分裂呈现**塞曼效应**。图 15.26(a)、(b)分别示出无磁场和有磁场情况下的能级和谱线，图 15.26(c)则为两种情况下光谱线的示意图。

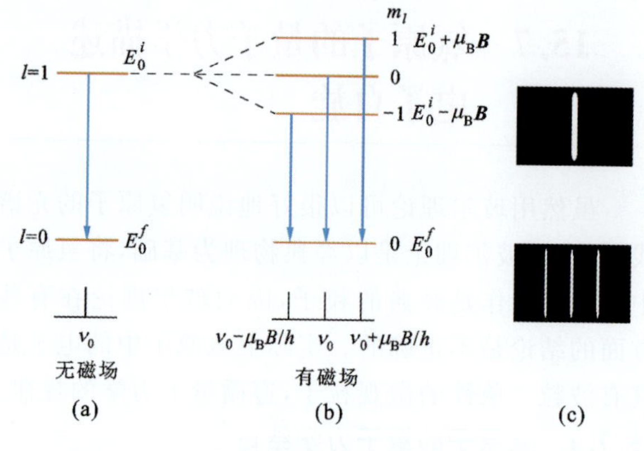


图 15.26

塞曼效应可以用来测量天体的磁场。黑子是日面上磁场最强的区域，1908 年，美国天文学家利用光谱线的塞曼效应测量了太阳黑子的磁场。

**想想看**

15.15 当 $l=3$ 时，试确定电子角动量的大小及其在 $z$ 轴方向投影所取的可能的值。

15.16　从太阳黑子群和黑子以外表面区域发出的光的塞曼效应，哪一个比较容易观测？

### 15.7.2　施特恩-盖拉赫实验　电子自旋

1922年，施特恩和盖拉赫在德国汉堡大学做了一个实验，最初的目的在于验证索末菲空间量子化假设。实验装置如图15.27所示。$O$是银原子射线源，通过电炉加热使银蒸发，产生的银原子束通过狭缝$S_0$，经过不均匀磁场区域后，打在照相底板$P$上。整个装置放在真空容器中。

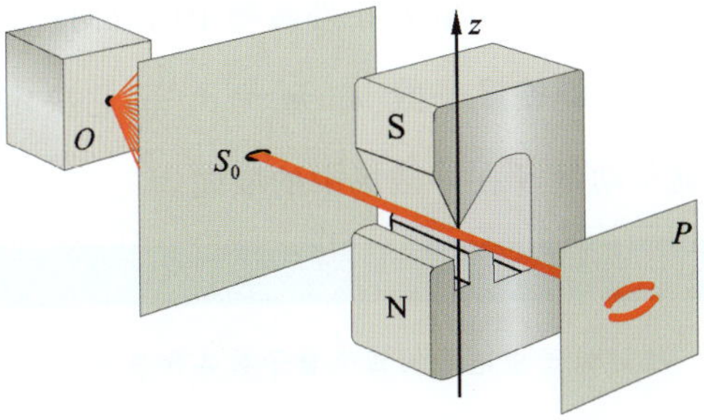


图15.27

实验发现，在不加磁场时，底板$P$上呈现一条正对狭缝的银原子沉积。加上磁场后呈现上下两条沉积，如图15.27所示，说明原子束经过非均匀磁场后分为两束。这一现象证实了原子具有磁矩，且磁矩在外磁场中只有两种可能取向，即空间取向是量子化的。

现用图15.28(a)、(b)、(c)说明这一点。设想有一磁矩为$\boldsymbol{\mu}$的小磁铁，若将它放在均匀磁场$\boldsymbol{B}$中，磁感应强度$\boldsymbol{B}$与$\boldsymbol{\mu}$间的夹角为$\theta$，见图15.28(a)，由于磁场是均匀的，小磁铁N极和S极所受的磁场力不论$\theta$多大均相等，因此小磁铁所受净磁场力为零。但若将小磁铁放在非均匀磁场中，情况就不同了，见图15.28(b)、(c)，这时小磁铁N极和S极所受的磁场力并不相等，小磁铁将受到与$\theta$有关的净磁场力。在图15.28(b)、(c)中，小磁铁受到的净力分别对应于向上(沿$z$轴正向)和向下情况。用这样的模型说明了银原子束具有磁矩，且在外磁场中磁矩只有两种取向，即空间取向是量子化的，因此在其通过非均匀磁场时，是按$\theta>\frac{\pi}{2}$或$\theta<\frac{\pi}{2}$的不同分裂成向上和向下两束，而不是连续变化的。

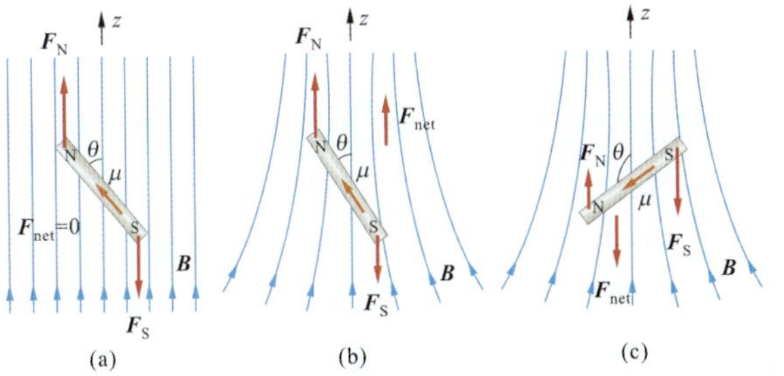


图15.28

上述原子磁矩显然不是电子轨道运动的磁矩，因为当副量子数为$l$时，轨道角动量和磁矩在外磁场方向的投影为$L_z$和$\mu_z$，且$\mu_z=-\frac{e}{2m_e}L_z$有$(2l+1)$个不同值，底片上原子沉积应为$(2l+1)$条，即为奇数条，而不可能只有两条。

为了说明上述施特恩-盖拉赫实验的结果，1925年，荷兰物理学家乌伦贝克(时年25岁、硕士)和古兹密特(时年23岁、学士)在分析原子光谱的一些实验结果的基础上，提出电子具有自旋运动的假设，并且根据实验结果指出，电子自旋角动量和自旋磁矩在外磁场中只有两种可能取向。上述实验中银原子处于基态，且$l=0$，即处于轨道角动量和相应的磁矩皆为零的状态，因而只有自旋角动量和自旋磁矩。1928年狄拉克由电子的相对论波动方程，从理论上直接得出了电子有自旋运动和磁矩的结论。

完全类似于电子轨道运动情况，假设电子自旋角动量的大小$S$和它在外磁场方向的投影$S_z$可以用自旋量子数$s$和自旋磁量子数$m_s$分别表示为

$$S=\sqrt{s(s+1)}\hbar,\quad S_z=m_s\hbar$$

且当$s$一定时，$m_s$可取$(2s+1)$个值。又由上述实验知，$m_s$只有两个值，即$2s+1=2$，可得

$$s=\frac{1}{2},\quad m_s=\pm\frac{1}{2} \tag{15.46}$$

因而电子自旋角动量的大小$S$及其在外磁场方向的投影$S_z$分别为

$$S=\sqrt{\frac{1}{2}\left(\frac{1}{2}+1\right)}\hbar=\sqrt{\frac{3}{4}}\hbar \tag{15.47}$$

$$S_z=\pm\frac{1}{2}\hbar \tag{15.48}$$

如图15.29所示。

引入电子自旋概念后，碱金属原子光谱的双线结构(如钠黄光的589.0 nm和589.6 nm)等现象得到了很好的解释。

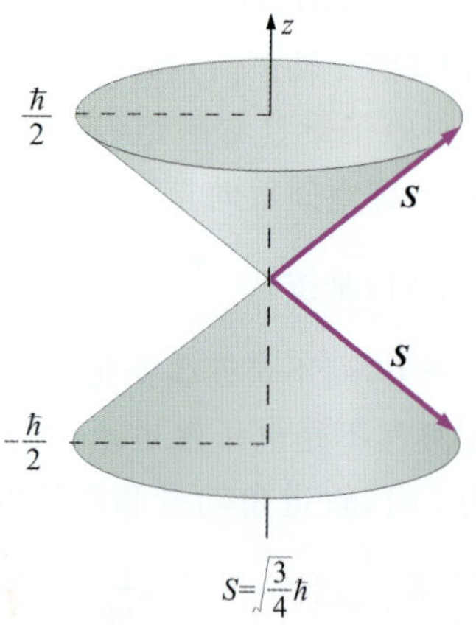


图 15.29

理论和实验研究表明，一切微观粒子都具有各自的自旋，自旋是一个非常重要的概念。

**15.7.3 四个量子数**

至此，我们可以对原子中电子运动状态如何描述作一个总结。电子的稳定运动状态应该用四个量子数来表征，其中三个决定了电子轨道运动状态，一个决定电子自旋运动状态。它们是

(1) **主量子数** $n$，$n=1,2,3,\cdots$，它大体上决定了原子中电子的能量；

(2) **副量子数** $l$，$l=0,1,2,3,\cdots,n-1$，它决定了原子中电子的轨道角动量的大小。另外，由于轨道磁矩和自旋磁矩的相互作用、相对论效应等，副量子数 $l$ 对能量也有稍许影响。即由 $n$ 的一个值所决定的能级实际上包含了若干个与 $l$ 有关、靠得很近的分能级；

(3) **磁量子数** $m_l$，$m_l=0,\pm1,\pm2,\cdots,\pm l$，它决定了电子轨道角动量 $\boldsymbol{L}$ 在外磁场中的取向；

(4) **自旋磁量子数** $m_s$，$m_s=\pm\frac{1}{2}$，它决定了电子自旋角动量 $\boldsymbol{S}$ 在外磁场中的取向。

**想想看**

15.17 描述原子中电子的四个量子数各代表什么含义？

## 复习思考题

**15.28** 由量子力学得到的关于氢原子中电子能量 $E_n$、角动量 $\boldsymbol{L}$ 和角动量在外磁场方向投影 $L_z$ 的量子化公式各是什么？确定氢原子中电子绕核运动状态需要哪几个量子数，取值范围如何？

**15.29** 当氢原子处于 $n=4$ 的能级上时，电子角动量的所有可能值有______个，它们是______。

**15.30** 塞曼效应是什么？由空间量子化公式怎样说明塞曼效应？在外磁场中，$n=4$，$l=3$ 的能级将分裂为______个分能级？

**15.31** 施特恩-盖拉赫实验怎样说明了空间量子化？怎样说明电子具有自旋？

**15.32** 电子自旋角动量 $\boldsymbol{S}$ 的大小 $S=$______，$\boldsymbol{S}$ 在外磁场方向的投影 $S_z=$______。

**15.33** 铊原子中的一个电子处于 $n=5$ 态，它可能有的副量子数是 $-5$、$-3$、0、2、3、4、5 中的哪几个？

# 15.8 原子的电子壳层结构

除了氢原子和类氢离子以外，其他元素的原子中都有两个或两个以上的电子，这些电子在原子中各处于怎样的运动状态，分布规律如何呢？了解这一问题也就了解了元素周期表中各元素排列、分类的规律性。

1916 年，柯塞尔提出多电子原子中核外电子按壳层分布的形象化模型。他认为主量子数 $n$ 相同的电子，组成一个壳层，$n$ 越大的壳层，离原子核的平均距离越远，$n=1,2,3,4,5,6,\cdots$ 的各壳层分别用大写字母 K，L，M，N，O，P，…表示。在一个壳层内，又按副量子数 $l$ 分为若干个支壳层，显然主量子数为 $n$ 的壳层中包含 $n$ 个支壳层，$l=0,1,2,3,4,5,\cdots$ 的各支壳层分别用小写字母 s，p，d，f，g，h，…表示。一般说来，主量子数 $n$ 越大的壳层，其能级越高，同一壳层中，副量子数 $l$ 越大的支壳层能级越高。由量子数 $n$、$l$ 确定的支壳层通常这样表示：把 $n$ 的数值写在前面，并排写出代表 $l$ 值的字母，如 1s，2s，2p，3s，3p，3d，4s，…。

核外电子在这些壳层和支壳层上的分布情况由下面两条原理决定。

1. 泡利不相容原理

1925 年泡利根据对光谱实验结果的分析总结出如下规律：在一个原子中不能有两个或两个以上的电子处在完全相同的量子态。也就是说，一个原子中任何两个电子都不可能具有一组完全相同的量子数($n$，$l$，$m_l$，$m_s$)，这称为泡利不相容原理。以基态氦原子为例，它的两个核外电子都处于 1s 态，其($n$，

$l, m_l$)都是(1,0,0),则 $m_s$ 必定不同,即一个为 +1/2,另一个为 −1/2。根据泡利不相容原理不难算出各壳层上最多可容纳的电子数为

$$Z_n = \sum_{l=0}^{n-1} 2(2l+1) = 2n^2 \qquad (15.49)$$

在 $n$=1,2,3,4,…的 K,L,M,N,…各壳层上,最多可容纳 2,8,18,32,…个电子。而在 $l$=0,1,2,3…各支壳层上,最多可容纳 2,6,10,14,…个电子。表 15.3 列出原子内各壳层和支壳层上最多可容纳的电子数。

**表 15.3 原子中电子壳层最多可容纳的电子数**

| $n$ | $l$ | | | | | | | $Z_n$ |
|---|---|---|---|---|---|---|---|---|
| | 0<br>s | 1<br>p | 2<br>d | 3<br>f | 4<br>g | 5<br>h | 6<br>i | |
| 1, K | 2 | — | — | — | — | — | — | 2 |
| 2, L | 2 | 6 | — | — | — | — | — | 8 |
| 3, M | 2 | 6 | 10 | — | — | — | — | 18 |
| 4, N | 2 | 6 | 10 | 14 | — | — | — | 32 |
| 5, O | 2 | 6 | 10 | 14 | 18 | — | — | 50 |
| 6, P | 2 | 6 | 10 | 14 | 18 | 22 | — | 72 |
| 7, Q | 2 | 6 | 10 | 14 | 18 | 22 | 26 | 98 |

2. 能量最小原理

原子处于正常状态时,每个电子都趋向占据可能的最低能级。因此,能级越低也就是离核越近的壳层首先被电子填满,其余电子依次向未被占据的最低能级填充,直至所有 $Z$ 个核外电子分别填入可能占据的最低能级为止。由于能量还和副量子数 $l$ 有关,所以在有些情况下,$n$ 较小的壳层尚未填满时,下一个壳层上就开始有电子填入了。关于 $n$ 和 $l$ 都不同的状态的能级高低问题,我国科学工作者总结出这样的规律:对于原子的外层电子,能级高低可以用($n$+0.7$l$)值的大小来比较,其值越大,能级越高。例如,3d 态能级比 4s 态能级高,因此钾的第 19 个电子不是填入 3d 态,而是填入 4s 态,等等。

按量子力学求得的各元素原子中电子排列的顺序,已在各元素的物理、化学性质的周期性中得到完全证实。实际上,每当电子向一个新的壳层填入时,就开始了一个新的周期,见表 15.4。

**表 15.4 原子中电子按壳层排布表**

| 周期 | 原子序数<br>元素名称<br>化学符号 | 各电子壳层上的电子数 | | | | |
|---|---|---|---|---|---|---|
| | | K<br>1s | L<br>2s 2p | M<br>3s 3p 3d | N<br>4s 4p 4d 4f | O<br>5s 5p |
| Ⅰ | 1 氢 H | 1 | | | | |
| | 2 氦 He | 2 | | | | |
| Ⅱ | 3 锂 Li | 2 | 1 | | | |
| | 4 铍 Be | 2 | 2 | | | |
| | 5 硼 B | 2 | 2 1 | | | |
| | 6 碳 C | 2 | 2 2 | | | |
| | 7 氮 N | 2 | 2 3 | | | |
| | 8 氧 O | 2 | 2 4 | | | |
| | 9 氟 F | 2 | 2 5 | | | |
| | 10 氖 Ne | 2 | 2 6 | | | |
| Ⅲ | 11 钠 Na | 2 | 2 6 | 1 | | |
| | 12 镁 Mg | 2 | 2 6 | 2 | | |
| | 13 铝 Al | 2 | 2 6 | 2 1 | | |
| | 14 硅 Si | 2 | 2 6 | 2 2 | | |
| | 15 磷 P | 2 | 2 6 | 2 3 | | |
| | 16 硫 S | 2 | 2 6 | 2 4 | | |
| | 17 氯 Cl | 2 | 2 6 | 2 5 | | |
| | 18 氩 Ar | 2 | 2 6 | 2 6 | | |
| Ⅳ | 19 钾 K | 2 | 2 6 | 2 6 | 1 | |
| | 20 钙 Ca | 2 | 2 6 | 2 6 | 2 | |
| | 21 钪 Sc | 2 | 2 6 | 2 6 1 | 2 | |
| | 22 钛 Ti | 2 | 2 6 | 2 6 2 | 2 | |
| | 23 钒 V | 2 | 2 6 | 2 6 3 | 2 | |
| | 24 铬 Cr | 2 | 2 6 | 2 6 5 | 1 | |
| | 25 锰 Mn | 2 | 2 6 | 2 6 5 | 2 | |
| | 26 铁 Fe | 2 | 2 6 | 2 6 6 | 2 | |
| | 27 钴 Co | 2 | 2 6 | 2 6 7 | 2 | |
| | 28 镍 Ni | 2 | 2 6 | 2 6 8 | 2 | |
| | 29 铜 Cu | 2 | 2 6 | 2 6 10 | 1 | |
| | 30 锌 Zn | 2 | 2 6 | 2 6 10 | 2 | |
| | 31 镓 Ga | 2 | 2 6 | 2 6 10 | 2 1 | |
| | 32 锗 Ge | 2 | 2 6 | 2 6 10 | 2 2 | |
| | 33 砷 As | 2 | 2 6 | 2 6 10 | 2 3 | |
| | 34 硒 Se | 2 | 2 6 | 2 6 10 | 2 4 | |
| | 35 溴 Br | 2 | 2 6 | 2 6 10 | 2 5 | |
| | 36 氪 Kr | 2 | 2 6 | 2 6 10 | 2 6 | |
| Ⅴ | 37 铷 Rb | 2 | 8 | 18 | 2 6 | 1 |
| | 38 锶 Sr | 2 | 8 | 18 | 2 6 | 2 |
| | 39 钇 Y | 2 | 8 | 18 | 2 6 1 | 2 |
| | 40 锆 Zr | 2 | 8 | 18 | 2 6 2 | 2 |
| | 41 铌 Nb | 2 | 8 | 18 | 2 6 4 | 1 |
| | 42 钼 Mo | 2 | 8 | 18 | 2 6 5 | 1 |
| | 43 锝 Tc | 2 | 8 | 18 | 2 6 5 | 2 |
| | 44 钌 Ru | 2 | 8 | 18 | 2 6 7 | 1 |
| | 45 铑 Rh | 2 | 8 | 18 | 2 6 8 | 1 |
| | 46 钯 Pd | 2 | 8 | 18 | 2 6 10 | |
| | 47 银 Ag | 2 | 8 | 18 | 2 6 10 | 1 |
| | 48 镉 Cd | 2 | 8 | 18 | 2 6 10 | 2 |
| | 49 铟 In | 2 | 8 | 18 | 2 6 10 | 2 1 |
| | 50 锡 Sn | 2 | 8 | 18 | 2 6 10 | 2 2 |
| | 51 锑 Sb | 2 | 8 | 18 | 2 6 10 | 2 3 |
| | 52 碲 Te | 2 | 8 | 18 | 2 6 10 | 2 4 |
| | 53 碘 I | 2 | 8 | 18 | 2 6 10 | 2 5 |
| | 54 氙 Xe | 2 | 8 | 18 | 2 6 10 | 2 6 |

**续表 15.4**

| 周期 | 原子序数 元素名称 化学符号 | K | L | M | N 4s | N 4p | N 4d | N 4f | O 5s | O 5p | O 5d | O 5f | P 6s |
|---|---|---|---|---|---|---|---|---|---|---|---|---|---|
| Ⅵ | 55 铯 Cs | 2 | 8 | 18 | 2 | 6 | 10 | | 2 | 6 | | | 1 |
| | 56 钡 Ba | 2 | 8 | 18 | 2 | 6 | 10 | | 2 | 6 | | | 2 |
| | 57 镧 La | 2 | 8 | 18 | 2 | 6 | 10 | | 2 | 6 | 1 | | 2 |
| | 58 铈 Ce | 2 | 8 | 18 | 2 | 6 | 10 | 1 | 2 | 6 | 1 | | 2 |
| | 59 镨 Pr | 2 | 8 | 18 | 2 | 6 | 10 | 3 | 2 | 6 | | | 2 |
| | 60 钕 Nd | 2 | 8 | 18 | 2 | 6 | 10 | 4 | 2 | 6 | | | 2 |
| | 61 钷 Pm | 2 | 8 | 18 | 2 | 6 | 10 | 5 | 2 | 6 | | | 2 |
| | 62 钐 Sm | 2 | 8 | 18 | 2 | 6 | 10 | 6 | 2 | 6 | | | 2 |
| | 63 铕 Eu | 2 | 8 | 18 | 2 | 6 | 10 | 7 | 2 | 6 | | | 2 |
| | 64 钆 Gd | 2 | 8 | 18 | 2 | 6 | 10 | 7 | 2 | 6 | 1 | | 2 |
| | 65 铽 Tb | 2 | 8 | 18 | 2 | 6 | 10 | 9 | 2 | 6 | | | 2 |
| | 66 镝 Dy | 2 | 8 | 18 | 2 | 6 | 10 | 10 | 2 | 6 | | | 2 |
| | 67 钬 Ho | 2 | 8 | 18 | 2 | 6 | 10 | 11 | 2 | 6 | | | 2 |
| | 68 铒 Er | 2 | 8 | 18 | 2 | 6 | 10 | 12 | 2 | 6 | | | 2 |
| | 69 铥 Tm | 2 | 8 | 18 | 2 | 6 | 10 | 13 | 2 | 6 | | | 2 |
| | 70 镱 Yb | 2 | 8 | 18 | 2 | 6 | 10 | 14 | 2 | 6 | | | 2 |
| | 71 镥 Lu | 2 | 8 | 18 | 2 | 6 | 10 | 14 | 2 | 6 | 1 | | 2 |
| | 72 铪 Hf | 2 | 8 | 18 | 2 | 6 | 10 | 14 | 2 | 6 | 2 | | 2 |
| | 73 钽 Ta | 2 | 8 | 18 | 32 | | | | 2 | 6 | 3 | | 2 |
| | 74 钨 W | 2 | 8 | 18 | 32 | | | | 2 | 6 | 4 | | 2 |
| | 75 铼 Re | 2 | 8 | 18 | 32 | | | | 2 | 6 | 5 | | 2 |
| | 76 锇 Os | 2 | 8 | 18 | 32 | | | | 2 | 6 | 6 | | 2 |
| | 77 铱 Ir | 2 | 8 | 18 | 32 | | | | 2 | 6 | 7 | | 2 |
| | 78 铂 Pt | 2 | 8 | 18 | 32 | | | | 2 | 6 | 9 | | 1 |

**续表 15.4**

| 周期 | 原子序数 元素名称 化学符号 | K | L | M | N | O 5s | O 5p | O 5d | O 5f | P 6s | P 6p | P 6d | Q 7s |
|---|---|---|---|---|---|---|---|---|---|---|---|---|---|
| Ⅵ | 79 金 Au | 2 | 8 | 18 | 32 | 2 | 6 | 10 | | 1 | | | |
| | 80 汞 Hg | 2 | 8 | 18 | 32 | 2 | 6 | 10 | | 2 | | | |
| | 81 铊 Tl | 2 | 8 | 18 | 32 | 2 | 6 | 10 | | 2 | 1 | | |
| | 82 铅 Pb | 2 | 8 | 18 | 32 | 2 | 6 | 10 | | 2 | 2 | | |
| | 83 铋 Bi | 2 | 8 | 18 | 32 | 2 | 6 | 10 | | 2 | 3 | | |
| | 84 钋 Po | 2 | 8 | 18 | 32 | 2 | 6 | 10 | | 2 | 4 | | |
| | 85 砹 At | 2 | 8 | 18 | 32 | 2 | 6 | 10 | | 2 | 5 | | |
| | 86 氡 Rn | 2 | 8 | 18 | 32 | 2 | 6 | 10 | | 2 | 6 | | |
| Ⅶ | 87 钫 Fr | 2 | 8 | 18 | 32 | 2 | 6 | 10 | | 2 | 6 | | 1 |
| | 88 镭 Ra | 2 | 8 | 18 | 32 | 2 | 6 | 10 | | 2 | 6 | | 2 |
| | 89 锕 Ac | 2 | 8 | 18 | 32 | 2 | 6 | 10 | | 2 | 6 | 1 | 2 |
| | 90 钍 Th | 2 | 8 | 18 | 32 | 2 | 6 | 10 | | 2 | 6 | 2 | 2 |
| | 91 镤 Pa | 2 | 8 | 18 | 32 | 2 | 6 | 10 | 2 | 2 | 6 | 1 | 2 |
| | 92 铀 U | 2 | 8 | 18 | 32 | 2 | 6 | 10 | 3 | 2 | 6 | 1 | 2 |
| | 93 镎 Np | 2 | 8 | 18 | 32 | 2 | 6 | 10 | 4 | 2 | 6 | 1 | 2 |
| | 94 钚 Pu | 2 | 8 | 18 | 32 | 2 | 6 | 10 | 6 | 2 | 6 | | 2 |
| | 95 镅 Am | 2 | 8 | 18 | 32 | 2 | 6 | 10 | 7 | 2 | 6 | | 2 |
| | 96 锔 Cm | 2 | 8 | 18 | 32 | 2 | 6 | 10 | 7 | 2 | 6 | 1 | 2 |
| | 97 锫 Bk | 2 | 8 | 18 | 32 | 2 | 6 | 10 | 9 | 2 | 6 | | 2 |
| | 98 锎 Cf | 2 | 8 | 18 | 32 | 2 | 6 | 10 | 10 | 2 | 6 | | 2 |
| | 99 锿 Es | 2 | 8 | 18 | 32 | 2 | 6 | 10 | 11 | 2 | 6 | | 2 |
| | 100 镄 Fm | 2 | 8 | 18 | 32 | 2 | 6 | 10 | 12 | 2 | 6 | | 2 |
| | 101 钔 Md | 2 | 8 | 18 | 32 | 2 | 6 | 10 | 13 | 2 | 6 | | 2 |
| | 102 锘 No | 2 | 8 | 18 | 32 | 2 | 6 | 10 | 14 | 2 | 6 | | 2 |
| | 103 铹 Lw | 2 | 8 | 18 | 32 | 2 | 6 | 10 | 14 | 2 | 6 | 1 | 2 |

## 复习思考题

**15.35** 简述泡利不相容原理和能量最小原理。

**15.36** $l$ 为一定值的支壳层上最多可容纳________个电子；$n$ 为一定值的主壳层上最多可容纳________个电子。

## 第 15 章 小 结

### 普朗克量子化假设

谐振子只能处于一些列分立的状态，其能量是频率 $\nu$ 与普朗克常量 $h$ 的整数倍

$$\varepsilon = h\nu, 2h\nu, \cdots, nh\nu, \cdots$$

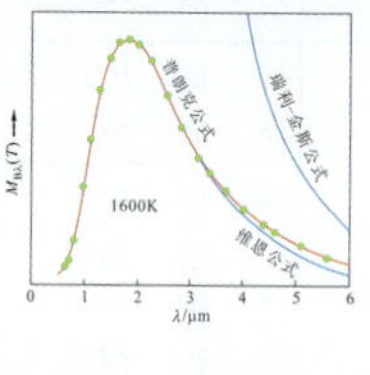


### 德布罗意假设

一切实物粒子都具有波粒二象性。与实物粒子相联系的波称为德布罗意波或物质波

$$\nu = \frac{E}{h} = \frac{mc^2}{h} \qquad \lambda = \frac{h}{p} = \frac{h}{mv}$$

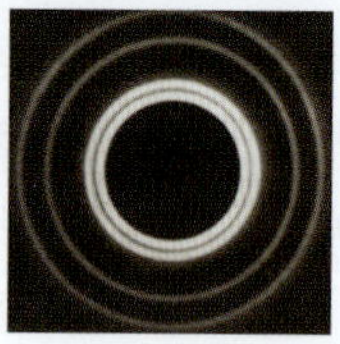

### 爱因斯坦光子假说和光电效应方程

频率为 $\nu$ 的光子的能量为 $h\nu$

金属中的电子吸收一个能量 $h\nu$ 大于逸出功 $A$ 的光子时，电子就可从金属中逸出

$$h\nu = A + \frac{1}{2}mv_m^2$$

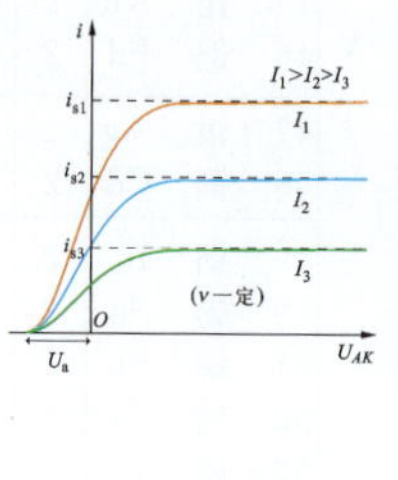


### 不确定关系

微观粒子的某些成对物理量不能同时具有确定的值，如位置坐标和动量、能量和时间等，其中一个量确定的越准确，另一个量的不确定程度就越大

$$\Delta x \Delta p_x \geqslant \frac{\hbar}{2} \qquad \Delta E \Delta t \geqslant \frac{\hbar}{2}$$

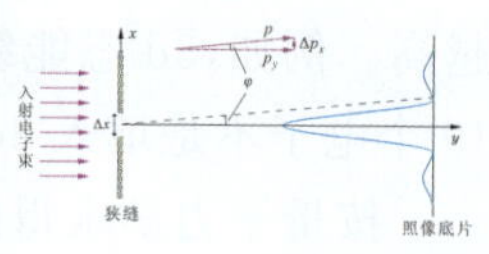

**光的波粒二象性**

光不仅具有波动性，也具有粒子性。光子具有质量、动量等一般粒子所共有的性质

$$m_\varphi=\frac{E}{c^2}=\frac{h}{c\lambda}\quad p=m_\varphi c=\frac{h}{\lambda}$$

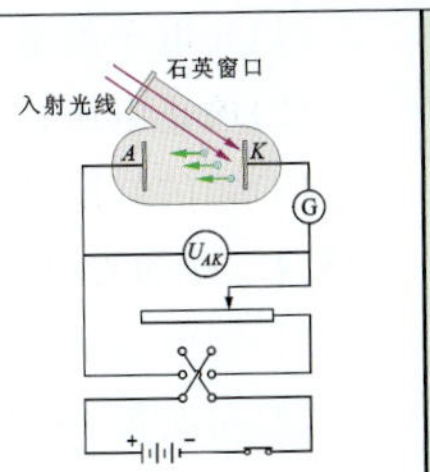


**玻尔氢原子理论**

氢原子只能处于一系列能量不连续的定态

氢原子从能量为 $E_k$ 的定态跃迁到能量为 $E_n$ 的定态时会发射或吸收一个光子

$$\nu_{kn}=\frac{|E_k-E_n|}{h}$$

电子的轨道角动量等于 $h/(2\pi)$ 的整数倍

$$L=mvr=n\frac{h}{2\pi}$$

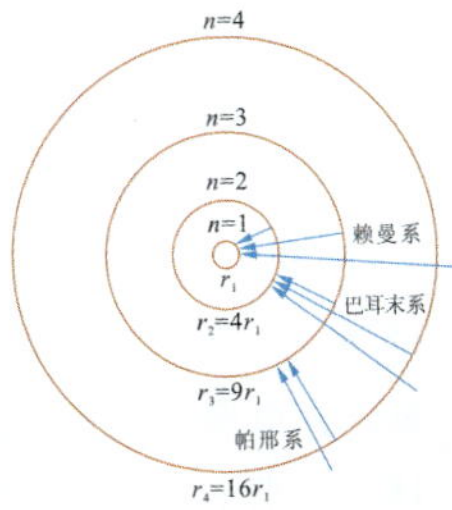


**四个量子数**

原子内电子的稳定状态可用 4 个量子数描述：

主量子数 $n$ 大体上决定了电子的能量；

副量子数 $l$ 决定电子轨道角动量的大小

$L=\sqrt{l(l+1)}\hbar\quad l=0,1,2,\cdots,n-1$

磁量子数 $m_l$ 决定电子轨道角动量在外磁场中的取向

$L_z=m_l\hbar\quad m_l=0,\pm1,\pm2,\cdots,\pm l$

自旋磁量子数 $m_s$ 决定电子自旋角动量在外磁场中的取向

$S_z=m_s\hbar\quad m_s=\pm1/2$

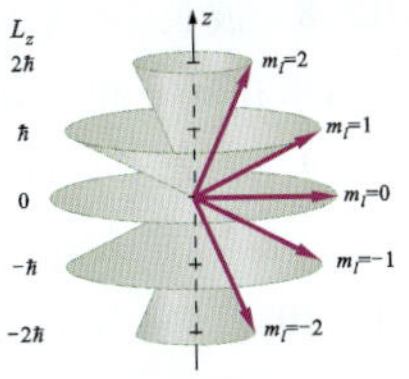


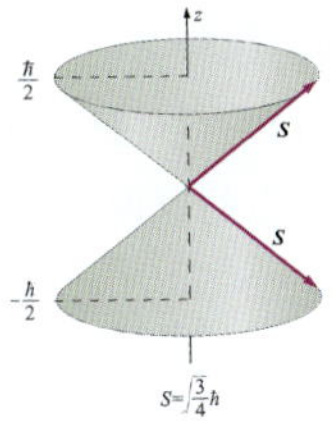


**康普顿效应及解释**

波长为 $\lambda_0$ 的 X 射线投射到散射体上，在任一散射角 $\theta$ 方向上，都可探测到两种波长 $\lambda$ 和 $\lambda_0$ 的散射线，它们是由光子分别与原子外层、内层电子碰撞所形成的

$$\Delta\lambda=\lambda-\lambda_0=2\lambda_c\sin^2\frac{\theta}{2}$$

其中　$\lambda_c=\dfrac{h}{m_0c}=0.0024\ \text{nm}$

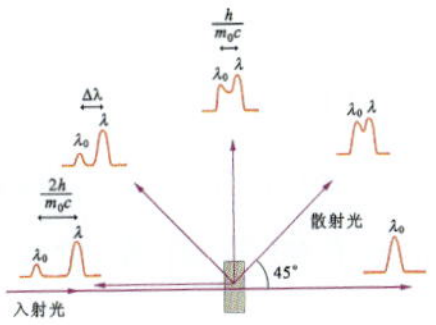


**波函数的统计解释及条件**

$t$ 时刻粒子在空间 $\boldsymbol{r}$ 处 $\mathrm{d}V$ 体积元内出现的概率

$$\mathrm{d}W=|\Psi(\boldsymbol{r},t)|^2\mathrm{d}V$$

波函数满足单值、有限、连续条件及归一化条件

$$\iiint|\Psi(\boldsymbol{r},t)|^2\mathrm{d}V=1$$

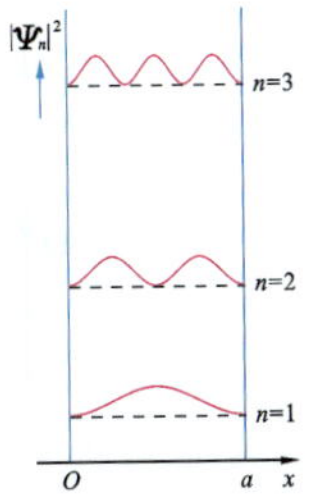


**定态薛定谔方程**

描述微观粒子在稳定力场 $V(\boldsymbol{r})$ 中运动的微分方程

$$\left(\frac{\partial^2}{\partial x^2}+\frac{\partial^2}{\partial y^2}+\frac{\partial^2}{\partial z^2}\right)\Psi(\boldsymbol{r})+\frac{2m}{\hbar^2}(E-V(\boldsymbol{r}))\Psi(\boldsymbol{r})=0$$

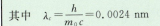

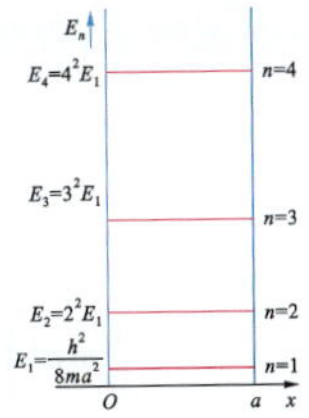


**泡利不相容原理和能量最小原理**

在一个原子内不能有两个获两个以上的电子处于完全相同的量子态；

原子处于正常状态时，每个电子都趋向占据可能的最低的能级

# 习　题

**15.1　选择题**

(1)已知单色光照射在钠表面上，测得光子的最大动能是 1.2 eV，而钠的波长红限为 540 nm，则入射光的波长应为[　　]。

(A)535 nm　(B)500 nm　(C)435 nm　(D)355 nm

(2)关于光电效应和康普顿效应中电子与光子的相互作用过程，下列说法是正确的是[　　]。

(A)两种效应中电子和光子的相互作用都服从动量守恒定律和能量守恒定律

(B)两种效应中电子和光子相互作用都是弹性碰撞过程

(C)光电效应中电子吸收光子能量，康普顿效应中光子与电子发生弹性碰撞

(3)一个光子和一个电子具有相同的波长，则[　　]。

(A)光子具有较大的动量

(B)电子具有较大的动量

(C)电子与光子的动量相等

(D)电子和光子的动量不确定

(4)由氢原子理论可知，当氢原子处于 $n=3$ 的激发态时，可发射[　　]。

(A)一种波长的光　(B)两种波长的光

(C)三种波长的光　(D)各种波长的光

(5)卢瑟福 $\alpha$ 粒子实验证实了[　　]；斯特恩-盖拉赫实验

证实了[　　]；康普顿效应证实了[　　]；戴维孙-革末实验证实了[　　]。

(A)光的量子性　　(B)玻尔的能级量子化假设

(C) X 射线的存在　　(D)电子的波动性

(E)原子的有核模型　　(F)原子的自旋磁矩取向量子化

(6)粒子在一维无限深方势阱中运动，图示为粒子在某一能态上的波函数 $\Psi(x)$ 的曲线，概率密度最大的位置是[　　]。

(A)$\frac{a}{2}$　　(B)$\frac{1}{6}a,\frac{5}{6}a$

(C)$\frac{1}{6}a,\frac{1}{2}a,\frac{5}{6}a$　　(D)$0,\frac{1}{3}a,\frac{2}{3}a,a$

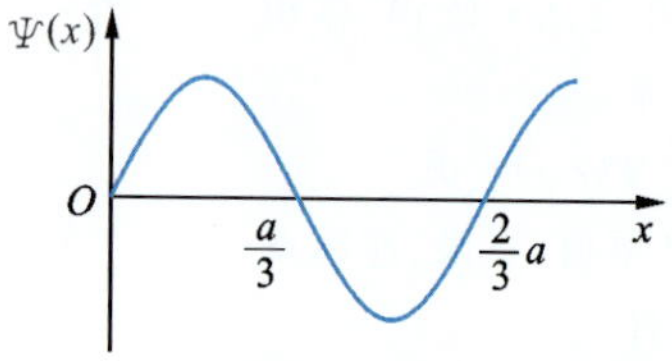


题 15.1(6)图

**15.2　填空题**

(1)如图所示，直线段 $PM$ 表示光电子的动能 $\frac{1}{2}mv^2$ 与入射光频率 $\nu$ 的变化关系，则图中______段的比值可确定普朗克常数；______段的值可以表示红限。

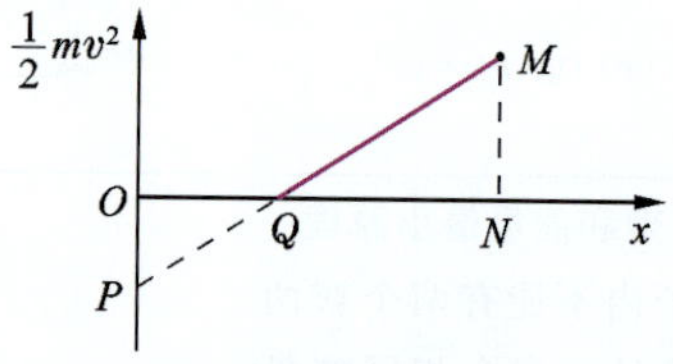


题 15.2(1)图

(2)在康普顿效应中，波长为 $\lambda_0$ 的入射光子与静止的自由电子碰撞后反向弹回，而散射光子的波长变为 $\lambda$，到反冲电子获得的动能为__________。

(3)为了获得德布罗意波长为 0.1 nm 的电子，按非相对论效应计算，需要________ V 的加速电压。

(4)一个离开质子相当远的电子以 2 eV 的动能向质子运动，并被质子束缚形成一个基态氢原子，在该过程中发出的光波的波长为________ nm。

(5)描述粒子运动的波函数为 $\Psi(r,t)$，则 $\Psi\Psi^*$ 表示______________________；$\Psi(r,t)$ 需要满足的条件为________________；其归一化条件是____________。

(6)按量子力学理论，若氢原子中电子的主量子数 $n=3$，那么它的轨道角动量可能有____________个取值；若电子的角量子数 $l=2$，则电子的轨道角动量在磁场方向的分量可能取的各个值为________________。

**15.3**　从钼中移出一个电子需要 4.2 eV 的能量。用波长为 200 nm 的紫外光投射到钼的表面上，求：

(1)光电子的最大初动能；

(2)遏止电压；

(3)钼的红限波长。

**15.4**　锂的光电效应红限波长 $\lambda_0=0.50\ \mu\text{m}$，求：

(1)锂的电子逸出功；

(2)用波长 $\lambda=0.33\ \mu\text{m}$ 的紫外光照射时的遏止电压。

**15.5**　测得投射在某种金属上的光波波长 $\lambda$ 和相应遏止电压 $U_a$ 的数据如下：

| | | | | | | |
|---|---|---|---|---|---|---|
| $\lambda$(nm) | 253.6 | 283.0 | 303.9 | 330.2 | 366.3 | 435.8 |
| $U_a$(V) | 2.60 | 2.11 | 1.81 | 1.47 | 1.10 | 0.57 |

(1)在坐标纸上作出 $U_a-\nu$ 图线；

(2)利用图线求出该金属的光电效应红限频率和波长；

(3)利用图线求出普朗克常数。

**15.6**　一光子的能量等于电子静能，计算其频率、波长和动量。在电磁波谱中，它属于哪种射线？

**15.7**　求下列各种射线光子的能量、动量和质量：

(1) $\lambda=0.70\ \mu\text{m}$ 的红光；

(2) $\lambda=0.025$ nm 的 X 射线；

(3) $\lambda=1.24\times10^{-3}$ nm 的 $\gamma$ 射线。

**15.8**　波长 $\lambda=0.0708$ nm 的 X 射线在石蜡上受到康普顿散射，求在 $\pi/2$ 和 $\pi$ 方向上散射 X 射线的波长。

**15.9**　一光子与自由电子碰撞，电子可能获得的最大的能量为60 keV，求入射光子的波长和能量(用 J 和 eV 表示)。

**15.10**　已知 X 光光子能量为 0.60 MeV，在康普顿散射后波长改变了 20%，求反冲电子获得的能量和动量大小。

**15.11**　解释下列概念：定态、基态、激发态、量子化条件、发射、吸收。

**15.12**　在气体放电管中，用动能为 12.2 eV 的电子轰击处于基态的氢原子，试求氢原子被激发后所能发射的光谱线波长。

**15.13**　根据玻尔理论计算当氢原子处于基态时，电子的速率 $v$ 和绕行频率 $\nu$，并求出 $v/c$，将 $\nu$ 和可见光频率相比较。

**15.14**　计算初速很小的电子经过 100 V、1000 V 电压加速后的德布罗意波长。

**15.15**　当电子的德布罗意波长等于其康普顿波长时，求：

(1)电子动量；

(2)电子速率与光速的比值。

**15.16**　常温下的中子称为热中子。试计算 $T=300$ K 时，热中子的平均动能，由此估算其德布罗意波长。

**15.17**　若一个电子的动能等于它的静能，试求：该电子的动量、速度、德布罗意波长。

**15.18**　光子与电子的波长都是 0.2 nm 它们的动量和总能量各为多少？电子动能为多少？

**15.19**　试证明玻尔圆轨道的周长恰好等于电子的德布罗意波长的整数倍，即定态轨道满足形成驻波的条件。

**15.20**　一粒子被禁闭在长度为 $a$ 的一维箱中运动，其定态为驻波。试根据德布罗意关系式和驻波条件证明：该粒子定态动能是量子化的，求出量子化能级和最小动能公式(不考虑相对论效应)。顺便指出，这些公式与严格求解量子力学方程所得结果恰好完全相同。

**15.21**　作一维运动的电子，其动量不确定量是 $\Delta p_x = 10^{-25}$ kg·m/s，能将这个电子约束在内的最小容器的大概尺寸是多少？

**15.22**　利用 15.20 题的结果，计算下列电子和质子的最小动能：

(1)对于电子，假设 $a = 10^{-10}$ m(相当于原子线度)；

(2)对于质子，假设 $a = 10^{-14}$ m(相当于原子核线度)。

**15.23**　(1)如果一个电子处于某能态的时间为 $10^{-8}$ s，这个能态的能量的最小不确定量为多少？

(2)设电子从该能态跃迁到基态，辐射能量为 3.4 eV 的光子，求这个光子的波长及这个波长的最小不确定量。

**15.24**　一个电子的速率为 $3\times10^{-6}$ m/s，如果测定速率的不准确度为 1%，同时测定电子位置的不准确量是多少？如果这是原子中的电子，可以认为它作轨道运动吗？

**15.25**　氦氖激光器所发红光波长为 $\lambda = 632.8$ nm，谱线宽度 $\Delta\lambda = 10^{-9}$ nm。试求该光子沿运动方向的位置不确定量(即为波列长度)。

**15.26**　根据不确定关系估算：被禁闭在长度为 $a$ 的一维箱中运动的粒子的最小动能(零点能)；并与 15.20 题的结果相比较。

**15.27**　一维无限深势阱中粒子的定态波函数为 $\Psi_n(x) = \sqrt{\frac{2}{a}}\sin\frac{n\pi x}{a}$。试求：粒子在 $x=0$ 到 $x=\frac{a}{3}$ 之间被找到的概率，当

(1)粒子处于基态时；

(2)粒子处于 $n=2$ 的状态时。

**15.28**　求出能够占据一个 d 支壳层的最多电子数，并写出这些电子的 $m_l$ 和 $m_s$ 值。

**15.29**　试描绘：原子中 $l=4$ 的电子的轨道角动量 $\boldsymbol{L}$ 在磁场中空间量子化的示意图，写出 $\boldsymbol{L}$ 在磁场方向投影 $L_z$ 的各种可能值。

# 雅 典 学 院

拉斐尔(意大利　1483—1520)

《雅典学院》是一幅古希腊哲学家、科学家和其他各种人物的群像。

在这幅构图宏伟的作品中,杰出的拉斐尔把希腊、罗马、斯巴达以及意大利的著名哲学家和思想家聚于一堂,巧妙地组织在宏伟的三层拱门大厅内。

上层的人物以古希腊哲学家柏拉图(左)及其弟子亚里士多德(右)为中心。一个以指头指着上天,一个则伸着右指指着他前面的世界,以此表示着他们不同的哲学观点:柏拉图的唯心主义和亚里士多德的唯物主义。以他二人为中心,激动人心的辩论场面向两翼和前景展开,构成了宽广的空间。

在这两个中心人物的两侧有许多重要历史人物:左边穿白衣、两臂交叉的青年是希腊马其顿王亚里山大,穿绿袍转身向左扳手指的是唯心主义哲学家苏格拉底,斜躺在台阶上的半裸着衣服的老人是古希腊犬儒学派哲学家狄奥吉尼。

下一层的人物分为左右两组,其中有著名历史人物,也有当时的现实人物:

左边一组中,站着伸头向左看的老者是著名的阿拉伯学者阿维洛依,在他左前方蹲着看书的秃顶老人是古希腊著名哲学家毕达哥拉斯,在他身后的白衣少年是当时教皇的侄子、有名的艺术爱好者乌尔宾诺公爵。

右边一组的主要人物是古希腊著名科学家阿基米德,他正弯腰和四个青年演算几何题。右边尽头手持天体模型者是天文学家托勒密,以及其他一些人物。

整个壁画洋溢着浓厚的学术研究和自由辩论的空气。所有的人们都是那样毫无拘束地按照自己的意志和个性在进行活动,享有充分的自由。各种人物的活动和动态,都是统一在一个为探求科学真理而自由争辩的崇高主题之中。

如果说米开朗基罗的壁画是在颂扬人的无限强大的意志和创造力,那么,拉斐尔的《雅典学院》便是唱出人类的自觉和理智的赞歌。它着重歌颂人类对智慧和真理的追求,赞美的是人类生机勃勃的、壮丽辉煌的创造之光。

# 第16章 原子核物理和粒子物理简介

Physics 大学物理

## 对撞机简介

1919 年英国科学家卢瑟福用天然放射源产生的高速 α 粒子束作为“炮弹”，轰击厚度为 0.0004 cm 的金属箔的“靶”。通过测量粒子散射的分布，发现原子核本身有结构。早期这类实验用的粒子源都是由天然的钋和镭等的放射性同位素产生的。人类对于物质结构的认识，要想从原子核层次，逐步深入到质子、中子、强子等更深的层次，就需要能量更高和粒子种类可变的粒子束，这就对用人工的方法产生高能粒子束——粒子加速器的发展提出了要求。

一般说来，加速器产生的粒子能量越高，就越能“观测”到更小的物质组成。与普通打静止靶的加速器相比，对撞机可有效地提高“打碎”粒子的有效能量，即质心系能量。使两束高能同类粒子或正、反粒子在加速器中迎头相撞，可使全部加速器能量都用于产生高能反应，因此，近年建造的高能加速器都以对撞机的形式出现。世界上第一台对撞机 AdA 的质心系能量为 0.5 GeV($10^9$ eV)，周长约 4 m。欧洲核子中心在瑞士日内瓦建造的大型强子对撞机能把质子加速到 7 TeV($10^{12}$ eV)并进行对撞，质心系能量达 14 TeV，周长 27 km，这是目前最大的加速装置。2012 年在大型强子对撞机的实验中发现了希格斯粒子，这对于认识质量起源、完备标准模型、统一各种相互作用有重要意义。

按照对撞粒子的种类，对撞机可分为电子对撞机、质子-质子对撞机、电子-质子对撞机和重离子对撞机等。我国十分重视粒子物理的研究工作，1984 年开始建设我国的第一台高能加速器——北京正负电子对撞机(简称 BEPC)，1988 年 10 月建成并取得对撞成功。BEPC 建成后在 τ-粲能区一直是性能在国际上领先的对撞机，每束粒子的设计能量为 1.5～2.8 GeV，在 1.89 GeV 时的亮度为 $1.2\times10^{31}\ \mathrm{cm^{-2}\,s^{-1}}$，是当时美国同类对撞机 SPEAR 的 5～10 倍(注：亮度越高，单位时间内产生新粒子的数目就越多)。BEPC 已经取得了诸如 τ 轻子质量精确测量、R 值测量等物理成果。

我国从 2004 年 5 月开始对 BEPC 进行重大改造(BEPCII 工程)，采用双环方案，在 BEPC 隧道里安装两个储存环，正负电子在各自的环里运动，只在对撞区交叉对撞，其设计亮度比现有的 BEPC 高两个数量级，比起目前在该能区做得最好的对撞机——康乃尔大学 CESE-c 高出 3～7 倍。BEPCII 建成后，我国有望在相当长的时间里保持在 τ-粲能区的国际领先地位，做出一批原创性的物理成果。

对撞机有环形与线形之分，现有的大科学装置都采用了环形设计。由于粒子束在环形轨道中运行时不可避免地会产生电子同步辐射，在运行中较难达到万亿电子伏特的对撞能量，因此，国际高能物理界达成共识，继大型强子对撞机之后的新一代高能物理对撞机将采用大型直线对撞机。拟议中的直线对撞机是一台超高能量的正负电子对撞机，质心系能量达到 0.5 TeV，以后可提高到 1 TeV，它将建造在总长约 40 km 的地下隧道里。

BEPCII 储存环

上一章，我们深入到了原子层次，把原子核视作一个整体。本章深入微观世界的更深层次，简要介绍原子核物理和粒子物理的一些基本知识。

原子核物理是研究原子核结构、变化和反应，以及核能利用等问题的学科。核裂变、聚变以及放射性衰变在能源、医学等领域有着广泛的应用。粒子是比原子核更深层次的物质结构，是人类探索物质世界的一个重要前沿。

本章简要介绍原子核的基本性质、核裂变、聚变以及放射性衰变等内容，并对粒子物理问题作简要介绍，包括四种相互作用、守恒定律和强子结构的夸克模型。

## 16.1　原子核的基本性质

### 16.1.1　原子核的组成

各种元素的原子核都由质子和中子组成。质子即为氢核，用 p 或 $_1^1$H 表示，带电荷 $+e$，(静止)质量 $m_p=1.6726\times10^{-27}$ kg；中子用 n 表示，不带电，(静止)质量 $m_n=1.6749\times10^{-27}$ kg，略大于质子的质量。质子、中子都和电子一样，也具有自旋角动量，且自旋量子数也等于 1/2。它们都遵循泡利不相容原理。实验还表明，质子和中子都具有磁矩。质子和中子统称为**核子**。

质子是稳定粒子，自由中子却是不稳定的，它将衰变为一个质子、一个电子和一个反电子中微子，平均寿命为 918 s。

### 16.1.2　原子核的电荷与质量

原子核带有正电荷，原子序数为 $Z$ 的元素，其原子核的带电量为 $+Ze$，$Z$ 为核内质子数，也称为原子核的**电荷数**。

原子和原子核的质量都很小，例如一个碳 12 中性原子的质量仅为 $1.9926482\times10^{-26}$ kg，通常采用一个特殊的单位来量度原子质量。一个原子质量单位定义为：一个处于基态的中性碳 12 原子质量的 1/12，记为 u，即

$$1\text{ u}=1.9926482\times10^{-26}\text{ kg}\times\frac{1}{12}$$
$$=1.6605\times10^{-27}\text{ kg}$$

因此，质子和中子的质量分别为 $m_p=1.00728$ u，$m_n=1.0087$ u，都非常接近于 1。其他各种原子的质量也都非常接近于一个整数 $A$，通常称 $A$ 为原子核的**质量数**，它等于原子核中所包含的核子总数。核内中子数为 $N=A-Z$，表 16.1 中列出了几种中性原子的质量。

**表 16.1　几种原子的质量**

| $Z$ | 原子 | 质量/u | $Z$ | 原子 | 质量/u |
|---|---|---|---|---|---|
| 1 | 氢-1 | 1.007 825 | 8 | 氧-16 | 15.994 915 |
| 2 | 氦-4 | 4.002 603 | 29 | 铜-64 | 63.929 766 |
| 6 | 碳-12 | 12.000 000 | 82 | 铅-208 | 207.976 641 |
| 7 | 氮-14 | 14.003 074 | 92 | 铀-238 | 238.050 82 |

原子序数为 $Z$ 的原子，其原子核质量等于该原子中性原子质量减去 $Z$ 个电子的质量，再加上与电子和核之间的结合能相对应的质量，不过后一项很小，常可忽略。

通常把电荷数 $Z$ 和质量数 $A$ 都为确定值的原子核称为一种核素，用符号 $_Z^A$X 表示，X 为化学元素的符号。由于核内中子数不同，电荷数 $Z$ 为定值的一种元素可能包含质量数 $A$ 不同的几种核素，它们都称为该种元素的**同位素**，例如氢有 $_1^1$H，$_1^2$H，$_1^3$H 三种同位素等。

### 16.1.3　原子核的形状和大小

原子核电荷与质量在核内如何分布，原子核究竟有多大？

对许多实验进行分析结果表明，当质子数 $Z$ 或中子数 $N$ 为 2、8、20、28、50、82 及中子数为 126 的那些原子核处于基态时，其电荷与质量的分布是球对称的。在其他原子核中，电荷与质量分布具有轴对称性，呈现接近于球形的旋转椭球形。

实验表明，在原子核内物质密度(以及电荷密度)并非处处相同。图 16.1 示出了物质密度 $\rho$ 随 $r$ 变化曲线(其中 $r$ 为核内某一点到原子核中心的距离，fm 是常用的原子核线度单位，1 fm $=1\times10^{-15}$ m)，不难看出，在核的中间部分，密度 $\rho$ 很接近于一个常数 $\rho_0$；而在核表层，$\rho$ 逐渐减小为零。一般把从核中心到密度降为 $\rho_0/2$ 处的距离 $R$ 称为原子核的半径。

用原子核对低能 $\alpha$ 粒子、中能中子以及高能电子的散射实验等方法都可以测量原子核的半径 $R$，所得结果颇为接近，可近似地表示为

$$R=r_0A^{1/3} \tag{16.1}$$

式中 $A$ 为原子核质量数，即核子数；$r_0=1.20$ fm，是对所有核都适合的一个常数。不难看出，球形原子

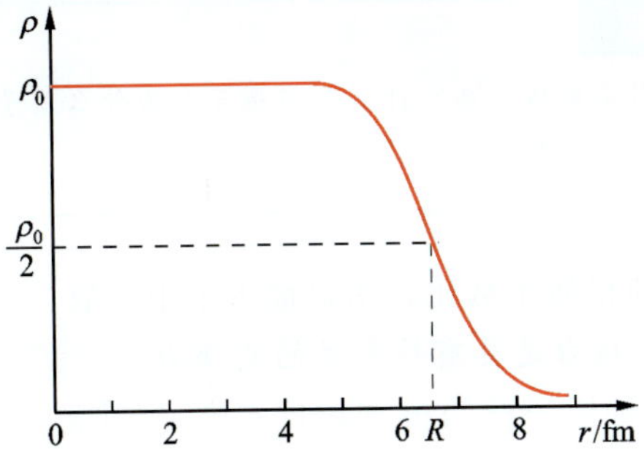


图 16.1

核的体积$\frac{4}{3}\pi R^3$与核子数 $A$ 成正比，由此还可估算核物质的平均密度 $\rho$。

设 $m$ 为质量数等于 $A$ 的原子核的质量，显然 $m\approx Am_p$ 其中 $m_p$ 为质子质量，则核物质的平均密度约为

$$\rho=\frac{m}{\frac{4}{3}\pi R^3}=\frac{Am_p}{\frac{4}{3}\pi r_0^3 A}=\frac{3m_p}{4\pi r_0^3} \tag{16.2}$$

代入数据可得

$$\rho=2.23\times10^{17}\ \mathrm{kg/m^3}$$

由此可见，核物质的密度极大，约比水的密度大 $10^{14}$ 倍，这表明原子核是物质紧密聚集之处。另外，核物质的平均密度 $\rho$ 与原子核的质量数 $A$ 无关，对各种原子核接近于一个常数。这是一个很重要的结论，由它可以推测核内各核子间相互作用力的性质。

**想想看**

16.1 试确定：① $^{197}_{79}\mathrm{Au}$；② $^{20}_{10}\mathrm{Ne}$ 核的半径。

### 16.1.4 原子核的自旋和磁矩

1. *自旋*

原子核的角动量在习惯上也称为核自旋，每个核子都有内禀自旋角动量，核子在核内有复杂的运动，具有相应的轨道角动量。核自旋是核内所有核子自旋角动量和轨道角动量的矢量和，用符号 $\boldsymbol{P}_I$ 表示。理论和实验证明，一原子核的角动量大小 $P_I$ 可以写成

$$P_I=\sqrt{I(I+1)}\hbar \tag{16.3}$$

式中 $I$ 称为该原子核自旋量子数。实验证明，对不同原子核，$I$ 只可能是整数或半整数。表 16.2 中列出了一些原子核处于基态时的核自旋量子数。

由表中可以看出，各原子核基态的自旋量子数有如下规律：

表 16.2 一些核素的角动量和磁矩

| 核素 | 自旋 $I$ | $\mu'_I/\mu_N$ | 核素 | 自旋 $I$ | $\mu'_I/\mu_N$ |
|---|---|---|---|---|---|
| $^1_0\mathrm{n}$ | 1/2 | −1.913 0 | $^{14}_7\mathrm{N}$ | 1 | 0.403 7 |
| $^1_1\mathrm{H}$ | 1/2 | 2.792 8 | $^{15}_7\mathrm{N}$ | 1/2 | −0.283 2 |
| $^2_1\mathrm{H}$ | 1 | 0.857 44 | $^{16}_8\mathrm{O}$ | 0 | 0 |
| $^4_2\mathrm{He}$ | 0 | 0 | $^{20}_{10}\mathrm{Ne}$ | 0 | 0 |
| $^6_3\mathrm{Li}$ | 1 | 0.821 99 | $^{27}_{13}\mathrm{Al}$ | 5/2 | 3.641 5 |
| $^7_3\mathrm{Li}$ | 3/2 | 3.255 9 | $^{39}_{19}\mathrm{K}$ | 3/2 | 0.391 |
| $^9_4\mathrm{Be}$ | 3/2 | −1.177 4 | $^{40}_{19}\mathrm{K}$ | 4 | −1.291 |
| $^{10}_5\mathrm{B}$ | 3 | 1.800 6 | $^{113}_{49}\mathrm{In}$ | 9/2 | 5.528 9 |

(1)偶-偶核(即 $Z$ 和 $N$ 均为偶数的核，以下类似)的自旋量子数都等于零；

(2)奇-奇核的自旋量子数都等于非零整数；

(3)奇 $A$ 核的自旋量子数都等于半整数。

与核外电子的情况相似，原子核自旋在给定方向的投影为 $m_I\hbar$，$m_I$ 称为原子核的磁量子数，$m_I=\pm I,\pm(I-1),\cdots,0$ 或 $\pm\frac{1}{2}$(依 $I$ 为整数或半整数而定)，共可取$(2I+1)$个不同值。

2. *磁矩*

实验表明，质子、中子和由它们组成的原子核都具有磁矩，并且，与核外电子相类似，原子核的总磁矩大小 $\mu_I$ 可以表示为

$$\mu_I=g_I\frac{e}{2m_p}P_I=g_I\sqrt{I(I+1)}\frac{e\hbar}{2m_p}=g_I\sqrt{I(I+1)}\mu_N \tag{16.4}$$

式中 $\mu_N=\frac{e\hbar}{2m_p}=5.05079\times10^{-27}$ J/T，称为核磁子，是原子核的磁矩单位；核磁子 $\mu_N$ 仅为玻尔磁子 $\mu_B=\frac{e\hbar}{2m_e}$(原子磁矩单位)的 1/1836。式(16.4)中 $g_I$ 称为原子核的 $g$ 因子，是一个纯数。$g_I$ 可能为正，也可能为负，分别表示磁矩与核自旋平行和反平行两种情况。各种原子核的 $g_I$ 值可以用实验方法测出。

原子核磁矩在给定方向的最大可能投影为

$$\mu'_I=g_I\frac{e}{2m_p}(I\hbar)=g_I I\mu_N \tag{16.5}$$

显然，$g_I I$ 就是以核磁子 $\mu_N$ 为单位时，$\mu'_I$ 的数值。表 16.2 中也列出了质子、中子和一些原子核的 $\mu'_I$ 值。

**复习思考题**

16.1　原子核$^{235}_{92}U$中有几个质子和几个中子？它所带的电荷等于多少？它的质量约为多少？什么叫同位素？

16.2　什么是核磁矩？什么是核磁子？为什么质子的磁矩几乎是核磁子的三倍？

## 16.2　核力和核结构

原子核的存在表明，为了克服核内质子间的库仑斥力，在核子间必然存在一种可将核子束缚在极小空间范围内的很强的吸引力，这种核子间的吸引力称为核力。

迄今为止，我们对核力的认识还不很清楚，即使我们对核力已彻底了解，要知道在核力作用下的核结构，我们还要碰到一个十分棘手的多体问题：一方面核内的核子数很多，不可能像两体问题那样求解；另一方面核子数又不是非常多，多到可采用统计方法来处理。因此，核物理学家采用唯象方法来探索原子核结构的秘密，即以实验结果为依据，设计出各种核结构模型。现有的核模型，大体上可分为两大类。一类称**单粒子模型**，在这类模型中，假定每个核子几乎独立地在一个公共的核势场中运动。显然，这类模型将会与原子的壳模型十分相似。另一类是**集体模型**，在这类模型中假定核子强烈地耦合在一起，表现出粒子的集体运动。

在这一节里，我们将讨论核力的基本性质和常见的几个核结构模型。

### 16.2.1　核力的主要性质

从实验和理论两方面研究核力是核物理的重要内容。根据对实验结果所进行的分析研究，已明确核力的一些主要性质，重要的如下。

1. 核力是短程强作用力

低能核子散射实验显示出，核力的作用范围约为$10^{-15}$ m数量级，且随核子间距离的增大，核力的衰减要比平方反比关系快得多。这表明与万有引力、电磁力不同，核力是一种短程作用力。而且其强度远大于电磁作用力，是一种强作用力。

2. 核力与电荷无关

核子-核子散射实验表明，质子与质子、中子与中子、质子与中子间相互作用的核力部分是相同的，即核力与核子电荷无关。另外，较轻原子核中质子与中子数接近相等这一事实也表明核力与电荷无关；在重核中，则由于随质子数增多库仑斥力明显增大，才使得质子数比较明显地少于中子数。

3. 核力是具有饱和性的交换力

各种原子核的核子数目不同，但其密度和比结合能相近，这和液体的情况类似，因为液体密度和单位质量液体的蒸发热都与液体的总质量无关。由此推测，核力具有与液体分子力相似的性质。

液体分子间的作用力具有饱和性，即一个分子只与其周围少数几个分子有相互作用力，而不是和所有分子都发生作用。可以设想，核力也具有饱和性，每一核子只与邻近的少数核子有相互作用力。原子核的总结合能及原子核体积都与核子数$A$成正比的事实也证明了这一点。因为假如每个核子都与其余$(A-1)$个核子发生作用，则总结合能$E_B$应与$A(A-1)/2$、即与$A^2$成正比，而不是与$A$成正比了；又假如$A$越大，核子间结合得越紧，则每个核子占有体积越小，核体积也就不可能与$A$成正比了。

在分子的共价键中，原子间的作用力是一种交换力，交换媒介是电子。类似地，可以设想核力也是一种交换力。1935年日本物理学家汤川秀树提出介子场论，预言核子之间的交换媒介是$\pi$介子。1947年，英国物理学家鲍威尔在研究宇宙线过程中发现了$\pi$介子。根据汤川理论，如图16.2所示，质子放出一个带正电的$\pi^+$介子变为中子，这个中子或邻近中子吸收$\pi^+$介子又变为质子；或者中子放出一个带负电的$\pi^-$介子变为质子，这个质子或邻近质子吸收$\pi^-$介子又变为中子。这种能使质子与中子交换的力称为交换力。在同类核子间交换的是不带电的$\pi^0$介子，核子放出或吸收$\pi^0$介子，核子的电荷不变。因此，它们的位置并不发生交换，这样的力称为非交换力。但在同类核子间若因交换$\pi^0$介子而发生了自旋方向交换时，这类力也是交换力。根据实

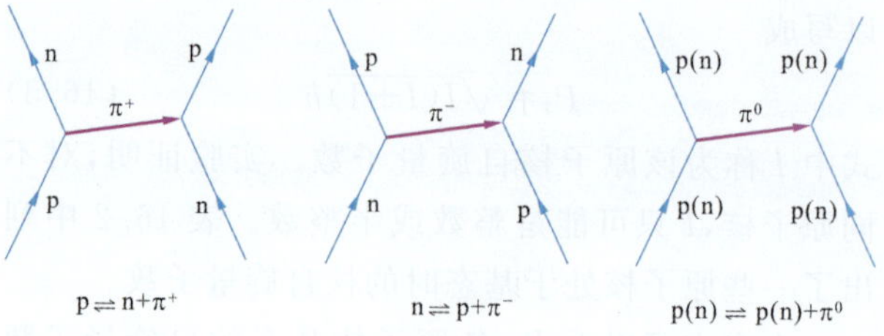


图16.2

验，一般认为核力是交换力与非交换力的混合。

4. 核力与核子的自旋有关

分析中子-质子散射结果发现，核力与核子自旋的取向有密切关系。自旋方向相同或相反时，中子和质子之间的作用力是不同的。另外一些实验也证实了这一点。

### 16.2.2 液滴模型

前面讲过，核力是具有饱和性的交换力，这与液体分子间的作用力很相似。又因核密度近似为一常数，与核子数无关，说明原子核具有不可压缩性，这也和液体相似。因此可以把原子核看作是一个密度极大、不可压缩的核液滴，这就是建立原子核液滴模型的依据。

液滴模型可以说明重核裂变和α、β衰变等实验规律，由这个模型和其他一些考虑所得到的关于原子核结合能和质量的半经验公式与实验结果符合得相当好，对于 $A>15$ 的原子核，相对偏差不大于1%。液滴模型的缺点在于它只把原子核当作一个整体，完全没有说明原子核的内部结构，因而无法解释原子核的其他特性，如能级结构、角动量等。

### 16.2.3 壳层模型

在原子中，由于电子间作用力很小，可以近似地认为核外电子彼此独立地在原子核的有心力场中运动。由量子力学已知，每一电子的运动状态可用四个量子数$(n,l,m_l,m_s)$来表征，考虑到泡利不相容原理，所有核外电子按壳层分布。这一理论可以统一地说明元素化学性质的周期性和其他关于原子的大量复杂的实验事实。核外电子数为2、10、18、36、54、86因而构成满壳层的那些原子最稳定，称为惰性气体。

原子核内相邻核子间作用力很强，并不存在一个很强的、对所有核子起作用的力心，这和原子的情况不同。然而实验表明，原子核的性质随质子数和中子数的变化也呈现周期性变化，从而显示出在原子核内质子和中子也是按某种壳层分布的。例如有大量事实表明，当核内质子数 $Z$ 或中子数 $N$ 等于2、8、20、28、50、82和中子数为126时，原子核特别稳定，这些数称为“幻数”。这些事实有：

(1) $Z$ 和 $N$ 都等于2和8的两种双幻数原子核${}^4_2$He和${}^{16}_8$O比 $Z$ 和 $N$ 具有邻近数值的原子核要稳定得多，从这两种原子核中取出一个质子或中子比从邻近原子核取出一个质子或一个中子需要大得多的能量。

(2) 在所有偶 $Z$ 核($Z>32$)的稳定元素中，只有三种同位素的含量超过它所属元素总量的70%，这三种同位素都是幻数核，其中${}^{88}_{38}$Sr($N=50$)占82.56%，${}^{138}_{56}$Ba($N=82$)占71.4%，${}^{140}_{58}$Ce($N=82$)占88.48%，说明这些原子核特别稳定。

(3) $Z$ 为幻数的元素与邻近元素相比，具有比较多的稳定同位素，其中${}_{50}$Sn具有10种稳定同位素，比任何元素都多。

(4) $N$ 为幻数的原子核的种数比 $N$ 为其他值的稳定原子核多，$N=50$ 的原子核有6种，$N=82$ 的原子核有7种，是最多的。

(5) 所有三个天然放射系(铀系、钍系和锕系)的最后稳定核都是幻数核${}_{82}$Pb，其中最大成分的${}^{208}_{82}$Pb($N=126$)为双幻数核。仅有的一个人工放射系最后稳定核是${}^{209}_{83}$Bi($N=126$)，它也是幻数核。

(6) 地球表面元素存量的峰值出现在${}^{90}_{40}$Zr($N=50$)，${}^{120}_{50}$Sn($N=70$)，${}^{138}_{56}$Ba($N=82$)，${}^{208}_{82}$Pb($N=126$)处，它们都是幻数或双幻数核。

(7) 中子数比幻数多1的原子核，最后一个中子的结合能特别小，如${}^{17}_8$O($N=9$)，${}^{87}_{36}$Kr($N=51$)，${}^{137}_{54}$Xe($N=83$)等都是放射中子的。

从以上所列举的以及其他许多事实可以推断，在原子核内质子和中子也是按壳层分布的，幻数就是构成满壳层的质子和中子数目。

问题在于，既然原子核内不存在一个很强的、对所有核子起作用的力心，核内的壳层结构是怎样形成的呢？壳层模型假设，每一个核子都在其余($A-1$)个核子所形成的平均的球形对称力场中彼此独立地运动，故壳层模型又称独立粒子模型。这样一来，根据实验假设一定的势能函数就可以用量子力学方法来处理了。质子和中子互不干扰，各有一套相似的能级。

计算表明，只需假设一个三维方势阱，即令

$$V(r)=\begin{cases}-V_0, & r<R\\ 0, & r>R\end{cases}$$

就可以得到前三个幻数：2，8，20。若根据实验对势阱形式稍加修改，并且假设核子的自旋运动和轨道运动之间有很强的相互作用之后，就可以算出构成满壳层的质子和中子数是2、8、20、28、50、82、126等，正好是全部幻数。

图16.3是质子和中子能级示意图。虚线旁的数字代表构成下面各满壳层质子或中子总数。须注意，核子能级的标记方法与原子中电子能级的不同。

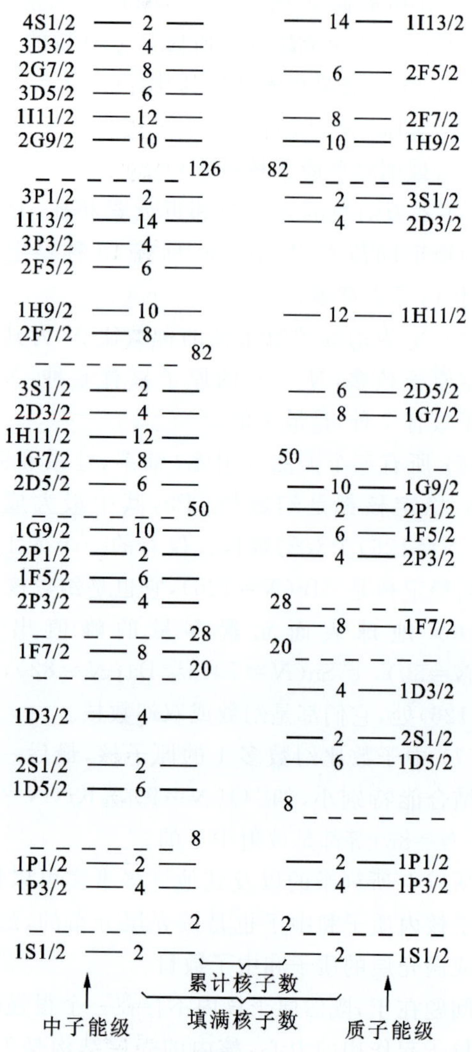

图16.3

应先写出代表能量大小的径向量子数$(n-l)$的数字，再并排写出代表$l$值的字母：S,P,D,F,G,H,I等，最后写出总角动量量子数$j$(核子总角动量$\boldsymbol{J}$为轨道角动量$\boldsymbol{L}$与自旋角动量$\boldsymbol{S}$的矢量和，其大小$J=\sqrt{j(j+1)}\hbar$，$j=l+s$或$l-s$。由于核子自旋量子数$s=1/2$，故当$l$为不等于零的各整数时，$j$为$\left(l+\frac{1}{2}\right)$或$\left(l-\frac{1}{2}\right)$，分别对应于自旋角动量和轨道角动量投影同号或异号两种情况，显然$j$为半奇整数。在轨道角动量相同的这两个能级中，$j=l+\frac{1}{2}$的能级较低，$j=l-\frac{1}{2}$的能级较高，两者之间的差值随$l$增大而增大。对于$l=3,4,5,6$的F,G,H,I态，这两个能级的间距相当大，往往处于不同壳层中。在$j$为定值的能级上，由于空间量子化，最多可容纳$(2j+1)$个质子或中子。考虑到质子之间还有库仑斥力，故质子能级略高于相应的中子能级。由于最后填入的质子和中子的能级总是相近的，所以，在较重核中，中子数多于质子数。

壳层模型虽获得很大成功，但对于诸如核能谱、γ跃迁概率以及原子核电四极矩等问题，它却不能解释。这表明壳层模型中关于各核子彼此独立地在一个静止的平均势场中运动的假设是过于简化了。事实上一大群核子在很强的相互作用下要形成一个整体，因此除考虑单个核子运动外，还应考虑原子核作为一个整体的振动和转动，而振动和转动的存在又会使得单粒子在其中运动的平均势场随时间变化。1950年玻尔(A. Bohr)和莫特森(B. R. Mottelson)提出了一个新模型，即将单个核子运动和整体核运动相结合的模型，这称为集体模型，它能够说明液滴模型和壳层模型所不能说明的一些问题。

除上述三种模型外，还有一些别的模型，这里不再介绍。综上所述，各种模型都有一定的事实作为依据，都能解释核的某些性质，但不能说明另一些性质。要更好地解决核结构问题，尚有待于进一步的研究工作。

## 复习思考题

**16.3**　核力有哪些特性？

**16.4**　氘核是由一个质子和一个中子组成的。已知氘核中的质子和中子在空间某方向上的自旋量子数或者均为1/2，或者均为−1/2；从未发现过一个氘核，它的两个核子：一个的自旋磁量子数为1/2，另一个的自旋磁量子数为−1/2。这说明了什么问题。

**16.5**　科学家们提出核的液滴模型的根据是什么？试举几个液滴模型成功应用的实例。

**16.6**　什么是幻数？质子或中子数为幻数时核特别稳定，这有何事实根据？

# 16.3 原子核的结合能 裂变和聚变

## 16.3.1 原子核的结合能

实际上，所有原子核的静止质量都小于组成核的 $Z$ 个质子和 $(A-Z)$ 个中子的静止质量之和。二者之差称为**原子核的质量亏损**，记为 $\Delta m(A,Z)$，通常可用中性原子的质量表示为

$$\Delta m(Z,A)=Zm(^1\mathrm{H})+(A-Z)m_n-m(Z,A) \tag{16.6}$$

式中 $m(^1\mathrm{H})$ 代表一个中性氢原子的质量，$m(Z,A)$ 代表一个核电荷数为 $Z$、质量数为 $A$ 的中性原子质量，第 1、3 两项中 $Z$ 个电子质量恰好互相抵消。

由相对论质能关系式可知，在 $Z$ 个质子和 $(A-Z)$ 个中子结合成原子核的过程中，与静止质量亏损 $\Delta m$ 相对应，静止能量也减少了 $\Delta mc^2$。这就是说，核子互相结合成原子核时有能量释放出来，这个能量就称为**原子核的结合能**，用 $E_B(Z,A)$ 表示。显然

$$E_B(Z,A)=\Delta m(Z,A)c^2 \tag{16.7}$$

原子核结合能 $E_B$ 也代表要把该原子核拆散所需做的最小功的数值。核子的平均结合能（也称为比结合能）$E_B/A$ 越大，从核中拉出一个核子所需做的功就越大，原子核就越稳定，因而 $E_B/A$ 可代表原子核的稳定程度。图 16.4 表示的是 $E_B/A$ 随 $A$ 的变化关系。为了看清楚 $A\leqslant30$ 区域内的起伏变化，加大了这一区域内横轴的标度。

由比结合能曲线不难看出以下几点：

(1) 在 $A\leqslant30$ 的原子核中，$E_B/A$ 的数值就其

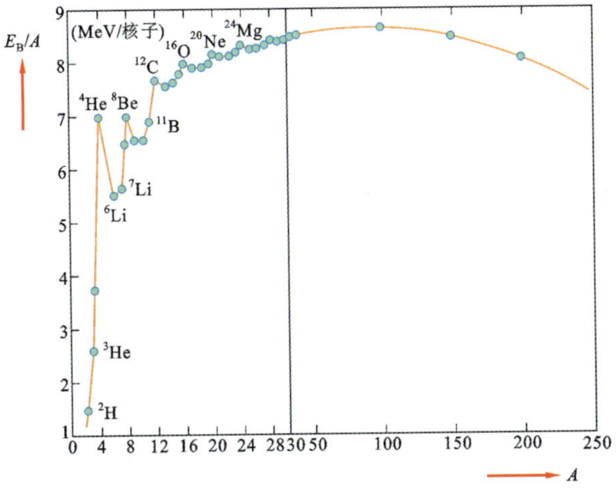


图 16.4

总的趋势来讲是随 $A$ 的增大而增大，但具有明显的起伏。质子数和中子数相等的那些偶-偶核（如 $^4_2\mathrm{He}$，$^8_4\mathrm{Be}$，$^{12}_6\mathrm{C}$，$^{16}_8\mathrm{O}$ 等）的比结合能为极大，原子核比较稳定；质子数和中子数相等的奇-奇核（如 $^6_3\mathrm{Li}$，$^{10}_5\mathrm{B}$，$^{14}_7\mathrm{N}$ 等）的比结合能为极小，原子核的稳定性较差。

(2) 在 $A>30$ 的原子核中，$E_B/A$ 随 $A$ 的变化不大，近似为一常数，表明这些原子核的结合能 $E_B$ 大致与核子数 $A$ 成正比，这个事实反映出核力的一个基本性质。

(3) 轻核和重核的比结合能都比较小，中等质量的原子核的比结合能大，如 $A=40\sim120$ 的中等核的比结合能达 8.6 MeV。这一事实是核能得以利用的基础。不难看出，在使两个很轻的原子核聚变成为一个稍重原子核或使一个重原子核裂变为两个中等核的过程中，由于比结合能 $E_B/A$ 增大，都将释放出巨大能量。通常把前者称为核聚变能，后者称为核裂变能。

**想想看**

16.2 已知 $^{235}_{92}\mathrm{U}$ 核、p 和 n 的质量分别为 235.043915 u、1.007825 u 和 1.008665 u，计算 $^{235}_{92}\mathrm{U}$ 的结合能和比结合能。

## 16.3.2 核裂变与核聚变

1. *原子核裂变*

**一个重原子核分裂为两个或两个以上中等质量原子核的现象，称为重核的裂变。**这一过程会释放出巨大的能量，是取得核能的重要途径之一。

一般来说，重核自发地发生裂变的概率是很低的。用中子等粒子轰击重核较易诱发裂变。在大多数情况下，重核分裂为两个碎片，两碎片有许多可能的组合方式。例如，$^{235}_{92}\mathrm{U}$ 吸收一个中子，可以分裂为 $^{140}_{54}\mathrm{Xe}$ 和 $^{94}_{38}\mathrm{Sr}$，也有分裂为 $^{144}_{56}\mathrm{Ba}$ 和 $^{89}_{36}\mathrm{Kr}$ 等的可能。以第一种可能性为例，反应过程如下

$$^{235}_{92}\mathrm{U}+{}^1_0\mathrm{n}={}^{140}_{54}\mathrm{Xe}+{}^{94}_{38}\mathrm{Sr}+2{}^1_0\mathrm{n}$$

并且释放出约 200 MeV 的能量。化学反应中一个原子能够提供的化学能不到 10 eV，与核裂变能相比要小 $10^{-7}$ 倍。1 kg $^{235}_{92}\mathrm{U}$ 全部裂变释放出的可利用能量，约相当于 2500 t 标准煤燃烧所释放出的能量。

裂变过程不仅会释放出巨大的能量，而且每次裂变都伴随着中子的发射。例如 $^{235}_{92}\mathrm{U}$ 吸收一个中子后发生裂变，会放出两三个中子，如果其中至少有一个中子能诱发另一个 $^{235}_{92}\mathrm{U}$ 核裂变，就能使裂变自持

地进行下去，形成**裂变链式反应**，从而使原子能的大规模利用成为可能。

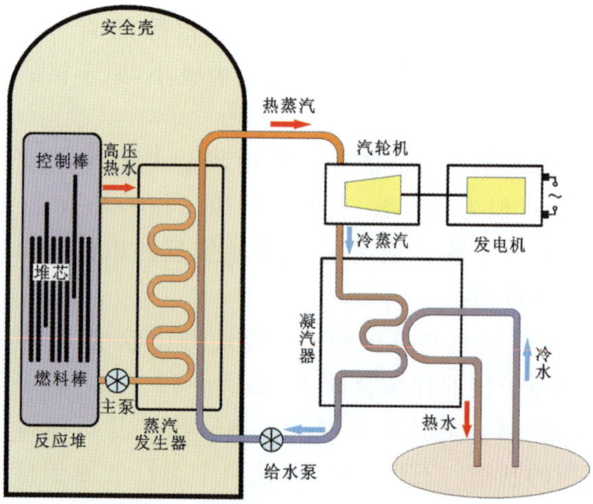


图 16.5

1942年12月，费米等建成了世界上第一座可控核裂变链式反应堆。目前，反应堆已广泛地用于工农业以及医药等领域。核电站是人们和平利用核能最成功的实例之一，图16.5是核电站的工作原理图。图16.6是已提纯的$^{235}$U，准备再加工为实弹弹头。

图 16.6

## 想想看

16.3 图16.5中的控制棒是反应堆很重要的部件，它是由对中子吸收强烈的镉或硼等物质制成的。控制棒的作用一是在反应堆发生意外事故时，使反应堆停止运行，以保证安全；二是控制裂变反应速率；三是用以调节反应堆的功率。控制棒是如何起到这些作用的？

截至20世纪末，全世界核电总量约为发电总量的六分之一，法国72.7%的电靠核电，比例为世界第一。我国大陆于1991年建成秦山核电站，是我国自行设计与建造的第一座核电站，功率为300 MW；已建成运行的还有广东大亚湾的两座核电站，功率为900 MW。

2. 原子核的聚变

**两个轻核聚合变成为一个稍重原子核的过程，称为轻核的聚变**，聚变中也会释放出巨大的能量，这是取得核能的又一重要途径。下面列出了四个常见的重要轻核聚变反应

$$ {}^2_1\mathrm{H}+{}^2_1\mathrm{H} \rightarrow {}^3_2\mathrm{He}+{}^1_0\mathrm{n}+3.25\ \mathrm{MeV} $$

$$ {}^2_1\mathrm{H}+{}^2_1\mathrm{H} \rightarrow {}^3_1\mathrm{H}+{}^1_1\mathrm{H}+4.0\ \mathrm{MeV} $$

$$ {}^2_1\mathrm{H}+{}^3_1\mathrm{H} \rightarrow {}^4_2\mathrm{He}+{}^1_0\mathrm{n}+17.6\ \mathrm{MeV} $$

$$ {}^2_1\mathrm{H}+{}^3_2\mathrm{He} \rightarrow {}^4_2\mathrm{He}+{}^1_1\mathrm{H}+18.3\ \mathrm{MeV} $$

如果温度足够高，上述反应都可以发生。以上四个反应的总效果是

$$ 6{}^2_1\mathrm{H} \rightarrow 2{}^4_2\mathrm{He}+2{}^1_1\mathrm{H}+2{}^1_0\mathrm{n}+43.15\ \mathrm{MeV} $$

即6个氘核将产生2个氦核和2个质子、2个中子，并放出能量43.15 MeV。经计算1 kg氘核聚变时放出的能量是1 kg铀裂变时放出能量的4倍。地球表面海水储量约为$10^{18}$ t，其中七分之一为重水，若令其中氘核全部发生聚变，可释放$10^{25}$ kW·h的能量，可供人类使用100亿年。另外，聚变反应造成的污染较裂变反应的要小得多，也不产生放射性废物。

由于参加聚变的轻核带正电荷，它们之间存在长程的库仑斥力。我们知道，核力是短程力，其作用距离小于10 fm。因此，两个轻核为了靠短程的核力聚合，**必须克服长程的库仑斥力**。所以，要实现轻核的聚变反应，**反应中的核必须具有一定的初始能量**，通常需要约几千电子伏特或更高一些的能量。注意到轻核聚变过程中要释放出能量，这样的能量就能用来维持持续的轻核聚变所需要的初始能量。通常采用将聚变燃料（例如氘、氚等）加热到极高温度（几千万度甚至几亿度），这时燃料物质全部被电离为**原子核和自由电子的混合气体**，称为**等离子体**，这样靠核的热运动能足以克服库仑斥力而相互靠近产生聚变反应，由于核聚变要在高温下进行，因此称为热核反应。氢弹就是利用原子弹爆炸产生的亿度量级的高温使轻核在瞬时产生热核聚变，释放巨大能量形成的爆炸。

要使聚变反应持续地进行成为受控核聚变，必须解决一个问题，即**将处于高温的等离子体约束在一定范围内**，以使它不能因无轨热运动而散开。太阳和其它许多恒星之所以能不断地光芒四射，就是

靠轻核聚变。由于高温，太阳内部的各种原子都已电离成为等离子体，它靠着自己巨大的质量，通过引力将其中的等离子体约束在一个半径为 $7\times10^5$ km 的“大容器”内，以十分缓慢的速率进行着聚变反应。反应中放出的能量一部分用以维持太阳的高温，另一部分向周围空间辐射。在地球上无法建造依靠引力约束高温等离子体的聚变反应装置，这样的高温会使任何容器汽化，因此也不可能采用通常容器装这样高温等离子体。目前研究的约束高温等离子体的方法有两种：一是**磁约束**，对此，在第 7 章已作过简要介绍；二是**惯性约束**，1964 年我国物理学家王淦昌独立于苏联物理学家巴索夫提出用激光惯性约束产生核聚变的设想，并组织进行了这方面的实验研究。近年来除我国外，美国、俄罗斯等国在这方面也都作着探索研究，取得了不少进展。图 16.7 是用于激光核聚变靶室的氘-氚混合燃料弹丸，它是微小球体，直径仅几毫米。

图 16.7

要实现受控热核反应，除了上面提到的高温和约束条件外，尚有一些重要问题有待解决，这里就不一一介绍。本教材封底的照片是由我国自行设计研制的第一个全超导非圆截面托卡马克核聚变实验装置，在 2006 年 9 月 28 日进行的首轮物理放电过程中，成功获得电流 200 kA，时间接近 3 s 的等离子体放电。

聚变反应为核能利用提供了美好的前景，人们期望在不久的将来能实现受控热核反应。据估计，第一台在经济上有价值的可控聚变堆将在 21 世纪 20 年代运转，让我们期待这一人类福音的到来。

**想想看**

16.4　聚变靠外加能量使两原子核靠近发生聚合。因此为了获取聚变能，需要消耗其它能量，聚变能的利用值得吗？

**复　习　思　考　题**

**16.7**　什么叫核裂变和聚变？试各举一例。

**16.8**　为什么原子序数较大的原子核是不稳定的？$^3_1H$ 和 $^3_2He$ 的结合能哪个应该大一些，为什么？

## 16.4　放射性衰变

在人们发现的两千多种核素中，绝大多数都是不稳定的，它们会自发地蜕变为另一种核素，同时放出 $\alpha$ 射线（高速氦粒子）、$\beta$ 射线（高速正、负电子）和 $\gamma$ 射线。重核自发裂变也是一种放射性现象，裂变过程中还会放射中子。此外，$^{60}_{27}Co$ 会自发地放射质子。所有这些统称为天然放射性。

除了天然放射性核素外，还可用加速器和反应堆等人工办法生产人工放射性核素。目前，人工放射性核素比天然放射性核素多得多，放射性现象为人们提供了原子核内部运动的许多重要信息。

### 16.4.1　放射系

实验指出，地壳中存在三个天然放射系，即钍系、铀系和锕系。下面介绍这三个放射系。

钍系——从 $^{232}_{90}Th$（半衰期为 $1.41\times10^{10}$ a）开始，经过 10 次连续衰变到稳定核素 $^{208}_{82}Pb$。该系中各放射性核素的质量数 $A$ 满足 $A=4n$，所以钍系也叫 $4n$ 系。

铀系——从 $^{238}_{92}U$（半衰期为 $4.47\times10^9$ a）开始，经过 14 次连续衰变到稳定核素 $^{206}_{82}Pb$。该系中各放射性核素的质量数 $A$ 满足 $A=4n+2$，所以铀系也叫 $4n+2$ 系。

锕系——从 $^{235}_{92}U$（半衰期为 $7.04\times10^8$ a）开始，经过 11 次连续衰变到稳定核素 $^{207}_{82}Pb$。该系中各放射性核素的质量数 $A$ 满足 $A=4n+3$，所以锕系也叫 $4n+3$ 系。由于 $^{235}U$ 俗称锕铀，该系称为锕系。

人们相信，自然界是和谐、对称的，但从上面可看出，在天然放射系中，缺少了一个$A=4n+1$系。终于在1935年通过人工核转变发现了这个系，但直到1947年人们才将这一放射系的全部数据肯定下来。该系从$^{241}_{94}Pu$（半衰期为14.4 a）开始，经过13次连续衰变到稳定核素$^{209}_{83}Bi$。此系中镎（$^{237}_{93}Np$）的半衰期最长，为$2.14\times10^6$ a，故此系称为镎系。由于镎的半衰期比地球年龄短得多，因此天然不存在镎系。

### 16.4.2　放射性衰变的基本规律

1. 指数衰变律

原子核是一个量子多体系统，核衰变服从统计规律。对于任何一个放射性原子核，它发生衰变的精确时刻都是不能确定的，是随机的，但对大量的放射性原子核，其衰变规律却是确定的。

设在时间$t\to t+dt$内发生衰变的原子核数为$-dN$，则$-dN$应与时间间隔$dt$及在$t$时未衰变的原子核数$N$成正比，于是

$$-dN=\lambda N dt \tag{16.8}$$

$\lambda$是比例系数。设$t=0$时原子核数为$N_0$，当$\lambda$为常量时，对式16.8积分后可得

$$N=N_0 e^{-\lambda t} \tag{16.9}$$

这就是放射性衰变遵从的指数规律。将式(16.8)改写为

$$\lambda=\frac{-dN/dt}{N}$$

可见，$\lambda$的物理意义是，**在$t$时刻，每单位时间内发生衰变的原子核数占当时原子核数的百分比**。或者说，$\lambda$是**单位时间内原子核发生衰变的概率，称为衰变常量**。

2. 半衰期和平均寿命

原子核衰变的快慢通常用半衰期$T$及平均寿命$\tau$来表征。**半衰期$T$就是放射性原子核数衰变到原来数目的一半时所需的时间**。按定义：在式(16.9)中，当$t=T$时，$N=N_0/2$，于是可得

$$T=\frac{\ln 2}{\lambda} \tag{16.10}$$

$T$与$\lambda$成反比，$\lambda$越大表示放射性衰减得越快。图16.8是$^{60}Co$的衰变图，其半衰期约为5.27年。

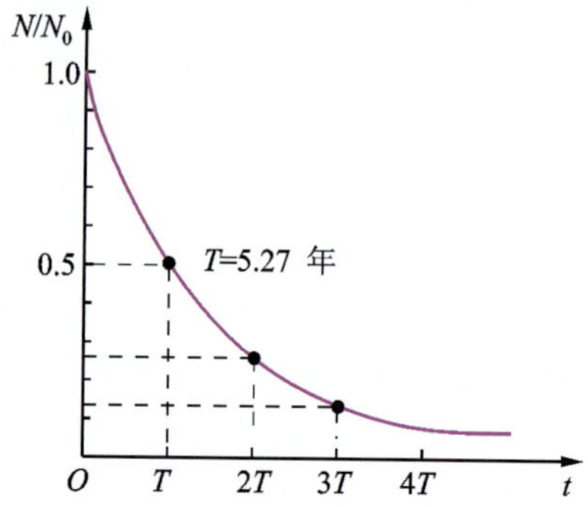


图16.8

对某种确定的放射性原子核，其中有些早衰变，有些晚衰变，也就是说在各原子核衰变前其存在的时间一般不一样，我们引入**平均寿命$\tau$表示每个放射性原子核衰变前存在时间的平均值**。

设$t=0$时，放射性原子核数为$N_0$，按式(16.8)，在$t$到$t+dt$这段很短时间内，发生衰变的原子核数为$\lambda N dt$，这些原子核的寿命为$t$，它们的总寿命为$\lambda N t dt$。因此，所有原子核的总寿命为$\int_0^\infty \lambda N t dt$。于是，任一原子核的平均寿命为

$$\tau=\frac{\int_0^\infty \lambda N t dt}{N_0}=\frac{1}{\lambda}=\frac{T}{\ln 2} \tag{16.11}$$

平均寿命为衰变常数的倒数，它是半衰期$T$的1.44倍。

设$t=\tau$，代入式(16.9)，可得

$$N=N_0 e^{-1}\approx 0.37N_0$$

可见，经过时间$\tau$后，剩下的原子核数约为原来的37%。

式(16.11)将衰变常数$\lambda$、半衰期$T$和平均寿命$\tau$相互联系起来，它们都可以作为放射性原子核的特征量。每一个放射性原子核都有自己特有的$\lambda$，没有两个不同原子核的$\lambda$是一样的。通过测量$T$或$\tau$，不但可以判断原子核的种类，而且在考古工作中还有重要应用。表16.3列出了一些原子核的半衰期$T$。

**表16.3　一些原子核的半衰期$T$**

| 核素 | $T$ | 核素 | $T$ |
|---|---|---|---|
| $^{11}_{6}C$ | 20.38 min | $^{232}_{90}Th$ | $1.41\times10^{10}$ a |
| $^{212}_{84}Po$ | $3.0\times10^{-7}$ s | $^{235}_{92}U$ | $7.04\times10^{8}$ a |
| $^{214}_{84}Po$ | $1.64\times10^{-4}$ s | $^{238}_{92}U$ | $4.47\times10^{9}$ a |
| $^{227}_{89}Ac$ | 21.77 a | $^{241}_{94}Pu$ | 14.4 a |

**例 16.1** 实验测得 1 g $^{226}_{88}$Ra 在 1 s 内有 $3.71\times10^{10}$ 个原子核发生衰变，试求它的衰变常量、半衰期和平均寿命。

**解** 1 g $^{226}_{88}$Ra 中有 $6.022\times10^{23}/226$ 个原子核。因此，衰变常量 $\lambda$ 为

$$\lambda=\frac{-\mathrm{d}N/\mathrm{d}t}{N}=\frac{3.71\times10^{10}}{6.022\times10^{23}/226}$$

$$=1.39\times10^{-11}\ \mathrm{s}^{-1}$$

半衰期为

$$T=\frac{\ln2}{\lambda}=4.98\times10^{10}\ \mathrm{s}$$

平均寿命为

$$\tau=\frac{1}{\lambda}=7.19\times10^{10}\ \mathrm{s}$$

3. 放射性活度

**一个放射源在单位时间内发生衰变的原子核数称为该放射源的活度**，用 $A$ 标记。显然

$$A=-\mathrm{d}N/\mathrm{d}t=\lambda N=A_0\mathrm{e}^{-\lambda t}\qquad(16.12)$$

式中 $A_0=\lambda N_0$，为 $t=0$ 时放射源的活度。$A$ 也服从指数规律。放射性活度的常用单位是 Ci(居里)。

$$1\ \mathrm{Ci}=3.7\times10^{10}\text{ 次核衰变/s}$$

而放射性活度的国际单位是 Bq(贝克勒尔)，它定义为每秒一次衰变，即

$$1\ \mathrm{Bq}=1\text{ 次核衰变/s}$$

因此

$$1\ \mathrm{Bq}=\frac{1}{3.7\times10^{10}}\ \mathrm{Ci}$$

### 16.4.3 $^{14}_{6}$C 测年法

放射性在工业、农业、医学和科技等领域都有着重要的应用，这里只介绍用放射性测定古物绝对年代方法中的$^{14}_{6}$C 测年法。

自然界中的碳主要是$^{12}_{6}$C，也有少量的$^{14}_{6}$C，它是由来自宇宙射线的中子与大气中的$^{14}_{7}$N 发生反应而产生的

$$^{1}_{0}\mathrm{n}+{}^{14}_{7}\mathrm{N}\rightarrow{}^{14}_{6}\mathrm{C}+{}^{1}_{1}\mathrm{p}$$

$^{14}_{6}$C 是具有放射性的碳同位素，能够自发地衰变，其半衰期为 5730 a。$^{14}_{6}$C 不断地产生又不断地衰变，达到动态平衡，因此大气中的$^{14}_{6}$C 含量基本保持稳定。生物体同大气进行直接或间接的碳交换，生物体一旦死亡，$^{14}_{6}$C 得不到补充，体内的$^{14}_{6}$C 的含量及其放射性活度就按放射性规律减少，通过测量$^{14}_{6}$C 的放射性活度或者直接测量$^{14}_{6}$C 原子的数目可以看出生物与外界停止碳交换的年代。

**想想看**

16.5 河北省磁山遗迹中发现有古时的粟，这些样品中 1 g 碳的活度被测定为 $2.8\times10^{-12}$ Ci。已知 1 g 新鲜粟中 $^{14}_{6}$C 的放射性活度为 $6.8\times10^{-12}$ Ci。试估算这些粟所处的年代。

**复 习 思 考 题**

**16.9** 什么是核的放射性衰变？其衰变规律如何？通常用 $T$ 和 $\lambda$ 来描述放射性元素衰变的快慢，它们的物理意义及相互之间的关系如何？

## 16.5 粒子物理简介

通常讲基本粒子是指组成物质的不能再分割的基本单元。随着物理学的进展，在近一个世纪内基本粒子的概念经历了几次重大改变。在 19 世纪末以前，人们认为原子是构成物质的基本单元，但随着原子核在 1911 年的发现及其后中子在 1932 年的发现，人们认识到原子是由质子、中子和电子组成的，原子不再是组成物质的基本单元。1937 年以后，人们把光子、电子、质子、中子、中微子和陆续发现的介子等，称为基本粒子。此后，由于能量越来越高、束流越来越强的加速器的建立，实验上也相继地出现了灵敏度高、强有力的探测器，如汽泡室、火花室等，发现了许多新粒子。同时在实验中确认质子、中子等是有内部结构的。这时人们认识到它们也不可能是组成物质的基本单元。1964 年以后，开始提出中子、质子等强子是由夸克组成的，强子结构的夸克模型已经取得了很大成功。

### 16.5.1 粒子的分类

迄今发现的粒子已超过 300 种，除光子、$\pi^0$ 介子等少数自旋为零或整数的中性粒子的反粒子就是它们自身外，绝大多数粒子都有反粒子。粒子和反粒子的物理量(如质量、自旋、磁矩、寿命和电荷等)的绝对值都相同，但某些物理量(如电荷、磁矩等)的符号却相反。例如，电子 $\mathrm{e}^-$ 的反粒子是正电子 $\mathrm{e}^+$，质子 p 的反粒子是反质子 $\bar{\mathrm{p}}$，中子 n 的反粒子是反

中子 $\bar{n}$。中子和反中子的区别在于前者的磁矩为 $-1.9130\ \mu_N$，后者的为 $+1.9130\ \mu_N$。

粒子可按自旋、相互作用分为若干类。

1. 按自旋分为两类

(1) **玻色子** 自旋为零或为 1 等整数的粒子，如光子、$\pi$ 介子、K 介子、$\eta$ 介子、$J/\psi$ 粒子等。

(2) **费米子** 自旋为 1/2，3/2，… 半整数的粒子，如电子、质子、中子和各种重子等。

玻色子不遵从泡利不相容原理，费米子遵从泡利不相容原理。

2. 按参与相互作用的性质分为三类

(1) **规范玻色子** 规范玻色子是传递相互作用的粒子，光子传递电磁相互作用，$W^{\pm}$ 和 $Z^0$ 传递弱相互作用，胶子传递强相互作用，它们的自旋都是 1，见表 16.4。引力子传递引力相互作用，理论上预言它的自旋是 2。

**表 16.4 规范玻色子**

| | 光子 | W 粒子 | $Z^0$ 粒子 | 胶子 |
|---|---|---|---|---|
| 符号 | $\gamma$ | $W^{\pm}$ | $Z^0$ | g |
| 质量 $(MeV/c^2)$ | 0 | 80380 | 92900 | 0 |
| 自旋 | 1 | 1 | 1 | 1 |
| 平均寿命/s | 稳定 | $>0.95\times10^{-25}$ | $>0.77\times10^{-25}$ | 稳定 |
| 主要衰变方式 | | $W^- \rightarrow e^- + \bar{\nu}_e$ | $Z^0 \rightarrow e^+ + e^-$ | |

(2) **轻子** 包括电子、$\mu$ 子、$\tau$ 子、中微子 $\nu_e$、$\nu_\mu$、$\nu_\tau$ 和它们的反粒子，其有 12 个，它们的自旋都是 1/2，都是费米子。轻子参与引力相互作用、电磁相互作用和弱相互作用，见表 16.6。

(3) **强子** 强子包括介子和重子，见表 16.5，强子参与所有四种相互作用。

介子中有 $\pi$ 介子、K 介子、$\eta$ 介子等，它们的自旋为零或为整数，因此是玻色子。

重子包括核子（质子和中子）和质量大于质子质量的各种超子（$\Lambda$、$\Sigma$、$\Xi$、$\Omega$ 等）以及它们的反粒子。除 $\Omega$ 超子的自旋为 3/2 外，其余重子的自旋都是 1/2，重子是费米子。

## 16.5.2 粒子间的四种基本相互作用

到目前为止，人们所认识到的粒子之间的相互作用可归结为万有引力相互作用、电磁相互作用、强相互作用和弱相互作用四种。

1. 万有引力相互作用

引力作用存在于所有有质量的粒子之间，被认为是通过至今尚未观测到的引力子实现的。由于万有引力相互作用远小于其它三种相互作用，因此在粒子物理学中，通常不予考虑。

2. 电磁相互作用

带电物体之间、带电体和电磁场之间都有电磁相互作用。在粒子物理中，不仅带电粒子之间通过交换光子实现电磁相互作用，而且一切有光子参与的粒子相互作用过程，也都存在电磁相互作用。例如带电粒子吸收和发射光子的过程，正、负电子湮灭过程，以及 $\pi^0 \rightarrow \gamma + \gamma$ 过程都有电磁相互作用。

电磁相互作用也是长程作用，在强度上仅次于强相互作用。在粒子物理中，电磁相互作用是一种必须考虑的重要相互作用因素。

3. 强相互作用

强相互作用在四种相互作用中强度最强，是一种短程作用。只有当强子间距离小于 $10^{-15}$ m 时，强子间才存在显著的强相互作用，媒介是介子。核力是最早研究的强相互作用。

在量子色动力学中，强相互作用是组成强子的、带色荷的夸克之间通过胶子传递的作用。

4. 弱相互作用

最早观察到的弱相互作用是在原子核的 β 衰变过程中，它实质上是在弱相互作用下一种强子转变为另一种强子的过程，可表示为

$$n \longrightarrow p + e^- + \bar{\nu}_e$$

$$p \longrightarrow n + e^+ + \nu_e$$

弱相互作用除存在于 β 衰变过程外，还普遍地存在于有中微子参与的各种过程中。弱相互作用也可以使介子转变为轻子或使一种轻子转变为另一种轻子，例如

$$\pi^- \longrightarrow \mu^- + \bar{\nu}_\mu$$

$$\mu^- \longrightarrow e^- + \bar{\nu}_e + \nu_\mu$$

20 世纪 60 年代，格拉肖（美国）、温伯格（美国）和萨拉姆（巴基斯坦）提出电弱统一理论，并指出**弱相互作用交换的是中间玻色子 $W^+$、$W^-$ 和 $Z^0$ 粒子**。在这个理论中，电磁相互作用和弱相互作用被看作是一种相互作用，只是在某一相互作用过程中，如果交换的是 $W^+$、$W^-$ 和 $Z^0$ 粒子，就是弱相互作用过程；如果交换的是光子，就是电磁相互作用过程。1983 年，鲁比亚实验组在540 GeV 高能质子-反质

**表 16.5 轻子和强子**

| 分类 | | | 名称(符号)<br>粒子<br>(反粒子) | 静质量<br>(MeV/$c^2$) | 自旋<br>($\hbar$) | 电荷<br>(Q/e) | 重子数<br>$B$ | 轻子数<br>$L_e$<br>$L_\mu$<br>$L_\tau$ | 奇异数<br>$S$ | 同位旋<br>$I$ | 同位旋<br>$Z$分量<br>$I_z$ | 超荷<br>$Y$ | 宇称<br>$P$ | 寿命<br>(s) |
|---|---|---|---|---|---|---|---|---|---|---|---|---|---|---|
| 轻子 | 电子 | | $e^-(e^+)$ | 0.511 | 1/2 | −1(+1) | 0 | +1(−1) | | | | | | 稳定 |
| 轻子 | $\mu$子 | | $\mu^-(\mu^+)$ | 105.7 | 1/2 | −1(+1) | 0 | +1(−1) | | | | | | $2.2\times10^{-6}$ |
| 轻子 | $\tau$子 | | $\tau^-(\tau^+)$ | 1776.9 | 1/2 | −1(+1) | 0 | +1(−1) | | | | | | $<2.3\times10^{-12}$ |
| 轻子 | 中微子 | | $\nu_e(\bar{\nu}_e)$ | <0.00002 | 1/2 | 0 | 0 | +1(−1) | | | | | | 稳定 |
| 轻子 | 中微子 | | $\nu_\mu(\bar{\nu}_\mu)$ | <0.16 | 1/2 | 0 | 0 | +1(−1) | | | | | | 稳定 |
| 轻子 | 中微子 | | $\nu_\tau(\bar{\nu}_\tau)$ | <31 | 1/2 | 0 | 0 | +1(−1) | | | | | | 稳定 |
| 强子 | 介子 | | $\pi^+(\pi^-)$ | 139.6 | 0 | +1(−1) | 0 | 0 | 0 | 1 | +1(−1) | 0 | − | $2.6\times10^{-8}$ |
| 强子 | 介子 | | $\pi^0(\pi^0)$ | 135.0 | 0 | 0 | 0 | 0 | 0 | 1 | 0(0) | 0 | − | $0.8\times10^{-16}$ |
| 强子 | 介子 | | $K^+(K^-)$ | 493.7 | 0 | +1(−1) | 0 | 0 | +1<br>(−1) | 1/2 | +1/2<br>(−1/2) | +1<br>(−1) | − | $1.2\times10^{-8}$ |
| 强子 | 介子 | | $K^0(\bar{K}^0)$ | 497.7 | 0 | 0 | 0 | 0 | +1<br>(−1) | 1/2 | −1/2<br>(+1/2) | +1<br>(−1) | − | $8.9\times10^{-11}$ |
| 强子 | 介子 | | $\eta^0$ | 548.8 | 0 | 0 | 0 | 0 | 0 | 0 | 0 | 0 | − | $5.2\times10^{-8}$ |
| 强子 | 介子 | | $\eta'$ | 958 | 0 | 0 | 0 | 0 | 0 | 0 | 0 | 0 | − | $7.7\times10^{-19}$ |
| 强子 | 介子 | | $J/\psi(J/\psi)$ | 3097±1 | 1 | 0 | 0 | 0 | 0 | 0 | 0 | 0 | − | $>10^{-21}$ |
| 强子 | 介子 | | $\Upsilon$ | 9458±6 | 1 | 0 | 0 | 0 | 0 | 0 | 0 | 0 | − | $3.1\times10^{-19}$ |
| 强子 | 重子 | 核子 | $p(\bar{p})$ | 938.3 | 1/2 | +1(−1) | +1<br>(−1) | 0 | 0 | 1/2 | +1/2<br>(−1/2) | +1<br>(−1) | +<br>(−) | 稳定 |
| 强子 | 重子 | 核子 | $n(\bar{n})$ | 939.6 | 1/2 | 0 | +1<br>(−1) | 0 | 0 | 1/2 | −1/2<br>(+1/2) | +1<br>(−1) | +<br>(−) | 918 |
| 强子 | 重子 | 超子 | $\Lambda^0(\overline{\Lambda^0})$ | 1115.6 | 1/2 | 0 | +1<br>(−1) | 0 | −1<br>(+1) | 0 | 0 | 0 | +<br>(−) | $2.6\times10^{-10}$ |
| 强子 | 重子 | 超子 | $\Sigma^+(\overline{\Sigma^+})$ | 1189.9 | 1/2 | +1(−1) | +1<br>(−1) | 0 | −1<br>(+1) | 1 | +1(−1) | 0 | +<br>(−) | $8.0\times10^{-11}$ |
| 强子 | 重子 | 超子 | $\Sigma^0(\overline{\Sigma^0})$ | 1192.5 | 1/2 | 0 | +1<br>(−1) | 0 | −1<br>(+1) | 1 | 0 | 0 | +<br>(−) | $5.8\times10^{-20}$ |
| 强子 | 重子 | 超子 | $\Sigma^-(\overline{\Sigma^-})$ | 1197.3 | 1/2 | −1(+1) | +1<br>(−1) | 0 | −1<br>(+1) | 1 | −1(+1) | 0 | +<br>(−) | $1.5\times10^{-10}$ |
| 强子 | 重子 | 超子 | $\Xi^0(\overline{\Xi^0})$ | 1314.9 | 1/2 | 0 | +1<br>(−1) | 0 | −2<br>(+2) | 1/2 | +1/2<br>(−1/2) | −1<br>(+1) | +<br>(−) | $3.0\times10^{-10}$ |
| 强子 | 重子 | 超子 | $\Xi^-(\overline{\Xi^-})$ | 1321.3 | 1/2 | −1(+1) | +1<br>(−1) | 0 | −2<br>(+2) | 1/2 | −1/2<br>(+1/2) | −1<br>(+1) | +<br>(−) | $1.6\times10^{-10}$ |
| 强子 | 重子 | 超子 | $\Omega^-(\overline{\Omega^-})$ | 1672.2 | 3/2 | −1(+1) | +1<br>(−1) | 0 | −3<br>(+3) | 0 | 0 | −2<br>(+2) | +<br>(−) | $0.82\times10^{-10}$ |

子对撞实验中发现了 $W^+$、$W^-$(质量约为 80.38 GeV 和 $Z^0$(质量约为 92.9 GeV)粒子，给电弱统一理论的建立以极大的支持。

电弱统一理论的进展，促使一些物理学家试图建立一个将强、电、弱三种相互作用统一起来的大统一理论，目前这项工作尚处于探索阶段。

参与四种相互作用的各有哪些粒子、各自交换的媒介子是什么？它们之间的相对强度、各自的力程的量级，综合列于表 16.6 中。

**表 16.6 四种基本相互作用**

| 类型 | 强作用 | | 电磁作用 | 弱作用 | 引力作用 |
|---|---|---|---|---|---|
| 参与作用的粒子 | 夸克 | 强子 | 强子、轻子、光子 | 强子、轻子 | 一切物质 |
| 媒介粒子 | 胶子 | 介子 | 光子 | $W^\pm$、$Z_0$ | 引力子 |
| 相对强度 | 1 | | $10^{-2}$ | $10^{-13}$ | $10^{-39}$ |
| 力程/m | $10^{-17}\sim10^{-18}$ | $10^{-15}$ | $\infty$ | $10^{-17}$ | $\infty$ |
| 作用时间/s | $10^{-23}$ | | $10^{-20}\sim10^{-16}$ | $10^{-8}$ | |

### 16.5.3　守恒定律

在粒子的相互作用和转化过程中，也必须遵守一些守恒定律。

实验表明，能量、动量、动量矩以及电荷守恒定律在粒子作用和变化的各种过程中都是被严格遵守的。此外，在粒子物理学中还发现了一些新守恒定律，其中有些是普适的，有些不是普适的。下面，对几个守恒定律作简要介绍。

在粒子物理中，引进了重子数、轻子数、同位旋、奇异数、宇称等“量子数”。

例如，所有重子的重子数 $B=+1$、反重子的重子数 $B=-1$，其余各种粒子的重子数皆为零，如表16.5所示。一个系统的重子数为构成该系统的各粒子的重子数之代数和。迄今的实验表明，**对所有粒子反应过程，反应前后系统的重子数守恒，这称为重子数守恒定律**。

类似于重子数，引入轻子数。不过，轻子数分为两类：电子 $e^-$ 和电子中微子 $\nu_e$ 的轻子数 $L_e=+1$，它们的反粒子——正电子 $e^+$ 和反电子中微子 $\bar{\nu}_e$ 的轻子数 $L_e=-1$；$\mu^-$ 子和 $\mu$ 子中微子 $\nu_\mu$ 的轻子数 $L_\mu=+1$，它们的反粒子——$\mu^+$ 子和反 $\mu$ 子中微子 $\bar{\nu}_\mu$ 的轻子数 $L_\mu=-1$，其余各种粒子的轻子数皆为零，如表 16.5 所列。迄今的实验表明，**对所有粒子反应过程，反应前后系统的两类轻子数代数和分别守恒，这称为轻子数守恒定律**。

需要指出的是，不能把两类轻子数 $L_e$ 和 $L_\mu$ 相混！例如，一种 β 衰变过程 $p \rightarrow n+e^+ +\nu_e$。显然衰变前后电荷守恒。再着重子数和轻子数是否守恒？反应中的 p 和 n 的重子数都是 1，轻子数都是零；而 $e^+$ 和 $\nu_e$ 的重子数都是零，轻子数分别为 $-1$ 和 1，很显然反应前后的重子数和轻子数都是守恒的。

对于 $\tau$ 子的中微子 $\nu_\tau$ 是否会有第三种轻子数守恒，尚待进一步证实。

对同位旋、奇异数及宇称等“量子数”，在粒子反应过程中并不是普遍守恒的，见表 16.7，对此这里就不再做进一步的介绍了。

**想想看**

16.6　在下面反应的空白处填上一种中微子：① ____ $+p \rightarrow n+e^+$；② ____ $+n \rightarrow p+\mu^-$；③ ____ $+n \rightarrow p+e^-$。

16.7　根据表 16.5，判断下面两个过程是否会发生

(1) $p+p \rightarrow p+\pi^+$；(2) $e^- +p \rightarrow n+\bar{\nu}_e$。

**表 16.7　基本相互作用和守恒定律**

| 守恒量 | 能量 | 动量 | 角动量 | 电荷 | 轻子数 | 重子数 | 同位旋 | 同位旋分量 | 奇异数 | 宇称 |
|---|---|---|---|---|---|---|---|---|---|---|
| 强相互作用 | + | + | + | + | + | + | + | + | + | + |
| 弱相互作用 | + | + | + | + | + | + | − | − | − | − |
| 电磁相互作用 | + | + | + | + | + | + | − | + | + | + |

注：表中“−”表示不守恒，“+”表示守恒。

### 16.5.4　强子的夸克模型

轻子和强子是否尚有内部结构，也就是说，它们是否不可再分割成组成物质的更小单元？

到目前为止，没有任何实验结果显示轻子有内部结构，也没有任何实验能测量出轻子的大小。因此，在现阶段可以认为轻子是“基本粒子”。

1964 年，盖尔曼和茨威格提出了强子结构的夸克模型；强子是由被称为夸克的粒子组成的。**夸克具有分数电荷，自旋为 1/2，是费米子**，详见表 16.8。起初以为只有三种夸克，分别称为上夸克 u、下夸克 d 和奇夸克 s，三种夸克都有相应的反夸克，即 $\bar{u}$、$\bar{d}$ 和 $\bar{s}$。反夸克的自旋等量子数与相应夸克的相同，但电荷、重子数等量子数与相应夸克的相反。

强子结构的夸克模型认为：**每一个介子由一个夸克和一个反夸克组成；每一个重子由三个夸克组成**，见表 16.9 和 16.10。例如，质子被认为由(uud)三个夸克组成，根据表 16.8 计算出质子 p 的量子数为

$$Q=\frac{2}{3}e+\frac{2}{3}e-\frac{1}{3}e=e,\ B=\frac{1}{3}+\frac{1}{3}+\frac{1}{3}=1$$

$$I_z=\frac{1}{2}+\frac{1}{2}-\frac{1}{2}=\frac{1}{2}$$

$$S=0,\ I=\frac{1}{2},\ J=\frac{1}{2}$$

显然，所得各量子数与质子的完全一致。需要说明的是，自旋和同位旋都是矢量，故应按矢量法则求和，其余各量子数都按代数法则求和。

读者可利用表 16.9 和表 16.10 证实重子和介子由夸克组成的正确性。

**表 16.8 夸克的性质**

| 夸克 | 质量 $m$ (GeV) | 电荷 $Q$ | 自旋 $J$ | 重子数 $B$ | 同位旋 $I$ | 同位旋分量 $I_z$ | 奇异数 $S$ | 超荷 $Y$ | 粲数 $C$ | 底数 $B$ | 顶数 $T$ |
|---|---|---|---|---|---|---|---|---|---|---|---|
| d | 0.008 | $(-1/3)e$ | 1/2 | 1/3 | 1/2 | −1/2 | 0 | +1/3 | 0 | 0 | 0 |
| u | 0.004 | $(2/3)e$ | 1/2 | 1/3 | 1/2 | +1/2 | 0 | +1/3 | 0 | 0 | 0 |
| s | 0.15 | $(-1/3)e$ | 1/2 | 1/3 | 0 | 0 | −1 | −2/3 | 0 | 0 | 0 |
| c | 1.5 | $(2/3)e$ | 1/2 | 1/3 | 0 | 0 | 0 | +1/3 | +1 | 0 | 0 |
| b | 4.7 | $(-1/3)e$ | 1/2 | 1/3 | 0 | 0 | 0 | +1/3 | 0 | +1 | 0 |
| t | 174 | $(2/3)e$ | 1/2 | 1/3 | 0 | 0 | 0 | +1/3 | 0 | 0 | +1 |

**表 16.9 重子的夸克组成**

| 夸克 | $Q$ | $B$ | $S$ | $Y$ | $I_z$ | $J=1/2$ | | | | $J=3/2$ | |
|---|---|---|---|---|---|---|---|---|---|---|---|
| | | | | | | 重子 | $I$ | 重子 | $I$ | 共振态 | $I$ |
| uuu | +2 | 1 | 0 | 1 | +3/2 | | | | | $\Delta^{++}$ | 3/2 |
| uud | +1 | 1 | 0 | 1 | +1/2 | p | 1/2 | | | $\Delta^{+}$ | 3/2 |
| udd | 0 | 1 | 0 | 1 | −1/2 | n | 1/2 | | | $\Delta^{0}$ | 3/2 |
| ddd | −1 | 1 | 0 | 1 | −3/2 | | | | | $\Delta^{-}$ | 3/2 |
| uus | +1 | 1 | −1 | 0 | +1 | $\Sigma^{+}$ | 1 | | | $\Sigma^{*+}$ | 1 |
| uds | 0 | 1 | −1 | 0 | 0 | $\Sigma^{0}$ | 1 | $\Lambda^{0}$ | 0 | $\Sigma^{*0}$ | 1 |
| dds | −1 | 1 | −1 | 0 | −1 | $\Sigma^{-}$ | 1 | | | $\Sigma^{*-}$ | 1 |
| uss | 0 | 1 | −2 | −1 | +1/2 | $\Xi^{0}$ | 1/2 | | | $\Xi^{*0}$ | 1/2 |
| dss | −1 | 1 | −2 | −1 | −1/2 | $\Xi^{-}$ | 1/2 | | | $\Xi^{*-}$ | 1/2 |
| sss | −1 | 1 | −3 | −2 | 0 | | | | | $\Omega^{-}$ | 0 |

**表 16.10 介子的夸克组成**

| 介子 | 组成 |
|---|---|
| $\pi^0$ | $\frac{1}{\sqrt{2}}(u\bar{u}-d\bar{d})$ |
| $\pi^-$ | $d\bar{u}$ |
| $\pi^+$ | $u\bar{d}$ |
| $\eta^0$ | $\frac{1}{\sqrt{6}}(u\bar{u}+d\bar{d}-2s\bar{s})$ |
| $K^0$ | $d\bar{s}$ |
| $K^-$ | $\bar{u}s$ |
| $K^+$ | $u\bar{s}$ |
| $\bar{K}^0$ | $\bar{d}s$ |

## 想想看

16.8 $\pi^+$ 介子被认为由($u\bar{d}$)两个夸克组成，试确定 $\pi^+$ 介子的各个量子数。

16.9 用夸克模型说明为什么不存在 $Q=+1$、$S=-1$ 和 $Q=-1$、$S=1$ 的介子。

1974 年，美籍华裔物理学家丁肇中和美国物理学家里希特分别发现了 J/ψ 粒子，它不能看成由上述三个夸克及其相应的反夸克组成，而只能以它由一个新夸克 c(称粲夸克)及其反夸克 $\bar{c}$ 组成(J/ψ($c\bar{c}$))而得到解释。粲夸克 c 有一个新量子数——粲数 $C$，除粲夸克及其反夸克外，其余各种夸克的粲数皆为零。粲夸克的存在不久便因一系列新粒子 $\psi'$、$\psi''$、D、F、$\eta_c$ 和 $\Lambda_c$ 等的发现而得到证实。

1977 年，莱德曼等又发现了一个新粒子 Υ(读作 Upsilon)，它的性质只能以它是由一种新夸克 b (称底夸克)及其反夸克 $\bar{b}$ 组成而得到解释。底夸克有一个新量子数——底数 $B$。除底夸克及其相应的反夸克外，其余各种夸克的底数均为零。底夸克的存在，近年由于新粒子 Υ′、Υ″以及 B 介子等的发现获得了更多的证据。

1984 年，在欧洲核子中心(CERN)发现了可能存在第六种夸克的迹象，这种夸克称为顶夸克 t，它的电荷为 $(2/3)e$，带有一种新量子数——顶数 $T$。据 1994 年报道，实验中找到了顶夸克。

**例 16.2** 已知 $\Xi^-$ 系由 u、d 和 s 及相应的反夸克组成，试确定 $\Xi^-$ 粒子是由几个什么夸克组成的。

**解** $\Xi^-$ 粒子是重子，因此应由三个夸克组成。由表 16.5 知，$\Xi^-$ 的奇异数 $S=-2$，电荷数 $Q=-1$。

由于 $\Xi^-$ 的 $S=-2$，由表 16.8，$\Xi^-$ 粒子必须包

含有 2 个奇夸克 s，每个奇夸克的 $Q=-1/3$，因此组成 $\Xi^-$ 粒子的另一个夸克的电荷须为 $-1/3$，再考虑到 $\Xi^-$ 的同位旋 $I=1/2$，组成 $\Xi^-$ 的第三个夸克只能是下夸克 d，因此 $\Xi^-$ 的夸克组成为 ssd。

在上述强子结构的夸克模型中，还存在着一个明显问题。我们知道，夸克的自旋皆为 1/2，是费米子，但表 16.9 中的 $\Delta^{++}$ 粒子（一个重子共振态）是由三个 u 夸克组成的，由于它的自旋等于 3/2，所以三个 u 夸克的自旋必须相互平行、并沿同一取向，这显然违反泡利不相容原理。为了解决这一矛盾，人们为夸克引入一个新量子数——色量子数，或者说夸克带有“色荷”的概念。色荷是一个与电荷类比的概念，夸克一共有三种可能的色荷，即红、绿、蓝三色。组成 $\Delta^{++}$ 粒子的三个夸克 u 分属于三个色，这样三个 u 夸克自旋平行就不再违背泡利不相容原理。粒子物理理论还认为，**夸克之间的强相互作用力是由于带有色荷的夸克相互交换胶子产生的**，这正像电磁相互作用力是带电荷的粒子通过交换光子而产生的一样。

夸克通过强相互作用组成质子和中子等，长期以来人们致力于寻找自由的单个夸克，但都没有找到。这是为什么呢？美国物理学家威尔切克（F. A. Wilczek）、格罗斯（D. J. Gross）和波利策（H. D. Politzer）三人提出的“渐进自由理论”对此作出了解释，并因此获得了 2004 年诺贝尔物理学奖。渐进自由理论认为，强相互作用会随着夸克彼此间距离的增加而增大，因此没有夸克可以从原子核中向外逃出，获得真正的自由。通俗地说，这一现象有点像拉一根具有弹性的橡皮筋，橡皮筋拉得越长，其产生的力越大，拉起来也就越费劲。同样根据“渐近自由理论”，强相互作用会随着夸克间距离的变小而减弱，这意味着，约束在质子等内部的夸克在彼此距离足够小时，将近乎自由地进行运动。渐进自由理论使得物理学家对四种基本相互作用的作用方式的理解达到一个新的高度。

粒子物理问题是当代物理学最重要的问题之一，近年来虽然取得了不少重大进展，但在这一领域中尚有许多基本问题未得到解决。

## 复习思考题

**16.10**　什么是费米子、什么是玻色子？两类粒子的主要区别有哪些？$^3_2$He 核、$^4_2$He 核各是费米子还玻色子？

**16.11**　什么是四种基本相互作用？从量子场论的观点相互作用都是通过交换“粒子”实现的，试问这四种相互作用各交换什么粒子？

**16.12**　已知质子和中子的夸克组成，试问反质子和反中子的夸克组成是什么？

## 第 16 章小结

### 原子核的基本性质

原子核质量数为 $A$ 的核半径可近似表示为 $R=r_0A^{1/3}$

原子核的自旋角动量和磁矩

$$P_I=\sqrt{I(I+1)}\hbar$$

$$\mu_I=g_I\sqrt{I(I+1)}\mu_N$$

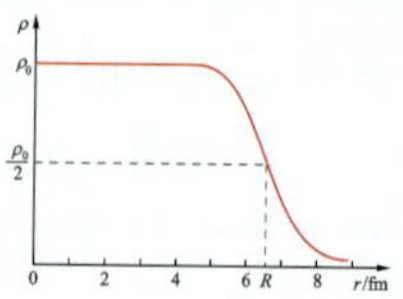


### 原子核的结合能

原子核的质量亏损等于原子核的静止质量 $M(A,Z)$ 与 $Z$ 个质子和 $(N-Z)$ 个中子静止质量的差

$$\Delta m(Z,A)=ZM(^1H)+(A-Z)m_n-M(Z,A)$$

原子核的结合能等于亏损质量与光速平方的乘积

$$B(Z,A)=\Delta m(Z,A)c^2$$

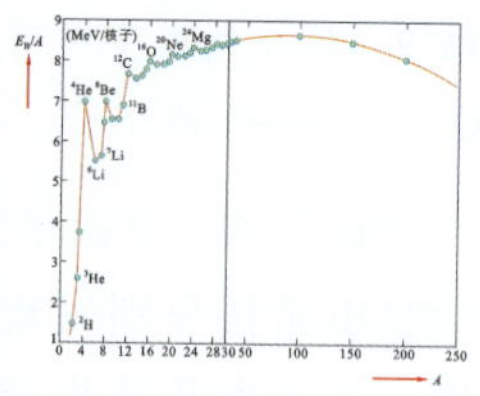


### 核力

核力是一种短程作用力，与核子电荷无关，与自旋有关

一般认为核力是交换力和非交换力的混合力

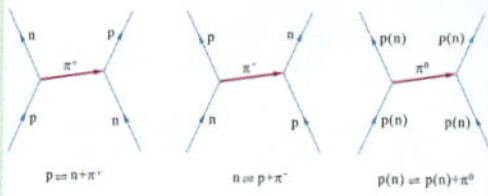


### 放射性衰变

不稳定的核素会自动地蜕变为另一种核素，同时还释放出 $\alpha$、$\beta$、$\gamma$ 射线。经过时间 $t$，未衰变的原子核数为

$$N=N_0e^{-\lambda t}$$

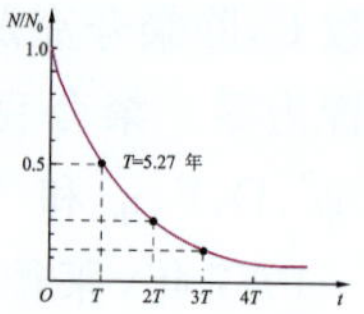

**核裂变及核聚变**

一个重原子核分裂成两个或两个以上中等质量的原子核，同时释放出巨大的能量

两个轻核聚合变为一个稍重的原子核，同时释放出巨大的能量

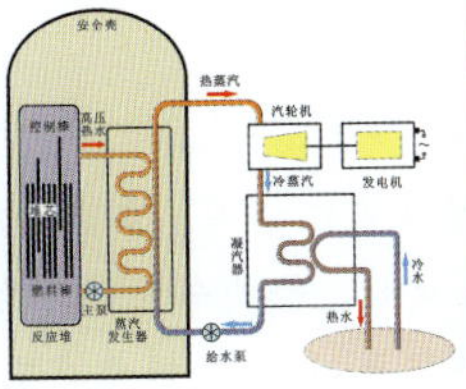

**粒子分类及强子结构的夸克模型**

按自旋分为费米子(自旋为半整数)和玻色子(自旋为整数)。费米子服从泡利不相容原理

按相互作用分为光子、轻子和强子，强子包括介子和重子。每一个介子由一个夸克和一个反夸克组成，每一个重子由三个夸克组成

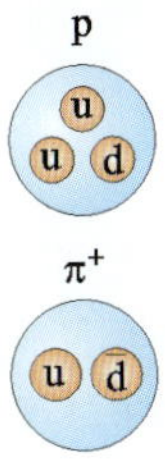


# 习　题

**16.1　填空题**

(1) $^{238}_{92}$U 核中有______个质子，______个中子；质量约为______ kg，半径约为______ fm，自旋量子数为______。

(2) $^{239}_{94}$Pu、p 和 n 的质量分别为 239.05216 u、1.00783 u 和 1.00876 u，$^{239}_{94}$Pu 的结合能为______，比结合能为______。

(3) 一个放射性核素的平均寿命为 10 天，它的半衰期为______，衰变常量为______，经过 5 天发生衰变的核素数目占原来的百分比为______。

**16.2**　普通水大致有 0.015%质量的重水，如果在一天内通过反应$^2_1$H+$^2_1$H → $^3_2$He+n，将 1 L 水中的$^2_1$H 全部烧光，可得到多大的聚变功率？已知$^2_1$H 和$^3_2$H 核的结合能分别为 2.23 MeV 和 7.72 MeV。

**16.3**　测得地壳中铀元素$^{235}_{92}$U 只占 0.72%，其余为$^{238}_{92}$U。已知$^{238}_{92}$U 和$^{235}_{92}$U 的半衰期分别为 $4.468\times10^9$ a 和 $7.038\times10^8$ a。假设地球形成时地壳中的$^{238}_{92}$U 和$^{235}_{92}$U 一样多，试估算地球的年龄。

**16.4**　一块 5.00 g 的来自古代火坑的木炭样品有着每分钟 63.0 次衰变的$^{14}_6$C 活性。来自活树的碳 1.00 g 的活度是每分钟 15.3 次衰变。已知$^{14}_6$C 的半衰期为 5730 a，求木炭的年代？

**16.5**　分析下列反应是否可能发生

$$p+\pi^- \rightarrow n+\pi^0$$

**16.6**　实验室中已观察到下列过程

$$\Xi^- \rightarrow \Lambda^0+\pi^-$$

试分析其同位旋、奇异数的守恒情况，并说明这一过程是什么相互作用。

**16.7**　已知质子和中子分别由 uud 和 udd 组成，试问反质子和反中子的夸克组成是怎样的？

**16.8**　试确定 $\overline{K}^0$ 及 $\eta^0$ 介子和超子 $\Lambda^0$ 及 $\Omega^-$ 的夸克组成。

**16.9**　设重子的 $Q=+1, S=+1$ 和 $Q=+2, S=0$，试用夸克 u、d、s 和相应的反夸克考察是否能组成上述设定的重子。

# 王羲之与《兰亭序》

王羲之(303—361,一作 321—379)字逸少,山东临沂人,后徙居浙江绍兴。官至右军将军、会稽内史,故世称王右军、王会稽。王羲之楷书师法钟繇,草书学张芝,亦学李斯、蔡邕等,博采众长。他的书法被誉为“龙跳天门,虎卧凤阙”,给人以静美之感。他的书法圆转凝重,易翻为曲,用笔内厌,全然突破了隶书的笔意,创立了妍美流便的今体书风,被后代尊为"书圣"。王羲之作品的真迹已难得见,通常看到的都是摹本。王羲之楷、行、草、飞白等体皆能,如楷书《乐毅论》《黄庭经》,草书《十七帖》,行书《姨母帖》《快雪时晴帖》《丧乱帖》等。他所书的行楷《兰亭序》最具有代表性。

东晋永和九年(353)农历三月三日,王羲之同谢安、孙绰等 41 人在绍兴兰亭修契(一种祓除疾病和不祥的活动)时,众人饮酒赋诗,汇诗成集,羲之即兴挥毫作序,这便是有名的《兰亭序》。此帖为草稿,28 行,324 字。记述了当时文人雅集的情景。作者因当时兴致高涨,写得十分得意,据说后来再写已不能逮。其中有二十多个“之”字,写法各不相同。宋代米芾称之为“天下行书第一”。传说唐太宗李世民对《兰亭序》十分珍爱,死时将其殉葬昭陵。留下来的只是别人的摹本。

图示为保存在台湾故宫博物院的《快雪时晴帖》真迹。传乾隆皇帝将此帖与王献之的《中秋帖》、王珣的《伯远帖》同室珍藏,命其室为“三希堂”。

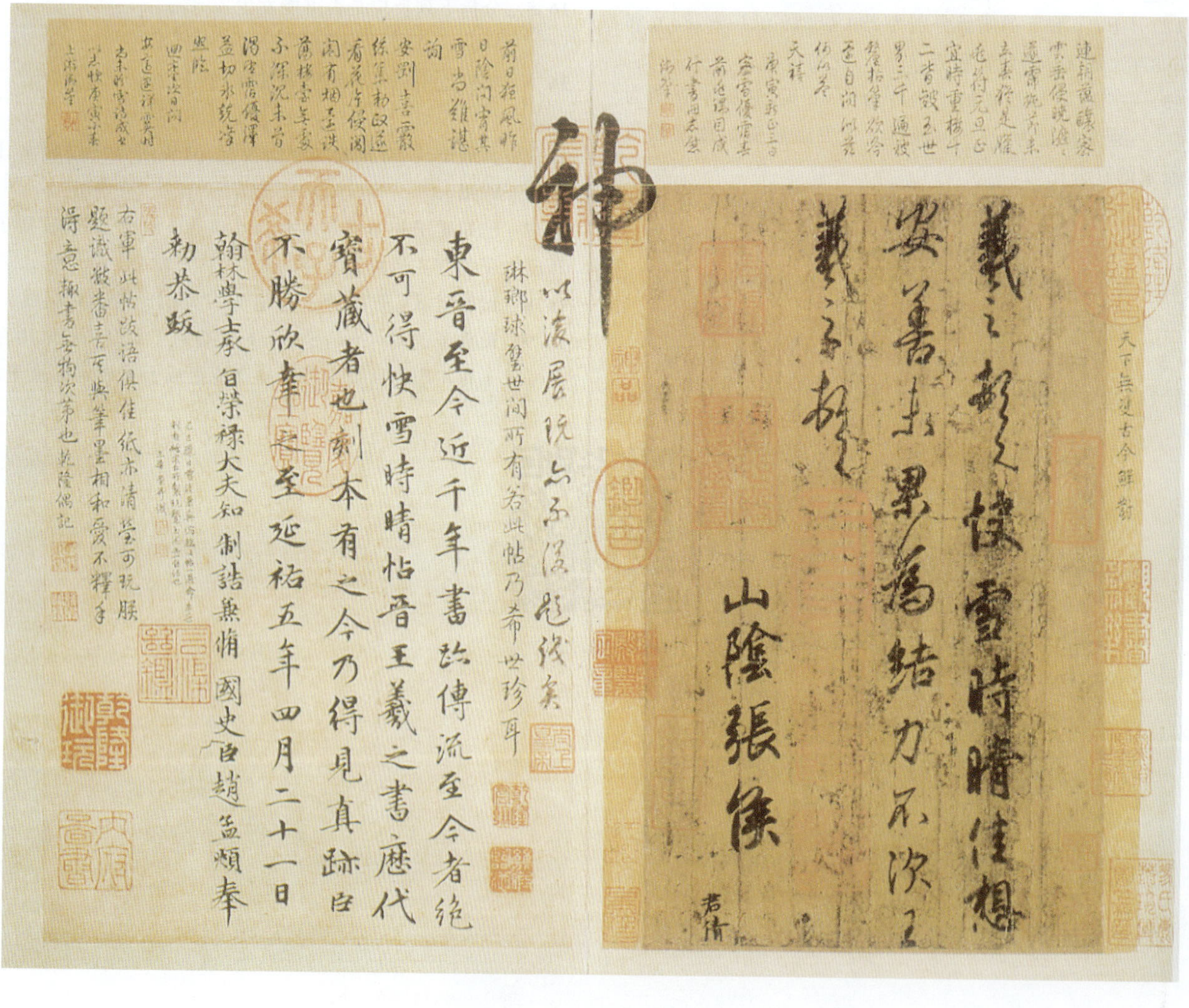

# 第17章 固体物理简介 激光

## 超晶格材料

超晶格材料是两种不同组元以几纳米到几十纳米的薄层交替生长并保持严格周期性的多层膜，事实上就是特定形式的层状精细复合材料。

1970 年美国 IBM 实验室的江崎和朱兆祥提出了超晶格的概念。他们设想如果用两种晶格匹配很好的半导体材料交替地生长周期性结构，每层材料的厚度在 100 nm 以下（如图 1 所示），则电子沿生长方向的运动将会产生振荡。他们的这个设想两年以后在一种分子束外延设备上得以实现。

各类超晶格材料在激光技术、非线性光学、光电子学、光子学、制冷技术等众多领域都有着重要的应用和应用前景。一般激光器只能发出一种颜色的激光，而用介电超晶格已制成红、绿、蓝三种颜色的激光（见图 2），还可能制成更多颜色的激光。这为激光技术开拓了新应用，也开拓了光学和非线性光学新应用的领域。

图 3 所示为用于制备超晶格、量子阱的分子束外延系统。分子束外延技术（MBE）是 20 世纪 70 年代发展起来的薄膜生长技术，它将衬底基片置于超高真空中，将需要生长的单晶物质按元素的不同分别放在喷射炉中，每种元素加热到适当温度，使以分子（原子）流按设定的比例喷到衬底基片上，生长出极薄的单晶层（可达单原子层），如果对分子（原子）束流施加严格控制，即可生长出超晶格结构。

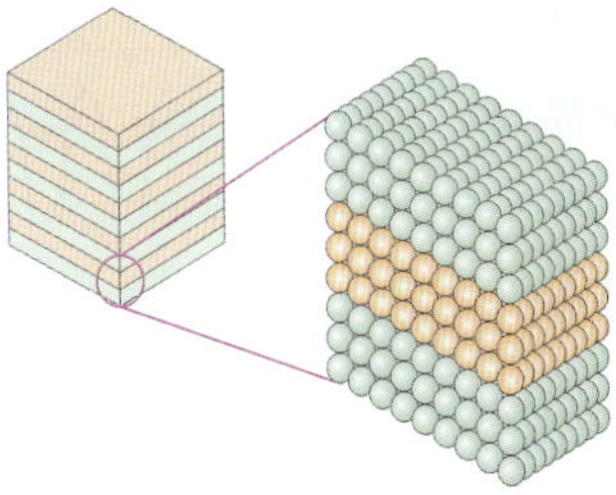

图 1

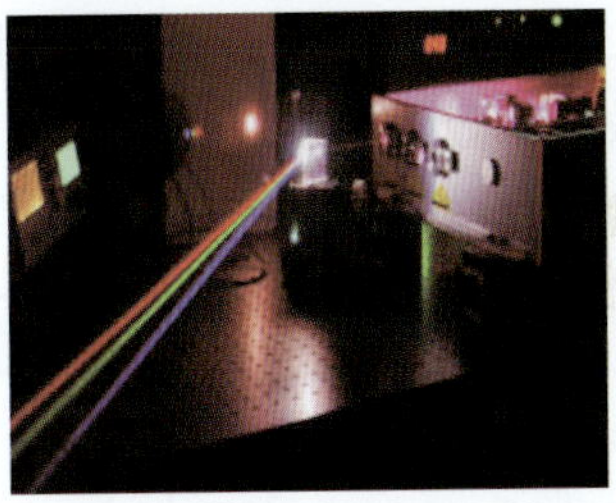

图 2

图 3

固体是一种重要的物质结构形态，固体物理是研究固体的结构及其组成微粒（原子、离子、分子、电子等）之间相互作用和运动的规律、阐明其宏观性质（如力学、光学、热学、电磁性质等）及应用的学科。

固体物理的研究对科学技术的发展有重要作用，例如半导体物理的研究成果使得微电子技术、计算机技术以至整个信息产业都随之迅速发展，这对国民经济社会生活和国防都起到了革命性的影响。近年来在高温超导理论和技术研究上取得了一系列进展，可以预计这将会对科学技术发展产生新的更重大影响。

本章主要介绍用固体能带及应用能带观点区分什么是导体、绝缘体和半导体，介绍半导体的导电机制，最后简要介绍激光。

## 17.1 固体的能带

固体是具有确定形状和体积的物体，通常可分为两类：一类是晶体，如食盐、云母、金刚石、$LiNbO_3$、$KH_2PO_4$（KDP）等；另一类是非晶体，如玻璃、松香、沥青等。本章只讨论晶体。

在外观上，晶体具有规则的几何形状，在晶体内，其构成微粒周期性重复排列，这种排列称为**晶格，或空间点阵。规则排列、长程有序是晶体最基本的特征**。图 17.1(a)、(b)、(c)、(d)分别是 NaCl、CsCl、Cu 和金刚石的基本晶格结构的示意图。

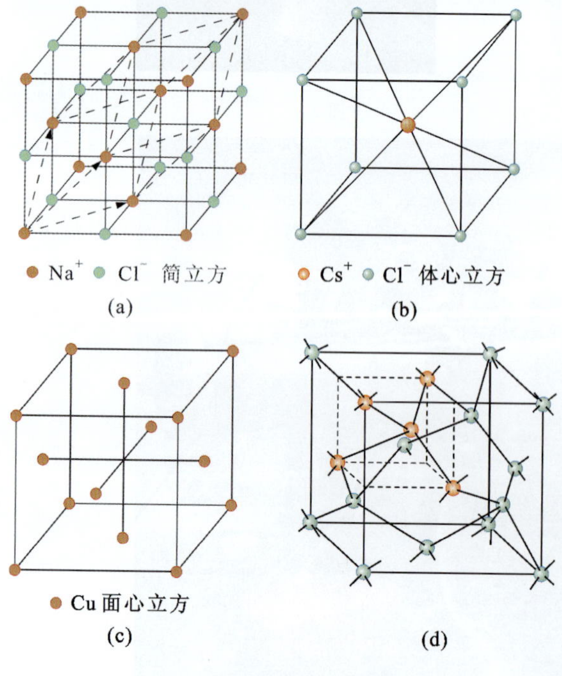


图 17.1 周期性势场和电子共有化

### 17.1.1 周期性势场和电子共有化

为简单计，现研究只有一个价电子的原子，这样的原子可看成由一个电子和一个正离子组成，如钠原子（$Z=11$）即可看成是一个价电子在 $Na^+$ 离子的电场中运动，电子的势能 $E_p$ 是它与离子间距离 $r$ 的函数，如图 17.2(a)所示，若价电子的能量为 $E$，用一水平线表示，按经典理论，价电子只能在图示的 $a$ 和 $b$ 之间运动。若有两个靠得很近（相距为 $d$）的钠原子，则每个价电子将同时受到两个 $Na^+$ 离子电场的作用，这时，电子的势能曲线为如图 17.2(b)中的实线所示，它是由图 17.2(a)所示的两组曲线（虚线）叠加而成，根据量子理论，对于能量为 $E$、在 $ab$ 区域

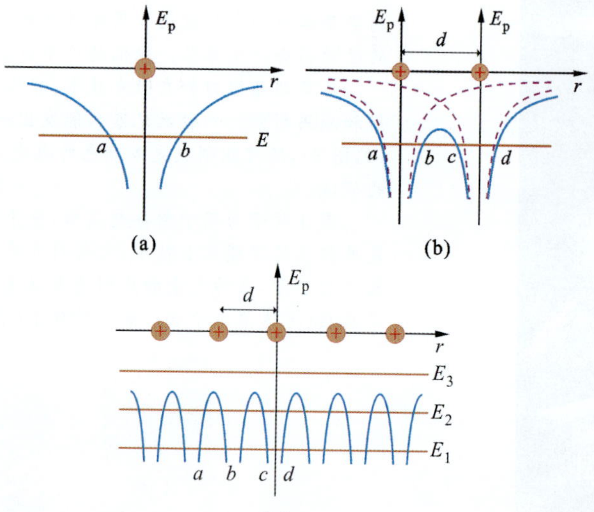


图 17.2

内的电子有一定概率穿透势垒 $bc$ 进入 $cd$ 区域。大量 $Na^+$ 离子以 $d$ 为周期规则的排列成一行（可设想为一维晶体点阵），在此电场中运动的电子的势能曲线如图 17.2(c)所示。例如一个能量 $E_1$ 较低、在 $ab$ 区域内的电子，尽管有一定的概率穿透势垒而进入别的区域，例如 $cd$ 中去，但由于 $E_1$ 小，相对来说势垒宽度就很宽了，因此，穿过势垒的概率十分微小，这就是原子的内层电子被紧紧地束缚在各自的离子周围的情形；对于具有较高能量 $E_2$ 的电子，由于势垒宽度小，电子穿过势垒的概率大，因而可在晶格中运动而不被特定离子所束缚；对于具有更高能量 $E_3$ 的电子，由于它的能量超过了势垒的高度，完全可以在晶体内运动而不受特定离子的束缚，这就是原子的外层价电子的情形。这样，在晶体内出现了一批属于整个晶体离子所共有的电子。**价电子不再为单**

**个原子所有而为整个晶体所共有的现象，称为电子的共有化。**

由图 17.2(c)看出，如果忽略边缘效应，电子在一维晶体中的势能曲线与晶体点阵呈现出相同的周期性。当然，实际的晶体是三维晶体点阵，这时电子的势能曲线应具有三维周期性。由于这种周期性，晶体中电子的许可能量，既不是像孤立原子中分立的电子能级，也不像自由电子所具有的连续能级，而是由许多在一定范围内准连续分布的能级组成的能带。

### 17.1.2 能带和能带中电子的分布

要确定电子在晶体周期性势场中的运动状态，需要求解薛定谔方程，这里先作定性的介绍。理论结果表明，当 $N$ 个相同原子组成晶体时，由于电子在周期性势场中运动，晶体里每个原子的每一能级都分裂为 $N$ 个能级。分裂后新能级间的间距及位置取决于点阵间距 $r$，如图 17.3 所示，当离子间距为 $d$ 时，分裂后的能级全部在 $ab$ 之间。组成晶体的原子数 $N$ 越多，分裂后的能级数也越多，能级越密集，一个能级分裂后这密集的能量范围 $\Delta E$ 叫做能带。晶体中的原子数 $N$ 是一个很大的数目，如按晶格常数 $d=10^{-10}$ m 计算，1 $cm^3$ 晶体中的点阵数 $N=10^{23}\sim10^{24}$，通常能带宽度 $\Delta E$ 为几个电子伏特，所以在能带内，能级间的能量差非常小，一般小于 $10^{-23}$ eV，因而能带中电子的能量可以认为是连续变化的。

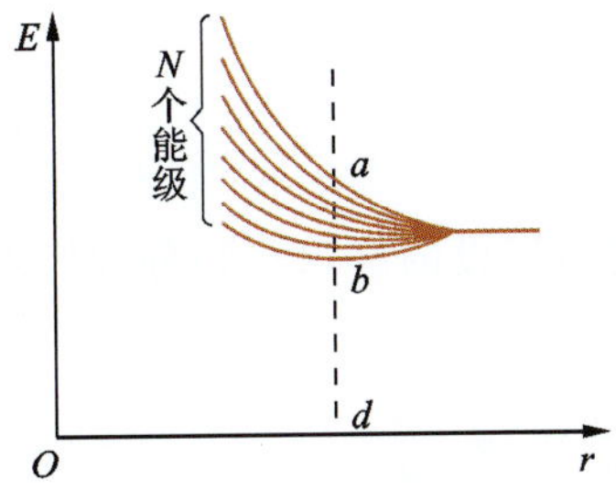


图 17.3

由于能带是由原子能级分裂而形成的，因此可以沿用原子能级的符号 s，p，d，…来表示能带。例如，对应于原子 $l=0$ 的 s 能级，就形成了 1s，2s，3s 等的 s 能带；对应于 $l=1$ 的 p 能级，就形成了 2p，3p 等的 p 能带，原子能级和晶体能带的对应关系如图 17.4 所示。

**在两个相邻能带之间，可能有一个能量间隔，在这个能量间隔中，不存在电子的稳定能态，这个能量间隔称为禁带。**两个相邻的能带也可能互相重叠，这时禁带消失。

由上所述，能带中的能级个数取决于组成晶体的原子数 $N$，每个能带中能容纳的电子数可以根据泡利不相容原理确定。例如，原来的 1s、2s 等 s 能级可容纳 2 个电子，由 $N$ 个原子形成晶体后的 1s、2s 等能带最多可容纳的电子数显然为 $2N$。同理，原来为 2p、3p 等 p 能级可容纳 6 个电子，形成晶体后的 2p、3p 等 p 能带最多可容纳的电子数为 $6N$。一般地说，由 $N$ 个原子组成的晶体，在 $l$ 一定的能带中，最多可容纳的电子数为 $2(2l+1)N$。

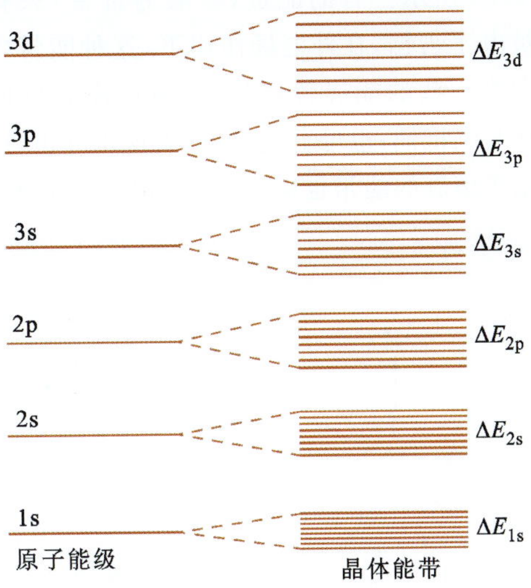


图 17.4

能带形成后，电子是怎样填入能带内的各能级中去呢？它们的填充方式与原子的情形相似，仍然服从能量最小原理和泡利不相容原理。正常情况下，总是优先填能量较低的能级。**如果一个能带中的各能级都被电子填满，这样的能带称为满带。**不论有无外电场作用，当满带中任一电子由它原来占有的能级向这一能带中其他任一能级转移时，因受泡利不相容原理的限制，必有电子沿相反方向的转移与之相抵消，这时总体上不产生定向电流，所以满带中的电子没有导电作用，如图 17.5 所示。**由价电子能级分裂而形成的能带称为价带**，通常情况下价带为能量最高的能带，价带可能被填满，成为满带，也可能未被填满。**与各原子的激发能级相应的能带，在未被激发的正常情况下没有电子填入，称为空带。**由于某种原因电子受到激发而进入空带，在外电场作用下，这些电子在空带中向较高的空能级转移时，没有反向的电子转移与之抵消，可形成电流，因此表现出导电性，所以空带又称为导带，

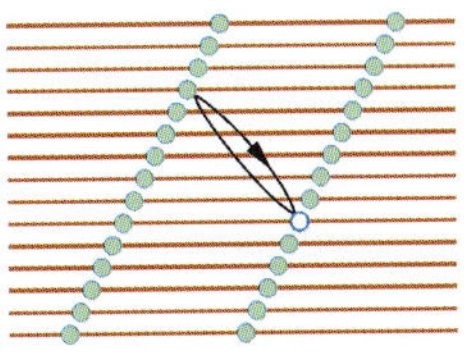

图 17.5

如图 17.6 所示。有的能带(一般为价带)只有部分能级被电子占据,在外电场作用下,这种能带中的电子在向高一些的能级转移时,一般也没有反向的电子转移与之抵消,也可形成电流,表现出导电性,因此**未被电子填满的能带也称为导带**,如图 17.7 所示。

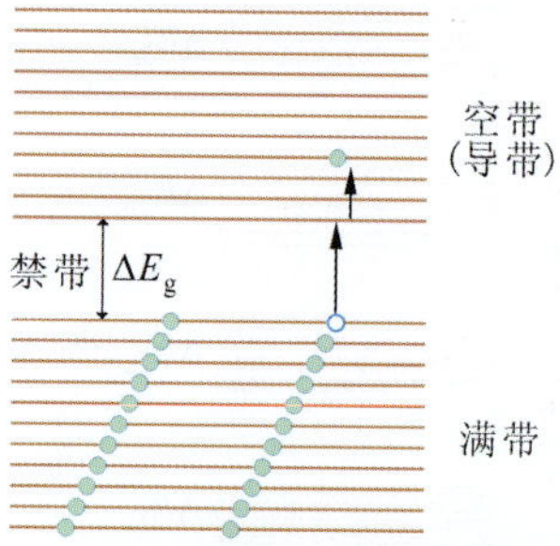

图 17.6

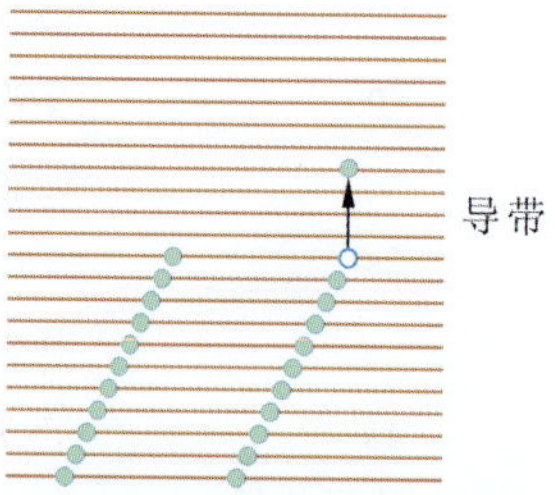

图 17.7

## 想想看

17.1　能量低的能带对应于原子内层电子的能级,在图 17.2(c)中,① 在 $E_1$ 和 $E_2$ 哪个能级上的电子在相邻原子间的跃迁概率较大? ② 哪个能带较宽?

17.2　比较晶体中电子和孤立原子中电子的能量特性,它们为什么会有差异?

17.3　如果光子在折射率(或介电常量)按周期性分布的结构中传播,是否有可能出现像晶体中电子禁带那样的“光子禁带”?

### *17.1.3　能带的形成(克朗尼格-朋奈模型)

能带理论是研究固体中电子运动的主要理论基础,它是在用量子力学方法研究金属导电问题中发展起来的。用这一理论正确地说明了固体中导体、半导体和非导体的区别。这一理论已成为研究半导体问题的重要理论基础。

上面定性地介绍了能带和能带的一些性质,理论上可通过求解电子在三维周期势场中运动的薛定谔方程,从而导出较完整的能带结构理论,这在固体物理教材中都有论述。

通常采用一种较简单的、称为克朗尼格-朋奈模型来研究能带问题,所得结果无论在理论上还是在应用上都具有重要参考价值。对此,下面从解决问题思路上作一简要介绍,供有兴趣的读者参考。

克朗尼格-朋奈模型是将各电子的运动看作是相互独立的,每个电子在一个一维具有晶格周期的方形势场中运动,见图 17.8。这一势场在一个周期内可表示为

$$U(x)=\begin{cases}0, & 0<x<a\\ U, & a<x<a+b\end{cases}$$

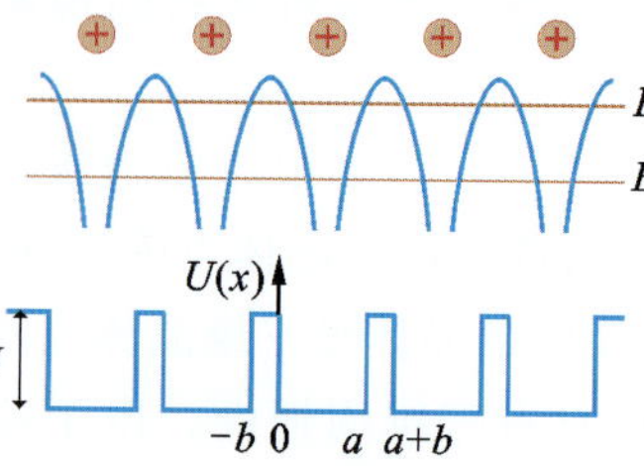

图 17.8

由图 17.8 看出,每个势阱位于正离子附近。根据势场周期性,有 $U(x)=U[x+n(a+b)]$($n$ 为整数)。

在这一势场中电子的薛定谔方程为

$$\frac{\mathrm{d}^2\Psi}{\mathrm{d}x^2}+\frac{2m}{\hbar^2}E\Psi=0,\quad 0<x<a \tag{17.2}$$

$$\frac{\mathrm{d}^2\Psi}{\mathrm{d}x^2}+\frac{2m}{\hbar^2}(E-U)\Psi=0,\quad a<x<a+b \tag{17.3}$$

考虑到晶体中的共有化电子和自由电子十分相似,因此,可试在波函数中引入自由电子波函数因子 $\mathrm{e}^{\mathrm{i}kx}$。设波函数为

$$\Psi(x)=\mathrm{e}^{\mathrm{i}kx}u(x) \tag{17.4}$$

令

$$\alpha^2=\frac{2m}{\hbar^2}E,\ \beta^2=\frac{2m(U-E)}{\hbar^2}$$

将所假设的解(17.4)分别代入式(17.2)和(17.3),得

$$\frac{\mathrm{d}^2u}{\mathrm{d}x^2}+2\mathrm{i}k\frac{\mathrm{d}u}{\mathrm{d}x}+(\alpha^2-k^2)u=0,\quad 0<x<a \tag{17.5}$$

$$\frac{\mathrm{d}^2u}{\mathrm{d}x^2}+2\mathrm{i}k\frac{\mathrm{d}u}{\mathrm{d}x}-(\beta^2+k^2)u=0,\quad a<x<a+b \tag{17.6}$$

它们的解分别为

$$u_1=A\mathrm{e}^{\mathrm{i}(\alpha-k)x}+B\mathrm{e}^{-\mathrm{i}(\alpha+k)x},\quad 0<x<a \tag{17.7}$$

$$u_2=C\mathrm{e}^{(\beta-\mathrm{i}k)x}+D\mathrm{e}^{-(\beta+\mathrm{i}k)x},\quad a<x<a+b \tag{17.8}$$

待定系数 $A$、$B$、$C$、$D$ 由波函数和波函数导数在 $x=0$ 处连续和周期性条件确定,即由

$$\left.\begin{aligned}&u_1(0)=u_2(0),u_1(a)=u_2(-b)\\&\left(\frac{\mathrm{d}u_1}{\mathrm{d}x}\right)_{x=0}=\left(\frac{\mathrm{d}u_2}{\mathrm{d}x}\right)_{x=0},\ \left(\frac{\mathrm{d}u_1}{\mathrm{d}x}\right)_{x=a}=\left(\frac{\mathrm{d}u_2}{\mathrm{d}x}\right)_{x=-b}\end{aligned}\right\} \tag{17.9}$$

确定,由式(17.9)得到包含 $A$、$B$、$C$、$D$ 的四个线性齐次代数方程。只有当四线性方程的 $A$、$B$、$C$、$D$ 系数行列式为零才有一组异于零的解,从而可得

$$\frac{\beta^2-\alpha^2}{2\alpha\beta}\mathrm{sh}\beta b\sin\alpha a+\mathrm{ch}\beta b\cos\alpha a=\cos k(a+b) \tag{17.10}$$

这一方程推导冗长繁复,这里略去。

显然

$$-1 \leqslant \frac{\beta^2-\alpha^2}{2\alpha\beta}\mathrm{sh}\beta b\sin\alpha a+\mathrm{ch}\beta b\cos\alpha a \leqslant 1$$

由于 $\alpha$ 与能量 $E$ 有关，因此这是一个决定电子能量的超越方程。

为了简化这个方程，我们讨论一种情况：使 $U\to\infty$，$b\to 0$，但保持方势垒面积 $Ub$ 有限，这样 $(\beta^2-\alpha^2)b\approx\frac{2mUb}{\hbar^2}$，$\mathrm{ch}\beta b=\frac{1}{2}(\mathrm{e}^{\beta b}+\mathrm{e}^{-\beta b})\to 1$，$\frac{\mathrm{sh}\beta b}{\beta b}=\frac{1}{2}\frac{(\mathrm{e}^{\beta b}-\mathrm{e}^{-\beta b})}{\beta b}\to 1$。这时式(17.10)简化为

$$\frac{mUb}{\hbar^2\alpha}\sin\alpha a+\cos\alpha a=\cos k\alpha$$

令

$$P=\frac{mUab}{\hbar^2} \tag{17.11}$$

则上式可进一步写成

$$\frac{P}{\alpha a}\sin\alpha a+\cos\alpha a=\cos ka \tag{17.12}$$

式(17.12)左边的 $\alpha$ 只是具有一些确定的值时，才能使式(17.12)得到满足，即式的左边取值在 $\pm1$ 之间，由于 $\alpha^2$ 正比于 $E$，所以式(17.12)实际上是为电子能量限制了一些允许范围，图 17.9 是取 $P=\frac{3}{2}\pi$ 时，以 $\frac{P}{\alpha a}\sin\alpha a+\cos\alpha a$ 为纵坐标，以 $\alpha a$ 为横坐标绘制的。图中粗线画出了允许的 $\alpha a$ 值，下面并示意的标出了相应的允许能带，在各相邻允许的 $\alpha a$ 值间是 $\alpha a$ 不能取值范围，相应于相邻能带间的禁带。给定 $ka$ 值，算出相应的 $E$ 作出 $E$-$ka$ 曲线，如图 17.10 所示。从图 17.10、17.9 看出：

(1) 当 $ka$ 等于 $\pi$ 的整数倍时，能量发生突变。

(2) 从图明显的看出，能量越高，能带越宽。前面对此已作过说明，另外，参数 $P$ 可以作为势垒面积的量度，当 $P=0$ 时，由式(17.12)看出，$\alpha a=2n\pi\pm ka$，这时对能量没有限制。因此，对应的是自由电子情况。

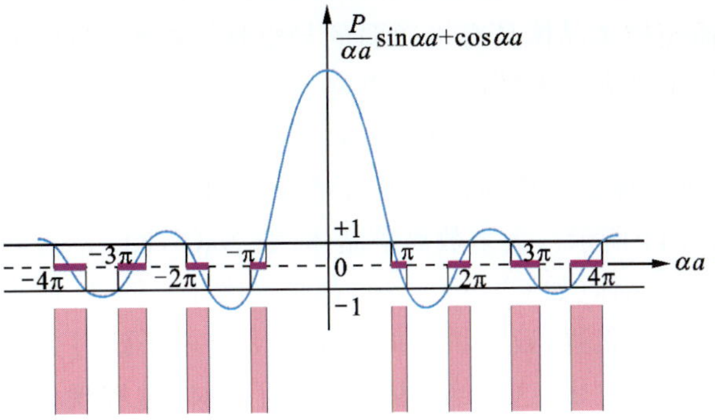


图 17.9

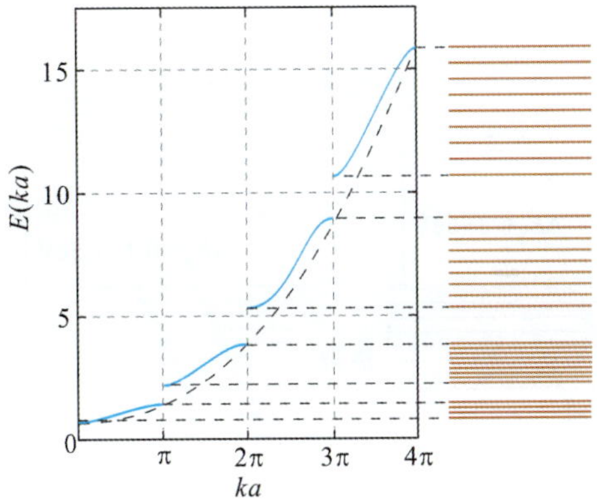


图 17.10

用高能电子束或软 X 射线束射到晶体表面，在晶体中电子被打出的同时，观察和测量伴随的辐射线，可以用实验方法证明，能带和能带结构理论的正确性。

## 复习思考题

**17.1** 说明能带形成的原因。

**17.2** 试从泡利不相容原理定性地说明在原子结合成晶体时，自由原子的能级会发生分裂成为能带的原因。

**17.3** 电子在能带中是如何分布的？

# 17.2 绝缘体 导体 半导体

电阻率是固体的一个很重要的电学性质，电阻率的高低表征固体导电性能的好坏。按导电性能的不同，固体可分为绝缘体、导体和半导体三大类。固体的这一分类，可用能带理论予以说明。

### 17.2.1 绝缘体

有些晶体，它的价带都被价电子所填满，形成满带。此满带与它上面最近空带(即激发能带)间的禁带宽度 $\Delta E_g$ 较大(约 3～6 eV)。在一般外电场的作用下，或者当晶体受到诸如热激发、光激发等作用

时，只会有极少量的电子从满带跃迁到空带上去，从而使这类晶体具有极微弱的导电性，这个极微弱的导电性在一般情况下可以略去不计，表现出电阻率很大($\rho=10^{14}\sim10^{20}\ \Omega\cdot m$)。这类晶体称为绝缘体(绝缘体是电介质的一种)，绝缘体的能带结构如图17.11所示。大多数离子晶体(如NaCl，KCl，…)和分子晶体(如$Cl_2$，$CO_2$，…)都是绝缘体。但是，如果外电场很强，致使填满的价带中大量电子跃过禁带而到达空带，这时绝缘体就变成了导体，这种现象叫做"击穿"。总之，**绝缘体物质的最上面价带被电子填满**(成为满带)，**且与邻近空带之间的禁带宽度为几个电子伏特。**

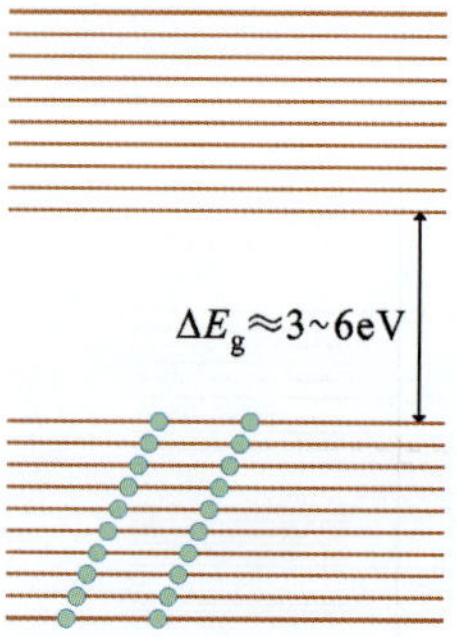

图17.11

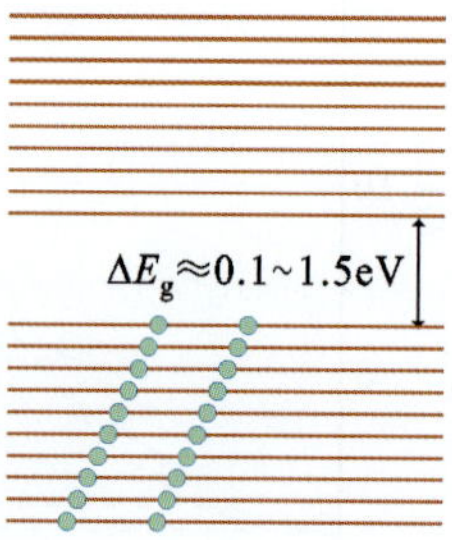

图17.12

### 17.2.2　半导体

导电性介于导体与绝缘体之间的一大类物质称为半导体。例如锗(Ge)和硅(Si)。半导体的能带结构与绝缘体的能带结构很相似，只是被填满的价带(满带)与它相邻的空带(激发带)之间的禁带宽度$\Delta E_g$与绝缘体比起来要小得多，约0.1～1.5 eV，对于这样小的禁带宽度，用不大的能量激发(如热激发、光激发或电激发)就可把满带中的电子激发到空带中去，如图17.12所示。这些进入空带的电子，在外电场作用下，就可向空带中较高能级跃迁而形成电流，即半导体具有电子导电性。此外，由于部分电子跃迁到空带而在被填满的价带(满带)顶部附近留下若干空着的能级，通常称为空穴。在外电场作用下，原填满的价带中的电子就会受到电场作用而填补这些空穴，而在较低能级上又留下新的空穴，空穴的不断转移，看起来就好像是带正电的粒子在外电场作用下沿着与电子相反方向转移，空穴的转移对导电同样有贡献，半导体中原填满的价带中存在空穴而产生的导电性称为空穴导电性。半导体的电导率随温度升高而迅速增加，其原因就是由于温度升高使更多的电子被激发而跃迁到空带中去，从而使空带中参与导电的电子和满带中参与导电的空穴急剧增加所致。**总之，半导体物质是填满电子的价带与相邻空带间的禁带宽度很小的物质**(约1eV或更小)，**电子相对地易于从满带激发到空带中去。**

**想想看**

17.4　为什么半导体的导电性好于绝缘体？

### 17.2.3　导体

各种金属都是导体，它们的能带结构大致有三种形式。

(1)价带中只填入部分电子，在外电场作用下，电子很容易在该能带中从低能级跃迁到较高能级，从而形成电流，这类导体具有电子导电性(电阻率$\rho=10^{-10}\sim10^{-5}\ \Omega\cdot m$)，如图17.13(a)所示。例如，金属锂(Li，$Z=3$)，实际参与导电的是那些未填满能带中的电子。

(2)有些金属，价带虽已被电子填满，但此满带与另一相邻的空带相连或部分重叠，实际上也形成一个未满的能带，如图17.13(b)所示。例如镁(Mg，$Z=12$)，镁原子的电子分布为$1s^2$，$2s^2$，$2p^6$，$3s^2$，因此所有原子支壳层都是填满的，但是它的3s能带和第一激发能带3p重叠，如图17.13(b)所示，致使3s能带中高能级的电子具有了3p能带中低能级的能量，这样根据能量最小原理，3s的部分电子

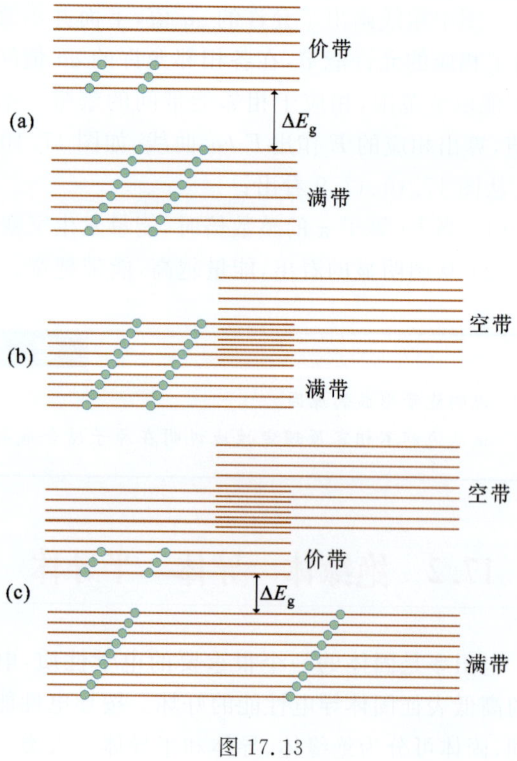

图17.13

占有了某些 3p 的能级。因为 3s 和 3p 能带的总能级数为 $2N+6N=8N$，而现在只有 $2N$ 个电子，还有 $6N$ 个可填充的空能级，所以 Mg 是良导体，除 Mg 之外，还有一些二价金属，如 Be，Zn 等的能带结构大致也是这样的。它们都具有电子导电性。

(3)有些金属的价带本来就未被电子填满，而这个价带又与它相邻的空带重叠，如图 17.13(c)所示。如金属 Na，K，Cu，Al，Ag，…的能带结构大致是这样的，它们也具有电子导电性。

总之，**一个好的导体，它最上面的能带或是未被电子填满，或是虽被填满，但这填满的能带却与空带相重叠。**

**复 习 思 考 题**

**17.4** 绝缘体、导体、半导体的能带结构有什么不同？

**17.5** 金属中的电阻温度系数是正值，而半导体的电阻温度系数是负值，试说明其原因。

## 17.3 杂质半导体和 pn 结

半导体有两类，一类是本征半导体，另一类是杂质半导体。

### 17.3.1 本征半导体

由以上所述，对于没有杂质和缺陷的理想半导体，它的导电机理属于电子和空穴的混合导电，这种导电性称为本征导电性。参与导电的电子和空穴称为本征载流子。这种半导体称为本征半导体。在本征半导体中，参与导电的正、负载流子的数目是相等的，总电流是电子流和空穴流的代数和。

本征半导体虽具有导电性，但它的导电率很低，一般没有多少实用价值。

### 17.3.2 杂质半导体

在纯净的半导体晶体中掺入微量其他元素的原子，将会显著地改变半导体的导电性能。例如在半导体锗(Ge)中掺入百万分之一的砷(As)后，其电导率将提高数万倍。所掺入的原子，对半导体基体而言称为杂质，掺有杂质的半导体，称为杂质半导体。

掺入半导体中的杂质元素的原子与组成半导体的原子不同，因而杂质原子的能级与晶体中的其他原子的能级也不相同，由于能量的差异，杂质原子的电子不参与晶体中的电子共有化。就是说，杂质原子的能级不在半导体的能带之中，而是处于禁带之中，就因为杂质能级处于半导体的禁带中，杂质能级对半导体的导电性能产生很重要的作用。不同的半导体，掺入不同的杂质，杂质能级在禁带中的位置不同，而使杂质半导体的导电机构也不同，按照导电机构的不同，杂质半导体可分为两类：一类以电子导电为主，称为 n 型(电子型)半导体；另一类以空穴导电为主，称为 p 型(空穴型)半导体。

1. n 型半导体

在通常所用的本征半导体四价元素硅(或锗)的晶体中，用扩散等方法掺入少量的五价元素如砷(或磷)等杂质，就形成 n 型半导体。

在四价元素半导体中掺入五价杂质元素后，五价原子将在晶体中替代四价元素硅(或锗)原子的位置，构成与硅相同的四电子结构，而多出的一个价电子在杂质离子的电场范围内运动。理论证明，这种多余的价电子的能级在禁带中，而且靠近导带的下边缘，如图 17.14 所示，这种能级称为杂质能级。处在杂质能级上的杂质价电子在受到激发时，很容易跃迁到导带上去，所以这种杂质能级又称为施主能级。施主能级与导带底部之间的能量差 $\Delta E_d$ 比禁带宽度 $\Delta E_g$ 小得多，$\Delta E_d$ 的数量级约为 $10^{-2}$ eV(磷、砷都是 0.04 eV)，在较低温度(室温)下，施主能级上的电子大部分都可被激发到导带中去。这种半导体中，虽然杂质原子的数目不多，但在常温下导带中的自由电子浓度却比同温度下纯净半导体的导

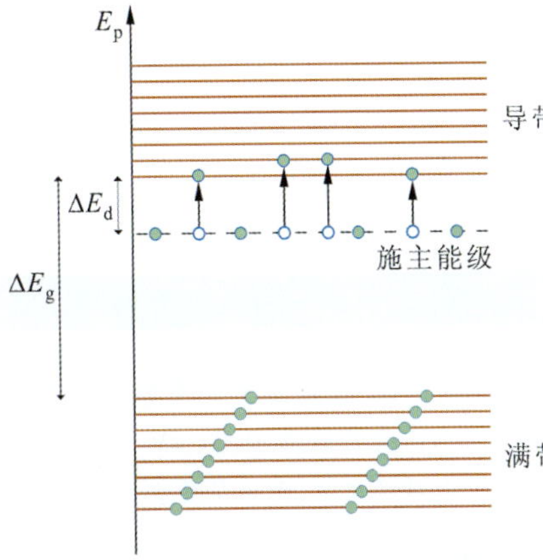


图 17.14

带中的电子浓度大很多倍，这就大大提高了半导体的导电性。由于这类半导体的导电机构主要靠从施主能级激发到导带中去的电子，所以这类半导体称为电子型半导体，或 n 型半导体。

2. p 型半导体

如果在四价元素半导体晶体中掺入少量的三价元素，如硼(B)或镓(Ga)，这些三价杂质原子在晶体中替代四价原子的位置，构成与四价元素相同的四电子结构时，缺少一个电子，这相当于由于这些杂质原子的存在而出现空穴。对应于这样的空穴，杂质能级也在禁带中，而且这些空着的杂质能级靠近半导体满带的上边缘，如图 17.15 所示。满带顶部与此杂质能级之间的能量差 $\Delta E_A$ 比禁带宽度 $\Delta E_g$ 也小得多，$\Delta E_A$ 的数量级也仅为 $10^{-2}$ eV(硼为 0.01 eV)。在温度不很高(室温)的情况下，满带中的电子很容易被激发而跃迁到这些杂质能级上去，同时在满带中形成空穴。由于这样的杂质能级接受从满带跃迁来的电子，所以又称为受主能级。在这种情况下，满带中的空穴浓度比纯净半导体满带中的空穴浓度增加很多倍，这也大大增加了它的导电性。这类杂质半导体的导电机构主要取决于满带中空穴的运动，所以这类半导体称为空穴型半导体，或 p 型半导体。

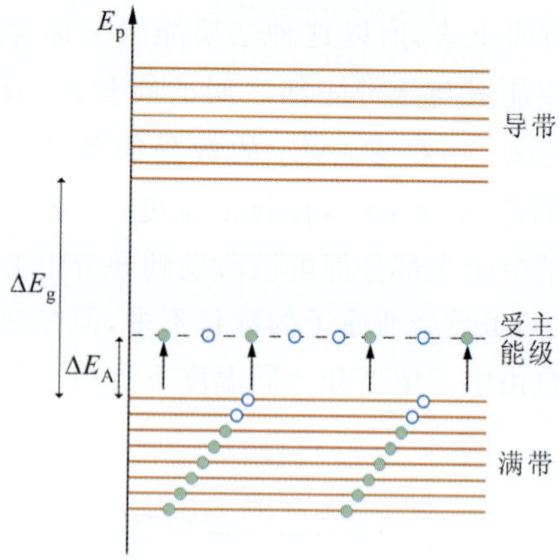


图 17.15

## 想想看

17.5　禁带宽度为 0.7 eV 的锗半导体掺入杂质后，测得相对价带顶部杂质 Al 的能级为 0.01 eV，杂质 P 的能级为 0.69 eV，问哪种杂质是施主，哪种是受主？

### 17.3.3　pn 结

在一块半导体晶体基片上，通过掺杂的办法使其一边为 p 型半导体，另一边为 n 型半导体，它们的交界区称为 pn 结。pn 结可以说是所有半导体器件的心脏，在微电子技术及其发展中起着关键性作用。

由于 p 型半导体中空穴密度大，n 型半导体中电子密度大，因此，n 区中的电子将向 p 区扩散，p 区中的空穴将向 n 区扩散，见图 17.16(a)，两边扩散的结果在交界区有一电偶极层，产生一由 n 型指向 p 型的电场，这一电场将阻止电子和空穴进一步扩散，达到动平衡时，在 p 区和 n 区形成一接触电势差 $U_0$，见图 17.16(b)。由于这个接触电势差，使得半导体中电子获得一附加能量：$eU_0$，在 n 区电势较高，电子能量较低，在 p 区电势较低，电子能量较高。结果造成 p 区能带升高，n 区能带降低，由此在 pn 结形成势垒，它阻止 n 型的电子和 p 型的空穴进一步扩散，见图 17.17。正因为如此，通常将 pn 结中的势垒称为阻挡层。

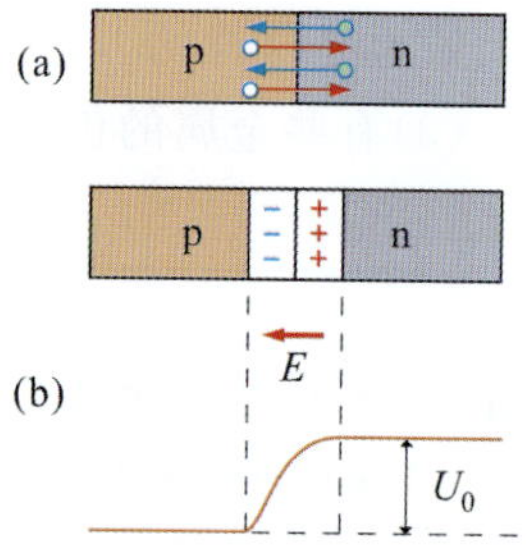


图 17.16

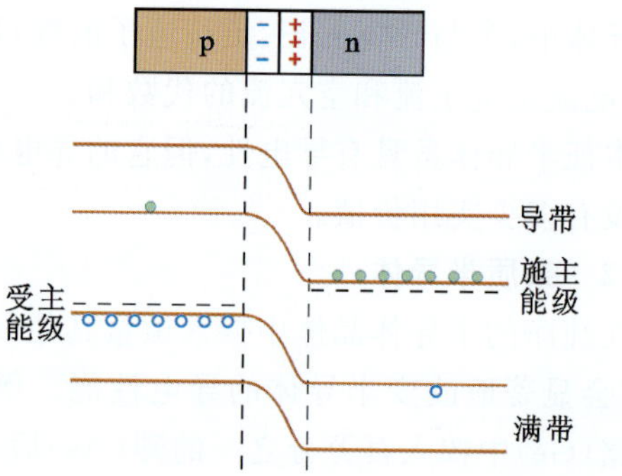


图 17.17

若在 pn 结两端接上电源，这将改变势垒高度。如将电源正极接到 p 区、负极接到 n 区(称正向电压)，如图 17.18 所示。则由 p 区指向 n 区的外电场方向与阻挡层内部电场方向相反，结果是 pn 结中的电场减弱，电势差从 $U_0$ 变为$(U_0-U)$，势垒降低，破坏了原来的动态平衡，使得 n 区电子向 p 区、p 区的空穴向 n 区的扩散得以较顺利地继续进行；形成从 p 区到 n 区的正向宏观电流，$U$ 越大，电流也越大。反之，如果将电源正极接到 n 区，负极接到 p 区(称反向电压)，如图 17.19 所示，则由于外电场与阻挡层内部电场方向相同，结果是 pn 结中的电势差

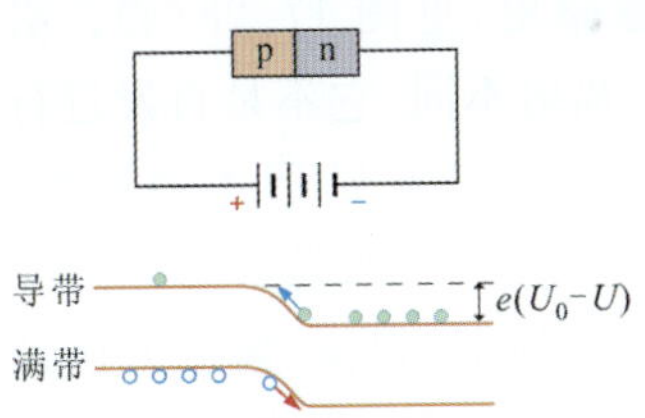


图 17.18

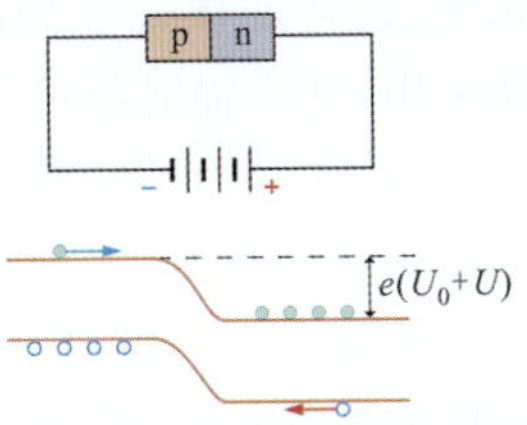


图 17.19

从 $U_0$ 变为 $(U_0+U)$，势垒增高。使得 n 区的电子和 p 区空穴更难向对方扩散，这却使得原来 n 区很少的空穴和 p 区很少的电子通过阻挡层形成由 n 区向 p 区的反向电流，由于 n 区的空穴和 p 区的电子数目很少，故反向电流很小。图 17.20 给出了 pn 结中的电流与外加电压 $U$ 间的关系，即 pn 结的伏安特性曲线。由曲线看出，正向电流随正向电压增加迅速增加，当 pn 结两端加反向电压时，电流很小，而且反向电流很快趋于饱和。pn 结的这一特性表明，pn 结两端加反向电压时，电流很小，而且反向电流很快趋于饱和。pn 结的这一特性表明，pn 结具有单向导电性。利用 pn 结的这一特性已制成半导体整流二极管，利用 pn 结还制成了光电池、光电二极管、隧道二极管、可控硅整流器、半导体发光二极管、半导体激光器等等。随着精细加工技术的发展，已实现可将大量晶体管以及电阻、电容等元件一起制作在一小块硅片上，即大规模、超大规模集成电路，并被广泛用于电子计算机、通信、雷达、宇航、电视、制导等众多高技术领域。图 17.21 是摩托罗拉 Power PC 620 微处理芯片，它集成了 7 百万个晶体管和其他的电子元件。

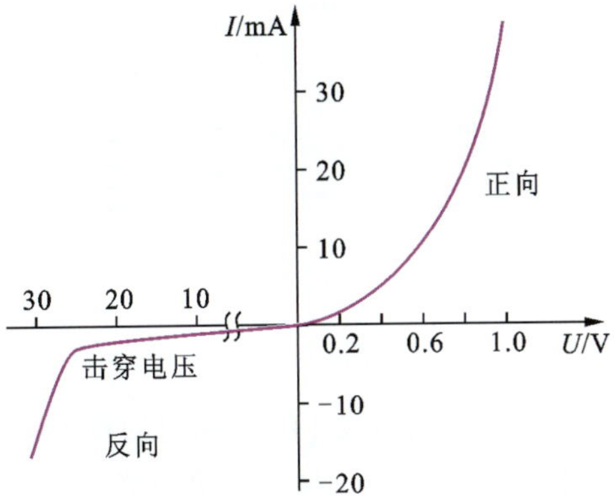


图 17.20

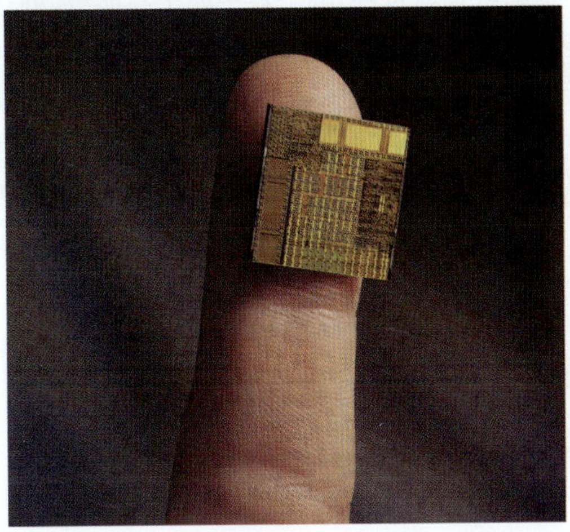

图 17.21

**复　习　思　考　题**

**17.6**　本征半导体、n 型半导体和 p 型半导体中的载流子各是什么？它们的能带结构有何区别？导电机制有何不同？

**17.7**　为什么半导体掺杂后导电性能大大增加？温度升高后半导体的导电性能也增加，两者有何区别？

**17.8**　在半导体硅中分别用 Al、P、In、Sb 掺杂，各得到什么类型的半导体？

**17.9**　p 型与 n 型半导体形成 pn 结，n 型区的电子能否无限地向 p 型区扩散？

**17.10**　pn 结是怎样形成的？pn 结附近能带是怎样的？试用能带理论解释晶体二极管的整流作用。

## 17.4　光与原子的相互作用

**激光是基于受激辐射放大原理产生的一种相干光辐射**。能够产生激光的装置称为激光器。自第一台激光器（红宝石激光器）1960 年研制成功后，激光理论的研究，激光器的研制和激光技术的应用都得到了突飞猛进的发展。激光的出现不仅引起了现代光学技术的巨大变革，而且还促进了物理学和其他科学技术的发展。激光之所以有这么大的影响，是与它具有的特殊性能分不开的。

粒子发射光和吸收光的过程总是和粒子能级间的跃迁相联系。光与粒子系统的相互作用一般说来有三种基本过程，即自发辐射、受激辐射和受激吸收。下面对这三种过程分别予以介绍。为简单起见，只考虑粒子的两个能级 $E_2$ 和 $E_1$（$E_2>E_1$），并设在时刻 $t$，处于这两个能级上的粒子数分别为 $N_2$ 和 $N_1$，粒子从能级 $E_2$ 跃迁到能级 $E_1$（辐射过程）和从能级 $E_1$ 跃迁到 $E_2$（吸收过程），都应满足频率条件

$$\nu=\frac{|E_2-E_1|}{h} \tag{17.13}$$

### 17.4.1 自发辐射、受激辐射和受激吸收

1. 自发辐射

我们知道，处于高能级的粒子一般是不稳定的，它将通过辐射或无辐射跃迁（例如碰撞过程）回到低能级。**处于高能级的粒子，在没有外界影响的情况下，有一定概率自发地向低能级跃迁，并发出一个光子**，见图17.22，这种**过程称为自发辐射**。自发辐射是一种随机辐射过程，哪个粒子处于高能级，处于高能级上的哪个粒子向哪个低能级跃迁，什么时间发生跃迁都是偶然的。因而，自发辐射的特点是发生辐射的各粒子互不相关，它们所发出的光波波列的频率、相位、偏振态、传播方向之间都没有联系，所以自发辐射的光波是非相干的。

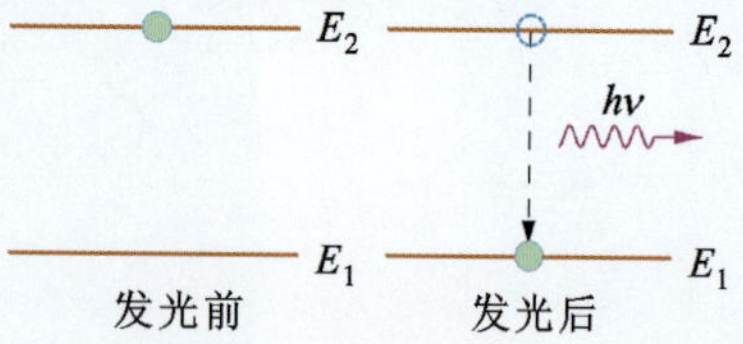


图17.22

单位时间内自发辐射的粒子数只与高能级上的粒子数 $N_2$ 成正比，可写成

$$\left(\frac{\mathrm{d}N_{21}}{\mathrm{d}t}\right)_{\text{自发}}=A_{21}N_2 \tag{17.14}$$

$A_{21}$ 称为自发辐射系数，对给定粒子的两个确定能级，$A_{21}$ 为常数。

由于处在激发态的粒子总是要通过各种途径返回较低能级的，所以粒子在激发态只能停留有限时间。粒子在某激发态停留时间的平均值称为该激发态的平均寿命，用 $\tau$ 表示。一般 $\tau$ 为 $10^{-8}$ s 数量级。也有一些激发能级，其平均寿命很长，可达 $10^{-3}$ s 或更长，这样的激发态称为亚稳态。亚稳态在形成激光过程中有着重要的意义。

2. 受激辐射

**处于高能级 $E_2$ 的粒子，在频率为 $\nu=(E_2-E_1)/h$、光强为 $I$ 的入射光照射激励下，跃迁到低能级 $E_1$ 上去，同时发射一个与入射光子完全相同的光子，这种过程称为受激辐射**，见图17.23(a)。必须指出，受激辐射与自发辐射不同，它不是自发进行的，只有在频率为 $\nu$ 的外来光子激励下才会发生。受激辐射的特点是：受激辐射发出的光波与入射光波具有完全相同的特性，即频率、相位、偏振方向及传播方向都相同，受激辐射的光是相干光。此外，一个外来的入射光子，由于受激辐射变成两个全同的光子，这两个又变成四个，……，产生连锁反应。由此看出，受激辐射使入射光强得到放大，图17.23(b)为受激辐射光放大的示意图。

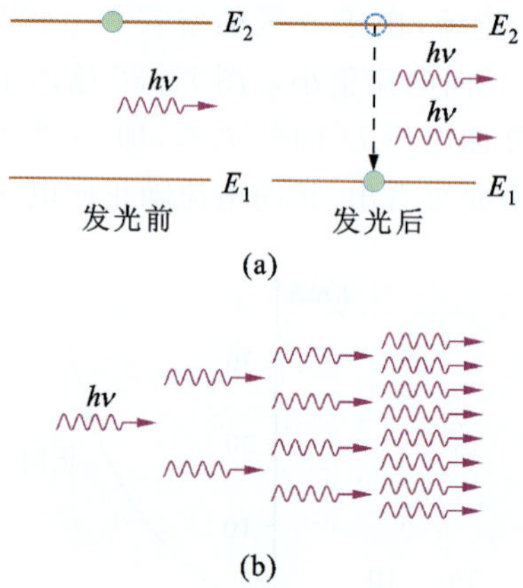


图17.23

显然，单位时间内发生受激辐射的粒子数，与高能级 $E_2$ 上的粒子数 $N_2$ 及入射单色光的光强 $I$ 成正比，可写成

$$\left(\frac{\mathrm{d}N_{21}}{\mathrm{d}t}\right)_{\text{受激}}=kN_2IB \tag{17.15}$$

式中 $k$ 为比例系数，$B$ 称为受激辐射系数。对给定粒子的两个确定能级，$B$ 为常数。

3. 受激吸收

**处于低能级 $E_1$ 的粒子，在频率为 $\nu=(E_2-E_1)/h$，光强为 $I$ 的入射光照射下，吸收一个光子而跃迁到高能级 $E_2$，这种过程称为受激吸收**，见图17.24。单位时间内发生受激吸收的粒子数，应与低能级 $E_1$ 上的粒子数 $N_1$ 及入射单色光的光强 $I$ 成正比，可写成

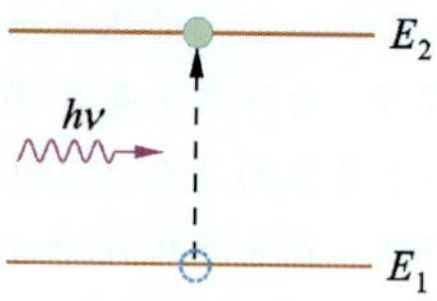


图17.24

$$\left(\frac{\mathrm{d}N_{12}}{\mathrm{d}t}\right)_{\text{吸收}}=kN_1IB' \tag{17.16}$$

式中 $k$ 为比例系数，$B'$ 称为受激吸收系数。当 $E_2$ 和 $E_1$ 两能级的简并度相同时，受激辐射系数与受

激吸收系数相等，即 $B=B'$。

值得注意的是，受激辐射和受激吸收过程都与入射单色光的光强有关，而自发辐射过程与外来辐射无关。

必须指出，对一个包含大量粒子的系统，这三种过程总是同时存在，且紧密联系着的。

**想想看**

17.6 从辐射的机理来看，基于自发辐射的普通光源和基于受激辐射的激光光源发出的光子各有什么特点？

### 17.4.2 粒子数反转和光放大

现仍考虑上述 $E_1$、$E_2$ 两能级系统。设有一束满足式(17.13)，且单色光强 $I$ 很强的光沿 $Z$ 方向入射到介质，由于入射光很强，自发辐射可以忽略，因此入射光通过介质时，光强 $I$ 的改变量 $\Delta I$ 取决于受激辐射与受激吸收之差，即

$$\Delta I \sim (N_2-N_1)IB \qquad (17.17)$$

式(17.17)表明，只有高能级 $E_2$ 上的粒子数 $N_2$ 大于低能级 $E_1$ 上的粒子数 $N_1$ 时，光通过介质后才能得到放大。在通常情况下，即介质处于热平衡状态时，各能级上的粒子数是服从玻耳兹曼分布的，即两能级 $E_2$、$E_1$ 上粒子数之比为

$$\frac{N_2}{N_1}=e^{-\frac{E_2-E_1}{kT}}$$

可见**在热平衡状态下，高能级上的粒子数总是小于低能级上的粒子数，即 $N_2<N_1$**。粒子数的这种分布称为正常分布。按式(17.17)，$N_2<N_1$ 就意味着吸收大于辐射，光通过介质后将减弱，这就是正常的光吸收现象。反之，**若介质在外界能源激励下，破坏了热平衡，则有可能使 $N_2>N_1$，这种状态称为粒子数反转态**。在这种状态下，有 $\Delta I>0$，即光通过介质后得到放大，这种情况称为光增益，此时的介质称为光增益介质。显然，使介质中粒子数反转是实现光增益必须具备的条件，通常把能形成粒子数反转的介质称为激活介质。

宏观上通常用增益系数描述增益介质对光的放大能力。如图 17.25(a)所示，在增益介质 $z$ 处，光强为 $I(z)$，经过距离 $dz$ 后，$I(z)$的增量为 $dI(z)$，则有

$$dI(z)=GI(z)dz$$

或

$$I(z)=I_0e^{Gz} \qquad (17.18)$$

式中 $I_0$ 为 $z=0$ 处的 $I(z)$值，$G$ 称为光增益系数，在这里把它视为常数。式(17.18)表明 $I(z)$随 $z$ 按指数增大，见图 17.25(b)。

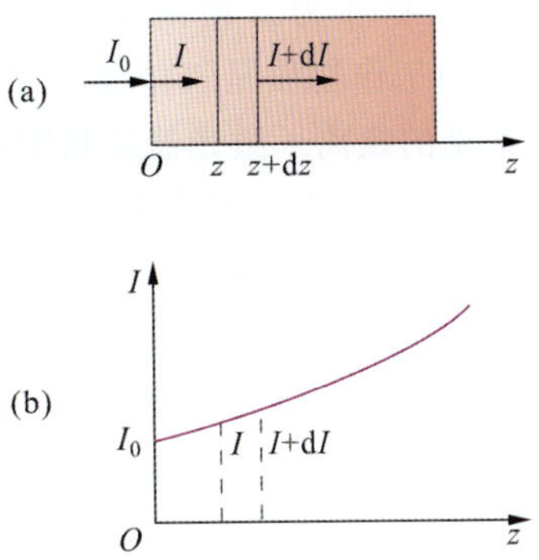


图 17.25

**想想看**

17.7 要使光通过介质时得到放大，介质必须具备什么条件？

## 17.5 激光器的基本构成 激光的形成

### 17.5.1 激光器的基本构成

激光器一般包括三个基本部分：激光工作物质、激励能源和谐振腔。图 17.26(a)所示为红宝石激光器的基本结构，图 17.26(b)所示为氦氖激光器的基本结构。

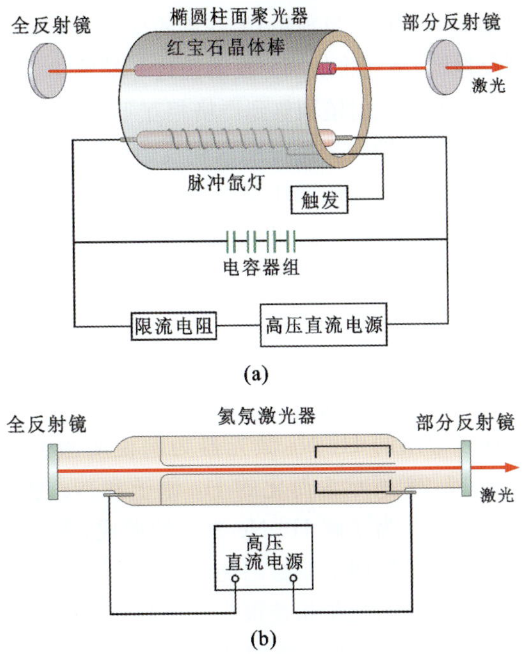


图 17.26

1. 激光工作物质

激光工作物质是激光器中借以发射激光的物质。作为激光工作物质,必须是**激活介质**,即在外界能源激励下,在该介质中能形成粒子数反转。红宝石激光器的工作物质为含铬离子($Cr^{3+}$)红宝石;He-Ne 激光器的工作物质是气体氖(气体氦为辅助工作物质);常见的氩离子激光器是利用激光管中气体放电过程,使氩原子电离成为氩离子并激发以实现粒子数反转而产生激光的。

激光工作物质有固体、液体、气体三类,达数百种。特别要提及的是以染料为工作物质的激光器,它具有输出波长可调的特点,在科学研究中有着广泛应用。

*2. 激励能源*

激励能源将工作物质中处于基态的粒子激发到所需要的激发态,以获得粒子数反转。红宝石激光器采用光激发方式,通常是用脉冲氙灯和点燃氙灯用的电源。为提高光能利用效率,通常将氙灯管和红宝石棒分别置于椭圆柱面聚光器的两条焦线上,如图 17.27 所示。He-Ne 激光器通常采用直流气体放电进行激励。

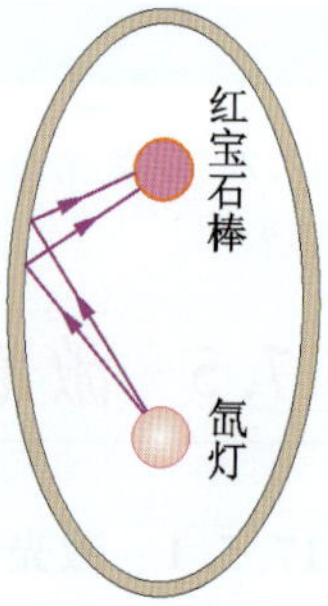

图 17.27

*3. 谐振腔*

在增益介质的两端各放一块反射镜,其中一块的反射率 $r_1 \approx 1$,称全反射镜;另一块的反射率 $r_2 < 1$,称部分反射镜,激光将从部分反射镜这一端输出。一般要求把这两块反射镜调整到严格相互平行,并且垂直于增益介质的轴线。这样的两块反射镜就组成了谐振腔。组成谐振腔的两块反射镜可以是两块平面反射镜,也可以是两块球面反射镜,也可以是一块平面反射镜和一块球面反射镜等。

通常组成谐振腔的两反射镜片的表面都镀有多层介质膜,以提高镜面的反射率。

### 17.5.2 激光的形成

现以常用的 He-Ne 激光器为例说明激光的形成。图 17.28 所示为简化的 He 原子和 Ne 原子的能级示意图。为了解 He-Ne 激光的形成,需要指出的是,Ne 原子的两个亚稳态能级与 He 原子的亚稳态能级 1 和 2 的能量相差很少。当激光管中气体放电时,游离的电子被电场加速并与处于基态的 He 原子和 Ne 原子发生碰撞。由于 Ne 原子吸收电子能量被激发的概率很小,而 He 原子被激发的概率

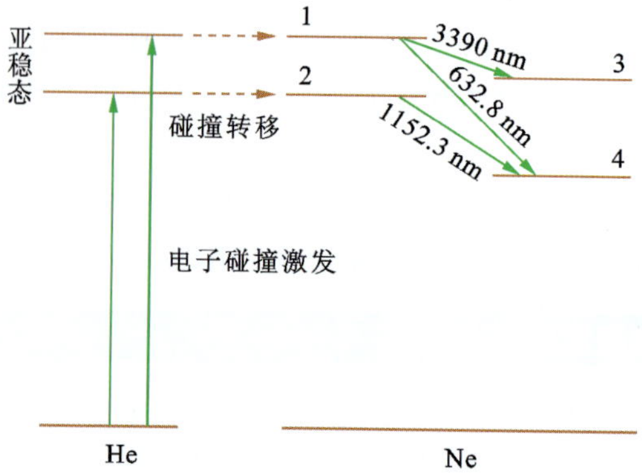

图 17.28

却较大,所以被加速的电子首先把 He 原子通过碰撞激发到它的两个亚稳态上。处于这两个能态的 He 原子,由于选择定则的限制,不能通过辐射跃迁返回它的基态。处于这两个能态的 He 原子却能在与基态 Ne 原子碰撞过程中把 Ne 原子激发到 1 和 2 能态上去,He 原子自身返回基态。由于 Ne 原子的 1 和 2 能级与 He 对应能级的能量相差很少,因此通过碰撞在相应能级间转移能量的概率较大,这样就可以有效地使 Ne 原子从基态激发到 1 和 2 能级上去。而处在 1 和 2 能级上的 Ne 原子自发辐射的概率是较小的,这样就实现了 Ne 原子的 1 态与 3 态间、1 态与 4 态间以及 2 态与 4 态之间的粒子数反转分布。从这三对能级之间的跃迁中,能发出下列三条谱线:

(1)632.8 nm 线:这条线是最常用的 He-Ne 激光,它相应于 Ne 原子的 1 ⟶ 4 跃迁。

(2)1152.3 nm 线:这是一条近红外线,它相应于 Ne 原子的 2 ⟶ 4 跃迁。

(3)3390.0 nm 线:这也是一条红外线,它相应于 Ne 原子的 1 ⟶ 3 跃迁。

要形成稳定的激光输出,必须不断地维持粒子数反转状态。在 He-Ne 激光器中,与亚稳态能级 1 和 2 相比,3 和 4 能级寿命短,处于 3 和 4 能级的原子通过自发辐射、原子间的碰撞以及与管壁间的碰撞很快返回到基态,使 3 和 4 能级及时地腾空出来,以保持能级 1、2 与 3 和 4 之间的反转分布。

**想想看**

17.8 如果工作物质中的原子只有基态和另一激发态,能否实现粒子数反转?

下面以 632.8 nm 线为例讨论激光的形成。在

1与4间Ne原子实现粒子数反转后，总有些Ne原子将通过自发辐射发出波长为632.8 nm的光子，这些光子将作为外来入射光子，在实现了粒子数反转的增益介质He-Ne气体中传播，结果将引起波长为632.8 nm线的受激辐射放大。由图17.29可以看出，那些基本上沿增益介质轴线方向传播的受激辐射光，将在谐振腔两个反射镜间来回反射不断放大，并有部分光从部分反射镜的一端输出，成为激光。那些传播方向偏离轴线的光，将从激光管侧面射出得不到放大。

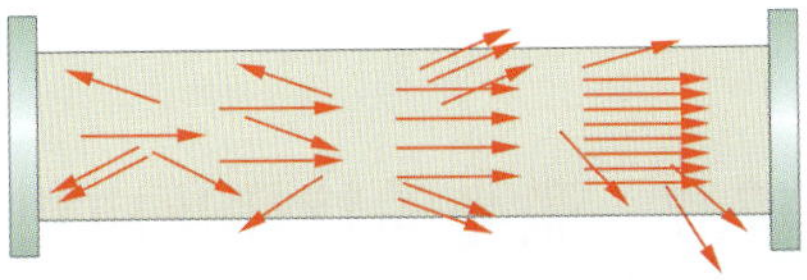

图17.29

由此可见，谐振腔一方面能起到延长增益介质，提高光能密度的作用，同时还对输出光的传播方向起到控制作用。此外，谐振腔还能对激光输出波长进行选择。例如在He-Ne激光器中，只要恰当地选用反射镜片，就可以抑制例如1152.3 nm及3390 nm线，而只使632.8 nm线输出。后面还会看到，激光的许多特点都与激光器谐振腔有关。

显然，要形成并输出激光，必须使光在增益介质中来回一次产生的增益，足以补偿它在这一次来回中的各种损耗（包括介质吸收、衍射和激光的输出等）。下面就来推导形成激光必须满足的条件。

令增益介质的长度为$L$，增益系数为$G$，两反射镜的反射率分别为$r_1$和$r_2$，见图17.30，设在增益介质左端$z=0$处，光强为$I_0$，则按式（17.18）和反射率的定义，光经过一次来回再经反射镜1反射后，其强度变为$r_1r_2I_0e^{2GL}$，显然，要使光在增益介质中来回一次所产生的增益，足以补偿它在这一次来回中的损耗而形成激光，必须满足的条件为

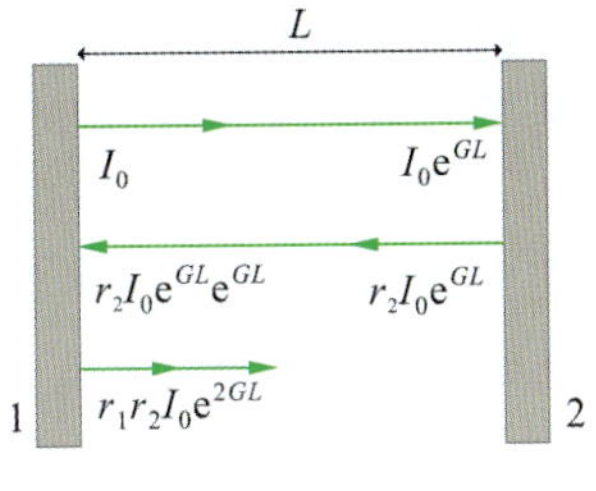


图17.30

$$r_1r_2e^{2GL}\geqslant 1 \tag{17.19}$$

式（17.19）称为阈值条件。对于给定的谐振腔，其$r_1$、$r_2$和$L$均为定值，阈值条件表明，只有当增益系数$G$大于某一最小值$G_{min}$时，才能形成激光。

综上所述，要形成激光，必须满足两个条件：一是介质内部必须实现粒子数反转，这是前提条件；二是还必须满足阈值条件。

## 17.6 激光的纵模与横模

在评价和选用激光束时常涉及到激光的纵模和横模，什么是激光的纵模和横模呢？下面作简要介绍。

### 17.6.1 激光的纵模

在激光器中，**光波在谐振腔内沿轴线方向来回反射，这些反射的波在谐振腔内相干叠加的结果，只有那些在腔内能形成驻波的光才能形成振荡，得以放大并产生激光**。这常称为谐振条件，它是形成激光的又一必须满足的条件。

设波长为$\lambda$的平面波，在腔长为$L$的平面反射镜谐振腔中沿轴线传播，根据谐振条件有下列表达式

$$L=k\frac{\lambda_k}{2}\qquad k=1,2,3,\cdots$$

或

$$\nu_k=k\frac{c}{2nL} \tag{17.20}$$

式中$n$为介质的折射率，$\nu_k$为谐振频率。谐振频率有许多个，构成分立谱，$\nu_1,\nu_2,\nu_3,\cdots$，如图17.31(a)所示。**频谱中每个谐振频率称为一个振荡纵模**。由式（17.20）可求得相邻两纵模间隔为

$$\Delta\nu_k=(k+1)\frac{c}{2nL}-k\frac{c}{2nL}=\frac{c}{2nL} \tag{17.21}$$

具有谐振频率的光并不是都可以从激光器中输出，这是因为工作物质辐射的谱线本身有一定的宽度$\Delta\nu$，如图17.31(b)，只有满足阈值条件，并处于工作物质辐射谱线宽度$\Delta\nu$之内的那些谐振频率才可能形成激光，如图17.31(c)所示，这就是**谐振腔的选频作用**。

激光器输出的纵模个数可由下式求出：

$$N=\frac{\Delta\nu}{\Delta\nu_k} \tag{17.22}$$

例如，He-Ne激光器中波长$\lambda=632.8$ nm的红光，谱线宽度$\Delta\nu=1300\times10^6$ Hz，如腔长$L=0.4$ m，折射率$n=1.0$，则纵模间隔$\Delta\nu_k$为

$$\Delta\nu_k=\frac{c}{2nL}=\frac{3\times10^8}{2\times1.0\times0.4}=3.8\times10^8\text{ Hz}$$

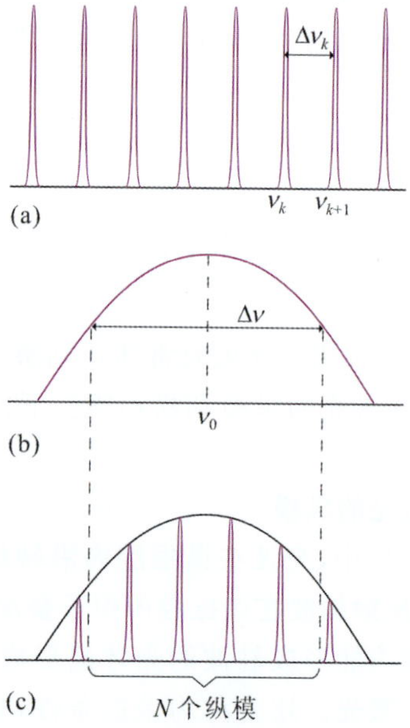


图 17.31

输出的纵模个数为

$$N=\frac{\Delta\nu}{\Delta\nu_k}=\frac{1300\times10^6}{3.8\times10^8}\approx3$$

激光中出现多个纵模也就是出现多种频率，这就影响了激光的单色性。在许多应用中(如干涉计量中)需要的是单纵模的激光束，所以需要对激光选纵模，最简单的选纵模方法是缩短激光管的腔长，以增大纵模间隔，使 $\Delta\nu$ 范围内只有一个纵模能形成振荡。例如，一般腔长为 10 cm 或更短的 He-Ne 激光器输出的激光就是单纵模的。还有其他选纵模的方法，恕不一一介绍。

**想想看**

17.9　要在谐振腔内形成光振荡并产生激光，沿轴线来回被反射的光波的叠加结果必须满足什么条件?

### 17.6.2　激光的横模

把激光束投射到光屏上，可以观察到激光斑中光的强度有不同形式的稳定分布花样，这种在**光束横截面上光强的稳定分布称为激光横模**。横模产生的原因较复杂，这里不作介绍。

表 17.1 给出了激光光束横截面上的几种光斑花样，其中基横模 $TEM_{00}$ 的光强分布是中间强而边缘弱，而且在光斑中没有光强为零的节点或节线。这种光强分布的激光束发散角小，有良好的空间相干性，是理想的横模。采取适当的措施可以使激光器只输出基横模。

**表 17.1　激光束横截面上几种光斑图形**

| | 基　模 | 高　价　横　模 | | |
|---|---|---|---|---|
| 轴对称分布 | $TEM_{00}$ | $TEM_{10}$ | $TEM_{20}$ | $TEM_{11}$ |
| 旋转对称分布 | $TEM_{00}$ | $TEM_{10}$ | $TEM_{11}$ | $TEM_{04}$ |

## 17.7　激光的特性及应用

### 17.7.1　激光的特性

普通光源的发光机理都是基于自发辐射过程。就发光的空间分布特性而言，自发辐射在空间所有方向上是随机分布的，这意味着普通光源发光一般无定向性；就发光的频谱特性而言，普通光源发光是大量粒子在能级之间同时产生自发辐射跃迁的过程，因此所发光的单色性很差。

激光器的工作是基于特定能级间粒子数反转体系的受激辐射过程，这就决定了它所发出的激光具有一系列与普通光源发出的光不同的特点。其中最重要的有四点，即高定向性、高单色性、高亮度和高相干性。现分别简述如下。

(1) 高定向性。由激光器发出的激光是以定向光束的方式几乎是不发散地沿空间极小的立体角范围(一般为 $10^{-5}\sim10^{-8}$ 球面度)向前传播。激光的高定向性，主要是由受激辐射放大机理和谐振腔的方向选择作用所决定的。

(2) 高单色性。由激光器发射的激光辐射能量，通常只集中在十分窄的频率范围内，因此具有很高的单色性。这首先是由于工作物质的粒子数反转只在确定的能级间发生，因此相应的激光发射也只能在确定的光谱线范围内产生。其次是即使在上述光谱线范围内也不是全部频率都能产生激光振荡，由于谐振腔的选纵模作用，使得真正能产生振荡的激光频率范围进一步受到更大程度的压缩。设激光器输出的中心频率为 $\nu$，频谱宽度为 $\Delta\nu$，好的激光器，其单色性的表征量 $\nu/\Delta\nu$ 可高达 $10^{10}\sim10^{13}$ 数量级，而较好的普通单色光源则只有 $10^6$ 数量级。

还必须指出，激光器工作过程中因温度变化等原因，会引起激光器谐振腔腔长的变化，这将使得单纵模激光器输出的激光单色性变坏。要得到单色性极好的激光输出，还需采取“稳频技术”等，以改善激光输出的单色性。

(3) 高亮度。光源亮度是表征光源定向发光能力强弱的一个重要参量。

光源亮度的定义是：单位面积的光源表面，在单位时间内向垂直于表面方向的单位立体角内发射的能量，即

$$B=\frac{\Delta E}{\Delta S\Delta\Omega\Delta t}$$

式中 $\Delta E$ 为光源发射的能量，$\Delta S$ 是光源的面积，$\Delta t$ 是发射 $\Delta E$ 所用的时间，$\Delta\Omega$ 为光束的立体角。普通光源的亮度相当低，例如对自然界中最强的光源太阳而言，其表面亮度约为 $B=10^3\ \mathrm{W\cdot cm^{-2}\cdot sr^{-1}}$ 数量级。而目前大功率激光器的输出亮度，可高达 $B\approx10^{10}\sim10^{17}\ \mathrm{W\cdot cm^{-2}\cdot sr^{-1}}$ 的数量级。

激光光源亮度高，首先是因为它的方向性好，发射的能量被限制在很小的立体角中；其次还可以通过调 $Q$ 技术压缩激光脉冲持续时间，进一步提高激光光源的亮度。

(4) 高相干性。如前述，普通光源是通过自发辐射发光，光源上各点发射的光无固定的相位关系，所以不是相干光。而激光器发射的激光是通过受激辐射发光的，光源上各点发射的光相位恒定，因此是相干性十分良好的相干光。更进一步分析可知，激光的高相干性是由其高定向性和高单色性所决定的。

**17.7.2 激光的应用**

由于激光具有高方向性、高单色性、高亮度、高相干性以及可调谐等特点，使得激光在科学技术及许多生产部门得到广泛应用。

激光的高亮度和高定向性的特点，在工业上已成功地用于多种特殊的非接触加工，如打孔、焊接、切割等；在大型装备制造和建筑业中也已成功地用于准直和定向等方面；在军事上激光雷达和激光武器的研制也取得了不少进展。

激光用于通信、传真，近年来发展十分迅速，在光通信方面，我国已广泛地采用光缆传输电信号。激光通信的优点在于传送信息容量大、通信距离远、保密性高以及抗干扰性强。

激光的高单色性和高相干性特点，在计量科学中已成功地用于精密测量微小长度、角度等，与用普通光源干涉测长相比，精度可成千上万倍地提高；在计量标准方面，利用激光单色性和频率稳定性极高的特点，还可建立以激光为基础的长度、时间和频率的国际新标准。

激光全息技术目前已发展成为专门学科，在科研及生产技术的许多部门都获得了广泛的应用。

此外，激光还在化学、医学、生物、农学等各部门有着广泛的应用。

## 复习思考题

**17.11** 什么叫自发辐射和受激辐射？

**17.12** 什么叫粒子数反转分布？实现粒子数反转需要具备什么条件？

**17.13** 产生激光的必要条件是什么？

**17.14** 激光谐振腔在激光的形成过程中起哪些作用？

## 第 17 章小结

**晶体和能带**

晶体的构成微粒呈周期性重复排列

处在晶体周期性势场中的电子，其许可能量是由许多分布在一定范围内准连续的能级组成的能带，并且相邻能带之间可能有一个不存在电子稳定状态的禁带

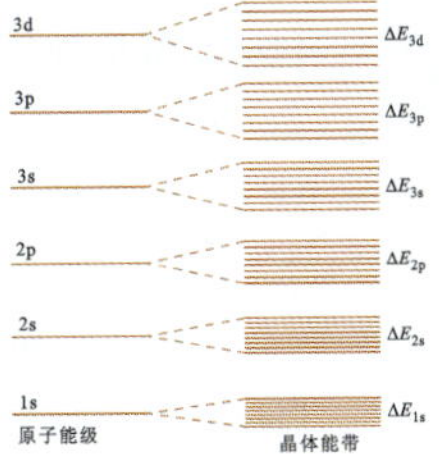


**pn 结**

一块半导体基片的两边分别为 p 型半导体和 n 型半导体，p 型半导体中的空穴和 n 型半导体中的电子会分别向另一边扩散，从而在交接区形成一电偶极层，产生一由 n 区指向 p 区的电场

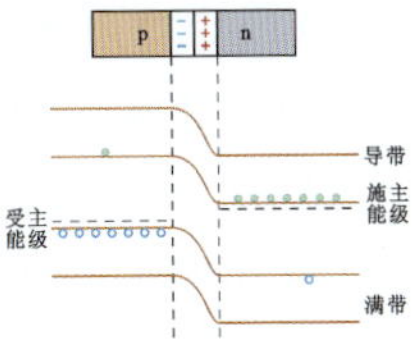

### 半导体和绝缘体

绝缘体的价带被价电子填满，它与最近空带间的禁带宽度较大，电子很难跃迁到空带上去，因此这类晶体具有极微弱的导电性

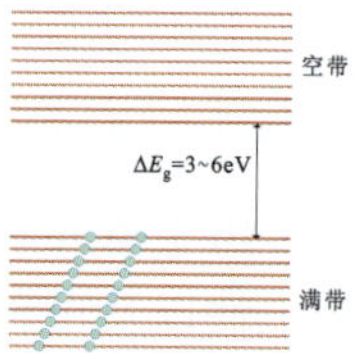


半导体被填满的价带与相邻空带间禁带的宽度较小。因此电子可以比较容易地从满带跃迁到空带上去，导电性介于绝缘体和导体之间

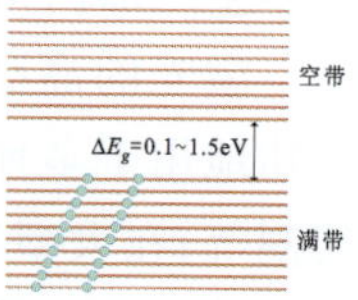


### 杂质半导体

在半导体中掺入五价元素，多出的一个价电子的能级处在禁带中，且靠近导带的下边缘。杂质电子很容易被激发到导带上去，可大大提高半导体的导电性。其载流子主要是电子

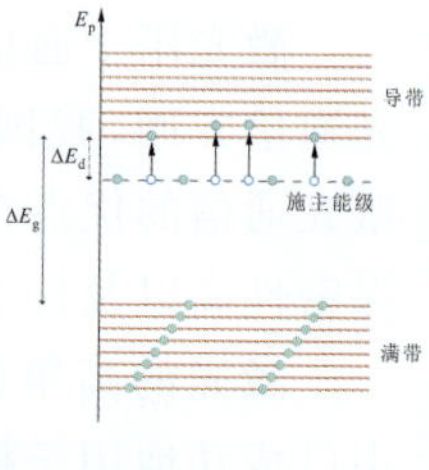


在半导体中少量掺入三价元素，在构成四电子结构时，出现空穴，其能级处在禁带中，且靠近满带的上边缘。满带中的电子可以很容易被激发而跃迁到杂质能级，同时在满带中出现空穴，可大大提高导电性。其载流子主要是空穴

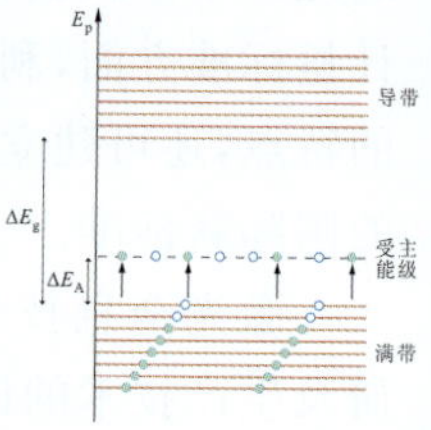


### 阈值条件

要形成激光，增益介质长度 $l$、增益系数 $G$ 和两反射镜的反射率 $r_1$ 和 $r_2$ 必须满足下列条件

$$r_1 r_2 e^{2Gl} \geqslant 1$$

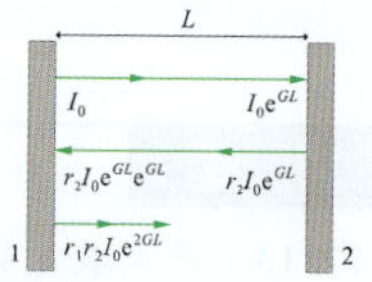


### 自发辐射、受激辐射和受激吸收

自发辐射：处于高能级的粒子，在没有受到外界影响的情况下，向低能级跃迁，并辐射出一个光子

受激辐射：处于高能级 $E_2$ 的粒子，在频率为 $(E_2-E_1)/h$ 的入射光的激励下，向低能级 $E_1$ 跃迁，并辐射出一个与入射光子完全相同的光子

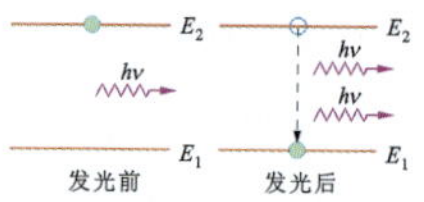


受激吸收：处于低能级 $E_1$ 的粒子，在频率为 $(E_2-E_1)/h$ 的入射光的激励下，吸收一个光子向高能级 $E_2$ 跃迁

### 粒子数反转和光放大

在外界能源激励下，介质内处于高能级的粒子数多，而处于低能级的粒子数少。当光通过这种介质时，光强增大

$$I=I_0 e^{Gz}$$

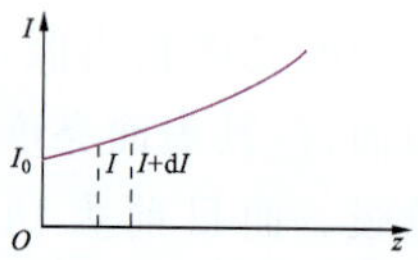


### 激光器基本构成和谐振腔的作用

激光器一般包括三个基本部分：激光工作物质，激励能源和谐振腔

谐振腔可延长增益介质，限制输出光的传播方向，选择激光输出波长

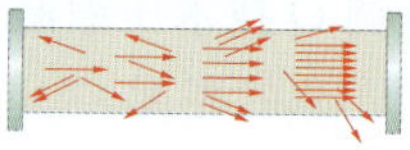

### 纵模

光波在谐振腔内沿轴线来回反射，这些被反射的光波相干叠加，只有那些在谐振腔内能形成驻波的光才能形成光振荡，得以放大并产生激光。谐振频率为

$$\nu_k = k\frac{c}{2nL}$$

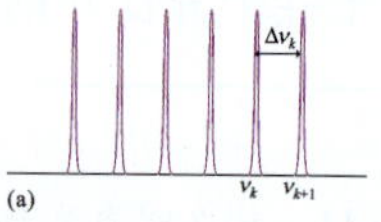


# 习　题

**17.1　选择题**

(1) 如果①锗用锑掺杂，②硅用铝掺杂，则分别获得的半导体属于下述哪一类型[　　]。

(A) ①，②均为 n 型半导体

(B) ①为 p 型半导体，②为 n 型半导体

(C) ①为 n 型半导体，②为 p 型半导体

(D) ①，②均为 p 型半导体

(2) 下述说法中，正确的是[　　]。

(A) 本征半导体是电子与空穴两种载流子同时参与导电，而杂质半导体（n 型或 p 型）只有一种载流子（电子或空穴）参与导电，所以本征半导体电性能比杂质半导体好

(B) n 型半导体的导电性能优于 p 型半导体，因为 n 型半导体是负电子导电，p 型半导体是正离子导电

(C) n 型半导体中杂质原子所形成的能级靠近导带的底部，使能级中多余的电子容易被激发跃迁到导带中去，从而大大提高了半导体的导电性能

(D) p 型半导体的导电机制完全决定于满带中空穴的运动

(3)按照原子的量子理论，原子可以通过自发辐射和受激

辐射的方式发光，它们所产生的光的特点是[　　]。

(A)前者是相干光，后者是非相干光

(B)前者是非相干光，后者是相干光

(C)都是相干光

(D)都是非相干光

(4)激光器中的光学谐振腔的作用是[　　]。

(A)可提高激光束的方向性，不能提高激光束的单色性

(B)可提高激光束的单色性，不能提高激光束的方向性

(C)可同时提高激光束的方向性和单色性

(D)不能提高激光束的方向性，也不能提高其单色性

**17.2　填空题**

(1)纯净半导体的禁带是较____的，在常温下有少量________由满带激发到__________中，从而形成由____________参与导电的本征导电性。

(2)若锗用铟掺杂，则成为____型半导体，请在图(a)中定性地画出施主能级或受主能级；

若硅用锑掺杂，则成为____型半导体，请在图(b)中定性地画出施主能级或受主能级。

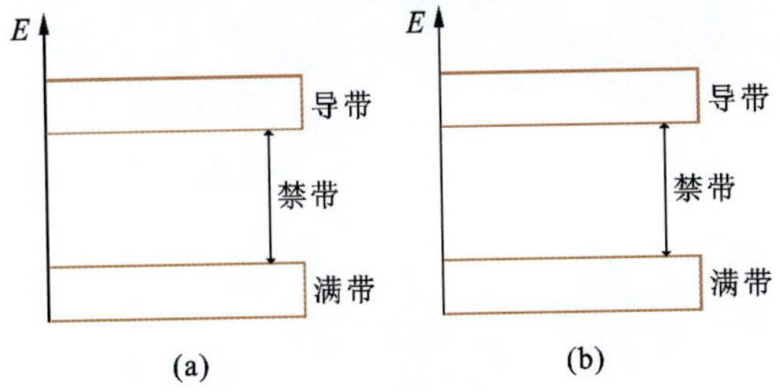


题 17.2(2)图

(3)产生激光的必要条件是____________________，激光的三个主要特性是______________________。

(4)激光器的发光是__________辐射占优势，要满足此条件必须实现激光器的工作物质处于________________状态，同时还要使光振荡满足________________的条件。

**17.3**　硅与金刚石的能带结构相似，只是禁带宽度不同，已知硅的禁带宽度为 1.14 eV，金刚石的禁带宽度为 5.33 eV，试根据它们的禁带宽度求它们能吸收辐射的最大波长各是多少？

**17.4**　硫化铅的禁带宽度 $\Delta E_g=0.3$ eV，若用它作光敏电阻材料，对所用光波波长有何限制？

**17.5**　n 型半导体 Si 中有 P 原子杂质，在计算施主能级时，作为近似，可以看作一个电子绕 $P^+$ 离子运动，形成类氢原子，沉浸在无限大的 Si 电介质中，已知 Si 的相对介电常数 $\varepsilon_r=11.5$，求半导体的施主能级 $E_n$ 和电离能。

**17.6**　结厚度可忽略的 pn 结整流二极管，其电流和电压关系为 $I=I_0(e^{\frac{eU}{kT}}-1)$，其中 $I_0$ 只与材料有关，为反向电流。当正向加电压时，$U$ 取正值，否则取负值。

(1)试画出伏安特性曲线，取电压范围 −0.12 V 到 +0.12 V，已知 $T=300$ K，$I_0=5.0$ nA；

(2)在同样温度下，计算在正向电压 0.5 V 和反向电压 0.50 V时电流的比值。

**17.7**　已知 Ne 原子的某一激发态和基态的能量差 $E_2-E_1=16.7$ eV，试计算在 $T=300$ K 时，热平衡条件下，处于两能级上的原子数的比。

**17.8**　如果光在增益介质中通过 1 m 后，光强增大至两倍，若介质的增益系数 $G$ 可视为常数，试求 $G$。

**17.9**　某 He-Ne 气体激光器所发出波长为 632.8 nm 的激光的谱线宽度 $\Delta\lambda<10^{-8}$ nm，试估算其相干长度。

**17.10**　He-Ne 气体激光器以 $TEM_{00}$(基模)模振荡，中心波长 $\lambda=632.8$ nm，若该谱线的谱线宽度为 1700 MHz，激光器谐振腔腔长为1 m。求：

(1)激光器纵模频率间隔；

(2)激光器中可能同时激起的纵模数；

(3)若采用缩短腔长法获得单纵模振荡，估计激光器谐振腔腔长的最大允许值。

(设 He-Ne 气体激活介质的折射率$n=1$)

# 明代著名书画家——董其昌

董其昌(1555—1636),字玄宰。今上海松江人。明代书画家、书画鉴赏家兼书画理论家。万历进 士,官至礼部尚书。才华俊逸,好谈名理,善鉴别书画。书法出颜真卿,遍学魏晋唐宋诸名家,涉及面广而能自创风格。其行书古淡潇洒,以"二王"为宗,又得力于颜真卿、米芾、杨凝式诸家,赵孟俯的书风也或多或少的影响到他的创作。楷书有颜真卿之率真韵味;草书植根于颜真卿《争座位》《祭侄稿》,兼有怀素之圆劲和米芾之跌宕。其书法用笔精到,能始终保持正锋,作品中很少有偃笔、拙滞之笔;用墨也非常讲究,枯湿浓淡,尽得其妙;风格萧散自然,古雅平和,或与他终日性情和易,参悟禅理有关。人称其与邢侗、米万钟、张瑞图为"明末四大书法家"。对明末清初书风影响很大。他以禅论画,自称作画须"读万卷书,行万里路"。后人奉为信条。传世作品《云山小隐图》卷,现藏故宫博物院。《葑泾访古图》轴,现藏台湾故宫博物院等。传世书迹较多,有《唐人诗卷》《琵琶行诗卷》《前后赤壁赋册》等。

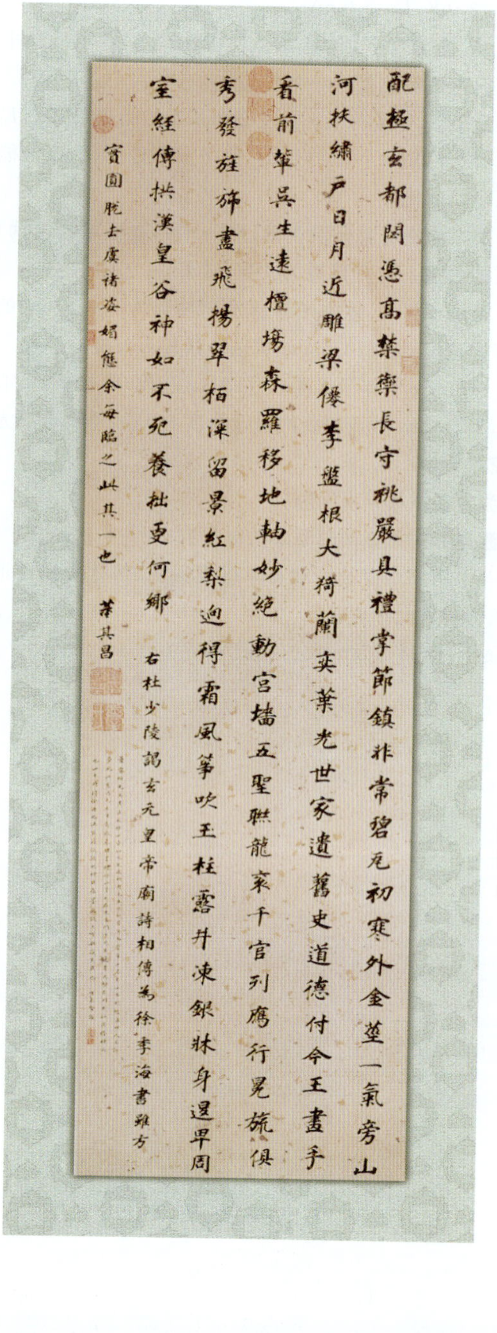

董其昌学识渊博,精通禅理,是一位集大成的书画家,在中国美术史上具有一定的地位,其《画禅室随笔》是研究中国艺术史的一部极其重要的著作。

# 索 引

## A



## B



## C



## D



## E



## F



## G



## H

## 西安交通大学“大学物理”慕课

西安交通大学工科类大学物理 MOOC 课程已上线“中国大学 MOOC”学习平台，全部课程有五个模块：《力学》《机械振动、波与波动光学》《电磁学》《热学》《量子物理》。这些课程均可上网免费学习。

登录、选课方法：

1. 登录“中国大学 MOOC”网：https://www.icourse163.org/ ，或用手机扫描二维码，下载 App 登录“中国大学 MOOC”；

2. 在“中国大学 MOOC”中搜索“西安交通大学　电磁学（或其他课程模块名称）”，选中后即进入对应课程。

# 参考书目

[1] HALLIDAY D, RESNICK R, WALKER J. Fundamentals of Physics (Extended)[M]. 5th ed. New Jersey:John Wiley & Sons, Inc., 1997.

[2] 中国大百科全书编委会. 中国大百科全书:物理学Ⅰ、Ⅱ[M]. 北京:中国大百科全书出版社,1987.

[3] 帕克. 物理百科全书[M].《物理百科全书》翻译组,译. McCraw-Hill Book Copany. 北京:科学出版社,1983.

[4] 杨仲耆. 大学物理学[M]. 北京:高等教育出版社,1981.

[5] 玻恩,沃耳夫. 光学原理[M]. 杨葭荪,译. 北京:科学出版社,1978.

[6] 胡素芬. 近代物理基础[M]. 杭州:浙江大学出版社,1988.

[7] 基泰尔. 固体物理导论[M]. 杨顺华,金怀诚,王鼎盛,等译. 北京:科学出版社,1979.

[8] 黄昆. 固体物理学[M]. 北京:人民教育出版社,1979.

[9] 杨福家. 原子核物理[M]. 北京:高等教育出版社,1993.

[10] 刘佑昌. 狭义相对论基础[M]. 北京:高等教育出版社,1985.

[11] 韦伦奇. 狭义相对论[M]. 张大卫,译. 北京:人民教育出版社,1979.